Le mal et la symbolique

Le mal et la symbolique

Ricœur lecteur de Freud

Édité par
Azadeh Thiriez-Arjangi, Michael Funk Deckard,
Geoffrey Dierckxsens, Andrés Bruzzone

DE GRUYTER

ISBN 978-3-11-162081-7
e-ISBN (PDF) 978-3-11-073555-0
e-ISBN (EPUB) 978-3-11-073563-5
DOI https://doi.org/10.1515/9783110735550

This work is licensed under the Creative Commons Attribution-NonCommercial-NoDerivatives 4.0 International License. For details go to http://creativecommons.org/licenses/by-nc-nd/4.0/.

Creative Commons license terms for re-use do not apply to any content (such as graphs, figures, photos, excerpts, etc.) that is not part of the Open Access publication. These may require obtaining further permission from the rights holder. The obligation to research and clear permission lies solely with the party re-using the material.

Library of Congress Control Number: 2022943039

Bibliographic information published by the Deutsche Nationalbibliothek
The Deutsche Nationalbibliothek lists this publication in the Deutsche Nationalbibliografie; detailed bibliographic data are available on the Internet at http://dnb.dnb.de.

© 2024 with the author(s), editing © 2022 Azadeh Thiriez-Arjangi, Geoffrey Dierckxsens, Michael Funk Deckard and Andrés Bruzzone, published by Walter de Gruyter GmbH, Berlin/Boston.
This volume is text- and page-identical with the hardback published in 2022.
This book is published with open access at www.degruyter.com.

Cover image: Bonneval rose window, photo © Painton Cowen

www.degruyter.com

Preface

In June 2017, a groundbreaking event, imagined and organized by Azadeh Thiriez-Arjangi and Stephanie Arel, representing the Fonds Ricœur and the Society for Ricœur Studies, brought together Ricœurians from many different backgrounds, countries, and continents at the Fonds Ricœur in Paris. This was the first edition of a close collaboration between the Fonds Ricœur and the Society for Ricoeur Studies and gave rise to what is now called " Les Ateliers d'été du Fonds Ricœur, co-organized with the Society for Ricoeur Studies. " Thirty years after the publication of Paul Ricœur's *Ideology and Utopia*, the 2017 edition of the Summer Workshop was dedicated to this book. A further book and special issue of the journal *Études Ricoeuriennes / Ricoeur Studies* came out of the workshop. Starting in 2018 and with reference to Ricœur's philosophical journey, the workshops have adapted to the philosopher's own rhythm and work. In 2019, thanks to the contribution of the Foundation Goéland, the Fonds Ricoeur launched the Fonds Ricoeur Workshops' Award, chaired by Jean-Luc Amalric. This Award rewards each year the best contribution presented by a young researcher during the summer workshops. We would like to take this opportunity to express our gratitude to Mr. Marc Guyot, the president of the Foundation Goéllands, who made this possible.

The 2018 and 2019 editions of the workshops were devoted to *The Symbolism of Evil*, *Freud and Philosophy*, and *The Conflict of Interpretations*. The present book will therefore aim to trace the Ricœurian trajectory from *The Symbolism of Evil* to Ricœur's writings devoted to the question of psychoanalysis. Some of the communications during these two years of workshops, along with other notable texts, have been selected with rigor and scientific seriousness for the present work: *Le mal et la symbolique: Ricœur lecteur de Freud* [Evil and the Symbolic: Ricœur reading Freud].

This book is the fruit of a long journey and of numerous collaborations, both scientific and financial, without which it could not have been published. All our gratitude goes first to all the participants of the summer workshops, to those who have allowed since 2017 the existence of these workshops thanks to their presence and who have contributed to its scientific excellence with their knowledge and their valuable work.

We thank Stephanie Arel and Todd Mei, past presidents of the Society for Ricoeur Studies, and others who supported this event from day one: Olivier Abel, Jean-Luc Amalric, Michaela Bauks, Marc Boss, Eileen Brennan, Scott Davidson, Daniel Frey, Morny Joy, Maureen Junker-Kenny, Johann Michel, and George Taylor.

We thank the Centre de Recherches sur les Arts et le Langage (EHESS), the Institut Protestant de Théologie de Paris, Mrs. Astrid Theveneaux and especially Mrs. Nathalie Ricœur-Nicolaï. We also thank Christoph Schirmer, Anne Hiller, and Joachim Katzmarek at de Gruyter for their excellent work.

Finally, a word of profound gratitude to all the moral persons whose financial support has made the publication of this book possible.

Azadeh Thiriez-Arjangi (Paris, France)
Michael Funk Deckard (Valdese, États-Unis)
Geoffrey Dierckxsens (Prague, Czech Republic)
Andrés Bruzzone (São Paulo, Brazil)
August 2022

Table of Contents

Preface —— V

Biographies —— XI

Azadeh Thiriez-Arjangi
Introduction —— 1

Part I Le Mal / Evil

Maureen Junker-Kenny
Discovering an entangled freedom: Philosophical and theological perspectives on symbols and myths of evil —— 21

Olivier Abel
La conversion du tragique, de Prométhée à Antigone —— 45

Jean-Luc Amalric
Finitude, culpabilité et souffrance : la question du mal chez Ricœur —— 63

Cristina Henrique da Costa
La part de la littérature dans l'expérience du mal : à propos de La Symbolique du mal —— 89

Linda L. Cox
Defilement, sin, and guilt in Ricœur's The Symbolism of Evil and Rankine's Citizen: An American Lyric —— 123

Part II Herméneutique et psychanalyse / Hermeneutics and psychoanalysis

Gonçalo Marcelo
The philosophical wager of Ricœurian hermeneutics —— 145

Luz Ascarate
De la symbolique à la psychanalyse : un aperçu du parcours herméneutique de Paul Ricœur —— 163

Martina Weingärtner
Moses between Ricœur and Freud: Narrative self-revelation between psychoanalysis and hermeneutics —— 179

Michael Funk Deckard
The miracle of memory: Working-through Ricœur on Freud's *Nachträglichkeit* —— 203

Andrés Bruzzone
Suicide, souffrance et narrativité —— 225

Part III La question du langage / The question of language

Johann Michel
Qui interprète ? —— 241

Charles Taylor
La contribution de Paul Ricœur à l'anthropologie philosophique —— 257

Jeffrey Sacks
Narrative reexamined: From analysis to synthesis —— 277

Ignacio Iglesias Colillas
A procedural model approach to Ricœur's epistemology of psychoanalysis: A methodological reflection around Freud's "Schreber Case" —— 293

Part IV La philosophie réflexive et la psychanalyse / Reflexive philosophy and psychoanalysis

Alessandro Colleoni
Psychanalyse non réductionniste et phénoménologie herméneutique : la naissance d'un binôme paradigmatique de la pensée de Paul Ricœur —— 323

Adam J. Graves
Eros, accusation and uncertainty: Kantian ethics after Freud —— 339

Ana Lucía Montoya Jaramillo
Attention and the transformation of reflexive consciousness —— 363

Francesca D'Alessandris
Du mal tragique au mal raconté : l'herméneutique de l'action de Ricœur entre Freud et Nabert —— 383

Part V Autour de l'architectonique Freudienne / The Freudian Architectonic

Azadeh Thiriez-Arjangi
Le tragique du destin : D'Œdipe à « Rostam et Sohrâb » —— 399

Jeanne-Marie Gagnebin
Les vicissitudes du sens —— 415

Daniel Frey
Détresse, religion, foi : Ricœur lecteur de Freud —— 427

Eftichis Pirovolakis
Ricœur and Freud: Beyond the archaeo-teleological principle —— 447

Part VI Inédits / Unpublished Texts

Paul Ricœur
L'ouverture du colloque sur l'inconscient (Bonneval) —— 467

André Green
Lettre à Paul Ricœur —— 471

Postscript

Stéphane Habib
Une carte postale de Rosenzweig à Freud —— 475

Subject index — 1

Name index — 1

Biographies

Olivier Abel is a Professor of Ethics at the Institut Protestant de Théologie-Montpellier, after having taught in Chad and Istanbul, then in Paris from 1984 to 2014, where he hosts the Fonds Ricœur. His publications include *Paul Ricœur, La promesse et la règle* (Michalon 1996), *L'éthique interrogative* (PUF 2000), and *De l'humiliation* (Les Liens qui Libèrent, 2022).

Jean-Luc Amalric is Agrégé and Doctor of Philosophy from the University of Paris I Panthéon-Sorbonne. He is Professor of Philosophy of Art and Design in Nîmes (CPGE) and Associate Researcher at the EHESS (Ecole des Hautes Etudes en Sciences Sociales – CRAL : Centre de Recherches sur les Arts et le Langage). A member of the Scientific Board of Advisors (Conseil Scientifique) of the "Fonds Ricœur" (Paris), he is also, together with Ernst Wolff, the general editor of *Etudes ricœuriennes / Ricœur Studies*.

Luz Ascarate is a Doctor of Philosophy and social sciences from EHESS. She is the author of the book *Imaginer selon Paul Ricœur* (Hermann, 2022). She is pursuing a second doctorate in philosophy at the University of Paris 1 – Panthéon Sorbonne.

Alessandro Colleoni is a Ph.D. student in a co-tutorship between the Fondazione Collegio San Carlo in Modena and the EHESS in Paris. His doctoral research focuses on the contemporary interpretations of the Aristotelian concept of phronesis by Martha Nussbaum and Paul Ricœur.

Ignacio Iglesias Colillas obtained a Ph.D. in Psychology at the University of Buenos Aires, Argentina. He is a Psychoanalyst, Clinical Psychologist, Postgraduate lecturer, Independent Researcher, and Author.

Linda L. Cox is an Adjunct Professor of Philosophy at Austin Community College in Austin, Texas, where she teaches in the Philosophy, Religion, and Humanities department. She is the author of "'Holding Open a Place for Possibility': Paul Ricœur, Fredric Jameson, and the Language of Utopia," in *Ideology and Utopia in the Twenty-First Century: The Surplus of Meaning in Ricœur's Conception of the Dialectical Relationship of Ideology and Utopia* (Lexington, 2019) and "The Convergence of Ricœur's and Von Wright's Complex Models of History," in *Etudes Ricœuriennes/Ricœur Studies* (2014).

Francesca D'Alessandris is currently enrolled in a Ph.D program in Philosophy and Educational Sciences. Her articles on contemporary phenomenology and hermeneutics have been published in several international scientific journals. She is a member of the Scientific Board of the Fonds Ricœur in Paris.

Daniel Frey is Professor of Philosophy at the University of Strasbourg and the president of the Scientific Council of the Fonds Ricœur. He is the author of several works on Paul Ricœur, including *L'interprétation et la lecture chez Ricœur et Gadamer* (PUF, 2008), *La Religion dans la philosophie de Paul Ricœur* (Hermann, 2021) and the editor of *La religion pour penser. Écrits et conférences 5 de Paul Ricœur* (Seuil, 2021).

Michael Funk Deckard is Associate Professor of Philosophy at Lenoir-Rhyne University in North Carolina (USA) and was a Fulbright Scholar at the University of Bucharest (Romania) in 2015–2016. He is the co-editor of two other books, *The Science of Sensibility* and *Philosophy Begins in Wonder*, and the author of a forthcoming book, *A Character in Search of an Author: Restoring the Self and the State in Cases of Genocide and Rape*.

Geoffrey Dierckxsens (Ph.D.) is head of the Interdisciplinary Research Lab for Bioethics (IRLaB) at the Department of Applied Ethics and Philosophy in the Institute of Philosophy of the Czech Academy of Sciences (CAS) in Prague. He is deputy head of the same department and president of the Society for Ricoeur Studies. He has published several articles and books with international journals and publishing houses, such as *Topoi*, *Philosophy Today*, *The Journal for Medical Ethics*, Brill, Springer and Rowman and Littlefield.

Jeanne-Marie Gagnebin has been teaching philosophy in Brazil for over 40 years. She is a specialist in the philosophy of Walter Benjamin and Paul Ricœur and works notably on the politics of memory and historiographical practices.

Adam Graves is Professor of Philosophy and founding Director of the Denver Project for Humanistic Inquiry at Metropolitan State University of Denver. He is author of *The Phenomenology of Revelation in Heidegger, Marion, and Ricoeur* (Lexington Books, 2021).

André Green (1927–2012) was a French psychiatrist and psychoanalyst.

Stéphane Habib is a Psychoanalyst and Philosopher. He teaches at the Institut des Hautes Études en Psychanalyse and is a member of the Institut hospitalier de psychanalyse de Sainte-Anne in Paris. He has written numerous articles on the thoughts of Lacan, Derrida, and Levinas, including *Levinas et Rosenzweig, philosophies of Revelation* (PUF, 2005) and *Faire avec l'impossible* (Hermann, 2017).

Cristina Henrique de Casta is a professor of Literary Theory and Literature at the Department of Literary Theory of UNICAMP and holds the chair of "Theoretical Texts, Criticism and Literary History" of this department. She is the author of the book *Imaginando João Cabral imaginando* and a founding member of the association "Rede Brasil Ricœur."

Maureen Junker-Kenny is Professor in Theology and Fellow emerita of Trinity College Dublin. Her most recent book is *The Bold Arcs of Salvation History: Faith and Reason in Jürgen Habermas's Reconstruction of the Roots of European Thinking* (de Gruyter, 2022). Her research interests are theology and philosophy of religion in Modernity; religion and public reason; biomedical ethics.

Gonçalo Marcelo is a researcher at the Center for Classical and Humanistic Studies (CECH), University of Coimbra. He is also an invited lecturer at the Faculty of Arts and Humanities, University of Coimbra and at Católica Porto Business School, and a member of the Young Scientists Seminar of the Lisbon Academy of Sciences. His main research interests are in the fields of social and political philosophy, ethics, hermeneutics, and critical theory.

Johann Michel is a professor at the University of Poitiers, an honorary member of the Institut Universitaire de France and a researcher at the EHESS. A specialist in hermeneutics, he is the author of a dozen books on philosophy and social sciences, including *Homo interpretans* (2017), *Le devoir de mémoire* (2018) and *Le réparable et l'irréparable* (2021).

Ana Lucía Montoya Jaramillo has a Ph.D. in Philosophy from the Gregorian University in Rome, where she is a lecturer. She has published some articles and reviews on Ricœur. Her main areas of research are attention and existential phenomenology.

Eftichis Provolakis is Assistant Professor of Philosophy at the University of the Peloponnese, Greece. He is the author of *Reading Derrida and Ricœur: Improbable Encounters between Deconstruction and Hermeneutics* (SUNY Press, 2010), and has co-edited, with Dorothea Olkowski, *Deleuze and Guattari's Philosophy of Freedom: Freedom's Refrains* (Routledge, 2019). Pirovolakis has published articles in, among other journals, *Philosophy Today*, *Word and Text* and *Literature, Interpretation, Theory*. He works on twentieth-century continental philosophy and, more specifically, on the relation between deconstruction, hermeneutics, and phenomenology.

Jeffrey Sacks, D.O., is Chief Psychiatrist at the William Alanson White Institute from 2014 to present. He is Supervisor of psychotherapy and psychoanalysis, teaching faculty. He is a reviewer for *Contemporary Psychoanalysis* and is an Assistant Clinical Professor of Psychiatry at Mount Sinai School of Medicine (New York, N.Y.).

Charles Taylor is professor emeritus in philosophy at McGill University (Montréal). He is the author, most recently, of *The Language Animal: The Full Shape of the Human Linguistic Capacity* (Harvard, 2016) and *Reconstructing Democracy: How Citizens are Building from the Ground Up* (Harvard, 2020).

Azadeh Thiriez-Arjangi (Ph.D.) is the vice-president of the Scientific Council of the Fonds Ricœur and an associate researcher at the Centre de Recherches sur les Arts et le Langage at EHESS. She initiated the Fonds Ricœur's summer workshops and has co-organized them since 2017.

Martina Weingärtner is a postdoctoral scholar in Hebrew Bible studies, currently research assistant at the University of Koblenz. In her Ph.D., Dr. Weingärtner developed a Ricœurian approach in analyzing the metaphorical figuration of the Jacob-Esau narratives (*Die Impertinenz Jakobs (2021)* at Vandenhoeck & Ruprecht). From 2020–2021, she received a Research Fellowship at Collège de France (La Bourse Anna Caroppo) for her new project on pain in prophetic traditions.

Azadeh Thiriez-Arjangi
Introduction

Dans ce livre, nous souhaitons approfondir la réflexion déjà entreprise, au cours de la seconde et la troisième édition des ateliers d'été du Fonds Ricœur, autour de *La symbolique du mal* et les lectures de Freud proposées par Paul Ricœur. Ce recueil d'articles s'inscrit dans le sillage de notre questionnement collectif durant ces ateliers consacrés à la pensée de Paul Ricœur.

Les perspectives proposées à la fois sur la question du mal et sur la lecture freudienne de Ricœur ont encouragé notre souhait de réunir une partie des travaux présentés durant ces deux années, accompagnées en même temps par d'autres écrits inédits, notamment ceux de Ricœur lui-même, de Charles Taylor et d'André Green. Ainsi, sommairement résumé notre point de départ, nous ayant conduit à mener ce travail de recherche qui interroge en grande partie le chemin parcouru par Ricœur, ce qui l'a fait partir du problème du mal pour atterrir sur le terrain de la psychanalyse.

Constatant que le mal n'est pas une expression métaphysique isolée dont la signification se limiterait à ce qu'en disent les doctrines religieuses, Ricœur insiste sur la complexité du problème du mal. Pourtant, n'est-ce pas le mal qui doit être connu pour être combattu ? Il fallait donc examiner les voies permettant de rompre avec le mal, à commencer en nous-même où le mal est déjà là. Ricœur propose une philosophie de l'action et une ontologie de l'agir comme riposte au mal.

Et puis, le scandale de la culpabilité s'ajoute à celui du mal. Le mal et la culpabilité demeurent deux scandales inexplicables. En commettant le mal, l'homme innocent cède à la faute, raconte son expérience de la faute grâce aux mythes et aux récits symboliques et il se découvre coupable. Quant à la culpabilité, elle devient le moment subjectif de la faute et elle désigne la conscience comme une instance suprême.[1] Toutefois, malgré le caractère inexplicable du mal, le fait de raconter l'expérience de la faute montre que le récit mythique du mal est constitué à partir de ce qui est déjà un langage. La poésie tragique,[2] fondée sur le mythe d'un monde divin parallèle à celui des hommes met des mots sur le mal et la culpabilité, sans pour autant parvenir à les expliquer. On

---

1 Ricœur, *Philosophie de la volonté 2*, 310.
2 «À l'instar du ‹mal› » français le mot grec το κακών signifie le(s) malheur(s) accompagnant l'homme au cours de sa vie. La faute ou le péché sont considérés comme les manquements dans la conduite au respect des normes morales ou religieuse», Veron, *Le mal dans la tragédie grecque* (Paris : Maisonneuve & Larose, 2003), 12.

dirait certes que le tragique est le langage du mal, mais on dit aussi que la poésie tragique constitue un des points principaux du passage du mal à la psychanalyse.

Paul Ricœur continue à s'interroger sur ce thème, notamment sous son aspect tragique. Il avait déjà noté à l'époque de sa philosophie de la volonté que grâce aux poètes tragiques de la Grèce ancienne, la pensée pénale des Grecs, via le caractère sacré de la Cité a pu disposer du concept de culpabilité.[3] Car ils constituaient ingénieusement le passage du crime héréditaire à la culpabilité du héros individuel placé seul devant son propre destin.

En apportant des réponses aux interrogations ricœuriennes concernant le concept de culpabilité, les poètes tragiques ont permis au philosophe de constituer un nœud commun avec la psychanalyse. De ce point de vue, la psychanalyse a sans doute une dette immense envers la poésie tragique des Grecs. André Green estime que c'est grâce à la tragédie que la psychanalyse «peut se sentir fondée à tenter de dévoiler, à ceux qui se sentent concernés par les effets du sentiment tragique, les voies et les moyens par lesquels celui-ci agit». Si la psychanalyse est attirée par la civilisation grecque, c'est parce qu'à aucun moment de l'histoire, les hommes ont pu si bien mettre en pleine lumière, «sous l'alibi des projections divines, les enjeux concrets du désir : déchirement pour la possession d'une femme, trahisons du serment d'amour, déceptions et blessures de l'amitié perdue, acharnement dans la lutte destructrice contre l'adversaire bien estimé [...]», ajoute A. Green.[4] Selon lui, en foisonnant les mythes, la tragédie nous oblige à choisir de reconnaître dans les constellations tragiques, celles qui ont une valeur formatrice. Désormais, nous comprenons aisément à la fois pourquoi Freud a pris la tragédie œdipienne comme modèle, et aussi pourquoi nous étions tentés d'introduire d'autres formes de la poésie tragique dans ce présent recueil d'articles. Les articles d'Olivier Abel et d'Azadeh Thiriez-Arjangi, avec deux approches différentes, nous apportent un vis-à-vis coaxial sur ce point.

Se prolongeant dans un empirique de la volonté et dépendant du langage, la symbolique du mal attire, dorénavant, la réflexion du philosophe vers différents domaines d'étude tels que les questions liées à la psychanalyse, le droit pénal contemporain ou la philosophie politique. Différents thèmes que Ricœur n'abandonnera jamais, car ils deviennent aussi à leur tour des ripostes au problème du mal et alimentent des discussions et apportent des solutions à ce

---

[3] Il faut toutefois noter qu'à cette époque, la vision tragique (grecque) et la vision morale-pénale (biblique) s'opposaient pour Ricœur.
[4] Green, «Oreste et Œdipe», 174.

problème dans les domaines politique,[5] religieux et historique. Toutefois, il faut s'enquérir de la réplique suprême au problème du mal. La sagesse est cette réplique.

On vient ainsi de reconstituer le chemin parcouru et de situer le point d'arrivée de Ricœur au niveau de la psychanalyse et des écrits de Freud. Après sa philosophie de la volonté et sa *Symbolique du mal*, la tentative du philosophe d'apercevoir une explication du mal entre les grands types d'interprétation de l'existence humaine, se poursuit. À vrai dire, la *Symbolique du mal* s'interpose entre l'inconscient de l'époque de la philosophie de la volonté et les écrits de Ricœur sur Freud, où la psychanalyse apparaît comme une voie parmi d'autres— logique symbolique, science exégétique et anthropologie—,[6] participant à la recherche d'une philosophie du langage. Cette dernière doit être capable d'expliquer «les multiples fonctions du signifier humain et leurs relations mutuelles».[7] Pour Ricœur, la philosophie du langage à la fois réunit des symboles et en même temps garantit l'affrontement entre diverses manières d'interpréter.[8] Car, ce n'est que par l'intermédiaire de l'acte d'interpréter que les symboles parviennent à s'inscrire dans une philosophie du langage, dont la psychanalyse fait également partie. Finalement, la demande d'une grande philosophie du langage capable de comprendre les multiples fonctions du signifier humain et de leurs relations mutuelles, est à l'origine des interrogations ricœuriennes dans *De l'interprétation*. Ainsi le philosophe trouve une voie cohérente pour réunir plusieurs disciplines et garantir l'unité du discours humain sous une seule et même question. Charles Taylor et Johann Michel apportent un éclairage passionnant sur la question du langage et de l'interprétation.

Dorénavant, sur le chemin de Freud, Ricœur s'intéresse de près à ses écrits psychanalytiques qui constituent le socle de ses travaux au cours des années soixante. Il envisage alors une méthode empirique singulière portant sur le travail d'interprétation où l'homme exprime sa propre culpabilité. Il constate que

---

5 Par exemple, il note l'impact du problème du mal chez les autres penseurs et écrit dans l'avant-propos du deuxième tome de sa *Philosophie de la volonté* : «On ne peut plus douter que la problématique du mal ne passe aussi par la problématique du pouvoir, et que le thème de l'*aliénation* qui court de Rousseau à Marx, en traversant Hegel n'ait quelque chose à voir avec l'accusation des vieux prophètes d'Israël» (Ricœur, *Philosophie de la volonté 2*, 30).
6 À ce propos Thomas Mann écrit : «Je suis pleinement convaincu que l'on reconnaîtra un jour dans l'œuvre à laquelle Freud a consacré sa vie une des pierres les plus importantes pour l'édification d'une nouvelle anthropologie qui s'élabore aujourd'hui de diverses manières et ainsi aux fondements de l'avenir, à la demeure d'une race humaine plus sage, plus libre...» (Jaccard, *Freud Que sais-je ?*, 117).
7 Ricœur, *De l'interprétation*, 13.
8 Ricœur, *De l'interprétation*, 18.

la problématique du mal persiste ; mais en même temps, il trouve urgent de lui apporter un nouvel horizon grâce à la psychanalyse.

Ainsi la réflexion ricœurienne sur la psychanalyse freudienne prétend à la fois continuer et apporter des réponses aux problèmes posés par la question du mal. Ce qui signifie incontestablement un retour vers le concept de symbole, en lui offrant ainsi un nouveau champ d'investigation philosophique, plus large qu'à l'époque de *La Symbolique du mal*. Dans un entretien[9] avec Guiseppe Martini, Ricœur revient à la fin de sa vie sur les fondements de son travail en englobant la psychanalyse et la philosophie. Il y décrit les circonstances de son travail dans les années soixante, alors qu'il venait d'écrire *Finitude et culpabilité* consacrée à l'examen des images et des représentations du mal :

> C'était vraiment le problème du mal qui m'occupait, question de laquelle je me suis beaucoup éloigné, parce que personnellement, culturellement, je suis passé, avec les épreuves de la vie, d'une culture de la culpabilité à une culture de la compassion, pour parler en terme très généraux de l'orientation de ma vie.[10]

La psychanalyse semble donc être un défi sur l'itinéraire intellectuel du philosophe qui restait en lien avec ses précédentes positions déjà développées sur le plan moral et spirituel concernant le bien, le mal ou encore le pardon. Ricœur reste attiré par les réponses que la psychanalyse peut apporter à la question de la culpabilité, mais il comprend très vite que la psychanalyse freudienne dépasse le thème de la culpabilité. Ricœur décide par conséquent d'étendre le champ de sa réflexion philosophique sur la psychanalyse, à tous les domaines auxquels la philosophie pourrait s'intéresser.

Ainsi, dans «Le conscient et l'inconscient», publié dans *Le conflit des interprétations*, Ricœur déduit que «la conscience n'est pas origine, mais tâche». Ricœur pose alors deux questions, l'une corrélative à l'autre, engageant une investigation dialectique. Sa première question est : «que signifie l'inconscient pour un être qui a la tâche d'être une conscience ?»; la seconde s'interroge : «qu'est-ce que la conscience comme tâche pour un être qui est d'une certaine façon rivée aux facteurs de répétition, voire de régression, que représente pour une grande part l'inconscient ?»[11] Ces deux questions ont ouvert une voie qui conduit au seuil de l'inconscient. Quant à l'inconscient, il nous a fait sortir de tout préjugé concernant la conscience qui ne pouvait qu'être placée désormais à

---

[9] Ricœur, «Psychanalyse et interprétation», entretien avec le psychanalyste italien Giuseppe Martini.
[10] Ricœur, «Psychanalyse et interprétation», 93.
[11] Ricœur, *Le conflit des interprétations*, 110.

la fin et non à l'origine. Cela a ouvert la voie qui amène au seuil de l'inconscient. L'article de Michael Deckard s'inscrit au cœur de cette interrogation ricœurienne.

Ricœur se heurte alors aux problèmes liés à la question de la subjectivité et tout particulièrement aux façades aveugles de la réflexion. Il y découvre la difficile position de soi. Sa confrontation avec les aspects négatifs de l'être, ayant déjà été commencée à l'époque du *volontaire et l'involontaire* et de *La symbolique du mal*—inconscient, involontaire, fausse conscience, idéologie, faute, culpabilité, etc.—, contribue à élargir le champ de sa pensée en ce qui concerne le problème de la subjectivité.

De *La symbolique du mal* jusqu'à son interprétation philosophique de Freud marquée particulièrement par la tradition réflexive et l'héritage nabertien, Ricœur ne cesse d'exprimer sa reconnaissance de dette vis-à-vis de Jean Nabert (1881–1960), en le qualifiant de maître, et de répéter cette phrase écrite dans les *Éléments pour une éthique* : « le moi se donnant le moyen de s'épeler lui-même dans le texte qu'il trace de ses propres actions ».[12]

Certes, bien que Ricœur trouve dans la pensée de Nabert un des pôles de l'opposition fondatrice entre la psychanalyse et la philosophie réflexive, il avoue plus tard qu'il n'avait pas prévu la confrontation entre la psychanalyse et la philosophie réflexive et qu'il a été amené à aborder cette confrontation en voulant effectuer une lecture systématique des écrits de Freud.

Ricœur évoque la nécessité de parler de la conscience en tant qu'épigénèse. Or, après Freud, la question de la conscience, pour le philosophe, apparaît liée à une autre : « comment un homme sort-il de son enfance, devient-il adulte ? »[13] Cette question reste à l'inverse de celle de l'analyste qui cherche à montrer la dominance de l'enfance sur l'adulte et qui expose une vision misérable de la « conscience en proie à trois maîtres—Ça, Surmoi, Réalité—définit comme en creux la tâche de la conscience et en négatif la voie épigénétique ».[14] Or, l'adulte pour Freud n'est qu'un homme capable et agissant, un homme qui ne peut accéder à son inconscient que s'il est guéri et que s'il a compris.

Ce passage permet à Ricœur de mesurer la crise de la notion de conscience et de voir dans la prétention de la conscience à se savoir soi-même au commencement, la possibilité d'ouvrir le champ de la philosophie sur la psychanalyse. Il remarque la pleine mesure philosophique de la psychanalyse et aperçoit que l'archéologie proposée par cette dernière reste un instrument iné-

---

12 Nabert, *Éléments pour une éthique*, 77.
13 Nabert, *Éléments pour une éthique*, 77.
14 Nabert, *Éléments pour une éthique*, 77.

vitable pour comprendre la totalité du phénomène humain, lequel instrument implique la dialectique entre désir et culture. Dès lors, nul doute que la psychanalyse interprète et offre un instrument de réflexion à la culture moderne. Quant à l'enjeu de la psychanalyse, il reste celui d'une philosophie de la culture comprise dans toute son ampleur, où se trouve remis en scène, comme il l'avait été au 18ᵉ siècle à l'époque de l'*Aufklärung*, le conflit entre tradition et critique. Ricœur s'intéresse évidemment au projet freudien qui porte sur «une interprétation de la culture dans son ensemble» et il considère la psychanalyse comme un évènement de la culture.

La psychanalyse est elle-même une œuvre de la culture, car elle est capable d'exposer à l'instar de toute œuvre de la culture, l'image de l'homme en tant que totalité de projections du regard de l'homme sur les choses. La psychanalyse considérée comme une œuvre de la culture nous dévoile aussi les abîmes de nos relations avec autrui et raconte l'histoire des désirs partagés ou conservés, dissimulés et dévoilés.

Dans cette perspective, Ricœur évoque : *L'interprétation des rêves*, la magistrale œuvre de Freud où il rapprochait les deux extrémités de la chaîne du fantastique, le rêve et la poésie. Les deux extrémités témoignant du destin de l'homme insatisfait et mécontent et montrant que «les désirs non-satisfaits sont les ressorts pulsionnels des fantasmes (*Phantasien*), tout fantasme est l'accomplissement d'un désir ; la rectification de la réalité qui dissatisfait l'homme».[15]

Nous sommes désormais au cœur de ce que Ricœur a proposé, sous le nom de «l'architectonique freudienne», comme une authentique interprétation philosophique de Freud, une reconstitution systématique des thèmes de la pensée freudienne qui présuppose une lecture prétendant à l'objectivité,[16] tout en prenant position à l'égard de l'œuvre. L'interprétation philosophique de Freud proposée par Ricœur, nous conduit vers le cinquième chapitre de ce livre où il est nourri et constitué de façon véritable selon cette architectonique.

L'attitude de Ricœur face à Freud consiste donc à ressaisir l'œuvre de ce dernier «à partir d'une constellation de thèmes que monnaye l'intuition et surtout à partir d'un réseau d'articulations qui en constituent en quelque sorte la substructure, la charpente sous-jacente ; c'est pourquoi on ne répète pas, mais on reconstruit»;[17] et ce sans pour autant falsifier l'œuvre en question. Ricœur souhaite donc reconstruire l'œuvre de Freud à partir d'une interprétation philosophique.

---

15 Ricœur, «L'art et la systématique freudienne», 26. L'article a été repris dans *Le conflit des interprétations*, 195–207.
16 Cette notion doit au philosophe Martial Guéroult.
17 Ricœur, «Une interprétation philosophique de Freud», 76.

Telle est donc la présentation du chemin qu'on doit s'attendre à parcourir au cours de la lecture de ce livre dont l'enjeu principal reste de proposer une réflexion fructueuse sur *La symbolique du mal* et de restituer la reconstruction ricœurienne de Freud à travers des contributions de chacun de ses auteurs.

Cette formule nous confronte dans nos choix de textes, permet de tracer une partie du cheminement intellectuel de Paul Ricœur et laisse ainsi apparaître plusieurs interrogations : Quelle est la portée de *La symbolique du mal* dans la philosophie de Ricœur ? Comment peut-on saisir le sens véritable de ce livre ? Comment faut-il concevoir l'architectonique freudienne comme le centre de l'interprétation philosophique de Freud, telle que proposée par Ricœur ?

Dans cette perspective, nous posons le cadre de la constitution de cet ouvrage. Ce cadre porte sur *La symbolique du mal*, les écrits freudiens de Ricœur et par conséquent le rapport entre l'herméneutique, la philosophie réflexive et la psychanalyse ; ainsi que la modalité de la contribution du problème du mal et du tragique dans ces écrits. Notre chapitre sur la question de la philosophie du langage est d'une grande aide dans la compréhension des chapitres qu'on vient de mentionner.

1 Le mal / Evil

Dans notre premier chapitre, nous allons traverser la question du mal selon certains axes principaux de *La symbolique du mal*. À travers les articles proposés, on s'intéressera aux différents thèmes comme la douleur, la souffrance, le tragique ou encore le suicide.

Le volume commence avec la contribution de Maureen Junker-Kenny, intitulée : «Discovering an entangled freedom: Philosophical and theological perspectives on symbols and myths of evil». Aussitôt, l'auteur qualifie la méthodologie ricœurienne d'une «révolution», surtout en comparaison avec le concept du péché originel de Saint-Augustin et à la notion biologique du mal. Et elle annonce une critique construite, une critique construite de la notion du mal héritée de Saint-Augustin. Ensuite, Maureen Junker-Kenny propose une distinction entre culpabilité ontologique et culpabilité subjective en ce qui concerne le soi et sa responsabilité. En outre et afin de situer la pensée de Ricœur au-delà de toute interprétation spéculative, l'auteur différencie la philosophie ricœurienne et sa vision théologique de celles de Saint-Augustin et prend pour témoin trois penseurs contemporains à savoir Bochet, Pröpper et Geschwandtner.

L'héritage ricœurien de la question du «tragique» constitue le cœur de la réflexion d'Olivier Abel dans sa contribution intitulée : «La conversion du tragique, de Prométhée à Antigone». Bien qu'il prenne quelques directions différentes dans son article et y aborde les divers thèmes comme l'humiliation, la vengeance, la violence, voire la sagesse, le tragique tel qu'il est successivement présenté par la philosophie de Paul Ricœur constitue le fil conducteur de son essai. De nombreux penseurs comme Karl Jaspers, Kant, Hegel, Max Weber, Simone Weil ou encore la psychologue clinicienne Ariane Bazan l'accompagnent dans ce parcours. Comme à son habitude, Olivier Abel réfléchit « au bord du politique » et dès son introduction fait un constat selon lequel notre espace politique est envahi par des affects et des sentiments qui étaient jadis exprimés et contenus dans cet espace méta-politique que forme le théâtre antique ou l'opéra classique, mais aussi les cultes religieux et naguère encore le cinéma. Il pense que cette absence de séparation entre politique et méta-politique provoque, justement, la fureur des ressentiments au sein de nos sociétés et entre elles. Ainsi, Olivier Abel place son constat dans un cadre allant du « Tragique familial et colères primordiales » à l'« L'entrelacs du mal *tragique* et du mal *biblique* » ; il propose un détour par la dialectique du maître et de l'esclave chez Hegel et relie le concept de l'humiliation au drame de l'émancipation et de la reconnaissance qui est au cœur de la philosophie morale et politique moderne.

Jean-Luc Amalric rappelle aussitôt dans son texte « Finitude, culpabilité et souffrance : la question du mal chez Ricœur », que l'originalité de *La Philosophie de la volonté* de Ricœur tient au fait qu'elle est une approche du mal et de la volonté mauvaise qui refuse catégoriquement toute réduction du mal à la finitude. Afin d'expliciter et d'approfondir le sens de cette originalité ricœurienne, Jean-Luc Amalric associe à son approche des notions de finitude et de culpabilité une analyse de la notion de souffrance. Il essaye ainsi de répondre dans son article à certaines interrogations concernant la relation et la différence entre culpabilité et souffrance afin de penser leur articulation avec la question de la finitude chez Ricœur. C'est dans cette perspective que Jean-Luc Amalric mobilise un certain nombre d'essais ou d'articles essentiels de Ricœur consacrés directement à la question du mal dans les années 80–90 comme *Le Mal, un défi à la philosophie et à la théologie* et *Le scandale du mal* (1986), « La souffrance n'est pas la douleur » (1992) et établit aussi un lien entre « l'homme agissant et souffrant » au sein de l'anthropologie philosophique de Ricœur depuis *Soi-même comme un autre* jusqu'à *Parcours de la reconnaissance*, et la question de la souffrance dans la philosophie ricœurienne de l'agir humain.

Dans son article, « La part de la littérature dans l'expérience du mal : à propos de *La Symbolique du mal* », Cristina Henrique da Costa tente de montrer en quel sens le rôle joué par la littérature dans *La symbolique du mal* ne semble pas à la hauteur des nombreuses références de ce livre susceptibles d'être lues comme littéraires. En mentionnant la place occupée par la tragédie grecque dans la pensée de Paul Ricœur, Cristina Henrique da Costa en vient à souligner alors une ambiguïté fondamentale concernant le statut même du symbole dans *La Symbolique du mal*. En effet, parce qu'il répond à l'exigence rationnelle de penser le mal, le symbole, destiné à être une expérience de conscience, se nourrit cependant de l'abstraction progressive du discours philosophique. Afin de mieux cerner cette ambiguïté, l'auteure propose un regard sur les travaux de René Girard, Georges Bataille et Gaston Bachelard qui malgré des approches distinctes dans leur façon de répondre eux aussi à l'exigence de penser le mal, refusent chacun de sacrifier le langage littéraire à une sorte de rationalisation déformante de la créativité symbolique.

L'article de Linda Cox clôt ce premier chapitre. Dans son article «Defilement, sin, and guilt in Ricœur's *Symbolism of Evil* and Rankine's *Citizen: An American Lyric*», Linda Cox montre comment dans les États-Unis d'Amérique, les structures symboliques des mythes se révèlent comme le mal à travers le mythe de la suprématie blanche. En évoquant la pensée de Rankine, elle constate que si d'un côté la méthodologie philosophique de Ricœur aide Rankine dans l'évolution de sa réflexion, de l'autre côté, tous les deux penseurs apportent un travail généalogique et herméneutique qui tentent à déchiffrer les structures symboliques du racisme, et ce afin de démanteler le pouvoir de ce dernier sur notre inconscient collectif. Le mal a plus d'influence quand il est caché. Et c'est pour cette raison que Rankine, dans ses poésies, essaie de défaire le pouvoir du racisme en dévoilant sa noirceur. La réflexion originale de Linda Cox sur *La symbolique du mal*, nous invite à être plus lucides que ces lignes écrites par Zora Neale Hurston : «I feel most colored when I am thrown against a white background.» Neither Rankine nor Cox have a simple solution to the hidden mythology, but the hope is to trust «that these dialogues, however blind and imperfect, will allow us to reimagine restored relationships and more just institutions».

2 Herméneutique et psychanalyse / Hermeneutics and psychoanalysis

Ce chapitre commence avec l'article de Gonçalo Marcelo intitulé : «The philosophical wager of Ricœurian hermeneutics», éclaire les contours de l'herméneutique de l'imagination de Ricœur appliquée à la philosophie de l'action, comprise comme une philosophie de la finitude. En s'appuyant sur *Le conflit des interprétations* et *De l'interprétation*, l'auteur analyse l'origine du perspectivisme chez Ricœur et suggère un possible rapport entre ce dernier et la critique connectée de Michael Walzer. S'appuyant sur la lecture *De l'interprétation*, *L'idéologie et l'utopie*, *Soi-même comme un autre* et *Parcours de la reconnaissance*, l'auteur trouve les sources d'une herméneutique progressiste chez Ricœur. Cette herméneutique progressiste s'attaque à un certain nombre de défis politiques et sociaux issus de nos sociétés existantes. Deux exemples d'applications possibles de cette herméneutique progressiste à des phénomènes contemporains son donnés : premièrement, l'herméneutique critique du populisme ; et deuxièmement, de la transformation politique dans le sens d'une « utopie réaliste », c'est-à-dire d'une utopie partiellement réalisable. Gonçalo Marcelo défend l'idée que les dimensions ontologique et épistémologique du pari philosophique de Ricœur peuvent donc éclairer certains enjeux éthico-politiques, et trouve chez Ricœur une herméneutique capable de comprendre et même transformer nos sociétés.

Dans son article : « De la symbolique à la psychanalyse : un aperçu du parcours herméneutique de Paul Ricœur », Luz Ascararte examine d'emblée les convergences entre deux orientations psychanalytique et phénoménologique et défend la thèse selon laquelle ces deux orientations peuvent se réconcilier au cœur du problème de l'imagination. Toutefois, un autre point de divergence apparaît : celui de l'expérience. Ce dernier conduit Ricœur aux antipodes de la position psychanalytique de Lacan. Ce rejet permet à Ricœur d'élaborer une méthodologie psychologique incluant le sujet et la double orientation, téléologique et archéologique, de la description. Ainsi, Luz Ascarate met l'accent sur l'opposition entre la psychanalyse interprétée par Ricœur et la psychanalyse structuraliste de Lacan et essaie de montrer les points importants de cette divergence.

C'est toujours sur cet arrière-fond du rapport entre l'herméneutique et la psychanalyse que Martina Weingärtner propose son article : « Moses between Ricœur and Freud: Narrative self-revelation between psychoanalysis and hermeneutics ». Elle situe la critique freudienne de la Religion, telle qu'elle a été évoquée par Ricœur entre la psychanalyse et l'herméneutique. Afin d'étudier les rapports entre l'herméneutique et la psychanalyse dans des expériences narratives, elle évoque la notion du symbole et propose une explication archéologique enrichie par la voie téléologique et herméneutique à partir de *L'homme Moïse et la religion monothéiste* (1959) de Freud et s'interroge sur le statut épistémologique de la psychanalyse chez Ricœur.

Michael Funk Deckard dans son article : « The miracle of memory: Working-through Ricœur on Freud's *Nachträglichkeit* », se concentre sur une communication donnée par Ricœur à Bonneval en 1960 intitulée : « Le conscient et l'inconscient ». En s'interrogeant à la fois sur la notion freudienne de *Nachträglichkeit* (après-coup) dans l'œuvre de Ricœur, et en même temps sur l'article freudien de 1914 : « Remémoration, répétition, et élaboration », l'auteur nous montre comment le travail de deuil et le travail de mémoire se sont entrelacés chez Ricœur dès sa *Philosophie de la volonté* et ce jusqu'à la fin de son œuvre.

Toutefois, si le Cogito cartésien existe, il devient impossible de faire une distinction entre la conscience et l'inconscient. De même, le concept de l'après-coup, appelé ainsi par Laplanche et Pontalis, ne pourrait exister. Pour Michael Deckard, la notion freudienne de perlaboration (*working-through*) peut trouver une issue possible à cette impasse. Ce constat conduit Deckard à explorer le miracle de la mémoire affrontant toute répétition compulsive. En qualifiant ce miracle comme «l'inverse de la remémoration», l'inverse de l'enfer, l'auteur pense que ce miracle peut ressusciter les morts. De ce fait, les mondes souterrains et foisonnants d'Homère, de Virgile et de Dante se trouvent au cœur de la philosophie et de la psychanalyse du 20e siècle.

La contribution d'Andrés Bruzzone : «Suicide, souffrance et narrativité» nous heurte profondément. On s'interroge aussitôt avec l'auteur : comment peut-on supporter la souffrance ? Dans sa contribution intimiste, Andrés Bruzzone raconte les souffrances, liées au suicide et surtout à l'absence de la parole. Il guide son travail aussitôt tôt sur le plan de la psychanalyse où un des plus grands défis reste la compréhension des mots du patient suicidaire. Ensuite, en partant d'une recherche sémantique sur le mot suicide, il essaie d'apporter un constat éthique. Aussi, Andrés Bruzzone n'hésite pas à mobiliser des divers textes de Ricœur afin d'apporter une réponse à la grande question de pourquoi ? pourquoi suicide ? pourquoi moi ? pourquoi mon enfant ? Il constate, encore une fois, que le récit de suicide reste incompréhensible, que le suicide, impénétrable, résiste aux interprétations et que ses contours sont indépassables. Le cheminement de cette réflexion poignante conduit l'auteur à s'interroger avec Ricœur sur le courage d'abandonner une vie dans l'absurde. Mais est-il courageux de refuser une vie, de dire non à l'existence ?

3 La question du langage / The question of language

Le troisième chapitre du livre s'ouvre avec deux articles, l'un de Johann Michel, l'autre de Charles Taylor, autour de la question de l'interprétation et du langage. Johann Michel met en lumière l'essai que Ricœur a consacré à Freud en s'interrogeant sur le sujet de l'interprétation («Qui interprète ?»). Alors que la tradition herméneutique issue de Schleiermacher et Dilthey privilégie le *quoi* (le discours) et le *comment* (la méthode) de l'interprétation, l'article cherche à donner une place plus importante au *quand* (le contexte) et au *qui* (le sujet interprétant). Dans cette perspective, Johann Michel fait de Ricœur un interlocuteur privilégié. Il s'attarde alors sur l'objet de l'interprétation (tel qu'il est posé dans *l'Essai sur Freud*) qui porte sur des structures de signes à sens multiples (sens équivoque), que Ricœur appelle des *symboles* et précise que l'interprétation ne se pose aucunement pour des structures de signes univoques. Pourquoi les symboles demandent-ils à être interprétés ? la réponse à cette question conduit Johann Michel à énoncer qu'«il n'y a pas d'interprétation sans sujets interprétants (*le qui*) et sans techniques corrélatives (le *comment*)». À la suite de Ricœur, Michel souhaite élargir le statut des interprétants (*le qui*) et le statut des techniques interprétatives (*le comment*), au-delà des professionnels de l'interprétation et des techniques savantes d'interpréter. Cette démarche permet de renforcer l'articulation entre l'épistémologie et la philosophie réflexive.

La contribution de Charles Taylor est issue d'une communication donnée à Paris lors du colloque du centenaire de Paul Ricœur en 2013. Édité par Azadeh Thiriez-Arjangi à partir de l'enregistrement sonore et des notes de l'auteur, avec l'aimable autorisation de ce dernier, le texte montre l'importance de la question du langage dans l'anthropologie philosophique de Ricœur.[18] Dans son texte intitulé : «La contribution de Paul Ricœur à l'anthropologie philosophique», Charles Taylor s'approche de l'anthropologie philosophique de Ricœur en commençant sa réflexion par y repérer deux écueils : le premier écueil repose sur l'explication réductive dans les sciences naturelles. Dans le second écueil, Taylor examine la phénoménologie descriptive et met en lumière le rôle joué par la philosophie heideggérienne dans le passage de la phénoménologie à l'herméneutique, sans signer pour autant l'abandon de la phénoménologie. Ensuite, il précise le contour du rôle d'une herméneutique élargie et arrive à un langage objectif et philosophique permettant d'apercevoir les rapports logiques de déduction, de compatibilité et de contradiction entre les énoncés scientifiques proposés. Ce passage conduit Taylor à s'interroger sur le système complexe des langues bien faites et évoque un certain système langagier chez Ricœur, avant d'élargir sa réflexion vers le symbole. Il démontre alors que le langage possède plusieurs logiques et que cela pose un problème pour réduire la philosophie ou encore l'anthropologie philosophique à n'importe quel langage ; surtout quand il s'agit d'un langage comme celui des langues bien faites. Il faut donc aller vers un langage composite fonctionnant avec deux, voire plusieurs logiques épistémiques. Or seul un tel langage peut rendre compte de l'action humaine se déroulant dans le temps. Taylor nous conduit ainsi vers ce qu'il considère comme une des plus grandes forces de Ricœur, à savoir une lecture exhaustive des autres en

---

[18] Nous remercions Marc Boss pour son aide précieuse dans l'édition de ce texte ainsi qu'Olivier Abel quant à sa lecture attentive.

dehors d'un seul langage philosophique et donne l'exemple de ses lectures de Freud dans *De l'interprétation*.

L'article de Jeffrey Sacks intitulé : « Narrative reexamined: From analysis to synthesis » se situe dans un croisement interdisciplinaire entre la psychanalyse, la théorie littéraire et la philosophie. De ce fait, l'auteur n'hésite pas à se référer aux éléments apportés par de nombreux travaux venant du champ de la littérature psychanalytique et qui restent pourtant absents dans le domaine de la philosophie. Dans son texte, l'auteur offre un aperçu intéressant des écrits philosophiques de Ricœur apportés sur le plan clinique, et envisage deux situations analytiques à savoir : la recherche de signification entre deux personnes et l'orientation de la recherche de signification entre deux personnes accompagnées de pratique clinique (cure). Ce croisement situe l'identité individuelle comme une autre identité qui existe dans le temps ; et aussi au-delà de toute synthèse faite par le récit. Certes, Jeffrey Sacks cherche à établir l'évolution d'un nouvel élément du récit chez Ricœur à savoir la synthèse, son influence sur la psychanalyse contemporaine et enfin ses impacts ultérieurs sur les praticiens.

L'article d'Ignacio Iglesias Colillas, par ailleurs psychanalyste, clôt cette section. Dans son article : « A procedural model approach to Ricœur's epistemology of psychoanalysis: a methodological reflection around Freud's Schreber Case », Colillas se concentre sur les *Mémoires d'un névropathe* de Daniel Paul Schreber. En s'appuyant sur ce livre ainsi que sur les histoires de cas chez Freud, l'auteur tente d'aborder quelques problèmes méthodologiques. Après avoir expliqué six prémisses méthodologiques, Colillas examine de façon étroite le texte de Schreber lui-même comme une analyse et s'interroge : comment un texte ou une œuvre peuvent-ils être interprétés comme un « processus de lecture », au sein de la théorie de l'interprétation de Ricœur ?

4 La philosophie réflexive et la psychanalyse / Reflexive philosophy and psychoanalysis

La quatrième section du livre commence avec l'article Alessandro Colleoni intitulé : « Psychanalyse non réductionniste et phénoménologie herméneutique : la naissance d'un binôme paradigmatique de la pensée de Paul Ricoeur » où l'auteur essaie de montrer la cohérence qui existe dans l'œuvre de Ricœur entre la confrontation du philosophe avec les sciences sociales et son refus de toute forme de réductionnisme. L'auteur met ainsi au centre de sa réflexion l'analyse que Ricœur propose de la psychanalyse freudienne et de ses rapports avec la phénoménologie.

Dans sa contribution, «Eros, accusation and uncertainty: Kantian ethics after Freud», Adam Graves examine ce qu'il appelle l'herméneutique freudienne de la soupçon. Il explique que le recours de Ricœur à cette herméneutique, lui permet de s'interroger sur la sagesse pratique kantienne. Or l'herméneutique freudienne nous apprend que la sagesse pratique – contrairement à ce que Kant propose – n'est pas a priori et qu'elle trouve ses racines dans nos désirs. Toutefois, l'auteur aperçoit que la sagesse pratique kantienne (et la normativité qui la constitue) souffre d'une certaine incertitude. Par conséquent, il n'hésite pas à dévoiler les lacunes de cette démarche de Ricœur et à dire qu'il reste tout à fait possible de fonder une médiation entre le désir et la normativité sur la conception kantienne de l'action.

L'article de Ana Lucía Montoya Jaramillo : «Attention to symbols and the qualitative transformation of reflexive consciousness,» cherche à comprendre comment les symboles ont été mis au service de la philosophie, dans les écrits de jeune Ricœur. L'auteur évoque ainsi les premiers travaux de Ricœur qui nous mettent sur le chemin d'un certain lien oublié entre l'homme et l'être de tous les êtres.

Dans son texte : «Du mal tragique au mal raconté : l'herméneutique de l'action de Ricœur entre Freud et Nabert», Francesca D'Alessandris défend l'hypothèse selon laquelle la réflexion ricœurienne sur les travaux de Freud ainsi que sur la philosophie de Nabert, est motivée par la question du mal, résultant elle-même du «Cogito Blessée». L'auteur nous explique que si d'un côté, en évoquant la nature tragique de la culpabilité humaine, Ricœur exclut l'idée de Nabert sur une appropriation entière de l'acte originaire de la conscience ; de l'autre côté, après avoir fait le constat de la nature inexplicable de la chute originaire de l'homme, l'auteur *De l'interprétation*, se tourne vers la psychanalyse. Quant au rôle joué par cette dernière, il consiste à donner du sens à l'expérience du mal ; et ce à travers une herméneutique comprise comme la théorie de l'interprétation de l'action humaine. C'est ainsi que la psychanalyse tente de clarifier le caractère éthique de l'action humaine.

5 Autour de l'architectonique Freudienne / The Freudian architectonic

Notre cinquième et dernier chapitre porte sur la reconstitution de l'architectonique freudienne qui est le pivot des écrits de Ricœur sur Freud. Tous les thèmes abordés peuvent se retrouver au sein de cette structure, en repartir, ou en découler. Nous y trouvons ainsi les articles de Azadeh Thiriez-Arjangi, Jeanne-Marie Gagnebin, Daniel Frey et Eftichis Pirovolakis.

Le titre de la contribution d'Azadeh Thiriez-Arjangi : «Le tragique du destin D'OEdipe à ‹Rostam et Sohrâb›», nous prolonge d'emblée dans un univers poétique opulent. L'auteur cherche ainsi à proposer une nouvelle interprétation des écrits de Ricœur via une reprise du non-philosophique, c'est-à-dire de la poésie, dans la philosophie. Pour cela, elle évoque la tragédie d'Œdipe de Sophocle et le récit de «Rostam et Sohrab» issu de *Shâh-Nâme*, l'œuvre magistrale de Ferdowsi, poète iranien. En pointant un certain nombre de concepts tels que la reconnaissance, la culpabilité et le tragique, cette reprise conduit l'auteur a vers la lecture de Freud proposée par Ricœur. Enfin, après avoir créé un certain parallélisme entre les différents personnages de ces deux tragédies, l'auteur évoque quelques angles de l'interprétation philosophique de Freud, proposée par Ricœur.

Le titre de l'article de Jeanne-Marie Gagnebin : «Les vicissitudes du sens», nous dit d'emblée que l'auteur s'apprête à évoquer un trajet multidirectionnel qui pourrait connaître quelques incohérences. Elle prend la question de l'interprétation en tant que le fil d'Ariane de sa réflexion, placée dans une trajectoire allant de *La symbolique du mal* au *Temps et récit*, en passant par la lecture de Freud par Ricœur. Elle souligne ainsi le recours de Ricœur à Freud, à partir de la question du *Mal*, c'est-à-dire de la liberté humaine et du volontaire et de l'involontaire et rappelle des insuffisances d'une conception auto-suffisante de la conscience (*Bewusstsein*) qui exige une temporalité pour accéder à soi-même. L'auteur avance dans son travail en suivant les traces des résidus laissés par les travaux antérieurs de Ricœur. En partant du concept de la culpabilité jusqu'aux écrits de Ricœur sur Freud, elle montre pourquoi l'œuvre majeure de Ricœur portée sur ces écrits, a pour titre principal *De l'interprétation* et non pas *Essai sur Freud*. Ensuite, elle évoque l'exercice commun aux trois maîtres du soupçon, Freud, Marx et Nietzsche ; et révèle que si la réflexion de l'*Essai sur Freud* pose une question herméneutique, c'est justement parce que les exercices de soupçon sont aussi des exercices de lucidité propres aux penseurs de l'*Aufklärung*. Enfin, elle revient sur la volonté de Ricœur d'échapper à la clôture d'une unique interprétation figée ; ce qui a, par ailleurs, engendré la réflexion de ce dernier sur la question du récit et de la narrativité.

Nous pouvons aisément placer l'article de Daniel Frey comme une suite à la contribution de Jeanne-Marie Gagnebin. L'article de Daniel Frey : «Détresse, religion, foi : Ricœur lecteur de Freud», interroge la lecture de Freud par Ricœur sous l'angle de la critique de la religion. Daniel Frey mentionne l'alliage théorique complexe entre une *énergétique* et une *herméneutique* dans *De l'interprétation* et considère que le modèle épistémologique de Freud comprend cet alliage. Il évoque, ensuite, la contribution ricœurienne à la théorie du symbole qui peut être à son tour considérée comme une dissimulation ou une révélation d'un sacré. Ce constat conduit l'auteur vers la critique freudienne de la *religion* capable d'intégrer à une *foi*. Il apparaît alors que Ricœur arrive à la critique freudienne de la religion là où elle est la plus forte à savoir dans le lien qu'elle manifeste entre *désir* et *illusion*. L'auteur entreprend cependant d'interroger le parti-pris de Ricœur. Tout se passe comme si la critique freudienne de la religion ne pouvait s'appliquer à la foi, laissée par hypothèse hors du champ de la psychanalyse. L'auteur y voit l'influence de la théologie de Karl Barth. Après avoir parcouru la réflexion ricœurienne sur la question de la religion et de la foi chez Freud, il reste une dernière question à aborder : «y a-t-il, dans le dynamisme affectif de la croyance religieuse, de quoi surmonter son propre archaïsme?». La réponse à cette question constitue la dernière partie de cet article.

La contribution de Eftichis Pirovolakis : «Ricœur and Freud: Beyond the archaeo-teleological principle,» évoque la question du kantisme post-hégélien de Ricœur. Dans son texte, Pirovolakis se concentre notamment sur la dialectique ricœurienne de l'archéologie et de la téléologie dans la troisième partie *De l'interprétation* où le terme de l'archéologie (issu de la préface écrite par Merleau-Ponty pour le livre d'Angelo Hesnard intitulé : *L'œuvre de Freud et son importance pour le monde moderne*) désigne l'évolution de la pensée de Freud dans une énergétique qui veut éviter la pensée cartésienne sur la conscience à travers la révélation de l'archaïque. Ainsi, le terme téléologie, au sein de cette même herméneutique, doit avoir une conception implicite comme la relation entre le maître et l'esclave. Ensuite, l'auteur explore l'expression de la pulsion de mort dans *Au-delà du principe du plaisir* (1920) chez Freud. Enfin, il revient sur le conflit subtil non résolu entre vie et plaisir d'une part, et mort et pulsion, d'autre part.

6 Inédits / Previously unpublished

Enfin, nous avons décidé d'ajouter à ces cinq chapitres, une dernière section en guise de postface. Cette section comprend deux textes inédits à savoir : la présentation de Paul Ricœur à l'ouverture de la conférence de Bonneval en 1960 et la lettre qui lui a été adressée après ce colloque par André Green. Enfin, la conférence de Stéphane Habib : «Une carte postale de Rosenzweig à Freud,» donnée à l'occasion de nos ateliers en 2019 clôt notre livre.

En rassemblant ces textes, et tout au long de notre travail, nous avons adopté l'exigence ricœurienne de ne pas produire un travail étroit. Bien que nous ayons mis ce travail au service de ce que Ricœur a voulu dire dans sa

Symbolique du mal et à propos de Freud, nous avons tenté d'enrichir ce recueil avec quelques écrits élargissant le champ le champ du travail ricœurien. Puisque nos motivations et notre cadre de travail sont ainsi établis, il est temps d'entamer la première partie de cette recherche à savoir la question du mal, telle qu'elle a été notamment abordée antérieurement aux écrits de Ricœur sur Freud.

Bibliographie / Bibliography

Green, André (1968): «Oreste et Œdipe. Essai sur la structure comparée des mythes tragiques d'Oreste et Œdipe et sur la fonction de la tragédie.» In: Berge, André and Clancier, Anne, Ricœur, Paul, and Rubinstein, Lothar-Henry (Eds.): *Entretiens sur l'art et la psychanalyse*. Paris and La Haye: Mouton, 173–223.

Jaccard, Roland (1976): *Freud Que sais-je?* Paris: PUF.

Narbert, Jean (1962): *Éléments pour une éthique*. Paris: Aubier.

Ricœur, Paul (1965): *De l'interprétation. Essai sur Freud*. Paris: Seuil.

Ricœur, Paul (1966): «Une interprétation philosophique de Freud.» In: *Bulletin de la société française de philosophie* 60, 73–107.

Ricœur, Paul (1968): «L'art et la systématique freudienne.» In: Berge, André and Clancier, Anne, Ricœur, Paul, and Rubinstein, Lothar-Henry (Eds.): *Entretiens sur l'art et la psychanalyse*. Paris and La Haye: Mouton, 24–50.

Ricœur, Paul (1969): *Le conflit des interprétations. Essais d'herméneutique*. Paris: Seuil.

Ricœur, Paul (2009): *Philosophie de la volonté 2, Finitude et culpabilité*. Paris: Seuil.

Ricœur, Paul (2015): «Psychanalyse et interprétations. Un retour critique.» Weiny Freitas and Ablerto Romele (Trans.). In: *Revue Esprit* 12, 92–111.

Veron, Robert (2003): *Le mal dans la tragédie grecque*. Paris: Maisonneuve and Larose.

Part I **Le Mal / Evil**

Maureen Junker-Kenny
Discovering an entangled freedom: Philosophical and theological perspectives on symbols and myths of evil

Abstract: With *The Symbolism of Evil*, Ricoeur embarked on a new trajectory, enquiring into constitutive elements of being human via the symbols contained in the defining narratives of a culture. Having redirected the phenomenological approach from consciousness towards the faculty of willing, he now adds "hermeneutics." It discovers in myths indirect articulations of core parameters of human life that then become the object of reflection, for example, on human freedom. The influential interpretation undergone by the "Adamic Myth" in Augustine's step to an inherited "original sin" is marked as a speculative rationalization. Yet enquiring about the origin of evil is part of a necessary philosophical clarification of the scope of human agency. Section one discusses the methodological turn to hermeneutics, section two the Genesis narrative of Adam, Eve and the serpent as a case study of the human person finding herself entangled in an ambiguous freedom. Section three compares three responses: a critical philosophical engagement with his treatment of Augustine (I. Bochet); a contrasting endorsement from a theology of freedom (Th. Pröpper) of Ricœur's uncovering the biological and juridical categories in his verdict; and an alternative found in Orthodox liturgy (C. Gschwandtner) to Ricœur's concern with fragile yet morally capable agency.

The Symbolism of Evil marks an important crossroad where the theory decision is made to take a new direction. It belongs to the trilogy on the will—which itself reorientates phenomenological thinking from an analysis of consciousness to one of the motivations and articulations of the practical faculty. Yet *The Symbolism of Evil* not only completes the examination of the human constitution as marked by the "voluntary" and the "involuntary," and by "fallibility."[1] It also inaugurates a new approach, to be further elaborated in the subsequent works, which Ricœur identifies as hermeneutics having "been able to graft itself onto phenomenology."[2] What is the reason for moving to a "hermeneutics," a concep-

---

[1] See Ricœur, FN, *Philosophie de la Volonté*, *The Symbolism of Evil*, and *La Symbolique du Mal*.
[2] Ricœur, *From Text to Action*, 14.

tion that did not appear in the original analysis of the will,[3] and that will next be brought to bear on a field of practice, psychoanalysis, which was not conceived in these terms by its founder?[4] And how does the indirect route of inquiring into basic anthropological premises via the symbols contained in the literary works of a culture affect the understanding of philosophical and theological concepts? For a philosopher as epistemologically conscious and careful as Ricœur, a change of method signifies a major shift. His precise and circumspect reconstructions of other, competing approaches, conducted with great respect for the possible truth of the perspectives they open up, corroborate that choosing a new method of access must be the result of a sustained reflection on what a school of thinking can and cannot deliver. The material his book turns to, the ancient Near Eastern and Mediterranean myths that marked the dawn of European thinking, are treated in two steps: beginning with the "first order symbols" of evil, "defilement," "sin" and "guilt," he then compares "myths" as "second order symbols" which take the shape of distinct narrations that are classified into four types. The experience of being entangled in factors that diminish the human outreach towards a fulfilling life is expressed in evocative accounts: the Babylonian story of creation as a fight between gods, the Hebrew Bible's account of Adam's Fall, the fate of tragic heroes in Greek myths, and the Orphic dualism of the exiled soul. The criterium by which Ricœur judges these principal imaginary depictions of the standing of humans in the cosmos, the social world and towards themselves is to which practical self-understanding they lead. I will discuss key questions arising in his course of inquiry about human freedom in three sections: on the new hermeneutical method (1), the case study of the "Adamic Myth" (2), and the abiding controversies which his influential interpretation has sparked in biblical hermeneutics, Christian theology as well as in philosophy. Since Augustine's new conception of an inherited "original sin" is rejected as a speculative rationalization of the story of Adam's Fall, how has theology

---

[3] Cf. Frey, "On the Servile Will."
[4] See Ricœur, *Freud and Philosophy*. In "Finitude, culpabilité et souffrance" (see p. 63–88), Jean-Luc Amalric refers to philosophical precursors in the 1920s who included psychoanalysis under this attempt of understanding the utterances of other persons and eras, such as psychiatrist and existential philosopher Karl Jaspers. The subsumption of psychoanalysis to hermeneutics has not been left uncontested by authors defending Freud's method. Pawel Dybel points out the opposite treatment of "symbol" in "Symbol and Symptom: Paul Ricœur's reading of Freud." His concluding comparison of the anthropological models proposed, however, identifies Ricœur's analysis as based on a Christian view of the human person as sinful, in contrast to the psychoanalytic premise of innocence. This does not capture the key point of Ricœur's interpretation of the account of the Fall which is to show evil as merely factual by narrating it as a second, "historical" stage that stands in contrast to the foundational goodness.

judged the philosophical trajectory charted for understanding the origin, the active renewal, and the chance of resisting evil (3)?

1 A "revolution"[5] in terms of method

What are the reasons for Ricœur to complement the conceptual means of phenomenology with a hermeneutics of mythological stories focused on the theme of evil? The year of its publication, 1960, fifteen years after the end of the Second World War, saw the appearance of another major programmatic work, *Truth and Method*, in which Hans-Georg Gadamer emphasized the prior belonging of the subject to a history of reception of classical texts. Ricœur's new departure will include the role of ideology critique and, beyond the limits of reflection, the importance of ensuring the capacity for action, as he will specify in his subsequent debates both of Gadamer's position and of its critique by Jürgen Habermas.[6] The deficiency which Ricœur exposes in a philosophy that believes in a direct path from "thinking" to "being"—as one may see exemplified in Descartes' *Cogito ergo sum*—requires committing to a different route which appears like a "detour" to those used to taking the short cut. The reason for Ricœur is that there is no direct connection between a conceptual analysis of the human feature of "fallibility," and wrongful action. While a structural "disproportionality" can be uncovered by a phenomenological inquiry within the methodological boundary of the "épochè," which keeps this level distinct from concrete action, its tools of thinking here reach their limit.[7] Actual deeds are in a different register which forces philosophy to reflect on the context in which it is set which is prior to reflection. It is a sore admission to make that theory is faced with events it can neither deduce from a structural analysis of human specificity nor explain in their reasons. In particular, the fact of evil decisions and deeds shows that there is a level of human action which remains "inscrutable," constitutively opa-

---

[5] The explication of Ricœur's concept of evil by Jérôme Porée and Olivier Abel begins with the instructive question of how philosophy can approach this theme, not taking for granted this ability: "Comment un discours philosophique sur le mal est-il possible? A cette question, Ricœur répond […] par la révolution de méthode qui le fait privilégier, à mi-chemin de la révolte muette et des rationalisations trompeuses, le niveau intermédiaire du mythe et du symbole. Témoignage multimillénaire de l'imagination déployée par le génie des peuples pour permettre à l'homme de faire face à sa condition, le symbole, en effet, 'donne à penser'" (Porée and Abel, "Mal," 78, with reference to Ricœur, *La Symbolique du Mal*, 479).
[6] Cf., for example, Ricœur, *Hermeneutics and the Human Sciences*, 63–100.
[7] Cf. Amalric, "Finitude, culpabilité et souffrance."

que and profoundly scandalous. Opposing any philosophical solution that tries to enwrap the experience of evil in an encompassing system of thinking, it is the hermeneutical route that Ricœur regards as able to offer insights precluded by other approaches. I will first elucidate the elements that lead to identifying the realm of symbols and the cultural pre-understandings they are embedded in as the promising way forward (§1.1). As a later instance of a similar critique, of overarching theses from a philosophy of history, applied to some of the same texts in which their distinctiveness risks being levelled, I will turn to his comment on key concepts of sociologist Max Weber (§1.2).

1.1 The level of inquiry: Concrete, historical freedom, as expressed in emblematic narratives

The turn to hermeneutics happens in order to elucidate issues posed by ordinary life, as one manifestation of non-philosophy, that can only be accessed indirectly, through the mirror of narratives.

The achievement of the first volume, *Fallible Man*, was to show how truths about human capacity that can be reached by reflection are rooted in the dual constitution of human freedom, "the polarity within him of the finite and the infinite, and his activity of mediation or intermediation." Because of a "disproportion" that is structural, something that is encountered and not made, "fallibility" comes with being human.[8] Yet, fallibility as a structure of finite freedom is not itself actual evil; to capture it as a live possibility requires a new launch. As Daniel Frey summarizes, the difference to *Freedom and Nature*, which was "devoted to fundamental possibilities of the human being," appears in that "the philosopher judges precisely that the fault is not a fundamental possibility: it represents an *accident* that is inaccessible to eidetic description" for which the fault counts as "*the absurd*."[9]

Thus, between possibility and real action there is a gulf. Ricœur's conclusion is that human reasoning cannot explain the origin of an act, it is something that remains mysterious. The material for a philosophical analysis of this theme must therefore be sought in the store of human expression that exists in literary documents and ritual practices which arise from basic experiences of world, self and agency. An analysis and comparison of "symbols" across cultures is used to

---

[8] Ricœur, *Fallible Man*, xliv. *L'homme faillible*, the first volume of *Finitude et culpabilité* I, and the second volume, *The Symbolism of Evil*, were published in French in 1960.
[9] Frey, "On the Servile Will," 51, with reference to Ricœur, FN, 24. Frey concludes: "In order to attain the fault, a change of method will be necessary."

make up for the fact that there is no immediate access to the agent's own motivations. The otherness of a work—epics, prayers, drama, poetry, choral compositions...—is needed to be able to reflect on the possible components of one's own actions. It is chastening for philosophical thinking with all its precision and variety of starting points, to admit that insights regarding the subjects' own motivation and intention come to them through works which reflect elementary experiences. Not merely sharpness of intellectual analysis, but "sympathy" and "imagination" are identified as requirements for this art of understanding to develop in a systematic and methodologically conscious way. The freedom humans find themselves in is discovered as not only finite, but also entangled, conditioned by multiple factors, and as a problematic task. Concrete, actualized freedom is therefore the level which Ricœur is exploring in the second, twin volume to *Fallible Man*.

Two quotes will illustrate the programmatic steps. The first indicates the need to include "being," real life, beyond a type of self-reflection which denies its own presuppositions in the symbolic imaginaries of a culture: Instead of trying to find "a disguised philosophy under the imaginative garments of the myth," he advocates a philosophy that starts from the symbols and endeavors to promote the meaning, to form it, by a creative interpretation. [...] the task of the philosopher guided by symbols would be to break out of the enchanted enclosure of consciousness of oneself, to end the prerogative of self-reflection.[10]

Secondly, beyond the need to examine knowing and willing as capacities, a more foundational level becomes the object of inquiry. It amounts to a "second Copernican turn," as Ricœur states on the penultimate page of *The Symbolism of Evil*, to recognize that myths explore human existential conflicts which are the material for subsequent thought:

> All the symbols of guilt—deviation, wandering, captivity,—all the myths—chaos, blinding, mixture, fall,—speak of the situation of the being of man in the being of the world. The task, then, is, starting from the symbols, to elaborate existential concepts—that is to say, not only structures of reflection but structures of existence (SE, 356–357).

These symbols are culture-specific, and philosophy, the general consciousness of truth, cannot afford to bypass them: "beginning from this contingency and restrictedness of a culture that has hit upon these symbols rather than others, philosophy endeavors, through reflection and speculation, to disclose the rationality of its foundation" (SE, 357).

---

[10] Ricœur, SE, Conclusion, 355–356. Further references in the text in quotations from the French original; the edition used is FC.

We have to "emigrate"[11] to the terrain of these symbols in their religious and cultural particularity in order to access the level of universality. By rehabilitating archaic stages as the original examples of working out human self-understandings, the hermeneutical philosopher wants philosophy to learn from the stocks of experience sedimented in these texts. They express how humans saw themselves in front of the universe, the Sacred, the greatest and highest framework they could envisage.

He is confident that such understanding of texts from historically remote periods is possible, as a further quote outlines. Immediate self-knowledge regarding the starting point of evil is unattainable. Yet evidence to be examined is available in the avowal, in the performative act of confessing which can be found in texts of prayer:

> My point of departure is in a *phenomenology of confession* or avowal. Here I understand by phenomenology the description of meanings implied in experience in general, whether that experience be one of things, of values, of persons, etc. A phenomenology of confession is therefore a description of meanings, and of signified intentions, present *in* a *certain activity of language*, namely, *confession*. Our task, in the framework of such a phenomenology, is to re-enact in ourselves the confession of evil, in order to uncover its aims. By sympathy and through imagination, the philosopher adopts the motivations and intentions of the confessing consciousness; he does not "feel" but "experiences" in a neutral manner, in the manner of "as if," that which has been lived in the confessing consciousness.[12]

Thus, a reconstructive path becomes accessible that relies on prior evidence of narratives and performative texts like confessions. This long road to a theory of self cannot be shortened by claims to unmediated, direct insights into the self. Nor is it useful to substitute the study of expressions in their particularity by bold generalizations. This happens in Augustine's doctrine of sin, which will be treated in §§2–3, but also in modern theories, such as in sociological classifications devised by Max Weber.

1.2 Critiquing 'speculative' macro-theses

We have seen that the new philosophical method wishes to explore the "presuppositions" of a contingent culture with its particular lens of conceiving reality and creating a coherent interpretation of the world. What is to be avoided with

---

[11] In SE, 27, *il nous faut nous dépayser* (FC, 230) is translated as "we have to transport ourselves."
[12] Ricœur, "Guilt, Ethics, and Religion," 426.

these historical documents, however, is an approach that begins with foundational writings and institutions but is drawn to overarching summaries. An example of this can be found in a sociology that puts forward grand-scale theories of cultures based on premises that need to be examined. It is seen as being in danger of overlooking counterevidence and using the historically accessible material sources as proofs of a prior thesis. While this critique was written three decades after *The Symbolism of Evil*, it elucidates a similar unwillingness to stay with the primary documents in their originality, rawness and resistance against attempted syntheses.

The method of beginning with the given texts, rather than approaching them with a hypothesis that does not sufficiently investigate other evidence is the backdrop to Ricœur's objections to one of Max Weber's most famous theses, regarding the history of effects of the idea of predestination. Concerning his reading of Ancient Near Eastern and biblical texts as well as concepts in Christian theology, Ricœur asks:

> Was theodicy really the most important question attached to Jewish prophetism? Was the concern to find a guarantee and a reassurance against the risk of damnation the exclusive motivation behind Christianity, and more specifically behind Puritanism? What happens to salvation by grace, and a faith with no guarantee, in relation to the perhaps overemphasized theme of predestination?

The methodological question is, if "Weber ever encountered the problem of the equivocity in the interpretation of cultural phenomena on a grand scale." The hermeneutical philosopher asks

> whether Weber did not systematically avoid the question of the univocity of his overall interpretation of the religious phenomenon, and [...] usurped the qualifications of the scientist's axiological neutrality to the benefit of a highly problematic overall interpretation, one that places the disenchantment of the world thesis at the same level as Hegel's cunning of reason.[13]

The analysis therefore turns out to be led by a philosophy of history. The premises and accentuations that give rise to this vision are not themselves identified, nor are the contemporary factors that contribute to a skeptical and almost dystopian view of the future. It is the gift of hermeneutics to discern mindsets of a past era that color modes of thinking and their conclusions, such as the after-

---

13 Ricœur, *Reflections on the Just*, 151–152.

math of Nietzsche's diagnosis of culture.[14] While it is true that the individual human sciences, including sociology, depend on guiding ideas that structure their inquiries,[15] it is part of the task to justify and refine one's method in view of the "plurivocity" of the material—something Ricœur does at different stages of his study of *The Symbolism of Evil*. It calls for squaring the circle between a necessary pre-conception or an "a priori [...] typology of myths" (cf. SE, 171–172) in order to identify what material is relevant, and the historical examination which might lead to extending the circle of the data to be included.[16]

The change of method inaugurated in the second volume of *Finitude and Culpability* in 1960 leads into more recent debates on the changed role of philosophy and its division of labor with the individual human sciences. These include distinct normative criteria, e.g., of "truth," of the interplay between systematic and empirical methods, and of philosophy's mediating function to the lifeworld. Questions of method are questions about the status of philosophy both with regard to the "life" that precedes it and to the disciplines examining it. The question of criteria for judging the adequacy of an interpretation is posed also by Christina Gschwandtner in her discussion of distinctions such as "symbol" and "myth" by which Ricœur has structured the field: "Another problem is to know how to distinguish between mystifying interpretations and valid interpretations of a myth [...] one that corresponds to the 'original meaning of the intention' of the symbol."[17]

To investigate how Ricœur's treatment relates to other interpretations, the model he recognizes as the most encompassing among the four types of second order symbols treated will be examined: the myth that is co-constitutive of culture as we know it in the West, namely that of Adam's Fall. How is the new method put to work on the opening chapters of the Book of Genesis and their history of effects in the theologies of Paul and Augustine?

---

14 In this Preface to Pierre Bouretz's study, *Les promesses du monde*, reprinted in *Reflections on the Just*, 149–155, Ricœur comments on his discussion of the effect of Nietzsche's philosophy on Weber's analyses.
15 Cf. Habermas, "Philosophy as Stand-In and Interpreter."
16 Such a combination of constructive-conceptual and historical-comparative enquiries can be found in F. Schleiermacher's account of the procedure used to propose a definition of the essence of Christianity in the Introduction to *The Christian Faith* (ETs of the second edition of 1830–1831, 52–60), which testifies to the highly developed methodological consciousness of the "father of modern hermeneutics."
17 Porée, "The Question of Evil," 12.

2 Case study: The Adamic myth

The exploration of the "first order" symbols of the stain, of sin and of guilt in Part I of *The Symbolism of Evil* concludes with the "servile," unfree will. Entitled, "Recapitulation of the Symbolism of Evil in the Concept of the Servile Will," it states that the experience captured in defilement, sin and guilt is that one's free will is "unavailable" or "not at one's own disposition":

> The concept toward which the whole series of the primary symbols of evil tends may be called the *servile will*. But that concept is not directly accessible; if one tries to give it an object, the object destroys itself, for it short-circuits the idea of will, which can only signify free choice, and so free will, always intact and young, always available (*disponible*)—and the idea of servitude, that is to say, the unavailability (*l'indisponibilité* [FC, 361]) of freedom unto itself (SE, 151).

Faced with this contradictory status, Part II turns to a comparison of four ancient myths as "second order symbols" that tell the conflicts of human life in stories of the "Beginning and of the End." For Ricœur, the account of Adam's Fall proves to be the most encompassing because it includes motifs present in the Babylonian creation myth as well as a sense of the tragic from heroes of Greek mythology like Prometheus and Oedipus. Crucially, the Adamic myth is alone in expressing the principal insight of the role of human freedom in causing and proliferating evil. I will first discuss the diagnosis of the captive will in the Conclusion of the first part in the light of theological comments (§2.1), and then outline Ricœur's reading of the story of the Fall (§2.2).

2.1 Freedom between the power to act and being "unavailable unto itself"

Part I, as we have seen, ends with an unsettling, paradoxical conclusion:

> Guilt cannot, in fact, *express* itself except in the indirect language of 'captivity' and 'infection,' inherited from the two prior stages. Thus both symbols are transposed 'inward' to express a freedom that enslaves itself, affects itself, and infects itself by its own choice [...] to denote a dimension of freedom itself [...] we know that they are symbols when they reveal a situation that is centered in the relation of oneself to oneself. Why this recourse to the prior symbolism? Because the paradox of the captive free will—the paradox of the servile will—is insupportable for thought (SE, 152).

What does it mean that freedom is not available to itself, or, more unequivocally, that the will is "servile"? Does it indicate that humans are condemned to commit evil, that there is a necessity to sin? Yet how would this fit with his emphasis on the contingency of sin (2.1.1)? How does the will relate to the self, and on what terms is action presented (2.1.2)? In view of the answers given to these issues, it can then be assessed what significance the Adam account has for this insight (2.2).

2.1.1 Defining "ontological" in the distinction of sin from "subjective" guilt

In Part I, "sin" is distinguished from "guilt" as "ontological" versus "subjective":

"Guilt designates the subjective moment in fault, as sin is its ontological moment [...] it is the reality of sin—its ontological dimension that must be contrasted with the subjectivity of the consciousness of guilt" (SE, 101 & 82). Does the term "ontological," which seems to insinuate sin as inevitable, not undermine Ricœur's whole enterprise to rescue sin from a naturalizing reading where it is part of the human condition, linking its origin instead to human freedom? This conclusion can be avoided if one reads "ontological" as referring to sin not as given with human nature, but more specifically to the awareness that sin has "always already" begun, that there is no stage where humans have not been touched by it and have not contributed to it. "Ontological" refers to the conditions that are prior to individual action which itself is not marked by a constraint to sin. This understanding of Ricœur's definitions in his reconstruction of actual sin as an act of freedom is confirmed by the critique which the Protestant systematic theologian Wolfhart Pannenberg put forward in his theological anthropology against the argumentations in *Fallible Man* and in *The Symbolism of Evil:* For

> Ricœur, this "non-coincidence of man with himself" [...] is not yet evil but initially only human fallibility, although he admits that this fallibility comes to light only through the fault that has already occurred [...] the symbol of the fall is irreplaceable because it makes it possible to combine the voluntary character of evil with its "quasi-nature," which consists in the fact that evil is already there before we produce it.[18]

For Pannenberg, it is a problem to distinguish between "a real passage from the abstract essential structure of the human will to its concrete reality, as though

---

18 Pannenberg, *Anthropology in Theological Perspective*, 104–105, n. 74 and 73, with reference to Ricœur, *Fallible Man*, 4.

such a passage were a real step and specific event in human reality."[19] While Ricœur does not promote Adam as a historical figure and his sin as a "real step," the distinction between fallibility and actual use of the human will in a sinful way is crucial for him. "Abstraction" does not mean that the primordial level referred to is superfluous for understanding actual human agency. He defends the possibility of innocence, while Pannenberg explains sin as inextricably bound up with a natural self-centeredness of humans from which to "abstract" is without real meaning. For Ricœur, it is the "servile will" that is the appropriate concept in which the experiences conveyed by the symbols and myths of evil are gathered. But this is not the same as reducing sin to social contagion with evil, or to naturalizing it as inevitable. The point Ricœur wants to make is that humans are aware of the fragility of the free will: it is not always available to be reliably directed towards the good. In his understanding, the term "servile will" does not deny but presupposes freedom as the condition of the possibility of choosing.[20]

2.1.2 How does "will" relate to "self," and on what terms is action presented?

Thus, concrete, historical human freedom is a freedom which does not avail of the good will as much as it could. The reason for this is the conflicted self-consciousness that arises from its structure, of being both unconditional in its outreach and conditioned, both infinite and finite. This makes the question of its self-relation inevitable, of how it will deal with this dual structure, existing, and desiring to live, yet running up against its own finiteness.[21] The analyses of-

---

[19] Cf. Pannenberg, *Anthropology in Theological Perspective*, 104–105.
[20] In "On the Servile Will," 54, Frey points out the discrepancy between Luther's and Ricœur's use of this concept. The latter "preserves the ontological level of the difference between being free and being guilty," therefore refusing to essentialise sin and insisting on its contingent status. For some commentators, the employment of the term, "servile will," by itself indicates that he inserts a concept from one tradition in Christianity into a philosophical argumentation. It is crucial, however, to examine the content of what he proposes under this Lutheran term. His ground-breaking critique of Augustinianism in relation to its non-biblical, era-dividing doctrine of sin warns against assuming an identical interpretation. The effect of his critique in the 1960s has been profound across the denominations and shared as the new point of departure as much among Roman Catholic as Protestant theologians.
[21] Pannenberg's levelling of the distinction between fallibility and actual sin is rejected by the Catholic systematic theologian Thomas Pröpper who sides with Kierkegaard and Ricœur in *Evangelium und freie Vernunft*, 161. He highlights two points in Ricœur's argumentation that are key for reconstructing the doctrine of sin from a theological approach based on freedom:

fered in *The Symbolism of Evil* draw on an understanding of freedom that includes the sense of responsibility, of obligation. This marks a difference to the entry point taken to ethics in 1990, in *Oneself as Another* which begins with the striving for a flourishing life. Why does Ricœur privilege the level of normative obligation that follows as the necessary second step in 1990 in his earlier exploration of evil? It explicates the temporal continuity of the self: in the present, the self looks back on an act in the past and interrogates itself whether it could also not have done it, acted otherwise, investigating its freedom in the past, before that act, which was not a necessity but an act it willed: the awareness that one could have done otherwise is closely linked to the awareness that one *should* have done otherwise. It is because I recognize my 'ought' that I recognize my 'could' (SE, 432–443).

This is a remarkable conclusion to draw, from the level of obligation to the level of capability, demonstrating the decisive role of the experience of the moral calling to the self. From "ought" derives "can." This deontological position, as put forward by Kant and Fichte, is misunderstood if it is taken as a permission to dispense blame. It reveals, as Thomas Pröpper elucidates, that the consciousness of "freedom" includes two elements: freedom of action, but equally the sense of responsibility for one's action.[22]

Looking back in remorse is a key occasion, a turn that is unlikely to happen as long as what the self desires, and what the self ought to do, coincide. In such cases, the ethics of striving for a flourishing life and the ethics of respecting the limit of the other to the self's desire to be are inseparable. It is when the two modes of ethics diverge that the insight in having been able to behave and choose otherwise can be reached.

Therefore, the consciousness of guilt is a gain in self-awareness, beyond the "ontological" status of sin. The future insight for theology will have to be that there cannot be sin without guilt; sin is personal, not collective, and the realiza-

---

first, "the possibility and beginning of sin is to be located in the relationship of the human person to herself, in the stance taken to the synthesis as which she exists; secondly, the qualitative difference between disposition to sin and fact of sin needs to be recognized, taking up the analogical distinctions of Kant, Kierkegaard and Ricœur" (165). Kierkegaard's contrast in *The Sickness unto Death* between two aporetic responses is relevant here: "despairingly wanting to be oneself," and "despairingly not wanting to be oneself." In Kant's theory of human freedom, the question of the relationship to oneself is not yet examined in depth but appears in the duties towards oneself as a human being with dignity, and in the experience of moral failure which requires the sources of goodness to be made accessible again. This reopening is one of the places where the relevance of religion for autonomous morality is pointed out. Pröpper reconstructs Ricœur's argument in *Symbolism of Evil* in his *Theologische Anthropologie*, 684–692.

22 Cf. Pröpper, *Theologische Anthropologie*, 688–689.

tion to have failed originates from the capability to be moral present in each human being. But this is a theological conclusion that can only be drawn after the stage of internalizing guilt has been reached and its criterium—personal authorship—has been established.

2.2 The significance of the Adamic myth for this discovery

From the four myths "of the Beginning and of the End" studied in Part II, Ricœur identifies the Adamic myth as "the anthropological myth *par excellence*" (SE, 232). It uncovers the origin of evil in human freedom, even before freedom attains the clarity of a concept. It puts evil into the rank of a secondary, subsequent occurrence that is not co-equal with the good: The

> etiological myth of Adam is the most extreme attempt to separate the origin of evil from the origin of the good; its intention is to set up a *radical* origin of evil distinct from the more *primordial* origin of the goodness of things [...] It makes man a *beginning* of evil in the bosom of a creation which has already had its absolute *beginning* in the creative act of God. (SE, 233, emphases in the original)

What is conveyed by the story is the "power of the creature to defect" and "unmake himself" (SE, 233–234). Unmake himself from what? From the status of being made in the image of God:

> To posit the world as that *into which* sin entered, or innocence as that *from which* sin strayed, [...] is to attest that sin is not our original reality, does not constitute our first ontological status [...] beyond his becoming a sinner there is his being created. That is the radical intuition which the future editor of the second creation-story (Gen 1) will sanction by the word of the Lord God: 'Let us make man in our image.' (SE, 250–1, emphases in the original)

Seen from this designation, sin is a "deviation." This secondary status of sin clear is made clear by the genre of the narrative which transposes what is simultaneously present in each person into a temporal sequence. As Daniel Frey explains, the "narrative is only able to represent as a succession what is ontologically simultaneous [...] the narrative medium [...] has no other way to figure the overlaying of goodness and wickedness than to narrate the passage from the one to the other. It thus leads to a belief in the *reality* of a passage which, for the modern reader, is only symbolic" and will undergo "demythologization."²³ But resulting from the shape of the narrative is a new self-understanding which Frey quotes in conclusion: It

> furnishes anthropology with a key concept: the *contingency* of that radical evil [...] Thereby the myth proclaims the purely "historical" character of that radical evil; it prevents it from being regarded as primordial evil [...] innocence is still "older" [...] By the myth, anthropology is invited [...] to preserve, superimposed on one another, the goodness of created man and the wickedness of historical man. (SE, 251–252, emphasis original)

The insight of philosophical anthropology into an intricate connection between two factors, the abiding duality of original goodness and contingent evil-doing, is Ricœur's reading of the Adamic myth. Which key points does he consider lost or obfuscated in the most influential interpretation it received at the end of the third and the start of the 4ᵗʰ century by Augustine after his turn from Manicheism to Platonism and then to the Christian faith?

3 Augustine's doctrine of an inherited original sin: Ricœur's critique and its debate

After portraying Ricœur's key objections (§3.1), I shall discuss three reactions chosen from the last three of more than six decades of its reception: the first from a French specialist on Augustine, the second from German systematic theology, and the third one linking philosophy and liturgy in a North American setting (§3.2).

3.1 From narrative to rationalization

Despite contemporary and subsequent contestations by theologians, synods and Councils, Augustine's interpretation had an incomparable history of effects in Latin theology and Western thought.²⁴ For Ricœur, it effectively turns exactly the myth that is most centered on the dual human capacity for good and evil ac-

---

23 Frey, "On the Servile Will," 59.
24 In *Auch eine Geschichte der Philosophie*, Jürgen Habermas traces the effects of Augustine's analysis of the human will to theological and philosophical authors as diverse as Duns Scotus, Luther, and Kant. I discuss the connection to Paul and to the later approaches in "*The Bold Arcs of Salvation History." Faith and Reason in Jürgen Habermas's Reconstruction of the Roots of European Thinking*, especially 115–123.

tion into a fate in which sin is no longer contingent but necessary. By dismissing the ongoing validity of the primordial goodness, it undermines the potential for moral action. While it is true that Augustine regards the church as composed of both sinners and saints, Ricœur is still correct in pointing out the role it gains when the abiding human capacity for reflecting on good actions and establishing supportive institutions is questioned to the degree of negating it.

This outcome is reached by turning the narrative of the Fall into a rationalizing speculation. It begins with the mistranslation of a line in Paul's Letter to the Romans (Rom 5:12) by Ambrosiaster that gave Augustine's position its linguistic foundation.[25] By translating the Greek conjunction "*eph ho*," "because," into a relative pronoun, "*in quo*" (in whom), the statement is changed: "because all sinned" becomes a reference to the "one man," meaning Adam, "in whom all have sinned" (*in quo omnes peccaverunt*). This enabled Augustine to draw the conclusion that Adam's sin is imputable to every member of the human race. This view is buttressed by combining the juridical explanation with a biological one, two distinct orders of reasoning which do not follow from each other. By intersecting them, an unavoidable condition is constructed: each new human being generated is marked from his or her birth by a biologically inherited "original sin" for which he or she is also held to be culpable. The juridical logic characteristic of Latin thinking wins out over the biblical view, ignoring, for example, the breakthrough in Second Isaiah, towards a genuinely individual rather than a collective notion of sin, which generates hope in each person's scope for action (cf. SE, 105). This speculative deed of venturing an "explanation" at a world historical scale telescopes biblical motifs that should be kept distinct and investigated individually for the angle each of them offers on the fact of human wrongdoing. Ignoring the variety of images and descriptions, the iron logic of this doctrine creates a legacy of problems that subsequent generations of theologians were forced to deal with, unpicking the cords twisted into a noose around human freedom. In the accounts of earlier and contemporary patristic colleagues, humans had still been deemed as endowed with a freedom that made them capable of responding to God. Ricœur mentions authors like Irenaeus and Tertullian. It is also true that the consequences especially of Augustine's divisive eschatological vision were only received in attenuated form by subsequent eras. Ricœur offers an outspoken summary of the devastating effects of the new doctrine of sin that was to mark theological anthropology in the West:

---

25 The New International Version translates Romans 5:12 as follows: "Therefore, just as sin entered the world through one man, and death through sin, and in this way death came to all people, because all sinned."

original sin, being a rationalization of the second degree, is only a false column. The harm that has been done to souls, during the centuries of Christianity, first by the literal interpretation of the story of Adam, and then by the confusion of this myth, treated as history, with later speculations, principally Augustinian, about original sin, will never be adequately told. (SE, 239)[26]

3.2 Three responses to Ricœur's critique

3.2.1 An analysis from an editor of Augustine: Isabelle Bochet

Published in 2004, and including also *Memory, History, Forgetting* into her examination of the significance of Augustine for Ricœur, the comment of fellow philosopher and editor Bochet offers to-the-point analyses from *History and Truth* onwards of what has been influential for Ricœur—such as Augustine's pioneering reflections on time—what has been neglected and what has changed. With an index of works of both authors, her erudition and helpful portrayals of each phase, this short book offers the insights of an expert. She reconstructs the points of critique, relativizing some of them by supplying further argumentations from the patristic author and indicates her own position by defending him especially against critiques from a Kantian perspective. In her treatment of *The Symbolism of Evil* and other articles of this period published in the French originals of *History and Truth* (= HV) and *The Conflict of Interpretations* (= CI), she identifies the following points of debate.

In Augustine's vision of history, Ricœur finds the "pessimism of the *massa perdita*" as objectionable as the return of the "old idea of retribution."[27] This negative vision hardly takes on board the "collective dimension of salvation" and barely testifies to "the *superabundance* of grace by which God responds to the *abundance of evil*" (Bochet, *Augustin*, 14). One place where the difference in their concepts of grace becomes clear is his negative view of its "almost exclusively individualistic understanding" (Bochet, *Augustin*, 15), which is "assuredly private and interior" (Bochet, *Augustin*, 14).

This focus on the individual person is, secondly, reflected in the concept of original sin, which arises from "mixing two different universes of discourse, of

---

26 As Gilbert Vincent has summarized, the doctrine "accentuates abusively a biological anchorage of evil. It pretends that since the fault transmits itself through heredity, the remedy has to be conceived as an interruption of this transmission" (Vincent, *La Religion de Ricœur*, 75, with reference to CI, 265).

27 Bochet, *Augustin*, 13–27. Further page numbers in the text.

ethics or law, and biology, resulting in an idea that is intellectually inconsistent" (cf. Bochet, *Augustin*, 27, with reference to CI, 302).

Judged in its form, it is a "quasi-gnostic concept" which is to be "shattered as false knowledge so that its intention as an insubstitutable rational symbol of evil as already existing can be regained" (Bochet, *Augustin*, 28, with reference to CI, 301).

Thirdly, the reason for the whole argumentation is identified and rejected: theodicy as the enterprise of justifying God. Augustine's attempt to "rationalize divine reprobation" by "eliminating the mystery" through the idea of original sin "allows him to affirm that 'perdition is rightful'" and to justify God (Bochet, *Augustin*, 28). The bridging function of this doctrine will be returned to when treating the second commentator, Pröpper, for whom the question of theodicy is not illegitimate, as it seems to be for Ricœur at this stage. The judgment quoted by Bochet (*Augustin*, 28) makes the theodicy question appear inappropriate in view of God's sovereignty: "Paul Ricœur dénonce "l'éternelle théodicée et son projet fou de justifier Dieu,—alors que c'est lui qui *nous* justifie" (CI, 277).

The fourth deficiency is the failure to relate the figure of Adam to its counterpart or "anti-type" (Bochet, *Augustin*, 27). Adam has acquired his unparalleled relevance in Christianity only retroactively through St Paul's designation of Christ as the "second Adam": "it was Christology that consolidated Adamology" (SE, 236). It changes the perspective completely from the negativity of the Fall to the eschatological promise of the new creation that has begun with Jesus Christ: "this 'how much more' gives to the movement from the first to the second Adam its tension and its temporal impulsion; it excludes the possibility that the 'gift' should be a simple restoration of the order that prevailed before the 'fault'; the gift is the establishment of a new creation" (SE, 272).

Bochet points out that Augustine does refer to the cross of Christ (*Augustin*, 27). Yet the argument seems to me to be that the radiance of the future which Ricœur captures in the term "superabundance" has been made to disappear and the arc of the movement between the first humans and the renewal by Christ has been cut short. It only allows for a grim outcome of the history of God's creation by overemphasizing God's justice over God's compassion.

Ricœur's counterproposal to the complete loss of standing which human agency undergoes is, as Bochet clearly recognizes, contained in his statement: "'Kant [...] understood something that the post-Augustinian theologian rarely understands': that is, the role of just institutions as means of divine redemption" (*Augustin*, 15, with reference to HV, 125). What Bochet notes here is the "surprising lacuna" of a missing "deeper analysis of the *City of God*" (*Augustin*, 15). All depends, of course, on how its contrast or relationship to the earthly city is defined. But it is instructive to see the principal points of divergence exemplified with such well-chosen quotes. They help realize how early, three decades before *Oneself as Another*, the orientation towards "just institutions" which the 1990 book specifies as the initiating wish underlying ethics, namely, "to live well, with and for others, in just institutions" (OA, 172), is already present and guiding Ricœur's vision.

3.2.2 An evaluation by Thomas Pröpper from the perspective of dogmatics and its hermeneutics

As the title of the Chair he held in the Catholic Theological Faculty at the University of Münster indicates, approaching "dogmatics" from its "hermeneutics" signals that the anthropological relevance of revelation is taken as the starting point. It is in keeping with this understanding of the task of dogmatic theology that Pröpper incorporates Ricœur's interpretation of evil as contingent and his critique of Augustine's notion of sin into his theology of divine and human freedom. His reception can therefore stand for the long-standing and deep impact Ricœur's reading has had across Continental European and Anglophone theological and biblical studies. I will focus on two points that put Ricœur's critical philosophical observations into the larger framework of the sequence of theological positions in the history of Christian thinking. The radical individualization of "grace" that Ricœur objected to is thus clarified in its foundations:

> While Augustine accords freedom of choosing also to the sinner, he distinguishes it from *voluntas* [...] As a decisive commitment to the highest good it would be true freedom (corresponding to its status as created), yet due to its actual dividedness which can grow into a conscious turning away from God, it reveals its sinfulness: a wrongheadedness (*Verkehrtheit*) of the will which arises from freedom and is at the same time the expression of its powerlessness, the consequence of original sin.

The reconstruction shows that defining the human person by an inescapable use of her freedom just for sinning transports a model of competition between divine and human freedom:

> If God's salvific action is to reach the human person, it thus must affect above all his or her will. Resistance is overcome by the *bonum aeternum* that arises internally: God inserts God's love so deeply into the heart of the sinner—as the most internal part of her interiority—that it moves her unavoidably (*unweigerlich*) towards God. Deepening the understanding of sin and grace which Augustine accomplished, however, also created problems that became the fate of the Western doctrine of grace and freedom. By accentuating internal grace, not only the neglect of its external mediation but also the reification of "created grace" were facilitated. In addition, by absolutizing the primacy of grace which did not

leave any space for freedom in relation to grace, it appeared to replace the previous, surmounted synergism in salvation with a theological determinism. This in turn fixated subsequent definitions of the relationship between divine and human freedom largely to the aporias of a model of competition.[28]

Secondly, the methodological point is made that it is not sufficient to point out the untenable result of Augustine's innovation, his concept of inherited original sin: It effectively restricts the only freedom of action that was ever accessible to Adam so that "history was over before it had really begun."[29] Instead of treating it on its own, it must be placed into the context of his overall project which reveals its necessary status as a bridge between two truths the patristic author holds onto: one, his life-long concern with the reality of evil which gave him a first home in Manicheism, and second, the absolute need to defend the justice of God. The rationale that allows to maintain both of these convictions is to make damnation a justifiable response of God: the culpability of each human, even before birth, is required to save the belief that God is just.[30] The price of this speculative rationalization, as Ricœur names it, who equally identifies its function for the problem of theodicy, is that the credibility of the Christian message of salvation is jeopardized. To restore its significance for humans in their struggles, the concept of grace must be taken out of its adversarial position to autonomous agency. Grace both presupposes and enhances freedom; its counterpart, as Pröpper develops, is not sin. It is the fragility of human freedom in its double constitution between infinity and finitude. Here Ricœur's assessment of Kant's recognition of the unique standing of religion shows the way: "Hardly ever, in Ricœur's judgement, was it perceived more acutely that the reconciliation of freedom and nature, the synthesis of morality and happiness could only be hoped for and that it required a transcendent author."[31]

---

28 Pröpper, "Freiheit. Ausprägungen ihres Bewusstseins," *Evangelium und freie Vernunft*, 103–128, here 110. Against Ricœur's point that Augustine lacks the tools for thinking sin as a *position* taken, Bochet underlines the "positivity of evil which in its root, consists in preferring oneself to God" (*Augustin*, 21). This seems to me to take over the reconstruction of the relationship between God and humans in terms of competition.
29 Pröpper, *Theologische Anthropologie*, 1023.
30 Cf. Pröpper's reconstruction of Augustine's argumentation in *Theologische Anthropologie*, 1016–1025.
31 Pröpper, *Evangelium und freie Vernunft*, 69–70, with reference to Ricœur, "Freedom in the Light of Hope," especially 411–424.

3.2.3 A review from Christina Gschwandtner combining philosophy and Orthodox liturgy

The final position to be examined is the most recent, dating from the current decade. It correctly points out that the reception of Augustine was limited to the West. It sees Eastern Orthodox theology and liturgy as providing a tradition that counters some of the deficiencies Ricœur detects in Augustine's doctrine of sin. Like Bochet, Gschwandtner is critical of the concept of the "servile will" which she identifies as the "apex" of his analysis.[32] Decisive, however, is, how it is interpreted; as we have seen, in his chapter in the same collection of 2020, Daniel Frey finds that in Ricœur's interpretation, its understanding is turned into the opposite of its use by Luther in that the human possibility of goodness is defended.

In need of a clarification of its exact meaning, it seems to me, is also the judgement that core Christian themes have received a narrow individual interpretation: "Maybe most problematic is [...] the high value he places on individual notions of redemption" (Gschwandtner, "Wagering," 100). Yet exactly in the case of salvation, it is an objection, not an endorsement by Ricœur, that it has been unduly individualized by Augustine, in contrast to its biblical understanding in both Testaments. That individualizing interpretations can be misleading, is thus something on which Gschwandtner and the French philosopher agree. A principal disagreement, however, seems to exist in the terms in which liturgy is cast. The Fordham philosopher's accurate summaries of some of the key points of *The Symbolism of Evil* receive their profile from the promise she discovers in the alternative communitarian culture of ritual celebration across different Orthodox churches. Yet in view of the precise analyses of the factors that make human selfhood such a fragile enterprise, one wonders if the aporias explored in such depth by Ricœur can be overcome by the malleability of understandings of Adam and Jesus Christ in the Eastern liturgical practice that she points to (cf. Gschwandtner, "Wagering," 98).

One philosopher who would very much agree with her emphasis on rituals is Jürgen Habermas. Yet the effect he expects of them, a renewal of motivation and unity, is not a constant experience in a religious tradition, and even if it were, it would have to be measured against its foundational message. In a critical theological evaluation, the accepted rites of a period may turn out to be exclusive, one-sided, and obscuring the core of a tradition's view of God. The place of rit-

---

[32] Gschwandtner, "Wagering," 98. Bochet sees it as evidence of his "Lutheran formation" (*Augustin*, 12). Further page numbers for Gschwandtner's chapter in the text.

uals and their understanding have been matters of contestation from the role of the Temple to sacrifices in Judaism, and from the sacrament of baptism (especially in the context of attributing original sin to newborns) to confession and the Eucharist in Christianity.

Far more detailed conversations would be required to address Gschwandtner's specific objections. One is about the seemingly disparaging view of "ritual" as a stage to be superseded in the assumed progression to the third, highest stage of the symbol, personal guilt, after exterior defilement and sin (Gschwandtner, "Wagering," 97). In contrast, Gschwandtner endorses a communal experience of sinfulness and plural understandings of "Adam" opened up in Orthodox liturgies. But are these celebrations not very far removed from the "ritual" Ricœur regards as the most elementary form of symbol? In the eras of the myths, he treats in the second volume of 1960, would it not have included human sacrifice? Also, for rituals in keeping with "ethical monotheism," however, even among the insiders participating in them, explicating their meaning will reveal profound differences. Schisms between churches and the question of distinguishing between heterodoxy and heresy within a church show that the transformations evident in the history of dogma cannot be subordinated to a seemingly unifying or unchanging ritual.

The line of questioning regarding the standing of individual reflection is taken up again in relation to "participation" in a communal faith practice. The line quoted above about an overly individual understanding of redemption begins: "Maybe most problematic is Ricœur's strong emphasis on individual consciousness of guilt" (Gschwandtner, "Wagering," 100). But this doubt about the legitimacy of highlighting the role of individual judgment and conscience invites counterquestions. How surprising is it that the agent's moral self-reflection cannot be replaced by being allowed "to participate in something higher, larger, and more meaningful than themselves" (Gschwandtner, "Wagering," 100) for the analyst of evil, fifteen years after the end of the Second World War? Fragile as it remains, the evidence of the ethical for each individual is what he invests with the greatest credibility. A similar position will be taken to subsequent turns in philosophy to linguistics, intersubjectivity and sociological approaches to history: without the anchoring role of the individual subject, they will be identified as remaining one-sided. Within hermeneutics, "fusion," such as Gadamer's "fusion of horizons" is resisted and the invariable counterpart, "distanciation," is elaborated in its positive, co-constitutive role for interpretation.

He endorses the biblical self-understanding of being created in the image of God: "The *imago Dei*—there we have both our being-created and our innocence; for the 'goodness' of the creation is no other than its status as 'creature.' All creation is good, and the goodness that belongs to man is his being the image of

God [...] his innocence" (SE, 250). At the same time, the sequence of symbols marks the transition to greater self-reflectiveness regarding one's own part in the history of evil. This calls for the commitment to fight evil, the origin of which cannot be rationalized and remains inscrutable.

This point which liturgies underline by ending with sending the participants back into their ordinary lives returns us to the question of the change of method inaugurated by the second volume of *Finitude and Culpability*. The intention behind it was to overcome the gap between a structural analysis of features of human possibility, and action. In his comparison of the different paths of Gadamer and Ricœur towards hermeneutics, Jean Grondin observes how the theme of *The Symbolism of Evil* is a practical one for Ricœur:

> It is not by chance that the theme of evil reveals itself as one of the outstanding constants in Ricœur's work whereas it tends to be absent in Gadamer's philosophy. Even if evil remains incomprehensible in its ultimate foundation and thus inaccessible from a theoretical standpoint, it can be fought against through the subject's practical initiative which is certainly limited, but nevertheless real: "Evil is a category of action and not of theory; evil is what one fights against when one has renounced to explaining it."

Grondin's conclusion may sum up the achievement of the differentiated analyses made possible by Ricœur's new method: this "inalienable (*unveräußerliche*) spontaneity [...] can be expressed in a—very simple—sentence that Gadamer doubtlessly would never have written: 'I can change something.'"[33]

Abbreviations

CI | Ricœur, Paul (1974): *The Conflict of Interpretations: Essays in Hermeneutics*. Don Ihde (Ed.). Evanston: Northwestern University Press.
FC | Ricœur, Paul (2009): *Philosophie de la volonté 2. Finitude et culpabilité*. Paris: Editions Points.
FN | Ricœur, Paul (1966): *Freedom and Nature: The Voluntary and the Involuntary*. Erazim Kohák (Trans). Evanston: Northwestern University Press.
HV | Ricœur, Paul (1965): *History and Truth*. Charles A. Kelbley (Trans.). Evanston: Northwestern University Press.
OA | Ricœur, Paul (1992): *Oneself as Another*. Kathleen Blamey (Trans.). Chicago: University of Chicago Press.
SE | Ricœur, Paul (2009): *The Symbolism of Evil*. Emerson Buchanan (Trans.). Boston: Beacon Press.

---

[33] Grondin, "Von Gadamer zu Ricœur," 72, with reference to Ricœur, "Le scandale du mal" (1989), in Ricœur, *Anthologie*, 281.

Bibliography

Amalric, Jean-Luc. "Finitude, culpabilité et souffrance." In: *Le mal et la symbolique*, 63–88.

Bochet, Isabelle (2004): *Augustin dans la pensée de Paul Ricœur*. Paris: Edition facultés jéesuites de Paris.

Dybel, Pawel (2003): "Symbol and Symptom: Paul Ricœur's Reading of Freud." In: *Between Suspicion and Sympathy: Paul Ricœur's Unstable Equilibrium*. Andrzej Wiercinsky (Ed.). Toronto: The Hermeneutic Press, 563–574.

Frey, Daniel (2020): "On the Servile Will." In: *A Companion to Ricœur's* The Symbolism of Evil. Scott Davidson (Ed.). Lanham: Lexington Books, 51–66.

Geschwandtner, Christina M. (2020): "Wagering for a Second Naïveté? Tensions in Ricœur's Account of the Symbolism of Evil." In: *A Companion to Ricœur's* The Symbolism of Evil. Scott Davidson (Ed.). Lanham: Lexington Books, 87–101.

Grondin, Jean (2010): "Von Gadamer zu Ricœur. Kann man von einer gemeinsamen Auffassung von Hermeneutik sprechen?" In: *Bezeugte Vergangenheit oder Vorsöhndes Vergessen. Geschichtstheorie nach Paul Ricœur. Deutsche Zeitschrift für Philosophie*, Special Volume XXIV. Burkhard Liebsch (Ed.). Berlin: Akademie, 61–76.

Habermas, Jürgen (1990): "Philosophy as Stand-In and Interpreter." In: *Moral Consciousness and Communicative Action*. Christian Lenhardt and Shierry Weber Nicholsen (Trans.). Cambridge: MIT Press, 1–20.

Habermas, Jürgen (2019): *Auch eine Geschichte der Philosophie*. 2 Volumes. Berlin: Suhrkamp.

Junker-Kenny, Maureen (2022): *"The Bold Arcs of Salvation History." Faith and Reason in Jürgen Habermas's Reconstruction of the Roots of European Thinking*. Berlin and Boston: De Gruyter.

Pannenberg, Wolfhart (1985): *Anthropology in Theological Perspective*. Matthew J. O'Connell (Trans.). Philadelphia: Westminster.

Porée, Jérôme (2020): "The Question of Evil." In: *A Companion to Ricœur's* The Symbolism of Evil. Scott Davidson (Ed.). Lanham: Lexington Books, 3–18.

Porée, Jérôme and Abel, Olivier (2009): "Mal." In: Porée, Jérôme and Abel, Olivier: *Le vocabulaire de Paul Ricœur*. Paris: Ellipses, 77–80.

Pröpper, Thomas (2001): *Evangelium und freie Vernunft. Konturen einer theologischen Hermeneutik*. Freiburg: Herder.

Pröpper, Thomas (2011): *Theologische Anthropologie*. Volume II. Freiburg: Herder.

Ricœur, Paul (1950): *Philosophie de la Volonté. Le Volontaire et l'involontaire*. Paris: Aubier.

Ricœur, Paul (1960): *La Symbolique du mal*. Paris: Aubier.

Ricœur, Paul (1965): *Fallible Man*. Charles A. Kelbley (Trans.): Chicago: Gateway Editions.

Ricœur, Paul (1967): *The Symbolism of Evil*. Emerson Buchanan (Trans.). Boston: Beacon Press.

Ricœur, Paul (1970): *Freud and Philosophy: An Essay on Interpretation*. Denis Savage (Trans.). New Haven: Yale University Press.

Ricœur, Paul (1974a): "Freedom in the Light of Hope." In: *The Conflict of Interpretations*. Don Ihde (Ed.). Evanston: Northwestern University Press, 402–424.

Ricœur, Paul (1974b): "Guilt, Ethics, and Religion." In: *The Conflict of Interpretations*. Don Ihde (Ed.). Evanston: Northwestern University Press, 425–439.

Ricœur, Paul (1981): *Hermeneutics and the Human Sciences. Essays on Language, Action, and Interpretation.* John B. Thompson (Ed.). Cambridge: MIT Press.
Ricœur, Paul (1986): *Fallible Man.* Charles A. Kelbley (Trans.). New York: Fordham Press.
Ricœur, Paul (1991): *From Text to Action: Essays in Hermeneutics.* Volume II. Kathleen Blamey and John B. Thompson (Eds.). Evanston: Northwestern University Press.
Ricœur, Paul (2007a): *Anthologie.* Michaël Foessel and Fabien Lamouche (Eds.). Paris: Seuil.
Ricœur, Paul (2007b): *Reflections on the Just.* David Pellauer (Trans.). Chicago: University of Chicago Press.
Schleiermacher, Friedrich (1928; 1830/1831): *The Christian Faith.* 2nd ed. Edinburgh (T & T Clark).
Vincent, Gilbert (2008): *La Religion de Ricœur.* Paris: Les Edition de l'Atelier.

Olivier Abel
La conversion du tragique, de Prométhée à Antigone

Abstract: The Conversion of the Tragic, from Prometheus to Antigone. Ricœur has never stopped working on the theme of the tragic, both as a specific "literary" genre, as an approach to evil that he never ceases to interweave with biblical approaches, and as a theme of practical wisdom and forgiveness. Throughout his work, he has shown that one of his functions was to convert the terrible passions of stasis (civil war) and vengeance, the Erinyes, in such a way as to gradually appease them and "civilize" them until they become the benevolent Eumenides. This transfiguration is a conversion to "politics." We are trying to understand how this conversion takes place when we go from the tragedy of servitude to the tragedy of exclusion, which throws out and rejects those we no longer need! How then to pass from barbarity to goodness?

L'incessante réflexion sur le tragique[1] à laquelle Ricœur nous a initié aiguise notre curiosité dans des directions très diverses. La plus récente pour moi a été celle sur l'humiliation,[2] que j'ai constamment tenté de penser au *bord* du politique, nous allons voir comment. Ce thème sera donc mon entrée dans le sujet que j'ai choisi. Mon hypothèse de travail, en travaillant sur la tragédie grecque (mais bien des textes bibliques pourraient être examinés dans le même sens) est que l'une des fonctions du tragique était de convertir les passions terribles de la *stasis* (la guerre civile) et de la vengeance, les Érinyes, comparées à des chiennes assoiffées de sang, de manière peu à peu à les apaiser jusqu'à ce qu'elles deviennent les bienveillantes Euménides. C'est là, on le sait et on va précisément le revoir en détail, un vieux thème ricœurien. Mon idée est d'abord que cette transfiguration est une conversion au «politique», et ensuite qu'elle est due non à la victoire d'Athéna sur les déesses, mais au contraire au fait qu'Athéna, loin de les humilier, leur reconnait une place au bord de la cité.

J'ajouterai avant de commencer qu'il me semble que nous en sommes là, dans le monde d'aujourd'hui où les fureurs des revanches en tous genres se déchaînent, et jusque dans notre société française. Pour faire le lien avec ce qui

---

[1] Le tragique grec, bien sûr, mais aussi le tragique biblique et finalement toutes les formes que le tragique prend dans les différentes cultures et traditions.
[2] Abel, *De l'humiliation*.

précède, je dirai que notre espace politique est envahi par des affects et des sentiments qui jadis trouvaient leur place et leur forme canalisée dans des espaces méta-politiques, les théâtres dans la Grèce ancienne, les synagogues, les temples et les églises, et peut-être naguère encore dans le cinéma comme rituel collectif : mais cette séparation entre le méta-politique et le politique ne marche plus, la scène métapolitique s'est effondrée, et laisse libre court à la fureur des ressentiments au sein de nos sociétés et entre elles.

Cette question de la place des sentiments a été soulevée par de nombreux auteurs, et tout récemment encore avec *Les épreuves de la vie* de Pierre Rosanvallon.[3] Le danger que représente la violence verbale et imaginaire des «réseaux sociaux» pour la démocratie et la civilité est apparu lié en profondeur à cette crise sociale que signalent entre autres les «gilets jaunes». Les nouveaux modes de communication laissent des masses qui nous semblent inorganisées, mais qui peuvent soit réveiller la démocratie, pour la réinventer, soit aussi réitérer sous des formes inédites quelque chose que jadis on appelait le fascisme.

1 Tragique familial et colères primordiales

Le latin différencie deux sortes de violence qu'expriment les mots *hostilité* et *inimitié* : il est important en effet de ne pas confondre les violences du dehors, liées à l'étranger, aux espaces de la mobilité hostile et anonyme, et les violences tragiques, domestiques, celles qui opèrent au dedans de la maison. On a d'un côté l'antagonisme qui nous affronte à l'ennemi lointain, trop dissemblable, l'étranger, et de l'autre la haine du proche avec lequel on se déchire, justement peut-être parce qu'il est trop proche, trop ressemblant, ou trop tissé avec une part de nous-même que nous détestons.

Ce n'est pas un hasard si le tragique n'est pas tant une affaire d'hostilité à l'égard d'ennemis lointains, effrayants par le fait même d'être inconnus, qu'un drame intime, fratricide, sororicide, infanticide, parricide ou matricide, bref, d'abord une affaire de famille ! Pour parodier le mot fameux de Ricœur face au coup de Budapest, «la surprise c'est qu'il n'y ait pas de surprise», et que ce qui est le lieu de l'amour le plus tendre et dévoué puisse aussi être le lieu des haines les plus terribles, les plus inexpiables. Et le tragique qui marque l'histoire des familles depuis l'Antiquité semble trouver de nouvelles formes à chaque génération. Nous sommes donc bien ici au cœur du tragique, qui ravage d'abord les familles, et la famille est le premier lieu d'humiliation, dans les deux sens

---

3 Rosanvallon, *Les épreuves de la vie*.

qu'une analyse approfondie de l'humiliation nous autorise à distinguer : celui où l'on rapproche en familiarité au point de ne plus respecter l'étrangeté du proche, sa réserve intime, tout ce par quoi il nous échappe, et celui où on l'éloigne et l'écarte, exigeant de lui soit de nous être conforme, soit de disparaître, sans jamais vraiment l'approuver d'exister.

Par cet ancrage dans des enfances blessées, dans des scénarios répétés *ad nauseam* sans qu'on ne parvienne jamais à y échapper, comme si c'était là une fatalité et malgré nous, dans lesquels on est soit incarcéré dans un rôle et une figure qui ne nous ressemble même pas, soit chassé peu à peu de toute place, réduit à l'invisibilité, on peut dire que ce sont là des formes de l'humiliation profondément inscrits au cœur de notre psychisme et de notre histoire la plus lointaine.

Prenons l'exemple de deux des épopées qui se trouvent au fondement de notre civilisation européenne, l'Iliade et la Genèse. L'une et l'autre ne sont que les suites de colères initiales, issues à chaque fois d'une scène primordiale d'humiliation. La colère d'Achille provient de l'humiliation qu'il subit de la part d'Agamemnon, qui ne respecte pas la part qui revient à chacun dans les prises de guerre, et qui dans un face à face rageur lui prend sa part chérie. Ne pas être reconnu pour son importance, quelle humiliation ! La colère meurtrière de Caïn provient de l'humiliation de voir que son sacrifice ne plaît pas à Dieu, alors que celui de son frère Abel est trouvé agréable. Les passions humaines, la jalousie, l'envie, la vanité, proviennent de ce terrible et perpétuel et humiliant besoin de toujours se comparer—ou bien d'un divin qui juge et donc qui compare...

Il est possible que bien des colères contemporaines, et d'autant plus quand elles prennent un caractère de «furie», soient des symptômes d'humiliation. La simple violence ne nous ferait pas réagir avec cet excès. Ce qui est certain c'est qu'elle n'est pas du même ordre : si les violences s'attaquent au corps de l'autre, l'humiliation s'attaque à son visage, elle fait perdre face. L'humiliation offense, ridiculise, avilit, mais surtout elle fait taire le sujet parlant, elle lui fait honte de son expression, de ses croyances et de ses goûts, elle ruine sa confiance en soi, elle dévaste pour longtemps les circuits de la reconnaissance, et laisse derrière elle une parole dérisoire ou fanatique. Dans la dérision, la parole est réduite au «fun», elle ne saurait jamais être prise au sérieux, il n'y a plus rien d'important, le comique ici s'abîme dans une sorte d'indifférence sceptique ou plutôt nihiliste où il n'y a plus que des mots vides—«*words, words, words*»—comme dit Hamlet. Dans le fanatisme, la parole exige une crédulité totale, elle est tellement importante que l'on peut tout sacrifier pour elle, et le tragique ici s'abîme dans une furie sans limite, dévastatrice et suicidaire. Nous essaierons de nous glisser entre ces deux abîmes.

En effet, la plupart des conflits humains surviennent avec la parole, qui est l'élément des comparaisons et des passions, de l'envie, de la vanité, de la rivalité, de l'amour-propre. Pierre-François Moreau commente Hobbes ainsi : «C'est parce qu'il parle que l'homme se bat. C'est aussi pour cela qu'il cesse de se battre».[4] C'est autour de la parole que se nouent tous les drames de la reconnaissance, c'est là aussi qu'ils se dénouent. Mais pour cela il ne faut ni forcer les conflits à se formuler dans un langage normatif ou dominant, ni les faire taire, les refouler dans le silence et la honte, les écraser de mépris.

On pourrait dire que dans le tragique la parole enfle, qu'elle fait l'importante, et les rapports de force sont d'abord des rapports de langage dans lesquels on monte en généralité, en importance. Mais le paradoxe du comique c'est que le même langage permet de diminuer, de relativiser, de particulariser et d'intérioriser le conflit. La médiation du langage consiste à tenir l'équilibre délicat entre ce qui est important et ce qui est sans importance.

Ce point est très sensible dans le face à face du rire et de la colère à l'occasion du blasphème. Pour le blasphémateur, le blasphème ne s'attache à rien d'important. Les croyances des autres n'existant pas, on peut bien les caricaturer sans leur porter tort. Cela n'a aucune importance ! De toutes façons ce ne sont que des dessins, ou des mots ! On ne va pas se fâcher pour des mots ! Mais le tragique de l'affaire tient justement au fait que ce qui est négligeable pour les uns est important pour les autres. Il faudrait que les autres apprennent à ne pas accorder tant d'importance à de telles satires, et que les uns apprennent à mesurer l'importance de ce qu'ils font et disent, et que tous *les mots en l'air*, qui ne sont apparemment que du vent, peuvent faire mal en retombant.

C'est aussi une question de genre de langage : n'y aurait-il plus que le genre comique ? Serait-ce le genre «éminent» ?[5] Si tout est drôle, d'ailleurs, y a-t-il encore un genre comique ? Où serait l'humour, alors ? Comment ne pas seulement exercer le rire contre les autres, de manière surplombante et ironique, en moquant leur «obscurantisme», et de manière à les faire taire, mais en riant aussi de nous-mêmes et en traitant notre propre humour avec un certain humour ? Lorsque l'ironiste adopte un point de vue en surplomb, pointant l'idiotie des autres, il interrompt toute possibilité de conversation. Et puis quand tout est «cool» et «fun», la société n'est-elle pas immunisée à l'égard de tout scandale, puisqu'il n'y reste rien à transgresser, rien à profaner. Or la fonction du scandale, comme l'écrivait Ricœur, est vitale pour briser la complaisance d'une société à

---

4 Moreau, *Hobbes*, 63.
5 On sait combien Ricœur, insistant sur la nécessaire pluralité des genres de langage, a discuté, à l'encontre de Levinas, cette idée d'un genre «éminent», *La Révélation*, 210, 214, 226.

elle-même.⁶ Et par ailleurs serions-nous devenus incapables de percevoir ce que les Grecs anciens désignaient par le tragique ? Serions-nous incapables de percevoir la possibilité qu'il y ait des choses *importantes* pour Antigone ? C'est le sens et la fonction de ce tragique que je voudrais maintenant explorer.

2 L'entrelacs du mal «tragique» et du mal «biblique»

Ricœur a longuement pris le soin de distinguer, dans le cycle des grands mythes de *La symbolique du mal*, diverses approches de ce dernier, en montrant les différentes stratégies face au malheur, et notamment la différence entre la vision adamique, dans la tradition biblique, et la vision tragique au sens propre des tragédies grecques. Ces différences, un peu typologique, au sens des idéaux-types de Max Weber, ne vont pas sans de nombreuses bifurcations et complexifications qui mélangent ces traditions lorsqu'on regarde le détail des textes. Cela est d'autant plus vrai dans les traditions qui se présentent d'entrée comme des mixtes, notamment les traditions du christianisme primitif, issues de la rencontre entre une vision biblique du mal, plutôt éthique, et une conception grecque, plutôt tragique. Dans des textes ultérieurs, Ricœur montre par exemple que le «péché originel» chez Augustin est un concept mixte éthico-tragique, à déconstruire pour retrouver la conflictualité initiale, le passionnant problème dont il était la résolution, ou plutôt l'installation ambivalente.⁷

Cette question est importante car, comme le dit Ricœur, «Nulle anthropologie ne peut s'achever, ni peut-être même se constituer, si elle n'intègre le problème de la culpabilité».⁸ Poursuivons un moment la lecture de ce texte de 1953, majeur pour notre propos : «La première découverte que nous ramenons d'une pareille plongée, c'est que le monde des mythes n'est pas homogène ; notre conscience—du moins notre conscience d'occidental—véhicule deux images contraires de la culpabilité. Ceci est de la plus grande importance pour notre problème : car c'est au niveau des mythes que nous sommes sollicités, d'une part, de distinguer la faute de la création originelle, comme un accident survenu, comme une *chute* postérieure à l'institution de l'humanité, et d'autre part, de tenir la culpabilité pour un malheur, voire une malédiction qui colle à l'humanité et renferme dans un destin. La conscience mythique, la première, est ambiva-

---

6 «L'image de Dieu et l'épopée humaine», 148 (version poche).
7 Ricœur, *Le conflit des interprétations*, 265 sq.
8 Ricœur, «Culpabilité biblique», 285.

lente ; d'un côté, elle raconte l'irruption de la culpabilité dans la finitude, de l'autre, elle écrase la culpabilité sur la finitude dans une misère indivise. La vision *tragique* de la culpabilité—la «faute tragique»—d'une part et la vision *biblique* de la culpabilité—le «péché biblique»—d'autre part, vont nous fournir les deux pôles de cette ambivalence ; encore que la faute tragique soit souvent bien près de se confondre avec le péché biblique et que le péché biblique ait souvent aussi une résonance tragique fort troublante : ‹J'ai endurci le cœur du Pharaon...› (Ex.10,1)».[9]

La vision adamique commence avec une innocence primordiale, qui «chute» de telle sorte que le mal est en quelque sorte de l'entière responsabilité humaine : c'est une vision morale du mal. Elle peut même tourner à une vision «pénale» du monde, dans lequel tout malheur est la punition d'une faute. C'est cette vision morale que Ricœur ne va cesser de démanteler, en déconstruisant ce qu'il appelle le mythe de la peine, qui fait croire à une sorte de rétribution presque magique, où le mal serait compensé par un autre mal susceptible de l'effacer pour le racheter en quelque sorte et l'annuler. Parlant de la punition au sens le plus juridique et le plus sécularisé du terme, Ricœur montre ce fond ténébreux et irrationnel du mal conçu comme une «peine» : «Ce qui dans la peine est le plus rationnel, à savoir qu'elle vaut le crime, est en même temps le plus irrationnel : à savoir qu'elle l'efface».[10]

C'est pourquoi, à l'encontre d'une vision trop moraliste et pénale du mal, Ricœur prend appui sur le livre biblique de Job, quand ce dernier conteste que son malheur soit sa juste punition. Job brouille la «logique» morale par une logique «tragique», et c'est là le cœur de son dialogue avec ses amis, le cœur de son drame. Dans la Genèse aussi d'ailleurs, la «faute» initiale est le résultat d'une tentation, d'une puissante séduction,[11] et dont bien des lectures théologiques ont pu dire qu'elle est elle-même voulue par Dieu, et en tous cas autorisée par lui. Les deux logiques sont ainsi d'emblée bien embrouillées.

Ricœur insistera plus tard sur le caractère absurde du mal : «Dire: je ne sais pas pourquoi; les choses arrivent ainsi; il y a du hasard dans le monde, c'est là le degré zéro de la spiritualisation de la plainte, rendue tout simplement à elle-même. [...] Aimer Dieu pour rien, c'est sortir complètement du cycle de la rétribution, dont la lamentation reste encore captive, tant que la victime se plaint de l'injustice de son sort [... Mais] Je ne voudrais pas séparer ces expériences

---

9 Ricœur, «Culpabilité biblique», 287.
10 «Interprétation du mythe de la peine», ce texte est une contribution aux colloques Castelli en 1967, repris dans *Le conflit des interprétations*, 352.
11 Qui n'a rien de sexuel, contrairement à un préjugé médiéval d'origine probablement gnostique et très étranger à la pensée biblique.

solitaires de sagesse de la lutte éthique et politique contre le mal».[12] En effet, la dernière phrase atteste que l'on ne peut pas désarmer entièrement la responsabilité humaine sans désarmer «la lutte éthique et politique contre le mal». Le mal est ce qui ne devrait pas être, et il s'agit aussi d'agir à son encontre, et ne pas simplement s'y résigner comme à une fatalité.

C'est pourquoi il est important de retenir ce qu'il y a de profond et de juste dans cette vision éthique : «Le double récit de création et de chute nous invite ainsi à maintenir en surimpression la bonté de l'homme créé et la méchanceté de l'homme à partir de cet événement mythique de la chute. C'est ce que Rousseau a soupçonné avec une géniale incohérence en louant à la fois la bonté de l'homme et son aliénation dans l'histoire ; et c'est ce que Kant a compris avec une rigueur étonnante dans son essai sur le *Mal radical* : l'homme est «enclin» au mal, mais «déterminé» pour le bien ; c'est le thème même de *Genèse* 2 : aussi «originel» que soit le péché, il n'est pas «originaire».[13] C'est cette anthropologie qui arme l'éthique kantienne.

De l'autre côté, la vision tragique montre que le coupable ne sait pas ce qu'il fait, qu'il est aveugle ou aveuglé, conduit par une fatalité qui le dépasse, et les forces divines qui l'emportent et le déterminent sont ici inhumaines, sinon méchantes : «Le *Prométhée enchaîné*, nous met en face du ‹dieu méchant,› de l'indivision du divin et du satanique».[14] Dans cette vision tragique, les humains sont finalement davantage victimes que coupables, et parfois même, purement victimes: «Il me semble que c'est dans Io, la jeune femme transformée en vache, victime de la lubricité divine, que culmine la théologie tragique d'Eschyle—sa théologie, mais non son anthropologie, comme nous verrons. Il faut se figurer la puissance de cette scène et ses contrastes violents. Lui, le titan, rivé à son roc, au-dessus de l'orchestra vide ; elle, la folle, jaillissant dans le grand espace plat, taraudée par le taon ; lui cloué, elle errante ; lui viril et lucide, elle femme brisée et aliénée ; lui actif dans sa passion—et nous verrons de quel acte–, elle pure passion, pur témoin de l'*hybris* divine. Il est admirable qu'Eschyle ait ainsi entrelacé les deux légendes ; car, par-delà la valeur esthétique et proprement plastique du contraste, par-delà la symétrie dramatique entre la figure d'Océan, qui explique et qui juge du fond de la mauvaise loi, et la figure d'Io, qui participe dans la souffrance, Io illustre la situation-limite de la douleur toute pure sous la faute des dieux ; en révélant l'*hybris* transcendante, la violence faite à l'homme par les dieux, Io accomplit l'innocence de Prométhée».[15]

---

12 Ricœur, *Le mal*, 42–44.
13 Ricœur, «Culpabilité biblique», 300–301.
14 Ricœur, «Culpabilité biblique», 288–289.
15 Ricœur, «Culpabilité biblique», 291–292.

Car Prométhée lui-même n'est pas une figure purement tragique, mais une figure complexe, un mixte des deux «logiques», éthique et tragique. En ce sens Prométhée est, au sein du tragique grec, la figure symétrique de Job dans le drame adamique. Ricœur écrit: «Il me semble alors que cette υβρις [*hybris*] de l'innocence, si j'ose dire, cette violence, qui fait de Prométhée une victime coupable, éclaire rétrospectivement le thème originel du mythe, le thème du rapt du feu. Le drame, il est vrai, commence après ; il est intérieur au supplice (de même que l'inceste et le meurtre sont antérieurs au tragique d'Œdipe qui est un tragique de la découverte et de la reconnaissance, un tragique de la vérité). Le tragique de Prométhée commence avec la souffrance injuste. Néanmoins, par un mouvement rétrograde, il atteint la cellule originelle du drame : ce rapt était un bienfait ; mais ce bienfait était un rapt. Prométhée était initialement innocent-coupable».[16]

3 Le moment sapiential et la sagesse tragique

Cette double approche nous laisse au seuil d'un moment proprement sapiential, que ce soit dans les passages bibliques expressifs de ce genre, ou dans le genre de la sagesse tragique autour de laquelle Ricœur n'a cessé de tourner. Il cite à plusieurs reprises *L'Agamemnon* d'Eschyle : «Zeus, quel que soit son vrai nom, si celui-ci lui agrée, c'est celui dont je l'appelle. [...] Il a ouvert aux hommes les voies de la prudence, en leur donnant pour loi ‹*souffrir pour comprendre.*› Quand en plein sommeil, sous le regard du cœur, suinte le douloureux remords, la sagesse en eux, malgré eux, pénètre».[17]

Dans «Culpabilité biblique, culpabilité tragique», il commente: «Souffrir pour comprendre, πάθει μάθος [*pathei mathos*] [...] Par ce comprendre, la tragédie est prête à être reprise dans la réflexion; elle est offerte comme un trésor substantiel à la méditation: Karl Jaspers a raison de voir en elle un ‹savoir tragique,› dont la philosophie peut faire son ‹organon.› Les mythes de la tragédie grecque nous placent devant une ‹énigme› qui sera au centre de toute notre interrogation : l'énigme de la faute inévitable. Dans la tragédie, le héros tombe en faute, comme il tombe en existence. Il existe coupable».[18]

Dans *Finitude et culpabilité*, il montre l'hésitation de la sagesse tragique à s'effectuer en sortant du tragique, en lui échappant, ou bien au sein du tragique

---

16 Ricœur, «Culpabilité biblique», 295–296.
17 Eschyle, *Agamemnon*, 160 sq.
18 Ricœur, «Culpabilité biblique», 288.

lui-même, par la formation des sentiments tragiques qui sont eux même une catharsis de ces sentiments, une manière de les purifier. C'est peut-etre dans cet entre-deux, comme on le verra plus loin, que la tragédie effectue en quelque sorte leur conversion, qui permet de les comprendre dans la cité, à laquelle elles apportent leur force vitale, leur véhémence, mais de manière apaisée : « Le salut en vérité, dans la vision tragique, n'est pas hors du tragique, mais dans le tragique. C'est le sens du *phronein* tragique, de ce ‹souffrir pour comprendre› que le cœur célèbre dans l'*Agamemnon* d'Eschyle. [...] Ces sentiments, nous le savons depuis Aristote, ce sont d'abord le *phobos* tragique, cette crainte spécifique à laquelle nous accédons lorsque nous surprenons la conjonction de la liberté et de la ruine empirique, puis le *Eleos* tragique, ce regard miséricordieux qui n'accuse plus, qui ne condamne plus, mais qui prend pitié [...]. Mais ces sentiments sont aussi des modalités du comprendre : le héros devient le voyant; en perdant la vue Œdipe accède à la vision de Tirésias ».[19]

Ce moment de la sagesse tragique, Ricœur l'approfondira comme on sait par sa longue fréquentation de Freud, qui lui permet d'échapper à une conception protestante sans doute initialement plus moraliste de la culpabilité— contre laquelle il s'est débattu à vrai dire depuis son adolescence, de diverses manières, qui sont aussi des manières de chercher une visée éthique plus primordiale que toute norme morale, et orientée de manière plus originaire par le désir du bon, plutôt que par la crainte du mal. On doit cependant observer que dans la perspective de Freud il y a place pour une sorte d'humiliation du désir, assez salubre pour qu'elle puisse prendre finalement le nom du « principe de réalité ». Le désir est toujours humilié par la réalité. Comme le commente Paul Ricœur : « Le complexe d'Œdipe signifie fondamentalement que le désir humain est une histoire, qui passe par le refus et l'humiliation, que le désir s'éduque à la réalité par le déplaisir spécifique que lui inflige un autre désir qui se refuse ».[20] L'humiliation est ici l'épreuve par laquelle passe le narcissisme initial. C'est finalement là encore ce que rencontre le désir dans ce que les tragiques grecs auraient appelé l'*hybris*, et que les pères de l'Eglise auraient appelé l'orgueil.

Mais ce qui est frappant c'est que la figure du tragique à laquelle Ricœur s'attache dans *Soi-même comme un autre* n'est plus celle de Prométhée, ni d'Œdipe, mais celle d'Antigone. Remarquons d'abord qu'une certaine sagesse pratique pourrait aussi bien caractériser le personnage de Créon, et que celui-ci, au nom même d'une éthique de responsabilité, aurait pu être sensible à un

---

[19] Ricœur, *Philosophie de la volonté*, 442–444.
[20] Ricœur, *De l'interprétation*, 407.

argument du genre de la maxime suivante : « La sagesse pratique consiste à inventer les conduites qui satisferont le plus à l'exception que demande la sollicitude en trahissant le moins possible la règle ».[21] Mais le tragique qui intéresse ici Ricœur est un « tragique de conflit »,[22] profondément marqué par la pensée de Hegel. Ce dernier recherche une réconciliation, qui ne saurait advenir qu'à l'issue du conflit entre la conscience jugeante et l'homme agissant, c'est à dire en sortant du tragique précisément : « Cette réconciliation repose sur un renoncement effectif de chaque parti à sa partialité et prend valeur d'un pardon où chacun est véritablement reconnu par l'autre. [...] Or c'est précisément une telle conciliation par renoncement, un tel pardon par reconnaissance, que la tragédie—du moins celle d'Antigone—est incapable de produire. Pour que les puissances éthiques que les protagonistes servent subsistent ensemble, la disparition de leur existence particulière est le prix entier à payer ».[23]

Ce que Ricœur recherche et reconnaît chez Hegel, dans ce chapitre sur la sagesse pratique, et par rapport à la morale kantienne qui domine le chapitre sur la norme morale, c'est justement une prise en considération du tragique, qui vient compliquer, épaissir, et obscurcir d'une certaine manière, un point de vue moral qui serait sinon trop aisément « jugeant ». Dans le dernier chapitre du livre, Ricœur revient encore sur ce thème et écrit : « Le pardon issu de la reconnaissance l'un par l'autre des deux antagonistes confessant la limite de leur point de vue et renonçant à leur partialité, désigne le phénomène authentique de la conscience. C'est sur le chemin de cette reconnaissance que prend place la critique de la vision morale du monde ».[24]

Il est frappant que la scène du tragique soit ici encore, comme naguère dans les études sur le tragique et dans *La symbolique du mal*, une scène divino-humaine, à la fois théologique et anthropologique, redoublant en quelque sorte le paradoxe d'un mal toujours déjà à la fois agi et subi. La sagesse pratique se forme à la jointure des deux, dans l'incertaine réconciliation entre des points de vue qui ne sauraient simplement s'échanger et se substituer l'un à l'autre, mais qui doivent être hospitaliers à une altérité en quelque sorte irréductible, et dans laquelle ils ne peuvent que s'effacer.[25] « Ainsi, le phénomène du doublement de

---

21 Ricœur, *Soi-même comme un autre*, 312.
22 Voir Abel, « Ricœur et la question tragique ».
23 Ricœur, *Soi-même comme un autre*, 288.
24 Ricœur, *Soi-même comme un autre*, 395.
25 Dans l'*Aufhebung*, il me semble que Hegel privilégie non seulement méthodiquement mais finalement le point de vue qui se perd et s'efface, et non celui qui revient à soi dans la récapitulation.

la conscience traverse-t-il toute *la Phénoménologie de l'esprit*, depuis le moment du désir de l'autre, en passant par la dialectique du maître et de l'esclave, jusqu'à la figure double de la belle âme et du héros de l'action. Mais il est important que l'ultime réconciliation nous laisse perplexe quant à l'identité de cet autre dans la ‹confession exprimée par la vision de soi-même dans l'Autre› (trad. Hyppolite, t. II, p. 198). Le pardon ne marque-t-il pas déjà l'entrée dans la sphère de la religion ? [...] Hegel, philosophe de l'esprit, nous laisse ici dans l'indécision, à mi-chemin d'une lecture anthropologique et d'une lecture théologique. Cette ultime équivocité quant au statut de l'Autre dans le phénomène de la conscience est peut-être ce qui demande à être préservé en dernière instance».[26]

Il y reviendra dans *Le parcours de la reconnaissance*, insistant sur la fonction centrale du tragique dans la pensée de Hegel, chez qui la figure centrale n'est pas celle d'un vieux sage, mais de la jeune et frêle Antigone, comme si le moteur de l'histoire était le tragique de ne pas être reconnu : «le désir d'être reconnu tient, dans une philosophie politique fondée sur la demande de reconnaissance, le rôle tenu par la peur de la mort violente chez Hobbes».[27]

4 Du tragique ancien au tragique nouveau

Je voudrais ici proposer un détour, car la dialectique hégélienne, et son travail du négatif, procède au travers d'une sorte d'humiliation—on peut discerner quelque chose de la mystique rhénane[28] dans cette «kénose» par laquelle le sujet doit se vider de lui-même, se dépouiller et même se perdre, pour se trouver. En ce sens la dialectique du maître et de l'esclave chez Hegel est une analyse du «préférer être humilié plutôt que de mourir», et montre que l'humiliation a quelque chose à voir avec cette patience besogneuse, sinon douloureuse, cette aliénation comme chemin vers l'émancipation réelle. Or ce drame de l'émancipation et de la reconnaissance est au cœur de la philosophie morale et politique moderne.

Or aujourd'hui, le problème qui est en train de nous submerger et qui prend à contrepied notre désir d'émancipation, alors même que les servitudes n'ont pas vraiment disparu, c'est celui de l'exclusion. Pour énoncer rapidement notre

---

26 Ricœur, *Soi-même comme un autre*, 406–407.
27 Ricœur, *Parcours de la reconnaissance*, 226.
28 La mystique rhénane, marquée notamment par la figure de Maître Eckhart, est une tradition spirituelle qui prône une théologie négative (qui ne peut dire que ce que Dieu n'est pas) et un effacement de soi en Dieu.

hypothèse, c'est que les humains sont moins massivement tenus en esclavage et servitude que de plus en plus exclus et tenus comme superflus, inutiles, insignifiants. Pire, c'est une société où le gens se sentent et se considèrent eux-mêmes comme superflus. Nous sommes dans une société d'auto-exclusion, et au nom de la lutte pour l'émancipation, nous avons généré une société de «solitude volontaire». Notre société est malade de solitude. C'est pourquoi le moteur éthique, social et politique de l'émancipation, comprise exclusivement comme une rupture avec des liens de dépendance humiliants, minorisants, ou asservissants, ne suffit plus. Il tourne court. Pour continuer à avancer il faudrait coupler l'émancipation avec un second terme de même ampleur, de manière à répondre à la fois à la servitude et à l'exclusion : avoir de quoi briser les liens de dépendance asymétrique, mais aussi avoir de quoi résister à la déliaison générale. Il faudrait pouvoir penser ensemble l'émancipation et l'attachement. Et donc aussi penser et tenir les liens durables, soutenables, l'interdépendance, les libres fidélités, les solidarités. Brefs ce sont toujours des liens qui libèrent.

L'indice de cette mutation globale c'est qu'un tout un autre versant de l'humiliation est apparu. L'esclave peut devenir l'affranchi, le sujet adulte et émancipé qui a regagné sa vie. Mais il peut hélas aussi devenir le rebut d'une société qui n'a plus besoin de lui. Dans une société dérégulée, désinstituée, liquide, où il n'y a plus que des connexions libres, horizontales, des libres associations flexibles, toujours novatrices, on laisse tomber ceux dont on n'a pas besoin, ceux qui n'ont pas su augmenter leur réseau utile et passer de projet en projet. L'humilié est considéré, et se considère lui-même, comme un déchet, il n'est plus le sujet mais le «rejet» d'une société de projets. Sous cet angle, on voit l'humiliation prendre des formes inédites, qui conduisent à des barbaries inédites. Et on retrouve le tragique, mais un tout autre tragique, à la fois plus archaïque encore, et plus ultra-contemporain, que celui qui intéressait nos auteurs classiques.

Dans un texte remarquable, la psychologue clinicienne Ariane Bazan observe que «c'est à l'humiliation que répond la barbarie». Une civilisation humiliante génère de la barbarie. Lisant Médée d'Euripide, elle montre comment les grandes tragédies sont des scènes de reconnaissance dévastée. C'est ce qui se passe avec Médée, la fille du roi de Colchide, qui, après avoir contre son propre père été l'instrument de Jason en lui permettant de conquérir la Toison d'Or, et lui avoir donné des enfants, est rejetée et abandonnée par lui. Elle pourrait se suicider, se jeter elle-même, détruire ce corps qui n'a pas su être son porte-parole.

Mais ne serait-ce pas trop facile ? N'est-ce pas au fond ce qui est attendu : que s'autodétruisent, mais si possible à petit feu et sans bruit, tous ceux qui ne servent à rien ? Qu'ils s'auto-excluent, qu'ils se délient d'eux-mêmes de la cordée qu'ils ralentissent ? Il faudrait renoncer à relancer les liens où l'on se sent trop lourd et encombrant. Notre société est peuplée de tous ceux qui ont voulu y croire, y adhérer, et qu'elle a laissé tomber. Et dont on attend qu'ils se retranchent d'eux-mêmes, qu'ils nous lâchent les baskets.

L'humiliation alors ne connait sa mesure que dans la dévastation de la scène même où se joue cette humiliation—la scène entière de la prétendue civilisation. Elle réclame la destruction méthodique de toute scène de reconnaissance possible : la mère tuera tous ses enfants. « Je ne partirai pas sans avoir fait le ravage autour de moi : je peux tout donner (donner tout mon corps) pour détruire la scène même de l'humiliation. [...] L'humiliation est structurellement ce qui se vit lorsqu'au sujet est refusé précisément ce statut de sujet ».[29] Telle est la barbarie qui répond à cette humiliation d'être jeté, rejeté, exclu, alors même qu'on a tout donné, qu'on aurait tout donné pour être avec, pour être inclus. Cette barbarie là est celle à laquelle nous nous trouvons désormais aussi confrontés. Seule une humiliation sans nom peut générer la barbarie inédite qui nous menace, et qui trop souvent nous atteint. Tel est le tragique ultra-contemporain.

5 Barbarie et bonté : le point de bascule de la tragédie

Dans ses « Réflexions sur la barbarie », en 1937, Simone Weil écrivait ce paragraphe terrible : « Je voudrais proposer de considérer la barbarie comme un caractère permanent et universel de la nature humaine, qui se développe plus ou moins selon que les circonstances lui donnent plus ou moins de jeu [...] je ne crois pas que l'on puisse former des pensées claires sur les rapports humains tant que l'on n'aura pas mis au centre la notion de force [...] Je proposerai volontiers ce postulat : on est toujours barbare envers les faibles ».[30] Et dans « L'Iliade ou le poème de la force », du même groupe d'écrits, elle poursuivait : « Le vrai héros, le vrai sujet, le centre de l'Iliade, c'est la force. La force qui est maniée par les hommes, la force qui soumet les hommes, la force devant quoi la chair des hommes se rétracte. [...] La force, c'est ce qui fait de quiconque lui est

---

[29] Bazan, « À propos du sadisme ». Elle précisait : « de quoi l'étendue de cette cruauté est-elle la mesure, à quoi répond-elle ? Si nous nous confions à la logique clinique d'Euripide, en particulier du mythe de Médée, je propose que ce qu'il faut supposer comme antécédent à cette réponse, doit être en particulier de l'ordre de l'humiliation ».
[30] Weil, « Réflexions sur la barbarie », 506.

soumis une chose », c'est à dire soit un projectile, soit un déjà-cadavre. Mais la force est aussi ce qui pétrifie celui qui n'est pas encore mort ou ce qui le liquéfie dans la peur et l'humiliation. Or la force s'empare tour à tour des uns puis des autres, elle les emploie puis le jette comme des pantins. Et le fort n'est jamais absolument fort, ni le faible absolument faible, même si l'un et l'autre l'ignorent. « C'est ainsi que ceux à qui la force est prêtée par le sort périssent pour y trop compter […]. Dès lors ils vont au-delà de la force dont ils disposent. Ils vont inévitablement au-delà, ignorant qu'elle est limitée. Ils sont alors livrés sans recours au hasard ».[31] C'est pourquoi il est si important pour Simone Weil d'échapper à la fureur et même à ce qu'elle appelle la religion de la force, et c'est pourquoi elle conclut son texte ainsi : les humains « retrouveront peut-être le génie épique quand ils sauront ne rien croire à l'abri du sort, ne jamais admirer la force, ne pas haïr les ennemis, et ne pas mépriser les malheureux ».[32]

Au fond, c'est ce point de bascule, au bout de l'épopée, que la tragédie grecque n'a cessé d'explorer, comme le montre un autre texte, que Ricœur n'a cessé de méditer, et où se joue la même et incroyable transmutation : la trilogie de l'*Orestie* d'Eschyle, et en particulier le troisième volet, intitulé *Les Euménides*, les Bienveillantes. L'*Orestie* se noue autour de la question de savoir comment on peut délivrer la cité des puissances de la vengeance sans négliger les rites de leur nécessaire apaisement. Ou, pour le dire en termes politiques, comment intégrer les cultes archaïques dans la cité démocratique. Les terribles Érinyes, déesses de la vengeance, comparées à des chiennes assoiffées de sang, sont sur la piste d'Oreste, meurtrier lui-même de sa mère pour venger son père. Peu à peu, elles vont être apaisées jusqu'à devenir les bienveillantes Euménides.

Ricœur commente ce texte à de fréquentes reprises. En 1958 notamment dans une belle réflexion sur « Le droit de punir » : « La vieille religion féroce qui veut payer la mort d'Iphigénie par celle d'Agamemnon, son père, puis celle d'Agamemnon par celle de Clytemnestre, épouse adultère, puis celle de Clytemnestre la mère par celle d'Oreste le fils jusqu'à ce que, ô miracle, l'Erinye vengeresse se mue en Euménide, c'est-à-dire en bienveillance. Ce qui est étonnant, c'est que l'Erinye vengeresse devient Euménide, quand Athéna fonde un tribunal humain, l'Aréopage. C'est ainsi que finit l'Orestie d'Eschyle : enfin les tribunaux sacrés ne connaîtront plus les affaires de sang, mais un tribunal civil, bien laïc, bien humain permettra à Oreste de vivre. Je crois qu'il y a là un

---

[31] Weil, *Œuvres*, 537.
[32] Weil, *Œuvres*, 552.

symbole admirable : il faut un tribunal laïc pour exprimer que les dieux sont bons».³³

Il y revient en 1994, dans «Sanction, réhabilitation, pardon» : «Au plan symbolique le plus profond, l'enjeu est celui de la séparation entre *Diké*, justice des hommes, et *Thémis*, ultime et ténébreux refuge de l'équation entre Vengeance et Justice. N'appartient-il pas au pardon d'exercer sur ce sacré malveillant la catharsis qui en fera émerger un sacré bienveillant ? La tragédie grecque, celle de l'Orestie au premier chef, nous a appris que les *Erinyes* (les Vengeresses) et les *Euménides* (les Bienveillantes) sont les mêmes».³⁴

Et encore dans le texte qu'il donne pour *Les Cahiers de l'Herne* peu avant sa mort : «S'il y a scandale intellectuel, c'est que le droit pénal représente une des conquêtes les plus remarquables de la rationalité au plan des transactions sociales livrées à la violence. La tragédie grecque de l'Orestie en témoigne : la chaîne des vengeances qui affligent la famille des Atrides n'est interrompue que par l'irruption de la *Diké*, La figure emblématique de la raison pénale confiée à un tribunal humain. Même la fureur sacrée des Erinyes doit se convertir en bienveillance sous la figure tutélaire des Euménides. Cette conquête de la rationalité au plan pénal est si importante qu'on peut la tenir pour exemplaire au regard de toutes les autres avancées du droit».³⁵

Or cette transfiguration est due non à la victoire d'Athéna sur les déesses, mais au contraire au fait qu'Athéna, *loin de les humilier, leur reconnaît une place centrale* dans la cité³⁶ : «Ici, en faveur de mes citoyens, j'établis ces grandes et sourcilleuses divinités auxquelles appartient de tout régir chez les hommes». En retour, le chœur des Euménides demande : «que le dégât ne souffle pas sur les arbres [...] qu'une brûlure des bourgeons n'atteigne pas ce pays, que ne s'y glisse pas le mal d'une triste infertilité [...] donnez aux charmantes vierges un mari avec qui vivre, vous qui régissez les humains, Parques, filles de notre mère, déesses des justes partages».³⁷

---

33 «Le droit de punir», Conférence donnée au Centre protestant de Villemétrie, publiée dans *Les cahiers de Villemétrie* 1958 n°6.
34 Ricœur, «Sanction, réhabilitation, pardon», 208.
35 Ricœur «Le juste, la justice et son échec», 293.
36 Au départ, le chœur crie leur colère contre l'arrêt d'Athéna qui les prive de vengeance : «Elles ont subi, ioh ! un grand échec oyoï ! les filles de la Nuit, un grand affront». Mais Athéna leur répond : «Croyez-moi, ne gémissez pas si fort, vous n'êtes pas vaincues» (Eschyle, «Les Euménides», 937 sq.). Les textes bibliques offrent la même mise en scène. Quand Yahvé menace de détruire tout le monde, Moïse cherche à l'apaiser, à le délier de ses malédictions, à l'amadouer, à l'«humaniser» (Exode 32:10 – 14).
37 Eschyle, «Les Euménides», 776 sq., 794 sq., 900, 927 sq., et 937 sq.

Au miroir de ces vieux textes, et loin du rétrécissement moralisateur actuel, l'humain comme le divin se révèlent capables de fureurs suicidaires mais aussi d'abnégations sublimes. Comme l'observait Pierre Bayle, en 1696, «l'homme aime mieux se faire du mal pourvu qu'il en fasse à son ennemi, que se procurer un bien qui tournerait au profit de son ennemi».[38] L'humiliation, dans la jalousie ou le dépit amoureux par exemple, peut conduire à la furie. C'est ici que la tragédie grecque double la scène humaine et politique par une scène divine, et méta-politique, qui vient limiter l'espace de la cité par un dedans-dehors. Sur cette limite, le religieux tragique vise à désarmer la «colère des dieux» pour arrêter ce qu'il y a d'inhumain dans les fureurs humaines, les détourner, les rendre fertiles, et pour dévoiler ce qu'il y a de proprement divin dans la bonté humaine. Comme le montrent les tragédies grecques, le propre du religieux et du sacré est certes de pouvoir transformer une reconnaissance déçue en fureur de destruction, comme on l'a vu avec l'histoire de Médée, mais c'est aussi de pouvoir convertir tout désir de mort en compassion pour les vulnérables vivants.

C'est en découvrant la fragilité, le caractère périssable des vivants, que ceux-ci peuvent faire place aux morts en s'en séparant tranquillement, en les laissant aller. Antigone à cet égard figure elle-même le rappel à l'ordre terrible des puissances chtoniennes. Dans «Sur le tragique», en 1953, Ricœur avait cette formule saisissante : «La phrase ‹laissez les morts enterrer les morts› a ruiné le tragique d'Antigone».[39] Mais je pense que jusqu'au bout Ricœur ne sépare jamais l'orientation éthique de la méditation du tragique. Dans sa «Conférence sur la croyance religieuse», en 2000, il disait par exemple : «C'est en effet à une incapacité spécifique que le religieux offre de répondre. D'un mot : l'incapacité de faire par soi-même le bien. Qu'on l'appelle ‹volonté mauvaise,› ‹libre-arbitre captif,› ‹self-arbitre,› il s'agit d'une expérience aisée à identifier. Elle est ressentie comme une ligature intime comme de soi par soi. [...] On peut dire toutefois dès maintenant que le religieux aura fondamentalement partie liée avec ce fond de bonté originaire tenu captif et caché, en un mot avec la libération de la bonté. [...] Il est possible, maintenant, de définir ce qui pourrait être appelé ‹la finalité du religieux.›Je ne crois pas m'éloigner de la ligne kantienne suivie jusqu'ici en disant que le religieux a pour fonction la délivrance du fond de bonté des liens qui le tiennent captif».[40]

Et, à peu près à la même époque, dans la *Lettre* de Taizé, «Ce que je viens chercher à Taizé ? Je dirais une sorte de d'expérimentation avec ce que je crois le

---

[38] Bayle, «Dissertation sur le projet du dictionnaire», t. IV, 08, repris à Hildesheim chez Georg Olms Verlag, 1982, t. II, 1211.
[39] «Sur le tragique» (1953), repris in *Lectures 3*, 192.
[40] Université de tous les savoirs, novembre 2000.

plus profondément : à savoir que ce qu'on appelle généralement la «religion» a à faire avec la bonté. Les traditions du christianisme l'ont un peu oublié. Il y a une sorte de resserrement, de renfermement sur la culpabilité et le mal. Non pas du tout que je sous-estime ce problème qui m'a beaucoup occupé pendant plusieurs décennies. Mais, j'ai besoin de vérifier ma conviction que aussi radical que soit le mal, il n'est pas aussi profond que la bonté. Et si la religion, les religions, ont un sens, c'est de libérer le fond de bonté des hommes, d'aller le chercher là où il est complètement enfoui».[41]

Bibliographie

Abel, Olivier (1993): «Ricœur et la question tragique.» In: Etudes Théologiques et Religieuses 1993. No. 3, 365–374.
Abel, Olivier (2022): *De l'humiliation*. Paris: Les Liens qui Libèrent.
Bayle, Pierre (1740): «Dissertation sur le projet du dictionnaire.» In: *Dictionnaire historique et critique*. 8th ed. La Haye.
Bazan, Ariane (2017): «À propos du sadisme et de la logique de la barbarie à l'humiliation.» In: *Cahiers de psychologie clinique* 49. No. 2, 125–144.
Eschyle (1967): «Les Euménides.» In: Grosjean, Jean (Trans.): *Tragiques Grecs Eschyle Sophocle*. Paris: Gallimard.
Levinas, Emmanuel, Haulotte, Edgar, Cornélis, Étienne, Geffré, Claude, and Ricœur, Paul (Eds.) (1977): *La Révélation*. Brussels: Publications des Facultés Universitaires Saint-Louis.
Moreau, Pierre-François (1989): *Hobbes, Philosophie, science, religion*. Paris: PUF.
Ricœur, Paul (1953a): «Culpabilité biblique, culpabilité tragique.» In: *Revue d'histoire et de philosophie religieuses* 33, 285–307.
Ricœur, Paul (1953b): «Sur le tragique.» In: *Esprit* 200. No. 3, 449–467.
Ricœur, Paul (1958): «Le droit de punir.» In: *Les cahiers de Villemétrie* 6 : 2–21.
Ricœur, Paul (1960): *Philosophie de la volonté 2. Finitude et culpabilité*. Paris: Seuil.
Ricœur, Paul (1964): «L'image de Dieu et l'épopée humaine.» In: Ricœur, Paul: *Histoire et verité*. Paris: Seuil.
Ricœur, Paul (1966): *De l'interprétation*. Paris: Seuil.
Ricœur, Paul (1969): *Le conflit des interprétations*. Paris: Seuil.
Ricœur, Paul (1990): *Soi-même comme un autre*. Paris: Seuil.
Ricœur, Paul (1994): *Lectures 3*. Paris: Seuil.
Ricœur, Paul (1995a): *Le mal, un défi à la philosophie et à la théologie*. Genève: Labor et Fides.
Ricœur, Paul (1995b): «Sanction, réhabilitation, pardon.» In: Ricœur, Paul: *Le Juste 1*. Paris: Editions Esprit.
Ricœur, Paul (2000): «Libérer le fond de bonté.» In: *Taizé*, April 22.
Ricœur, Paul (2004a): *Parcours de la reconnaissance*. Paris: Stock.

---

41 «Libérer le fond de bonté», *Taizé* 22 avril 2000.

Ricœur, Paul (2004b): «Le juste, la justice et son échec.» In: Ricœur, Paul: *Ricœur 2*, 217–260. Paris: L'Herne.

Rosanvallon, Pierre (2021): *Les épreuves de la vie. Comprendre autrement les Français*. Paris: Seuil, La République des Idées.

Weil, Simone (1999): «Réflexions sur la barbarie.» In: Weil, Simone: *Œuvres*, 505–507. Florence de Lussy (Ed.). Paris: Gallimard Quarto.

Jean-Luc Amalric
Finitude, culpabilité et souffrance : la question du mal chez Ricœur

Abstract: Finitude, Culpability, and Suffering: the Question of Evil in Ricœur.
This chapter reflects on the meaning of the opposition between finitude and guilt which constitutes the central thesis of the second volume of Ricœur's *Philosophy of the Will*. In rendering more comprehensible this Ricœurian originality, the text associates the notion of suffering with the notions of finitude and culpability. The text discusses a number of works consecrated directly to the question of evil in the 1980s and 1990s such as *Evil, a challenge to philosophy and theology* and "The scandal of evil" (1986), "Suffering is not pain" (1992). It establishes a link between the acting and suffering human being at the heart of Ricœur's philosophical anthropology since *Oneself as Another* and *Course of Recognition*, and the question of suffering in the Ricœurian philosophy of human action.

Nul ne contestera que la question du mal occupe une place absolument centrale dans la *Philosophie de la volonté*. Comme l'atteste clairement «L'Introduction» du *Volontaire et l'Involontaire*, le projet complexe et ambitieux du premier grand ouvrage de Ricœur est tout entier gouverné, dans son déploiement méthodique, par cette question. Non seulement, c'est la question du mal qui motive «l'épochè de la faute et de la Transcendance» mise en œuvre dans *Le Volontaire et l'involontaire* et dans *L'Homme faillible*, mais c'est elle aussi qui conduit—dans *La Symbolique du mal*—à cette fameuse «greffe de l'herméneutique sur la phénoménologie» qui deviendra par la suite la marque de fabrique la plus représentative de l'herméneutique ricœurienne.[1]

L'essentiel de la réflexion ricœurienne sur le mal et des décisions méthodologiques qui l'accompagnent paraît dès lors se résumer dans l'opposition centrale entre *finitude et culpabilité* qui donne son titre au second tome de la *Philosophie de la volonté*. A n'en pas douter, l'originalité de l'ouvrage réside dans sa décision de développer une approche du mal et de la volonté mauvaise qui récuse catégoriquement toute réduction du mal à la finitude. A l'opposé d'une tradition philosophique dominante qui n'a cessé de réduire le mal à la finitude afin de pouvoir l'intégrer à la rationalité de son discours, Ricœur défendra au

---

[1] Ricœur, *Philosophie de la Volonté*; *Finitude et Culpabilité*.

contraire l'idée audacieuse d'une *différence irréductible entre finitude et culpabilité*. Pourquoi alors ne pas nous en tenir ici à un examen du sens et de la portée de cette distinction fondamentale entre finitude et culpabilité ?

En associant la notion de *souffrance* aux notions centrales de finitude et de culpabilité dans le titre de notre chapitre, notre intention est de tenter d'accéder à une compréhension plus complète du traitement que Ricœur réserve à la question du mal—non seulement, bien sûr, dans la *Philosophie de la volonté* qui la place au cœur de sa problématique—mais aussi dans les œuvres ultérieures du philosophe où cette question, pour être présente, n'occupera plus nécessairement une place centrale. Avec *La Symbolique du mal*, Ricœur nous a légué une exégèse extrêmement riche et approfondie de l'expérience de la culpabilité, mais tout le problème est de savoir comment il interprète la souffrance. Qu'en est-il précisément de la relation et de la différence entre culpabilité et souffrance dans la pensée ricœurienne ? Et comment faut-il articuler ces deux dimensions du mal avec la question de la finitude ?

A l'époque de la *Philosophie de la volonté*, Ricœur voit dans la culpabilité le cœur de l'expérience du mal et c'est la raison pour laquelle l'analyse de la souffrance passe au second plan. Dans ce contexte, son refus de réduire le mal à la finitude peut donc se lire comme un refus de réduire la culpabilité à la finitude. Comme j'essaierai de le montrer, on trouve pourtant déjà dans les trois œuvres de la *Philosophie de la volonté* les éléments épars d'une pensée du mal comme souffrance qui excède la simple analyse du mal comme faute. Or, c'est précisément cette question de la souffrance—dans son caractère à la fois subi et immérité—qui ne cessera de gagner en importance dans les œuvres ultérieures du philosophe. C'est le cas d'abord dans un certain nombre d'essais ou d'articles essentiels que Ricœur consacre directement à la question du mal dans les années 80—90. Deux de ces textes datent de 1986 : *Le Mal, un défi à la philosophie et à la théologie* et « Le scandale du mal » ; et le troisième, qui a pour titre : « La souffrance n'est pas la douleur » (1992).[2] Mais au-delà de ces textes, il me semble également que le développement du thème central de « l'homme agissant *et* souffrant »—qui gouverne l'anthropologie philosophique de Ricœur depuis *Soi-même comme un autre* jusqu'à *Parcours de la reconnaissance*, en passant par certains textes essentiels du *Juste 1 et 2*—correspond à un approfondissement croissant de la question de la souffrance dans la philosophie ricœurienne de l'agir humain.[3]

---

[2] Ricœur, *Le mal : un défi à la philosophie et à la théologie*, « Le scandale du mal », et « La souffrance n'est pas la douleur ».
[3] Ricœur, *Soi-même comme un autre*, *Parcours de la reconnaissance*, *Le Juste*, et *Le Juste 2*. Cf. par exemple, « Autonomie et vulnérabilité », in *Le Juste*.

Dans ce chapitre, je commencerai dans un premier temps par m'interroger sur le lien étroit qui, dans la philosophie ricœurienne, unit la réflexion sur la question du mal à la réflexion sur les questions méthodologiques. Tout se passe en effet comme si, pour Ricœur, la question du mal commandait en réalité une certaine conception de la philosophie, de sa méthode et de ses limites. Dans un second temps, ma réflexion se focalisera sur ce qui fait sans doute l'originalité la plus remarquable de la conception ricœurienne du mal dans la *Philosophie de la volonté*, à savoir : son refus de réduire le mal à la finitude—refus lui-même étayé sur une distinction capitale entre *finitude et culpabilité*. Tout en me penchant sur le sens de «l'épochè» méthodique de la faute et de la Transcendance mise en œuvre dans *Le Volontaire et l'involontaire* et dans *L'Homme faillible*, en tant qu'elle conditionne cette distinction capitale, je tenterai d'en mesurer la portée en mettant en relation les analyses très développées que Ricœur consacre à la question de la finitude et de la culpabilité avec celles, plus rares mais néanmoins essentielles qu'il consacre à la question de la souffrance. Cet examen des relations complexes entre finitude, culpabilité et souffrance dans la *Philosophie de la volonté* me conduira enfin dans un dernier temps à esquisser une analyse de l'évolution de la pensée ricœurienne du mal dans les œuvres ultérieures du philosophe. Comme on le sait, Ricœur a lui-même caractérisé cette évolution en soulignant comment il avait été conduit à accorder une attention croissante à la question du mal subi et de la souffrance par rapport à la question du mal moral et de la culpabilité ; mais tout le problème est alors de savoir ce que devient la distinction entre finitude et culpabilité dans ce nouveau contexte.

1 La philosophie et le mal ou de la nécessité de la méthode

Quel est le lien étroit qui relie, chez Ricœur, la question du mal avec la question de la méthode philosophique ? Et en quel sens peut-on dire que la centralité de la question du mal s'est avérée déterminante quant aux grandes décisions méthodologiques de la philosophie ricœurienne ?

Le point de départ d'une pensée philosophique ou, plus précisément, le problème à partir duquel elle articule ses premiers développements s'avère souvent décisif en ce qui concerne son orientation et son déploiement futur. A ce titre, le fait, pour une philosophie, de commencer par une réflexion sur le vouloir et la liberté humaine plutôt que par une réflexion sur la perception ou la connaissance est loin d'être indifférent. Partir de la perception, de la connaissance, ou plus largement d'une théorie des actes représentatifs, c'est pour la réflexion philosophique se poser comme savoir rationnel ou comme science et s'installer d'emblée dans le confort d'une posture théorique ou théorétique prétendument autonome. A l'inverse, une réflexion philosophique qui part de l'agir humain, de la volonté et de la liberté humaines prend le risque de se heurter très vite à une expérience opaque, contingente et absurde—l'expérience du mal, de la volonté mauvaise et de la liberté serve—dont le caractère irrationnel menace directement son projet même de compréhension rationnelle du monde. Parce qu'elle comprend qu'elle risque d'être mise en échec par cette confrontation avec l'expérience du mal, la réflexion philosophique est alors contrainte de se poser la question de ses limites théoriques comme celle de sa méthode.

Dans la *Philosophie de la volonté*, c'est précisément cet inconfort et ce *défi* que représente l'expérience du mal qui motive le déploiement entier de la philosophie ricœurienne de la volonté. Même si Ricœur a souvent mis en parallèle son projet d'une phénoménologie du vouloir avec le projet de la *Phénoménologie de la perception* que Merleau-Ponty avait publié cinq ans plus tôt, on doit mesurer—au-delà de leur commune mise en œuvre de la méthode phénoménologique—tout ce qui sépare les deux philosophes. En un sens, on pourrait interpréter la philosophie de Merleau-Ponty comme une radicalisation croissante de la définition grecque de la philosophie comme *étonnement*.[4] C'est, en d'autres termes, le mystère de la pure présence du monde, le mystère du « il y a » qui est au cœur de la philosophie merleau-pontienne et qui par là même la définit fondamentalement comme philosophie de la perception. Chez Ricœur, au contraire, ce n'est plus le « il y a » du monde mais le « il y a » du mal qui provoque chez le philosophe un *sentiment d'indignation et de révolte* et qui met en mouvement l'interrogation philosophique. En d'autres termes, c'est le choc produit par l'expérience absurde et tragique du mal qui conduit la philosophie à tenter de faire face à ce scandale du mal en s'orientant principalement vers une philosophie de l'agir.

Dans la *Philosophie de la volonté*, on l'a dit, c'est l'expérience de la faute et de la culpabilité qui gouverne l'approche ricœurienne du mal et c'est donc logiquement dans l'expérience religieuse du péché et dans l'aveu que la conscience religieuse fait du mal que le philosophe voit l'une des *sources* fondamentales de la réflexion philosophique. « Le péché, écrit Ricœur, en tant qu'aliénation à soi-même est, plus peut-être que le spectacle de la nature, une expérience étonnante, déconcertante, scandaleuse : à ce titre elle est la source la

---

[4] Cette définition grecque de la philosophie comme « étonnement » est, on le sait, exemplairement résumée par Aristote au Livre A, chapitre 2 de *La Métaphysique*.

plus riche de la pensée interrogative [...] Peut-être le péché est-il la plus importante des occasions de questionner mais aussi de déraisonner à coup de réponses prématurées. Mais, de même que l'illusion transcendantale selon Kant atteste par ses embarras même que la raison est le pouvoir de l'inconditionné, de même les réponses intempestives de la gnose et des mythes étiologiques attestent que l'expérience la plus émouvante de l'homme, celle d'être perdu comme pécheur, communique avec le besoin de comprendre et suscite la prise de conscience de son caractère même de scandale».[5]

Comme l'attestent ces dernières lignes, Ricœur voit dans le scandale du mal la véritable origine du «philosopher» et il se démarque donc de la tradition philosophique dominante qui réfère généralement l'origine du philosopher à l'étonnement qui accompagne l'expérience de notre perception du monde. Que signifie une telle interprétation des sources du philosopher ? Non pas qu'il faudrait renoncer à la tâche proprement théorétique de la philosophie, ni même qu'il faille la subordonner entièrement à une approche pratique et éthique, mais plutôt—ce qui est différent—*qu'il est impossible de dissocier les problèmes de science des problèmes de sagesse.*[6] La tâche de la philosophie, en ce sens, est de toujours penser ensemble les questions théoriques et les questions éthiques ou, si l'on veut, de toujours articuler les questions épistémologiques et ontologiques avec les questions éthiques.

Cette élucidation de la définition ricœurienne de la philosophie comme mixte de «théoria» et de «sophia» est tout à fait essentielle, car elle permet, selon nous, de comprendre pourquoi, dans la philosophie de Ricœur, les

---

5 Ricœur, *La Symbolique du mal*, 210.
6 Il est intéressant de noter que cette idée du caractère indissociable des problèmes de science et des problèmes de sagesse apparaît déjà dans *Le Volontaire et l'involontaire*, dans une critique que Ricœur adresse à Husserl—non certes à propos de la question du mal, mais à propos du problème de l'unité de l'homme et de l'union de l'âme et du corps. Dans le chapitre conclusif de l'ouvrage (II : «Du refus au consentement»), il écrit en effet : «Husserl a cru pouvoir séparer les problèmes de science stricte des problèmes de sagesse ; mais dès que nous réintroduisons dans le Cogito l'existence du corps, les problèmes de sagesse communiquent à ceux du savoir» (Ricœur, *Le Volontaire et l'involontaire*, 439). Rappelons à ce titre que dans *La philosophie comme science rigoureuse*, Husserl défendait justement la thèse selon laquelle la philosophie devait être conçue comme une science et non comme une sagesse—en ajoutant qu'elle devait en conséquence opter pour la clarté contre la profondeur. Quel lien peut-on alors établir entre le problème de l'union de l'âme et du corps et la question du mal ? Si l'on se souvient que toute la *Philosophie de la volonté* est animée par la quête d'un «cogito intégral», on rappellera enfin que cette quête est indissociablement ontologique *et* éthique, puisqu'elle vise une expérience de l'unité de l'homme qui est en même temps une expérience de son «intégrité retrouvée», au-delà de l'expérience tragique du mal.

questions de méthode ne se réduisent jamais à de simples questions épistémologiques, mais ont toujours en même temps une portée éthique.

Dès la *Philosophie de la volonté*, il est en effet très frappant de constater que le dispositif méthodique qui conditionne le déploiement même de l'œuvre, à savoir : «l'épochè de la faute et de la Transcendance» mise en œuvre dans *Le Volontaire et l'involontaire* et dans *L'Homme faillible,* revêt une portée à la fois théorique et éthique. Non seulement cette «mise entre parenthèse» de la faute et de la Transcendance conditionne la possibilité même d'une description eidétique du vouloir qui, sans elle, buterait sur le fait irrationnel et inintelligible de la liberté serve. Comme nous le verrons dans notre deuxième partie, elle est précisément ce qui rend possible une certaine pensée de la *finitude* humaine irréductible à la *culpabilité*. Mais elle est aussi ce qui nous invite à un questionnement éthique sur l'être de l'apparaître—c'est-à-dire ici, en l'occurrence, sur l'être du vouloir au-delà du phénomène de la volonté mauvaise qui s'impose au plan empirique. L'épochè de la faute et de la Transcendance fonctionne en effet comme une interrogation éthique et critique adressée à la philosophie elle-même dans ses prétentions théoriques. Pour être plus précis, elle a pour fonction de contester la prétention «naïve» ou spontanée du discours philosophique à se constituer comme science ou savoir autonomes, en faisant l'économie d'un questionnement éthique sur ce que ce discours *fait* en prenant telle ou telle posture théorique ou méthodique.

Il y a là, selon nous, une véritable application de la question du mal au statut même de la réflexion philosophique. *Parce que le mal est une question qui ne peut pas être abordée d'un point de vue purement théorique et spéculatif par la philosophie, il est une question qui retentit sur l'acte de philosopher lui-même.* Dans la mesure où la réflexion philosophique est l'exercice d'une liberté qui pense, elle doit s'interroger sur le mal dont elle est elle-même capable, lorsqu'elle nous plonge dans l'illusion, nous conduit à une dénégation de notre finitude ou nous dupe en prétendant à des synthèses infondées et prématurées. En ce sens, on comprend mieux pourquoi, si Ricœur est d'accord avec Husserl pour critiquer la naïveté de «l'attitude naturelle», il en vient cependant à dénoncer comme une «naïveté seconde» la «naïveté transcendantale»[7] qui consiste—dans l'interprétation idéaliste de la phénoménologie que donne Husserl dans les *Ideen I* et dans les *Méditations cartésiennes*—à affirmer le pouvoir constituant absolu de l'ego transcendantal et la réduction corrélative de l'être à

---

7 Ces expressions de «naïveté naturaliste» et de «naïveté transcendantale» sont employées par Ricœur dans son article de 1952 intitulé «Méthode et tâches d'une phénoménologie de la volonté», dans *A l'école de la phénoménologie,* 85.

l'apparaître. Comme l'écrit Ricœur : « La réflexion transcendantale suscite cette illusion que la philosophie pourrait être une réflexion sans une ascèse, sans une purification de son propre regard [...] La conquête de la subjectivité constituante par la philosophie est ainsi étrangement une grandeur culturelle coupable, comme l'économie et la politique. La phénoménologie transcendantale est déjà l'œuvre de ce Soi qui se voudrait par Soi et sans racines ontologiques ».[8]

Il me semble ainsi que ce que Ricœur dénonce ici comme « naïveté transcendantale », c'est, au-delà de l'idéalisme husserlien, cette naïveté théorique de la philosophie qui consiste à croire que la pensée rationnelle fonctionne spontanément *en régime d'innocence*—comme si l'exercice de la raison philosophique pouvait échapper à un questionnement éthique sur le sens et la portée de son activité. Dans cette perspective, on peut se demander si l'épochè de la faute et de la Transcendance qui ouvre la *Philosophie de la volonté*—en tant que neutralisation méthodique de l'éthique[9]—n'a pas, dans l'œuvre de Ricœur, une portée qui dépasse largement le déploiement conjoint d'une phénoménologie du vouloir et d'une anthropologie réflexive de la faillibilité. Tout se passe en effet comme si la question du mal, au-delà de la *Philosophie de la volonté*, hantait l'ensemble de l'œuvre de Ricœur et continuait de façon plus ou moins voilée ou implicite à gouverner sa méthode.

Le plus troublant dans cette affaire est sans doute « l'Epilogue » de *La Mémoire, l'histoire, l'oubli*—œuvre publiée en 2000, soit quarante ans plus tard que le second tome de la *Philosophie de la volonté*. Au détour d'une phrase, Ricœur concède en effet que la phénoménologie de la mémoire qu'il a développée dans la première partie de l'ouvrage s'est en fait déployée—comme jadis sa phénoménologie du vouloir—à la faveur d'une « épochè » de la culpabilité. « Comme

---

8 Ricœur, « Méthode et tâches d'une phénoménologie de la volonté », 85–86.
9 Nous avons parlé essentiellement jusqu'ici de mise entre parenthèses ou de neutralisation de l'éthique lorsque nous avons évoqué la méthode des deux premiers ouvrages de la *Philosophie de la volonté* : *Le Volontaire et l'Involontaire* et *L'Homme faillible* se déploient en effet tous deux sous l'abstraction de la faute et nous permettent d'accéder aux possibilités fondamentales de l'être-homme en deçà de la faute. Mais si l'on suit « l'Introduction » du *Volontaire et l'involontaire*, il faut ajouter que cette abstraction de la faute est aussi une abstraction de la Transcendance, c'est-à-dire une abstraction de la notion de délivrance à laquelle Ricœur associe cette notion de Transcendance. Qu'en est-il alors de la levée de cette double épochè de la faute et de la Transcendance ? Force est de constater qu'en raison de l'inachèvement de la *Philosophie de la volonté*, cette double abstraction ne sera que partiellement levée. En développant une herméneutique des symboles et des mythes du mal, *La Symbolique du mal* opérera certes une levée effective de l'épochè de la faute, mais Ricœur n'écrira jamais la « Poétique de la volonté » censée lever l'abstraction de la Transcendance en nous donnant à penser la créativité agissante d'une liberté régénérée et délivrée.

jadis dans la *Philosophie de la volonté*, écrit-il, c'est dans l'indétermination eidétique d'une description méthodiquement ignorante de la distinction entre innocence et culpabilité que la phénoménologie de la mémoire a été conduite de part en part».[10] C'est dire la continuité du positionnement méthodique de Ricœur à l'égard de la phénoménologie et plus largement à l'égard de toute philosophie qui prétendrait échapper à un examen critique de ses implications éthiques. Quelques lignes plus loin, le philosophe va même jusqu'à caractériser son épochè de la culpabilité comme «un scrupule aussi méthodique que le doute hyperbolique cartésien»[11] et il nous rappelle par là même le lien décisif qui, dans sa philosophie, n'a cessé de relier la question du mal et les questions de méthode. L'épochè de la faute apparaît ainsi comme ce *soupçon méthodique inaugural* que l'herméneutique critique de Ricœur exerce à l'égard du discours philosophique et de ses prétentions afin de lui rappeler son horizon éthique indépassable.

Il me semble en ce sens que l'on peut affirmer que la question du mal accompagne l'ensemble de l'œuvre de Ricœur et que l'épochè de la culpabilité— qu'elle opère de façon explicite ou implicite—a précisément chez lui la fonction de *maintenir l'interrogation philosophique dans l'horizon de la question du mal et de la sagesse*, en l'empêchant de se refermer dans une posture purement théorique ou théorétique.

2 Culpabilité, finitude et souffrance dans la *Philosophie de la volonté*

2.1 Contre la réduction philosophique du mal à la finitude

Quel est dès lors le traitement que la *Philosophie de la volonté* réserve à la question du mal ? Comme on l'a déjà souligné en introduction, la thèse centrale de l'ouvrage consiste à affirmer l'existence d'une discontinuité fondamentale entre *finitude et culpabilité*, c'est-à-dire à faire de la culpabilité une situation limite hétérogène à la finitude constitutive de la condition humaine.

Avant d'analyser plus en détails le sens et la portée de cette thèse ricœurienne sur le mal, il nous faut mesurer ce qui en fait l'originalité. Défendre,

---

10 Ricœur, *La Mémoire*, 597. Dans cet ouvrage tardif de Ricœur, seul «l'Epilogue» consacré au «Pardon difficile» est donc censé lever l'épochè de la culpabilité mise en œuvre dans la phénoménologie de la mémoire.

11 Ricœur, *La Mémoire*, 598.

comme le fait Ricœur, l'idée d'une *différence irréductible entre finitude et culpabilité*, c'est prendre une décision très audacieuse qui prend complètement à revers l'interprétation du mal dans la tradition philosophique dominante. De Plotin à Spinoza et de Leibniz à Jaspers et Heidegger, cette tradition dominante a en effet toujours tenté de *réduire le mal à la finitude*. Comme Ricœur le souligne en de multiples passages de son œuvre, il est une tendance presque inhérente au traitement philosophique du problème du mal qui consiste à *réduire le caractère «mythique» de la culpabilité* en rapportant le mal à la finitude humaine. Tout se passe en effet comme si le philosophe devait *«démythiser» la faute* pour pouvoir ensuite l'intégrer à la rationalité du discours philosophique.

Or, ce qui nous intéresse, dans cette réduction du mal à la finitude, c'est qu'elle enveloppe toujours en même temps une certaine *thèse sur la relation entre culpabilité et souffrance*, c'est-à-dire sur ce que la tradition philosophique a désigné comme *mal moral* et *mal physique*. Pour ne prendre qu'un exemple dans la pensée classique, tout l'apport de la théodicée de Leibniz consiste à élaborer—au-delà des notions de mal physique et de mal moral—la notion nouvelle de «mal métaphysique» qui désigne précisément un *mal de finitude* constitutif de l'homme. En d'autres termes, il existe selon Leibniz une imperfection native de la créature qui a pour conséquence de la rendre sujette à la souffrance *et* au péché. Dans le cadre d'une *métaphysique de la création*, on peut dès lors expliquer le mal par la *constitution ontologique finie de l'homme* non seulement parce que cette constitution rend compte de l'existence du mal, mais aussi parce qu'elle permet *d'unifier mal moral et mal physique* en les rapportant à une origine commune qui est justement le mal métaphysique.

Dans un tout autre contexte, les philosophies de l'existence au 20ᵉ siècle—celles en particulier de Jaspers et de Heidegger—accomplissent un geste semblable de réduction du mal à la finitude qui fonctionne là aussi comme une tentative d'unification du mal par la finitude. Au livre II de sa *Philosophie*, Jaspers assimile la faute à une «situation-limite»[12] et la place de ce fait sur le même plan que ces autres «situations-limites» que sont la mort, la souffrance et la lutte. Ce faisant, Jaspers opère une sorte de *«sécularisation» de la faute* qui lui confère une «pseudo-homogénéité» avec les autres éléments négatifs de l'existence humaine : il transforme l'expérience de la faute en une sorte de sentiment diffus lesté de tout sens mythique. Au lieu, par conséquent, de penser

---

12 Le terme de «situation limite» désigne chez Jaspers ces situations—la mort, la souffrance, la lutte et la faute—qui sont toutes, à des titres divers, des lésions de notre être empirique et des modalités de l'échec de notre condition humaine. Parce qu'elles rendent intenables notre condition empirique, elles sont une sorte de «pédagogie de l'angoisse» qui nous incite à transcender cette condition en révélant par là même notre liberté.

la faute sur fond d'innocence, Jaspers tire la faute du côté de la finitude, c'est-à-dire de «la constitution primitive, insondable, non-choisie de l'existence».[13]

Pour Ricœur, il en va de même de l'approche de la finitude et de la culpabilité que Heidegger déploie notamment au § 58 de *Être et temps*. Parce qu'il s'efforce de dégager le sens *existential* originaire de l'être-coupable, Heidegger est en effet conduit à dériver la conscience coupable de la *structure formelle et finie* de l'existence. Cette existence, dans son «être-jeté» et dans son «être—pour—la—mort», comprend qu'elle n'est pas le fondement de son être ; et dans l'expérience de l'angoisse, elle se découvre authentiquement comme «être-en dette». Dans ces conditions, le *Dasein* n'est pas plus ou moins coupable selon les circonstances, son être en dette ne résulte pas de l'effectivité d'une faute commise mais, «pour autant qu'il existe à chaque fois facticement», il est toujours déjà aussi en dette—c'est-à-dire coupable ou endetté aussi longtemps qu'il existe.

Or, c'est précisément ce geste de «démoralisation de la conscience» dans laquelle la notion de dette se trouve «trop vite ontologisée aux dépens de la dimension éthique de l'endettement»[14] que Ricœur ne cessera de critiquer chez Heidegger depuis ses premières œuvres jusqu'à *Soi-même comme un autre*. Pour Ricœur, même si, dans une note du § 62 de *Sein und Zeit*, Heidegger concède que l'analytique existentiale de l'être-en-dette «ne «sait» fondamentalement rien du péché» et qu'elle nous donne seulement à penser la condition ontologique de la possibilité factice du péché, rien n'oblige pour autant le philosophe à laisser au théologien le soin de penser le péché et rien ne l'oblige surtout à se dispenser de penser le chemin qui reconduit de l'ontologie vers l'éthique. Car c'est cette absence de remontée de l'ontologie à l'éthique qui fait que l'analytique existentiale de l'être-en-dette équivaut finalement à une réduction du mal à la finitude.

Comme le souligne Ricœur dans l'Introduction du *Volontaire et l'involontaire*, c'est donc parce que Heidegger—sans doute sous l'influence de Kierkegaard—a manqué la spécificité irréductible de l'expérience de la faute qu'il croit pouvoir l'intégrer à l'analytique existentiale et à la structure unitaire du «Souci»—et que l'ontologie fondamentale se trouve ainsi contaminée par une sorte d'absurdité diffuse. Pour Ricœur, tout se passe en ce sens comme si la réduction du mal à la finitude dans la philosophie contemporaine trouvait l'une

---

13 Nous empruntons cette dernière formule à Ricœur : Dufrenne et Ricœur, *Karl Jaspers et la philosophie de l'existence*, 191.
14 Ces expressions sont reprises de l'interprétation que Ricœur consacre à l'analyse heideggérienne de la conscience (*Gewissen*) dans la Dixième étude de *Soi-même comme un autre*, 404–405.

de ses sources d'inspiration principales dans une certaine interprétation de la philosophie de Kierkegaard. Dès 1948, dans *Gabriel Marcel et Karl Jaspers. Philosophie du mystère et philosophie du paradoxe*, il écrivait en effet : « A partir de Kierkegaard, la faute perd son caractère *moral* de déchéance pour assumer une signification *ontologique* ; le péché est la limitation même, l'étroitesse de l'existence ; mais comme l'existence ne s'approfondit qu'en se limitant, la liberté et la faute deviennent indiscernables, si du moins la liberté veut être réelle, «historique». Mais en devenant inévitable, constitutive, il me semble qu'elle n'est plus, à proprement parler, ce que révèle le remords, c'est-à-dire la double assurance qu'une valeur a été violée et que j'aurais pu agir et être autrement ; la nuance éthique introduite par la valeur chaque fois *violée* et la conviction d'une possibilité d'innocence chaque fois *perdue* constituent le sens de la culpabilité. C'est ce sens qui est oblitéré déjà chez Kierkegaard, un peu plus chez Jaspers, et tout à fait chez Heidegger ».[15]

Face à cette réduction de la culpabilité à la finitude œuvrant dans la philosophie contemporaine, quel est alors l'enjeu de la thèse ricœurienne de l'irréductibilité de la culpabilité à la finitude ? Et que s'ensuit-il en ce qui concerne la souffrance ? A partir du moment où, chez Jaspers ou Heidegger, la faute prend *le sens diffus d'un malheur d'exister*, l'important est de comprendre qu'elle ne peut plus être comprise comme un *événement qui aurait pu ne pas être*. Elle ne peut plus, en d'autres termes, être appréhendée sur fond d'innocence et d'espérance parce qu'elle est devenue une *dimension constitutive de notre finitude*. Même si les philosophies de l'existence semblent aux antipodes de la théodicée leibnizienne, elles n'en développent pas moins avec elle une complicité paradoxale. En résorbant la culpabilité dans la finitude, elles en viennent en effet à *aligner la faute sur la souffrance et la mort* et le recours à un *concept ontologique de finitude* les conduit finalement à ce que l'on pourrait appeler une conception post-métaphysique de l'unité du mal (physique et moral).

C'est précisément contre cette *culpabilité constitutive* résultant de la réduction du mal à la finitude que Ricœur défendra conjointement l'idée d'une *finitude constitutive* de l'homme et l'idée d'une *contingence irréductible* de la faute. Il me semble, en ce sens, que, dans la *Philosophie de la volonté*, on doit prioritairement interpréter l'opposition ricœurienne entre *finitude* et *culpabilité* comme une opposition entre *structure* et *événement*. Expliquer en effet la faute par la finitude, ce serait réduire le mal à une conséquence nécessaire de la *finitude de la constitution structurelle de l'homme* et perdre corrélativement la *dimension contingente et irréductiblement événementielle de la faute*.

---

15 Ricœur, *Gabriel Marcel et Karl Jaspers*, 144.

Tout le dispositif méthodique de la *Philosophie de la volonté* peut en ce sens s'interpréter comme une tentative de dissociation de la finitude et de la culpabilité qui prend acte de *l'aporie de l'origine inscrutable du mal* tout en préservant le caractère irréductiblement événementiel de la faute. Dans ce contexte, on l'a vu, c'est la mise en œuvre d'une épochè de la faute et de la Transcendance qui permet—d'abord dans *Le Volontaire et l'involontaire*, puis dans *L'Homme faillible* —la conquête d'une conception de la finitude humaine méthodiquement déliée de la question du mal et de la culpabilité. Comme on le sait, c'est à *La Symbolique du mal* qu'incombera la charge de lever l'abstraction de la faute et de penser l'expérience paradoxale et énigmatique du mal sans la dénaturer. Entre une approche phénoménologique et réflexive qui nous parle de la *finitude structurelle de l'être-homme* et de la *possibilité anthropologique du mal*, mais qui reste en deçà de son *effectivité* et une approche éthique qui arrive toujours trop tard, dans la mesure où elle part d'un homme concret qui a déjà commis la faute, il s'agira, dans cette dernière œuvre de la *Philosophie de la volonté*, d'inventer une autre approche de la question du mal qui consistera précisément à déployer —à partir de l'aveu que la conscience religieuse fait du mal—une *herméneutique des symboles et des mythes du mal* capable de « sauver » l'événementialité de la faute. C'est à *l'expérience religieuse du mal* consignée dans les symboles et les mythes du mal que le philosophe fera donc appel car elle paraît seule à même de nous prémunir contre la réduction philosophique de la culpabilité à la finitude.

2.2 La finitude constitutive de l'homme au seuil de la culpabilité : « néant constitutif » et « néant événementiel »

Qu'en est-il dès lors de cette finitude en quelque sorte en deçà de l'éthique conquise au moyen de l'abstraction de la faute ? Je dirais pour m'en tenir à l'essentiel que dans *Le Volontaire et l'involontaire*, c'est sans doute l'idée de *dépendance* qui résume le mieux le concept de finitude qui est progressivement dégagé de l'analyse phénoménologique du vouloir. « Ce que nous soutenons, écrit Ricœur, c'est que le Cogito n'est pas tout entier action, mais action et passion ».[16] De fait, les trois moments constitutifs du vouloir : le « décider », le « mouvoir » et le « consentir » impliquent tous une forme de *dépendance* qui se traduit par une *réceptivité fondamentale* ou si l'on veut, par une *dialectique fondamentale entre activité et passivité*. Pour le dire en un mot : décider est « l'acte de la volonté qui s'appuie sur des motifs » ; mouvoir est « l'acte de la

---

16 Ricœur, *Le Volontaire et l'involontaire*, 419.

volonté qui ébranle des pouvoirs» ; consentir est «l'acte de la volonté qui acquiesce à la nécessité».[17] La thèse centrale de l'ouvrage, en effet, c'est que notre volonté est *finie* parce qu'elle dépend d'un *involontaire relatif* qui est celui de nos motifs et de nos pouvoirs, mais aussi d'un *involontaire absolu* qui se décline dans les trois figures du caractère, de l'inconscient et de la vie. A ce titre, si l'idée limite d'une réciprocité du volontaire et de l'involontaire décrit encore une *finitude relative*, la notion d'involontaire absolu implique en revanche une *passivité* et une *finitude radicale* à laquelle je dois cependant consentir si je veux dépasser une liberté abstraite et cantonnée dans un geste de refus, en direction d'une liberté incarnée.

Or, la force de cette pensée de la finitude, c'est qu'elle permet de penser la *nécessité* de l'involontaire absolu comme une «négation subie» : c'est-à-dire comme une «négation constitutive» qui n'est pas pour autant un mal, mais seulement une *limite* à laquelle je dois consentir. En d'autres termes, elle permet d'accéder à une pensée de la *contingence* et de la *facticité* de la condition humaine qui, au-delà de la *tristesse* qui l'accompagne, n'est pas contaminée par une culpabilité ou une absurdité diffuses. La contingence est certes la «tristesse du fini» mais elle n'est pas encore le mal. Pour Ricœur, notre finitude se résume alors dans l'expression «seulement humaine» par laquelle il qualifie notre liberté dans la conclusion du *Volontaire et l'involontaire*. Notre liberté est «seulement humaine» au sens où «vouloir n'est pas créer», c'est-à-dire au sens où elle est une «initiative réceptrice» ou une «indépendance dépendante».

Face à cette première conceptualisation ricœurienne de la finitude humaine déliée de l'expérience concrète de la culpabilité, tout l'intérêt de la conceptualisation complémentaire développée dans *L'Homme faillible*, c'est qu'elle permet cette fois de penser la finitude dans le cadre élargi d'une *anthropologie philosophique* capable de penser conjointement le connaître, l'agir et le sentir humains. A vrai dire, il s'agit ici de plus qu'un simple élargissement des analyses de la dialectique d'activité et de passivité développées dans *Le Volontaire et l'involontaire*. En élaborant un concept de *faillibilité*, *L'Homme faillible* se hisse en effet à une conception de la finitude humaine qui va en quelque sorte à la rencontre du mal en pensant désormais cette finitude comme *fragilité* et cette fragilité comme *capacité de faillir*. A ce titre, même si cette capacité qu'a l'homme de faillir n'explique en rien *l'événement* de la faute ; si, en d'autres termes elle échoue à comprendre *l'origine du mal*, elle a néanmoins le mérite de nous conduire au seuil même de la culpabilité en nous donnant à comprendre sa *possibilité*.

---

[17] Ricœur, *Le Volontaire et l'involontaire*, 319.

L'apport décisif de *L'Homme faillible* consiste ici à proposer une refonte complète de la notion de finitude. « Pour le dire tout net, écrit Ricœur, je doute que le concept de finitude soit le concept central de l'anthropologie philosophique—mais bien plutôt la triade finitude—infinitude—intermédiaire. Il ne faut donc pas partir du simple, par exemple la perception, mais du double, la perception et le verbe ; non pas du limité, mais de l'antinomie de la limite et de l'illimitation ».[18]

Dans cette récusation d'une anthropologie philosophique centrée sur le concept de finitude se laisse lire à l'évidence une critique directe de l'ontologie heideggérienne de la finitude, telle qu'elle se trouve en particulier esquissée dans le *Kantbuch*. Pour Ricœur, en effet, on ne peut penser la finitude humaine comme simple transcendance vers le monde, ouverture à la temporalité de l'imagination transcendantale. Selon lui, la finitude ne prend sens que sur le fond d'une *affirmation originaire*[19] qui constitue en quelque sorte le pôle d'infinité de l'être-homme. En ce sens, la finitude humaine n'est pas *originaire* mais elle est cette « fragilité de la médiation » qui résulte des rapports entre l'affirmation originaire qui nous constitue et la « différence existentielle » qui en est la négation. Elle est, en d'autres termes, la *limitation proprement humaine* qui procède de l'intériorisation de notre *disproportion* entre fini et infini.

Tout ce qui nous apparaît, en l'homme, comme *finitude* ou comme « négation de finitude » ne se révèle donc à nous que sur fond d'une affirmation originaire et absolue qui a dès toujours transcendé ou transgressé cette finitude. L'homme est un *être de médiation* qui ne peut se comprendre que dans une synthèse continuée du fini et de l'infini. Comme l'écrit Ricœur : « 1) La situation de l'homme entre l'être et le néant, pour parler comme Descartes, est la situation d'un être qui est *lui-même médiation* entre l'être et le néant, entre l'infini et le fini. 2) Cette *médiation* se projette dans la synthèse de l'objet, qui est à la fois discours et existence, sens et apparence. 3) Cette médiation se fait *action* dans la synthèse pratique de la personne, qui est à la fois fin et existence, valeur et présence. 4) Cette médiation *se réfléchit* elle-même dans le sentiment d'une

---

[18] Nous citons ici l'article de 1960 de Ricœur intitulé « L'antinomie de la réalité humaine et le problème de l'anthropologie philosophique » publié dans : Ricœur, *Anthropologie philosophique*, 23.

[19] Pour une analyse détaillée de cette reprise, par Ricœur, du concept nabertien « d'affirmation originaire » dans la conclusion de *L'Homme faillible*, nous nous permettons de renvoyer au chapitre II (« Négativité et affirmation originaire ») de notre livre : *Paul Ricœur, l'imagination vive*, 225–280.

disproportion de soi à soi-même, d'une non-coïncidence ou d'une «différence» intérieure, qui atteste la fragilité originaire de la réalité humaine».[20]

Grâce à l'épochè de la faute et de la Transcendance, l'anthropologie philosophique de *L'Homme faillible* met ainsi au jour une signification positive de la finitude comme *limitation* qui révèle les *possibilités fondamentales de l'être-homme* en deçà de la faute. La notion emblématique qui, tout au long de l'ouvrage, résume le mieux cette signification positive de la finitude en deçà du mal, c'est celle de «perspective» comme «ouverture limitée» ou finie. Pour Ricœur, c'est l'ouverture du «dire» (en tant que négation du «voir») qui révèle la fermeture de ma perspective perceptive ; c'est l'ouverture à ma destination pratique (c'est-à-dire la position de l'existence-valeur d'autrui en tant que «négatif» de ma faculté de désirer) qui révèle la fermeture de mon caractère ; et c'est enfin l'ouverture de l'*Eros* (ou amour intellectuel) qui dévoile la fermeture de mon sentiment vital en opérant une négation du plaisir comme horizon affectif de mon vouloir vivre. La fermeture de mon ouverture théorique, pratique et affective au monde, aux autres et à moi-même, si elle définit l'étroitesse de ma liberté, n'est donc jamais identifiée à un mal. Si elle débouche bien sur un «discord originaire» et une non-coïncidence de soi à soi qui font la fragilité affective de l'homme, cette fragilité et cette faillibilité restent en deçà de la faute et de l'expérience effective du mal.

Pour Ricœur, un abîme continue de séparer la *possibilité du mal* de son *effectivité*, et c'est la raison pour laquelle seule une interprétation des mythes du mal permettra de penser symboliquement un certain passage entre la *structure finie* de l'homme et *l'événement* de la faute. Face au «néant constitutif» résultant de notre finitude, la faute doit rester un «néant événementiel»[21] dont l'origine est inscrutable. L'énigme du mal, en effet, n'est pas seulement l'énigme d'une *position* du mal par la liberté humaine mais elle est aussi indissociablement l'énigme d'un *passage* de la faillibilité (comme structure) à la faute (comme événement) qui révèle le mal comme un accomplissement de la faiblesse humaine. En d'autres termes, l'événement du mal n'est pas seulement l'avènement d'une conscience *coupable*—c'est-à-dire d'une conscience qui a fait l'aveu du mal et qui se juge libre et responsable—, il est aussi l'avènement d'une conscience en proie au mal qui s'apparaît alors comme *victime*. Entre une *approche structurelle* des possibilités fondamentales de l'être-homme et de sa *liberté finie*

---

20 «L'antinomie de la réalité humaine et le problème de l'anthropologie philosophique» : Ricœur, *Anthropologie philosophique*, 47.
21 Ricœur utilise ces deux expressions de «néant constitutif» et de «néant événementiel» dans son article intitulé «Méthode et tâches d'une phénoménologie de la volonté» et publié dans *A l'école de la phénoménologie*, 84.

et une *approche empirique de l'homme historique comme homme toujours déjà coupable*—c'est-à-dire aussi comme homme toujours déjà «défiguré» par l'expérience du mal—seule une herméneutique des mythes du mal, et en particulier du mythe adamique, semble donc en mesure de nous donner à penser un passage de l'innocence à la faute dans le temps immémorial du mythe.

2.3 La question de la souffrance : entre finitude et culpabilité

Si l'objectif central de la *Philosophie de la volonté* est, comme on l'a vu, de «sauver» l'irréductibilité de la culpabilité à la finitude, quel est alors le statut de la souffrance ? Il me semble que toute la richesse de l'ouvrage réside précisément dans le fait qu'il nous propose en fait une *double approche de la souffrance*. Une approche en quelque sorte «neutre» de la souffrance—qui s'efforce de penser une *souffrance «méthodiquement innocente»* par le biais d'une analyse de la finitude rendue possible par l'épochè de la faute et de la Transcendance et une approche de la *«souffrance coupable»* à travers une herméneutique des symboles et des mythes du mal. C'est-à-dire, pour être plus précis, une analyse de la «souffrance coupable» qui passe successivement par une interprétation du *symbolisme de la souillure dans l'expérience archaïque du sacré* et par une *interprétation dynamique du mythe adamique* qui consiste en une reprise conjointe du thème tragique du dieu méchant et du thème hébraïque du «juste souffrant» tel que le présente exemplairement le livre de Job.

La première analyse, on l'aura compris, prend place dans la troisième partie du *Volontaire et l'involontaire* consacrée au consentement et à la nécessité[22]; la deuxième se situe au chapitre 1 de la Première partie de *La Symbolique du mal* consacré à la souillure[23]; au chapitre 2 de la Deuxième partie[24] consacré au «dieu méchant et la vision tragique de l'existence»; et enfin au chapitre 5 de cette même partie : tout particulièrement au § 2 qui traite de «La réaffirmation du tragique».[25]

Pour résumer les choses, je dirais d'abord que *Le volontaire et l'involontaire* développe une *interprétation philosophique de la souffrance* comme *diminution d'être* dans laquelle la souffrance est *déliée de la culpabilité et pensée à partir de*

---

22 Ricœur, *Le Volontaire et l'involontaire*, 422–428.
23 Ricœur, *La Symbolique du mal*, 228–250.
24 Ricœur, *La Symbolique du mal*, 423–444.
25 Ricœur, *La Symbolique du mal*, 528–544.

la finitude comme l'expérience de notre *contingence fondamentale*. Comme l'écrit Ricœur : «‹L'homme né de la femme› (Job) manque d'être par soi»[26]; et c'est précisément cette impossibilité d'exister par soi-même, cette «tristesse du fini» qui est source de souffrance. Dans le cadre de la phénoménologie ricœurienne du vouloir, la souffrance découle donc de notre facticité et de notre contingence : elle est, pour l'homme, une expérience de la *nécessité d'être déjà né* qui est indissociablement une expérience de la «non-nécessité d'être». L'abstraction de la faute que met en œuvre *Le volontaire et l'involontaire* a ainsi le mérite de mettre au jour une «souffrance de finitude» qui n'est pas encore identifiée à un mal et rapportée à une culpabilité diffuse.

Il en est tout autrement dans *La Symbolique du mal* qui correspond précisément à une levée de cette abstraction de la faute : à travers une herméneutique du symbolisme primaire de la tâche et de la souillure, Ricœur tente de nous restituer ici *l'interprétation religieuse* la plus archaïque de la souffrance. Dans cette *expérience archaïque du sacré* où «l'ordre éthique du mal faire n'est pas discerné de l'ordre cosmologique du mal-être»,[27] le mal et le malheur n'ont pas encore été dissociés et l'homme souffrant se sent confusément coupable de la violation d'un ordre. Il doit payer pour cette violation et la crainte de l'impur, comme l'anticipation de la punition et de la vengeance, ne cessent de consolider ce *lien fatal entre mal et malheur*. Ainsi, de même que la punition procède inéluctablement de la souillure, *le «mal-pâtir» de la souffrance se trouve originairement relié au «mal-agir» de la faute*. Le plus remarquable, dans cette analyse des formes les plus primitives de la «souffrance coupable», c'est qu'elle nous montre que c'est l'expérience religieuse archaïque de la souillure et non la réflexion philosophique qui est à l'origine des schèmes les plus tenaces de la rationalisation du mal de souffrance liés à la loi de rétribution.

Au-delà de cette herméneutique du symbole de la *souillure*, c'est sans aucun doute dans le chapitre final (V. «Le Cycle de mythes») de *La Symbolique du mal* consacré à une *lecture dynamique des mythes du mal* à la lumière de la prééminence du mythe adamique que Ricœur esquisse pour la première fois une *interprétation plus personnelle de la souffrance* dans son rapport avec la culpabilité. Lorsqu'il avance la thèse d'une *réappropriation possible du tragique dans le mythe adamique*—mythe qu'il considère comme le seul mythe véritablement anthropologique—, Ricœur souligne d'abord le caractère «anti-tragique» de ce mythe. A ses yeux : «l'égarement fatal de l'homme, l'indivision de la culpabilité du héros et du dieu méchant ne sont plus pensables après la double confession,

---

26 Ricœur, *La Symbolique du mal*, 427.
27 Ricœur, *La Symbolique du mal*, 230.

au sens augustinien du mot confession, de la sainteté de Dieu et du péché de l'homme».[28] Cela signifie-t-il pour autant que le mythe adamique soit étranger à toute forme d'expérience tragique ?

Pour Ricœur, il n'en est rien : il y a en effet dans l'envers non posé d'un mal posé par la liberté, dans le caractère inéluctable du mal impliqué dans l'exercice même de la liberté et enfin dans le caractère toujours déjà là du mal—incarné par la figure du serpent—autant d'éléments qui renvoient à l'anthropologie tragique. En même temps, force est de reconnaître que la *théologie éthique* des Hébreux, tout en opérant une critique du chaos premier de la théogonie et du dieu méchant de la tragédie, prépare déjà une certaine *révolution dans la pensée de la souffrance*. Cette révolution, c'est le livre de Job qui l'accomplira.

Avec le livre de Job, en effet, c'est la pensée juive elle-même qui, en méditant sur la *souffrance de l'innocent* met en échec la vision morale du monde et la théorie de la rétribution qui accompagne la théologie éthique qu'elle a elle-même élaboré. Selon Ricœur, s'opère ici un *retour de la compréhension éthique à la compréhension tragique de Dieu* qui nous ramène, dans un même geste, de l'accusation prophétique à la pitié tragique. On peut ainsi affirmer que c'est dans cette vision dichotomique entre un Adam coupable et justement exilé et un Job injustement souffrant que *la souffrance est pour la première fois pensée pour elle-même dans son caractère absolument énigmatique, absurde et scandaleux*. Comme l'écrit alors Ricœur : «Seule une troisième figure annoncerait le dépassement de la contradiction : ce serait la figure du ‹Serviteur souffrant› qui ferait du souffrir, du mal subi, une *action* capable de racheter le mal commis».[29] Mais force est de constater que, si les conclusions de *La Symbolique du mal* laissent ainsi entrevoir la *possibilité d'un renversement du rapport entre culpabilité et souffrance*, cette possibilité reste une idée-limite et ne prend à aucun moment la forme d'un dépassement dialectique et effectif (*Aufhebung*).

Ainsi, à la différence de la *déliaison entre souffrance et culpabilité* que permettait l'épochè de la faute dans *Le Volontaire et l'involontaire*, il semble que les analyses herméneutiques de *La Symbolique du mal* nous reconduisent toujours à l'idée d'une *relation indépassable entre mal de souffrance et mal de culpabilité*. En ce sens, même la relation inversée entre souffrance et culpabilité que fait émerger la figure du «Serviteur souffrant» reste encore une *relation*. Si, comme tente de le montrer Ricœur, l'histoire dynamique de la confrontation des symboles et des mythes du mal porte en elle un *mouvement iconoclaste et critique*, force est de constater que ce mouvement ne parvient pas à nous faire sortir de

---

[28] Ricœur, *La Symbolique du mal*, 528.
[29] Ricœur, *Symbolique du mal*, 542.

cette relation entre culpabilité et souffrance que dévoilait le symbolisme archaïque de la souillure. Quelle que soit leur évolution dynamique, les symboles et les mythes du mal continuent donc de faire signe vers l'idée d'une *«racine commune» et obscure de la souffrance et de la culpabilité.*

Dans ce contexte, la «réaffirmation ricœurienne du tragique» au cœur du mythe adamique me paraît assurer une double fonction dans *La Symbolique du mal* : la première, c'est justement d'empêcher toute lecture du cycle des mythes en termes de dépassement ou d'*Aufhebung* ; la seconde, c'est, à travers la figure exemplaire de Job, d'empêcher que ne se referme la *question énigmatique et insistante de la souffrance innocente.*

3 L'évolution de la pensée ricœurienne du mal et la question de la souffrance

Dans cette troisième et dernière partie de ma réflexion—et comme je l'ai annoncé en introduction—j'aimerais tenter enfin de confronter ces analyses inaugurales de la finitude, de la culpabilité et de la souffrance dans la *Philosophie de la volonté* avec ce que seront les grandes lignes de *l'évolution de la pensée ricœurienne du mal* dans les œuvres ultérieures du philosophe. Il me semble en effet que cette évolution pose toute une série de questions délicates que je souhaiterais aborder maintenant. Ces questions, on va le voir, engagent à la fois une interprétation générale du *sens méthodique du tournant herméneutique* de la philosophie ricœurienne et une interrogation sur le *statut spécifique de la souffrance par rapport à la culpabilité*.

Je me permettrai de citer ici deux passages très éclairants de *Réflexion faite* (1995) qui serviront de point de départ à mes interrogations.

a) Ma première citation concerne *l'interprétation rétrospective que Ricœur nous donne du «tournant herméneutique»* opéré dans *La Symbolique du mal*. Lorsque, dans ce texte autobiographique, Ricœur revient sur les sens et la portée de *La Symbolique du mal*, il écrit en effet : «Par-delà la problématique *régionale* de l'entrée du mal dans le monde, c'était le statut *général* de la compréhension de soi que la *Symbolique du mal* mettait en question. En acceptant la médiation des symboles et des mythes, la compréhension de soi incorporait à la réflexion une tranche d'histoire de la culture».[30]

Ce qui me frappe, dans ce premier passage, ce sont les adjectifs *«régionale»* et *«général»* : la problématique de l'origine du mal qui était absolument centrale

---

[30] Ricœur, *Réflexion faite*, 32.

et inaugurale dans l'ensemble de la *Philosophie de la volonté* est désormais présentée comme «régionale», tandis que la question de la compréhension de soi—celle, en d'autres termes, d'une herméneutique du soi médiatisée par les mythes, les symboles et les textes—devient la question centrale et générale de la philosophie ricœurienne.

D'où ma première question : qu'est-ce qui justifie encore la *greffe* ricœurienne de l'herméneutique sur la phénoménologie si cette dernière n'est plus directement légitimée par le souci de préserver l'irréductibilité événementielle de la faute ? Dans *La Symbolique du mal*, en effet, c'est précisément la reconnaissance de cette *irréductibilité de l'événementialité de la faute à la finitude* qui fondait en retour l'idée d'une *irréductibilité des symboles et des mythes* à la rationalité philosophique. C'est elle, en d'autres termes, qui conduisait à *«sauver» conjointement le mythe et le symbole* en montrant l'impossibilité dans laquelle se trouve la réflexion philosophique d'en finir avec les symboles et les mythes. C'est elle enfin qui contraignait la philosophe à accepter le long détour de l'interprétation des symboles et à faire le deuil de l'idée d'une philosophie sans présuppositions, absolument autonome et auto-fondée. Comme le montrait alors l'analyse exemplaire du mythe adamique, le *récit* mythique est seul à même de rendre compte de la *contingence événementielle du mal* «en étalant dans la succession le paradoxe de la surimpression de l'historique (c'est-à-dire du mal déjà advenu dans l'histoire humaine) et de l'originaire (c'est-à-dire de la bonté originaire de l'être créé)».[31]

Cette question en forme d'objection est redoutable et je me contenterai ici de suggérer simplement une piste de réflexion. Il me semble en effet que la greffe de l'herméneutique sur la phénoménologie, dans la philosophie ricœurienne, ne peut trouver sa légitimité, au-delà de *La Symbolique du mal*, que si l'on accepte un déplacement d'accent de l'événement *du mal* à l'événement tout court. Je m'explique : dans les œuvres postérieures à la *Philosophie de la volonté*, il semble que l'événement de la faute devienne seulement un *événement paradigmatique* ou si l'on veut, le paradigme de tout événement, dans son caractère de surgissement contingent. Si on peut donc continuer, après *La Symbolique du mal*, à soutenir la thèse d'une irréductibilité des symboles et des mythes à la rationalité philosophique, ce serait plus fondamentalement en raison d'une *irréductibilité de la contingence de l'événement à toute réflexion sur la structure* — structure dont on a vu justement qu'elle est liée au concept philosophique de finitude (que celui-ci soit abordé de manière phénoménologique ou réflexive). On comprendra alors peut-être pourquoi la pensée de Ricœur en est venue à

---

31 Ricœur, *Réflexion faite*, 32.

déplacer son attention du *récit mythique* au *récit historique* et au *récit de fiction* et pourquoi aussi elle a été conduite à accorder à la notion d'*identité narrative* une place centrale dans la compréhension de soi.

b) Ma seconde citation de *Réflexion faite* concerne *l'évolution de la pensée ricœurienne du mal* et le rôle décisif qu'a joué L'*Essai sur Freud* dans cette évolution. «Pour moi, écrit Ricœur, le passage par Freud fut d'une importance décisive ; outre la moindre concentration que je lui dois sur le problème de la culpabilité, et une plus grande attention portée à la souffrance imméritée, c'est à la préparation de mon livre sur Freud que je dois la reconnaissance de contraintes spéculatives liées à ce que j'appelais le conflit des interprétations».[32]

Je laisserai ici de côté la question du conflit des interprétations et de *L'Essai sur Freud* qui excède le cadre de mon propos et je me concentrerai sur ce *passage du mal commis au mal subi* dans la réflexion ricœurienne sur le mal. Comment interpréter une telle évolution ? Quel est son sens et sa portée ?

Première remarque : cette évolution marque une attention croissante portée à la *question de l'affectivité* qui conduit le philosophe à associer désormais à son analyse du mal comme *catégorie pratique*—c'est-à-dire comme catégorie du faire ou de l'agir—une analyse du mal comme *catégorie affective*—c'est-à-dire comme *catégorie du sentir et du pâtir*. Selon moi, c'est assurément cette évolution qui explique l'attention croissante de Ricœur au problème de la souffrance : la souffrance est d'abord *ce qui nous affecte* et en ce sens il se pourrait bien qu'elle constitue notre expérience la plus originaire du mal. A l'accusation et au blâme qui s'adressent à une *liberté coupable* succèdent donc la plainte et la lamentation de la *victime*.

Deuxième remarque : dans la citation que j'ai prise comme point de départ, Ricœur parle de «souffrance imméritée», ce qui signifie que—sous l'impulsion de sa lecture de Job et du tragique—il opère de plus en plus une *déliaison de la souffrance et de la faute* qui nous invite à sortir du cycle de la rétribution, tout en pointant une *irréductibilité de la souffrance à la faute*. On peut lire en ce sens l'évolution de la pensée ricœurienne du mal comme un effort critique continu pour déconstruire cette *indistinction de la souffrance et de la culpabilité* que véhicule l'expérience religieuse archaïque du sacré. Cela signifie-t-il pour autant que Ricœur abandonne en cours de route la question de la culpabilité ? La réponse est négative. Pour Ricœur, le fait que nous vivions encore la souffrance comme un mal témoigne de «l'extraordinaire enchevêtrement»[33] des phéno-

---

32 Ricœur, *Réflexion faite*, 37.
33 Nous reprenons ici une expression que Ricœur emploie dans son essai : *Le Mal, un défi à la philosophie et à la théologie*, 16.

mènes de la souffrance et de la culpabilité. Et c'est un fait aussi que la part de la souffrance qui résulte de l'action des hommes sur d'autres hommes est énorme. Il me semble, à ce titre, que le thème de «l'homme agissant et souffrant»—qui devient central à partir de *Soi-même comme un autre*—correspond justement à la prise en compte de cette *intrication profonde de l'agir et du souffrir* au sein de la pluralité humaine.

Troisième remarque : dans la mesure où la pensée ricœurienne du mal contribue, dans ses derniers développements, à délier au moins partiellement la souffrance de la culpabilité, quelle interprétation des *relations entre souffrance et finitude* nous livre-t-elle désormais ? J'ai insisté au début de mon exposé sur le fait que, selon moi, l'opposition entre finitude et culpabilité dans la *Philosophie de la volonté* pouvait s'interpréter comme une *opposition entre structure et événement*. Or, ce qui me frappe dans les écrits ultérieurs de Ricœur—qu'il s'agisse de *Soi-même comme un autre* ou du *Juste I et II*—, c'est justement le refus de réduire la souffrance à ce que l'on pourrait appeler une finitude «purement structurelle».

Comment se traduit un tel refus ? Il consiste, me semble-t-il, à conférer à la souffrance un *statut largement événementiel et contingent*. La souffrance—en tant que *diminution de notre puissance d'agir*[34] dans notre rapport à soi et dans notre rapport aux autres—devient alors synonyme de *vulnérabilité* et, plus précisément encore de *vulnérabilité à l'événement*. C'est une thèse qui apparaît très clairement dans l'article intitulé «Autonomie et vulnérabilité» (1995) et publié dans *Le Juste II*. Dans ce texte, en effet, Ricœur ne cesse d'insister sur le fait que les «figures historiques de la fragilité» et de la vulnérabilité sont plus significatives que les «formes basiques, fondamentales, tenant à la finitude générale et commune».[35] Qu'est-ce que cela signifie au juste ? Que la dimension de *passivité du mal subi* est d'abord interprétée par Ricœur comme une *vulnérabilité à la contingence de l'événement*. Je ne peux développer ici cette hypothèse, mais je pense que l'on peut interpréter les *trois figures de l'altérité–passivité* dans *Soi-même comme un autre*—le corps propre et la chair, l'altérité d'autrui et la conscience—comme trois figures d'une *affection par l'événement*. Il y aurait, pour faire court une dialectique en quelque sorte «structurelle» de l'*ipse* et de l'*idem*, et une dialectique «événementielle» de l'ipséité et de l'altérité. Or, c'est dans cette dernière dia-

---

34 Dans son texte essentiel de 1992 intitulé : «La souffrance n'est pas la douleur», Ricœur revendique explicitement «l'accents spinoziste» de cette définition de la souffrance comme «diminution de la puissance d'agir», en soulignant le fait que «seuls des agissants peuvent être aussi des souffrants». Il en est ainsi conduit à chercher les signes de cette diminution dans les registres de la parole, de l'action, du récit et de l'estime de soi.
35 Ricœur, *Le Juste 2*, 90.

lectique que se jouerait l'essentiel de notre souffrance comme diminution de notre puissance d'agir.

c) Je termine alors par une dernière question d'ordre méthodique. Si, comme le montre *La Symbolique du mal*, seule une herméneutique des symboles et des mythes du mal paraît en mesure de prendre en charge une réflexion sur la culpabilité, quel est alors le type de discours philosophique approprié à une analyse de la souffrance ? Et d'abord, un tel discours est-il seulement possible ? Comme le rappelle en effet l'introduction de l'article de 1986 publié dans *Esprit* et intitulé «Le scandale du mal» : «Si nous avons quelques traditions bien établies concernant le mal moral, le péché, nous n'en avons point concernant le mal subi, la souffrance, autrement dit la figure de l'homme victime plutôt que de l'homme pécheur. L'homme pécheur donne beaucoup à parler, l'homme victime, beaucoup à se taire».[36]

Or, si la *souffrance non-coupable* est ce qui fait vraiment scandale pour la pensée, elle est aussi ce qui risque d'abord de nous conduire au mutisme plus qu'à la parole en produisant chez l'homme souffrant une véritable *crise de la symbolisation*.[37] On peut même se demander si le mythe qui constituait une médiation indispensable pour une pensée soucieuse de préserver la «*contingence transhistorique*» de la culpabilité ne devient pas un obstacle pour une pensée qui tente de penser le *scandale spécifique de la souffrance non-coupable*. Une pensée de la souffrance peut-elle encore rester dans la ligne de la «démythologisation»—c'est-à-dire dans la ligne d'une pensée qui libère la fonction symbolique du mythe en renonçant à sa fonction explicative concernant l'origine du mal ? Ne doit-elle pas au contraire penser «contre» le mythe ou tout au moins mettre entre parenthèses le mythe ? C'est là la thèse très forte de Jérôme Porée dans son livre *La philosophie à l'épreuve du mal. Pour une phénoménologie de la souffrance* (1993).[38] Pour l'auteur, la souffrance doit faire l'objet d'une approche avant tout *phénoménologique* car elle est un phénomène et une épreuve dont la radicalité échappe fondamentalement à une herméneutique des symboles et des mythes du mal.

---

36 Ricœur, «Le scandale du mal», 57.
37 J'emprunte cette expression de «crise de la symbolisation» à Jérôme Porée dans son ouvrage de 2000 intitulé : *Le Mal, homme coupable, homme souffrant*, 145. Dans ce livre admirable, Jérôme Porée emprunte lui-même cette expression à André Jacob : *L'Homme et le mal*, tout en commentant les thèses de ce dernier.
38 Porée, *La Philosophie à l'épreuve du mal*. Dans son article «La souffrance n'est pas la douleur» (1992), Ricœur souligne lui-même sa dette à l'égard de l'ouvrage encore inédit de Jérôme Porée et selon nous, il ne fait pas de doute que la pensée ricœurienne de la souffrance qui se développe notamment dans les années 1990–2000 s'est nourrie de ce livre important.

Qu'en est-il de la position de Ricœur à ce sujet ? Mon interprétation, que je ne ferai qu'esquisser en guise de conclusion, est la suivante. Je dirais qu'en passant progressivement de la culpabilité à la souffrance, Ricœur radicalise en fait un certain geste de pensée qui est *déjà* déterminant dans *La Symbolique du mal*. En quoi consiste ce geste de pensée ? Il me semble qu'on peut résumer le sens de la lecture démythologisante et dynamique du mythe adamique que nous propose la fin de l'ouvrage comme un *geste critique* qui consiste à tirer le mythe du côté d'un *récit de sagesse* plutôt que d'un *récit d'origine*. C'est d'ailleurs exactement en ces termes que le philosophe décrit son interprétation dans *Réflexion faite* : « Je pus ainsi proposer, écrit Ricœur, d'interpréter le récit biblique, improprement appelé récit de chute, comme un récit de sagesse habillant dans un récit des origines l'impensable événement du passage de la bonté originaire de l'être créé à la méchanceté advenue et acquise de l'homme de l'histoire ».[39] A ce titre, l'élection du mythe adamique comme seul mythe véritablement « anthropologique » me semble clairement annoncer, chez Ricœur, cette intention de passer du mythe à la sagesse. Elle signifie sans ambiguïté le choix de développer une *approche anthropologique sur le mal* et le refus corrélatif de suivre la voie d'une *spéculation métaphysique sur le mal*.

Dès *La Symbolique du mal*, on peut donc considérer que l'herméneutique ricœurienne de la culpabilité esquisse un geste critique qui la conduit du *mythe* en direction de la *sagesse*. Dans les œuvres ultérieures qui se focaliseront progressivement sur la question de la souffrance, c'est ce même geste qui se radicalisera, au point de se retourner contre le mythe lui-même en opérant une *sortie hors de l'imaginaire mythique*. C'est précisément ce passage à la limite qu'accomplit la *sagesse du livre de Job* en refusant toute *consolation mythique*. Dans la mesure où cette sagesse se déploie à la manière d'une expérience de pensée qui, prenant pour hypothèse le surcroît d'une souffrance absolument injuste, ruine la thèse mythique de la rétribution, Ricœur insiste désormais sur le fait que cette sagesse représente à ses yeux *« une ligne de pensée inverse de celle du mythe »*.[40] D'un autre côté, on peut aussi considérer que si la théologie tragique du dieu méchant est *inavouable*, c'est parce que la *sagesse tragique* accomplit en sous-main un geste critique analogue à la sagesse de Job.

Peut-il alors y avoir une *herméneutique de la souffrance* comme il y avait une *herméneutique de la culpabilité* ? Il me semble que le dernier sous-titre de l'essai de Ricœur intitulé « La souffrance n'est pas la douleur »—III : « Ce que la souffrance donne à penser »—comme en écho à la conclusion de *La Symbolique du*

---

39 Ricœur, *Réflexion faite*, 31.
40 Ricœur, « Le scandale du mal », 60.

mal, nous offre une réponse positive à cette question. Même si la souffrance est d'abord ce qui nous fait taire et nous contraint à *déconstruire l'imaginaire symbolique et mythique* qui l'occulte,[41] elle est aussi, dans son événementialité même, ce qui nous force à penser, à interpréter et par là même à re-symboliser notre existence. «Toute l'histoire de la souffrance,» écrivait Ricoeur dans *Temps et récit I* (p.115), «crie vengeance et appelle récit.» Or, faire récit, c'est, en dépit de l'énorme opacité du souffrir, tenter de symboliser ou de re-symboliser une expérience. C'est, en d'autres termes, initier un certain *travail imaginatif sur la souffrance*. A mon sens, une telle tâche peut incomber aussi bien à l'écrivain ou au poète soucieux d'exprimer la puissance d'ébranlement de l'expérience du souffrir qu'à l'historien ou au philosophe soucieux, comme le voulait Benjamin, de sauver l'histoire des vaincus.

Bibliographie

Amalric, Jean-Luc (2013): *Paul Ricœur, l'imagination vive*. Paris: Hermann.
Dufrenne, Mikel and Ricœur, Paul (1947): *Karl Jaspers et la philosophie de l'existence*. Paris: Seuil.
Jacob, André (1998): *L'Homme et le mal*. Paris: Cerf.
Porée, Jérôme (1993): *La Philosophie à l'épreuve du mal. Pour une phénoménologie de la souffrance*. Paris: Vrin.
Porée, Jérôme (2000): *Le Mal, homme coupable, homme souffrant*. Paris: Armand Colin.
Ricœur, Paul (1948): *Gabriel Marcel et Karl Jaspers. Philosophie du mystère et philosophie du paradoxe*. Paris: Editions du Temps Présent.
Ricœur, Paul (1950): *Philosophie de la Volonté. Le Volontaire et l'involontaire*. Paris: Aubier.
Ricœur, Paul (1960a): *Finitude et Culpabilité 1. L'homme Faillible*. Paris: Seuil.
Ricœur, Paul (1960b): *Finitude et Culpabilité 2. La Symbolique du Mal*. Paris: Seuil.
Ricœur, Paul (1986): *Le Mal, un défi à la philosophie et à la théologie et Le scandale du mal*. Genève: Labor et Fides.
Ricœur, Paul (1987): *A l'école de la phénoménologie*. Paris: Vrin.
Ricœur, Paul (1988): «Le scandale du mal.» In: *Esprit* 57–63, 140–141.
Ricœur, Paul (1990): *Soi-même comme un autre*. Paris: Seuil.
Ricœur, Paul (1992): «La souffrance n'est pas la douleur.» In: *Psychiatrie française*, Special Edition.
Ricœur, Paul (1995a): *Le Juste*. Paris: Éditions Esprit.
Ricœur, Paul (1995b): *Réflexion faite. Autobiographie intellectuelle*. Paris: Esprit.

---

41 Je pense en particulier ici à la déconstruction de l'imaginaire de la mort à laquelle procède Ricœur, dans *Vivant jusqu'à la mort*. Ricœur accomplit en effet dans ces notes fragmentaires un travail critique sur nos représentations de la mort qui, à travers une forme de sagesse ascétique, vise à délier la mort du mal tout en libérant une affirmation de la vie qui est «la gaieté jointe à la grâce espérée d'exister vivant jusqu'à la mort» (Ricœur, *Vivant jusqu'à la mort*, 35).

Ricœur, Paul (2000): *La Mémoire, l'histoire, l'oubli*. Paris: Seuil.
Ricœur, Paul (2001): *Le Juste 2*. Paris: Éditions Esprit.
Ricœur, Paul (2004): *Parcours de la reconnaissance*. Paris: Gallimard.
Ricœur, Paul (2007): *Vivant jusqu'à la mort*. Paris: Seuil.
Ricœur, Paul (2013): *Anthropologie philosophique. Ecrits et conférences 3*. Paris: Seuil.

Cristina Henrique da Costa

La part de la littérature dans l'expérience du mal : à propos de *La Symbolique du mal*

Abstract: The Role of Literature in the Experience of Evil: Concerning *The Symbolism of Evil*. This article attempts to show in what sense the role played by literature in *The Symbolism of Evil* does not seem to reach the height of the numerous references of the book susceptible of being read as literary. In mentioning the place occupied by Greek tragedy in the thinking of Paul Ricœur, Cristina Henrique da Costa underlines a fundamental ambiguity concerning the status of the symbol in *The Symbolism of Evil*. In effect, because it responds to the rational exigency of thinking evil, the symbol, destined to be an experience of consciousness, nourishes itself however on a progressive abstraction from philosophical discourse. By better highlighting this ambiguity, the author proposes looking at the works of René Girard, Georges Bataille, and Gaston Bachelard who despite the distinct approaches of their way of responding to the exigencies of thinking evil, each refuse to sacrifice literary language to a sort of deforming rationalization of symbolic creativity.

Pour introduire ce chapitre portant sur la part de la littérature dans l'expérience du mal dans *La symbolique du mal*,[1] je commencerai par indiquer quelques étapes de mon discours, le but en étant de mieux situer un propos dont le titre pourrait prêter à confusion. En effet, il ne s'agira pas ici d'analyser en tant que textes littéraires les mythes et les passages bibliques utilisés par Ricœur dans *La symbolique du mal*. Il s'agira au contraire plutôt d'essayer de comprendre au départ en quel sens, malgré un certain nombre de références susceptibles d'être lues comme littéraires, et malgré aussi la place qu'y tiennent des analyses fines et précises sur un certain nombre de textes littéraires, notamment sur la tragédie grecque, en quel sens la littérature donne pourtant l'impression d'être le parent pauvre du livre. Que les raisons de reléguer au second plan le texte littéraire soient d'abord structurelles, c'est ce que je tenterai de montrer en m'appuyant sur certains propos de Ricœur portant sur la tragédie. Puis, à partir d'une telle analyse de l'usage de la tragédie par le philosophe, il s'agira ensuite de prêter

---

[1] Ricœur, *La symbolique du mal*.

une attention plus particulière au langage symbolique tel que Ricœur le conçoit, en insistant sur une ambiguïté fondamentale dans *La symbolique du mal* : l'idée d'un symbole destiné à irriguer une expérience de conscience qui, répondant à l'exigence rationnelle de penser le mal, se nourrit aussi de l'abstraction progressive du langage symbolique. Seront alors évoqués trois penseurs, René Girard, Georges Bataille et Gaston Bachelard qui, chacun à sa façon, répondent différemment à l'exigence de penser le mal, mais ont en commun le refus de sacrifier le langage littéraire à ce qu'ils considèreraient sans doute comme une rationalisation déformante de la créativité langagière. De tels rapprochements préparent à l'interrogation finale de cet article, qui est la suivante : se priver de l'élaboration du langage symbolique dans la littérature, ne serait-ce pas aussi se priver d'un pouvoir fondamental de détection et de confrontation de l'homme à la puissance irrationnelle du mal ?

1 La tragédie dans *La symbolique du mal* et l'impasse sur la littérature

D'une façon tout à fait schématique, on peut parler d'un style philosophique de Ricœur, élaboré pour la première fois dans *La symbolique du mal*, caractérisé par une forme d'appropriation des textes (qu'ils soient philosophiques ou non) guidée elle-même par une question qui se pose à la philosophie. C'est le cas de la littérature : lorsque Ricœur crée des concepts utiles pour une réflexion sur elle dans *La métaphore vive* par exemple, c'est à partir d'un lieu bien précis, celui du discours philosophique lui-même.

Or, les problèmes relatifs à la littérature qui se posent dans *La symbolique du mal* sont solidaires du tournant herméneutique de Ricœur, et pour les résoudre, celui-ci ne peut pas mobiliser l'idée d'une essence de la littérature, ni même lire les textes littéraires en les considérant comme des exemples d'une essence, par exemple, d'un genre littéraire. Ricœur en est tout à fait conscient lorsqu'il s'attaque à la lecture des tragédies,[2] puisqu'il commence par dire dans le chapitre qu'il leur consacre plus spécifiquement que, contrairement à ce que l'on attendrait d'un philosophe, à savoir qu'il se munisse d'une « catégorie » permettant « d'englober » toutes les œuvres tragiques, il partira des œuvres tragiques elles-mêmes. Or, il ajoute aussitôt qu'il ne parlera pas de toutes les tragédies, et pas de

---

[2] Ricœur, « Le dieu méchant la vision tragique de de l'existence » in *La symbolique du mal*, 423–444.

n'importe lesquelles, mais de celles qui manifestent elles-mêmes l'essence du tragique, c'est à dire, les tragédies grecques.

Il n'y a pas d'essence de la littérature qui soit disponible pour la lecture des textes de littérature, mais pourtant il y a bien aux yeux de Ricœur une essence du mythe tragique. Plus exactement, les tragédies grecques, en manifestant authentiquement l'essence du tragique, se dévoilent comme la véritable origine de celui-ci au regard de laquelle toute autre tragédie ne saurait être qu'un « analogue ». Le lecteur familier de la méthode de Ricœur, habitué à devoir toujours avec lui ajourner la solution au problème de l'origine, peut donc légitimement s'étonner de ce propos poético-philosophique.

D'entrée de jeu, en effet, une décision oriente un refus principiel de penser qu'il pourrait exister une évolution symbolique des mythes du mal, ou plutôt, comme Ricœur a coutume de le dire, une appropriation, qui serait conduite par un processus textuel littéraire, ou en tout cas par un processus se déroulant hors du champ religieux, c'est à dire émanant, par exemple, de la pluralité même des textes tragiques mis en relation. En d'autres termes, le mythe tragique est donné comme une vérité symbolique achevée dans certains textes tragiques. Ricœur ne manquera pas d'énumérer alors tout le champ qu'il laissera de côté en le distinguant des tragédies grecques : celui des tragédies « chrétiennes, élisabéthaines, modernes ».[3] Qu'un discours théorique, disons de théorie littéraire, soit autorisé à légiférer au sujet de l'essence de la tragédie grecque, ce n'est pas non plus envisageable à ce stade. On se retrouve ainsi confronté à un domaine, l'exégèse des tragédies grecques, où il est procédé à une identification entre le mythe et le texte en tant que condition d'interprétation de ce que Ricœur appelle « l'essence du tragique », car « comprendre le tragique » dit-il, c'est « répéter en soi-même le tragique grec ».[4] Mais pourtant, il appartiendra à ce même domaine exégétique d'indiquer en quoi, par ailleurs, l'identification ne peut pas être totale, raison pour laquelle la tragédie grecque ne se réduit pas au mythe tragique.

De telles décisions correspondent à la priorité d'un problème philosophique très complexe, dont seule la pointe de l'iceberg est visible au moment où Ricœur présente sa méthode de lecture des tragédies. Ce moment délicat, où il s'agit de

---

3 La formule exacte est la suivante : « On penserait volontiers que la tâche du philosophe soit de venir au-devant de la tragédie grecque avec une catégorie du tragique ou du moins avec une définition de travail capable d'englober toute l'amplitude des œuvres tragiques : grecques, chrétiennes, élisabéthaines, modernes. Il semblerait que cette méthode qui procéderait de l'essence à l'exemple soit seule capable d'éviter la contestable progression, par voie inductive, du cas particulier à la structure générale » (Ricœur, *La symbolique du mal*, 423).
4 Ricœur, *La symbolique du mal*, 423.

comprendre le rapport conçu par Ricœur entre le mythe et le texte qui le porte, il faut en effet le rapporter à l'architecture de *La symbolique du mal*, livre construit à partir de l'hypothèse que l'on peut passer des symboles primaires aux récits mythiques, puis aux textes, en maintenant la certitude qu'entre ces diverses dimensions du langage il n'y aura pas de rupture essentielle. Une telle hypothèse répond à l'exigence philosophique majeure de montrer qu'il est impossible, d'un bout à l'autre de la chaine, de tenir un discours théorique sur l'expérience du mal.

Dans l'introduction de *La symbolique mal*, une certaine conception des symboles en tant que «significations» «immédiatement donnantes de sens»[5] avait déjà pour objectif d'empêcher que la dimension symbolique du langage ne fût réduite à n'être qu'une interprétation des mythes parmi d'autres, et qu'elle prêtât le flanc notamment à la concurrence de l'interprétation allégorique. Ce qui était en risque, c'était donc non pas l'interprétation du mythe, mais l'interprétation de la vérité du mythe. La solution à ce problème aura consisté à distinguer dans un premier temps le symbole et le mythe, le premier étant «donnant de sens d'une façon immédiate» et le second étant «un symbole développé en forme de récit»,[6] puis dans un second temps à homogénéiser le symbole et le mythe au moyen de la distinction elle-même dégagée dans le premier moment. On comprendra alors que le récit prolonge la puissance symbolique au-delà du symbole et résiste, par ce moyen, à toute rationalisation. Celle-ci, est-il remarqué, procède par réduction du mythe au profit d'un contenu explicatif. Il faut au contraire penser la vérité du mythe comme une expansion du symbole, et non comme une réduction.

Lorsqu'il s'agira ensuite de penser la continuité entre le mythe et le texte qui le porte, à première vue aucun critère du même type, c'est à dire structurel, ne se présentera. Si l'on se rapporte plus particulièrement à la continuité entre le mythe tragique et le texte tragique qui le porte, on peut comprendre ainsi que Ricœur fasse alors appel à l'idée qu'il existe une forme d'identification d'essence entre le mythe et l'œuvre. Mais sous cette nouvelle forme, une opération similaire, c'est à dire une recherche de continuité, sera tentée. Or, la continuité chez Ricœur ne signifie justement pas une identification. Il faut donc comprendre ce terme d'essence comme le mot qui permet d'écarter une discussion jugée inutile, typiquement littéraire, au sujet des textes qu'il faudrait inclure dans, ou exclure de la catégorie du tragique. La vraie discussion, qui n'apparaît pas explicitement, consiste à se demander, d'une part, comment la différence entre le texte

---

5 Ricœur, *La symbolique du mal*, 221.
6 Ricœur, *La symbolique du mal*, 221.

tragique et le mythe tragique pourrait être comblée, et d'autre part, comment il serait possible de conserver sous la garde de la philosophie la vérité du mythe tragique, sans qu'il connaisse une évolution immanente à ses œuvres, par exemple, de Eschyle à Euripide, ou d'Euripide à Racine, etc.

L'attention de Ricœur au texte tragique n'explicite pas ces questions car elle suit le fil d'un problème philosophique général à résoudre, au nom duquel il s'agira d'immuniser aussi le texte tragique, parmi d'autres, contre les lectures de rationalisation allégorisantes qui risqueraient de menacer tout l'édifice. Ricœur a besoin qu'une différence entre le mythe et l'œuvre tragique apparaisse sans être suffisante pour les disjoindre, autrement dit, qu'une différence, conformément à la thèse générale de Ricœur, produise une continuité entre le mythe et l'œuvre, en les rendant homogènes l'un à l'autre et de même nature aussi que le symbole spontané, lequel doit se trouver au départ de toute l'entreprise.

Ce problème du rapport entre le mythe et le texte qui le porte concerne dans *La symbolique du mal* l'ensemble des mythes et des textes. Sans les textes, il n'est pas possible de penser le cycle des mythes, et du même coup, c'est l'opération d'appropriation philosophique, couronnée par une adhésion finale au mythe adamique, qui devient impossible. En d'autres termes, s'il ne faut pas être, aux yeux de Ricœur, un «Don Juan des mythes»,[7] il faut continuer de pouvoir lire dans tous les textes la possibilité de leur reprise philosophique. Or celle-ci n'est possible que si se trouve assurée la continuité symbolique entre chaque niveau de lecture. L'analyse des tragédies grecques sera ainsi décisive, car dans les tragédies, on observe l'inverse du rapport que le texte biblique entretient avec son mythe. Alors que dans la *Genèse* le mythe adamique est pur mais n'empêche pas le mélange avec les autres matrices mythiques du texte biblique, les tragédies grecques au contraire affinent leur propre matrice mythique en la purifiant totalement des autres. Ce phénomène risque d'introduire une différence entre le texte et le mythe qui va dans le sens d'une autonomie du littéraire et de la pensée du texte, non seulement d'une façon qui justifierait l'usage moderne du mythe, mais qui justifierait aussi, par la même occasion, la vérité non religieuse des mythes dans la littérature. Contre cela, l'élément clé reposera sur la démonstration que la cohérence du lien du mythe et de la tragédie tient pour une large part à la théologie inavouable entièrement assumée par celle-ci à partir de celui-là.

Le critère d'homogénéité qu'est la croyance joue dans *La symbolique du mal* un rôle décisif, mais alors qu'il s'agit d'un critère compatible avec la différence de rapport qu'il faut avoir avec le mythe adamique et le texte biblique, le pro-

---

7 Ricœur, «Le cycle des mythes» in *La symbolique du mal*, 523.

blème du tragique est plus complexe. En effet, la croyance qui unit le texte biblique au mythe adamique assure une continuité qui a la forme d'une synthèse entre une différence et une ressemblance, puisqu'on peut croire au mythe d'une façon différente de celle qui structure la croyance au texte, la synthèse consistant justement dans cette différence : ne croit au texte que celui qui croit au mythe, bien qu'inversement, grâce au mythe, on puisse *croire sans croire totalement* au texte, ou on puisse croire en sélectionnant de façon critique sa croyance au texte. Dans *La symbolique du mal*, il apparaît très clairement qu'une lecture philosophique de la Bible doit être assurée d'un bout à l'autre par cette forme de continuité du symbolique. En revanche, ce type de dispositif ne conviendra précisément pas complètement au texte tragique, non pas au motif simple que l'œuvre tragique ne serait pas un texte religieux, mais parce que la nécessaire solidarité de l'œuvre et du mythe tragique est la théologie inavouable, ce qui met en danger d'être lettre morte le texte tragique. Il est possible que, si nous ne croyions plus au mythe tragique tout court, cela n'aurait pas menacé l'ensemble du discours philosophique de Ricœur, mais il se trouve qu'en n'y croyant pas, le texte tragique devient un problème pour la philosophie de Ricœur. Ou bien nous ne pourrions plus croire non plus à la tragédie grecque, et ce rejet d'une expérience de signification du mal majeure dans la culture occidentale n'est évidemment pas envisageable. Ou bien nous pourrions nous passer de la théologie inavouable pour faire de la tragédie grecque un texte autonome porteur de la vérité de l'athéisme moderne, mais alors le cycle des mythes serait menacé, et le mélange ne serait plus le fondement de l'appropriation philosophique. Ricœur appuiera donc là où ça fait mal : la solution est dans le problème même de la théologie inavouable.

On observe ainsi que le problème du texte littéraire, justement parce qu'il est posé à partir d'une difficulté philosophique à résoudre, révèle une complexité typique du rapport paradoxal du philosophe moderne à la littérature : parce que la tragédie grecque est un élément fondamental de la thèse d'herméneutique des symboles de Ricœur, elle ne peut pas y échapper. En d'autres termes, l'attention au symbolique ne doit pas déboucher sur une autonomie du symbolique à l'égard du discours philosophique. Dit d'une autre façon, on ne peut ni croire à la vérité autonome de l'œuvre tragique, ni croire à la vérité tragique de l'existence, mais il faut prendre ensemble les deux choses.

Le problème est donc philosophique. Ricœur prend acte, d'un côté, de la critique platonicienne,[8] laquelle dénonce dans les récits tragiques des poètes la représentation des dieux méchants qu'on ne saurait donner en exemple de

---

[8] Platon, *République 10*, 603b–608c.

justice, tant elle s'éloigne de la vérité : les dieux, en effet, ne sont responsables que du Bien. Ricœur en prend acte, mais ne peut pas se résoudre à penser que le mythe du dieu méchant aurait la force de rendre le mythe épuré par les poètes entièrement caduc. «Vider» le mythe de sa croyance, le rationaliser ou le condamner, cela n'a pas empêché Nietzsche, figure inversée de Platon, de chercher plus haut la croyance au tragique, et de la trouver d'une façon moderne dans *La naissance de la tragédie*.[9] Nietzsche, en effet, celui qui n'a pas tenté «une herméneutique du symbole tragique qui tienne compte de cette invincibilité du spectacle à toute critique réductrice procédant de la transposition du ‹théâtre› à la ‹théorie›»[10] est bien le philosophe qui élève le spectacle tragique à la catégorie de vérité existentielle. Il le fait en philosophant à partir du pessimisme grec, sans arrière-monde et sans morale, en deçà même des dieux méchants, et en y ajoutant l'expérience de la conscience moderne qui en retour valorise l'existence authentique—Dionysos et Apollon—par dessus l'épaule de la philosophie occidentale et de la religion judéo-chrétienne.

«Peut-être le tragique ne peut-il souffrir d'être transcrit dans une théorie qui, disons-le tout de suite, ne saurait être que la théologie scandaleuse de la prédestination au mal»,[11] est-il dit.

La recherche d'une voie de passage entre le mythe tragique et le texte qui le porte doit donc trouver dans *La symbolique du mal* la brèche étroite qui suffise à donner un certain contenu de croyance au mythe tragique, d'abord en tant que récit, en allant chercher dans une littérature de préfiguration des thèmes tragiques des contenus que le récit des pièces tragiques mettra en spectacle. Par une sorte d'incarnation concrète du récit mythique, le spectacle concrétiserait donc le mythe en le prolongeant sans s'identifier conceptuellement à lui, en étant «*sur* un héros tragique, *sur* une action tragique»,[12] et prolongerait la puissance symbolique du mythe en devenant la mise en scène du «thème de la prédestination du mal» dans sa relation dialectique avec «la grandeur héroïque».[13] L'émotion suivrait ce mouvement de continuité symbolique qui est premier par rapport à la réalité de la représentation et à la représentation de la réalité : «Or, comment l'Athénien a-t-il pu surmonter sa victoire et participer par la compassion tragique à la catastrophe de son ennemi ? Parce que son ennemi [...] Xerxès, lui est apparu [...] comme un homme exemplaire écrasé par les dieux [...]».[14]

---

9 Nietzsche, *La naissance de la tragédie*.
10 Ricœur, *La symbolique du mal*, 425.
11 Ricœur, *La symbolique du mal*, 424.
12 Ricœur, *La symbolique du mal*, 424.
13 Ricœur, *La symbolique du mal*, 430.
14 Ricœur, *La symbolique du mal*, 431.

C'est donc le spectacle qui empêche la lecture allégorisante du mythe, en ajoutant en quelque sorte du symbolique au symbolique, et en aboutissant à l'émotion uniquement comme l'ultime étape d'un processus censé couronner le travail du symbolique et assurer le maintien de la vérité du symbole par l'œuvre jusqu'aux spectateurs. Contre la menace d'allégorisation, Ricœur se fait menaçant : « Cette liaison à un spectacle serait alors le moyen spécifique par lequel peut être protégée la puissance du *symbole* qui réside en tout mythe tragique. Du coup, cette liaison à un spectacle, au théâtre, aurait valeur d'avertissement et d'appel [...] ».[15] Il faut que le spectacle tragique, au-delà de la théologie inavouable qu'il porte, soit une confirmation de l'énigme indéchiffrable du mal.

Dans *Le cycle des mythes*, ultime étape du processus symbolique étudié dans les textes, c'est alors le mythe adamique qui transformera les autres mythes, dans la mesure même où ces mythes lui résisteront, et donnera, *in fine*, la clé de la signification du symbole tragique pour une conscience moderne.[16] S'agissant alors spécifiquement de l'appropriation de la conscience tragique, l'argument est celui-ci : « seul celui qui se confesse être l'auteur du mal découvre l'envers de cette confession ». Viennent alors la figure de Job et du Serviteur souffrant, qui font apparaître la résistance propre de la tragédie : « tuée deux fois, par le Logos philosophique et le Kérygme judéo-chrétien »,[17] elle « survit à sa double mort et n'en a jamais fini de mourir ».[18] Or, si la tragédie d'un côté n'en finit jamais de mourir, c'est que d'un autre côté l'analyse de son essence, en tant que reprise fidèle du mythe tragique, épuré seulement au moyen du spectacle tragique, est en fait un arrêt de mort prononcé sur toute évolution possible du mythe tragique.

Dans tout ce processus de réflexion sur la continuité du symbolique, la question très élaborée de l'appropriation philosophique révèle alors un sujet de l'appropriation de l'ensemble de la chaine du symbole, lequel prend des décisions très signifiantes le conduisant à reléguer la littérature au second rang.

Ce phénomène peut passer inaperçu. En effet, l'unité de contenu de la méthode régressive, le langage du mal, marque structurellement le sujet humain visant à se comprendre à travers ce langage. Assumant pour lui-même le paradoxe du cercle herméneutique, Ricœur dans *La symbolique du mal* se tourne vers des textes qui tout naturellement lui apparaissent comme ceux qui sont à

---

[15] Ricœur, *La symbolique du mal*, 425.
[16] La première partie de La symbolique du mal prépare cette reprise à l'occasion d'une analyse du symbole du péché.
[17] Ricœur, *La symbolique du mal*, 543.
[18] Il est alors tout-à-fait significatif que, dans ce passage, le thème de l'existence tragique dans son mouvement de réappropriation biblique soit corrélé à celui du mal subi. Le tragique, réapproprié comme souffrance, n'y est plus envisagé comme action humaine mauvaise.

l'origine des cultures. À ce stade, il ne peut pas distinguer des natures de textes différentes sans nuire au principe d'unité de son contenu, à savoir, l'expérience du mal et le sens à lui donner. Ni les contemporains de ces textes n'ont posé la question de leur différence textuelle, ni le lecteur d'aujourd'hui ne serait en droit de projeter sa propre vision de la différence essentielle entre, par exemple, littérature et religion, à moins que des précautions n'aient été prises pour ne pas nuire à l'unité du contenu.

Pourtant, le geste de relégation du littéraire apparaît plus clairement dans le livre si on le met en corrélation avec ce qui est la position historique du sujet de l'interprétation, une position parfaitement avouée par Ricœur, c'est à dire la modernité de l'herméneute, condition *sine qua non* de la démythologisation qui est elle-même la base de la compréhension symbolique du mythe.

Or, une telle subjectivité rendra possible, à la fin du parcours de l'herméneute, la déclaration qu' « il faut quitter la position ou, pour mieux dire, l'exil du spectateur lointain et désintéressé, afin de s'approprier chaque fois un symbolisme singulier ».[19] Mais pas seulement. C'est aussi ce qui rend possible pour Ricœur l'explicitation des présupposés religieux de la philosophie de Platon. Ricœur montre que, dès son origine platonicienne, et même présocratique, la philosophie a été tributaire d'une croyance religieuse elle-même lisible dans une séquence mythique, le mythe orphique. Comme pour la pensée tragique, la mise au jour d'un tel soubassement de l'édifice philosophique répond à une logique de la continuité symbolique, dont le dernier stade dans le cas du mythe orphique est pourtant la rupture critique produite par l'ontologie métaphysique dualiste de Platon. Du coup, à l'inverse de la prise en charge du tragique au moyen du mythe adamique, l'avenir de la continuité de la métaphysique occidentale est en dernier ressort suspendu à son appropriation, au-delà de cette rupture critique qui masque une certaine origine, par la philosophie de Ricœur lui-même. La compétence, pour un philosophe, à assumer le mythe adamique afin d'assurer une forme de présence de la métaphysique au prix de sa transformation, ne relève pas d'un texte achevé, mais d'un texte inachevable sur lequel on peut lire la conscience de modernité historique de Ricœur. C'est aussi ce même concept qui préside à l'interprétation de l'évolution historique du Christianisme, terme de la phénoménologie de l'aveu et discours religieux conscient de son propre mythe, sous la forme de « l'action rétroactive de la christologie paulinienne sur le symbole adamique ».[20] Ce même sujet moderne, on peut le penser, aurait dû alors pouvoir interpréter le devenir historique de la conscience du mal dans la

---

19 Ricœur, *La symbolique du mal*, 573.
20 Ricœur, *La symbolique du mal*, 209.

littérature, pour y repérer le moment où l'élaboration de son langage symbolique conviendrait à une appropriation.

Or, aucune transformation immanente des symboles et de des mythes littéraires du mal n'est possible dans *La symbolique du mal*, car la prise en compte de la conscience moderne de la littérature n'y est pas envisageable. Le sujet qui fait l'expérience historique de sa modernité, ne fait pourtant pas l'expérience historique de la modernité de la littérature.

Un tel rapport de Ricœur à la littérature marquera, en la limitant, la pensée du philosophe au sujet du texte littéraire moderne. En effet, une telle pensée s'appuiera sur un cadre culturel parfaitement stable—on pourrait même dire conventionnel. La thèse de *Temps et récit*[21] où le mythe et la mise en intrigue sont distingués et associés, fraye, d'un côté, un chemin vers l'interprétation du récit de fiction au moyen d'une théorie de la référence, mais d'un autre côté «vide» la fiction, en guise de contrepartie logique, de tout contenu symbolique véritable sur le mal.

L'observation de ce phénomène de relégation suffit à mon sens à écarter en tout cas l'hypothèse trop simpliste selon laquelle la philosophie de Ricœur se serait *d'abord* intéressée aux mythes de l'origine du mal et aux textes religieux, pour s'attaquer *ensuite* au problème des textes littéraires. Mon raisonnement me conduit à envisager l'hypothèse que la secondarité de la littérature dans *La symbolique du mal* pourrait être un cas de la concurrence pour la vérité[22] qui règne dans la modernité entre l'idée de vérité du littéraire, d'une part, et l'idée de vérité philosophique d'autre part. S'il est assez aisé de se contenter d'une alternative en lisant directement des textes de littérature et des textes de philosophie, il est beaucoup plus complexe d'observer comment se construisent dans la modernité des discours critiques qui élèvent la différence du texte littéraire et du texte philosophique au plan de la réflexion sur le statut de la vérité des textes.

On peut aller plus loin dans l'explicitation de ce phénomène de concurrence avec Jean-Marie Schaeffer qui dans *L'art de l'âge moderne*[23] interprète la «dissidence» de la théorie littéraire moderne comme une question philosophique

---

[21] Ricœur, «Mimésis III», *Temps et récit 1*, 105–162.
[22] Déterminante pour Paul Ricœur, en particulier dans *La métaphore vive*. Cette concurrence apparaît plus particulièrement à la fin du livre, dans la «Huitième étude». Cf. la formulation suivante dans «L'intersection des sphères de discours» : «L'intention particulière qui anime le régime de langage mis en œuvre par l'énonciation métaphorique enveloppe une demande d'élucidation, à laquelle il ne peut être répondu qu'en offrant aux virtualités sémantiques de ce discours un autre espace d'articulation, celui du discours spéculatif», 375.
[23] Schaeffer, *L'art de l'âge moderne*.

nouée à partir d'un refus historique du romantisme allemand d'entériner l'une des conséquences majeures du criticisme kantien—à savoir, que la philosophie n'accède plus à la vérité de l'être. Ce refus aurait conduit, d'après Schaeffer, aux spéculations philosophiques les plus diverses, mais qui ont en commun de viser encore la connaissance de l'être en attribuant désormais à l'art, et plus particulièrement au poétique et à la poésie, l'éminente fonction de dire cette vérité de l'être dont l'accès serait devenu interdit à la philosophie.

La conséquence très spéculative[24] et paradoxale de cette démarche ellemême spéculative est, comme le remarque Schaeffer, que l'authenticité de la vérité de la littérature (ou vérité désormais poétique) est affirmée, dans ces discours philosophiques postromantiques, comme émanant de la littérature, mais à condition que cette affirmation se double d'une autre vérité désignant le lieu de légitimation de cette affirmation, lequel n'est plus la littérature mais la spéculation qui porte sur elle. En d'autres termes, la vérité poétique émanerait de la littérature tout en émanant de la spéculation philosophique qui dévoile le lieu d'où provient cette vérité et révèle ainsi la vérité de la vérité. Toujours dans le même ordre d'idées, une telle vérité de la vérité appartient à un certain type de philosophie qui ne peut ni se passer de la littérature ni s'en distinguer.

Ce paradoxe est-il présent dans *La symbolique du mal* ? On peut le penser si on observe, comme on vient de le faire, la façon dont Ricœur construit sa thèse de la continuité symbolique entre le mythe tragique et les œuvres tragiques grecques, au moyen d'une postulation de l'essence du tragique, elle-même dépendante d'une double opération, la lecture de textes tragiques, d'un côté, et l'énoncé, produit par un texte philosophique, des vérité qui y seront cherchées parce qu'elles sont par principe ce que l'on veut y trouver.[25]

---

24 «La théorie spéculative de l'art—c'est le nom qu'on peut donner à cette conception—combine donc une thèse objectale [...] avec une thèse méthodologique [...] Théorie *spéculative* parce que dans les formes diverses qu'elle revêt au fil du temps elle est toujours déduite d'une métaphysique générale—qu'elle soit systématique comme celle de Hegel, généalogique comme celle de Nietzsche ou existentielle comme celle de Heidegger—qui lui fournit sa légitimation. Il va de soi que les définitions de l'art ainsi proposées ne sont pas ce pour quoi elles se donnent : elles se présentent sous une forme grammaticale *descriptive*, celle d'une définition d'essence ; mais puisque l'art n'a pas d'essence (au sens d'une identité substantielle) et n'est jamais que ce que les hommes en font, elles sont en fait des définitions *évaluatives* (les œuvres sont identifiées *comme* œuvres pour autant qu'elles sont conformes à un idéal artistique spécifique—celui de la prétendue définition d'essence)» (Schaeffer, *L'art de l'âge moderne*, 16).
25 «Seule cette priorité postulée de l'essence comme entité transcendante permet au discours apodictique d'énoncer ce qu'est l'art ‹comme tel›, c'est à dire de faire passer sa définition évaluative pour une définition analytique» (Schaeffer, *L'art de l'âge moderne*, 16–17).

On peut le penser, mais on ne peut pas le prouver si ce n'est au moyen du texte littéraire lui-même. La question est la suivante : le texte de littérature montre-t-il, par son extériorité même à l'égard du discours philosophique, que le philosophe ne couvre pas le champ qu'il se propose de couvrir conceptuellement ?[26] On peut le montrer.

Soit la tragédie élisabéthaine *Macbeth*[27] qui parle du mal de la manière la plus totale, avec une particulière puissance d'évocation. Partout la souillure y rappelle la faute et s'incarne dans des héros coupables jusqu'à la folie. «Quoi ? Ces mains ne seront-elles jamais propres ?»,[28] telle est la plainte prophétique de Lady Macbeth peu avant son suicide. Les matrices mythiques ricœuriennes sont convoquées, puisqu'un drame de création y oppose «le tyran destructeur et le roi guérisseur»,[29] et puisqu'un tragique mélangé émane de la synthèse très réussie du mythe tragique ancien et du mythe adamique, grâce à l'intégration, au récit de la pièce, de ces célèbres sorcières qui ne prophétisent plus que ce que les hommes peuvent faire spontanément et d'eux-mêmes. Le tout prolongé par un spectacle maléfique si envoûtant—«le corbeau même est enroué»[30]—qu'il est fait appel au symbolisme cosmique le plus spontané dans la culture ancestrale et populaire d'un européen. Pour un philosophe tel que Ricœur, la pièce pourrait donc ne poser aucun problème d'interprétation.

Pourtant, toute tentative d'établir une continuité symbolique entre *Macbeth* et ces matrices mythiques conduira à allégoriser le récit de la pièce, en nous induisant à interpréter toutes ses figures comme des parodies du mythe : des héros qui ne croient plus au destin, des personnages qui ne sont manifestement plus tragiques sauf à ne plus être tragiques, des meurtriers sans dignité qui l'auraient perdue faute de pouvoir être les victimes héroïques du «mystère d'iniquité», des lâches, enfin, qui ne veulent pas assumer leur responsabilité devant le mal commis. L'essence de la tragédie, telle que pour Ricœur elle s'incarne dans les textes tragiques grecs, conduirait à lire Macbeth comme une allégorie du désenchantement historique du monde, quelque chose comme une parodie du genre tragique qui ne pourrait que mettre en spectacle le déclin d'une essence devenue sans lien avec la réalité historique plus moderne.

Par ailleurs, pour Ricœur, l'appropriation du mythe tragique par le mythe adamique révèle une certaine dualité : «d'un côté, le mal commis entraine un juste exil : c'est la figure d'Adam ; mais d'autre part le mal subi entraine un

---

26 Ricœur, *La symbolique du mal*, 574.
27 Shakespeare, *Macbeth*.
28 Shakespeare, *Macbeth*, 127, v. 2161.
29 Liliane Campos, «Dossier», in *Macbeth*, 168.
30 Shakespeare, *Macbeth*, 54, v. 393.

injuste dépouillement : c'est la figure de Job».[31] Si la synthèse d'une telle dichotomie est représentée pour le philosophe par la figure du Serviteur souffrant, ce mélange des mythes n'est pas armé pour penser la nouveauté de la création symbolique dans un récit tragique aussi radical que celui de Macbeth. Il faudrait alors pouvoir montrer que l'interprétation du langage symbolique du mal dans Macbeth crée du symbole nouveau, et invente un nouveau mythe tragique.

On peut soutenir que la pièce écossaise met en spectacle la contradiction absolue de la vie humaine incarnée individuellement, dans le cadre de laquelle l'affirmation de l'action de l'homme, même éthique, est empêtrée dans la violence de l'opposition des intérêts. Or, cette opposition connaît dans la pièce un degré d'intériorisation subjective insupportable, parce qu'elle n'est justifiée par aucune théologie. Dans son expérience subjective, Macbeth a pris conscience de ne pouvoir vouloir que le mal, et le mal a déjà gagné. L'oxymore grâce auquel les sorcières nous introduisent au monde : «Le clair est noir et le noir est clair. Planons. Dans la brume et saleté d'air»[32] n'est pas destiné à nous avertir que l'illusion sur le mal est notre fond existentiel. C'est un oxymore très lucide, qui annonce la fin d'une alternative entre le bien et le mal et le triomphe du mal : ce qui est clair, c'est que tout est noir. Si, pour Ricœur, «seul celui qui se confesse être l'auteur du mal découvre l'envers de cette confession»,[33] on n'en est plus là, Macbeth sait parfaitement qu'il est l'auteur du mal, et ce qu'il confesse, c'est qu'il veut l'être depuis toujours, depuis en tout cas que, valeureux général luttant du côté du bien, il tuait à la guerre pour : «se baigner dedans les blessures fumantes ou célébrer un nouveau Golgotha».[34]

Les dieux ne sont pas méchants, ce qui n'empêche pas Hécate d'être en colère contre ses sorcières qui n'ont pas compris que la méchanceté contradictoire de l'intérêt individuel humain doit à présent porter plus haut la signification du mal : «tout ce que vous avez fait était pour un fils capricieux, méchant, colérique, qui—comme le font tant d'autres—aime pour ses fins à lui, non pas pour vous».[35] Dans ce monde, aucun partage du bien et du mal n'est plus

---

31 Ricœur, *La symbolique du mal*, 542.
32 Shakespeare, *Macbeth*, 40, v. 12. Macbeth lui-même confirmera ce constat ontologique quelques vers plus loin : «un jour si noir et clair je n'en ai jamais vu» (Shakespeare, *Macbeth*, 45, v. 136). Cette confirmation de la parole magique me semble sans équivoque, et suffit à mon sens à écarter l'hypothèse selon laquelle les sorcières dans Macbeth inaugureraient par leurs prophéties le règne de l'équivoque, dont la confusion entre le clair et le noir serait une illustration.
33 Ricœur, *La symbolique du mal*, 541.
34 Shakespeare, *Macbeth*, 41, v. 61–62.
35 Shakespeare, *Macbeth*, 97–98, v. 1452–1455.

possible et Macbeth le sait : «Deux vérités sont dites [...] la sollicitation surnaturelle ne peut être le mal ni le bien. Si c'est mal, pourquoi me donne-t-elle le gage du succès [...] ? Si c'est bien, pourquoi dois-je céder à l'idée dont l'image d'horreur hérisse mes cheveux [...] et fait que mon cœur bien assis frappe à mes côtes contre son mode naturel ?».[36] Du coup, l'émotion contrenature qui attachera le spectateur moderne, ce n'est plus ni un effroi univoque, ni une compassion sincère, mais une fascination pour ce qui a lieu et aura lieu quelle que soit l'action du récit : «les peurs présentes sont moindres que d'horribles imaginations : ma pensée [...] secoue à tel point mon faible état d'homme que la raison s'étouffe[...]»,[37] car l'action est : «cela que bien plus tu redoutes de faire que tu n'as désir que ce soit non fait».[38]

2 L'abstraction du symbole

Ne pas inclure la littérature moderne dans le jeu des symboles, des mythes et des textes portant sur le mal, cela signifie-t-il que pour Ricœur le processus de symbolisation du mal est historiquement achevé ? Il semble que oui. Mais au nom de quoi le serait-il ?

On pourrait donc formuler à l'encontre de *La symbolique du mal* l'objection suivante : si la conscience de la productivité historique du mal chez Ricœur débouche sur une proposition de «penser *à partir* des symboles»,[39] parce que les symboles représentent l'extériorité du langage sur le mal, comment concilier cette invitation avec la fin des symboles ? Ne serait-ce pas alors toute la chaine symbolique, du texte au récit mythique, puis du mythe au symbole qui serait frappée d'abstraction si le philosophe, en même temps qu'il s'autorise à penser à partir des symboles, s'interdit pourtant de penser les moyens de détecter des symboles nouveaux ?

On peut d'abord soulever le problème de l'abstraction du symbole au plan du mythe adamique, fondement de l'effort d'appropriation philosophique dans *La symbolique du mal*, point d'articulation fondamental entre le texte approprié et le sujet qui l'approprie. Par sa fonction d'englober l'humanité, puisque Adam veut dire homme, le récit du mythe adamique représente aux yeux de Ricœur l'homme universel concret, par la médiation duquel «l'expérience est trans-

---

36 Shakespeare, *Macbeth*, 49, v. 247–254.
37 Shakespeare, *Macbeth*, 49, v. 256–258.
38 Shakespeare, *Macbeth*, 53, v. 375–376.
39 Ricœur, *La symbolique du mal*, 574.

mutée en archétype»,[40] mettant alors le vécu individuel abstrait sur la voie des structures existentielles concrètes. Mais une fois montré par l'exégèse biblique comment la tradition judaïque des *Prophètes* permet de passer d'un universel abstrait, le peuple juif, à un universel concret, l'Adam du Christianisme, rien ne permet de penser que la position de la responsabilité humaine, devenue adamique, devrait conduire à poser le problème moderne de la responsabilité collective devant le mal.

La difficulté de cette question a conduit René Girard[41] à penser pour sa part que le problème concret du mal commis ne pouvait pas être distingué de celui du mal subi. C'est en termes de violence qu'il faut donc à ses yeux comprendre le mal, mais du coup, ce que les mythes aident à comprendre, toutes cultures confondues, c'est que la violence est fondatrice du sacré. Pour Ricœur, au contraire, le thème mythique de la violence est confiné dans l'archaïsme du drame de création qu'il dit vouloir relier ultérieurement au problème du mal politique, par le biais de la figure de la dualité du Roi-Ennemi.[42] Un certain mouvement d'historisation du phénomène de la violence dans *La symbolique du mal* la rendra abstraite : le drame de création place la violence à l'origine du divin lui-même, puis le mythe tragique l'identifie aux dieux coupables, et enfin le mythe adamique, au moyen de la thèse du dédoublement de l'originaire et du radical,[43] tend à dissoudre le phénomène de la violence en disjoignant le sacré d'un côté et le mal de l'autre.

Selon René Girard, on ne peut plus soutenir la thèse selon laquelle le mythe serait totalement symbolique, précisément au nom du fait que c'est bien lui qui rend possible une lecture du monde réel. À ses yeux, en effet, l'histoire réelle mise en récit est un puissant dissimulateur de la violence des hommes, dont on peut lire pourtant la réalité grâce aux thèmes mythiques qui s'y mêlent. Par exemple, l'antisémitisme médiéval ne serait pas analysable en termes de violence persécutrice si on n'était pas capable d'y reconnaître les accusations typiques de la persécution : le mauvais œil, l'inceste, l'empoisonnement des fontaines. Or, c'est précisément dans les mythes, quelle que soit leur sphère culturelle, que la violence est toujours racontée par la bouche des persécuteurs,

---

40 Ricœur, *La symbolique du mal*, 372.
41 Girard, *De la violence à la divinité*.
42 Tout le problème de la réduction du thème de la violence à la sphère du mythico-archaïque, c'est qu'en associant la violence au règne du langage symbolique, Ricœur se prive des critères qui permettent de la comprendre comme phénomène historique. La violence sera dépendante pour lui d'une «théologie de la guerre» et le mal sera associé confusément à l'institution de l'ordre. *Cf.* Ricœur, *La symbolique du mal*, 409.
43 Ricœur, *La symbolique du mal*, 446.

car les mythes sont travaillés par une inspiration qui leur est contraire. Par conséquent, la *Genèse* est remplie d'histoires de violence, dont le récit d'Adam et Eve est une forme très radicale : « Dans toutes les grandes scènes de la Genèse et de l'Exode il existe un thème ou un quasi-thème de l'expulsion ou du meurtre fondateur. C'est particulièrement éclatant, bien entendu, dans le cas de l'expulsion du paradis terrestre ; c'est Dieu qui assume la violence et qui fonde l'humanité en chassant Adam et Eve loin de lui ».[44] De tels éléments mythiques qui désignent les coupables selon ce qu'ils pensent doivent être considérées comme des signes d'un phénomène réel, à savoir « la façon dont les foules déchainées conçoivent leurs victimes ».[45] À la différence de Ricœur, pour qui le mythe donne une vie concrète au symbole par le récit qui reste lui-même symbolique, pour Girard il faut entendre par vie concrète l'idée que les phénomènes mythiques, du point de vue de leur récit de la violence, parlent des victimes réelles du mal : « Comment ne pas croire qu'il y a une victime réelle derrière un texte qui nous la présente en tant que telle [...] ? ».[46] À la parole subjective du discours mythique il faut donc ajouter foi, en tant que témoignage de la violence des hommes. Or, sans la compréhension du mécanisme collectif lui-même fondateur de la violence du sacré, aucun discours sur le mal ne saurait être corrélé au pôle de réalité historique du mal.[47]

Au nom de la réalité historique du mal violent, René Girard finit par aboutir à l'idée que si l'on veut comprendre le phénomène de la violence, il ne peut pas y avoir de différence d'essence entre le mythe et l'événement historique. C'est ici et en ce sens que la littérature de tous les temps trouvera toute sa place dans la représentation du mal pour René Girard. Par exemple, Sophocle, par sa con-

---

44 Girard, « L'écriture judéo-chrétienne », in *Des choses cachées depuis la fondation du monde*, in *De la violence à la divinité*, 884.
45 Girard, « Qu'est-ce qu'un mythe ? », in *Le bouc émissaire*, in *De la violence à la divinité*, 1256.
46 Girard, « Qu'est-ce qu'un mythe ? », 1256.
47 Dans le chapitre de *La symbolique du mal* consacré au mythe adamique, Ricœur affirme que « tout effort pour sauver la lettre du récit [adamique] comme une histoire véritable est vain et désespéré ». Une note de bas de page complète ce raisonnement par une critique de « l'ambiguïté » de certains auteurs au sujet de la signification de l'événement biblique, qui est pour lui sans lien avec la réalité historique. L'événement dans le récit adamique, pour Ricœur, est à comprendre comme « symbole de la rupture entre deux régimes ontologiques ». Cf. Ricœur. « Le mythe adamique », 448. Selon René Girard, la pensée moderne du mythe est victime d'un « dogmatisme anti-référentiel » qui témoigne lui-même d'une vision simpliste de la dichotomie entre le vraisemblable et l'invraisemblable et entre le mythe et la réalité. Il pense cette relation au moyen d'éléments structurels qui permettent de conclure que « le référent de tous les mythes c'est la violence collective contre les victimes arbitraires ». Cf. Girard, « Anthropologie fondamentale », in *De la violence à la divinité*, 854–857.

science subjective aux prises avec le monde réel, aura selon lui en quelque sorte «amélioré» le mythe d'Œdipe, en tendant davantage vers la révélation de sa vérité, vers sa «mythicalité», c'est à dire vers «la perspective des persécuteurs sur leur propre persécution».[48]

En ce sens, pour Girard, c'est exactement parce que les signes qui exhibent la corrélation entre le mythe et la réalité sont d'ordre structurel et langagier, qu'en l'absence d'une conception mimétique des mythes, aucune réalité historique ne pourra être interprétée : «L'histoire déjà faite [...] ne joue qu'un rôle secondaire dans le décryptage des représentations persécutrices—s'il avait fallu compter sur elle, d'ailleurs, ce décryptage n'aurait jamais commencé [...]».[49]

Selon René Girard, la considération des mythes dans leur concrétude signifie la prise en compte de la totalité du récit—pour le mythe adamique, par exemple, il faut prendre en compte l'expulsion du Paradis. Pour ce qui est de l'exégèse biblique plus généralement, le problème de l'interprétation des mythes à la lumière des éléments non mythiques ne peut pas être contourné, car la singularité des mythes bibliques est d'avertir contre la violence fondatrice : dès le mythe de Caïn et Abel, et bien avant Job, la victime innocente est la séquence narrative qui permet de lire le vraisemblable dans l'invraisemblable. Dans les recueils prophétiques, il ne s'agit plus de récits mythiques, mais de subversion «des trois piliers de la religion primitive», à savoir, «les interdits, les sacrifices et les mythes».[50] Avec l'Evangile de Jean,[51] la révélation de Dieu comme non violent accompagne l'achèvement de la conscience humaine de sa propre violence sacrificielle. Pour cette raison, René Girard pense qu'il est violent de ne pas se

---

48 Girard, «Qu'est-ce qu'un mythe?», in *Le bouc émissaire*, in *De la violence à la divinité*, 1257. À ce même type de raisonnement appartient l'argument suivant : si dans plusieurs millénaires un historien étudie les lynchages des Noirs-américains dans le sud des USA au 19e siècle, il trouvera des documents de police qui les dissimulent et des romans de Faulkner qui en révèlent toute la signification. Cf. René Girard. «Anthropologie fondamentale», 859–860.

49 Girard, «Qu'est-ce qu'un mythe?» in *Le bouc émissaire*. In *De la violence à la divinité*, 1259. L'idée était déjà présente dans un ouvrage antérieur de l'auteur : «comme dans les mythes, l'invraisemblable et le vraisemblable se combinent de façon à suggérer le compte rendu d'une persécution parfaitement réelle mais plus ou moins faussée et transfigurée parce qu'elle nous est rapportée dans la perspective des persécuteurs eux-mêmes» Cf. Girard. «Anthropologie fondamentale», 857.

50 Girard, «L'écriture judéo-chrétienne», 998.

51 Jean 8:43–44. «Pourquoi ne comprenez-vous pas mon langage? Parce que vous n'êtes pas capable d'écouter ma parole. Vous êtes bien de votre père, le diable. Et vous avez la volonté de réaliser les désirs de votre père. Dès le commencement, il s'est attaché à faire mourir l'homme [...]». La Bible. Traduction Œcuménique TOB. La phrase du verset 44 «dès le commencement il s'est attaché à faire mourir l'homme» est citée par René Girard avec la traduction suivante : «Dès l'origine ce fut un homicide». Cf. Girard. «L'écriture judéo-chrétienne», 905.

pencher sur l'éclaircissement de l'origine de la violence, une origine qui ne peut pas être atteinte si l'on s'en tient à une idée abstraite de la responsabilité humaine.[52]

À l'inverse, si chez Ricœur la parole subjective est bien présente dans la *Phénoménologie de l'aveu*, de la bouche du pénitent à la représentation mythique de la violence il n'y a pour lui aucun passage. On peut donc penser que, lors du changement de niveau, de l'analyse du symbole primaire vers l'expansion du langage symbolique dans le récit mythique, la disparition de la fonction de témoignage et d'aveu, en réduisant la dimension de concrétude du mythe ramassé sur son récit, constitue bien une opération d'abstraction du symbolique.

C'est pourquoi, pour ce qui est de *La symbolique du mal*, il faut poser aussi le problème de l'abstraction du symbole dans les symboles primaires eux-mêmes. Dans la première partie du livre, intitulée *Les symboles primaires : souillure, péché, culpabilité*, c'est en remontant des mythes aux symboles primaires mis en récit par eux, et d'abord à la souillure-tache, que Ricœur pense atteindre une forme d'universalité archaïque des symboles du mal. Il s'agit d'une universalité certes abstraite, mais susceptible d'enclencher selon lui un processus historique d'objectivation et de subjectivation de l'expérience du mal. Ce processus sera conduit jusqu'à son ultime figure, la culpabilité, comprise comme le degré maximal de subjectivation de la conscience du mal, dont la condition de possibilité est l'objectivation maximale de la loi qui lui fait face.

Aux yeux de Ricœur, ce dernier stade qui inaugure une nouvelle forme d'universalité constitue pour l'histoire de la conscience, dans son impasse même, un seuil en-deçà duquel un moderne ne peut plus vivre authentiquement son expérience du mal.[53]

C'est cette conscience finale, venue à l'être dans le cadre d'une investigation de ses symboles et au travers de ses figures successives qui se tourne ensuite à nouveau vers les textes dans le but de se les réapproprier, en pariant sur la possibilité de faire se rejoindre l'expérience humaine du mal et le discours

---

[52] Ricœur semble aller dans ce sens lorsqu'il affirme que la grandeur du mythe adamique est de préparer à la réflexion philosophique sur la liberté : « Nous avons suggéré à plusieurs reprises que ce sens réside dans le pouvoir du mythe de susciter une spéculation sur le pouvoir de défection de la liberté » (Ricœur, *La symbolique du mal*, 449). N'est ce pas là un aveu d'abstraction ?

[53] Ce degré maximal de subjectivation a été d'ailleurs préparé par l'entreprise philosophique de *L'homme faillible*, où Ricœur aura distingué le thème de la responsabilité humaine du dogme du péché originel. Cf. Paul Ricœur. « L'homme faillible » in *Philosophie de la Volonté 2*, 37–199. Ainsi, l'histoire de la conscience du mal pourra s'achever sur l'idée d'une responsabilité humaine qui ne se rapporte ni à l'objectivité des œuvres du mal commis, ni à la subjectivité du libre arbitre.

philosophique sans l'aide duquel une telle expérience, d'origine religieuse, ne pourrait pas être assumée par un philosophe moderne.

A-t-on par ce moyen concrétisé le symbole ? Il me semble qu'au contraire le mouvement d'appropriation de la conscience ne peut que tendre vers la neutralisation du symbole comme une suite logique de son abstraction principielle.

Dans son ouvrage capital, *L'érotisme*,[54] rédigé à une époque contemporaine de *La symbolique du mal*, Bataille affirme qu'une connaissance de l'érotisme qui structure l'existence humaine suppose comme condition *sine qua non* ce qu'il appelle une expérience intérieure. Les objets du désir humain n'étant pas désirables par nature, mais le devenant seulement dans le cadre d'une interdiction qui les rend érotiques, ce processus de valorisation de l'objet est à la base de la symbolisation du mal selon Bataille. En effet, désirer l'objet interdit c'est donc désirer avec l'objet l'interdiction même qui le rend désirable, c'est pourquoi toute expérience intérieure de l'érotisme symbolise l'existence individuelle concrète, toujours en excès sur le clair partage entre le monde objectif et le monde subjectif. En ajoutant une valeur aux choses au moyen d'un sens figuré—précisément le fait que ces choses soient interdites -, la subjectivité humaine prend alors conscience que son processus vital est inséparable d'une expérience du mal.

Le point de vue de Bataille consiste à s'interroger sur le contenu véritable de l'expérience intérieure du mal. Or, si le savant ou le psychanalyste étudient toujours l'interdit du dehors et comme une chose, ce qui est par ailleurs, toujours selon Bataille, le nécessaire témoignage d'une conquête positive de la rationalité moderne, ceux-ci ne cernent pas pour autant le contenu de vérité de l'expérience. La vérité est de vivre l'interdit, c'est-à-dire de faire l'expérience de la transgression. Il dit : « De deux choses l'une : ou l'interdit joue, dès lors l'*expérience* n'a pas lieu, ou elle n'a lieu que furtivement, elle demeure en dehors du champ de la conscience ; ou il ne joue pas : des deux cas, c'est le plus défavorable ».[55]

Pour Bataille, l'expérience intérieure de l'interdit émerge alors non pas comme alternative éthique entre le faire et le ne pas faire, ou entre chemin droit et déviation, ni même comme charge à assumer, mais comme interstice entre l'interdit trop écrasant et l'interdit insignifiant. « La loi est intervenue pour que se multipliât la faute »,[56] et c'est, pour Bataille, une perversion spécifiquement humaine, car on ne peut vivre l'interdit que dans la loi, ce qui suppose à la fois

---

54 Bataille, *L'érotisme*.
55 Bataille, *L'érotisme*, 43.
56 Ce passage de *L'épître aux Romains* est cité par Ricœur. Cf. Ricœur, *La symbolique du mal*, 349.

de n'être ni déterminé ni libre, et de n'avoir ni trop de morale, ni pas assez : «Si nous observons l'interdit, si nous lui sommes soumis, nous n'en avons plus conscience. Mais nous éprouvons, au moment de la transgression, l'angoisse sans laquelle l'interdit ne serait pas : c'est l'expérience du péché. L'expérience mène à la transgression achevée, à la transgression réussie, qui, maintenant l'interdit, le maintien pour *en jouir*. L'expérience intérieure de l'érotisme demande de celui qui la fait une sensibilité non moins grande à l'angoisse fondant l'interdit, qu'au désir menant à l'enfreindre».[57] La solution de concrétisation subjective de l'expérience du mal que donne Bataille est particulièrement élégante, si l'on songe aussi qu'elle se dote d'un corrélat émotionnel beaucoup plus convaincant que l'idée trop rationnelle de la peur[58] : «L'interdit observé autrement que dans l'effroi n'a plus la contrepartie de désir qui en est le sens profond».[59] Autrement dit, l'expérience du mal est jouissance. L'une des conséquences d'une telle solution consiste justement dans son universalité, puisque la seule religion nécessaire pour la faire est celle que l'on n'a pas : «J'entends par *expérience intérieure* ce que d'habitude on nomme expérience mystique : les états d'extase, de ravissement, au moins d'émotion méditée. Mais je songe moins à l'expérience confessionnelle [...]».[60]

Pour Bataille, l'opacité est désormais située au cœur de l'homme, et c'est à partir de là que l'expérience du mal, qui ne devient jamais claire, devient toutefois lucide. Dans cette entreprise, c'est un reste de mythe orphique qu'il s'agit de chasser, l'expérience du mal y étant définitivement séparée du thème de l'illusion, et la problématique platonicienne de la connaissance du bien étant inversée en possibilité de lucidité sur le mal. Pour Ricœur, une obscure condamnation, ou plutôt une condamnation par l'obscur est, en effet, la plus élémentaire compréhension du symbole, mais il s'agit d'une compréhension régressive, jamais lucide, quelque chose comme la limite de tout vécu du mal. Après tout, ce n'est peut-être là qu'une conséquence punitive de la faute adamique : *tu ne comprendras jamais totalement ce que tu fais*. Mais il s'agit peut-être aussi en ce qui concerne Ricœur de la présence d'un corps qui ne peut pas être jusqu'au bout assumé comme source de connaissance du mal.

Or, s'il est juste pour une conscience moderne d'affirmer qu'elle ne comprend plus les variations métaphoriques du symbole de la souillure, ainsi de «la grenouille qui saute dans le feu, la hyène qui fait ses excréments au voisinage

---

57 Bataille, *L'érotisme*, 45.
58 Dans *La symbolique du mal*, ce que le pénitent veut c'est que la peur cesse : «L'homme entre dans le monde éthique par la peur et non par l'amour». Cf. Ricœur, *La symbolique du mal*, 233.
59 Bataille, *L'érotisme*, 43–44.
60 Bataille, *L'expérience intérieure*, 15.

d'une tente»,⁶¹ en revanche, une généralisation se produit lorsque cette même conscience en infère que le lieu de l'opacité du symbole ne pourra pas être pensé jusqu'au bout.

Du symbole opaque, Ricœur en assume l'abstraction, qui débouchera *in fine* sur un concept lui-même problématique, dont il dira : « on pourrait appeler *serf-arbitre* le concept vers lequel tend toute la suite des symboles primaires du mal ; mais ce concept n'est pas directement accessible ».⁶² En d'autres termes, le lieu de concrétisation de l'opacité du mal qui chez Bataille correspond à l'expérience intérieure, et qui pourrait être avec Ricœur le serf-arbitre, ne peut pas être totalement pensé. Ce qui remplace pour lui la lucidité subjective, c'est la circularité entre tous les symboles qui rendra possible le parcours de la conscience en sens inverse, vers sa propre limite de pensée. Le serf-arbitre, cible finale d'une expérience opaque, à cause de sa structure de schématisme, se constituera au travers de la reprise du langage symbolique des deux instances antérieures.

Mais justement, le serf-arbitre n'a pas de lucidité sur le contenu de vérité de sa propre expérience, et tout ce qu'il peut faire c'est s'adonner à l'explicitation des symboles au moyen de son schématisme, ce qui voudra dire l'abandon total et définitif de la dimension littérale des symboles antérieurs qu'il parcourt à nouveau, notamment l'abandon du symbole de la souillure : « le caractère symbolique et non littéral de la captivité du péché et de l'infection de la souillure est rendu entièrement manifeste en désignant désormais une dimension de la liberté elle-même ».⁶³

En d'autres termes, la manifestation concrète du symbole n'impliquera pas qu'il faille ajouter foi à la littéralité concrète du symbole : « En vérité, la souillure n'a jamais été littéralement une tache ; l'impur n'a jamais été littéralement le sale, le mal propre ; il est vrai aussi que l'impur n'accède pas au niveau abstrait de l'indigne : sinon la magie du contact et de la contagion s'évanouirait ; la représentation de la souillure se tient dans le clair-obscur d'une infection quasi physique qui pointe vers une indignité quasi morale ».⁶⁴ Ricœur cherche sans doute à cerner l'idée d'équivocité que contient le symbole, et qui a comme condition de sa possibilité une différence entre le littéral et le figuré, mais cette différence, il faut bien dire que Ricœur la conçoit uniquement comme une explicitation, par le figuré, du littéral. À ce titre, les pages concernant la figure du serpent dans le mythe adamique sont très significatives : « Ne nous deman-

---

61 Ricœur, *La symbolique du mal*, 230.
62 Ricœur, *La symbolique du mal*, 361.
63 Ricœur, *La symbolique du mal*, 362.
64 Ricœur, *La symbolique du mal*, 238.

dons pas d'abord qui *est* le serpent. Voyons ce qu'il fait».[65] Suivront des analyses très spéculatives au sujet de la signification du serpent dans le mythe adamique, qu'il faut mettre en rapport avec les paroles proférées par le serpent lui-même, et non pas avec sa signification littérale : «un désir a jailli, le désir d'infinité ; mais cette infinité n'est pas celle de la raison et du bonheur [...] ; c'est l'infinité du désir lui-même ; c'est le désir s'emparant du connaître, du vouloir, du faire et de l'être : ‹Vos yeux s'ouvriront, vous serez comme des dieux (...)›.»[66] Différemment de Bataille, pour qui la loi exhibe clairement un interdit qui, en résonnant dans l'expérience intérieure, l'affectera au moyen de la jouissance pré-éthique, Ricœur pense le serpent non pas dans son ambivalence, mais comme animal chthonique qui a résisté à la démythologisation, ce qui conduit le philosophe à développer des explications qui spéculent sur les intentions du Yahviste, puis basculent dans la signification du sens figuré du serpent : «Ainsi le serpent symbolise quelque chose de l'homme et quelque chose du monde, un côté du microcosme et un côté du macrocosme, le chaos *en* moi, *entre* nous et au *dehors*».[67] Butter sur le littéral semble ainsi signifier la rencontre d'une limite à l'explicitation de la signification, sauf à dérouler cette dernière dans l'ordre de la signification figurée, que Ricœur identifie bien souvent avec l'expression même de *sens symbolique*.

Après l'affirmation que la souillure n'était pas littéralement une tache, les développements subséquents de ce passage portant sur la souillure dans *La symbolique du mal* confirmeront la prééminence du sens figuré dans l'interprétation : la souillure est agie dans le rite, elle s'éparpille en gestes de purification qui n'épuisent pas sa signification, dont l'unité est dans le geste même de sa suppression rituelle par lequel la souillure se concrétise dans la tâche. Puis, il est dit enfin : «la souillure n'est pas la tâche, mais comme une tâche».[68]

Pourquoi la littéralité du symbole est-elle abandonnée à son opacité en cours de route ? «Le symbole est donnant [...] parce qu'il est une intentionnalité primaire qui donne analogiquement le sens second».[69] Certes, mais Ricœur n'a pas idée du processus par lequel toute tache deviendrait souillure, il s'explique seulement le procédé par lequel toute souillure est donnée dans une tache. Il conjecture : «Cette équivoque n'est pas exprimée conceptuellement, mais vécue intentionnellement dans la qualité même de la crainte, mi-physique, mi-éthique,

---

65 Ricœur, *La symbolique du mal*, 466–475.
66 Ricœur, *La symbolique du mal*, 467.
67 Cf. Ricœur, *La symbolique du mal*, 466–475.
68 Ricœur, *La symbolique du mal*, 239.
69 Ricœur, *La symbolique du mal*, 218.

qui adhère à la représentation de l'impur».⁷⁰ L'équivoque n'est pas celle du symbole, mais celle qui s'introduit dans la différence entre le littéral et le figuré.

Dans *La symbolique du mal*, le symbole est ainsi un phénomène paradoxal, dans lequel la signification du littéral rend obscure la symbolisation, mais seulement parce que le littéral est lui-même obscurci, comme par l'extérieur, au moyen du sens figuré qui s'y ajoute. Il est donc logique que l'explicitation du symbolique s'oriente vers l'élucidation du sens figuré des symboles, et il est également logique que cette explicitation trouve sa limite dans le littéral lui-même. Mais pour ce qui est de l'origine du littéral, l'explicitation ricœurienne hésite entre l'idée d'un arbitraire culturel, et le fait que le signe pour dire cet arbitraire ait une référence dans le monde des choses. Pourquoi la tache ? Qu'y-a-t-il de significatif dans une tache ? La donation de sens immédiate du symbole empêche de répondre à ces questions, et finalement la littéralité du symbole finira par signifier l'énigme, l'opacité, l'inexplicable. Ce qui par ailleurs n'empêchera pas l'explicitation rationnelle du sens figuré des symboles.

Il est donc entendu qu'on ne parle ici que du symbole constitué, ou du symbole répertoire, puisque dans le cadre d'une définition de la genèse du symbole en tant que réalité de langage, il faudrait dire qu'il n'y a de littéralité que symbolique, et que, par conséquent, on ne peut analyser le sens littéral du symbole qu'à l'intérieur du symbole lui-même. C'est pourquoi la référence à la formule bachelardienne est pertinente pour Ricœur, dans la mesure même où ses développements ultérieurs n'en tiendront pas compte : «l'image poétique [...] nous met à l'origine de l'être parlant».⁷¹

Du même coup, que «la souillure n'a jamais été littéralement une tache», n'empêche pas de chercher une autre littéralité pour la souillure symbolique. Par un exercice d'imagination on pourrait proposer, par exemple, que la putréfaction des cadavres humains⁷² soit envisagée dans cette fonction. Phénomène qui préside à la séparation sacrée des vivants et des morts, tout en exerçant une action physique toujours mauvaise, et toujours contre le gré des sujets cadavres qui pourtant agissent toujours, la putréfaction est concrètement une attestation

---

70 Ricœur, *La symbolique du mal*, 238.
71 Ricœur, *La symbolique du mal*, 216.
72 «Le mort est un danger pour ceux qui restent : s'ils doivent l'enfouir, c'est moins pour le mettre à l'abri, que pour se mettre eux-mêmes à l'abri de cette «contagion». Souvent l'idée de «contagion» se lie à la décomposition du cadavre où l'on voit une force redoutable, agressive. Le désordre qu'est, biologiquement, la pourriture à venir, qui, de même que le cadavre frais, est image du destin, porte en lui-même une menace. Nous ne croyons plus à la magie contagieuse, mais qui d'entre nous pourrait dire qu'à la vue d'un cadavre empli de vers, il ne blêmirait pas ?» Cf. Bataille. *L'érotisme*, 53.

de faute morale, justifiée littéralement, et désigne dans le monde du vécu une chose en devenir, sans limites et incontrôlable, d'autant plus obscure qu'elle produit une émotion aussi trouble que la nausée, et qu'elle peut mener aussi loin que l'effondrement et la folie. Tout cadavre humain putréfié est souillure, toute souillure se lit dans et par la putréfaction du cadavre. Comme on le voit, c'est la circonscription réciproque du littéral et du figuré qui définit le symbole. «Saint Paul est l'héritier de la thèse hébraïque selon laquelle le péché est puni de mort»,[73] mais on pourrait tout aussi bien l'inverser : le cadavre putréfié est un pécheur qui expiera jusqu'à la fin des temps et jusqu'à la purification de son ossuaire.

Seul un modèle d'interprétation métaphorique convient d'ailleurs à l'interprétation du péché. Celui-ci, sans littéralité unique, renvoie à une expérience toujours déjà prise dans le mouvement d'une culture historique particulière. Son obscurité—l'interminable faute, se dit dans la métaphore de la marche paradoxale, où, étant privé de la connaissance rationnelle ou objective de mon but, si je ne dévie pas, je ne peux pas savoir ce que marcher droit veut dire. Or, les textes bibliques les plus signifiants sur le péché ne sont pas narratifs. *Prophètes*, *Psaumes*, *Lévitique* etc. ne sont pas des expansions de symbole dans le récit, et c'est pourquoi leur lecture est une herméneutique du métaphorique : «Ainsi, de multiples manières, s'esquisse au niveau du symbole une première conceptualisation du péché radicalement différente de celle de la souillure : manquement, déviation, rébellion, égarement désignent moins une substance pernicieuse qu'une relation lésée [...] la voie, la ligne droite, l'égarement, comme la métaphore du voyage sont des analogies du mouvement de l'existence considérée globalement [...]».[74]

3 Le langage poétique et le mal

Repassons alors par le début de *La symbolique du mal* pour revenir à la question de l'unité, dans le symbole, du littéral et du figuré.

La thèse générale de Ricœur sur le symbole,[75] se trouve dans la deuxième section de la première «Introduction» du livre sous le titre de *Critériologie du symbole*.

---

73 Ricœur, *La symbolique du mal*, 351.
74 Ricœur, *La symbolique du mal*, 280.
75 Gilbert Durand parle du symbole en ces termes : «Tandis que dans un simple signe le signifié est limité et le signifiant, par l'arbitraire même, infini ; tandis que la simple allégorie traduit un signifié fini par un signifiant non moins délimité, les deux termes du *Sumbolon*, eux,

Pour Ricœur, tout symbole authentique[76] fonde son dynamisme sur la complémentarité structurelle des fonctions symboliques qui le constituent.

Ce détour par la description des fonctions symboliques, censé conférer trois dimensions concrètes aux symboles, esquisse une tentative pour résoudre le problème du littéral, entendu comme chose concrète[77] que l'on peut localiser soit dans le cosmos ou monde visible, soit dans le souvenir du rêve, soit enfin dans le verbe poétique. La conception que se fait Ricœur du littéral le conduit alors, par le refus de hiérarchiser les fonctions symboliques, à accorder implicitement[78] la priorité à la fonction cosmique, laquelle est aussi la plus proche du religieux, comme la mention à Jung en atteste. C'est donc un fait de la définition de l'essence du symbole pour Ricœur, que les choses du monde ont été découpées par du symbole en vue d'une instauration du sacré, et corrélativement en vue d'une interprétation par l'homme de ce même sacré.[79] Même si seulement deux des trois fonctions symboliques se définissent par l'exploration du sacré du monde et de soi, la troisième fonction, poétique, n'y échappe pas, car elle se présente toujours mélangée aux autres. Ricœur, qui ne sauve pas la pureté du poétique, dit bien : «Ces trois dimensions—cosmique, onirique et poétique—du symbole sont présentes en tout symbole authentique».[80]

---

sont infiniment ouverts. Le terme signifiant, le seul concrètement connu, renvoie en «extension» si l'on peut dire, à toutes sortes de «qualités» non figurables, et cela jusqu'à l'antinomie [...] Mais, parallèlement, le terme signifié, concevable dans le meilleur des cas mais non représentable, essaime dans l'univers concret tout entier: minéral, végétal, animal, astral, humain [...]». Cf. Durand, *L'imagination symbolique*, 14.

76 Durant citera ce texte de Ricœur et reprendra pour son compte l'idée des trois fonctions du symbole dans «L'introduction» de *L'imagination symbolique*.

77 Mon propos concerne strictement *La symbolique du mal*, indépendamment des thèses ultérieures de Ricœur portant sur le langage en général. En effet, l'objectif est ici d'observer une certaine incompatibilité, chez Ricœur, entre la symbolisation poétique d'une part et la référence au mal, d'autre part.

78 Et au moyen d'une locution très imprécise : «il y a d'abord.»

79 «Mais c'est précisément en accélérant le mouvement de la ‹démythologisation›, que l'herméneutique moderne met au jour la dimension du symbole, en tant que signe originaire du sacré». Cf. Ricœur, *La symbolique du mal*, 572.

80 Ricœur, *La symbolique du mal*, 213. Après avoir souligné que l'imagination poétique est un complément de la «double expressivité» du sacré (Cosmos et Psyché), Ricœur conclura pourtant à la «convergence remarquable du symbolisme religieux, du symbolisme onirique et du symbolisme poétique» : «Il faudrait comprendre qu'il n'y a pas trois formes incommunicables de symbole ; la structure de l'image poétique est aussi celle du rêve lorsque celui-ci tire des lambeaux de notre passé une prophétie de notre devenir et celle des hiérophanies qui rendent manifeste le sacré dans le ciel et les eaux, la végétation et les pierres». Cf. Ricœur, *La symbolique du mal*, 216–217.

Or, ces distinctions entre le cosmique, l'onirique et le poétique, que l'on pourrait croire concrètes lorsqu'on imagine qu'elles pourraient s'incarner à des degrés divers, toujours ensemble, dans tout symbole authentique, s'appuient en fait sur des distinctions abstraites fondées dans un réalisme de la séparation d'un dedans et d'un dehors, et sur la distinction ontologique des régions de l'être. Comme le dit Eliade dans *Le traité d'histoire des religions*, «un symbole révèle toujours, quel que soit le contexte, l'unité fondamentale de plusieurs zones du réel».[81] Mais c'est sur le symbole cosmique constitué que l'on observe évidemment le découpage du réel, et ce n'est en tout cas pas en observant le phénomène de la génération symbolique dans son mouvement même.

On peut alors à mon sens objecter que, malgré la référence de *La critériologie du symbole* à Bachelard, ou à cause d'elle, il faudrait montrer que la complémentarité des trois fonctions du symbole éloigne Ricœur de Bachelard, et que ce n'est pas un détail. Pour ce dernier, la fonction poétique[82] étant première dans l'ordre de la création du langage, le sacré est toujours second, comme aussi toute explication du phénomène poétique de symbolisation par une référence à la stabilité des régions de l'être. Car pour Bachelard, le cosmique devient lui-même instable lorsqu'il est ramené à son origine dans le langage poétique.

La référence à Bachelard, c'est mon hypothèse, serait alors susceptible de produire ici un certain malentendu. Bachelard s'intéresse au phénomène de symbolisation du langage, qui est pour lui, comme on vient de le dire, un phénomène d'essence poétique, c'est-à-dire un phénomène de création de symboles, qu'il appelle le plus souvent «images». Dans cette opération de créativité, l'arbitraire du signe est compensé, de façon claire et nette, par l'expérience de l'union du littéral et du figuré, une expérience telle que la conscience peut la faire spontanément. Telle aussi qu'elle devrait correspondre à la définition du symbole comme «donation de sens en *trans-parence*»,[83] ou encore à la définition du symbole comme «significations analogiques spontanément formées et immédiatement donnantes de sens»,[84] l'une et l'autre formulées par Ricœur. Or, pour ce dernier, l'expérience de la conscience du mal ne sera pas immédiate, celle-ci ne prendra pas pour argent comptant ce qui est donné dans le symbole, et cherchera à confirmer, par l'interprétation, le fait de la donation symbolique. Cela veut dire que la conscience ne s'arrête pas au fait du symbole,

---

81 Eliade, *Traité d'histoire des religions*, 385.
82 Même si ultérieurement Ricœur partage une telle conception de l'image poétique, dans *La symbolique du mal* il ne renonce pourtant pas à la centralité du sacré pour ce qui est de la constitution du symbole.
83 Ricœur, *La symbolique du mal*, 219.
84 Ricœur, *La symbolique du mal*, 221.

mais elle ne va pas non plus au cœur du symbole, comme il est dit à la fin : « Mais il n'a pas été possible de se borner à cette intelligence *du* symbole dans le symbole. En effet, la question de la vérité y est sans cesse éludée ».[85]

Parce que le fait du symbole est assimilé au fait du littéral, entendu comme chose dans le symbole, ce fait restera abstrait comme une chose. Ainsi, comme Ricœur le dira dans l'introduction de la deuxième partie de *La symbolique du mal* au terme de son investigation sur les symboles primaires et au seuil d'une nouvelle question, celle du mythe : « avons-nous atteint, sous le nom d'expérience, une donnée immédiate ? Nullement ».[86] Requérir le langage des symboles, cela n'est donc pas du tout la même chose que de reconnaître philosophiquement l'autonomie du langage des symboles, mais comme ce n'est pas non plus la même chose que de parler de l'origine du langage symbolique, c'est au contraire la même chose que de dire qu'on ne peut pas en parler. Du coup, Ricœur n'a pas à se demander comment le discours rend symboliques les éléments de l'univers et le monde des choses, du sujet et des mots.

Le malentendu sur l'affinité entre Ricœur et Bachelard porte ainsi sur le fait que, dans un premier temps, les éléments de définition de l'essence du symbole qu'apporte Ricœur dans *La critériologie du symbole* éclairent considérablement les travaux poétiques de Bachelard, qu'il devient alors possible de lire plus synthétiquement, et en contrepartie, les précisions conceptuelles de Ricœur semblent laisser intacte, comme une porte sur laquelle son propre système pourrait ouvrir, l'étude bachelardienne de l'image poétique, c'est à dire du phénomène de symbolisation du langage. Or, malgré ce qu'on peut bien considérer comme un accord de principe entre les deux philosophes autour des traits essentiels du symbole : sa vocation langagière, sa structure de double sens, sa puissance de résistance contre l'allégorisation, et sa visée ontologique, les thèses des deux penseurs se disjoignent : ni les poétiques de Bachelard n'accorderont de priorité au religieux, au sacré ou au mal, ni le système des symboles primaires de Ricœur ne permettra de sortir de l'abstraction par une expérience immédiate de la conscience. Le malentendu porte sur la nature du symbole lui-même. Pour Bachelard, la donation de sens symbolique, à laquelle correspond l'expérience immédiate de la conscience, n'est pas la présentation d'un littéral et d'un figuré, mais la phénoménalité du langage qui parle des choses d'autant plus concrètes qu'elles ne sont justement pas des choses.

Or, pour Bachelard, c'est justement le texte, en tant que produit historique, auquel la pensée rationnelle a conféré un pouvoir de totalisation abusif du sens,

---

85 Ricœur, *La symbolique du mal*, 573.
86 Ricœur, *La symbolique du mal*, 571.

qui empêche plutôt qu'il ne favorise la découverte moderne de la créativité poétique du langage. On connaît les diatribes bachelardiennes contre toute une cohorte de discours de rationalisation—qui vont des savants du 18ᵉ siècle aux mythographes, des philosophes aux psychanalystes, des mauvais poètes aux mauvais professeurs de littérature, lesquels d'ailleurs sont souvent les mêmes. Sans oublier cette pointe célèbre contre les critiques littéraires eux-mêmes, ces fameux professeurs de rhétorique qui souffrent singulièrement selon Bachelard d'un véritable «simplexe de supériorité».[87]

Prenant le contrepied exact de Ricœur, la pensée bachelardienne affirme que le pouvoir d'abstraction des textes doit être compensé par la vérification spontanée de la conscience. Bachelard nomme *primitivité* cette expérience de conscience qui permet de révéler la double racine de la créativité langagière, dans l'homme et dans les choses. Cela n'est pas ni ne peut pas être une expérience historique : «En effet, les conditions anciennes de la rêverie ne sont pas éliminées par la formation scientifique contemporaine».[88] Aux yeux de Bachelard, l'homme ne croit pas d'abord à des textes, il croit à un monde déjà là dans lequel il se trouve. Pour Bachelard encore, il n'y a sans doute aucune raison d'opposer la croyance poétique et la croyance mythique, toutes deux garanties par l'unité fondamentale de l'imagination poétique de l'homme.

On peut ajouter enfin que, si pour Bachelard il n'y a aucune raison, sauf à rationaliser, de faire coïncider la créativité du langage poétique avec la naissance de l'écriture, il n'y en a pas non plus à soumettre le champ d'investigation sur le symbole propre au philosophe à la seule activité d'interprétation des textes, en laissant dans l'ombre le véritable temps de l'origine du langage humain, à savoir la préhistoire. La pensée poétique de Bachelard est ainsi élaborée peu à peu sur la base d'un système d'exploration par la conscience de sa propre primitivité, prenant en compte les textes de la culture pour les épurer par le prisme critique de la spontanéité poétique et son «retentissement».[89] À ce titre, la culture humaine, qu'il faut justement considérer comme distincte de l'histoire des hommes, et à laquelle inversement il faudra pour Bachelard désormais rattacher toute la bonne littérature, participe elle-même de la construction d'un passage possible de l'expérience de primitivité vers de nouvelles créativités symboliques. Au moment du tournant de *L'eau et les rêves*, les complexes de culture seront conçus comme une croisée des chemins qu'empruntent à la fois ceux qui revi-

---

[87] Bachelard, *La poétique de l'espace*, 9.
[88] Bachelard, *La psychanalyse du feu*, 15.
[89] Bachelard. *La poétique de l'espace*, 7.

vent pour eux-mêmes des symboles de culture et ceux qui les répètent allégoriquement.[90]

C'est pourquoi pour Bachelard, ce que donne la synthèse du symbole, elle le donne dans les deux sens, à savoir dans le dynamisme d'altération réciproque d'un littéral et d'un figuré en l'absence duquel il n'y a pas d'expérience du symbole. Autrement dit, le processus dynamique de valorisation qui n'appartient qu'au symbole prime sur toute stabilité de la valeur, en tant qu'elle serait ajoutée mystérieusement par un sens figuré à une signification première déjà elle-même stable. Ainsi, toute création symbolique se fait sur fond d'ambivalence, y compris la symbolisation poétique primitive du mal qui ne se stabilisera pas sous la forme d'une valeur négative première.

Sans aucun doute, la thèse fondamentale de la créativité poétique chez Bachelard consistera à dire que c'est dans l'élément que l'on rencontre une forme d'excès au regard de la problématique sémantique du littéral et du figuré. Par cet excès, tout vrai symbole est alors symbole de symbole et se réfère à son propre pouvoir de créativité. Par ce moyen, le symbole montre qu'il appartient à l'ordre langagier, mais il libère aussi toute littérature de l'état d'asservissement quant à sa vérité, dans lequel veut la maintenir tout discours théorique portant sur elle. Bachelard songe ainsi au «caractère vraiment spécifique de l'image littéraire. Il tend à placer l'imagination littéraire au rang d'une activité naturelle qui correspond à une action directe de l'imagination sur le langage».[91]

On peut voir ce processus en acte. Ainsi le feu, premier symbole des symboles, ou, comme Bachelard le dira, véritable «piromène», désigne une chose de l'univers, et sa référence n'est pas problématique, mais la désignation symbolique montre d'abord une chose déjà altérée, et comme *déchosifiée* par son propre pouvoir d'action. En l'occurrence, le feu a toujours le sens figuré d'un faire, et en retour tout faire se comprend littéralement par l'intermédiaire des qualités du feu : la chaleur, la lumière, la consomption, la destruction, la croissance, la réduction etc. Bien que la liste ne soit pas exhaustive, la règle est claire : en dehors de la mutuelle circonscription du littéral et du figuré, on passerait dans le registre de la rationalisation de l'expérience. Comme une nouvelle boucle alors, le feu qui deviendra symboliquement créateur, bien que toute l'expérience empirique plaide contre lui, prouvera qu'il reçoit sa force non seulement de son sens figuré, mais aussi de lui-même, en tant qu'il est maté-

---

90 «Ce qui ne peut être écrit mérite-t-il d'être vécu ? Nous avons donc dû nous contenter de l'étude de l'imagination matérielle *greffée* et nous nous sommes borné presque toujours à étudier les différents rameaux de l'imagination matérialisante au *dessus de la greffe* quand une culture a mis sa marque sur une nature» (Bachelard, *L'eau et les rêves*, 17).
91 Bachelard, *L'air et les songes*, 26.

riellement son propre faire. Comme on s'en doute, dans ce type de processus, le phénomène de valorisation du symbole ne peut être que positif, au sens de créatif, alors que dans le même temps il est ambivalent, faute de quoi les significations ne circuleraient pas et manqueraient leur signification symbolique. C'est pourquoi : « Parmi tous les phénomènes, [le feu] est vraiment le seul qui puisse recevoir aussi nettement les deux valorisations contraires : le bien et le mal ».[92]

En d'autres termes, la valorisation symbolique enchante le monde parce qu'elle reste ouverte aux influences de la matière et du vécu sensible, non parce qu'elle manifeste le sacré. C'est ainsi, par exemple que l'air au sens littéral pourra être dit symboliquement céleste parce qu'il rend possible la marche et le vol, contrairement à l'expérience empirique de l'animal qui ne sait pas voler. Aussi éloigné que possible d'une compulsion de répétition, le faire du symbole est antérieur à toute opération de substantialisation des choses du monde. Du coup, la référence de Ricœur aux symboles cosmiques d'Eliade dans l'introduction de *La symbolique du mal* ne conviendrait sans doute pas à Bachelard qui trouverait probablement cette référence au ciel comme à une « chose » du cosmos une idée trop rationnelle.

On peut tirer toute une série de conclusions à partir des thèses poétiques de Bachelard. Il y en a une qui le distingue particulièrement de Ricœur, c'est son idée de continuité symbolique du monde. Alors que chez Ricœur tout symbole du mal, et plus particulièrement le symbole de la souillure symbolise l'idée même de rupture entre l'homme et le monde (entre l'homme et son sacré) et exprime le malheur d'exister, chez Bachelard le phénomène de continuité entre l'homme et le monde est toujours ce que le symbole symbolise. À l'exemple de ce faire le feu, qui devient un faire du feu, la continuité est déjà dite dans le complexe de Prométhée, plus primitif et moins rationnel que son mythe : faire comme la nature, et mieux qu'elle. À la continuité s'associe la confiance en soi de l'homme : « Notre thèse paraîtrait moins risquée si l'on voulait bien se libérer d'un utilitarisme intransigeant et cesser d'imaginer, sans discussion, l'homme préhistorique sous le signe du malheur et de la nécessité […] Peut être notre ancêtre était-il plus gracieux devant le plaisir, plus conscient de son bonheur, dans la proportion où il était moins délicat dans sa souffrance […]. Si l'on acceptait les principes psychologiques de la Rythmanalyse de M. Pinheiro dos Santos qui nous conseille de ne donner de *réalité temporelle* qu'à ce qui vibre, on comprendrait immédiatement la valeur de dynamisme vital, de psychisme cohéré qui intervient dans un travail [celui de faire le feu] aussi rythmé. C'est

---

[92] Bachelard, *La psychanalyse du feu*, 23.

vraiment l'être entier en fête. C'est dans cette fête plus que dans une souffrance que l'être primitif trouve la conscience de soi, qui est d'abord la confiance en soi ».[93]

Comme on l'aura compris, pour Bachelard le problème du langage du mal se dissout de lui-même grâce à la puissance de l'amour de la vie qui se résume ainsi : « en toutes circonstances, la vie prend trop pour en avoir assez. Il faut que l'imagination prenne trop pour que la pensée ait assez ».[94]

4 En guise de conclusion : qu'en est-il de la créativité du mal dans *La symbolique du mal* et comment la mettre en rapport avec la littérature ?

Comment ne pas se priver du pouvoir de détection et de confrontation des nouvelles formes du mal que constitue la littérature ? Cette interrogation finale revient à poser le problème tabou de la créativité du mal, tel que ce problème a été suscité par la profondeur de la réflexion philosophique de Ricœur dans *La symbolique du mal*. C'est une question taboue, car elle ne signifie aucun espoir de victoire sur le mal, puisque ce que le symbole donne, en même temps il le crée. Il m'est alors apparu que le problème suscité, nourrissant implicitement le texte du philosophe, n'avait pas pu être traité, et la stratégie suivie a été alors de supposer que l'énigme de la créativité du mal n'était pas sans lien avec la place secondaire que Ricœur réserve à la littérature dans sa réflexion. Il n'y a ici, bien sûr, aucune démonstration, mais tout au plus une mise en corrélation de ces deux dimensions de la question multiple du langage du mal.

Je terminerai donc par l'évocation de la thèse de Bataille, lequel plaide, à l'inverse de Ricœur, pour la forte cohésion, dans la modernité, entre la créativité symbolique du mal et la littérature.

Dès la première phrase de « L'avant propos » de *La littérature et le mal*[95] Bataille évoque « la génération tumultueuse » à laquelle il aura appartenu, et pour laquelle le mal, devenu l'objet d'une conscience lucide, est celui d'un monde désormais post-éthique. En prophète, il annonce que l'épaisseur du mal,

---

93 Bachelard, *La psychanalyse du feu*, 57–58.
94 Bachelard, *L'air et les songes*, 288.
95 Bataille, *La littérature et le mal*.

devenu désormais quasiment mal absolu, exigera des hommes une «hypermorale».

Les échecs de la volonté humaine sont dans l'histoire, pense-t-il, ils s'incarnent dans des figures telles que Baudelaire, poète fasciné par le mal donné historiquement à sa conscience: «si des choix analogues à celui de Baudelaire [...] étaient possibles en d'autres temps» «ils n'ont pas eu pour conséquence, en d'autres temps, des poèmes semblables aux *Fleurs du mal*».[96] Car le poète est celui qui doit être dans l'histoire et ne pas agir : «quand l'horreur d'une liberté impuissante engage virilement le poète dans l'action politique, il abandonne la poésie».[97] Le mal chez Baudelaire est ce qui fascine bien plus qu'il ne conduit aux actions mauvaises : «le Mal, que le poète fait moins qu'il n'en subit la fascination, est bien le Mal, puisque la volonté, qui ne peut vouloir que le Bien, n'y a pas la moindre part».[98]

Pour Bataille, l'heure est venue de distinguer le faire humain post-éthique, dominé par le mal, de toute action humaine éthiquement constituée. Or, ce faire, seule désormais la littérature peut l'approcher—la vraie, qui nous sauve de l'ennui de la fiction en nous parlant du monde, mais aussi celle-là même qui est le lieu de la vérité du langage qui se mesure au mal. L'homme coupable s'étant selon Bataille encore alourdi davantage, la littérature a fait et devait faire ce qu'aucune religion n'a osé : elle s'est avouée elle-même coupable, plus exactement dans les mots de Bataille : «À la fin la littérature se devait de plaider coupable».[99] Or, en plaidant coupable, la littérature avoue publiquement que sa fascination pour le mal le plus total n'est pas fictionnelle, mais que c'est au contraire le mode d'être et d'apparaître le plus authentique du mal lui-même. Son aveu est donc sincère, comme une jeune fille moralement pure[100] qui n'a jamais quitté son presbytère et qui crée pourtant un Heathcliff, comme un poète mystique de la hauteur de Blake enterre le religieux en percevant poétiquement l'absence de limites de toute chose, comme ce jeune homme pragois[101] qui transgresse la loi paternelle pour mieux la respecter. Sans eux, nous n'aurions pas la moindre lucidité du mal.

«Et qu'on n'écoute plus ces ennemis jongleurs qui nous ont enroulés dedans le double sens».[102]

---

96 Bataille, *La littérature et le mal*, 42.
97 Bataille, *La littérature et le mal*, 29.
98 Bataille, *La littérature et le mal*, 45.
99 Bataille, *La littérature et le mal*, 10.
100 Emily Brontë.
101 Franz Kafka.
102 Shakespeare, *Macbeth*, 42, v. 2477–2478.

Bibliographie

Bachelard, Gaston (1949): *La psychanalyse du feu*. Paris: Gallimard.
Bachelard, Gaston (1942): *L'eau et les rêves. Essai sur l'imagination de la matière*. Paris: Librairie José Corti.
Bachelard, Gaston (1943): *L'air et les songes. Essai sur l'imagination du mouvement*. Paris: Librairie José Corti.
Bachelard, Gaston (1957): *La poétique de l'espace*. Paris: PUF.
Bataille, Georges (1957): *L'érotisme*. Paris: Minuit.
Bataille, Georges (1943, 1954): *L'expérience intérieure*. Paris: Gallimard.
Bataille, Georges (1957): *La littérature et le mal*. Paris: Gallimard.
Campos, Liliane (2010): «Dossier» In: Shakespeare, William: *Macbeth*. Pierre Jean Jouve (Trans.). Paris: Flammarion.
Durand, Gilbert (1964): *L'imagination symbolique*. Paris: PUF.
Eliade, Mircea (1949): *Traité d'histoire des religions*. Paris: Payot.
Girard, René (2007): *De la violence à la divinité*. Paris: Grasset & Fasquelle.
Nietzsche, Friedrich (1949): *La naissance de la tragédie*. Geneviève Bianquis (Trans.). Paris: Gallimard.
Platon (1950): *République*. Book X. In: Plato: *Œuvres completes*. Volume I. Paris: Gallimard.
Ricœur, Paul (2009): *Philosophie de la volonté 2. Finitude et culpabilité*. Paris: Points.
Ricœur, Paul (1975): *La métaphore vive*. Paris: Seuil.
Ricœur, Paul (1983): *Temps et récit 1. L'intrigue et le récit historique*. Paris: Seuil.
Schaeffer, Jean-Marie (1992): *L'art de l'âge moderne. L'esthétique et la philosophie de l'art du XVIIIe siècle à nos jours*. Paris: Gallimard.
Shakespeare, William (2010): *Macbeth*. Pierre Jean Jouve (Trans.). Paris: Flammarion.

Linda L. Cox
Defilement, sin, and guilt in Ricœur's *The Symbolism of Evil* and Rankine's *Citizen: An American Lyric*

Abstract: In *The Symbolism of Evil*, Paul Ricoeur argues that we find ourselves embedded in a cultural symbolic structure of myths that shapes our conception of evil and that operates on three levels: defilement, sin, and guilt. We cannot escape the symbolic structures, but we *can* conduct genealogical work to find out how these concepts arose by isolating them temporarily from their mythological structures. In the present study, I apply Ricoeur's hermeneutic approach to Claudia Rankine's long poem, *Citizen: An American Lyric*, in order to excavate the symbolic structure of evil found in American White supremacy. Placing Ricoeur's methodology in dialogue with Rankine's poem illuminates this symbolic structure within the poem and reveals that the capability to acknowledge the broken state of race relationships implies an understanding of wholeness and hope for restoration. However, such dialogue also reveals the limitations of Ricoeur's emphasis on individual, rather than communal and structural, guilt in excavating the symbolics of evil.

In *The Symbolism of Evil*, Paul Ricœur argues that we find ourselves embedded in cultural symbolic structures of myths that shape our conceptions of evil and that operate on three levels: defilement, sin, and guilt. We cannot escape the symbolic structures, but we can do genealogical work to find out how our symbolism of evil arises by isolating the three concepts temporarily from their mythological structures. Ricœur appeals to Greek, Christian, and Judaic mythological contexts, but I believe that another lens must be added to address more fully the conception of evil operating in the United States, and that is the myth of White supremacy. Claudia Rankine's brilliant long poem, *Citizen: An American Lyric*, is well-suited for excavating the symbolic nature of evil found in White supremacy. I find that placing Ricœur's methodology in *The Symbolism of Evil* in dialogue with Rankine's illuminates this symbolic structure within the poem while revealing the limitations of Ricœur's hermeneutic. Ricœur's conceptions of the symbolic structures of defilement and sin are helpful in excavating the system of White supremacy, but Rankine's poem reveals the need for communal, rather than merely individual, means of transcending the evil of ruptured relationships.

Ricœur's project in *The Symbolism of Evil* is to determine how the *possibility* of "evil in man" as a fallibility becomes *actualized* as a human fault. Understanding this transition is difficult for two reasons—first, because evil has meaning only within symbolic systems that already shape and direct our thoughts and questions, for he says, "[f]irst *there are* symbols; I encounter them, I find them; they are like the innate ideas of the old philosophy."[1] Those of us operating within a Greco-Judeo-Christian mythological symbolic system find ourselves already embedded in a symbolic structure that shapes our concept of evil as defilement, sin, and guilt, he argues. Second, the transition is difficult to understand because transitions are reconstructed retroactively and the intermediaries are often lost—our collective memory covers their tracks based on the motivation of the present: "Thus," he says, "by retroaction from the successive 'nows,' our past never stops changing its meaning; the present appropriation of the past modifies that which motivates us from the depths of the past..." and "ignorance of that transition was part of the motivations of our consciousness up to a recent date."[2] Because it is difficult to confront the actualization of evil directly, Ricœur believes it must be "surprised" through the re-enactment of religious confession—an utterance that is somewhere between an experience and a philosophy of evil. We can do a form of philosophical genealogical work to understand human evil by isolating the three levels of evil temporarily from their mythological structures, and then we can shake up their sedimented meanings with hopes of projecting more ethical and just ways to reconfigure them in the future. It is through the "sympathetic imagination" of the religious confession, he believes, that we discover the motivations within the crises of evil.

In addition to the Orphic, Adamic, and Christian eschatological myths that Ricœur outlines in *The Symbolism of Evil*, I believe that we must include an even more predominant myth when considering American symbolisms of evil—the myth of White supremacy. The excavation of this myth, while not explicitly part of Ricœur's thesis, is nonetheless aligned with his overall project in the *Freedom and Nature, Fallible Man,* and *The Symbolism of Evil.* As Christina Gschwandtner notes,

> Already in *Freedom and Nature* he suggests that the relation between freedom and bondage might require more than a purely philosophical analysis, that it might have to have recourse to the empirical or the poetic. He outlines three steps for a philosophy of the will that pro-

---

[1] Ricœur, *The Symbolism of Evil*, 19.
[2] Ricœur, *The Symbolism of Evil*, 22.

ceeds from a strictly phenomenological...analysis of the will and fallibility to a poetics of the symbolic of evil.³

My extension of the symbolism of the myth of White supremacy to the symbolism of evil in the U.S. is thus made in the poetic spirit of Ricœur's own analysis. As Gschwandtner notes, Ricœur views myth as that which creates its own universe of discourse, embracing "mankind as a whole in one ideal history," narrating an "essential history of the perdition and the salvation of man," and "point[ing] to the relation...between the essential being of man and his historical existence."⁴ In addition, Ricœur finds that myth so permeates our conceptual life that we are often ignorant of its origins and might turn to reenactment to confront its motivations affectively. The myth of White supremacy in the U.S. fits into this pattern of historical essentialism insofar as it universalizes and idealizes White supremacy in history and its role in religious salvation. Like other myths, it frequently hides its origin and motivations. In *Myths America Lives By: White Supremacy and the Stories That Give Us Meaning*, Richard Hughes argues that America is shaped by a number of unique myths—including the myths that we are a chosen nation, an innocent nation, and a Christian nation —but all of these other myths serve at once to support and to provide cover for the underlying myth of White supremacy.⁵ Hughes' own story of revising his book illustrates this thesis, for he confesses that he was initially blind to the myth of White supremacy in an earlier edition of the book until alerted to it by a Black colleague, James Noel. Hughes says that for White writers like himself: "[A]ssumptions of white supremacy are like the very air we breathe: they surround us, envelop us, and shape us, but do so in ways we seldom discern."⁶ Of course, Black writers and artists from Frederick Douglass to W. E. B. Du Bois to James Baldwin have long understood White America's blindness to the myth of White supremacy. Baldwin wrote in 1963 that White Americans were "still trapped in a history which they do not understand."⁷ More recently, the late Jamaican philosopher Charles Mills outlined a genealogy of the cognitive dissonance and epistemological machinations neoliberal White thinkers have gone through to keep from applying neoliberal ideals to non-Whites.⁸ Even White feminists, while grappling with various forms of gender inequality, have been noto-

---

3 Gschwandtner, "Wagering," 88.
4 Gschwandtner, "Wagering," 88. She is quoting from Ricœur's *Symbolism of Evil*, 162–163.
5 Hughes, *Myths*, 29–30.
6 Hughes, *Myths*, 31.
7 Baldwin, *The Fire Next Time*, 21.
8 See Mills, *The Racial Contract* and "White Ignorance," 11–38.

riously blind to our own privilege and our marginalization of women of color. As bell hooks argued in 1984, "Privileged feminists have largely been unable to speak to, with, and for diverse groups of women because they either do not understand fully the inter-relatedness of sex, race, and class oppression or refuse to take this inter-relatedness seriously."[9] I want to acknowledge my own privilege and participation in structural racism while offering that my intention is not to appropriate the theories of those who have long pointed to obvious patterns of White ignorance in American thinking. Rather, my intention is to examine Ricœur's methodology for excavating the symbolic structures of evil in light of Rankine's poetics on racism with the goal of finding opportunities for transcending the state of broken relationship—a hope that I believe both writers share.[10]

The symbolism of evil, according to Ricœur, is in need of excavation in order to uncover the origins and motivations of contemporary symbolic systems in which we find ourselves. Christina Gschwandtner helpfully differentiates between "primordial" and "primitive" in Ricœur's thought, where the primordial is instructive and the primitive is simplistic or unreflective.[11] We no longer believe the primitive mythological system on its own terms, according to Ricœur, but can re-enact the myth in the sympathetic imagination in order to engage critically with its beliefs under the wager that such speculation might uncover instructive underlying truth found within the primordial myth. Yet widespread adherence in the U.S. to the myth of White supremacy challenges Ricœur's assumption that such unreflective (even contradictory) beliefs are limited to "earlier" stages of religion. We are in need of a methodology that reveals and shakes up our contemporary beliefs as well.

---

[9] hooks, "Black Women," 14.

[10] While there is considerable debate as to the status of neoliberal ideals and their value in addressing the socio-political crises that are emerging in America today, it is nonetheless increasingly evident that the failure to specifically address race and the mythology of White supremacy marginalizes racial concerns "to such an extent," as Sebastian Purcell notes, "that their programs may be understood to support the continuing dominance of white supremacy" (Purcell, "The Course," 76). Perhaps, as Purcell argues, to resolve this debate the onus is on critical race theorists and allies to produce a normative account—such as a Ricœurian course of recognition—that differs from that of the standard neoliberal approach (Purcell, "The Course," 76). I believe I am also following the spirit of Ricœurian hermeneutics in claiming that we do not need a fully baked normative theory of the interrelationship between the self and other to resolve the debate before we begin excavating the symbolic structures within the myth of White supremacy in the U.S., for the excavation itself might be trusted to reveal new places that recognition and healing need to occur. We can enter the circle of interpretation at a number of different points—including the act of truly centering, rather than marginalizing, the racism against Black persons in America.

[11] Gschwandtner, "Wagering," 91.

The progression Ricœur outlines in *The Symbolism of Evil* is one of primitive conceptions of defilement which give way to communal states of sin as separation and finally to individual feelings of guilt, in which he places hope for transcendence through an idealized conception of the "servile will." I will explore each of these states in light of the poem and find that the primary value in Ricœur's approach is his exploration of the first two symbolic levels of evil—the symbolic origins of evil as defilement and the symbolic structure of evil as a state of broken relationship. His "progression" of evil to that of individual guilt (and his wager that the hope for transcendence is through the servile will) in *The Symbolism of Evil*, however, is complicated by the systemic nature of racial injustice. As Rankine's poem suggests, the communal evil of racism calls for communal and relational forms of ritual and repentance, for the individual conscience is an unreliable moral agent in an environment of systemic injustice. Although the final progression of the symbolics of evil as guilt may be limited, Ricœur's structure of evil as defilement and sin offers a rich framework for exploring the myth in Rankine's poem.

1 The symbolism of evil as defilement

To begin the excavation of the mythology of evil in *The Symbolism of Evil*, Ricœur argues that we might first isolate the symbolic structure that connects evil with defilement. Ricœur writes, "Dread of the impure and rites of purification are in the background of all our feelings and all our behavior relating to fault."[12] With Raffaele Pettazzoni, Ricœur defines defilement as "an act that evolves an evil, an impurity, a fluid, a mysterious and harmful something that acts dynamically—that is to say, magically."[13] A full exploration of the symbolic history of 'defilement' should include the Greek conceptions such as Robert Parker's in *Miasma: Pollution and Purification in Early Greek Religion* as well as Charles Parker's history of religious conceptions of defilement in Europe.[14] The salient point I wish to emphasize from Ricœur's work is his claim that we accept a quasi-magical means of spreading impurity to others as a sort of filth that is invisible yet forceful as well as pre-reflective and pre-ethical. It is similar to what my childhood friends and I called the game of "cooties," a particularly offensive game of tag where a state of defilement is known to be imaginary yet is at the same time believed to be a con-

---

12 Ricœur, *Symbolism of Evil*, 25.
13 Pettazzoni, *La confession des péchés*, 184, quoted in Ricœur, *Symbolism of Evil*, 25.
14 See Robert Parker, *Miasma*, and Charles H. Parker, "Diseased Bodies, Defiled Souls."

tagious physical disease of these (thereafter) marginalized children. Even as children, we knew that the contagion was, in one sense, linguistically constructed: as Ricœur says, defilement enters the universe of man through speech as the opposition of speech, a taboo. Only he is defiled who is *regarded* as defiled[15]—you must be tagged by someone else in a public sphere to become "it," linguistically speaking. But at the same time, we believed that those who are "it" actually become *physically* defiled and contagious, and from this we develop a dread of the impure and then a public "ethical" expression of the defilement as an interdiction. You *must* not touch someone else who is "it" or the contagion will spread to you as well. Ultimately the linguistic act of naming others as defiled is communal and unreflective. He writes, "it is always in the sight of other people who excite the feeling of shame and under the influence of the word which says what is pure and impure that a stain is defilement."[16] The defilement is first created through the quasi-material word, but it then becomes sublimated by the now-"defiled" self through confession: "Man asks himself: since I experience this failure, this sickness, this evil, what sin have I committed?"[17] In interrogating this fear and sublimation of the impure in Ricœur's symbolic, we find that it extends unreflectively to those who we consider to be sexually impure, and even to those who suffer poverty, disease, and death. We even find that we irrationally associate evil with not only defilements that could be considered intentional, but even those which cannot, such as, Ricœur says, a hyena leaving its excrement outside a tent.[18]

While we might denounce the game of "cooties" merely as a child's game, anthropologist Lawrence Hirschfield finds that this game may well be related to the way adults construe race in the United States. He finds that "preadolescent cootie lore and 'adult' construal of race at first blush surely seem incommensurate," but that its structure and deployment is similar to that "by which adults organize and sustain fundamental access to power, authority, and resource," including racial hierarchies.[19] While Ricœur acknowledges that defilement extends to sexual impurity, poverty, disease, and death, he indeed does not address its racial dimensions, as Purcell and Scott Davidson have discussed.[20] But Ricœur's symbolic structure of "defilement"—both the harm inflicted on those regarded as

---

15 Ricœur, *Symbolism of Evil*, 36.
16 Ricœur, *Symbolism of Evil*, 40.
17 Ricœur, *Symbolism of Evil*, 41.
18 Ricœur, *Symbolism of Evil*, 27.
19 Hirschfield, "Why Don't Anthropologists Like Children?," 616.
20 See Purcell, "The Course," and Davidson, "The Long Road to Recognition."

"defiled" as well as the shame felt by the inflictor—seem to me to be a key component of the symbolic system of White supremacy.

Just as Ricœur begins excavating evil in terms of defilement, Rankine likewise begins unpacking the mythological system of White supremacy in *Citizen* through the experience of disgust and defilement, beginning with the poet's childhood encounter with racism in her Catholic school. The poet-narrator recalls how she allowed a little White girl to cheat off her homework and how the White girl 'rewarded' the poet by telling the poet that her facial features looked White. The memory of this microaggressive experience and those like it is both affective and physiological. As she says:

> An unsettled feeling keeps the body front and center. The wrong words enter your day like a bad egg in your mouth and puke runs down your blouse, a dampness drawing your stomach in toward your rib cage. When you look around only you remain. Your own disgust at what you smell, what you feel, doesn't bring you to your feet, not right away, because gathering energy has become its own task, needing its own argument.[21]

Ricœur's definition of defilement as an impure, mysterious fluid is evident in this passage, from the "unsettled feeling" the poet experiences to the fluid nature of her vomit. The "wrong words" enter her day like a "bad egg"—pointing to a violation, an external source of the moral evil (the White girl's words), which nonetheless is absorbed or sublimated by the trusting poet.

While we might be tempted to dismiss the little White girl as merely an individual "bad egg"—an outlier in an otherwise healthy and just system—or as merely an ignorant child, the context reveals that the source of her racism is far more pervasive and dire. For the Black poet then describes an encounter where she arrives for an appointment at the home of her new therapist, a White woman who stuns her by yelling at the top of her lungs: "Get away from my house! What are you doing in my yard?"[22] Ironically, we learn, the therapist specializes in trauma counseling. The poet says: "It's as if a wounded Doberman pinscher or a German shepherd has gained the power of speech."[23] After the trauma therapist realizes the depths of her misrecognition of her client, the poem continues: "She pauses. Everything pauses. Oh, she says, followed by oh, yes, that's right. I am sorry. / I am so sorry, so, so sorry."[24] In one sense, the confession falls flat as the words come too late, after the injury has already been inflict-

---

21 Rankine, *Citizen*, 8.
22 Rankine, *Citizen*, 18.
23 Rankine, *Citizen*, 18.
24 Rankine, *Citizen*, 18.

ed. The passage is indeed followed by an image of Kate Clark's *Little Girl* from 2008, a taxidermy sculpture constructed of an infant caribou hide, curled on the ground, with a tearful, and intentionally roughened, paper-mâché human head.[25] The image captures in physical form the experience of dehumanization and defilement strewn at her by even her most trusted White acquaintances—in these juxtapositions, the counselor seems to be a metaphorical hunter and she the prey.

But Rankine also says that the therapist lashes out like a *wounded* hunting dog with her aggressive and dehumanizing words. The words of the White therapist hence move in two directions—they lead to the poet's sublimation of the defilement, her lowered self-esteem, and her intense suffering. But they also reveal the wounded nature of the aggressor and her subsequent shame. The therapist's words *"excite a feeling of shame"* in both the client and the therapist herself, to use Ricœur's language.[26] The experience of shame is complex and richly explored in the poem. As René Thun argues, shame is "a kind of responsiveness, as opposed to a mere instinct or reflex. Shame appears when there is a violation of normative standards."[27] Ricœur accounts for the role of conscience in responding to the injunction from the other, but he omits the affective dimension of this self-other relationship, which is "best described in terms of shame."[28] The other issues an injunction, we feel shame, and we engage in dialogue. Shame, Thun argues, mediates the self and other through our emotions, whereas conscience mediates through dialogue. In the poem, we might say that the therapist lashes out at her client unjustly on the basis of her unreflective White supremacist biases, which in turn are rooted in her own wounded experience of the self. The patient suffers emotionally and physically as a result of the outburst, and her suffering issues a moral injunction, to which the therapist responds affectively through her feeling of pain and then cognitively through her conscience. When reading Ricœur's work, we should account, Thun argues, for his blind spot by adopting the "concept of shame as the affective mediation of the other and the structure of conscience as a dialectic between self and other."[29] When we mark others as defiled, the experience of shame reveals our own wounds and thereby aims toward the possibility of restored ethical identity, anticipating Ricœur's third level of guilt in the symbolism of evil.

---

25 Rankine, *Citizen*, 19.
26 Ricœur, *Symbolism of Evil*, 40.
27 Thun, "Ricœur on Conscience," 50.
28 Thun, "Ricœur on Conscience," 50.
29 Thun, "Ricœur on Conscience," 54.

Thun's generous reading of Ricœur's account of shame is useful, but we must ask whether such an affective dimension of shame and the individual guilt it can inspire is sufficient to account for the systemic nature of shame within the myth of White supremacy. Whereas Ricœur understands this sense of guilt to be individual, I believe we need an understanding of the communal dimension of shame within this context.[30] To this end, Cecilea Mun offers an insightful critique and taxonomy of the concept of shame that helps us address the limitation in Ricœur's theory. Mun argues that in 'standard' accounts, shame is an emotion of global negative self-assessment in which an individual accepts or assents to a global negative self-evaluation. The argument made by theorists under the standard account is that some forms of shame are "irrational": if I believe myself to be defective and degraded based on an undesirable description of myself, then, according to a normative standard, I am having an 'irrational' experience of shame.[31] Yet, as Mun argues, by adopting a normative standard as the measure of the rationality of this experience, feeling shame on the basis of the racist views of others would be considered irrational. While this may seem uncontroversial at first glance, Mun notes that using a normative standard for rationality fails to question the source of the communal norm and places the onus of rationality on the person experiencing the shame rather than on the source of the racist normative standards. In the example given by Rankine above, under the standard account of shame, the patient would be considered irrational for experiencing shame at the racist tirade of her therapist—why, we might ask, would she feel shame at someone's racist outburst? But not only is this standard view dismissive of the patient's experience, it fails to examine the norms that are the source of her reaction. According to Mun, in non-standard accounts, one need only be *susceptible* to such a negative self-assessment, not actually assent to it, to consider one's response rational.[32] Because our emotions and self-esteem are not entirely under our own control, these non-standard ac-

---

30 Laura Candiotto explores the virtues of what she calls 'lovely shame' in unveiling the false nature of certain beliefs we hold. She argues this form of Socratic dialogue is best accomplished in a communal setting dependent on a "friendly context," where those experiences of shame act as a "tool for purification" among those who "desire" the expulsion of one's own false beliefs; see "The Virtues of Epistemic Shame," 83. This is a useful conception of the value of employing shame as a tool in a safe and controlled environment, such as a classroom, where 'love' and mutual respect can be valued, taught, and enforced. Rarely, however, do those participating in White supremacy desire such self-purification. In fact, the aporia incited by the exposure to our false beliefs may often be most Socratic when a 'gadfly' reveals our contradictory beliefs precisely when we do NOT encounter it to be friendly or desirable.
31 Mun, "Oppression and Liberation," 51.
32 Mun, "Oppression and Liberation," 51.

counts are therefore better equipped to reveal the biases in standard individual accounts of shame. In this sense, the client's experience of shame in the poem is not only rational, but also righteous—her experience constitutes what Mun calls the "righteous shame of the marginalized."[33] In Mun's taxonomy of righteous shame, the poet experienced an act of "systematic testimonial injustice,"[34] a microaggression that attempts to diminish her epistemic status insofar as the microaggression is normalized or glossed over. The client need not assent to the racism of the therapist's words to be susceptible to their harm. The shame that makes the client feel like an outcast or dehumanized and injured young caribou is rational and righteous. In other words, the patient's feeling of shame at the diminishment of her epistemic status is a rational response to a member of a trusting community; the evil of causing injury to a trusting client on the basis of her race, on the other hand, is the irrational action that should be excavated and reversed.

2 The symbolism of evil as sin

The systemic evil of defilement and marginalization anticipates Ricœur's second stage of the symbolism of evil—that of sin as separation. Ricœur argues that the quasi-physical act of defilement itself comes to be understood as a separation, or sin—a violation of a covenant that destroys dialogue and relationship.[35] Between the defilement and the guilt lies a chasm—and this symbolic level of evil, he argues, is ontological in the sense that it denotes a state of affairs, a condition wherein the community finds itself in a state of separation from God, and as such is the "rupture of a relation."[36] While a rupture is an absence, a gap in our reflection, it is at the same time, he says, "a something, a reality," insofar as it is "also the experience of a power that lays hold of man."[37] The broken relationship is communal and public; it is irrevocable and tragic in this sense. Because sin is a rupture, the anguish of sin can only be expressed non-discursively —for example, in the hymns, threats, lamentations, and cries of the biblical prophets—all manifestations of the real, physical force of this broken relationship. Ricœur argues that there is no public "solution" to this ontological state,

---

33 Mun, "Oppression and Liberation," 57.
34 Mun, "Oppression and Liberation," 64.
35 Ricœur, *Symbolism of Evil*, 50–51.
36 Ricœur, *Symbolism of Evil*, 70.
37 Ricœur, *Symbolism of Evil*, 70.

but, paradoxically, that the condition of sin as separation is only knowable as such when we understand it in relation to an anticipated state of restoration.

Sin in this sense is a public version of individual suffering, a pre-linguistic layer of experience which is radically incommensurable.[38] In his later works, especially *Oneself as Another*, Ricœur, of course, makes the case that we do not form our identity alone—we live in community and are shaped in part by our experiences with others, despite our radical incommensurability with the other. Ricœur claims in "La Souffrance n'est pas la douleur" that "it is I who suffer, not the other; we cannot change places."[39] Ricœur outlines a structural logic for the incommensurability of suffering that consists of a self-other relationship axis and that of an act-suffer gradation axis. Even in its utter alienation, the self aims toward the other, for it depends paradoxically on having a restored relationship as its goal—and it is suffering that "summons" us toward relationship: "in spite of the fact that we are apart, the suffering that shows in complaint summons the other person, calls for aid."[40] For Ricœur, the self's ability to act falls on the other axis, from the mere ability to speak in the midst of suffering to the power to act, to the power to narrate one's life story, and finally to the power to esteem oneself as a moral agent."[41] The notion of the self and self-esteem must always be considered in the context of others, for pain appears as a rupture of the narrative thread insofar as the history of each is entangled in the history of others, and so the inter-narrative tissue, so to speak, is torn in suffering. Hence the public ontological state of suffering from *The Symbolism of Evil* and the individual paradox of suffering in "La Souffrance" should both be considered in light of Rankine's poem.

The state of ruptured relationship and violated covenant under White supremacy is revealed early in Rankine's poem through the violation of the ethical and emotional agreement between the therapist and client. The act of racial demarcation itself is both an abstract, ontological state (one that marks out Black persons as "other") and a violent, physical separation, as Rankine reiterates throughout the poem with her quote of Zora Neale Hurston, "I feel most colored when I am *thrown against* a White background."[42] Spaces like tennis courts, Catholic schools, and suburban neighborhoods should be places of community and relationship-building, but instead are sites of violence where the system of

---

38 Ricœur, *Symbolism of Evil*, 70.
39 Ricœur, "La Souffrance," 4. This text was written in 1992, around the same time as when *Oneself as Another* was published.
40 Ricœur, "La Souffrance," 4.
41 Ricœur, "La Souffrance," 19.
42 Rankine, *Citizen*, 52–53 (emphasis added).

broken racial relationships is most apparent and seems most inescapable. Ricœur claims that only non-discursive responses can express the anguish of this sinful broken state, and indeed similar expressions of the tragic state of broken relationship occur frequently in Rankine's poem in the form of moans, cries, and angry outbursts of Black persons. But Rankine reveals the way the myth of White supremacy attempts to silence even these private, affective experiences.

While watching Serena Williams' famous angry episode with a patently unfair umpire, the poet has muted the television and writes: "To live through the days sometimes you moan like deer. Sometimes you sigh. The world says stop that. Another sigh. Another stop that. Moaning elicits laughter, sighing upsets. Perhaps each sigh is drawn into existence to pull in, pull under, who knows; truth be told, you could no more control those sighs than that which brings the sighs about."[43] The sigh in one sense is a response to the absurdity that there is no socially acceptable response for Black persons, public or private, to the broken relationship within the myth of White supremacy. Expressing anger, like tennis player Serena Williams, results in being cast out of the game. Writing reflectively results in being ignored or banned. Moaning elicits laughter, and even sighing upsets the fragile White feelings within the system that attempts to silence and control Black sighs. The White supremacy myth leads to systemic attempts to silence even the level of moral agency that precedes the voice in Ricœur's schematic. Using the taxonomy of shame Mun outlines, the testimony of Black persons is "quieted" and even quite literally "smothered" in an attempt to coerce Black agents to censor their own testimony.[44]

But the poet says: "You could no more control those sighs than that which brings the sighs about."[45] Rankine uses the pronoun "you" throughout the poem in multiple ways, it seems, to stand in autobiographically for herself, as a replacement for "one" in a universal sense, as a direct address to the reader, and as her interlocutor, the White listener against which she stands in sharp contrast. In the latter sense, she states defiantly to the White supremacist that, "you" cannot control the sigh in all of these senses, and this exhalation is both a public act of opposition and her door to recovered self-esteem. "The sigh is the path to breath;" she says, "it allows breathing. That's just self-preservation...The sighing is a worrying exhale of an ache."[46] The sigh releases the

---

43 Rankine, *Citizen*, 59.
44 Mun, "Oppression and Liberation," 66.
45 Rankine, *Citizen*, 59.
46 Rankine, *Citizen*, 60.

poet's suffering enough to allow her to 'unmute' the television and 'move on': "Words work as release—well-oiled doors opening and closing between intention, gesture.../ Occasionally it is interesting to think about the outburst if you would just cry out—/ To know what you'll sound like is worth noting—."[47] The poet finds that testifying to her own suffering allows the poet to regain her breath, voice, and action in Ricœur's schema. Acquiring self-esteem for Ricœur in his later works is not the burden of the individual alone, for, as Davidson argues, "the long road to self-esteem develops through the filter of our relations to others, the broader culture and its institutions."[48]

After dramatizing institutional forms of violence against Black persons through a collection of "situation scripts," Rankine creates a fading list of the names of Black persons killed in these violent encounters. The fading list seems never-ending and appears slowly and silently to erase the names of those being honored, as a sigh upsets and pulls the speaker under. But it is also the "path to breath," and after the list, in the seventh and final section, she then explores the concept of the "immanent you":

> Some years there exists a wanting to escape—
> You, floating above your certain ache—
> Still the ache coexists.
> Call that the immanent you—
> You are you even before you grown into understanding you
> Are not anyone, worthless,
> Not worth you.
> ...
> Nobody notices, only you've known,
> You're not sick, not crazy,
> Not angry, not sad—
> It's just this, you're injured.[49]

"You're injured" seems to mean primarily that *you*, the Black target of the western European attack dogs, are injured and you should try not to internalize the dehumanization of the aggressor. There is a state of selfhood that preceded the injury caused by the dog's attack. But the address is also a reminder that *you*— the aggressor—are also wounded and sinful in the sense of being separated from relationship—the covenant with God, the contract among persons in neoliberal philosophy, the ethical commitment of the trauma therapist to her patients.

---

47 Rankine, *Citizen*, 69.
48 Scott Davidson, "The Long Road to Recognition," 106.
49 Rankine, *Citizen*, 139–145.

You participate in creating the normative standards that operate in White supremacy. The myth of White supremacy is one that injures all who operate within it, and the lyric offers a lament of this ruptured state. Ricœur says, after all, that it is the nature of the lyric to be at once a personal lamentation and "inscribed in the long tradition of a wisdom, unmarked by national boundaries, that, beyond the episodic, touches the fundamental."[50] The wisdom of the lyric seems to be that the moment we recognize that the relationship is utterly broken, we already anticipate a state of health and restoration, of both the individual self-esteem and the self-other relationship. Ricœur wagers that the guilt issued on the individual conscience by the summons will be enough to transcend this broken state of community.

3 The symbolism of evil as guilt

For Ricœur, the symbolism of evil that is understood through the ontological state of rupture is next turned inward toward the individual in the form of guilt. Guilt, he says, is "the completed internalization of sin. With guilt, 'conscience' is born; a responsible agent appears."[51] While the *public* or ontological rupture of the symbolism of sin is irredeemable and hopeless, the symbolism internalized by the *individual* through guilt is seen to have the potential for redemption and restoration, although not in the form of autonomous neoliberal self-determination or self-esteem. Guilt can follow one of several tracks, according to Ricœur—we can as individuals freely choose to act in ways that aim to restore the relationship in the face of the irredeemable condition. Or we can scrupulously attempt to scrub clean our guilt through purification and pious ritual. Or we can psychologically commit ourselves to a wretched and condemned conscience. The first choice is the one Ricœur endorses, but freely choosing to restore the relationship reveals an ambiguity, for we have already shown that it is impossible to redeem ourselves from our guilt through an act of our own will due to our tragic situation. Ricœur's wager is that, while we can't solve the problem through our free choices or current imagination, we do have the freedom to *submit* the will to something beyond ourselves in order to escape this hopeless situation—and this submission is itself the hope for our redemption. In this symbolic level, the "servile will" yields the self in order to recover the self.

---

50 Ricœur, *Time and Narrative 3*, 273.
51 Ricœur, *Symbolism of Evil*, 143.

But when we apply this dimension of evil to the myth of White supremacy, we must ask—does individual's guilt offer hope for restored community? Will this recognition of the injury and woundedness within White supremacy itself be enough to restore health and heal the broken relationship? Ricœur's second dimension of evil—evil as sin or ruptured relationship—can be compared to the notion of systemic racism in critical race theory. We find that the legal and social organization of the U.S. was constructed around a system of White supremacy: it is embedded in our founding Constitution and Supreme Court decisions,[52] our penal system,[53] and our education system.[54] Since the very language of universal justice is interwoven with White supremacy, injustice might be revealed and understood more effectively through both discursive and non-discursive means—art that induces affective responses, ironic juxtapositions of words, images, news, stories, and phrases. As John Dos Passos suggests in *The Big Money*, art has the potential to "rebuild the ruined words worn slimy in the mouths of lawyers district attorneys college presidents judges."[55] Ricœur has hope that the individual conscience will be summoned by guilt to transform the state of separation. But when even the testimony of the non-discursive sigh is "quieted" or "smothered" within a racist system, the summons cannot be an effective means of transcending the evil of sin as broken relationships. Hence, in addition to the personal and tragic lamentation through means such as the sigh in the poem, Rankine points to other non-discursive activities that anticipate a state of health and restoration. Sports, games, and play, for example, can be a space for communal relationship building.[56] While we may not hear the summons of individual suffering in a racist system, the poem suggests, perhaps we will understand the potential for wholeness and community found in other collective experiences, such as group prayers, standing together, neighbors watching over children as they play, and vigils speaking aloud the names of Black men and women killed unjustly. Rankine's examples illustrate Ricœur's communal, tragic state of separation but, unlike Ricœur, points toward communal means of health and restoration.

Christina Gschwandtner supports a similar revision of Ricœur's theory, writing that

---

[52] See, for example, Bell, Jr., "Serving Two Masters," Freeman, "Legitimizing Racial Discrimination," and Gotanda, "A Critique of 'Our Constitution Is Color-Blind.'"
[53] See Alexander, *The New Jim Crow*.
[54] See Bell, Jr., "Brown v Board of Education and the Interest Convergence Dilemma."
[55] Dos Passos, *U.S.A.: The Big Money*, 391.
[56] See, for example, the "broaden and build" theory of positive psychological theory in Fredrickson, "The role of positive emotions in positive psychology."

it is precisely the harm to or even breakdown of relationships that turns sin or fault into debilitating experiences, causes feelings of guilt, and shows the need for the restoration of relationships. And sin can clearly also be a communal phenomenon, as is true for structural or systemic injustices that transcend the fault of any one individual and may well require communal repentance and certainly redress on scales much larger than individual ones.[57]

Gschwandtner argues that Ricœur's genealogy of evil that wagers on transcendence through the individual conscience takes a wrong turn at the point where he selectively narrates the story to favor his own Protestant religious tradition. The elevation of the tortured individual conscience of the Augustinian tradition, while offered by Ricœur as the highest Christian achievement, is neither empirically nor historically true of all religions, including Christian Eastern traditions. As she says:

> [W]hat makes religion so powerful and compelling—and this can obviously have both positive and negative implications—is its communal nature, its ability to bind people together ("*religare*" actually means to "tie or "connect") and allow them to participate in something higher, larger, and more meaningful than themselves, more than an individual can generate on his or her own.[58]

Once the sedimented layers of mythological symbolism are shaken, individual guilt is therefore not the only way to restore health and relationship. Rankine's poem illustrates the limits of Ricœur's focus on the individual consciousness of guilt and its subsequent hope for individual redemption. In it she subtly explores a number of non-discursive ways to restore health precisely by exploring the ways we recognize that they are broken. The fullness of religious language and poetic language can lead to practices and actions that restore the sin of broken relationships.

To summarize symbolism of evil within Rankine's poem, the poet exposes not only the attack on self-esteem and internalization of defilement that members of the Black community experience, but also the appropriately placed guilt that members of the White community occasionally experience at moments when they understand and acknowledge their participation in the broken state of relationship. Yet Rankine exposes the limits of the Ricœurian hope for the individual servile will to transcend the state of ruptured relationship and issues issue an injunction for a collective transformation of these broken relationships. Rankinian restoration is not dependent on individual White guilt, as the epi-

---

57 Gschwandtner, "Wagering," 100.
58 Gschwandtner, "Wagering," 100.

sodes of the trauma ironically induced by the Black client's White therapist shows. This scene illustrates, I believe, the entire symbolic structure of evil as defilement, sin, and guilt that Ricœur attempted to capture in his hermeneutics and does so in a way that "surprises the transition" by re-enacting the confession within the myth of White supremacy. First, the therapist actively regarded and marked the patient-poet as defiled through her microaggressive outburst—the patient was a target of an aggressive attempt to mark and dehumanize her. Next, the poem's linguistic and extra-linguistic clues (the hint that the therapist specializes in trauma counseling, the metaphor of the wounded Doberman pinscher, and the juxtapositions of the sculpture with the text) allow the reader to understand ironically the depths of the tragically broken relationships and covenants. The event encapsulates a sinful rupture in the web of human inter-relationships and cannot be undone. The actions of the therapist irretrievably harm the patient since the two are interdependent within a system built on trust. Finally, the individual therapist experiences a feeling of shame over her own guilt in violating a sacred covenant with a patient and participation in perpetuating racial trauma. Experiencing shame, acknowledging her role in these forms of evil and apologizing for or confessing to the injury she inflicts are necessary steps in restoring health, but these do not in themselves bring about restoration. To use a Ricœurian metaphor, they merely allow some of the sedimented layers of White supremacy to be shaken so that new structures can be envisioned and constructed.

An episode near the end of the poem motions again ambiguously toward the restoration of a broken system of relationships. The poet writes, "The worst injury is feeling you don't belong so much to you—"[59] and then tells another story of microaggression and its response. The poet and her White friend are having lunch: "When the waitress hands your friend the card she took from you, you laugh and ask what else her privilege gets her? Oh, my perfect life, she answers. Then you both are laughing so hard, everyone in the restaurant smiles."[60] This passage points vaguely toward redemption in three ways: by imagining the sort of friendship between a Black and White woman that could allow both to acknowledge together when a microaggression against the Black friend just occurred; by indicating that both understand the White woman is privileged (though her privilege is presented as doubly ironic insofar as the woman's "perfect life" belies a truth that her privilege actually is extensive); and by revealing that they can ostensibly laugh publicly and even spread joy to everyone in the

---

59 Rankine, *Citizen*, 146.
60 Rankine, *Citizen*, 148.

restaurant. Humor is another potential communal form of peace and relationship building[61] that Rankine's poem employs as an anticipated state of restoration. The joke is sarcastic, of course—and is only comic insofar as it is a release for the underlying contrast between the women's experiences. But even the hope for redemption in this discursive story is haunted by her earlier lamentations over the silencing of Black voices and experiences, in public as well as in private, through discursive and non-discursive means. Public laughter is itself only acceptable within White supremacy because the White friend authorizes it as another one of her privileges, and it is unclear whether the White friend in the story recognizes that if the women had both been Black, the patrons might have asked them to leave rather than sharing their joy.

There is not an easy solution to heal broken racial systems and institutions, and the poet writes on the final page, "I do not know how to end what doesn't have an ending."[62] Rankine, like countless other Black writers who strive to reveal the hidden mythology of White supremacy, patiently offers lesson after lesson, as she suggests at the conclusion of the poem, but no solution. White supremacy always seems to follow close on the heels of open dialogue to silence and sweep away its gains. However, the poem does suggest, with Ricœur, that the *aim* of wholeness, an understanding of healthy relationship, must already exist for those capable of understanding the tragic situation of the system. Rankine says, "To converse is to risk the unraveling of the said and the unsaid. / To converse is to risk the performance of what's held by the silence."[63] Despite the differences in the risks, and despite the public and private shame for revealing one's biases, I believe the hope for Rankine as for Ricœur is to trust that these dialogues, however blind and imperfect, will allow us to reimagine restored relationships and more just institutions. But while Ricœur and Rankine both suggest that the capability to acknowledge the broken state of relationship implies an underlying conception of wholeness and therefore a hope for restoration, Rankine's enduring lesson, I believe, is that any transformation of relationships at the individual level within the myth of White supremacy must move beyond individual guilt and be accompanied by transformation at the communal level as well in order to address the physical injury and mental suffering caused by this myth.

---

61 See, for example, Zelizer, "Laughing our Way to Peace or War."
62 Rankine, *Citizen*, 159.
63 Rankine, *Just Us*.

Bibliography

Alexander, Michelle (2010): *The New Jim Crow*. New York: Perseus.
Baldwin, James (1963): *The Fire Next Time*. New York: Dial.
Bell, Derrick A., Jr. (1995a): "*Brown v. Board of Education* and the Interest Convergence Dilemma." In: *Critical Race Theory: The Key Writings that Formed the Movement*. Kimberley Crenshaw, Neil Gotanda, Gary Peller, and Kendall Thomas (Eds.). New York: New Press, 20–29.
Bell, Derrick A., Jr. (1995b): "Serving Two Masters: Integration Ideals and Client interests in School Desegregation Litigation." In: *Critical Race Theory: The Key Writings that Formed the Movement*. Kimberley Crenshaw, Neil Gotanda, Gary Peller, and Kendall Thomas (Eds.). New York: New Press, 5–19.
Candiotto, Laura (2019): "The Virtues of Epistemic Shame in Critical Dialogue." In: *Interdisciplinary Perspectives on Shame: Methods, Theories, Norms, Cultures, and Politics*. Cecilia Mun (Ed.). Lanham: Lexington Press, 75–94.
Davidson, Scott (2012): "The Long Road to Recognition: Paul Ricœur and bell hooks on the Development of Self-Esteem." In: *From Ricœur to Action: The Socio-Political Significance of Ricœur's Thinking*. Todd S. Mei and David Lewin (Eds.). London: Bloomsbury, 96–110.
Dos Passos, John (1963): *U.S.A.: The Big Money*. Boston: Houghton Mifflin.
Fredrickson Barbara L. (2001): "The role of positive emotions in positive psychology." In: *American Psychology* 56, 218–225.
Freeman, Alan David (1995): "Legitimizing Racial Discrimination through Antidiscrimination Law: A Critical Review of Supreme Court Doctrine." In: *Critical Race Theory: The Key Writings that Formed the Movement*. Kimberley Crenshaw, Neil Gotanda, Gary Peller, and Kendall Thomas (Eds.). New York: New Press, 29–45.
Gotanda, Neil (1995): "A Critique of 'Our Constitution Is Color-Blind.'" In: *Critical Race Theory: The Key Writings that Formed the Movement*. Kimberley Crenshaw, Neil Gotanda, Gary Peller, and Kendall Thomas (Eds.). New York: New Press, 257–275.
Gschwandtner, Christina M. (2020): "Wagering for a Second Naivete? Tensions in Ricœur's Account of the Symbolism of Evil." In: *A Companion to Ricœur's* The Symbolism of Evil. Scott Davidson (Ed.). Lanham: Lexington Press, 87–102.
Hirschfield, Lawrence A. (2002): "Why Don't Anthropologists Like Children?" In: *American Anthropologist* 101. No. 2, 611–627. https://www.jstor.org/stable/684009, last accessed April 28, 2022.
hooks, bell (1984): "Black Women: Shaping Feminist Theory." In: *Feminist Theory: from Margin to Center*. Boston: South End Press.
Hughes, Richard T. (2018): *Myths America Lives By: White Supremacy and the Stories That Give Us Meaning*. 2nd ed. Urbana: University of Illinois Press.
Mills, Charles (1997): *The Racial Contract*. Ithaca: Cornell University Press.
Mills, Charles (2007): "White Ignorance." In: *Race and Epistemologies of Ignorance*. Shannon Sullivan and Nancy Tuana (Eds.). Albany: State University of New York Press, 11–38.
Mun, Cecilia (2019): "Oppression and Liberation via the Rationalities of Shame." In: *Interdisciplinary Perspectives on Shame: Methods, Theories, Norms, Cultures, and Politics*. Cecilia Mun (Ed.). Lanham: Lexington Press, 51–74.

Parker, Charles H. (2014): "Diseased Bodies, Defiled Souls: Corporality and Religious Difference in the Reformation." In: *Renaissance Quarterly* 67. No. 4, 1265–1297. http://www.jstor.org/stable/10.1086/679783, last accessed April 28, 2022.

Parker, Robert (1996): *Miasma. Pollution and Purification in Early Greek Religion.* Oxford: Oxford University Press.

Pettazzoni, Raffaele (1929–1936; 1931): *La confession des péchés.* Paris: E. Leroux (Original Publication: Bologna, 3 Volumes).

Purcell, Sebastian L. (2012): "The Course of Racial Recognition: A Ricœurian Approach to Critical Race Theory." In: *From Ricœur to Action: The Socio-Political Significance of Ricœur's Thinking.* Todd S. Mei and David Lewin (Eds.). London: Bloomsbury, 75–95.

Rankine, Claudia (2014): *Citizen: An American Lyric.* Minneapolis: Graywolf Press.

Rankine, Claudia (2020): *Just Us: An American Conversation.* Minneapolis: Graywolf Press.

Ricœur, Paul (1960, 1986): *Fallible Man.* Charles A. Kelbley (Trans.). New York: Fordham University Press.

Ricœur, Paul (1950, 1966): *Freedom and Nature.* Erazim Kohák (Trans.). Evanston: Northwestern University Press.

Ricœur, Paul (1960, 1967): *The Symbolism of Evil.* Emerson Buchanan (Trans.). Boston: Beacon.

Ricœur, Paul (1985, 1988): *Time and Narrative.* Volume III. Kathleen Blamey and David Pellauer (Trans.). Chicago: University of Chicago Press.

Ricœur, Paul (1993): "La Souffrance n'est pas la douleur." In: *Souffrance et douleur.* Claire Marin and Nathalie Zaccai-Reyners (Eds.). Paris: PUF.

Schaafsma, Petruschka (2020): "Why Religious Symbols? Accounting for an Unfashionable Approach." In: *A Companion to Ricœur's* The Symbolism of Evil. Scott Davidson (Ed.). Lanham: Lexington Press, 69–85.

Thun, René (2010): "Ricœur on Conscience: His Blind Spot and the Homecoming of Shame." In: *Etudes Ricœuriennes/Ricœur Studies* 1. No. 1: 45–54.

Zelizer, Craig (2010): "Laughing our Way to Peace or War: Humour and Peacebuilding." In: *Journal of Conflictology* 2, 1–9.

Part II **Herméneutique et psychanalyse /
Hermeneutics and psychoanalysis**

Gonçalo Marcelo
The philosophical wager of Ricœurian hermeneutics

Abstract: This chapter unpacks the "philosophical wager" underlying Ricœurian hermeneutics. Going back to *Freud and Philosophy* and the discovery of the conflict of interpretations, Marcelo emphasizes the origin of Ricœur's perspectivism and "enlarged standpoint." He puts forward a possible development stemming from Michael Walzer's model of a "connected critic." This progressive hermeneutics tackles some of the social and political challenges stemming from concrete, existing societies. Drawing from *Freud and Philosophy* (alongside the *Lectures on Ideology and Utopia*, *Oneself as Another* and *The Course of Recognition*) two examples of progressive hermeneutics become apparent: 1) that of a "critical hermeneutics of populism" and 2) that of a political transformation that is "real utopian", that is, partially achievable by approximating the space of experience and the horizon of expectation (to borrow Koselleck's notions that Ricœur also uses) by breaking up the proposed utopia in a series of intermediary goals. Marcelo argues that the ontological and epistemological dimensions of Ricœur's philosophical wager have ethico-political implications for a hermeneutics deeply rooted in our social world and that this hermeneutics bears potential for progressive social transformation.

1 Introduction

This paper aims to assess the "philosophical wager" underlying Ricœurian hermeneutics. In fact, the notion of "wager" (*pari*), which is reminiscent of Pascal's take on the belief in God, could perhaps be considered an "operative concept" (to borrow Eugen Fink's terminology) in Paul Ricœur's philosophy, insofar as he used it often to clarify his own stance on a wide array of philosophical matters. Was this just a casual choice of a word that became idiosyncratic, or is it rather indicative of some underlying traits of his philosophy that run deeper?

Indeed, what is a wager? A semantic clarification of this act reveals it as a decision made in a context of uncertainty and in which one risks something; de-

---

Note: This article was supported by the Foundation for Science and Technology, FCT, I.P. under the postdoctoral grant (SFRH/BPD/102949/2014), the 'norma transitória' junior researcher contract signed under the (D.L. 57/2016) and the CECH-UC project: UIDB/00196/2020.

∂ Open Access. © 2022 the author(s), published by De Gruyter. [CC BY-NC-ND] This work is licensed under the Creative Commons Attribution-NonCommercial-NoDerivatives 4.0 International License.
https://doi.org/10.1515/9783110735550-009

pending on the outcome, one can win, or lose, what is at stake: material possessions, the future of a personal or collective (political, cultural, social) project endowed with and justified by a certain set of values, or even oneself. Unlike the Faustian pact, a wager does not have to involve a bargain, but the stakes can also be high. Indeed, if the result of the wager is unknown (or even unknowable) and yet one continues to act accordingly, out of respect for what is wagered, not only does this involve some sort of existential attitude and ethical positioning, but it can also, in the case of a "philosophical wager"[1] have ontological and epistemological consequences.

In what follows, I want to unpack some of the dimensions and consequences implicitly involved in the wager behind Ricœurian hermeneutics. In the first section, I recall some of the dimensions it shares with other strands of ontological hermeneutics (e.g., Heideggerian or Gadamerian hermeneutics[2]) such as the fact of being a philosophy of finitude, as well as some of the aspects in which Ricœur innovates, e.g., in his systematic exploration of imagination, in the emphasis on the hermeneutical act of reception, or on the way in which he ties hermeneutic imagination with a philosophy of action.

In the second section I explore what to me is the epistemological key behind this philosophical wager: going back to *Freud and Philosophy* and the discovery

---

[1] Readers acquainted with Ricœur's vocabulary will recognize this intriguing concept of 'wager' as being distinctive of his philosophical style. The concept appears often when Ricœur is alluding to contexts in which beliefs and choices are involved. See, for instance, the conclusion of *The Symbolism of Evil* where, for the first time, some of the implications of Ricœur's hermeneutic turn are unpacked, notably the fact that this is a philosophy "with presuppositions" (i.e., involving a belief and a choice, in a context in which objective knowledge is not possible): "Such is the *wager*. Only he can object to this mode of thought who thinks that philosophy, to begin from itself, must be a philosophy without presuppositions. A philosophy that starts from the fulness of language is a philosophy with presuppositions. To be honest, it must make its presuppositions explicit, state them as beliefs, wager on the beliefs, and try to make the wager pay off in understanding" (Ricœur, *The Symbolism of Evil*, 357). Ricœur would then go on to use this concept many times, for instance when discussing religion, faith or attestation. In this paper I am arguing that his hermeneutic philosophy does involve a wager, whose implications I unpack in the next sections of the text.

[2] In this paper I am not developing an analysis of Heidegger's or Gadamer's hermeneutics but suffice it to say that after Heidegger's seminal analyses of the 1920s hermeneutics is radicalized as an ontological project, a "Hermeneutics of facticity" in which the question of Being reappears in full force. In the wake of Heidegger, Gadamer develops the ontological implications of hermeneutics in *Truth and Method* and in both these hermeneutical projects the methodological aspects are somewhat brushed aside. This problem will receive a different treatment by Ricœur: as I briefly develop in §2 below, Ricœur's hermeneutics grafts a project of methodological explanation onto the ontology of understanding.

of the conflict of interpretations, I want to emphasize that this is the origin of Ricœur's perspectivism and "enlarged standpoint," which is, to my mind, one of the most significant originalities of Ricœurian hermeneutics, and which helps to explain the multiple foci of attraction of this complex and wide-reaching philosophy. To state it in a few words: by recurring to the conflict of interpretations as a methodological tool, Ricœur's philosophy is able to shed new light on the phenomena it analyzes, not by discarding or simply synthesizing the rival interpretations on these phenomena, but by dialectically mediating between then and putting forward new, original interpretations stemming from the conflictual process itself.

Finally, in the third section, I put forward a possible development stemming from Ricœurian hermeneutics, that of an ethico-political involvement of what Michael Walzer (1987) would call a "connected critic,"[3] and which is, to my mind, a possibility laid open by Ricœur: a so-called "progressive hermeneutics" tackling some of the social and political challenges stemming from concrete, existing societies. This is, to be sure, my own finite interpretation and appropriation of a possibility that is present in Ricœur's philosophy; I do not mean to claim that Ricœur would spell it out exactly in these terms; but I do want to argue that, given the philosophical framework he left us, and insofar as he stressed in his philosophical anthropology and his theory of recognition that hermeneutics not only has to do with texts, but also with actions—even though "meaningful action" can also be "considered as a text"[4]—, that this is a possibility that we can take up and constantly renew.

I then offer a few examples of this "progressive hermeneutics" that we could develop within a Ricœurian framework in order to tackle current social challenges, and specifically with the help of some insights to be found in *Freud and Philosophy* (alongside the *Lectures on Ideology and Utopia*, *Oneself as Another* and *The Course of Recognition*): 1) that of a critical hermeneutical approach of phenomena such as democracy, migration and populism; and 2) that of a political transformation that is "real utopian," i.e., able to denaturalize the currently instituted social reality and inspire something to come, not by being escapist, but

---

[3] In Michael Walzer's *Interpretation and Social Criticism*, Walzer offers a powerful description of the "connected critic": he who is not (intellectually or emotionally) detached from the social reality which is being analyzed and criticized because he is immanently arguing from the inside of such social reality (39). In other words, the connected critic does not aim at an impartial standpoint because he acknowledges his interest in taking part in social change, for the sake of the common good. I believe that such a positioning can be shared by the Ricœurian wager I am unpacking here.

[4] Ricœur, *Hermeneutics and the Human Sciences*.

partially achievable by approximating the space of experience and the horizon of expectation (to borrow Koselleck's notions that Ricœur also uses), breaking up the proposed utopia in a series of intermediary goals.[5] When discussing this progressive character of hermeneutics, I also draw on Vattimo and Zabala.[6]

It might be argued that I am spelling out the ontological (§1) and epistemological (§2) dimensions of Ricœur's philosophical wager, while also drawing some of its possible ethico-political implications for a hermeneutics deeply rooted in our social world and somehow willing to transform it (§3). It goes without saying that this is no more than a tentative project that does not, in any way, deplete the possibilities of this rich and complex hermeneutics; other, radically different takes on this wager are possible. But insofar as the hermeneutic process of interpretation, reception and reinterpretation is infinite, and given the fact that, to paraphrase Ricœur's famous statement on Hegel,[7] we think *after* Ricœur, I want to offer this possible interpretation to discussion.

2 Ricœur's hermeneutics: Finite, critical and imaginative

This book delves in the intricacies of *Freud and Philosophy*. However, in order to provide some context to the way in which the main findings *Freud and Philosophy*, and then the overall notion of the conflict of interpretations, are grafted into Ricœur's philosophical framework, it is perhaps useful to recall some of the main traits of his hermeneutics. This is not an extensive list of these traits, and I concentrate only on three of the most fundamental: 1) it is a hermeneutics of finitude (and this is a fundamental ontological trait, insofar as we are finite beings); 2) it is a "critical hermeneutics"; 3) it is a hermeneutics of imagination extending to encompass the domain of human action.

On closer inspection, it is noteworthy that each of these characteristics is somehow a deepening of a Kantian philosophical attitude. Indeed, at one point, Ricœur even ties the intrinsic limitation of any hermeneutics of selfhood to an alleged Kantian affiliation of all types of hermeneutics: "I would say today that all hermeneutics are Kantian to the degree that the powerlessness of self-knowledge is the negative counterpart of the necessity to decipher signs given in me and outside me. It is the limited character of self-knowledge which impos-

---

5 Ricœur, *From Text to Action*, 221.
6 Vattimo and Zabala, *Hermeneutic Communism*.
7 Ricœur, *Time and Narrative* III, 206.

es the indirect strategy of interpretation."[8] In a way, the Kantian framework is itself a wager, and one that guides the self-professed philosophical agnosticism that we find in the last paragraph of *Oneself as Another*[9] (and which is affirmed in spite of Ricœur's adherence to Protestantism, as is well known); it is the wager on the limits of human knowledge, and to what "reason" can legitimately aspire to know.

Each of these three traits needs to be unpacked. First, Ricœurian hermeneutics is, as stated, a *philosophy of finitude*, in the wake of Kant, Heidegger or Gadamer. This is understood as a caveat against all philosophical onto-epistemological pretentions to place philosophers in a position of epistemological certainty and superiority that would ultimately aim at "absolute Knowing." This is the centerpiece of Ricœur's "Post-Hegelian Kantianism" as it is defined in *The Conflict of Interpretations*, and it places Hegel as the main target of critique; as Ricœur explicitly stated in his famous *Cours sur l'herméneutique*: "entre le savoir absolu et l'herméneutique il faut choisir," that is, one must choose between hermeneutics and absolute Knowing.[10] In the last chapter of the last volume of *Time and Narrative*, titled "Should we renounce Hegel?"[11] Ricœur makes clear his refusal of the possibility of a total mediation, to grasp the "eternal present," to decipher the supreme plot. And this applies not only to Hegel but to all those, like Althusser (or Marx, in Althusser's and other readings) would argue for some sort of "epistemological break" after which the theoretician would be able to see reality scientifically and somehow discern the laws of history. A major consequence for Ricœur is that the future can never be anticipated, and this entails the radical novelty of human action (a view he shares with, and was partially inspired by, Hannah Arendt) and the need to respond to the uniqueness of events in their radical singularity.

Second, as it has been emphasized by Thompson and others, and theorized by Ricœur, this is a *critical* hermeneutics.[12] And this means that it not only aims at the rehabilitation of traditions and the creative reinterpretation and reconstruction of meaning; rather, it is also interested in making phenomena pass the criteria of critique (again a Kantian resonance), as is the case of the universalization test of the moral rule that the ethical aim is forced to pass in the eighth study of *Oneself as Another*. It should be noted, however, that Ricœur was not a

---

8 Ricœur, "Foreword," in Ihde, *Hermeneutic Phenomenology*, xvi.
9 Ricœur, *Oneself as Another*, 355–356.
10 Ricœur, *Cours sur l'herméneutique*, 228.
11 Ricœur, *Time and Narrative* III, 193–206.
12 See Thompson, *Critical Hermeneutics* and Ricœur, "Hermeneutics and the Critique of Ideology," in *Hermeneutics and the Human Sciences*, 63–100.

full-fledged universalist, rather preferring to speak of the "inchoative universal" that need contextual and historical intersubjective recognition in order to be effective.[13] This also has important social consequences, as it puts Ricœurian hermeneutics in the neighborhood of Critical Theory, which is tantamount to admitting that this hermeneutics has emancipatory goals. When applied to the will of living together "with and for others in just institutions" (to borrow the phraseology of the little ethics of *Oneself as Another*) this critical hermeneutics thus also points to the need of a critique of unjust social institutions or given political situations. And in what comes down to the properly hermeneutical act of appropriation of a given theory or phenomenon, it emphasizes not a merely passive reception but rather an active and creative co-creation of meaning, insofar as, in the world of the reader, every interpretation is a new interpretation and this, in turn, singularly enriches the world of the text.

Third, and this has been explored in depth before by Kearney, Amalric and others, this hermeneutics is intrinsically tied to a theory of imagination, and one cannot comprehend the creativity this hermeneutics contains without grasping the way in which it redefines and expands reality trough the grasping of "basic metaphoricity" (in *The Rule of Metaphor*), refiguration (in *Time and Narrative*) or the panoply of possibilities laid out for human action through the dialectics between ideologies and utopias in the *Lectures on Ideology and Utopia*.[14] One possible framing to understand how this works is to recall that the limits to the game of interpretation are provided by Kantian antinomies (in what Ricœur calls Kant's "philosophy of limits") but that within this horizon, this "aire de jeu," hermeneutical imagination expresses the creative theoretical reinterpretation of the phenomena it deals with. This ranges from a hermeneutics of selfhood that takes the "long detour" of the several mediations of the conflicting theories of the self, to a social hermeneutics such as the one I will invoke in the third section of this chapter, not forgetting applied hermeneutics such as textual hermeneutics in several domains, e.g., in law, philosophy, literature and others. And while I cannot delve here, given the limited space of this chapter, on the specifics of this hermeneutic imagination, I do want to briefly explicate the main mechanism underpinning this operation, which is that of the conflict of interpretations.

---

[13] See Ricœur, *Reflections on the Just*, 247, and Marcelo, "The Conflict Between the Fundamental, the Universal and the Historical."
[14] See Kearney, "Paul Ricœur and the Hermeneutic Imagination," and Amalric, *Paul Ricœur, l'imagination vive*.

3 *Freud and Philosophy* and *The Conflict of Interpretations:* The making of an enlarged perspectivism

When it was published in 1965, *Freud and Philosophy* did not receive the credit it was due. This was certainly caused by episodic reasons, such as Lacan's sour reception of the book.[15] But this is certainly a very important book for a variety of reasons. To name only a few: the fact that it was one of the first comprehensive interpretations of Freud's works through a philosophical lens; the key discovery of the "semantics of desire" connecting force and meaning within human psyche and its reverberations for every project of a "carnal hermeneutics."[16] More importantly, for my own proposal here, *Freud and Philosophy* provides the first conceptualization of a conflict of interpretations, through a dialectics between hermeneutics as an exercise of suspicion and hermeneutics as a recollection of meaning, or between archaeology and teleology.

Let us recall that in this first stage of Ricœurian hermeneutics, and which comes in the wake of the *Symbolism of Evil*, hermeneutics is defined as having to do with the overdetermination of symbols: Ricœur speaks about the double (or multiple) meaning of symbols, and of the dialectics between patent meaning and latent meaning; or as Ricœur sometimes calls it, the "semantics of the shown-yet-concealed,"[17] in which an important part of hermeneutics becomes that of *"unfolding the levels of meaning implied in the literal meaning."*[18] Ricœur thus understands hermeneutics as being marked by "the confrontation of hermeneutic styles" and "the critique of the systems of interpretation" leading up to the "arbitration among the absolutist claims of each of the interpretations" whose methods are only justified "within the limits of [their] own theoretical circumscription," this being a part of the "critical function" of hermeneutics.[19] In other words, this is the conflict of interpretations.

As Ricœur would make clearer in the second stage of his hermeneutics, in the 1980s, each method will be given a task to explain more, so that we can understand better. Hermeneutics as an exercise of suspicion will not, for instance,

---

[15] See Dosse, *Paul Ricœur: les sens d'une vie*, in particular Chapter 29, "La levée des boucliers des lacaniens."
[16] Marcelo, "Ricœur on the Body."
[17] Ricœur, *The Conflict of Interpretations*, 12.
[18] Ricœur, *The Conflict of Interpretations*, 13 (emphasis original).
[19] Ricœur, *The Conflict of Interpretations*, 15.

deplete the meaning of a given symbol, such as the Oedipus symbol; its psychoanalytical interpretation will be only one among many (and Ricœur contrasts it with the Hegelian reading in which self-consciousness is to be sought after teleologically in the succession of figures through which meaning is revealed), even though it can be invaluable for our own self-understanding. As Ricœur beautifully puts it, "[t]rue symbols contain all hermeneutics."[20]

Now, as I have argued before,[21] this is not an argument for relativism, but it does contain, in a nutshell, some sort of perspectivism. Not all theories are equally valid, or equally able to explain the phenomena at hand. But within certain constraints, which are to be provided by the adoption of plausibility criteria (in *Interpretation Theory*, for instance, Ricœur invokes Hirsch's logics of probability to argue that the procedures of validation of interpretations are akin to "qualitative probability" rather than empirical verification[22]), some theories will be able to fill each other's gaps, uncover each other's blind spots and therefore give way to an "enlarged perspective" on the same phenomena.

This is to say that a reductionist, psychoanalytical account of religious phenomena will never be able to "explain away" religion; but that, at the same time, there are significant dimensions of the religious experience that might only be uncovered by a psychoanalytical approach. Or, as Ricœur frequently claimed, critiques and convictions are not incompatible. In *Freud and Philosophy*, Ricœur makes this clear in the dialectics between suspicion and recollection of meaning. In this particular occasion, Ricœur starts by defining the procedure of recollection of (religious) meaning as being grounded in the phenomenology of religion: "Phenomenology is its instrument of hearing, of recollection, of restoration of meaning. 'Believe in order to understand, understand in order to believe'—such is its maxim; and its maxim is the 'hermeneutic circle' itself of believing and understanding."[23] And Ricœur goes so far as to ground "confidence in language" in this (religious) belief: "the belief that language, which bears symbols, is not so much spoken by men as spoken to men"[24] (a claim that is at odds with the religious agnosticism professed in *Oneself as Another*; this shift has reasons dealing with the evolution of his philosophy and its reception). And without trust in language, Ricœur would go on to argue in *Oneself as Another*, it is the intersubjective link itself that gets broken.

---

20 Ricœur, *The Conflict of Interpretations*, 23.
21 Marcelo, "Perspectivismo e Hermenêutica."
22 Ricœur, *Interpretation Theory*, 78.
23 Ricœur, *Freud and Philosophy*, 28.
24 Ricœur, *Freud and Philosophy*, 30.

However, Ricœur's fundamental discovery in this book, as far as I am concerned, is really the common features shared by the philosophies "of suspicion" as he calls them, those of Marx, Nietzsche and Freud. According to Ricœur, the main locus of their attack is on consciousness, and namely on the notion of "false consciousness": "The philosopher trained in the school of Descartes knows that things are doubtful, that they are not such as they appear; but he does not doubt that consciousness is such as it appears to itself; in consciousness, meaning and consciousness of meaning coincide. Since Marx, Nietzsche, and Freud, this too has become doubtful. After the doubt about things, we have started to doubt consciousness."[25]

And Ricœur credits these masters of suspicion with the true invention of "an art of interpreting," insofar as seeking meaning involves not a direct, intuitive, and transparent access to our own selfhood, but rather a need to decipher its expressions.[26] Now, this is of the utmost importance for Ricœur's perspectivism, because, in its critical function, it is the hermeneutics of suspicion that enlarges our perspective. Without it, we would take patent meaning at face value; with it, we are forced to engage in some sort of depth hermeneutics and to go beyond our own (often deceptive) certitudes.

In fact, for Ricœur, already at this point, the crisis opened up by the masters of suspicion had as its result the fact that there was no general hermeneutics: "there exists no general hermeneutics. This aporia sets us in movement: would it not be one and the same thing to arbitrate the war of hermeneutics *and* to enlarge reflection to the dimensions of a critique of interpretations? Is not by one and the same movement that reflection can become concrete reflection *and* that the rivalry between interpretations can be comprehended, in the double sense of the term: justified by reflection and embodied in its work?"[27] It is noteworthy that Ricœur is already pointing to a critique of interpretations (with the metaphor of the arbitration) and at the same time to a reflective philosophy of selfhood mediated by a hermeneutics—at this point in time still a hermeneutics of symbols.

In the third part of *Freud and Philosophy*, significantly called "dialectic," and which is certainly one of its most innovative parts, Ricœur concedes that he does not want to posit an overarching theory capable of reconciling language with itself;[28] but he does want to go beyond the antithetic between the different theories by putting forward a dialectic between Freud's archeological model and He-

---

25 Ricœur, *Freud and Philosophy*, 33.
26 Ricœur, *Freud and Philosophy*, 33.
27 Ricœur, *Freud and Philosophy*, 55–56.
28 Ricœur, *Freud and Philosophy*, 343.

gel's teleological model. Now, this is an interesting way to frame the hermeneutics of selfhood, because it takes stock of the need of a certain "dispossession" (with Freud) and thus reveals the "wounded cogito."[29] Freud discovers repressed desire and (according to Ricœur) its tension to be expressed in language. But, on the other hand, for Ricœur "in order to have an *archê* a subject must have a *telos*."[30] To become conscious involves to appropriate meaning and this is also, in a way, a path. Thus, he recovers Hegelian teleology (and namely the one to be found in the *Phenomenology of Spirit*) and grafts it into Freudian archaeology. Therefore, the struggle for recognition is incorporated as a way to attain, through its twists and turns, some sort of partial self-consciousness. It must be stressed that this is only the internalization of a process that for Hegel was metaphysical and for Ricœur is not; we could even call it (in postmetaphysical terms, and extending it to cover not only self-consciousness but also the processes of consciousness formation through intersubjective interaction, as well as the making up of institutions themselves and even the social world) a "grammar of recognition" that unfolds in different spheres of the "desire of desire" and its struggles—and here I find myself in the vicinity of Axel Honneth (1992).

Ultimately, in *Freud and Philosophy*, Ricœur aims to uphold the possibility of a recovery of meaning after the traversal of suspicion. But this is not tantamount to depriving the hermeneutics of suspicion of its legitimacy and role within what I call Ricœur's rule-based perspectivism. Suspicion is useful to force critique and lead us to think more and think better. And also to come up with new solutions to given problems; and this ultimately even leads us to the teleological nature of (personal and collective) projects themselves.

Before coming to the last section of this chapter, I want to emphasize one of the striking features of the philosophical wager of Ricœurian hermeneutics that this passage through *Freud and Philosophy* and *The Conflict of Interpretations* revealed: and this is the philosophical humility of constantly seeking the blind spots of one's own perspective, in order to enlarge it and get a better and more comprehensive understanding. This was certainly a personal trait pertaining to Ricœur's attitude and his vision of what serious philosophical work en-

---

29 The topic of the "wounded" (*blessé*) or "broken" (sometimes translated as "shattered," i.e., *brisé*) cogito runs from *Freedom and Nature* to *Oneself as Another*, while also being important in *Freud and Philosophy* and *The Conflict of Interpretations*. It means the condition of the cogito, or the subject, after having been 'decentered,' i.e., after having lost its status of master of himself and having come to doubt consciousness, free will, and even its own existence and capacities, after the critiques of the so-called "masters of suspicion." For a more detailed account of this problem, see the Introduction to *Oneself as Another*, "The Question of Selfhood."
30 Ricœur, *Freud and Philosophy*, 459.

tailed. But what I am arguing, and this without wanting to completely conflate the subjective level of the author's intention with the work itself, is that there a correspondence between the personal attitude and the objective dimension of the work. This is, I think, clear in the second hermeneutical phase that is best captured in *From Text to Action*, because Ricœur contends that the world of the reader is enriched by the world of texts, and that the interpretation of a given text is made up of the several readings it has received. This also entails a dialectic between sedimentation and innovation and, sure enough, there is room for creativity; but if interpretation is potentially infinite, and if rules for judging on interpretations need to be laid out, one equally important aspect is the openness to other viewpoints that this philosophical humility allows.

4 The hermeneutician in the world: Ethico-political implications of a progressive hermeneutics

In this section I want to depart from the ontological and epistemological dimensions of Ricœur's philosophical wager that we analyzed before and come to a personal development of its ethico-political implications. Ricœur was not really preoccupied with devising an overarching theory of interpretation, nor was he only dealing with the intricacies of textual and cultural interpretation. On the contrary, in his reflections on philosophical anthropology, ethics, politics, philosophy of action, justice and even history—that is to say, in the several aspects and ramification of his practical philosophy—he dealt with what we could call the situation of the hermeneutician in the world, and with the manner in which theory could contribute to envisage a "just" or even, to use a thicker concept, a "good" society. Indeed, through the deep Aristotelian rooting of his ethics and philosophical anthropology, Ricœur did not shy away from providing existential or even political indications as to what we should do to orient ourselves in the world. And I want to build on this latent possibility in Ricœur's philosophy.

In order to do so, we can start by recalling a simple fact: hermeneutics is not, and can never pretend to be, "neutral." That is, hermeneutics is value-laden. It works with beliefs, preconceptions, choices and values; it serves to analyze, explicate, and sometimes to denaturalize and challenge them. But it is more than merely descriptive philosophy and sometimes, when it operates, it does so with very specific goals in mind, according to the values that animate it. As I already recalled, for instance, the project of a "critical hermeneutics" is, like other critical theories, and namely the ones put forward in the tradition of the Frankfurt school, animated by an overall goal of emancipation.

Acknowledging this might bring us to some interesting conclusions, even if they might sound counterintuitive at first glance. A few years ago, Gianni Vattimo and Santiago Zabala argued that hermeneutics is actually progressive in nature. And why? According to these authors, unlike descriptive philosophies, hermeneutics is "committed to overcoming institutionalized conventions, norms and beliefs" precisely because it is a "politics of interpretation" with "emancipatory goals."[31] Rejecting naïve objectivism which, according to Vattimo and Zabala, almost always plays into to the hands of those who are actually holding power (insofar as merely describing reality can in fact be a *parti pris* in favor of a conservative standpoint that wants to leave things exactly as they are, unchanged) hermeneutics is "a force pushing for change," a "weak thought" (insofar as it does not rely on scientific objectivism) that in practical terms reveals itself as being "the thought of the weak"[32] in that it can contribute to identify power-relations, domination—what Ricœur would call "power-over" rather than the more fundamental "power-in-common" which is specific of the will to live together—and push for change.

Now, I do not want to argue that every hermeneutical project is *necessarily* progressive (or that it has to be so) as there can be many hermeneutical exercises that are not really political in nature, and we do not have to think too hard to be reminded of great hermeneuticians who tended to be conservative (allow me to use a euphemism in this assessment). However, my claim is that this progressive potential of hermeneutics can be put to good use in social theory, and I'll end with a few brief examples.

There are several different methods in moral / political philosophy and social theory, ranging from constructivist approaches wagering on the epistemic power of thought experiments (e.g., Rawls' *Theory of Justice*) and focusing on normativity to realist and /or radical social ontologies from several perspectives. But hermeneutics (or, in Walzer's vocabulary, simply 'interpretation'[33]) situates itself somehow halfway between constructivism and realism insofar as it does

---

[31] Vattimo and Zabala, *Hermeneutic Communism*, 76.
[32] Vattimo and Zabala, *Hermeneutic Communism*, 96.
[33] Walzer, in his *Interpretation and Social Criticism*, puts forward a convincing account of interpretation as the best path for moral philosophy, as against purely constructivist Kantian approaches (to which he calls "invention") or Platonic "discovery" as some sort of revelation of the norms and principles that should guide us. When discussing social reality, Walzer argues, most of the time we are really resorting to interpretation.

not negate the role or the importance of imagination³⁴ (including in social theory) but it pretends to be solidly anchored not only in existing reality, rather also in a certain interpretation of society: indeed, it is interested in pushing for the transformation of reality. That is, it strives to acknowledge that certain existing states of affairs are contingent and adopting a strong version of interpretation, it aims at reinterpreting them in light of the specific values it puts forward. And in the version of progressive hermeneutics I am arguing for here, the values are to be understood as coming from social reality itself, but the task of the hermeneutician (or social theorist) is to help provide the best interpretation of them and, when needed, to provide arguments for transformation.

This version of hermeneutics is thus, evidently, a "critical hermeneutics" that owns up to its progressive leaning. And as I have been trying to defend in recent years, this can be a methodological toolbox to analyze and face some of the recent challenges ailing our societies today.

First, I believe that given the current challenges facing liberal democracies around the world—and that derive, on the one hand, from unfettered neoliberalism, its excesses and the social problems it causes, and on the other, from the illiberal and exclusionary rightwing populism that falsely tries to brand itself as a viable alternative to the neoliberal consensus of the last decades, but that actually embodies the threat of the destruction of democracy, we can put forward critical hermeneutics of democracy, migration or populism.³⁵ These will of course have different challenges, but in a way they are all connected, insofar as migrations or populism have to be understood also in their relation to the challenges they pose to democratic societies, and tackling these challenges necessitates an encompassing theory that also goes beyond the level of the deliberation of domestic politics and really takes stock of the transnational dynamics that rule these phenomena. To be clear: when discussing the plight of asylum seekers or so-called 'economic migrants'³⁶ or when assessing the dynamics of the authoritarian backlash in different countries and the way these movements have an international dimension in their organization, one cannot only look to what is happening behind the closed borders of States. Rather we need to

---

34 Indeed, imagination is given a central role in it, including for social change, for instance through utopia, which is seen as a means to imagine alternative realities in order to criticize existing social reality, as is argued in Ricœur's *Lectures on Ideology and Utopia*.
35 See Marcelo, "The Conflict Between the Fundamental, the Universal and the Historical."
36 This distinction itself is disputable, insofar as the misery plaguing many countries, often the victims of an economic world order that keeps them in a subordinate position, should be enough to consider flight from these places as being motivated by 'humanitarian' reasons as much as a flight of someone who is fleeing war.

take up a 'transnational' standpoint, and thus the discussion on the political causes behind the crisis of liberal democracy or of the duties towards migrants and other denizens has to take stock of this complicated space of flows.

As for those domestic societies themselves and the way in which these ailments of democracy have been affecting them, I contend that with its interpretive tools, hermeneutics is well suited to comprehend the contextual causes that, case by case, lead some constituencies to adhere to rightwing populism. And this has an archaeological ring to it, as what is needed is some sort of depth hermeneutics that assesses the social psychology behind rightwing populism. Furthermore, it could also apply a therapeutic model to these social ills, which can actually be considered a "social pathology." Moreover, a way to counter the exclusionary and enemy-multiplying tendency of this sort of populism is to foster some sort of Gadamerian "fusion of horizons" as a way to really understand others, and namely those that are in a more fragile position (such as migrants, who are often scapegoated by rightwing populists).[37] Finally, and to add just one more element to it, I also believe that "populism" must go through a process of "critique" and that actually some political proposals that have been dubbed "populist" can contribute to deepen and renew democracy, such as those that are progressive, and to which Mouffe calls forms of "left populism," who really just want to renew the ideals of liberal democracy (freedom and equality for all) and thus are pushing for a hermeneutic reinterpretation of them in a way that gives birth to new, more democratic and representative practices.[38] I thus argue that what we need is not so much to distinguish populist from non-populist proposals and completely reject the former, but just to assess the substantive content of the discourses, values and practices put forward by so-called "populist" proposals, to see which are deemed legitimate for our own liberal-democratic standpoint, and which are not, and that the hermeneutical vantage point is the most appropriate to do this.

Furthermore, I also want to claim that the current shift away from the political center, with its accompanying crisis of representation and challenge to traditional political parties is a sign of something potentially different to come. And in this it might be useful to resort to Ricœur's analyses of ideology and utopia. If hermeneutics does have the emancipatory potential I have been arguing, then it also involves a teleological dimension, such as the one we have seen in the first section, somehow stemming from the Hegelian analyses to be found at the end

---

[37] See Marcelo, "Towards a Critical Hermeneutics of Populism."
[38] Mouffe, *For a Left Populism*; see also Marcelo, "Towards a Critical Hermeneutics of Populism."

of *Freud and Philosophy*, but that have to be enriched. To look at present societies and refuse to accept the unjust aspects of the *status quo*, to denaturalize them and see them as contingent historical products of a certain moment in history is also tantamount to looking at these same societies as containing possibilities of renewal that can either come by means of a creative reinterpretation of their founding ideals[39] and ideologies or through the teleological guidance of something different; a "utopia," if we want to phrase it in these terms, provided that it can be "real," that is, brought by a gradual process of implementation that acknowledges the complexity of already-existing societies but carefully prepares what is to come.

This is to say that this project of transformation, which is itself hermeneutical, can have both archeological and teleological aspects; and that in Ricœurian hermeneutics we can find some of the tools to feed it. Here I am keeping my analysis at a very formal level, and therefore refusing to specify whether we are (or should be) heading to a post-capitalist, or ecological utopia—or what we should be doing to avoid the dystopia of exclusionary societies fueled by rightwing populism, fear and rejection of the others. But I am entailing that hermeneutics can have a say in these transformative processes; and this should not be a surprise. Only a project that must be taken up with renewed vigor.

5 Conclusion

In this chapter I argued that the philosophical wager of Ricœurian hermeneutics has ontological and epistemological dimensions, as well as ethico-political implications which I tried to spell out in my own attempt to combine a progressive understanding of hermeneutics with the tools that Ricœur provides us.

---

[39] One example here could be the European project, such as it is embodied in the European Union. It can be argued that at the center of the so-called 'European social model' there was an original 'ideology' justifying its distribution of power through a specific combination of free markets, defense of human rights and strong social protection. An immanent critique of such a project would today reveal how far today the EU is from those ideals, if we for instance take into account the erosion of the European welfare state through neoliberalism as well as, to give only one notable example, the way refugees have been treated in recent years against the backdrop of closed borders and strong measures focused on security. In this case, a creative reinterpretation of the EU's guiding ideals would mean to instantiate them anew, perhaps in new forms. In terms of the reinvention of its social protection some authors—myself included—have been claiming that for instance implementing a Universal Basic Income might be a sound policy in the future.

It thus became apparent that Ricœurian hermeneutics is a philosophy of finitude, critique and creativity, that has a political and, moreover, an emancipatory potential. Epistemologically, it is rooted in the limits provided by Kantian antinomies, and its creativity is fueled by the concrete exercises of imagination which, in turn, are grounded in the epistemological tool of the conflict of interpretations. This is evident in the domain of the hermeneutics of selfhood, but it has a more general significance for what I called Ricœur's rule-based perspectivism, and which can be seen as applying to his theory of interpretation as a whole.

Also important, and with this I conclude, is the specific type of existential attitude that underlies it. Ricœurian hermeneutics is actually a philosophy of *humility* that lets itself be guided by the contact with its others—i.e., its theoretical alternatives that help to provide it with an enlarged perspective, but also with its concrete others in the framing of intersubjectivity and mutual recognition that it fosters. And for all its humility, it is also sufficiently ambitious to open up new horizons, be critical and strive towards emancipation. In that, it can be edifying and provide inspiration. An inspiration that only we, who come after Ricœur, will be able to take up.

Bibliography

Amalric, Jean-Luc (2013): Paul Ricœur, l'imagination vive. Une genèse de la philosophie ricœurienne de l'imagination. Paris: Hermann.

Dosse, François (2008): *Paul Ricœur: les sens d'une vie (1913–2005)*. Paris: La Découverte.

Honneth, Axel (1995): *The Struggle for Recognition. The Moral Grammar of Social Conflicts*. Joel Anderson (Trans.). Cambridge: MIT Press.

Ihde, Don (1971): *Hermeneutic Phenomenology: The Philosophy of Paul Ricœur*. Evanston: Northwestern University Press.

Kearney, Richard (1988): "Paul Ricœur and the Hermeneutic Imagination." In: *Philosophy & Social Criticism* 14. No. 2, 115–145.

Laclau, Ernesto (2005): *On Populist Reason*. London and New York: Verso.

Marcelo, Gonçalo (2014a): "Perspectivismo e Hermenêutica" ["Perspectivism and Hermeneutics"]. In: *Impulso* 24, 51–64.

Marcelo, Gonçalo (2014b): "The Conflict Between the Fundamental, the Universal and the Historical: Ricœur on Justice and Plurality." In: *Philosophy Today* 58. No. 4, 645–664. https://doi.org/10.5840/philtoday20148732, last accessed April 28, 2022.

Marcelo, Gonçalo (2019a): "Ricœur on the Body: A Response to Richard Kearney." In: Horton, Sarah, Mendelsohn, Stephen, Rojcewicz, Christine and Kearney, Richard (Eds.): *Somatic Desire: Recovering Corporeality in Contemporary Thought*. Lanham: Rowman & Littlefield, 57–68.

Marcelo, Gonçalo (2019b): "Towards a Critical Hermeneutics of Populism." In: *Critical Hermeneutics* 3, 59–84.

Mouffe, Chantal (2018): *For a Left Populism.* London and New York: Verso.
Ricœur, Paul (1967): *The Symbolism of Evil.* Emerson Buchanan (Trans.). New York: Harper and Row.
Ricœur, Paul (1970): *Freud and Philosophy. An Essay on Interpretation.* Denis Savage (Trans.). New Haven: Yale University Press.
Ricœur, Paul (1971): *Cours sur l'herméneutique* [*Lectures on Hermeneutics*]. *Cours Polycopié.* Louvain: Institut Supérieur de Philosophie de l'Université Catholique de Louvain.
Ricœur, Paul (1974): *The Conflict of Interpretations. Essays in Hermeneutics.* Don Ihde (Ed.). Evanston: Northwestern University Press.
Ricœur, Paul (1976): *Interpretation Theory. Discourse and the Surplus of Meaning.* Fort Worth: Texas Christian University Press.
Ricœur, Paul (1981): *Hermeneutics and the Human Sciences.* John B. Thompson (Ed. and Trans.). Cambridge: Cambridge University Press.
Ricœur, Paul (1986): *Lectures on Ideology and Utopia.* George H. Taylor (Ed.). New York: Columbia University Press.
Ricœur, Paul (1988): *Time and Narrative.* Volume III. Kathleen Blamey and David Pellauer (Trans.). Chicago: The University of Chicago Press.
Ricœur, Paul (1991): *From Text to Action. Essays in Hermeneutics II.* Kathleen Blamey and John B. Thompson (Trans.). Evanston: Northwestern University Press.
Ricœur, Paul (1992): *Oneself as Another.* Kathleen Blamey (Trans.). Chicago: University of Chicago Press.
Ricœur, Paul (2005): *The Course of Recognition.* David Pellauer (Trans.). Cambridge: Harvard University Press.
Ricœur, Paul (2007): *Reflections on the Just.* David Pellauer (Trans.). Chicago: University of Chicago Press.
Vattimo, Gianni and Zabala, Santiago (2011): *Hermeneutic Communism. From Heidegger to Marx.* New York: Columbia University Press.
Thompson, John B. (1981): *Critical Hermeneutics. A Study in the Thought of Paul Ricœur and Jürgen Habermas.* Cambridge: Cambridge University Press.
Walzer, Michael (1987): *Interpretation and Social Criticism.* Cambridge: Cambridge University Press.

Luz Ascarate
De la symbolique à la psychanalyse : un aperçu du parcours herméneutique de Paul Ricœur

Abstract: From Symbolism to Psychoanalysis: An Insight into Paul Ricœur's Hermeneutic Path. According to Ricoeur, psychoanalysis emphasizes the unconscious and, in phenomenological terms, "grounds" the conscious on the unconscious. In contrast, Husserl's phenomenology "grounds" the unconscious. The psychoanalytic orientation is thus "archaeological" and the phenomenological one is purely "teleological." In fact, in Ricœur's thought, the ceiling from which reflexive, mainly teleological, consciousness is constituted is itself imaginary, which can only be described from an archaeological point of view. But, for Ricœur, there is a deep similarity between phenomenology and psychoanalysis, because the protagonist of the experience is the first person, and on this point the reduction is the counterpart of the analysis. The conception of a psychological methodology that keeps this double direction of the gaze as belonging to the subject would be the foundation of a philosophical psychology according to the hermeneutical key. We will try here to show different aspects of Ricoeur's interest in psychoanalysis. Firstly, we will understand the birth of this interest in the light of his encounter with Lacan. Secondly, we will outline the philosophical consequences of this interest from the dialogue, initiated by Ricoeur himself, between psychoanalysis and phenomenology.

Dans une perspective ricœurienne, la psychanalyse de Freud met l'accent sur l'inconscient et, en termes phénoménologiques, « fonde » le conscient dans l'inconscient. En revanche, la phénoménologie de Husserl « fonde » l'inconscient dans le conscient et la passivité dans l'activité. L'orientation psychanalytique est donc « archéologique » et l'orientation phénoménologique est purement « téléologique ». Toute la difficulté est de savoir si ces deux orientations sont conciliables. D'autant plus que toutes deux constituent l'herméneutique ricœurienne du soupçon si l'on comprend le déploiement de cette herméneutique selon un double mouvement, à la fois téléologique et archéologique. La question devient plus complexe si l'on remarque que, du point de vue de l'ensemble des textes ricœuriens des années 1960, il n'est pas possible de faire de distinction aussi radicale entre les deux directions de cette herméneutique. En fait, après le

---

Open Access. © 2022 the author(s), published by De Gruyter. (cc) BY-NC-ND This work is licensed under the Creative Commons Attribution-NonCommercial-NoDerivatives 4.0 International License.
https://doi.org/10.1515/9783110735550-010

passage de l'eidétique de la volonté au symbole qui «donne à penser» dans *La Symbolique du mal*, les deux orientations, celle d'une archéologie critique et celle d'une téléologie productive, sont explicitées.

Entre *La Symbolique du mal* et l'*Essai sur Freud*, un autre problème apparaît également, celui de l'imagination. Si celle-ci peut être comprise fondamentalement comme le pouvoir productif de l'esprit, la production symbolique de l'imaginaire ne peut être décrite que d'un point de vue archéologique. Les deux orientations, l'une prise de la psychanalyse et l'autre de la phénoménologie, trouveraient donc conciliées dans le problème de l'imagination. Davantage, tout semble indiquer qu'il y aurait, dans cette période de l'œuvre de Ricœur, une profonde similitude entre la phénoménologie et la psychanalyse quant à l'expérience en première personne qu'il est possible de décrire phénoménologiquement ou d'analyser psychanalytiquement. Un dernier problème est toutefois celui du statut de cette expérience. Précisément, l'importance accordée par Ricœur à l'expérience en première personne se trouve aux antipodes de la position de Lacan à l'égard de la psychanalyse.

En essayant de donner une réponse à ces problèmes, nous tenterons de soutenir que c'est la rencontre de Ricœur avec Lacan et le rejet de l'interprétation lacanienne de la psychanalyse qui permet à Ricœur d'élaborer une méthodologie psychologique qui inclue à la fois la place fondamentale du sujet et la double orientation, téléologique et archéologique, de la description. Cela nous permettra d'esquisser les conséquences philosophiques de l'herméneutique sur la base du dialogue, établi par Ricœur lui-même, entre la psychanalyse et la phénoménologie.

1 Ricœur vs. Lacan

Le sens philosophique et phénoménologique de la psychanalyse ricœurienne est né en s'opposant à la psychanalyse lacanienne. Même si Ricœur a assisté au séminaire de Lacan, il ne le mentionne nullement dans son livre. Il est possible de considérer qu'il n'a jamais compris Lacan, puisqu'il affirme lui-même : «Le reproche le mieux fondé que les lacaniens aient pu m'adresser est celui de n'avoir jamais rien compris à Lacan».[1] Cependant, nous croyons, qu'il s'agit d'une différence radicale de l'ordre des convictions. Alors que Lacan dirige la psychanalyse vers sa version structuraliste, Ricœur vise à «penser la psych-

---

1 Ricœur, *Réflexion faite*, 37.

analyse en philosophe, mais aussi—surtout—(à) mesurer les effets de la psychanalyse sur la philosophie».²

C'est précisément cette conviction d'un possible rapprochement entre la psychanalyse et la philosophie qui le conduit à ne pas abandonner la phénoménologie de Husserl, même après en avoir exploré les limites. Pour Marie-Lou Lery-Lachaume, lors du colloque de Bonneval, qui précède l'écriture de son ouvrage consacré à Freud, Ricœur a mobilisé la phénoménologie de Husserl, face aux psychanalystes praticiens, comme étant une philosophie en crise qui avait besoin d'une véritable refondation :

> Ricœur, en 1960, se fait le porte-voix, jusqu'à l'incarner publiquement, d'une «détresse phénoménologique» qui <ne> signe rien de moins que la mise en crise du projet phénoménologique en son ensemble. Et avec elle la nécessité d'une véritable refondation de la philosophie postfreudienne.³

La crise dénoncée par le projet phénoménologique est celle du sujet, la même crise à laquelle Ricœur pense pouvoir faire face à partir de son herméneutique. Le sujet est en crise parce que sa situation en tant que fondement est remise en question. Comment comprenons-nous ce sujet dans la pensée ricœurienne ? Au moment où y apparaît un intérêt pour la psychanalyse, la découverte d'un *Involontaire absolu* lui fait articuler l'idée d'un sujet fondé sur le passage d'une eidétique (du volontaire et de l'involontaire) à une herméneutique, passage qui s'effectue au moyen de constantes radicalisations. Un sujet qui intègre les aspects involontaires de ses pulsions a, en effet, besoin d'une herméneutique qui radicalise la perspective phénoménologique :

> La lecture de Freud est bien sûr pour Ricœur l'occasion d'une remise en question, mais aussi celle d'une prise de conscience : la psychanalyse met fondamentalement en jeu le rapport entre le sens et la force, entre le discours et le désir. Le génie de la psychanalyse, c'est de travailler sur l'articulation d'une herméneutique et d'une énergétique. Lacan s'en écarte en donnant trop d'importance au langage, et en perdant de vue le sujet désirant. C'est un différend de fond qui l'oppose non pas à Lacan mais à l'ensemble du structuralisme, avec lequel il est alors en débat et qu'il considère comme «un kantisme sans sujet transcendantal, voire un formalisme absolu». Le sujet peut bien être dessaisi du sens de son discours, mais pas de l'énergie qui lui fait produire ce discours. Il y a une instance pulsionnelle pure même si celle-ci est proprement inconnaissable.⁴

---

2 Strausser, «Une difficulté de la philosophie».
3 Lery-Lachaume, «Ricœur, Lacan, et le défi de l'inconscient», 73.
4 Lamouche, «Herméneutique et psychanalyse».

Lacan perd le sujet que Ricœur essaie de sauver. À cet égard, Jöelle Strausser souligne que la différence entre ces deux philosophes est le choix d'une sémantique, dans le cas de Ricœur, et d'une syntaxe, dans celui de Lacan.[5] Cette même différence peut être comprise sur la base d'une dispute entre Lacan et la philosophie. Selon Pauline Prost, cette dispute serait une version contemporaine d'une autre plus ancienne : celle entre les sophistes et les philosophes de la Grèce antique. Elle s'inspire d'un inédit de Lacan dans lequel il affirme : « Le psychanalyste, c'est la présence du sophiste à notre époque, mais avec un autre statut ».[6] C'est ainsi que, comme les sophistes, Lacan se préoccuperait surtout du lien entre le dire et le dit « dont la trace a été effacée par le discours ».[7]

Mais Lacan s'éloigne des sophistes, puisqu'il a la conviction que « la trace est faussement fausse, car cette marque énigmatique touche au réel, dont elle autorise une nomination ».[8] La psychanalyse de Lacan se rapproche, en effet, de manière progressive, du réel, tandis que l'herméneutique de Ricœur, différence remarquée par Lery-Lachaume, se rapproche de manière progressive de l'imaginaire. Cependant, c'est précisément sur ce point qu'après une étude attentive du sens de l'imaginaire ricœurien déployé dans les années 70 dans nombre d'inédits, nous pouvons constater une certaine similitude entre ces deux penseurs. Ricœur a toujours critiqué la fuite de la réalité. Il affirme, au contraire, que l'imagination et l'imaginaire sont constitutifs de la réalité. Dans ses *Lectures on imagination*, il affirme précisément au sujet de la trace qu'elle est un type d'imagination reproductive.[9] Elle est donc placée plus près de la réalité que de la fiction. Mais c'est justement pour cette raison que le pouvoir constitutif de la réalité de la fiction serait plus fort. La trace serait alors aussi *faussement fausse* pour Ricœur, car elle vise la réalité. Néanmoins, Lacan ne paraît pas se sentir très à l'aise avec un langage phénoménologique qui mettrait en avant l'imaginaire, comme l'on peut déjà le voir dans « Radiophonie ».

Je n'en dirai que l'échantillon dernier venu à ma « connaissance », ce retour incroyable à la puissance de l'invisible, plus angoissant d'être posthume et pour moi d'un ami, comme si le visible avait encore pour aucun regard apparence d'étant.

Ces simagrées phénoménologiques tournent toutes autour de l'arbre fantôme de la connaissance supra-normale, comme s'il y en avait une de normale.

---

5 Strausser, « Une difficulté de la philosophie ».
6 Lacan, « Le Séminaire », livre xii, « Problèmes cruciaux pour la psychanalyse », leçon du 12 mai 1965, inédit., cité dans Prost, « Lacan et la philosophie », 240.
7 Prost, « Lacan et la philosophie », 240.
8 Prost, « Lacan et la philosophie », 240.
9 Taylor, « Ricœur's Philosophy of Imagination ».

Nulle clameur d'être ou de néant qui ne s'éteigne de ce que le marxisme a démontré par sa révolution effective : qu'il n'y a nul progrès à attendre de vérité ni de bien-être, mais seulement le virage de l'impuissance imaginaire à l'impossible qui s'avère d'être le réel à ne se fonder qu'en logique : soit là où j'avertis que l'inconscient siège, mais pas pour dire que la logique de ce virage n'ait pas à se hâter de l'acte.¹⁰

Nous venons d'examiner le contexte dans lequel naît la psychanalyse de Ricœur à l'opposé de la psychanalyse structuraliste de Lacan. Deux points importants de cette divergence seront analysés, dans la partie suivante de cet article, afin de montrer dans quel sens la psychanalyse de Ricœur défend une perspective philosophique.

2 Archéologie vs. Téléologie

Il existerait une complémentarité entre la psychanalyse—qui donne une orientation «archéologique» du regard génétique—et la phénoménologie, que Ricœur comprend, dans son *Essai sur Freud*, comme portant une orientation uniquement téléologique : «c'est à titre de la praxis, irréductible à toute autre, que la psychanalyse ‹montre du doigt› ce que la phénoménologie ne rejoint jamais exactement, à savoir ‹notre rapport à nos origines et notre rapport à nos modèles, le ça et le Surmoi›.»¹¹ L'orientation psychanalytique est ainsi «archéologique», alors que l'orientation phénoménologique est pour sa part purement «téléologique». Les bases de l'herméneutique ricœurienne du soupçon doivent être comprises à partir de cette double direction, à savoir d'un aspect téléologique et d'un autre archéologique.

Dans les textes ricœuriens des années 1960, on ne saurait faire de distinction aussi radicale entre ces deux types d'orientation. Rappelons, en premier lieu, que ces deux orientations sont nées à la même époque que la symbolique du mal. *De l'interprétation. Essai sur Freud* et *Le Conflit des interprétations* peuvent être compris comme deux prolongations d'un même esprit herméneutique. En second lieu, après avoir opéré le passage de l'*eidétique* à l'herméneutique du symbole autour du thème de l'imagination, aussi bien le côté critique que celui productif sont explicités. C'est l'imagination qui permet au symbole d'«émerger comme langage (signification) et, par extension, comme pensée (interprétation)»

---

10 Lacan, «Radiophonie», 76.
11 Ricœur, *De l'interprétation*, 406.

(Kearney).[12] Le pouvoir symbolisant de l'imagination est doté d'une fonction créative.[13] Cependant, ces mêmes symboles peuvent avoir un pouvoir négatif de dissimulation du réel : «La psychanalyse fait appel à la fonction herméneutique de l'interprétation critique en montrant comment les images ne sont pas innocentes, comment elles cachent et révèlent du sens, comment elles déforment et révèlent des intentions».[14] La psychanalyse n'est donc pas simplement une méthode herméneutique du soupçon, mais a également un aspect affirmatif. Cette double nature toujours interconnectée traverse l'ensemble de l'herméneutique ricœurienne des années 1960 :

> Mais si la psychanalyse favorise une herméneutique du soupçon, elle pointe aussi vers une herméneutique de l'affirmation. Tandis que la première examine comment les images masquent des significations cachées tirées de notre passé privé ou collectif, au moyen d'une référence «archéologique» à une expérience qui les précède, la seconde montre comment les images-rêves peuvent ouvrir de nouvelles dimensions du sens en vertu d'une référence «téléologique» à de nouveaux mondes possibles.[15]

Dans l'introduction à *La Symbolique du mal*, Ricœur distingue trois dimensions du symbole : cosmique, onirique et poétique, qui «sont présentes en tout symbole authentique».[16] Kearney utilise cette distinction afin de reconstruire le parcours herméneutique de Ricœur pendant les années 1960–1980.[17] La première dimension est celle cosmique. Elle correspond aux manifestations du sacré dans le monde, ses éléments ou ses aspects. Ces symboles apparaissent comme *primaires* par rapport à plusieurs symboles oniriques. Ceux-ci nous semblent en même temps *primaires* vis-à-vis des formations des symboles intellectualisés de la conscience de soi. Nous constatons dans ces gradations, un éloignement progressif de la dimension cosmique du symbole. Cet éloignement progressif ainsi que l'interconnexion de ces trois dimensions—la cosmique, l'onirique et l'intellectuelle—seront exemplifiés dans le mouvement suivi par Ricœur dans ses analyses de la première partie de *La Symbolique du mal*, ouvrage dans lequel apparaissent successivement le symbolisme de la souillure, ensuite, celui du péché et enfin, celui de la culpabilité.

---

12 Kearney, «Paul Ricœur and the hermeneutic imagination», 120. Toutes les traductions de l'anglais ont été réalisées par nos soins.
13 Kearney, «Paul Ricœur and the hermeneutic imagination», 120.
14 Kearney, «Paul Ricœur and the hermeneutic imagination», 125.
15 Kearney, «Paul Ricœur and the hermeneutic imagination», 126.
16 Ricœur, *La symbolique du mal*, 213.
17 Kearney, «Paul Ricœur and the hermeneutic imagination», 126.

Il existe donc des résonances cosmiques dans la conscience réflexive. Cela se comprend davantage à partir du passage du symbolisme cosmique au symbolisme onirique figurant dans la comparaison étroite établie entre la phénoménologie de la religion telle qu'elle apparaît chez Eliade, et la psychanalyse de la culture de Freud et celle de Jung : «manifester le ‹sacré› sur le ‹cosmos› et le manifester dans la ‹psyché,› c'est la même chose».[18] Nous identifions ainsi dans le cadre symbolique l'usage de la fonction de neutralisation de l'imagination qui consiste à neutraliser toute la conscience réflexive afin d'expliciter ses présupposés symboliques. Le résultat étonnant est que le plafond à partir duquel la conscience réflexive se constitue est en lui-même *imaginaire*. Si l'eidétique est placée, en ce sens, du côté de l'intellectualisme, raison pour laquelle il risque de devenir un idéalisme, en le faisant devenir symbole, l'*eidos* est compris ici du point de vue de la constitution originelle. Nous pouvons ainsi dire que le sens de la phénoménologie ricœurienne qui implique un moment de réflexion sur elle-même en tant que «pratique de la méthode» acquiert une effectuation hyperbolique dans l'herméneutique des symboles.

En outre, l'origine des symboles intellectualisés s'avère utile pour montrer le caractère contingent de toutes nos idées y compris celles scientifiques. Du point de vue du symbole, on peut donc aller au-delà de la dichotomie entre «expliquer» et «comprendre»—présente dans le premier tome de la *Philosophie de la volonté*, qui rapportait les sciences de la nature à l'explication et les sciences humaines à l'interprétation. Dans la symbolique, on prolonge l'aspect interprétatif aux sciences de la nature, ainsi que la nécessité de l'explication aux sciences humaines :

> ‹La formule› «expliquer plus pour comprendre mieux» [...] ouvrait une ère nouvelle pour mes travaux ultérieurs, elle met dans un rapport tendu deux approches fréquemment tenues pour adverses l'une de l'autre, l'explication, qui rapproche les sciences humaines des sciences de la nature, et l'interprétation, qui ne se laisse pas trancher par l'observation empirique mais ouvre un espace de discussion entre les interprétations concurrentes appliquées aux grands textes de notre culture.[19]

Une réflexion portant sur la philosophie et la science s'inscrit donc au cœur de la pratique de la méthode phénoménologique. *La Symbolique du mal* présente cette pratique ayant le double sens d'une recollection et d'une projection[20] : «Il

---

18 Ricœur, *La symbolique du mal*, 215.
19 Ricœur, «Lectio magistralis», 77.
20 Ricœur s'exprime aussi en ces termes dans *Le conflit des interprétations* auquel fait appel Kearney en présentant ce double sens dans son article (Kearney, «Paul Ricœur and the hermeneutic imagination», 126).

faut peut-être même refuser de choisir entre l'interprétation qui fait de ces symboles, l'expression déguisée de la part infantile et instinctuelle du psychisme et celle qui y discerne l'anticipation de possibilités d'évolution et de maturation».[21] Selon Ricœur, «la ‹régression› est la voie détournée de la ‹progression› et de l'exploration de nos potentialités».[22] D'après cette formulation, nous pouvons comprendre l'analyse de l'imagination dans l'eidétique (en tant que projet, attention et espérance) et dans l'anthropologie, comme synthèse, médiation, innocence au sens de cette double orientation. La pensée de Freud et celle de Jung nous font prendre connaissance de ce double mouvement :

> [...] il faut percer par-delà la métapsychologie freudienne des «instances» (moi, ça, surmoi) et la métapsychologie jungienne (énergétisme et archétypes) et se laisser instruire directement par la thérapeutique freudienne et par la thérapeutique jungienne, qui sans doute s'adressent à des types différents de malades. La replongée dans notre archaïsme est sans doute le moyen détourné par lequel nous nous immergeons dans l'archaïsme de l'humanité et cette double «régression» est à son tour la voie possible d'une découverte, d'une prospection, d'une prophétie de nous-mêmes.[23]

Cette dimension du symbole sera développée par Ricœur jusqu'à *De l'interprétation. Essai sur Freud* (Kearney), qui rend explicites les aspects critique et productif du symbole. La troisième dimension du symbole est la poétique, que Ricœur appelle «imagination poétique».[24] Il opère dans sa caractérisation une distinction qui va acquérir, dans les années 1970, la forme de la distinction entre «imagination productrice» et «imagination reproductrice» :

> [...] pour bien l'entendre ‹ l'imagination poétique ›, il faut fermement distinguer l'imagination de l'image, si l'on entend par image la fonction de l'absence, la néantisation du réel dans un irréel figuré ; cette image-représentation, conçue sur le modèle du portrait de l'absent, est encore trop dans la dépendance de la chose qu'elle irréalise : elle reste un procédé pour rendre présentes les choses du monde. L'image poétique est beaucoup plus près du verbe que du portrait ; comme le dit excellemment M. Bachelard, elle ‹nous met à l'origine de l'être parlant› ; «elle devient un être nouveau de notre langage, elle nous exprime en nous faisant ce qu'elle exprime.[25]

---

21 Kearney, «Paul Ricœur and the hermeneutic imagination», 126.
22 Kearney, «Paul Ricœur and the hermeneutic imagination», 126.
23 Ricœur, *La symbolique du mal*, 216.
24 Ricœur, *La symbolique du mal*, 216.
25 Ricœur, *La symbolique du mal*, 216.

L'imagination n'est donc production qu'en mobilisant les couches symboliques antérieures. Ce n'est que dans la dimension poétique qu'apparaît l'aspect de l'imagination que nous avons qualifié de « producteur » :

> [...] à la différence des deux autres modalités hiérophanique et onirique du symbole, le symbole poétique nous montre l'expressivité à l'état naissant ; dans la poésie le symbole est surpris au moment où il est un surgissement du langage, ‹où il met le langage en état d'émergence› au lieu d'être recueilli dans sa stabilité hiératique sous la garde du rite et du mythe, comme dans l'histoire des religions, ou bien au lieu d'être déchiffré à travers les résurgences d'une enfance abolie.[26]

Cette dimension poétique du symbole sera développée par Ricœur dans les années 1970 (Kearney). Toutefois, la distinction entre une imagination reproductrice et une autre poétique sera fondamentale pour la constitution de la dimension critique de l'herméneutique ricœurienne, et ce dès les années 1960. C'est pour cette raison que nous ne pouvons pas distinguer à proprement parler entre une herméneutique *reconstructive* et une herméneutique *déconstructive*, comme le propose Michel. Le lien existant entre les orientations *régressive* et *projective* de l'herméneutique des symboles nous empêche de faire une distinction en tant que telle.

L'interconnexion de ces trois dimensions montre que le symbole est un phénomène lié, en « chaîne », en étant orienté : « au terme de ce parcours, il est possible de dire à la fois vers quel horizon s'oriente toute la chaîne des symboles parcourus et comment les plus archaïques sont retenus et réaffirmés par les plus avancés de ces symboles ».[27] Vers quoi s'oriente-t-elle ? Vers ce que Ricœur a appelé, dans *L'Homme faillible*, l'originaire, et, quelques années plus tard, « les profondeurs de l'existence ».[28] Mais, du fait que ces profondeurs ne peuvent pas être dévoilées de manière directe, Ricœur se tourne vers les mythes. Ainsi, une deuxième partie de *La Symbolique du mal* est consacrée aux mythes du commencement et de la fin de la tradition juive et grecque. Nous pouvons penser que Ricœur s'aligne, dans cette partie du livre, sur la phénoménologie des religions d'Eliade ou de Van der Leeuw. Néanmoins, même si Ricœur se sert de certaines de leurs réflexions, à la différence de ces derniers, il ne recherche pas la racine pré-narrative du mythe. En revanche, il fait le trajet de la conscience pré-narrative à la narration mythique en cherchant ainsi sa fonction symbolique.[29] Une

---

26 Ricœur, *La symbolique du mal*, 216.
27 Ricœur, *La symbolique du mal*, 361.
28 Paul Ricœur, « Parole et symbole ».
29 « Nous aurons recours ici à l'interprétation que la phénoménologie de la religion, avec Van der Leeuw, Leenhardt, Eliade, propose de la conscience mythique. Au premier abord, cette

fois que l'on a neutralisé les prétentions explicatives du mythe, il révèle «sa portée exploratoire et compréhensive, en bref, la fonction symbolique».[30] Cette fonction consiste en «son pouvoir de découvrir, de dévoiler le lien de l'homme à son sacré»,[31] à l'originaire, aux profondeurs de son existence.

Au lieu de nous attarder à une exploration des mythes juifs et grecs analysés par Ricœur, nous visons à mettre en lumière l'importance philosophique d'une telle analyse. Il faut comprendre la production de Ricœur des années 1960 comme étant une réflexion sur la philosophie et, plus précisément, sur son commencement radical. Quelle est alors la place de la philosophie dans cette critériologie du symbole qui se termine par une réflexion sur les mythes ? La philosophie apparaît comme l'exercice hyperbolique de la méthode phénoménologique là où elle devient herméneutique. D'après Ricœur, l'herméneutique apparaît avant tout dans le contexte d'une répétition de l'aveu effectué dans le symbole de cette limite de l'existence humaine qui nous amène à la faute. Mais, quant à cette répétition de l'aveu, «quel est [...] son lieu philosophique ?».[32] Le but ne serait pas une espèce de philosophie de la faute, même si une réflexion de ce genre a été une «propédeutique» :

> Cette propédeutique demeure au niveau d'une phénoménologie purement descriptive qui laisse parler l'âme croyante dont le philosophe adopte, par provision, les motivations et les intentions ; le philosophe ne les ‹sent› pas dans leur naïveté première, il les ‹ressent› sur un mode neutralisé, sur le mode du comme si. C'est en ce sens que la phénoménologie est une répétition en imagination et en sympathie. Mais, cette phénoménologie demeure extérieure à la réflexion pleinement assumée telle qu'elle a été conduite dans la première partie jusqu'au concept de faillibilité. Le problème demeure celui de savoir comment intégrer cette répétition en imagination et en sympathie à la réflexion.[33]

C'est ici qu'apparaît la maxime «le symbole donne à penser» développée à la fin de ce deuxième tome de la *Philosophie de la volonté*. Ricœur identifie l'existence

---

interprétation paraît dissoudre le mythe-récit dans une conscience indivise qui consiste moins à raconter des histoires, à fabuler, qu'à se rapporter effectivement et pratiquement à l'ensemble des choses. Ce qui nous importe ici c'est de comprendre pourquoi cette conscience, structurée plus bas que tout récit, que toute fable et légende, affleure néanmoins à la parole sous la forme du récit. Si les phénoménologues de la religion ont été plus soucieux de remonter du récit à la racine pré-narrative du mythe, nous ferons le trajet inverse de la conscience pré-narrative à la narration mythique ; c'est en effet dans ce passage que se concentre toute l'énigme de la fonction symbolique du mythe» (Ricœur, *La symbolique du mal*, 376).

30 Ricœur, *La symbolique du mal*, 207.
31 Ricœur, *La symbolique du mal*, 207.
32 Ricœur, *La symbolique du mal*, 221–222.
33 Ricœur, *La symbolique du mal*, 222.

d'un hiatus entre la réflexion pure sur la faillibilité et la confession des péchés. La première a la prétention d'être «un exercice direct de la rationalité».[34] Cependant, elle ne peut pas comprendre le mal ou l'esclavage vis-à-vis des passions propres à l'homme que la conscience religieuse est capable d'avouer. Son langage est symbolique. Ricœur se demande alors comment enrichir la réflexion pure grâce à la connaissance symbolique après la rupture présentée entre réflexion et conscience religieuse. Au lieu de choisir l'interruption du discours philosophique par le mythe ou la transcription philosophique directe du symbolisme, Ricœur décide d'«explorer une troisième voie : celle d'une interprétation créatrice de sens, à la fois fidèle à l'impulsion, à la *donation* de sens du symbole, et fidèle au serment du philosophe qui est de comprendre».[35] «Le symbole donne à penser» signifie précisément qu'une philosophie instruite par les mythes «survient à un certain moment de la réflexion, et, (que) par-delà la réflexion philosophique, elle veut répondre à une certaine situation de la culture moderne».[36] Le passage de l'*eidos* au symbole constitue, en effet, une radicalisation de la tâche de la fondation philosophique, héritée de la phénoménologie du commencement grec de la philosophie :

> La tâche est donc, maintenant, de penser à partir de la symbolique, et selon le génie de cette symbolique. Car il s'agit de penser. Je n'abandonne point, pour ma part, la tradition de rationalité, qui anime la philosophie depuis les Grecs ; il ne s'agit point de céder à je ne sais quelle intuition imaginative, mais bien d'élaborer des concepts qui comprennent et font comprendre, des concepts enchaînés/ selon un ordre systématique, sinon dans un système clos. Mais il s'agit en même temps de transmettre, par le moyen de cette élaboration de raison, une richesse de signification qui était déjà là, qui a toujours déjà précédé l'élaboration rationnelle. Car telle est la situation : d'une part, tout a été dit avant la philosophie, par signe et par énigme ; c'est un des sens du mot d'Héraclite : «Le Maître dont l'oracle est à Delphes ne parle pas, ne dissimule pas : il signifie (ἀλλὰ σημαίνει)».[37]

Cette motivation philosophique occupe, dans la phénoménologie de Ricœur, la place de la *pratique* de la méthode phénoménologique. Cette dernière a besoin d'une suspension de la théorie phénoménologique idéaliste. Cette suspension permet de se tourner réflexivement vers la phénoménologie en la critiquant. Ricœur ajoute, dans cette partie de la *Philosophie de la volonté*, la contingence du point à partir duquel on exerce une telle pratique, une telle réflexion et une telle critique : «l'illusion n'est pas de chercher le point de départ, mais de le

---

34 Ricœur, *La symbolique du mal*, 566.
35 Ricœur, *La symbolique du mal*, 567.
36 Ricœur, *La symbolique du mal*, 567.
37 Paul Ricœur, *Le conflit des interpretations*, 399.

chercher sans présupposition».[38] Il s'agit ainsi de renoncer à l'idée d'une philosophie sans présuppositions et de chercher le commencement radical de la philosophie : «partir d'un symbolisme déjà là, c'est se donner de quoi penser ; mais c'est du même coup introduire une contingence radicale dans le discours».[39] Le symbole est l'*eidos* étant «constitué» ou, du point de vue de sa contingence, un *eidos* constitué du point de vue de son soubassement imaginaire qui ne peut pas être complètement explicité, ce qui nous permet d'insister sur l'aspect tout à la fois critique et créatif de la démarche du sens.

Un côté critique se dégage de cette conviction. Ainsi, Ricœur affirme que «D'abord il y a des symboles ; je les rencontre, le les trouve ; ce sont comme les idées innées de l'ancienne philosophie. Pourquoi sont-ils tels ? Pourquoi sont-ils ? C'est la contingence des cultures introduites dans le discours».[40] La symbolique nous permet donc de percevoir la tâche philosophique comme étant elle-même orientée :

> De plus, je ne les connais pas tous, mon champ d'investigation est orienté, et parce qu'il est orienté il est limité. Par quoi est-il orienté ? Non seulement par ma situation propre dans l'univers des symboles, mais paradoxalement par l'origine historique, géographique, culturelle de la question philosophique elle-même.[41]

Cela s'avère possible du fait qu'«une méditation sur les symboles part du langage qui a déjà eu lieu, et où tout a déjà été dit en quelque façon ; elle veut être la pensée avec ses présuppositions».[42] À la différence de, mais aussi en parallèle avec l'herméneutique heideggérienne et gadamérienne, un cercle herméneutique apparaît dans le rapport dialectique entre croyance et compréhension qu'il faut dépasser en le transformant en pari : «Je parie que je comprendrai mieux l'homme et le lien entre l'être de l'homme et l'être de tous les étants si je suis l'*indication* de la pensée symbolique».[43]

Dans cette réflexion philosophique à propos du passage de l'*eidos* au symbole se dégage également le côté créatif de la constitution du sens. La philosophie donne ainsi des sens d'une manière créative, création cependant toujours dirigée par une herméneutique philosophique qui l'empêche de tomber sur un type d'imagination qui nous cache la réalité :

---

38 Ricœur, *Le conflit des interprétations*, 399.
39 Ricœur, *Le conflit des interprétations*, 399.
40 Ricœur, *Le conflit des interprétations*, 399.
41 Ricœur, *Le conflit des interprétations*, 222–223.
42 Ricœur, *Le conflit des interprétations*, 223.
43 Ricœur, *Le conflit des interprétations*, 574.

> [...] s'ouvre devant moi le champ de l'herméneutique proprement philosophique : ce n'est plus une interprétation allégorisante qui prétend retrouver une philosophie déguisée sous le vêtement imaginatif du mythe ; c'est une philosophie à partir des symboles qui tâche de promouvoir, de former le sens, par une interprétation créatrice.[44]

Telle est la façon dont peut être compris le commencement de l'herméneutique ricœurienne à partir du passage de l'*eidos* au symbole. Quelques années plus tard, en 1975, *La Métaphore vive* systématise l'aspect créatif et linguistique de cette herméneutique grâce au dialogue de Ricœur avec le structuralisme. C'est ici que Ricœur développe le sens de l'imagination productive que nous venons de présenter dans la dimension poétique du symbole. Une question vient à l'esprit concernant le sens de cette démarche : la théorie de la métaphore permet-elle désormais de dépasser celle du symbole ? L'une des deux permet-elle de résorber ou d'absorber entièrement l'autre ? La réponse paraît à première vue affirmative si nous nous attardons sur la démarche ricœurienne ayant émergé après la *Philosophie de la volonté*. Au cours du cheminement vers l'herméneutique de la *Métaphore vive*, une interprétation de la culture en clé psychanalytique et phénoménologique entre en jeu.

L'œuvre *De l'interprétation. Essai sur Freud* donne justement les ressources nécessaires pour penser en termes de *progrès* à l'intérieur de l'herméneutique ricœurienne, car Ricœur ne se limiterait plus à accorder une place exclusive aux symboles, comme il l'a fait pour son herméneutique des années soixante où « l'objet privilégié de l'herméneutique, c'est le symbole, en tant que structure de double-sens ».[45] La psychanalyse de Freud, que Ricœur a abordée par le biais du thème de la culpabilité,[46] apparaît comme une révision de son propos. Etant donné que Freud est l'un des maîtres du soupçon, l'accentuation de la critique lui permet d'aller plus loin dans la pratique de l'herméneutique :

> Dès la publication de la Symbolique du mal en 1960, j'entrepris une lecture à peu près exhaustive de l'œuvre de Freud, comme en témoignent mes cours de la Sorbonne entre 1960 et 1965. Je découvris bien vite que c'était une herméneutique opposée à celle pratiquée dans ma symbolique du mal que Freud avait inaugurée dans l'Interprétation du rêve. J'en suivis le développement dans les œuvres terminales du maître viennois, dans lesquelles la psychanalyse s'épanouissait en une véritable philosophie de la culture.[47]

---

44 Ricœur, *Le conflit des interprétations*, 574.
45 Ricœur, *Réflexion faite*, 34.
46 Ricœur, *Réflexion faite*, 35.
47 Ricœur, *Réflexion faite*, 35.

Nous croyons, cependant, que cette critique est non un dépassement, mais une conséquence cohérente de son herméneutique en tant que recherche infinie du commencement radical de la philosophie. La psychanalyse constituerait le moment de réflexion d'une phénoménologie de la volonté devenue herméneutique des symboles. Nous comprenons ainsi la place de la psychanalyse, à la limite de la phénoménologie : « c'est à titre de praxis, irréductible à toute autre, que la psychanalyse ‹montre du doigt› ce que la phénoménologie ne rejoint jamais exactement, à savoir ‹notre rapport à nos origines et notre rapport à nos modèles, le ça et le Surmoi›»[48] Comme Freud l'affirme lui-même :

La division du psychique en un psychique conscient et un psychique inconscient constitue la prémisse fondamentale de la psychanalyse, sans laquelle elle serait incapable de comprendre les processus pathologiques, aussi fréquents que graves, de la vie psychique et de les faire rentrer dans le cadre de la science. Encore une fois, en d'autres termes : la psychanalyse se refuse à considérer la conscience comme formant l'essence même de la vie psychique, mais voit dans la conscience une simple qualité de celle-ci, pouvant coexister avec d'autres qualités ou faire défaut.[49]

La psychanalyse de Freud met l'accent sur l'inconscient, et «fonde» le conscient sur l'inconscient. A l'inverse, la phénoménologie de Husserl «fonde» l'inconscient sur le conscient, et la passivité sur l'activité. L'orientation psychanalytique serait ainsi «archéologique» et l'orientation phénoménologique serait purement «téléologique». Ces deux orientations correspondent aux directions régressive et projective de son herméneutique. D'après lui, il existe pourtant une similitude profonde entre la phénoménologie et la psychanalyse : le protagoniste d'une expérience vécue à la première personne ; c'est-à-dire, « le sujet exerçant la réduction n'est pas un autre sujet que le sujet naturel, mais le même ; en tant que de méconnu il devient reconnu. En cela la réduction est l'homologue de l'analyse, lorsque celle-ci professe : ‹où était ça doit advenir je›».[50] Les profondeurs de l'expérience continuent donc à occuper une place fondatrice dans l'herméneutique même après le détour de la psychanalyse. Ces profondeurs de l'expérience, l'originaire ou l'accès au sacré, continueront à avoir une place fondatrice pendant l'ensemble du parcours de l'herméneutique ricœurienne et c'est précisément ce qui nous empêche d'envisager ce parcours comme un progrès. De plus, la justification de cette conviction nous permettra de comprendre l'importance de la phénoménologie pour l'herméneutique du lan-

---

48 Ricœur, *De l'interprétation*, 406.
49 Freud, «Le moi et le ça», 8.
50 Ricœur, *De l'interprétation*, 379.

gage de Ricœur, qui le rapprocherait de Gadamer. Mais l'herméneutique ricœurienne se distingue de celle gadamérienne fondée sur la condition langagière de l'homme dans la mesure où elle porte sur une exigence antéprédicative, précisément sur les profondeurs de l'expérience humaine.

Quelles sont ces profondeurs ou *l'originaire* auquel nos signes renvoient ? Aussi bien pour Ricœur que pour Husserl, il semble qu'il s'agisse de l'*évidence* de l'expérience. Ricœur s'attarde sur le concept phénoménologique d'évidence dans un texte qui s'avère très important afin de comprendre son herméneutique des années 1960 : « Phénoménologie et herméneutique : en venant de Husserl... ».[51] Ricœur s'attèle ici aux changements de méthode impliqués par l'évolution de sa propre pensée « depuis une phénoménologie eidétique, dans *le Volontaire et l'Involontaire* (Paris, Aubier, 1950), jusqu'à *De l'interprétation. Essai sur Freud* (Paris, Ed. du Seuil, 1965) et le *Conflit des interprétations. Essais d'herméneutique* (Paris, Ed. du Seuil, 1969) ».[52] Il montre dans quel sens la phénoménologie se réalise comme herméneutique :

Ce que Husserl a aperçu, sans en tirer toutes les conséquences, c'est la coïncidence de l'intuition et de l'explicitation. Toute la phénoménologie est une explicitation dans l'évidence et une évidence de l'explicitation. Une évidence qui s'explicite, une explicitation qui déploie une évidence, telle est l'expérience phénoménologique. C'est en ce sens que la phénoménologie ne peut s'effectuer que comme herméneutique.[53]

L'herméneutique assume la tâche d'explicitation nécessaire pour la fondation phénoménologique, mais elle assume également une tâche réflexive d'autocritique, dans sa rencontre avec la psychanalyse, qui permet à la phénoménologie d'être philosophie : « phénoménologie et herméneutique ne se présupposent mutuellement que si l'idéalisme de la phénoménologie husserlienne reste soumis à sa critique par l'herméneutique ».[54] En d'autres termes, le symbole nous permet de nous rendre compte du besoin d'explicitation d'une évidence toujours opaque. La critique de l'idéalisme husserlien et celle de la psychanalyse, tout en se complétant, rendent nécessaire le passage de l'*eidétique* à la symbolique.

---

51 Ricœur, « Phénoménologie et herméneutique », 39.
52 Ricœur, « Phénoménologie et herméneutique », 39.
53 Ricœur, « Phénoménologie et herméneutique », 72.
54 Ricœur, « Phénoménologie et herméneutique », 73.

Bibliographie

Kearney, Richard (1988): «Paul Ricœur and the hermeneutic imagination.» In: *Philosophy and Social Criticism* 14. No. 2, 115–145.

Lery-Lachaume, Marie-Lou (2016): «Ricœur, Lacan, et le défi de l'inconscient. Entre constitution herméneutique et responsabilité éthique.» In: *Études Ricœuriennes / Ricœur Studies* 7. No. 1, 72–86.

Lamouche, Fabien (2006): «Herméneutique et psychanalyse. Ricœur lecteur de Freud.» In: *Esprit* 3, 84–97.

Freud, Sigmund (1968): «Le moi et le ça.» In: *Essais de psychanalyse*. Samuel Jankélévitch (Trans.). Paris: Payot.

Lacan, Jacques (1970): «Radiophonie.» In: *Scilicet* 2–3. Paris: Seuil. 55–59.

Prost, Pauline (2011): «Lacan et la philosophie: un puits sans fond.» In: *La Cause freudienne* 79. No. 3, 239–243.

Ricœur, Paul (1965): *De l'interprétation. Essai sur Freud.* Paris: Seuil.

Ricœur, Paul (1975): «Parole et symbole.» In: *Revue des sciences religieuses (Le Symbole)* 49. No. 1–2, 142–161.

Ricœur, Paul (1986): «Phénoménologie et herméneutique: en venant de Husserl…» In: *Du texte à l'action. Essais d'herméneutique II.* Paris: Seuil.

Ricœur, Paul (1995): *Réflexion faite, Autobiographie intellectuelle.* Paris: Esprit.

Ricœur, Paul (2002): «Lectio magistralis.» In: Jervolino, Domenico: *Paul Ricœur. Une herméneutique de la condition humaine, avec un inédit de Paul Ricœur.* Paris: Ellipses.

Ricœur, Paul (2009): *Philosophie de la volonté 2. Finitude et culpabilité. La symbolique du mal.* Paris: Seuil.

Ricœur, Paul (2013): *Le conflit des interprétations. Essai d'herméneutique.* Paris: Seuil.

Strausser, Jöelle (2011): «Une difficulté de la philosophie: (Paul Ricœur et) la psychanalyse.» In: *Le Portique* 26. http://journals.openedition.org/leportique/2514, last accessed April 28, 2022.

Taylor, George (2006): «Ricœur's Philosophy of Imagination.» In: *Journal of French Philosophy*, 16. No. 1–2, 93–104.

Martina Weingärtner
Moses between Ricœur and Freud: Narrative self-revelation between psychoanalysis and hermeneutics

Abstract: Focusing on his approaches to symbol in Ricœur's *Freud and Philosophy* as well as *On Psychoanalysis*, this article traces the resemblance between psychoanalytical and hermeneutical analyses of narrated experience. In Freud's texts about religion (specifically *Moses and Monotheism*), the scientific-analytical view on religion as repressed neurosis remains as an archaeological and historical explanation and must be enriched by the hermeneutical view to a meaningful, symbolical interpretation. Crossing the bridge between the Freudian conception of religious "facts" as neurotic acts to Ricœur's conception of the religious "text" as productive narrative opens new possibilities for the capable human. Questioning the status of psychoanalysis as a natural science and reopening the question of its epistemological status, Ricœur sees a kinship between a psychoanalytic fact and the notion of a text. The hermeneutical dimension that emerges from this resemblance sheds new light on Freud's reading of the Exodus Narrative. What Freud underestimates regarding a biblical text is its embeddedness in religious experience with a specific symbolic language that mediates a certain meaning via the polyphony of different discourses. The hermeneutical process is seen as "working through" and must pass from a more semiotic analysis to a semantic interpretation as regaining oneself before the text.

> The problem of self-recognition is the problem of recovering the ability to recount one's own history, to endlessly continue to give the form of a history to reflections about oneself. Working through is nothing other than this continuous narration.
> Paul Ricœur

1 Facing the hermeneutics of suspicion

Sigmund Freud is a core representative of the hermeneutics of suspicion, of reductive and demystifying hermeneutics, and a combatant towards any restorative hermeneutics of meaning. The discipline of philosophical hermeneutics is repeatedly shocked and questioned through the conflicts with psychoanalysis.[1]

---

[1] See Ricœur, "Consciousness," 99.

Open Access. © 2022 the author(s), published by De Gruyter. This work is licensed under the Creative Commons Attribution-NonCommercial-NoDerivatives 4.0 International License.
https://doi.org/10.1515/9783110735550-011

The strength of Paul Ricœur's work consists in facing these conflicts of interpretation.² By means of a phenomenological and a rather economic point of view, Ricœur seeks a dialectical reconciliation between these two hermeneutics and a way to relate these two, overcoming a static, absolute opposition.³

In focusing on Freud's interpretation of Moses and the Exodus narrative, and thus his critique of religion, one faces the same provocation by hermeneutics of suspicion:

> The hermeneutics of suspicion cannot be bracketed or put aside. It is the fire that purifies faith and keeps us from idolatry. In the final analysis, there are not *two* types of hermeneutics that can be neatly separated from each other; rather they are dialectically related. The hermeneutics of suspicion exemplified in Freud's multifaceted critique of religions *informs* a restorative hermeneutics of the signs of the Wholly Other. And a genuine hermeneutics of restorative meaning must pass through the fire of merciless suspicion.⁴

Richard J. Bernstein, describing Ricœur's aim in this poetic language, misses an actual application of this dialectical work. By admitting that Ricœur himself is aware of this project and honoring Ricœur's critical interpretation on Freud, as well as the emphasis of the integral character of the two hermeneutics, he reminds us that, in the end, this task still lies before us.⁵

In contributing to this volume,⁶ the following article exemplifies these two types of hermeneutics by key biblical figures, particularly in that of Moses. In highlighting some of Ricœur's critique of Freud—especially the limited gain of knowledge by the analogy in refusing the symbolic dimension—the aim is to interrogate psychoanalysis with Ricœur's reflections on biblical hermeneutics and draw some connections showing how an inner-biblical discourse, seen as "work-

---

2 In reference to the Bible and its methodological conflicts, especially in the 1970s, Ricœur argues equally for the reciprocal need of divergent interpretations. For his thesis about the correlative need between historical-critical exegesis and structural analysis in questioning their conditions, see his contribution during the congress of the "Association catholique française pour l'étude de la Bible": Ricœur, *Du conflit à la convergence des méthodes en exégèse biblique*.
3 See Ricœur, "Consciousness," 118: "As long as we remain within the perspective of an opposition between the two, consciousness and the unconscious will answer to two inverse interpretations, progressive and regressive."
4 Bernstein, "Ricœur's Freud," 135 (emphasis original).
5 See Bernstein, "Ricœur's Freud," 138.
6 This contribution is a revised version of the paper presented at the Fonds Ricœur's Summer Workshop 2019 in Paris. I would like to thank the organizing committee for the fabulous Ateliers d'été and the editors for all their efforts in this book project. Furthermore, thanks are due to the participants of the workshop for their valuable remarks and to Brandon Sundh for his helpful feedback.

ing through," opens up for a productive interpretation as a (never ending) process of *distanciation* and regaining oneself before the text.

2 The analogy of individual and collective neurosis

In reading Freud's *Moses and Monotheism*, his last work, quite complex in its story and reception,[7] it must be considered as a form of ethno-psychoanalysis in context of the interpretation of culture.[8] When drawing analogies between religion as collective compulsory neurosis[9] and the psychoanalytical situation of an individual, the dimensions of the cultural state must equally be taken into account.

The individual is perceived as a threatened human being. Besides external danger, which seems to be warded off effortlessly, internal danger has greater impact in confronting threats and avoiding harm. Threats of instincts, e.g., fear, and threats of conscience, as feeling of guilt, form resistances. Resistance towards becoming conscious or a sense of guilt can later be encountered as obstacles to a healing process.[10] If one fails in mastering these mental processes, forms of displacement and repression can emerge, e.g., projection as the idealization for the individual and the illusion for the (religious) collective. The projected ideal, the illusion, compensate for a lost narcissism: "Thus idealization is a way of retaining the narcissistic perfection of childhood by displacing it onto a new figure."[11]

Focusing on the neurotic character of religion, the observant practices and the faith contents as expressions about reality become immediately relevant. The biblical texts provide a plethora of such observant practices, from which some traces of analogies can be followed. The Priestly Code can be named as one example. This hypothetical source, particular detected in the Pentateuch,

---

[7] For the complex history of the book's origin, as well as the broad reception in the 1990s, see Schäfer, "The Triumph of Pure Spirituality," 381–383. See further Assmann, *Moses the Egyptian*, 147–150.
[8] See Bernstein, "Ricœur's Freud," 133.
[9] See Ricœur, *Freud and Philosophy*, 232: "It is an astonishing thing that man is capable both of religion and of neurosis, in such a way that their analogy can actually constitute a reciprocal imitation. As a result of this imitation, man is neurotic insofar as he is *homo religiosus* and religious insofar as he is neurotic" (emphasis original).
[10] See Ricœur, *Freud and Philosophy*, 182–184.
[11] Ricœur, *Freud and Philosophy*, 214.

was most probably written during the traumatic experience of the Exile (6th century B.C.) by a priestly class in ancient Israel. The priestly source emphasizes the connection between law and cult. Rituals and provisions are defined and specified down to the smallest, maybe even most significant detail. All incorrect or neglected procedures of these rituals entail tangible effects. In such a broad picture, the priestly discourse displays a Freudian form of neurosis.

In their concentration on law and cult, the priestly scriptures suppress or mutate history in a certain way. The traumatic experience created the need for stable and long-lasting practices within the religious belief system. This desire forms a path for the cultic institutions' outgrowth from History. This outgrowing is not to be understood in the sense of a total ignorance towards historical concerns, but rather as how the revelations and foundations are settled from one epoch to the next.[12] Seen through Freudian eyes, the Priestly Code depicts the compulsion of repetition, the repeatedly setting in action of the compensating rituals for chaos and guilt:

> But all later distortions, especially those of the Priestly Code, serve another aim. There was no longer any need to alter in a particular direction descriptions of happenings of long ago; that had long been done. On the other hand, an endeavor was made to date back to an early time certain laws and institutions of the present, to base them as a rule on the Mosaic law and to derive from this their claim to holiness and binding force.[13]

The ceremonial is the central and concrete praxis, particularly acts of penitence and invocations can be seen as defensive or protective measures against a feared punishment:

> Moreover, in connection with ceremonials, an early insight is gained into the depths of the "sense of guilt": ceremonials—and included here are acts of penitence and invocations— have a preventive value with regard to an expected and feared punishment; thus religious observances assume the meaning of "defensive or protective measures."[14]

For example, the guilt- or sin-offering atones misbehavior. In Leviticus 4 the ritual of the sin offering is described with exuberant accuracy, in which way the sacrificial animal has to be offered, where to sprinkle the blood, how to burn

---

12 See Rad, *Old Testament Theology*, 232–234. The reference to Gerhard von Rad (see also below IV.1) is among other things motivated by Ricœur's biblical hermeneutical work, wherein he highly esteemed von Rad's Theology, see, e.g., Paul Ricœur, "Toward a Hermeneutic of the Idea of Revelation," 78f.
13 Freud, *Moses*, 75.
14 Ricœur, *Freud and Philosophy*, 232.

each single organ—all leading to forgiveness as it is stated in Lev. 4:35: "... And the priest shall make atonement for him for the sin which he has committed, and he shall be forgiven."[15]

Freud interprets the historical development of this neurotic obsession by the wounded narcissism and the unattainable illusion of the chosen and favored people—the true origin which was veiled by the feeling of guiltiness:

> This feeling of guiltiness, which the Prophets incessantly kept alive and which soon became an integral part of the religious system itself, had another, superficial motivation which cleverly veiled the true origin of the feeling [...] Our investigation is intended to show how it [the increasing instinctual renunciation as need for satisfying the feeling of guilt and thus reaching ethical heights over other people] is connected with the first one, the conception of the one and only God. The origin, however, of this ethics in feelings of guilt, due the repressed hostility to God, cannot be gainsaid.[16]

The idea of lost narcissism, the projection of self-love towards another authority named God is expressed in the anthropomorphic speaking of God's envy. Concerning the economic function of religion, the narcissistic satisfaction can be seen as a feature of instinctual renunciation implied by culture[17]: "the individual's proud and bellicose identification with his group [...] procures for him a narcissistic type of satisfaction which [...] reinforces the corrective action of social models."[18]

The unique adoration of one God reclaims an exclusive emotional engagement, no other love object may be worshiped. Jealousy is often pictured as consuming fire, e.g., Deut. 29:18–20:[18]

> Beware lest there be among you man or women [...] whose heart is turning away today from the Lord our God to go and serve the gods of those nations [...] [19] one who, when he hears the words of this sworn covenant, blesses himself in his heart, saying, 'I shall be safe, though I walk in the stubbornness of my heart' [...] [20] The Lord will not be willing to forgive him, but rather the anger of the Lord and his jealousy will smoke against that man ...[19]

---

15 Unless otherwise indicated, all biblical quotations are taken from the English Standard Version (ESV).
16 Freud, *Moses*, 211–212.
17 Besides "the three most universal prohibitions, against incest, cannibalism, and murder" (Ricœur, *Freud and Philosophy*, 249). These prohibitions are reflected in Lev. 18:6–14; Gen. 22; Exod. 20:13.
18 See Ricœur, *Freud and Philosophy*, 249.
19 See Deut. 4:24 as a typical formula: "For the Lord your God is a consuming fire, a jealous God."

These expressions—the people's carelessness in adultery, the hardness of the heart—exemplify the need for compulsive and normative elements in the monotheistic religion, as Jan Assmann states in analyzing Freud's Moses: "[...] blind belief brought about by brutal force and miracles as the means Moses had to resort to because of the 'brutishness of the people' and the heart's stubbornness, *propter duritiem cordis*."[20] This element of compulsion is even more intensified in Freud's concept of the monotheistic religion as he discovers the central role of guilt. With Assmann it is once more important to emphasize the transfer of individual psychology to collective psychology in this context. "By interpreting monotheism as a religion of the fathers, its history [in other words psychohistory] could be portrayed as the enactment of an Oedipal conflict."[21] With the reenactment of the "primal parricide" via the murder of Moses the Israelite people were (re-)traumatized. Comparable to an individual's trauma processes, the collective repressed their guilt (*defense*) and after a period of latency, an outbreak of neurotic illness, the return of the repressed came into effect—in this case the monotheistic religion with its juridical, cultic, and moral demands.[22] The cultic dimension has been exemplified with the (neurotic) rituals of atonement and of purification, based on the conceptional distinction between sacred and profane, clean and unclean. On this level, claimed Assmann, guilt is like uncleanliness, to be washed away by these rites.[23] The notion of uncleanliness reminds us of Ricœur's reflection about defilement in *The Symbolism of Evil*. This association is due to the fact that, in this context, we are dealing with 'guilt management' primarily motivated by dread or terror. The last chapter (see §6 below) will show another feeling that motivates one's own confrontation with guilt. Thus, with Ricœur, a more multifaceted dimension of guilt can be brought to Freud's interpretation—one that does more justice to the phenomenon as it is thought biblically. Before that, it is necessary to explain the generally insufficiently considered hermeneutic (as a precondition of the symbolic) dimension in Freud's "shortcut."

---

20 Assmann, *Moses the Egyptian*, 166 (emphasis original), continuing that Freud's concept of monotheism even intensified the element of compulsion by integrating the central role of guilt.
21 Assmann, "Monotheism," 61.
22 See Freud, *Moses*, 129 and Assmann, "Monotheism," 49.
23 See Assmann, "Monotheism," 56.

3 The analogy's difficulty

These insights into the world of the biblical texts may be sufficient to demonstrate the analogy between forms of individual neurosis and those of collective religious comportment. For Ricœur, this analogy remains and must remain indefinite—in the end, one can only say, that man is just as capable of neurosis as he is capable of religion.[24] Ricœur perceives an abbreviation in Freud's bonding to the analogy on a descriptive level. Freud insists on the reiterative aspects of religion (e.g., displacement or ritual repetition), which form an indestructible basis of religion:

> Freud is much more interested in the repetitive aspect of religion. Omnipotence of thoughts, paranoiac projection, displacement of the father onto an animal, ritual repetition of the killing of the father and of the filial revolt constitute the 'indestructible' basis of religion. It is understandable why Freud stated many times over that naïve religion is the true religion ...[25]

With the return of the repressed and the feeling of guilt resulting in a permanent self-accusation, seen in the prophetic tradition, Freud's thoughts may be best revealed:

> Freud is completely uninterested in the development of religious sentiment. He has no interest in the theology of [the prophets], nor in the theology of Deuteronomy, nor in the relation between prophetism and the cultural and sacerdotal tradition [...]. The idea of the 'return of the repressed' enabled him to dispense with a hermeneutics that would take the circuitous path of an exegesis of the texts and rushed him into taking the shortcut of a psychology of the believer, patterned from the outset on the neurotic model.[26]

Ricœur's comment on this analogy as a shortcut, dispensing the detour of hermeneutics via exegesis,[27] provides the central reference for further exploration.

Discussing the difficulties in the analogy, Freud is aware of the gap between individual and mass psychology, understood as treating people as individually neurotic. This gap can be bridged "[i]f we accept the continued existence of

---

[24] See Ricœur, *Freud and Philosophy*, 533.
[25] Ricœur, *Freud and Philosophy*, 243–244.
[26] Ricœur, *Freud and Philosophy*, 246.
[27] Ricœur defines hermeneutics as a discipline close to exegesis. The difference is seen between general reflections about the conditions of possibility for interpretation and the more specific exploration of rules for interpretation, see Ricœur, "Psychoanalysis and Hermeneutics," 50.

such memory-traces in our archaic inheritance."²⁸ The biblical corpus as canonized holy scripture forms a discourse of written manifestations and as such depicts a form of preserved and collective memory. Freud concludes this chapter by according the value of reality to traditions as long as they pass traumatic processes:

> A tradition based only on oral [direct] communication could not produce the obsessive character which appertains to religious phenomena. It would be listened to, weighed and perhaps rejected, just like any other news from outside; it would never achieve the privilege of being freed from the coercion of logical thinking. It must first have suffered the fate of repression, the state of being unconscious, before it could produce such mighty effects on its return, and force the masses under its spell [..., as observed in religious tradition]. And this is a consideration which tilts the balance in favour of the belief that things really happened [...]²⁹

Freud introduces this remark as a psychological argument.³⁰ Referring to the biblical traditions as written communication,³¹ this psychological approach should be interrelated with the hermeneutical, as Ricœur asserts:

> [...] I will say that the notion of a fact in psychoanalysis presents a kind of kinship with the notion of a text [= written discourse, M.W.], and that the theory stands in relation to the psychoanalytic facts in a relation analogous to the one between exegesis and a text in the hermeneutical disciplines.³²

In other words, the crucial point in the analogy just elaborated is less the transfer from individual to collective pathologies. Rather, the analogy's difficulty is

---

28 Freud, *Moses*, 160. This transference of concepts from individual to collective psychology did not remain without objections. For examples, see Schäfer, "The Triumph," 389.
29 Freud, *Moses*, 162–163.
30 See Freud, *Moses*, 162.
31 Ricœur's textual theory differentiates categorically between oral and written discourse. A shift is not only given in the medium of communication (language or scripture). Neither does the difference consist in an unpretentious transfer in the acts (speaking/listening or writing/reading). Far more, the transfer from oral to written discourse changes fundamentally the reference between the Self and the world: "The emancipation of the text from the oral situation entails a veritable upheaval in the relations between language and the world, as well as in the relation between language and the various subjectivities concerned [...] we shall have to go still further, but this time beginning from the upheaval that the referential relation of language to the world undergoes when the text takes the place of speech" (Ricœur, "What is a Text?," 108. For the essential distinction between the relation of writing and reading as well as speaking and hearing, see further Ricœur, "The Hermeneutical Function of Distanciation," 133.
32 Ricœur, "Psychoanalysis and Hermeneutics," 53.

tied to the *facts* defined as "a collection of psychological information (*Einsichten*)."³³ As soon as these facts are perceived as observable, falsifiable, empirical data, psychoanalysis is taken as a natural science. But it is exactly this epistemological status that Ricœur calls into question.³⁴ In comparing the psychoanalytical situation with the interpretation of a text, he elaborates the hermeneutical dimension of these facts forming the necessary element to avoid Freud's shortcut.

4 Psychoanalysis and (biblical) hermeneutics

Asking in what way the facts in a psychoanalytic situation can be described, Ricœur points out four criteria.³⁵ Due to the intention to describe psychoanalysis as a hermeneutical task, as well as in extension to interweave this task with exegetical interpretation, the following passage enfolds the third and fourth criterion, which cover Freud's notion of 'psychical reality' and 'working through.'

4.1 The kerygmatic reality

The manifestations of the unconscious represent a psychical reality, discharged from material, external reality, beyond categories of true or not true. The imagined reality is a kind of imaginary, fantasies (*Phantasieren*) about the phenomena, best understood as a meaningful fantasy. It is not the observable or historical proved fact as in sciences based on observation.

Depreciating the biblical accounts as pious myths, drunken features that distort sober historical research,³⁶ Freud is looking for the (historical) facts about

---

33 Ricœur, "Psychoanalysis and Hermeneutics," 51.
34 See Ricœur, "Psychoanalysis and Hermeneutics," 52. Bernstein notes that the tension between the limitation to physical principles and the need for interpretation was detected by Ricœur already in Freud's "Project" (1895): "Consequently, even when Freud (before *The Interpretation of Dreams*) was most deeply influenced by the quantitative natural science of his time and hoped to provide a psychology limited to physical principles, we can already detect the hermeneutic tensions in the 'Project'—the beginning of Freud's sense of the need for interpretation of *meaning*" (Bernstein, "Ricœur's Freud," 132, emphasis original).
35 See Ricœur, "Psychoanalysis and Hermeneutics," 54–59. Similarly, see Ricœur, "The Question of Proof in Freud's Psychoanalytic Writings," 13–21.
36 "No historian can regard the Biblical account of Moses and the Exodus as other than a pious myth, which transformed a remote tradition in the interest of its own tendencies. How the tradition ran originally we do not know. What the distorting tendencies were we should like to

the figure of Moses to reach out for what "really happened." One central inquiry surrounds Moses' Egyptian origin. Freud cites the myth of Moses' birth, arguing with Moses as an Egyptian name and comparing it to other ancient Near Eastern traditions.[37] The issue is not to deny possible historical roots or comparable motives. Beyond the comparable elements in structure or pattern, the concrete and individual unfolding of the discourse is far more relevant. For the fantasy, in particular, the individual way of presenting this story, this imaginary reality is of utmost importance. The name Moses is explained by an explicit etiology in Exod. 2:10: "When the child grew older, she brought him to Pharaoh's daughter, and he became her son. She named him Moses, 'Because,' she said, 'I drew him out of the water.'"

The Hebrew lexeme "to draw out" is quite unique, but its semantic connotation is "to rescue." The explanation may be an Egyptian origin, but the meaning given by the semantics expresses the idea of rescue, of salvation.[38] The narrative, rather the etiology, is not interested in historically proved facts, but creates a *fantastic* meaning:

> The result is that what is relevant for the analyst are not observable facts or reactions to variables in the environment, but rather the meaning that a subject attaches to these phenomena. I will risk trying to sum this up by saying that what is psychoanalytically relevant

---

guess, but we are kept in the dark by our ignorance of the historical events. That our reconstruction leaves no room for so many spectacular features of the Biblical text—the ten plagues, the passage through the Red Sea, the solemn law-giving on Mount Sinai—will not lead us astray. But we cannot remain indifferent on finding ourselves in opposition to the sober historical researches of our time" (Freud, *Moses*, 54). Interestingly, Ricœur speaks of the body metaphorically concerning historical research. It may not be in an enthusiastic, but rather a disappointed, obligingly manner: "Back to exegetical sobriety!" (Ricœur, "From Interpretation to Translation," 337.

[37] See Freud, *Moses*, 11–17.

[38] For the semantic connotation see, e.g., 2 Sam. 22:17; Ps. 18:17. Freud's comparison with the Neo-Assyrian myth of Sargon of Agade is absolutely convincing concerning the structure and relevant motives. This correlation between the biblical story and this ancient Near East parallel is widely attested in biblical exegesis; see Schmid, *A Historical Theology of the Hebrew Bible*, 163. For Freud, the basket and the water are symbolic representations for the birth (see Freud, *Moses*, 18). This conception of symbolism differs from Ricœur's own, concerning what becomes quite relevant for the interpreting process. Rather we should speak of a semiotic, possibly allegorical representation: the basket stands as sign for the womb—one sign for the other. Freud speaks explicitly about the "[s]ymbolic substitution of one object through another" (Freud, *Moses*, 158). This must be distinguished from a metaphorical statement as observed on the level of a phrase, which cannot be translated by another term, only in paraphrasing the semantic innovation; see, e.g., Ricœur, "Metaphor and the Main Problem of Hermeneutics," 103.

is what a subject makes of his or her fantasies (giving this word the full scope of the German *Phantasieren*).³⁹

When we compare the psychoanalytical situation with the interpretation of the text, facts in the biblical texts must be qualified as reality in a specific manner, which is named in reference to Gerhard von Rad as 'kerygmatic or believed reality': "Old Testament writings confine themselves to representing Jahweh's relationship to Israel and the world in one aspect only, namely as a continuing divine activity in history. This implies that in principle Israel's faith is grounded in a theology of history."⁴⁰ It is of no surprise that this confessional character is divergent from an analytical view, as "[h]istorical investigation searches for a critically minimum—the kerygmatic picture tends towards a theological maximum."⁴¹ But, as von Rad continues, it would be too simple to explain this kerygmatic view as unhistorical, keeping in mind that this picture of Israel's history is grounded in real history. The experience has not been invented, but made relevant for the self-perception of the people, manifested and mirrored in various literary forms and figurations, e. g., the liberation from Egypt. This imagined reality—might it be a psychical or kerygmatic reality—is not to be declared as distorted and irrational but must be taken serious as real figurative fact shaped by the communicating subject. The peculiarity of this communication (as telling or writing) leads to the following criterion of narrative character.

4.2 The symbolic figured narrative

The fourth criterion explains the narrative character in the analytic experience. The fantasies, single episodes of one's life, or the (collective) memory would not make any sense as isolated fragments. In remembering, one becomes "capable of forming meaning sequences, orderly connections [...] It is the narrative structure of these 'life histories' that make a 'case' into a 'case history.'"⁴²

To engage this memory, to struggle against resistance and regression in ordering the episodes, Freud establishes the notion of "working-through." Working-through has a positive connotation of an active, progressive way of handling the traumatic experiences in a meaningful manner, may it be "after the factness" (*Nachträglichkeit*). In contrast, when Freud is analyzing the facts about Moses, he

---

39 Ricœur, "Psychoanalysis and Hermeneutics," 58 (emphasis original).
40 Rad, *Theology*, 106.
41 Rad, *Theology*, 108.
42 Ricœur, "Psychoanalysis and Hermeneutics," 59.

declares the 'working through' of the texts in an (occasionally) distorted way.⁴³ Freud discovers such distorting tendencies and influences, so that "we shall be able to bring to light more of the true course of events."⁴⁴ How can we declare these "distortions" as "working-through"?

"Working-through," the figuring of a narrative unfolds itself through language. What Freud underestimates regarding a biblical text is its embeddedness in religious experience. Every experience tends towards expression; religious experience is portrayed in various genres and discourses such as the prophetic, narrative, prescriptive discourse—on a pre-conceptual level.⁴⁵

The Exodus has not (at least not only) been written in the language of and presentation as a historical novel,⁴⁶ but mediates a certain meaning through symbolic language. Freud negates this productive and experience-based character of symbols. Symbolism refers to archaic inheritance, to an original knowledge, a kind of inherited thought-disposition comparable to instinctual disposition. In that way, symbolism "would contribute nothing new to our problem."⁴⁷ For Ricœur, this understanding of symbolism—rather perceived in the sense of semiotics—mistakes the problem of the double meaning of symbolism in neglecting a phenomenological dimension.

> [Religion] does not begin by regarding symbols as a distortion of language. For the phenomenology of religion, symbols are the manifestation in the sensible—in imagination, gestures, and feelings—of a further reality, the expression of a depth which both shows and hides itself. [...] If then double-meaning expressions constitute the privileged theme of the hermeneutic field, it is at once clear that the problem of symbolism enters a philosophy of language by the intermediary of the act of interpretation.⁴⁸

---

43 See Freud, *Moses*, 54, 68. In the methods of historical-critical exegesis this way of working-through is mirrored in analysis of redactional processes. As biblical literature is defined as *Traditionsliteratur*, the genesis of the canonical final text is assumed as quite complex. The final literary composition incorporates long processes of growth, modification and arrangements of various pieces of traditions and redactions. Tendencies that depreciate later revisions as simple bricolage are sometimes implicitly brought into the exegetical debate.
44 Freud, *Moses*, 68.
45 See Ricœur, "Poétique et symbolique," 37–38. The preconceptual stage of religious expression is equal to a symbolic stage. It differs from conceptual stages as in, for example, a dogma or a canonized declaration of belief. The latter develop as a religious community has to face outer or inner critiques and the coercion to clarify their own contents, in a way to disambiguate the original discourse.
46 See Ofengenden, "Monotheism, the Incomplete Revolution," 291–292.
47 Freud, *Moses*, 158.
48 Ricœur, *Freud and Philosophy*, 7–8.

It has been shown that Ricœur underscores the hermeneutical dimension of psychoanalysis as interpretation. Notably the notion of a refigured reality and its symbolism function as a key element to avoid the one-sided and regressive approach of Freud's reading. The specificity in the interpretation of biblical texts was introduced by the term of kerygmatic reality before turning one's interest towards the linguistic mediation of this (religious) experience. At this point a further differentiation has to be presented with Ricœur, concerning his criticism of Freud for having dispensed with the circuitous path of an exegesis of the texts. Namely, as far as the exegesis of biblical texts is concerned, the characteristic of biblical hermeneutics and the polyphony of biblical discourse must be considered, as shown in the following section.

5 The polyphonic discourse as "working-through"

The analyzed texts about Moses differ not only from a psychoanalytical situation as written discourse which leads to a specific hermeneutical work. Moreover, these texts are manifestations of religious experience. Hence, to deepen knowledge-gaining interdependency between psychoanalysis and hermeneutics, it is helpful to consider Ricœur's reflection on the relation between philosophical and biblical hermeneutics.

Both correlate to each other in a complex and mutual way.[49] Regarding the text as written discourse, as *œuvre*, biblical hermeneutics may represent only a regional application of the general theory of interpretation. But by asking for the world of the text, the references and the self-understanding before the text, biblical hermeneutics boasts a unique and specified character by its appeal to the outrageous idea of revelation. Inheriting this unique reference named God or the Wholly Other, in all the biblical discourses, religious language itself is distinguished from other languages.[50]

The world of the text is the central category. This world is mediated through the written form and structure, designated as the text as discourse and the dis-

---

49 Theological hermeneutics are not only the application of philosophical hermeneutics to biblical texts; see Ricœur, "Philosophical Hermeneutics and Theological Hermeneutics," 17. Similarly, see Ricœur, "Philosophical Hermeneutics and Biblical Hermeneutics," 89–90.
50 See Amherdt, "Paul Ricœur (1913–2005) et la Bible," 9.

course as work.⁵¹ It is fundamental to pass through this first, more structural, process of analysis as a process of distanciation (*Verfremdung*). This liberates one from a premature over-interpretation guided by existential categories or the spiritualized and psychologized view of revelation as inspiration. Distanciation liberates one from illusion and guides the interpretation as unfolding the world of the text.⁵² "This world is not presented immediately through psychological intentions but mediately through the structures of the work."⁵³

Distanciation does not represent a methodological effect, it is a constitutive element of a text itself. In surpassing the antinomy of alienating distanciation or participation by belonging,⁵⁴ Ricœur seeks for "the positive and productive function of distanciation at the heart of the historicity of human experience."⁵⁵ The written text is autonomous which means:

> it belongs to a text to decontextualize itself as much from a sociological point of view as from a psychological one and to be able to recontextualize itself in new contexts. The act of reading accomplishes the latter.⁵⁶

The act of reading becomes an act of decoding the discourse as a work, which results in explaining its composition and style. Detecting specific forms (the composition) that guide the hermeneutical process means defining certain genres as collective impregnated forms of discourse. Detecting the individual configuration of the discourse (the stylization) should not be understood as a leap, but as a choice, a category of production.

> Stylization appears as a transaction between a complex concrete situation which presents contradictions, indeterminacies and residues of previous unsatisfactory solutions, *and* an individual project.⁵⁷

---

51 For the text as discourse, the discourse as work, the text as projection of a world and the text as the mediation of self-understanding, see Ricœur, "Philosophical Hermeneutics and Theological Hermeneutics," 16, and "Philosophical Hermeneutics and Biblical Hermeneutics," 80–88.
52 See Ricœur, "Philosophical Hermeneutics and Theological Hermeneutics," 26.
53 Ricœur, "Philosophical Hermeneutics and Biblical Hermeneutics," 96.
54 This opposition is the essential outcome of Gadamer's work *Truth and Method*. For Ricœur's background regarding distanciation, see Ricœur, "Function of Distanciation," 129. For Ricœur's critique of Gadamer, see further Smith, "Distanciation and Textual Interpretation," and more recently Daniel Frey, *L'interprétation et la lecture chez Ricœur et Gadamer*.
55 Ricœur, "Function of Distanciation," 130.
56 Ricœur, "Function of Distanciation," 133.
57 Ricœur, "Function of Distanciation," 138 (emphasis original).

This less pejorative reception of distanciation encourages a narrative's interpretation through a modality of possibility rather than an alienated or distorted manifestation of reality.[58]

Again, Ricœur bears in mind the specific character of the biblical text as a condensation of the idea of revelation. It follows that the biblical texts cannot be categorized in strictly defined genres (*Gattungen*) such as cultic oracle, legal texts or prophetic admonition. This formalistic restriction would contradict the dynamic and vivid experience of the idea of revelation. In the polyphony of the biblical texts, Ricœur defines rather distinctive nuances of discourse in the way they mediate an experience, such as prescriptive, prophetic or narrative.[59] This enables the interpreter to perceive the biblical text as a sort of inner-biblical dialogue, as a polyphony that displays the task of "working-through."

Referring to the cited examples above (see §2) and concentrating on the symbolism of fire in other discourses, it can be demonstrated that cultic acts do not remain as regressive neurosis, but that already an inner-biblical interpretation works through this critical or painful confrontation with the past. The priestly regulations about the guilt offering are presented as burnt offerings. The imagination behind this is the vertically rising smoke, appeasing the fury of God. The anger of God is expressed through the bodily metaphor of burning nostrils.

If religion is a distorted compulsory neurosis, Ricœur asks: "Is this situation due to the underlying intention of religion, or is it the result of its degradation and regression when it begins to lose the meaning of its own symbolism?"[60] One can answer "Yes," reading the prophetic tradition that Freud neglects, being "completely uninterested in the development of religious sentiment."[61]

The prophetic tradition of social criticism refers to this lost meaning, recurring to a blind, observant ceremonial devoid of any ethics, e.g., Amos 5:21–24 (with verse numbers inserted):

> [21] I hate, I despise your feasts, and I take no delight [literal: I will not smell] in your solemn assemblies. [22] Even though you offer me burnt offerings and grain offerings, I will not accept them …[24] But let justice roll down like waters, and righteousness like an ever-flowing stream.

Another example is a "working-through" of the notion of God's jealousy. The burning jealousy of God is transformed in positive ardor for the idea of holiness

---

58 See Ricœur, "Function of Distanciation," 141.
59 See Ricœur, "Toward a Hermeneutic of the Idea of Revelation," 43–57.
60 Ricœur, *Freud and Philosophy*, 232–233.
61 Ricœur, *Freud and Philosophy*, 246.

motivated in compassion for the people. The interpretation is no longer a narcissistic, destroying emotion, but a reconciling engagement for positive dynamics, e.g., Ezek. 39:25: "Therefore thus says the Lord God: Now I will restore the fortunes of Jacob and have mercy on the whole house of Israel, and I will be jealous for my holy name."

To fully understand this transformation from blind obedience to righteous action, from fanatic partiality to merciful compassion, the interrelating character of the biblical polyphony must me underlined.

> Yet, if we separate the prophetic mode of discourse from its context, and especially if we separate it from that narrative discourse [...] we risk imprisoning the idea of revelation in too narrow a concept, the concept of speech of another. Now this narrowness is marked by several features. One is that prophecy remains bound to the literary genre of the oracle, which itself is one tributary of those archaic techniques that sought to tap the secrets of the divine, such as divination, omens, dreams, casting dice, astrology, etc.[62]

A prophetic discourse[63] would represent nothing other than archaic techniques of divination, separated from its narrative context. As mentioned above (see §4.2), history becomes meaningful insofar as the subject is capable of ordering the episodes in a sensible narrative. The Hebrew Bible narratives express the experience of Israel with their God; all traditions are ordered "around a few kernel events from which meaning spread out through the whole structure."[64] Condensed in a confession, the Hebraic Credo (Deut. 26:5–10) formulates the kernel event *par excellence*, the liberation from captivity, the Exodus from Egypt.

> What is essential in the case of narrative discourse is the emphasis on the founding event or events as the imprint, mark, or trace of God's act. Confession takes place through narration and the problematic of inspiration is in no way the primary consideration.[65]

Paradigmatic is the opening of the Ten Commandments—the preamble places this founding event right in the beginning in Exod. 20:1–2: "And God spoke all these words, saying, 'I am the Lord your God, who brought you out of the land of Egypt, out of the house of slavery.'"

---

62 Ricœur, "Toward a Hermeneutic of the Idea of Revelation," 76.
63 I would include the cultic commands in a prophetic discourse, as they transfer God's will via the priests as ceremonial practices. Ricœur does not list a cultic discourse for itself.
64 Ricœur, "Toward a Hermeneutic of the Idea of Revelation," 79, referring to Rad, *Theology*, 122.
65 Ricœur, "Toward a Hermeneutic of the Idea of Revelation," 79.

This defines an indicative before any imperative, it is the promise of the commitment before fulfilling the laws.⁶⁶ This is the unique conception of a chosen people, but not seen in a narcissistic way bestowing the pride and a feeling of superiority but having been elected as the fewest of all people out of liberating compassion.⁶⁷ Narratives frame the prophetic discourse as well as the prescriptive discourse, formulated, e. g., in the law. The conception of monotheism, the idea of God's will in the commandments, the idea of jealousy is not declared as an attribute of a heteronomous or brutal God. On the contrary, these are expressions of the quality of the relationship.

The aspect of relationship to one another leads to Ricœur's second criterion in "Psychoanalysis and Hermeneutics."⁶⁸ It is not only about what is sayable, but what is said from one to another. One can thus associate this liberating and relation expressing discourse to transference as it

> reveals the following constitutive feature of human desire: not only its power to be spoken about, to be brought to language, but also to be addressed to another; more precisely, it addresses itself to another desire, one that may refuse to recognize it.⁶⁹

The paradigmatic text as address towards another can be seen in Exod. 3:14, the self-revelation of God to Moses: "God said to Moses, 'I am who I am.'" The revelation of his name is enigmatic, it disturbs in its circulating structure. A long history of translations, a "history of meaning" could be portrayed.⁷⁰ Ricœur

---

66 See Exod. 6:7–8: "I will take you to be my people, and I will be your God, and you shall know that I am the Lord your God, who has brought you out from under the burdens of the Egyptians. I will bring you into the land that I swore to give to Abraham, to Isaac, and to Jacob..."
67 See Deut. 7:6–7: "For you are a people holy to the Lord your God. The Lord your God has chosen you to be a people for his treasured possession, out of all the peoples who are on the face of the earth. It was not because you were more in number than any other people that the Lord set his love on you and chose you, for you were the fewest of all peoples." When Freud discusses the notion of the chosen people, he underestimates this 'fact' of being chosen 'although.' Instead, he mostly connects this self-consciousness with feelings of superiority, pride, and powerful achievements that lead to jealousy as shown in the legend of Joseph and his brothers. See, e. g., Freud, *Moses*, 73, 167 f., 181.
68 See Ricœur, "Psychoanalysis and Hermeneutics," 54–56.
69 Ricœur, "Psychoanalysis and Hermeneutics," 55.
70 In "From Interpretation to Translation," Ricœur investigates Exod. 3:14 profoundly. Every notion in a history of effects or reception (*Wirkungsgeschichte*) can be questioned, first of all its enigmatic character: "Who can say whether in the ears of the ancient Hebrews the declaration 'ehyeh 'ašer 'ehyeh did not already have an enigmatic resonance? And if so, this resonance would already have at least a double sense: the enigma of a positive revelation giving rise to thought (about existence, efficacity, faithfulness, accompanying through history), and of a neg-

tries to figure out a "so-called ontological reading,"[71] a translation in one's own language, covering the same semantics and meaning.

To approach the perplexity of this phrase one has to regard the entangling of Exod. 3:14, as it arises in the context of a 'call narrative.'[72] In a complex exchange of speech and counter declaration the relationship between God and his prophet, this mutual recognition, is established. Only after Moses' objection—"If the people ask me for your name, what shall I say?"—does God reveal the formula 'I am who I am.'[73] The self-representation is the answer to an objection. It is God taking the role of the responsive part and not taking the initiative.[74] The broader context situates this revelation in a symbolism of fire: the burning bush that is not consumed (Exod. 3:2). With the semantics of fire gesturing to the passionate engagement between the One and the Other, once again this revelation is metamorphized as a desirable, reciprocal commitment to the relationship and not the heteronomous imposition of an authoritative will.

Bringing the aspect of relationship to the other into the debate, we name in psychoanalytical terms the notion of transference implicating the anthropological desire of addressing and being addressed.[75] The semantic of desire does not follow economic reciprocity, as the other person may refuse or threaten the self-revelation and interrupt a circle of addressing and being addressed. Furthermore, the other can incorporate any form, as imaginary, as source of anxiety:

> psychoanalysis puts all these possibilities into play by transposing the drama that engendered the neurotic situation into a kind of artificial scene in miniature. So it is the analytic experience itself that constrains the theory to include intersubjectivity in the very constitution of the libido and to conceive of it as less of a need and more as a wish directed to another.[76]

---

ative revelation dissociating the Name from those utilitarian and magical values concerning power that were ordinarily associated with it" (Ricœur, "From Interpretation to Translation," 340 f.). One must be aware that no translation can be innocent as one cannot deny that the history of reception is a relevant hermeneutical assumption; see Ricœur, "From Interpretation to Translation," 331–332. See further Frey, "En marge de l'onto-théologie," 64–66.

71 Ricœur, "From Interpretation to Translation," 332.
72 See Ricœur, "From Interpretation to Translation," 335.
73 It is one of five objections in this call narrative. Surprisingly one precedent answer—"I shall be with you"—seems not to be sufficiently reassuring for the prophet; see Ricœur, "From Interpretation to Translation," 336.
74 See Ricœur, "From Interpretation to Translation," 333, which becomes clear in comparing it with further formulas of God's self-representation as "I am Yhwh."
75 See Ricœur, "Psychoanalysis and Hermeneutics," 55.
76 Ricœur, "Psychoanalysis and Hermeneutics," 56.

It is by this dialogical, interpersonal, and reciprocal process that 'working-through' opens up to a teleological perspective. Embedded in the desire to restore this relationship, the self-revelation differs fundamentally from self-restriction incorporated in neurotic atonement rituals out of fear as terror. This distinction brings us to the concluding thought as indicated above (see §2).

6 The ongoing task of existential translation

The existential dimension of transference and 'working-through' at the sight of another explains why an interpreting existence, either in the psychoanalytical situation or as hermeneutical task, never comes to an end, as quoted in the beginning:

> The problem of self-recognition is the problem of recovering the ability to recount one's own history, to endlessly continue to give the form of a history to reflections about oneself. Working-through is nothing other than this continuous narration.[77]

To detect the epistemological dimension in psychoanalysis means to deprive it of its denotated and defining approach to human existence. The idea is not about accomplishing a distortion's healing process, but the ongoing meditation of the self as another, to the other.

With Exod. 3:14 the interpreter is addressed in a twofold way. It is the self-interpretation before the text as well as the transference situation to and by the Wholly Other. This text cannot be read beyond its function. It turns towards the hermeneutical situation itself, in its polysemic formulation, towards pluriform interpretations. In this verse the limits of translation are reached. 'Being' as name of God is undefinable. All translations are mere paraphrasing. As a most convincing translation of the sacred,[78] Ricœur cites: "I shall show myself in that I shall show myself, as the one who will show himself."[79] With this poly-

---

[77] Ricœur, "The Question of Proof," 42–43.
[78] See Ricœur, *Freud and Philosophy*, 7: "What psychoanalysis encounters primarily as the distortion of elementary meanings connected with wishes or desires, the phenomenology of religion encounters primarily as the manifestation of a depth or, to use the word immediately [...] the revelation of the sacred."
[79] This is the translation of the German original by Hartmut Gese: "ich erweise mich als der ich mich erweisen werde." See Ricœur, "From Interpretation to Translation," 361.

semy, one continues examining,[80] one rephrases again and again "the relationship between God and Being."[81] These three words in the Hebrew language give rise to thought, it is the surplus of meaning, that opens up for a dynamic, teleological interpretation.[82]

This allusion to *The Symbolism of Evil*[83] closes the arc to the initial question. It has been shown how Ricœur repeatedly criticizes Freud's interpretation to the extent that facts are treated as supposedly unambiguous, clearly definable statements. Insofar as the context of empirical medical science is concerned with the process of analysis and healing, this denotation may have its place. But as soon as the epistemological status is questioned and psychoanalysis is seen as a hermeneutic task, the facts become ambiguous while linguistic expressed experience, narrative configuration, and speech addressed to another enter the picture. Along with this, empirical historicity is expanded to include fantasy and linguistic polyphony and ultimately makes it necessary to integrate the symbolic dimension more firmly in the analytic (interpretive) process.

Thus, the main criticism is not directed against the transposition of individual guilt neurosis to collective guilt neurosis, but against the one-sided regressive, unimaginative backward-looking view of the ways of dealing with guilt. And this undifferentiated way of dealing with guilt can be related to a too narrow conception of guilt itself. In contrary, Ricœur distinguishes in *The Symbolism of Evil* guilt from defilement or stain and sin. If one recalls the cultic rites of atonement and purification (see §2 above), which symbolized guilt as a form of uncleanliness, this is the symbolism of something material that infects like dirt, the symbolism of defilement.

But like these rites proved to be neurotic, as the prophetic discourse already expressed a critique of these blind actions, either a focus solely on this idea of guilt as uncleanliness would remain regressive: "Such are the two archaic traits —objective and subjective—of defilement: a 'something' that infects, a dread that anticipates the unleashing of the avenging wrath of the interdiction. These are

---

[80] See the concluding remarks in Ricœur, "Psychoanalysis and Hermeneutics," 71–72, emphasizing the process of a self-understanding as mediated process, as disappropriation of oneself— at least it is never an unexamined process!

[81] Ricœur, "From Interpretation to Translation," 331.

[82] See Ricœur, "Toward a Hermeneutic of the Idea of Revelation," 117: "For what are the poem of the Exodus and the poem of the resurrection [...] addressed to if not to our imagination rather than our obedience? And what is the historical testimony that our reflection would like to internalize addressed to if not our imagination? If to understand oneself is to understand oneself in front of the text, must we not say that the reader's understanding is suspended, derealized, made potential just as the world itself is metamorphosized by the poem?"

[83] See Ricœur, *The Symbolism of Evil*, 347–348.

the two traits that we no longer comprehend except as moments in the representation of evil that we have gone beyond."[84]

It became apparent how the consideration of the entanglement of biblical discourses already introduces a teleological dimension. As soon as we integrate the purely cultic way of working-through into a narrative, the rite motivated more by fear[85] is transformed into the productive power of continuously telling one's own story. The core elements formed the self-revelation of God, the giving of the commandments, and the confession to this relationship. Thus, the category of the covenant is introduced, which transfers the guilty consciousness into the symbolism of sin.

The story of the Golden Calf is paradigmatic as a breach of fidelity, for such an adultery against the Covenant, that depicts a form of guilt that cannot be atoned for, as Assmann describes: "[The people] wanted to replace God's representative with a representation. That was their sin. The true God, however, cannot be represented. Every attempt at a representation necessarily becomes a lie, a false god."[86] Equally regarding the covenant and notably the violation of it, Ricœur understands this symbolism of evil as sin, which is foremost a religious dimension: "it is not the transgression of an abstract rule—of a value—but the violation of a personal bond. That is why deepening of the sense of sin will be linked with the deepening of the meaning of the primordial relationship which is Spirit and Word."[87] The difference between the consciousness of defilement to that of sin lies not in the disappearance of dread or anguish, but in a changed quality:[88] the paralyzed, rendering silent, consciousness changes into a dialogical, capable consciousness.

> Thus, the threat is inseparable from the nevertheless of a reconciliation that is always possible and is promised in the end; and the fury of the Jealous One also is inscribed in the drama of the point of rupture. Thus the distance that anguish discloses does not make God simply the Wholly Other; anguish dramatizes the Covenant without ever reaching the point of rupture where absolute otherness would be absence of relation. Just as jealousy is an affliction of love, so anguish is a moment that dialectizes the dialogue, but does not annul it.[89]

---

[84] Ricœur, *The Symbolism of Evil*, 33.
[85] See Ricœur, *The Symbolism of Evil*, 29–30: "[defilement] is, we have said, a something that infects by contact. But this infectious contact is experienced subjectively in a specific feeling which is of the order of Dread. Man enters into the ethical world through fear and not through love."
[86] Assmann, *Monotheism*, 56.
[87] Ricœur, *The Symbolism of Evil*, 52.
[88] See Ricœur, *The Symbolism of Evil*, 63.
[89] Ricœur, *The Symbolism of Evil*, 69.

To (psycho-)analyze the biblical figurations of guilt, trauma, and repressed feelings in confronting oneself with Freud's interpretation, we have *passed through the fire of merciless suspicion*. With Ricœur's reading of psychoanalysis as hermeneutics, the need for symbolism has been integrated into the process of interpretation. By including his reflections on biblical hermeneutics as well as his discourse of the multifaceted symbolism of evil as defilement or sin, a refined reading of religious experience of guilt was made possible.

Bibliography

Amherdt, François-Xavier (2006): "Paul Ricœur (1913–2005) et la Bible." In: *Revue des sciences religieuses* 80. No. 1, 1–20.

Assmann, Jan (1997): *Moses the Egyptian: The Memory of Egypt in Western Monotheism*. Cambridge and London: Harvard University Press.

Assmann, Jan (2006): "Monotheism, Memory, and Trauma: Reflections on Freud's Book on Moses." In: Assmann, Jan: *Religion and Cultural Memory: Ten Studies*. Rodney Livingstone (Trans.). Stanford: Stanford University Press, 47–62.

Bernstein, Richard J. (2013): "Ricœur's Freud." In: *Études Ricœuriennes / Ricœur Studies* 4. No.1, 130–139.

Freud, Sigmund (1939): *Moses and Monotheism*. The International Psycho-Analytical Library 33. Katherine Jones (Trans.). Letchworth: The Garden City Press.

Frey, Daniel (2008): *L'interprétation et la lecture chez Ricœur et Gadamer*. Paris: Presses Universitaires de France.

Frey, Daniel (2011): "En marge de l'onto-théologie. Lectures ricœuriennes d'Exode 3,14." In: *Paul Ricœur: Un philosophe lit la bible. A l'entrecroisement des herméneutiques philosophique et biblique*. Pierre Bühler and Daniel Frey (Eds.). Geneva: Labor et Fides, 49–72.

Rad, Gerhard von (1962): *Old Testament Theology. Volume I: The Theology of Israel's Historical Traditions*. David M. G. Stalker (Trans). Edinburgh and London: Oliver and Boyd.

Ricœur, Paul (1969): *The Symbolism of Evil*. Emerson Buchanan (Trans.). Boston: Beacon Press.

Ricœur, Paul (1970): *Freud and Philosophy: An Essay on Interpretation*. Denis Savage (Trans.). New Haven and London: Yale University Press.

Ricœur, Paul (1971): "Du conflit à la convergence des méthodes en exégèse biblique." In: Ricœur, Paul: *Exégèse et herméneutique. Parole de Dieu*. Xavier Léon-Dufour (Ed.). Paris: Seuil, 35–53.

Ricœur, Paul (1973): "The Hermeneutical Function of Distanciation." In: *Philosophy Today* 17. No. 2, 129–141.

Ricœur, Paul (1974): "Consciousness and the Unconscious." Willis Domingo (Trans.). In: Ricœur, Paul: *The Conflict of Interpretations: Essays in Hermeneutics*. Don Ihde (Ed.). Evanston: Northwestern University Press, 99–120.

Ricœur, Paul (1974): "Metaphor and the Main Problem of Hermeneutics." In: *New Literary History* 6. No. 1, 95–110.

Ricœur, Paul (1975): "Philosophical Hermeneutics and Theological Hermeneutics." In: *Studies in Religion / Sciences Religieuses* 5. No. 1, 14–33.
Ricœur, Paul (1980): "Toward a Hermeneutic of the Idea of Revelation." In: *Essays on Biblical Interpretation*. Lewis S. Mudge (Ed.). Philadelphia: Fortress Press, 73–118.
Ricœur, Paul (1982): *Poétique et symbolique*. In: *Initiation à la pratique de la théologie*. Bernard Lauret and Francois Refoule (Eds.). Paris: Cerf, 37–61.
Ricœur, Paul (1991a): "Philosophical Hermeneutics and Biblical Hermeneutics." In: Ricœur, Paul: *From Text to Action: Essays in Hermeneutics*. Volume II. Kathleen Blamey and John B. Thompson (Trans.). Evanston: Northwestern University Press, 89–101.
Ricœur, Paul (1991b): "What is a Text? Explanation and Understanding." In: Ricœur, Paul: *From Text to Action: Essays in Hermeneutics*. Volume II. Kathleen Blamey and John B. Thompson (Trans.). Evanston: Northwestern University Press, 105–124.
Ricœur, Paul (1998): "From Interpretation to Translation." In: LaCocque, André and Ricœur, Paul: *Thinking Biblically: Exegetical and Hermeneutical Studies*. David Pellauer (Trans.). Chicago and London: The University of Chicago Press, 331–361.
Ricœur, Paul (2012a): "Psychoanalysis and Hermeneutics." In: Ricœur, Paul: *On Psychoanalysis: Writings and Lectures*. Volume I. David Pellauer (Trans.). Malden and Cambridge: Polity Press, 50–72.
Ricœur, Paul (2012b): "The Question of Proof in Freud's Psychoanalytic Writings." In: Ricœur, Paul: *On Psychoanalysis: Writings and Lectures*. Volume I. David Pellauer (Trans.). Malden and Cambridge: Polity Press, 11–49.
Ofengenden, Ari (2015): "Monotheism, the Incomplete Revolution: Narrating the Event in Freud's and Assmann's Moses." In: *Symploke* 23. No. 1–2, 291–307.
Schäfer, Peter (2002): "The Triumph of Pure Spirituality: Sigmund Freud's Moses and Montheism." In: *Jewish Studies Quarterly* 9, 381–406.
Schmid, Konrad (2019): *A Historical Theology of the Hebrew Bible*. Peter Altmann (Trans.). Grand Rapids: William B. Eerdmans Publishing.
Smith, Barry D. (1987): "Distanciation and Textual Interpretation." In: *Laval théologique et philosophique* 43. No. 2, 205–216.

Michael Funk Deckard
The miracle of memory: Working-through Ricœur on Freud's *Nachträglichkeit*

Abstract: Paul Ricœur's presentation of "Consciousness and the Unconscious" at a colloquium in Bonneval from 1960 cannot make sense until afterwards, which is fundamental to Freud's notion of *Nachträglichkeit*, often translated as *après-coup* or afterwardsness. This chapter is an uncovering of the Freudian concept of *Nachträglichkeit* in Ricœur's own philosophical biography and writing. A reading of Freud's text from 1914 ("Remembering, Repeating, Working-Through") reveals how the work of mourning and the work of memory were already interlaced from *Freedom and Nature* to *Living Up to Death*. If Descartes is right about the *cogito*, then there cannot be a distinction between the two concepts of consciousness and an unconscious, and the *après-coup* cannot exist. But Freud's notion of working-through (*perlaboration*) finds a possible way out of this impasse. The little miracle of memory, the opposite of which is repetition toward compulsion (or hell), may resurrect the dead. The underworlds of Homer, Virgil, and Dante are taken up in 20th-century philosophy and psychoanalysis. At the core of this philosophical or psychological work is Ricœur's powerful claim: "consciousness is not given but a *task*."

> δοκῶ μοι περὶ ὧν πυνθάνεσθε οὐκ ἀμελέτητος εἶναι
> Plato, *Symposium*

> And in the dismal litany of these names,
> which were full of sand and salt
> and too much empty, breezy space [...]
> which to this day, when they drift up like gas bubbles
> from the depths of memory,
> retain their full specific virtue,
> though they have to traverse one after another
> the many different layers of other mediums
> before reaching the surface.
> Proust, *À la recherche de temps perdu*

1 Introduction

To tell a story about the middle of Paul Ricœur's life is to speak of the *Colloque sur l'inconscient* at the former Benedictine monastery in Bonneval, France in the autumn of 1960.¹ Although the relevance and meaning of his talk at Bonneval, entitled "Consciousness and the Unconscious," would be delayed,² the groundwork for his remarks had been laid a decade earlier. In *Freedom and Nature*, his first real foray into psychoanalysis, Ricœur explores the distinction between the voluntary and the involuntary. In this analysis he discovers the crisis at the core of the relationship between philosophy and psychoanalysis. The crisis of consciousness occurs in its relation to the unconscious. Psychoanalysis holds a realist conception of the unconscious whereas phenomenology holds a realism of the cogito. But neither of these views are sufficient for the crisis. The debate between energetics and hermeneutics, as Richard Bernstein has recently shown, contributes to the crisis.³ This means that there are two distinct sides to Freud's system. On the one hand, a scientific, medical, and physiological basis of memory composes the energetics. On the other hand, the hermeneutic aspect is made up of an interpretative, metaphysical, and philosophical realm. Neither of these systems can be reduced to the other. Freud's way of thinking opposes a Cartesian interpretation, in the sense that for Descartes one cannot *become* conscious after-the-event [*Nachträglichkeit*].⁴ This notion of "after-the-event" is located at the intersection of body (energetics) and mind (hermeneutics) but also at the intersection of the two kinds of memory, what psychologists call episodic and procedural memory.⁵

---

1 Ricœur also published two important works on the Philosophy of Will in 1960, collectively titled *Finitude and Culpability*. See Ricœur, *L'homme faillible / Fallible Man* and *La Symbolique du Mal / The Symbolism of Evil*.
2 During Ricœur's presentation on November 2, 1960, in Bonneval, there was a discussion that "was eliminated from the published volume of Bonneval colloquium at [Lacan's] request." See Ricœur, *La critique et la conviction*, 107–108 / *Critique and Conviction*, 68–69. A discussion of the colloquium can be found in the following sources: Roudinesco, *Histoire de la psychanalyse en France*, 398–405; Green, "Paul Ricœur à Bonneval"; Simms, *Ricœur and Lacan*, 7–8; Dosse, *Paul Ricœur: Les sens d'une vie*, 291–293; and Lery-Lachaume, "Ricœur, Lacan, et le défi de l'inconscient," 72–86.
3 Bernstein, "Ricœur's Freud."
4 Two recent interpretations of this notion, both from within the psychoanalytic field, are helpful: Eickhoff, "On *Nachträglichkeit*," and Stern, "Unformulated experience, dissociation, and *Nachträglichkeit*." See also Lacan, *Écrits* 256 / *Écrits: The First Complete Edition in English*, 213. With this text, since it has the same title in both languages, the French page number will be followed by the English.
5 Without naming them, Paul Ricœur comments on "two kinds of memory" in *La mémoire*, 550 / *Memory*, 424. Slightly earlier, he claims, "either I speak of neurons and so forth, and I confine myself to a certain language, or else I talk about thoughts, actions, feelings, and I tie them to my body, with which I am in a relation of possession, of belonging. We can credit Descartes with having carried the problem of epistemological dualism to its critical point" (Ricœur, *La mémoire*,

When a person uses the word memory in ordinary language, they are often confounding these two senses of memory. Episodic memory, also called autobiographical or declarative memory, refers to how one remembers the location of one's keys or what happened in one's childhood. According to Daniel Hutto, episodic memory is "a form of recreative or simulative imagining that enables us to construct and entertain possible episodes."[6] For episodic memory, no substantial difference exists between imagining and remembering. Procedural memory, on the other hand, is the kind of involuntary neuronal "muscle memory" needed for riding a bike or tying one's shoes. For procedural memory, one cannot recall an image or reconstruct an event since these are "built in" to our bodies. Even language or music, as will be seen below, bridge these two kinds of memory.

"Recollection always presupposes a reconstruction," Dmitri Nikulin writes,[7] but, in a sense, episodic memory appears to be conscious and voluntary whereas procedural memory unconscious or at least involuntary. While the psychoanalytic conception would naturally theorize something like procedural memory, as it is neurological or biological in origin and cannot become conscious, the phenomenological account holds that memory is only accessible to consciousness and thus to rational scrutiny. Ricœur will show that these two types of memory, while not the same in access, are really one and the same in origin.

While autobiographical memory and declarative memory are forms of episodic memory, neither capture remembering, say, before the age of four.[8] Episodic memory is implicit and becomes procedural memory, as when "acting out."[9] Ricœur de-naturalizes memory by critiquing the realism of the unconscious. While phenomenologists in general focus only on one of these kinds of memories (episodic), Freud thought the farther back one goes, the more powerful the memory, even if it is not easily accessible to consciousness. Whereas in empiricism, Locke and Hume claim the further you go back, the weaker the memory. While the distinction between episodic and autobiographical memory is important for psychologists and for *accessing* memory, many philosophers and psychoanalysts collapse the distinction. This paper will *work-through* Ricœur and Freud on the difference between philosophy and psychology on memory.

---

545 / *Memory*, 420). See also the discussion of memory in Deckard and Williamson, "Virtual identity crisis."

6 Hutto, "Memory and Narrativity." See also Dessingué, "Paul Ricœur," and Dmitri Nikulin, "Introduction."

7 Nikulin, "Introduction," 9.

8 Hutto, "Memory and Narrativity," 194–195. See also Nelson, "Narrative and the Emergence of a Consciousness of Self."

9 For acting out, see Stiegler, *Acting Out*, 7–10.

In three sections, a closer look at Ricœur's reading of Freud's conception of memory uncovers these above-mentioned distinctions, lighting up the "empty, breezy space" between them.[10] First, in "Consciousness is not given but a *task:* Ricœur's trajectory (problematic)," an overview of Ricœur's œuvre regarding the work of memory from 1950 to his *Freud and Philosophy* (1965) is given, illuminating earlier writings by later writings. Second, in "Remembering, repeating and working-through Freud (analytic)," a detour through Freud's own development on memory with a particular focus on his thinking from 1895 to 1912 will provide an archaeological attempt to unearth Freud's own developing theory of *Nachträglichkeit*. Third, in "Ricœur's Freud: From the oneiric to the sublime (Dialectic)," a synthesis concludes Ricœur and Freud on memory.

2 "Consciousness is not given but a task": Ricœur's trajectory (problematic)

The relationship of voluntary memory to the involuntary underlies Ricœur's œuvre. Consciousness and the unconscious incorporate time as well as the future. While much of Ricœur's dissertation, *Freedom and Nature*, was sketched out while in a camp in Pomerania, he situated the unconscious there within "experienced necessity" between character and life. He then moved to a "deeper layer of the involuntary that remains hidden from consciousness."[11] This text will be examined below, since his critique of the realism of the unconscious was to set the stage for his later work. There are already hints there of what, fifty years later, he will speak of as "the duty of memory" (*devoir de mémoire*) or "the work of memory" (*travail de mémoire*) and "the work of mourning" (*travail de deuil*).[12] The duty and work of memory and mourning are also crucial within *Living up to Death*, a posthumous scattered work that puts the point most perspicuously: "There's the rub: the work of memory is the work of mourning. And both are a word of hope, torn from what is unspoken."[13] The ancient practice of

---

[10] For "d'espace trop aéré et vide," see Proust, *In the Shadow of Young Girls in Flower*, 241, whose context is put in the epigraph above.
[11] Davidson, "The Phenomenon of Life," 160–162. See also Karl Simms, "Ricœur and Psychoanalysis."
[12] Ricœur, *La mémoire,* 106–107 / *Memory,* 87–88. Ricœur puts this point most succinctly in his "Fragile Identity," particularly 161–163.
[13] Ricœur, *Vivant jusqu'à la mort,* 73 / *Living up to Death,* 39. The French reads: "Voilà le nœud: travail de mémoire est travail de deuil. Et l'un et l'autre sont parole d'espoir, arrachée au non-dit."

ascèsis is an interminable work of preparing for death.¹⁴ "Here the philosopher learns from the physician and in the first instance listens and learns,"¹⁵ Ricœur writes. Recognizing the obstacles of Ricœur's reading of Freud, my claim concerns the *ascèsis* of constantly returning to oneself, working-through the pain. The task of consciousness can only be attained through difficult work. Even with a fifty-year interval between *Freedom and Nature* and *Memory, History, Forgetting*, the two forms of memory, episodic and procedural, reveal that the seeds of his last work were there from the beginning. The highlight of his trajectory is the event of Bonneval.¹⁶ Thus, the Bonneval Colloquium instantiated both the conflict of interpretations and a way to hermeneutically dialogue between disciplines without absolute fusion.

2.1 *Freedom and Nature* (1950)

From the very beginning of his scholarly career, Ricœur was not entirely unlearned in psychoanalysis. His most influential teacher in secondary school in Rennes, Roland Dalbiez, taught him the basics. François Dosse points out the relationship between the two thinkers: "Roland Dalbiez exercised on Ricœur a decisive influence that extends from 1929 to 1933...he left an indelible imprint on the attitude of his student."¹⁷ Mentioning *The Symbolism of Evil* and *Freud and Philosophy*, Roudinesco describes the historical importance of this relationship, "Student of Dalbiez, this philosopher [Ricœur] was entirely contrary to Lacan... born in 1913, he discovered the Freudian œuvre before the war and found in the atheist Jewish thinker a chosen field to which he immersed himself for many years."¹⁸ Already in Ricœur's dissertation, he had taken on Freud and Dalbiez.

According to *Freedom and Nature*, thinking alone cannot grasp the mystery of the soul and body. Ricœur writes, "Or, if you wish, it is really in thinking that we break the living unity of man...in the background of epistemological dualism

---

14 For an excellent discussion of this theme in Ricœur, see Gregor, "Ricœur's askesis," 421–438.
15 Ricœur, *Philosophie de la volonté 1*, 353 / *Freedom and Nature*, 376.
16 See the appendix below. Roudinesco, *Histoire de la psychanalyse en France*, 319, states that Henri Ey, who had invited Ricœur to Bonneval, desired a confrontation between psychoanalysis, psychiatry, and philosophy.
17 Dosse, *Paul Ricœur: Les sens d'une vie*, 19.
18 Roudinesco, *Histoire de la psychanalyse en France*, 399 (my translation). See also Ricœur's own discussion of his teacher in "Psychanalyse Freudienne et Foi Chrétienne," particularly 122–129.

there is the *practical* incompatibility of necessity and freedom."[19] We can seek "glimpses of the mystery of the unity of soul and body" in Descartes, but one of these forms, thinking or bodily mechanism, cannot dictate to the other what the following means: "born of definite parents and being united to this definite body is one and the same mystery."[20] There is no doubt Freud lurks not far behind the surface here. "The family is the refuge, perpetuation, and consecration of that crepuscular consciousness of childhood. Perhaps the obscure imprint and tender nostalgia of this vital continuity are never erased from our affection for our mother."[21] The desire to return to the womb, whether in dreams or waking life, connects two spheres of existence. "This does not mean that the sleeping man or the unconscious have a better memory or remain children longer, but the unconscious, which bears the mark of oldest impressions, gives matter to our thought, but it is based on the byways of unconscious."[22] In Freudian analysis, the farther back you go the deeper you go into the unconscious. Ricœur calls the unconscious infantile in the sense that these realms are dark and murky unlike the clarity and distinctness of consciousness. Dreams and childhood are difficult tasks to interpret.[23]

The false dilemma for Ricœur concerns what is hidden to consciousness. It is not "an *ascesis* of self-consciousness," he claims, but "rather a method of exploration and investigation akin to that of the natural sciences."[24] The revealed and the hidden are two sides of the same coin that is the self. Two errors must be avoided: 1) attributing thought to the unconscious (realism); 2) assigning perfect transparency to consciousness (idealism). Ricœur concentrates his argument on realms of the hidden. On the one hand, "affectivity is obscurity itself."[25] In ask-

---

[19] Ricœur, *Philosophie de la volonté 1*, 417 / *Freedom and Nature*, 444.
[20] Ricœur, *Philosophie de la volonté 1*, 413 / *Freedom and Nature*, 439.
[21] Ricœur, *Philosophie de la volonté 1*, 413–414 / *Freedom and Nature*, 440.
[22] Ricœur, *Philosophie de la volonté 1*, 414 / *Freedom and Nature*, 440.
[23] Ricœur ties this claim to Descartes in the following: "the philosopher should not suspect childhood. Childhood is not only puerile. This does not mean being unfaithful to the Descartes of the *Treatise on Passions* but rather to seek in it glimpses of the mystery of unity of soul and body because the bond which binds me to my parents is only one aspect of the pact which I have made with my life and of which Descartes was not unaware. Being born of definite parents and being united to this definite body is one and the same mystery: these beings are my parents as my body is my body" (*Philosophie de la volonté 1*, 413 / *Freedom and Nature*, 439).
[24] Ricœur, *Philosophie de la volonté 1*, 351 / *Freedom and Nature*, 374.
[25] Ricœur, *Philosophie de la volonté 1*, 355 / *Freedom and Nature*, 378. The French puts this in context: "Pour commencement par le *besoin*, il est à peine besoin de rappeler qu'il est en nous le principe de toute obscurité; l'affectivité est l'obscurité même; cette obscurité, on voudrait bien la dissoudre en mécanisme et la renvoyer au corps; mais, si l'on ne veut point perdre le sens psychique, c'est-à-dire intentionnel du besoin, son manque et son appel, antérieurs à la lumière de

ing the questions, "what is it I want?" or "what is the point?," I am alluding to this fact.[26] Thus, whether concerning need, emotion, or habit, I am not entirely transparent to myself. There are two forms of memory at work here. For Ricœur, psychoanalysis can only cure if the subject collaborates in therapy "by voluntarily relinquishing autosuggestion and critique." The therapist must be able to interpret the "flux of memories, associations, and emotions, oscillating among several levels of consciousness from waking to a state akin to hypnosis." At the heart of psychoanalysis is "the reintegration of traumatic memory in the field of consciousness ... It heals by means of a victory of memory over the unconscious." Ricœur repeats the point in different ways, but perhaps the clearest expression here is when he states: "Interpretation is not repression; it is the intuitive reintegration of memory which 'purifies' consciousness."[27]

2.2 "Consciousness and the Unconscious" (1960)

The difference between Ricœur and Lacan is important. Since the significance of the Bonneval colloquium, mentioned at the beginning of this paper, is deferred, it is important to retrospectively re-interpret the words of Ricœur and Lacan in Bonneval. While Lacan believed that "the unconscious is the chapter of my history that is marked by a blank or occupied by a lie,"[28] Ricœur thought of the unconscious as "an object constituted by the ensemble of hermeneutical procedures which must be deciphered."[29] Unlike Lacan's blank or lie, the unconscious is like language, music, or text waiting to be deciphered through a restoration of meaning. It has a Janus face, one looking backwards and one looking forwards. Lacan, however, claims "the presence of the unconscious, being situated in the locus of the Other, can be found in every discourse, in

---

la representation imagée et intelligente de son objet, il faut bien y discerner une épaisseur confuse d'anticipation que nulle image et nul savoir n'épuisent." Kohák breaks all of this into separate sentences.

26 For an excellent discussion of affect in relation to the body as source, cite, and place in the whole of Ricœur's *oeuvre*, see Arel, "Theorizing the Exchange between the Self and the World."

27 Ricœur, *Philosophie de la volonté 1*, 360 / *Freedom and Nature*, 384.

28 Lacan, *Écrits*, 257 / 215. This is from "The Function and Field of Speech and Language in Psychoanalysis," delivered in 1953 compared to the claim at the beginning of "Consciousness and the Unconscious": Freud, Nietzsche, and Marx all "rise before him as protagonists of suspicion who rip away masks and pose the novel problem of the lie of consciousness and consciousness as a lie" (Ricœur, *Le Conflit des interprétations*, 101 / *The Conflict of Interpretations*, 99).

29 Roudinesco, *Histoire de la psychanalyse en France*, 2, 399.

its renunciation."³⁰ While the confrontation of Ricœur and Lacan at the end of the conference has not been recorded, all references to it were that Lacan appreciated what Ricœur had to say.³¹ The conflict of interpretations and egos occurs later, after the *Freud* book was published in 1965. Roudinesco is fair in her analysis of this event, as Ricœur himself states,³² but how might we return to these texts and interpret them anew?

What is at stake in the Bonneval colloquium from 1960 concerns the breakdown of consciousness. If immediate consciousness entails a *kind of* certainty, then how far does the action of the afterwardsness (*Nachträglichkeit*, *après-coup*) enter into this immediacy? "If phenomenology is a modification of the Cartesian doubting of existence, then psychoanalysis is a modification of Spinoza's critique of a free will," Ricœur writes.³³ Psychoanalysis "would like to be, like Spinoza's *Ethics*, a reeducation of desire."³⁴ The modifications of Descartes and Spinoza are not rejections of either. Furthermore, he summarizes the work on Freud as reflecting two recognitions: "the necessity of the detour through indirect signs, and secondly of the conflictual structure of hermeneutics and thus of self-knowledge. Self-knowledge is a striving for truth by means of this inner contest between reductive and recollective interpretation."³⁵ The reductive and recollective interpretations may align with the two kinds of memory, or Descartes' immediacy and Spinoza's *sub specie aeternatatis* or third kind of knowledge. If the indirect sign of trauma has an "after the fact" presence, then all of our memories are affected by trauma. There is no pure access to a memory without a taint of trauma. Ricœur calls it "the admission of phenomenological distress" (*l'aveu de la détresse phénoménologique*).³⁶

At the core of the philosophical and psychological work of the conflict of interpretations lies the claim "consciousness is not given but a *task*." The claim

---

30 Lacan, *Écrits* 707 / 834. "Position of the Unconscious" was the title of his talk for the Bonneval Colloquium in 1960. But he may have changed some between 1960 and 1966 when *Écrits* was published.
31 See Ricœur, *La critique et la conviction*, 107 / *Critique and Conviction*, 68–69; Roudinesco, *Histoire de la psychanalyse en France*, 400; Reagan, *Ricœur*, 26. See p. 467–469 for Ricœur's contribution to Bonneval before being redacted for publication as well as André Green's response.
32 See Ricœur, *La critique et la conviction*, 110 / *Critique and Conviction*, 70.
33 Ricœur, *De l'interprétation*, 380–381 / *Freud and Philosophy*, 391. See also Deckard, "What's wrong with Phenomenology (according to Spinoza)?"
34 Ricœur, *Le Conflit des interprétations*, 193 / *The Conflict of Interpretations*, 194.
35 Ricœur, *The Rule of Metaphor*, 376. This text was delivered in 1971 as "From Existentialism to the Philosophy of Language."
36 Ricœur, *Le Conflit des interprétations*, 102–103 / *The Conflict of Interpretations*, 101.

from the third part of Ricœur's 1960 article differentiates his work from others who attempted the combination of psychoanalysis and philosophy, particularly in phenomenology. But as André Green put it in his letter to Ricœur from 1961, the confrontation between Hegel and Freud where Ricœur says that they are doing the same thing is at the heart of his Bonneval presentation.[37] What Ricœur addresses is an opposition, or two readings (an analytic and a dialectic) which in his own formal structure of *Freud and Philosophy* is preserved. He writes,

> At the start, in an interpretation of psychoanalysis completely governed by Freud's own systematization, all opposition is external; psychoanalysis has its opposite outside itself. This first reading is necessary; it serves as a discipline of reflection; it brings about the dispossession of consciousness.[38]

Here is how he describes the second reading:

> It is only in a second reading, that of our "Dialectic," that the external and completely mechanical opposition between the contending points of view can be converted into an internal opposition, with each point of view becoming in a way its opposite and bearing within itself the grounds of the contrary point of view.[39]

The section of "How to Read Freud" at the beginning of his Analytic is then crucial for a philosopher to open any text of Freud's. It is also crucial for understanding the impact of how Ricœur practices hermeneutics in general. The task of philosophy is always to read an event or memory more than once at multiple levels.

If we are bound by the taint of trauma and thus to repetition and regression, what is the task of consciousness? Ricœur describes the task as a move from childhood to adulthood in the Hegelian terms of mutual recognition (*Anerkennung*). The three spheres of meaning are important here, resembling the discussion in *Fallible Man:* possession, power, and value. First, possession is like Marxist economics and non-libidinal alienation in terms of "work, exchange, and appropriation." Second, power resembles both Hegel's *Philosophy of Right* and Plato's *Sophist:* it is political power that drives "ambition, intrigue, submission, and responsibility."[40] The third realm of value, in which self-esteem and dignity

---

37 See the André Green letter p. 471–472 in an appendix where he says that Ricœur is the only philosopher to attempt a true mediation between "ces ordres du primordial de l'inconscient au terminal du conscient."
38 Ricœur, *De l'interprétation*, 68 / *Freud and Philosophy*, 60.
39 Ricœur, *De l'interprétation*, 68 / *Freud and Philosophy*, 60.
40 Ricœur, *Le Conflit des interprétations*, 112 / *The Conflict of Interpretations*, 111.

is established, "what it means to be esteemed, approved, and recognized as a person," includes works of art and culture.⁴¹

The thinking behind *Nachträglichkeit* finds its first expression here:

> Consciousness is a movement which continually annihilates its starting point and can guarantee itself only at the end. In other words, it is something that has meaning only in later figures, since the meaning of a given figure is *deferred* until the appearance of a new figure.⁴²

The key to the dialectic of the unconscious and consciousness is that it "always moves backwards" (*toujours d'avant en arrière*).⁴³ The backwards movement is Freud's contribution yet the movement between Freudian analysis and Hegelian synthesis must be simultaneous, which can be seen as early as in the "Energetics and Hermeneutics." The questions posed there highlight what is at stake in the conflict of interpretations—here concerning psychoanalysis and philosophy, particularly phenomenology. According to Ricœur, "the whole problem of the Freudian epistemology may be centralized in a single question: How can the economic explanation *be involved in* [*passe par*] an interpretation dealing with meanings; and conversely, how can interpretation be an *aspect* [*un moment*] of the economic explanation?"⁴⁴ It is to this question I now turn.

2.3 *Fallible Man to Freud* (1960–1965)

In Book I (Problematic) of *Freud and Philosophy* concerning the placing of Freud, there are three sections and precisely in the middle is a section titled "Interpretation as recollection of meaning (*L'interprétation comme recollection du sens*)". Under the rubric of "second naiveté," Ricœur emphasizes phenomenology's role in "its instrument of hearing, of recollection, of restoration of meaning."⁴⁵

---

41 Ricœur, *Le Conflit des interprétations*, 113 / *The Conflict of Interpretations*, 112.
42 Ricœur, *Le Conflit des interprétations*, 114 / *The Conflict of Interpretations*, 113 (emphasis added). The French reads: "la conscience, c'est le mouvement qui anéantit sans cesse son point de départ et n'est assuré de soi qu'à la fin. Autrement dit, c'est ce qui n'a son sens que dans des figures postérieures, seule une figure nouvelle pouvant révéler *apres coup* le sens des figures antérieures." Lacan will take credit for first coming up with the idea (from Freud) in *L'inconscient 6e colloque de Bonneval*, 164.
43 Ricœur, *Le conflit des interprétations*, 114 / *The Conflict of Interpretations*, 113.
44 Ricœur, *De l'interprétation*, 76 / *Freud and Philosophy*, 66 (emphasis original).
45 Ricœur, *De l'interprétation*, 36 / *Freud and Philosophy*, 28; see also Ihde, *Hermeneutic Phenomenology*, 141.

Through hearing, we are capable of remembering what in terms of meaning is always already there. The ancient Platonic theme of recollection is barely described, but the claim that "[t]o be truthful, I must say it is what animates all my research," specifically highlights the reason for placing recollection between interpretation and suspicion in a section of the problematic entitled the conflict of interpretations. His primary message here is an "allusion to the ancient theme of participation [...] which is also the path of intellectual honesty: the fully declared philosophical decision animating the intentional analysis would be a modern version of the ancient theme of reminiscence."[46] In order to grasp the ancient theme of memory more fully, I will briefly consider *Fallible Man*.

As early as the introduction to *Freedom and Nature* (1950) and in the preface to *Fallible Man* (1960), the importance of consciousness of fault is what links the two temporal ecstasies. Past and future are necessary for understanding fault and freedom as well as evil. If, following Kierkegaard, "corruption is born of the intoxication of freedom and that consciousness is born of the fault,"[47] then the "act of taking-upon-one self creates the problem; it is not a conclusion but a starting point."[48] The ambiguity lies between the following claims: 1) we are not the radical source of evil; and 2) we accept that we are evil. Is freedom or evil the starting point?[49] Whereas Ricœur turned to Kierkegaard on the relationship of freedom and evil in *Freedom and Nature* (with a footnote to his own earlier work on Jaspers and Marcel), it is to Kant and Nabert that he turns in *Fallible Man*. The same *ambiguity* exists between consciousness and the unconscious: how are we responsible for our actions? The "'primary affirmation' by which I am constituted as a self over and above all my choices and individual acts"[50] is like Freud's unconscious or Sartre's nothingness in that it enables freedom or fault to occur.[51] "The project," Ricœur says regarding the phenomenology of the will, "enriched by memory, re-emerges as repentance."[52]

---

46 Ricœur *De l'interprétation*, 40 / *Freud and Philosophy*, 31.
47 Ricœur, *Philosophie de la volonté 1*, 30 / *Freedom and Nature*, 27.
48 Ricœur, *L'homme faillible*, 15 / *Fallible Man*, xlvii; see also Deckard and Makant, "The Fault of Forgiveness."
49 This formulation comes from Ignace Verhack in his course on *Fallible Man* at Katholieke Universiteit Leuven in 2001.
50 Ricœur, *L'homme faillible*, 15 / *Fallible Man*, xlvii.
51 See Sartre, *Being and Nothingness*.
52 Ricœur, *L'homme faillible*, 15–16 / *Fallible Man*, xlviii. The whole passage reads in the French: "Dans la conscience de faute en effet apparaît d'abord l'unité profonde des deux "extases" temporelles du passé et du futur; l'élan en avant du projet se charge de rétrospection; en retour la contemplation affligée du passé dans le remords est incorporée à la certitude de la régénération possible; le projet, enrichi de mémoire, rebondit en repentir. Ainsi, dans la con-

Here is a nod to what he means by the task of consciousness: a "demand for wholeness" (*l'exigence d'intégralité*) that constitutes the self in its very nature beyond individual acts as necessary for a "participation à rebours," that is, a retrospective *Nachträglichkeit* on the whole that we always already are.

After a brief analysis of *Fallible Man*, the essay on Freud begins to formulate itself like gas bubbles from the depths of memory: what was missing from his eidetics (1950) and empirics (1960) appears to be the energetics. What phenomenology gives in terms of meaning lacks in terms of energetics. Or, as Ricœur states, "It is easier to fall back on a disjunction: either an explanation in terms of energy, or an understanding in terms of phenomenology. It must be recognized, however, that Freudianism exists only on the basis of its refusal of that disjunction."[53]

The "key" to the "divorce" between "explanation and interpretation," on the one hand, and energetics and hermeneutics, on the other, will be found in Freud's *Project* of 1895.[54] What "Consciousness and the Unconscious" is to Ricœur's own life-long interpretation of Freud, Freud's *Project* is to his later development of psychoanalysis. Something clicked in Freud's brain, as he writes on October 20, 1895,

> The three systems of neurones, the 'free' and 'bound' states of quantity, the primary and secondary processes, the main trend and the compromise trend of the nervous system, the two biological rules of attention and defence, the indications of quality, reality, and thought, the state of the psycho-sexual group, the sexual determination of repression, and finally the factors determining consciousness as a perceptual function—the whole thing held together, and still does. I can naturally hardly contain myself with delight.[55]

Never again will Freud try to "force a mass of psychical facts within the framework of a quantitative theory."[56]

Sentences of the Bonneval colloquium are expanded in "Instinct and Idea in the 'Papers on Metapsychology'": it becomes clear that the task of consciousness

---

science de faute, le futur veut enrôler le passé, la prise de conscience se révèle comme reprise et la conscience se découvre une épaisseur, une densité qui ne seraient pas reconnues par une réflexion seulement attentive à l'élan en avant du projet.

53 Ricœur, *De l'interprétation*, 76 / *Freud and Philosophy*, 66. The word for "disjunction" is "alternative" in the original.
54 For the words "key" and "divorce," see Ricœur, *De l'interprétation*, 77 / *Freud and Philosophy*, 67. For the project, see SE 1, 283–397, and Bernstein, "Ricœur's Freud," 205–206.
55 Freud, *The Origins of Psychoanalysis*, 129. Ricœur refers to this letter in *De l'interprétation*, 80 / *Freud and Philosophy*, 70.
56 Ricœur, *De l'interprétation*, 83 / *Freud and Philosophy*, 73.

which is work (*travail*) in place of hypnosis leads to the genetic way of interpretation that begins with the parents. Not with the *epoché* or the ego, but rather with interdiction.

In the *New Introductory Lectures*, Freud writes, "From the analysis of delusions of observation we have drawn the conclusion that there actually exists in the ego an agency which unceasingly observes, criticizes and compares, and in that way sets itself over against the other part of the ego" (SE XXII, 67). The description of the superego works towards the genesis of that ego, resembling the problematic of freedom and fault in the earlier work. Freud continues, "He senses an agency holding sway in his ego which measures his actual ego and each of its activities by an *ideal ego* that he has created for himself in the course of his development" (SE XXII, 67). The origin of conscience is at the root of authority. In childhood, a bridge between the clinical and the economic, requires a particular way of interpreting the world and its texts. How does the clinical and economic arise and resolve itself in Ricœur's thought? The genetic explanation also has a way of making sense of one's life, including Ricœur's hermeneutics, but not in the way traditionally presented. Since for Ricœur, working-through is the basis of detour and the task of consciousness is deeply related to the miracle of memory, let me take a detour through Freud's most important text.

3 Remembering, repeating and working-through Freud (analytic)

By 1967 interpreting in terms of difference was all the rage as seen in Derrida and Deleuze. The deluge of giant texts between Ricœur's in 1965, Lacan's in 1966, Derrida's in 1967, and Deleuze's in 1968, set the stage for the relationship of French psychoanalysis and philosophy.[57] In the midst of the flurry, the Bonneval Colloquium on the unconscious is published in 1966. Ricœur's way of 'deferral' differs from Derrida and Deleuze due to his way between the conflict by means of memory. A way between means that his theory of interpretation is neither scientific certainty, as in Descartes's *cogito*, nor *differ(a)ence*, either in the Derridean or Deleuzian sense. Still remaining wholly within philosophy, since he confesses that he has neither undergone analysis nor given it, he reads Hegel and Freud as doing the same thing regarding the unconscious.[58] They both equally

---

[57] See Lacan, *Écrits*; Derrida, *Writing and Difference*, 203; Deleuze, *Difference and Repetition*, 14–19.
[58] Ricœur, *Le conflit des interprétations*, 103–104 / *The Conflict of Interpretations*, 102.

dismantled the certainty of Cartesian consciousness. The underworlds of Homer, Virgil, Dante, and Milton—as well as a passage through the symbolism of evil—are taken up in 20th-century philosophy and psychoanalysis.

For Ricœur, Bergson and Freud overlap over against philosophy's totalizing from Hegel to Sartre. The problematic of memory as a "present representation of something absent" is also present in Ricœur's Terry lectures, even though Ricœur only mentions Freud's text of "Remembering, Repeating, and Working-Through" once in the entire book. It is nevertheless central to the entire corpus. Freud's text, as short as it is, contains a germ of the whole of psychoanalysis. A patient and a therapist have free association, in which the patient comes to consciousness of what is repressed through hard work and time. The goal is to overcome resistances. The role of repetition replaces remembering and abreacting (*Abreagieren*), in which the therapist uses the "process of interpretation" (*Deutungskunst*) to identify the resistances. The earlier unconscious process becomes a conscious one by means of remembering. Working-through concerns the process of overcoming repression by means of remembering. However, working-through is not a simple task. Ricœur's detour through Freud is a process of working-through the past. But what happens to many patients in the process of working-through resistances concerns the acting out of the unresolved or repressed trauma:

> ...the patient does not *remember* anything at all of what he has forgotten and repressed, but rather *acts it out*. He reproduces it not as a memory, but as an action; he *repeats* it, without of course being aware of the fact that he is repeating it.[59]

Here for the first time Freud names the force of "the compulsion to repeat" (*Zwange zur Wiederholung*) as a seeming instinct, like the unconscious, which drives the patient.[60] The work, or "working" "underscores not only the dynamic character of the entire process, but the collaboration of the analysand in this work."[61] The patient who wants to use the muscles in her arm again must also collaborate with the physical therapist to move her arm. Memory itself as a task, Ricœur says, must be "freed in this way, as a work—the 'work of remem-

---

[59] SE XII, 150, translated by John Reddick (emphasis added). The German reads: "der Analysierte erinnere überhaupt nichts von dem Vergessenen und Verdrängten, sondern er agiere es. Er reproduziert es nicht als Erinnerung, sondern als Tat, er wiederholt es, ohne natürlich zu wissen, daß er es wiederholt."
[60] Much of Walter James Lowe's reading of the "lecture de Freud" distinguishes the language of force from the language of meaning (*sens*). See Lowe, *Mystery and the Unconscious*, 108–116. See also Taylor, "Force et sens."
[61] Ricœur, *La mémoire*, 85; *Memory*, 71.

bering' (*Erinnerungsarbeit*)."[62] Might the psychic force of the compulsion to repeat be compared to "the Adversary" mentioned in *Fallible Man* and in *The Symbolism of Evil*?[63] To call this hell means that a compulsion nearly demonic forces one to act in a way that does not have recourse to the participation in "originary affirmation." Resembling the "blocked memory" of *Memory, History, Forgetting*, "the work of remembering against the compulsion to repeat" could sum up the "theme of [Freud's] precious little essay."[64]

Wounded or sick memory becomes blocked—even action cannot take place in certain forms of harm. Contemporary ethicist Jill Stauffer in her *Ethical Loneliness* speaks to the condition:

> Ethical loneliness is the isolation one feels when one, as a violated person or as one member of a persecuted group, has been abandoned by humanity, or by those who have power over one's life's possibilities. It is a condition undergone by persons who have been unjustly treated and dehumanized by human beings and political structures, who emerge from that injustice only to find that the surrounding world will not listen to or cannot properly hear their testimony.[65]

She refers to Jean Améry, briefly referred to also in Ricœur's text,[66] as well as other victims of genocide and rape, as those who suffer ethical loneliness. The three verbs in Freud's text, however, could be thought of as heaven, hell, purgatory.[67]

---

62 Ricœur, *La mémoire*, 85; *Memory*, 71.
63 Ricœur, *Fallible Man*, xxvii, xlix, 110; *The Symbolism of Evil*, 77, 199.
64 Ricœur, *La mémoire*, 85; *Memory*, 71.
65 Stauffer, *Ethical Loneliness*, 1.
66 Ricœur, *La mémoire*, 224, 419; *Memory*, 176, 318.
67 A preliminary chart: Force of drives, force of language (representation)

Heaven	Hell	Purgatory
Unconscious	Conscious	Pcs
Work of Memory	Repeating	Working-Through
Work of mourning	Melancholy	Forgetting

In his last interview, Ricœur describes it this way: "What I had myself inadvertently called *the archeological* is 'resistance,' the 'compulsion to repeat.' [...] And the idea of repetition seems to me fundamental. I find it today in the way in which the great losses of the twentieth century are so poorly integrated into our present culture. Psychoanalysis has much to say about the difficulty of mourning, and I would emphasize the importance of bringing together this first piece and the one on 'Mourning and Melancholy,' including the dialectic between resistance, the

4 Ricœur's Freud (dialectic)

The dialectic is a way of reading or interpretation that returns to the analytic in order to propose and understand the original line of thought anew. It both negates and preserves. The reading proposed here must examine one chapter of Part II of *Freud and Philosophy* in order to see the method of dialectic at work. The interpretation of *refoulé* (the repressed) towards the *refoulant* (that which represses, the "repressing agent" says the English) assumes the difference between force of drives (*Trieb, pulsion*) and force of meaning (*sens*). While there is no term for "agency" here and Ricœur says that it is in desire itself, it is nevertheless double: "the individual's history from infancy to childhood, *and* mankind's history from prehistory to history."[68] Ontogenesis and phylogenesis concern a history of desire and authority. But what is emphasized is rather the threats, or resistances from within. Speaking of anxiety ("menace of the instincts") or guilt ("menace of conscience") as well as external dangers, "the ego is primarily that which is weak in the face of menace."[69] The causes of ethical loneliness come from anxiety and guilt alongside external dangers.

In 1914–1915, across the "Papers on Metapsychology," Freud searches for how the two topographies fit together or if they fit together. As compared to Laplanche and Leclaire, whose Lacanianism was challenged by André Green, the economic and the topographical represent the qualitative and quantitative difference.[70] In comparing instincts (*Trieb*) to representations (*Vorstellung*), the "adjectival unconscious" becomes the "substantival unconscious."[71] The movement should resemble the one just spoken of from repression to that which represses:

---

compulsion to repeat, and working through [...] Mourning is the 'working through,' and in my opinion, we have not done enough on the work of memory in the work of mourning. Both remain as two concepts belonging to two different regions of psychoanalysis. And I would like to say that the work of mourning is a work of memory against repetition compulsion because suffering is in itself generative of repetition compulsion. Suffering "insists," and it is this insistence that draws it towards melancholy" (Ricœur, "Psychoanalysis and Interpretation," 35).

68 Ricœur, *De l'interprétation*, 191 / *Freud and Philosophy*, 179.
69 Ricœur, *De l'interprétation*, 194 / *Freud and Philosophy*, 182.
70 See Lacan, *L'inconscient 6e colloque de Bonneval*, 95–130, 143–177; for a clear discussion of this context, see Baring, *The Young Derrida and French Philosophy*, 207–211, where he concludes: "The economic understanding of the unconscious refused any absolute rupture between consciousness and the unconscious and it allowed a contamination of the psyche by the somatic, in the form of affect. By inference, one could say that Green refused the absolute separation of the Lacanian Real and Symbolic" (211). See also Earlie, *Derrida and the Legacy of Psychoanalysis*.
71 Ricœur, *De l'interprétation*, 122 / *Freud and Philosophy*, 118.

"It is a matter therefore of a reduction, of an *epochê* in reverse, since what is initially best known, the conscious, is suspended and becomes the least known."[72] It is signs in the consciousness that point to the fact that "memories disappear and [...] reappear." Small miracles and hell are not far off: "in effect, the activity of becoming conscious has in turn two modalities; when it occurs without difficulty, one will speak of the preconscious; when it is forbidden or 'cut off,' one will speak of the unconscious."[73] The papers on metapsychology will speak of "three agencies": Ucs., Pcs., Cs. A seed of the whole, from *Freedom and Nature* and *Fallible Man* to the Freud book and *Course of Recognition* (by way of *The Rule of Metaphor, Time and Narrative, Oneself as Another* and *Memory, History, Forgetting*), is latent in "Conscious and the Unconscious." A dialectical reading of Ricœur's Freud involves the working-through of the past as if one's life were a text, a narrative. To show how working-through one's life as if it were a text works, one sentence that could have been written in 1960 or 2000 is the following, exemplifying the capable human (*l'homme capable*): "to speak is a work. A surrender to whatever comes to mind implies a change in the patient's conscious attitude toward his illness and hence a different sort of attention and courage than is exercised in directed thinking. The great work of 'becoming conscious' is the process of understanding, of remembering, of recognizing the past and of recognizing oneself in that past."[74]

As in Jill Stauffer's *Ethical Loneliness*, the Levinasian theme behind all "recognition" of an Other breaks our capacity to represent. In Levinas, "the gaze reverses itself and opens itself to the 'gleam of exteriority or of transcendence in the face of the Other.'"[75] Ricœur's claim concerns Levinas' intentionality as the "ruin of representation."[76] Ruin takes on no other task than the task of remembering, which composes the self. In a fundamental sense, then, the miracle of remembering is the breakdown of an autonomous ego or self by means of a self-in-community in a way that time and the work of mourning reveals. For Freud, 1914 represented the "school of suffering." Ricœur will differentiate his reading of Freud from any of those in the 1960s, not only in the Analytic but particularly in the Dialectic where he differentiates phenomenology from psycho-

---

72 Ricœur, *De l'interprétation*, 122 / *Freud and Philosophy*, 118.
73 Ricœur, *De l'interprétation*, 123 / *Freud and Philosophy*, 118–119.
74 Ricœur, *De l'interprétation*, 432 / *Freud and Philosophy*, 411–412.
75 Ricœur, *The Course of Recognition*, 157, quoting Levinas, *Totality and Infinity*, 24.
76 Ricœur, *The Course of Recognition*, 59.

analysis, in taking from Levinas a recognition of the other in order to overcome the "state of war."[77]

5 Conclusion

The story about the middle of Ricœur's life that began with the *Colloque sur l'inconscient* in some ways ended in 2005 with his death. Freud's repetition compulsion counters the ability to recall and remember in both senses, episodic and procedural memory, symbolizing the death instinct, and the movement "*en deça*" or "*en arrière*," with regards to trauma and history.[78] Lou Andreas-Salomé in 1912 wrote, "Transgression and rebellion take place in the assumption of far more positive and more immediate consequences than in our remote penalties in Hell or in the nearer but somehow more platonic bite of conscience."[79] Despite the complexity of Freudian psychoanalysis and Ricœur's own detour through Freud, from his courses with Roland Dalbiez to *The Course of Recognition*, the ability to recognize and read what was always already implicit in his earliest life and writings concerns the realization of memory as truly a task, an effort, a work towards and through the everyday guilt and anxiety—"the entire psychic mechanism, pleasure principle and all, stands in constant peril of being swept away in a torrent of 'unbound' and thus uncontrollable, energy."[80]

There is a prison, literally or metaphorically, in which our psyches are stuck. The core of Freud's development of *Eros* (libido) vs. *Thanatos* (death-instinct) has no resolution. Even sexual desire can turn our bodies into machines and the division or conflict between these states can be one of the compulsion to repeat. Compulsion exists between the two kinds of memory, procedural and episodic, representing psychology and philosophy. However, the intermediate (mixed) state of reflection or working-through, like the analysis of *thumos* in *Fallible Man*, allows the subject to see outside of the force of the drives. The little

---

[77] Levinas, *Totality and Infinity*, 21. Ricœur mentions the importance of Levinas' claim in *Oneself as Another*, 189–190.
[78] Lowe, *Mystery*, 130–131, quoting Ricœur, *Freud and Philosophy*, 305. In an interview from 2004, he says: "Of the analytic experience itself, we can say that it moves in archeology, certainly, but by bringing a recognition of the meaning of the original trauma teleologically. There is therefore a teleology of treatment, which is, if not a cure, at least an acceptance of the meaning of the originary trauma" (Ricœur, "Psychoanalysis and Interpretation," 35). See also Merwe and Gobodo-Madikizela, *Narrating our Healing*, and Dierckxsens, *Paul Ricœur's Moral Anthropology*, 210–221.
[79] Salomé, *The Freud Journal*, 65.
[80] Lowe, *Mystery*, 131, quoting Ricœur, *Freud and Philosophy*, 283.

miracle of memory, as part of the human's capabilities, has the power in every moment of time to overcome even if briefly the compulsion to repeat, so stuck in war and conflict as it is.[81]

Abbreviations

SE | Freud, Sigmund (1953–1966): *Standard Edition*. Volumes I–XXIV. James Strachey (Ed. and Trans.). London: Hogarth Press.

Bibliography

Arel, Stephanie (2020): "Theorizing the Exchange between the Self and the World: Paul Ricœur, Affect Theory, and the Body." In: *Paul Ricœur and the Lived Body*. Roger W. H. Savage (Ed.): Lanham: Rowman & Littlefield, 61–82.
Baring, Edward (2015): *The Young Derrida and French Philosophy, 1945–1968*. Cambridge: Cambridge University Press.
Bernstein, Richard J. (2019): "Ricœur's Freud." In: Gipps, Richard G. T. and Lacewing, Michael (Eds.): *The Oxford Handbook of Philosophy and Psychoanalysis*. Oxford: Oxford University Press, 203–214.
Davidson, Scott (2018): "The Phenomenon of Life and Its Pathos." In: *A Companion to Ricœur's Freedom and Nature*. Scott Davidson (Ed.). Lanham: Rowman and Littlefield, 157–172.
Deckard, Michael F. (2016): "What's Wrong with Phenomenology (according to Spinoza)?" In: *Phenomenological Reviews*. https://doi.org/10.19079/pr.2016.5.dec, last accessed April 28, 2022.
Deckard, Michael F. and Makant, Mindy (2017): "The Fault of Forgiveness: Fragility and the Memory of Evil." In: *Evil, Fallenness, Finitude*. B. Keith Putt and Bruce Ellis Benson (Eds.): New York: Palgrave Macmillan, 185–201.
Deckard, Michael F. and Williamson, Stephen (2020): "Virtual identity crisis: The phenomenology of Lockean selfhood in the 'Age of Disruption.'" In: *Indo-Pacific Journal of Phenomenology* 20. No. 1. https://doi.org/10.1080/20797222.2021.1887573, last accessed April 28, 2022.

---

[81] This paper began in discussions with Gordon Cappelletty, Paul Custer, Devon Fisher, Mindy Makant, Mia Self, and many others in the "Ricœur Reading Group" where from 2008–2020 we read through much of Ricœur's work, including *Freud and Philosophy*. It was first presented in June 2019 in Paris at the atelier of the Fonds Ricœur, and then online for the SRS virtual meeting in October 2020. I wish to thank the organizers and participants of these events, and particularly my co-editors of this volume as well as Stephanie Arel, Narya Deckard, and Stephen Williamson for their help with making this difficult text slightly more readable. For all mistakes that remain, the fault is mine.

Deleuze, Gilles (1968, 1994): *Difference and Repetition*. Paul Patton (Trans.). New York: Columbia University Press.

Derrida, Jacques (1967, 1978): *Writing and Difference*. Alan Bass (Trans.). Chicago: University of Chicago Press.

Dessingué, Alexandre (2017): "Paul Ricœur." In: *Routledge Handbook of Philosophy of Memory*. Sven Bernecker and Kourken Michaelian (Eds.). London: Routledge, 563–571.

Dierckxsens, Geoffrey (2018): *Paul Ricœur's Moral Anthropology: Singularity, Responsibility, and Justice*. Lanham and London: Lexington.

Dosse, François (2008): *Paul Ricœur: Les sens d'une vie (1913–2005)*. Paris: La Découverte.

Earlie, Paul (2021): *Derrida and the Legacy of Psychoanalysis*. Oxford: Oxford University Press.

Eickhoff, Friedrich-Wilhelm (2006): "On *Nachträglichkeit*: The modernity of an old concept." In: *International Journal of Psychoanalysis* 87, 1453–1469.

Ey, Henri (1966) : *L'inconscient 6e colloque de Bonneval*. Henri Ey (Ed.). Paris: Desclée de Brouwer.

Freud, Sigmund (1954): *The Origins of Psychoanalysis*. Eric Mosbacher and James Strachey (Trans.). New York: Basic Books.

Green, André (2004): "Paul Ricœur à Bonneval." In: *Cahier de L'Herne* I. Paris: L'Herne, 275–283.

Gregor, Brian (2018): "Ricœur's askesis: textual and gymnastic exercises for self-transformation." In: *Continental Philosophy Review* 51, 421–438.

Hutto, Daniel (2017): "Memory and Narrativity." In: *Routledge Handbook of Philosophy of Memory*. Sven Bernecker and Kourken Michaelian (Eds.). London: Routledge, 192–203.

Ihde, Don (1971): *Hermeneutic Phenomenology: The Philosophy of Paul Ricœur*. Evanston: Northwestern University Press.

Lacan, Jacques (1966a): *Écrits*. Paris: Seuil.

Lacan, Jacques (2006): *Écrits: The First Complete Edition in English*. Bruce Fink, Heloise Fink, and Russell Grigg (Trans.). New York: Norton.

Lery-Lachaume, Marie-Lou (2016): "Ricœur, Lacan, et le défi de l'inconscient: Entre constitution herméneutique et responsabilité éthique." In: *Études Ricœuriennes / Ricœur Studies* 7. No. 1, 72–86.

Levinas, Emmanuel (1969): *Totality and Infinity: An Essay on Exteriority*. Alphonso Lingis (Trans.). Pittsburgh: Duquesne University Press.

Lowe, Walter James (1977): *Mystery and the Unconscious: A Study in the Thought of Paul Ricœur*. Metuchen: The Scarecrow Press.

Merwe, Chris van der and Gobodo-Madikizela, Pumla (2007): *Narrating our Healing: Perspectives on Working through Trauma*. Cambridge: Cambridge Scholars Publishing.

Nelson, Katherine (2003): "Narrative and the emergence of a consciousness of self." In: *Narrative and Consciousness*. G. D. Fireman, T. E. J. McVay and O. Flanagan (Eds.). Oxford: Oxford University Press, 17–36.

Nikulin, Dmitri (2015): "Introduction." In: *Memory: A History*. Dmitri Nikulin (Ed.). Oxford: Oxford University Press, 3–34.

Proust, Marcel (2004): *In the Shadow of Young Girls in Flower*. James Grieve (Trans.). New York: Penguin.

Reagan, Charles E. (1996): *Paul Ricœur: His Life and Work*. Chicago: University of Chicago Press.

Ricœur, Paul (1950): *Philosophie de la volonté 1. Le volontaire et l'involontaire*. Paris: Aubier.
Ricœur, Paul (1960a): *Finitude et culpabilité 1. L'homme faillible*. Paris: Aubier.
Ricœur, Paul (1960b): *Finitude et culpabilité 2. La Symbolique du Mal*. Paris: Aubier.
Ricœur, Paul (1965): *De l'interprétation. Essai sur Freud*. Paris: Seuil.
Ricœur, Paul (1965, 1986): *Fallible Man*. Charles A. Kelbley (Trans.). New York: Fordham University Press.
Ricœur, Paul (1965, 2021): "Psychanalyse Freudienne et Foi Chrétienne." In: Ricœur, Paul: *La Religion pour Penser. Écrits et Conférences 5*. Daniel Frey (Ed.). Paris: Seuil, 121–153.
Ricœur, Paul (1966): *Freedom and Nature: The Voluntary and the Involuntary*. Erazim Kohák (Trans.). Evanston: Northwestern University Press.
Ricœur, Paul (1967): *The Symbolism of Evil*. Emerson Buchanan (Trans.). Boston: Beacon Press.
Ricœur, Paul (1969): *Le Conflit des interprétations. Essais d'herméneutique I*. Paris: Seuil.
Ricœur, Paul (1970): *Freud and Philosophy: An Essay on Interpretation*. Denis Savage (Trans.). New Haven: Yale University Press.
Ricœur, Paul (1974): *The Conflict of Interpretations: Essays in Hermeneutics*. Don Ihde (Trans.). Evanston: Northwestern University Press.
Ricœur, Paul (1978): *The Rule of Metaphor*. London: Routledge.
Ricœur, Paul (1995): *La critique et la conviction. Entretien avec François Azouvi et Marc de Launay*. Paris: Camann-Lévy.
Ricœur, Paul (1998): *Critique and Conviction: Conversations with François Azouvi and Marc de Launay*. Kathleen Blamey (Trans.). New York: Columbia University Press.
Ricœur, Paul (2000): *La mémoire, L'histoire, l'oubli*. Paris: Seuil.
Ricœur, Paul (2005): *The Course of Recognition*. David Pellauer (Trans.). Cambridge: Harvard University Press.
Ricœur, Paul (2006): *Memory, History, Forgetting*. Kathleen Blamey and David Pellauer (Trans.). Chicago: University of Chicago Press.
Ricœur, Paul (2007): *Vivant jusqu'à la mort*. Paris: Seuil.
Ricœur, Paul (2009): *Living up to Death*. David Pellauer (Trans.). Chicago: University of Chicago Press.
Ricœur, Paul (2016): "Psychoanalysis and Interpretation: An Interview with Paul Ricœur." In: *Études Ricœuriennes / Ricœur Studies* 7. No. 1, 31–41.
Ricœur, Paul (2021): "Fragile Identity: Respect for the Other and Cultural Identity." In: Ricœur, Paul: *Politics, Economy, Society*. Pierre-Olivier Monteil (Ed.). Kathleen Blamey (Trans.). Medford and Cambridge: Polity, 159–168.
Roudinesco, Elisabeth (1994): *Histoire de la psychanalyse en France. 2. 1925–1985*. Paris: Fayard.
Salomé, Lou-Andreas (1964): *The Freud Journal of Lou Andreas-Salomé*. Stanley A. Leavy (Trans.). New York: Basic Books.
Sartre, Jean-Paul (1956): *Being and Nothingness*. Hazel Barnes (Trans.). New York: Pocket Books.
Simms, Karl (2010): "Ricœur and Psychoanalysis." In: *Ricœur Across the Disciplines*. Scott Davidson (Ed.): New York and London: Continuum, 195–210.
Stauffer, Jill (2015): *Ethical Loneliness: The injustice of not being heard*. New York: Columbia University Press.

Stern, Daniel B. (2017): "Unformulated experience, dissociation, and Nachträglichkeit." In: *Journal of Analytical Psychology* 62. No. 4, 501–525.

Stiegler, Bernard (2009): *Acting Out*. David Barison, Daniel Ross, and Patrick Crogan (Trans.). Stanford: Stanford University Press.

Taylor, Charles (1975): "Force et sens, les deux dimensions irréductibles d'une science de l'homme." In: *Sens et existence. En hommage à Paul Ricœur*. Gary B. Madison (Ed.). Paris: Seuil, 124–137.

Andrés Bruzzone
Suicide, souffrance et narrativité

Abstract: Suicide, Suffering, and Narrativity. "*All sorrows can be born if you put them in a story or tell a story about them.*" Isak Dinesen's (Karen Blixen) words are taken up by Hannah Arendt. We do not talk about suicide, and when we must talk about it, it is always problematic. Those whose job is telling a story end up experiencing these hardships. Looking at Ricœur's text, "La souffrance n'est pas douleur," there is both the powerlessness of verbalizing and the powerlessness to act, and this is primarily confirmed by the very fact that the sufferer cannot escape his suffering. These two forms of powerlessness then become further forms of powerlessness: there is the impossibility of telling our own story; and finally, the impossibility of self-assessment, low self-esteem, guilt. Creating a hermeneutics of suicide, Bruzzone pushes the notions of voluntary and involuntary to the limit, problematizing what we believe and even what we may consider about existential decisions. What is particularly at stake in the Ricœurian text concerns the sufferer who questions: why? why me? why my child?

> «En affirmant que la volonté humaine n'est pas héroïque, nous n'avons pas opté pour la lâcheté humaine, mais nous avons montré la précarité du courage, lequel se tient au bord de sa propre défaillance»
> Emmanuel Levinas[1]

«*All sorrows can be born if you put them in a story or tell a story about them.*» C'est Hannah Arendt qui nous rappelle le mot d'Isak Dinesen (Karen Blixen) dans *La condition de l'homme moderne*, préfacée par Paul Ricœur dans l'édition française.[2] Inclure la souffrance dans une histoire ou en faire le sujet d'une histoire pour la rendre supportable. Comme lecteur de Ricœur nous ne trouvons aucune difficulté à être d'accord.

Pilar Bonnet écrit *Lo que no tiene nombre*[3] (*Ce qui n'a pas de nom*) à propos du suicide de son fis Daniel, de 28 ans. C'est son effort pour rendre tolérable l'intolérable. Précisément pour surmonter l'impossibilité de dire : *on ne parle pas du suicide, on se tait*. C'est ce qu'on appelle «un sujet tabou». Les gens font référence à «ce qui s'est passé»—on arrive à dire «l'accident», raconte Mme. Bonnet. Nous pouvons lire dans l'épigraphe de son livre une citation de Handke,

---

1 Levinas, *Totalité et infini*.
2 Arendt, *La condition de l'homme moderne*.
3 Bonnet, *Lo que no tiene nombre*.

à propos du suicide de sa propre mère : «[...] *pourtant cette histoire, elle tourne vraiment autour d'une chose sans nom, de secondes d'épouvante qui vous privent de la parole.*"

On ne parle pas du suicide, et quand on doit en parler c'est toujours problématique. Pour ceux dont le métier de raconter les faits, les difficultés sont considérables. Des sites spécialisés indiquent même aux journalistes de «ne pas donner trop de détails», de «ne pas trop idéaliser ou sensationnaliser le geste [...] et éviter la diffusion de lettres d'adieux». Il leur est conseillé aussi de «faire attention au champ sémantique : plutôt que de dire ‹mettre fin à ses jours› (qui implique une finalité) ou ‹commettre un suicide› (tiré de l'anglais, mais qui suggère une idée, de crime), dire tout simplement que la personne 's'est suicidé(e)». Jamais un journal ne doit parler de suicide ‹échoué› ou ‹réussi.› Dans le milieu de la presse on fait référence à un «effet Werther», selon lequel la publication d'un suicide, spécialement de quelqu'un de célèbre, provoquerait des suicides en chaine. Le suicide étant contagieux, en parler peut mettre en danger des gens. N'en parlons donc pas, ou bien parlons-en, mais toujours en posant des limites.[4]

C'est aussi le cas chez les psychologues, comme nous le rappelle Hillman dans *Suicide and the soul* : le plus grand défi pour ces soignants de la parole est le patient suicidaire.

> Suicide is the most alarming problem of life. How can one be prepared for it? How can one understand it? Why does one do it? Why does one not? It seems irrevocably destructive, leaving behind guilt and shame and hopeless amazement. So too in analysis. For the analyst it is even more complex than psychosis, sexual temptation, or physical violence, because suicide represents the epitome of the responsibility an analyst carries. Moreover, it is fundamentally insoluble because it is not a problem of life, but of life and death, bringing with it all of death's imponderables.[5]

Parler tue, parler menace, parler incommode. On ne parle pas de la corde chez le pendu—la sagesse populaire nous l'interdit. *Non parlar di corda in casa dell'impiccato, não se fala da corda na casa do enforcado, no mentar la cuerda en casa del ahorcado.* Bien sûr, on ne sait pas s'il s'agit de quelqu'un qui a été

---

[4] Cf. sites comme https://papageno-suicide.com/12-indications-pour-les-professionnels-des-medias/, consulté le 28 avril 2022, https://www.la-croix.com/Sciences-et-ethique/Sante/Comment-parler-suicide-medias-2018-05-03-1200936385, consulté le 28 avril 2022, ou encore https://unpass.be/wp-content/uploads/2021/07/Recommandations-journalistes.pdf, consulté le 28 avril 2022.

[5] Hillman, *Suicide and the Soul*, 16.

pendu par la loi ou par ses propres moyens; cependant, la question du suicide reste un sujet pour le moins épineux.

Dans plusieurs langues on dit que quelqu'un «commet un suicide». Personne ne «pratique» ou ne «fait» un suicide : on «commet», comme on commet un crime, un péché, une faute [...] Le Petit Robert nous apprend que commettre c'est l'acte d'«accomplir, faire une action blâmable».[6] Le mot «suicide» lui-même comporte un «*sui*», soi, et un «*cide*», comme dans homicide, parricide, et cetera : le mot désigne un assassin de soi-même, *sui-cide*—pas de place pour la victime de soi. Saint Augustin est très clair : «*Qui se ipsum occidit homicida est*» (*Civ. Dei* I, 17). C'est la position de l'Église catholique, comme de la plupart des religions. Une tradition qui n'interdit pas seulement à l'âme du suicidé d'accéder au paradis, mais aussi au corps d'être enterré dans la terre sacrée du cimetière. Le suicidé est condamné à l'excommunication aussi bien de son corps que de son âme.

Sur une grande partie de la Planète, il en va de la loi des hommes comme de celle de Dieu : toutes deux punissent le suicidaire. Aux États – Unis, comme dans la plupart de l'Europe et de l'Amérique latine, les législations qui punissaient la tentative de suicide n'ont changé que dans les années 60 ou 70. Aujourd'hui, dans ces pays, la liberté de quitter la vie est reconnue—mais sans aide.

Or cette liberté, en est-elle une ? On n'oserait pas l'affirmer, tout du moins du point de vue de la médecine. Pour le psychiatre le suicidé est un malade. Comme le dit si bien Barnes dans *The Sense of an Ending* : la loi, la société et la religion nous indiquent que l'on ne peut à la fois être sain d'esprit et choisir de se tuer. Ni libre arbitre, ni responsabilité : qui choisit de se tuer, ou essaie de le faire, n'est pas en possession de ses facultés. Le désir de mourir accompagné du passage à l'acte suffisent à le prouver. Mais, au contraire de la religion, le psychiatre s'intéresse plus à la *victime de soi* qu'à l'*assassin de soi*—le pâtir plutôt que l'agir. Le suicidé ne peut être tenu pour responsable de son acte, comme le malade n'est pas responsable de son cancer du pancréas ou de son infarctus.

Le suicide d'un proche constitue une expérience limite—un deuil long et difficile, peut-être le plus long qui soit. Pour un parent le suicide d'un enfant est l'enfer le plus redoutable. Celui qui se tue provoque chez ses proches une blessure qui ne se guérira peut-être jamais. Est-il responsable de la souffrance provoquée ? On entend la parole de ceux qui restent : «Il n'a pas pu», «Elle n'a pas pensé», «C'est la seule chose qu'il pouvait faire». En faisant du suicidé une

---

[6] Si le français admet des usages différents du verbe «commettre», comme pour charger (commettre quelqu'un à un emploi) ou pour désigner (commettre un huissier), ce n'est pas le cas dans d'autres langues, comme l'espagnol ou le portugais. Donc, qui commet un suicide est à la fois coupable et/ou pécheur...

victime, et non un agent, on lui pardonne le mal commis. Mais dans cette approche, le suicidé est maintenu au-dessous du seuil éthique, lequel exige que toute personne soit reconnue pleinement responsable des actes qui lui sont imputables. Seuil éthique comme seuil de la dignité humaine : le suicidé réduit au rang de victime n'ayant pas de dignité, ne serait pas à proprement parler un sujet.

Pécheur et criminel –ou bien non-sujet. Est-il possible d'échapper à cette dichotomie ?

Le suicide nous interpelle. Il nous confronte à des paradoxes comme celui qui initie notre démarche : pour soigner, il faut parler, il faut raconter une histoire. Mais pouvons nous parler du suicide ? Pouvons-nous le *comprendre*, ou bien sommes-nous en-deçà de la narrativité et de la compréhension—dans le domaine des *causes* plutôt que des *motifs*, le terrain de *l'explication* ?

Le suicide donne à penser.

Suis-je *responsable* de ma propre vie ? À qui *appartient*, en fait, ma vie ? À moi-même, à l'État, à Dieu, à mes proches ? À la Nature ? Est-ce à la Nature de décider quand et comment je meurs ? Est-ce que la vie est *quelque chose* qui m'*appartient* ?

Plus fondamentalement : pouvons-nous penser au suicide comme un acte volontaire ? Une *volonté* d'en finir avec sa propre vie qui est exercée de plein droit ? Ou bien relève-t-il d'une conscience réduite, qui se trouve déterminée dans son agir par des *causes* économiques, familiales, génétiques, chimiques, par une maladie... ?

1 La souffrance n'est pas la douleur

Dans « La souffrance n'est pas la douleur », Ricœur associe la souffrance à l'altération de deux axes : le *soi-autrui* et l'*agir-pâtir*.

> (...) je propose de répartir les phénomènes du souffrir, les signes du souffrir, sur deux axes, qui s'avéreront plus loin être orthogonaux. Le premier est celui du rapport soi-autrui ; [...] le souffrir se donne conjointement comme altération du rapport à soi et du rapport à autrui. Le second axe est celui de l'agir-pâtir. Je m'explique : on peut adopter comme hypothèse de travail que la souffrance consiste dans la diminution de la puissance d'agir.[7]

Dans l'altération du premier axe, celui du soi-autrui, il y a un repli amplifié par le suspens de la dimension représentative, un effacement du monde comme

---

7 Ricœur, « La souffrance n'est pas la douleur », 15.

horizon de représentation : « le monde n'est plus habitable, il est dépeuplé », nous dit Ricœur. « C'est ainsi que le soi s'apparaît rejeté sur lui-même ». C'est ce que le philosophe appelle une « crise d'altérité » qui se présente en degrés successifs d'intensité.[8]

Celui qui souffre est d'abord insubstituable—c'est moi qui souffre et personne ne peut souffrir à ma place. Ensuite, l'autre ne peut ni me comprendre, ni m'aider—il s'agit de la solitude du souffrant. Mais il existe même une hostilité de l'autre, qui peut devenir mon ennemi. Enfin, on peut arriver au sentiment d'être élu pour la souffrance.

Il existe encore un second axe, celui de l'agir-pâtir.

On commence par l'*impuissance à dire*. Le manque d'une distance ne permet pas au souffrant de transformer ce sentiment d'être à vif en une expression langagière. « Ces larmes sont les mots que je n'arrive pas à dire », on entend ici la voix d'une mère pleurant son enfant. Ricœur nous parle d'une déchirure entre le vouloir dire et l'impuissance à dire.

En second lieu, il y a l'*impuissance à faire*, et ceci est d'abord confirmé par le fait même que le souffrant ne peut pas échapper à la souffrance, ce que décrit si bien Augustin dans les *Confessions*, à l'occasion de la perte d'un ami. « Et j'étais demeuré pour moi un lieu de malheur, sans pouvoir y rester, sans pouvoir en partir. Où mon cœur en effet aurait-il fui mon cœur ? Où aurais-je fui moi-même ? Où ne me serais-je pas suivi ? » (*Conf.* IV, vii, 12) Levinas le dit bien aussi : « Toute l'acuité de la souffrance tient à l'impossibilité de la fuir, de se protéger en soi-même contre soi-même. »[9]

Sou-ffrance : à son origine, le mot nous parle de porter un fardeau. C'est un fardeau qui, malgré l'apparence, n'arrive pas à nous écraser—il nous reste toujours une force suffisante pour le porter. Donc, pas de souffrance *insupportable* vraiment, pendant que nous restons vivants. « Un degré minime d'agir s'incorpore ainsi à la passivité du souffrir », nous rappelle Ricœur.

À côté de l'impossibilité de dire nous trouvons l'impossibilité de se raconter—c'est la fonction *du récit* dans la constitution de l'identité personnelle qui est affectée. Cette histoire de vie en quête de narration, ce pouvoir comprendre soi-même et raconter sur soi-même des histoires intelligibles et acceptables, c'est ça que l'on perd dans les situations limites de souffrance.

---

[8] On trouve une forte proximité avec Hannah Arendt, presque une appropriation : « seule la douleur éloigne radicalement du monde commun » ; elle nous parle de l'effacement du monde comme horizon de représentation, un monde qui apparaît comme littéralement inhabitable. Pour elle aussi, la souffrance transforme notre relation à soi mais aussi aux autres et au monde. Cf. Arendt, *Journal de pensée*, 700.
[9] Levinas, *Totalité et Infini*, 263.

> La souffrance y apparaît comme rupture du fil narratif, à l'issue d'une concentration extrême, d'une focalisation ponctuelle, sur l'instant. L'instant, il faut le souligner, est autre chose que le présent, si magnifiquement décrit par Augustin dans les *Confessions* : alors que le présent se nourrit de la dialectique entre la mémoire (qu'il appelle le *présent du passé*), l'attente (ou *présent du futur*), l'attention (ou *présent du présent*), l'instant est arraché à cette dialectique du triple présent, il n'est plus qu'interruption du temps, rupture de la durée ; c'est par là que toutes les connexions narratives se trouvent altérées.[10]

Nous allons revenir tout de suite sur ces notions d'instant et de brisement du fil narratif.

Avant cela, abordons le dernier degré d'altération de l'axe agir-pâtir. Il s'agit de l'impossibilité de s'estimer. L'estime de soi représente le seuil éthique de l'agir humain. Le souffrant, incapable de s'estimer, se trouve rejeté en quelque sorte au-dessous de ce seuil de dignité, un lieu duquel il ne pourra s'arracher que par un effort de renoncement à sa passivité absolue de victime.

Mais la difficulté vient justement de la souffrance infligée à «soi-même comme à un autre». La mésestime de soi, la culpabilisation, en particulier à l'occasion de la perte d'un être cher, nous emmènent à nous dire : «je dois bien être puni pour quelque chose». Ce sentiment est particulièrement intense, nous le savons, chez les proches d'un suicidé.

Entre les deux axes principaux, nous pourrions tracer une ligne moyenne ou une bissectrice où se trouve la «vie bonne pour et avec autrui»,[11] la dimension plurielle de mon histoire de vie, de mon identité narrative.

> [...] le rapport à autrui n'est pas moins altéré que l'impuissance à raconter et à se raconter, dans la mesure où l'histoire de chacun est enchevêtrée dans l'histoire des autres [...] c'est ainsi que notre histoire devient un segment de l'histoire des autres. C'est ce tissu inter-narratif, si l'on peut dire, qui est déchiré dans la souffrance [...] on pourrait risquer le mot d'inénarrable pour exprimer cette impuissance à raconter.[12]

On trouve donc une impossibilité à dire, à raconter, à faire un récit commun avec les autres. C'est l'identité narrative collective qui est ainsi affectée, voire interrompue.

Mais cette phénoménologie du souffrir que nous avons présentée n'est pas l'exclusivité de la perte d'un proche par suicide. La question est alors de savoir si le suicide d'un proche entraîne une souffrance singulière. La souffrance causée

---

10 Ricœur, «La souffrance n'est pas la douleur», 22.
11 Selon la formule célèbre proposé pour Paul Ricœur dans la septième étude de *Soi-même comme un autre* : «Une vie bonne, avec et pour autrui, dans des institutions justes» (Ricœur, *Soi-même comme un autre*).
12 Ricœur, «La souffrance n'est pas la douleur», 22.

par la mort auto-provoquée d'un proche est-elle d'une nature particulière, différente de toute autre ? Serait-ce ce caractère unique de la souffrance endurée qui nous condamne au silence ?

Afin de suivre le cheminement de ces questions, nous allons interroger le suicide comme action humaine avec les outils proposés par Ricœur : les axes soi-autrui et agir-pâtir et le blocage de l'identité narrative résultant de la fixation de l'instant, dans ce que nous appellerons provisoirement une *herméneutique du suicide*.

2 Herméneutique du suicide

Quelqu'un a cherché une corde, a fait un nœud, a écrit une lettre et, soigneusement, s'est pendu à la porte de sa chambre. Il a peut-être envoyé des messages, réglé des affaires, mis de la musique. Mais on ne *sait* pas, et on ne peut pas savoir, ce qui est arrivé au plus profond de sa conscience. Le jeune homme saute du toit, la jeune mère se pend dans l'armoire. On ne voit que l'extériorité de l'acte, l'accès à son intériorité nous reste interdit, irrémédiablement autre.

Dans *« Discours et communication »* Ricœur nous dit que ce que deux consciences communiquent est de l'ordre de l'intentionnel. Le vécu, l'expérience, ce qu'en espagnol on appelle *« las vivencias »*, ne peuvent être communiqués.[13] C'est la solitude insurmontable de la vie. Le suicide est une expérience limite de l'altérité pour celui qui meurt, mais aussi pour nous qui restons vivants et qui nous retrouvons séparés par une barrière infranchissable face au suicidé. Son acte reste muet. Ou plutôt, il nous dit beaucoup, mais il nous parle dans une langue intraduisible. Ainsi, cet acte brise le « nous » qui sous-tend les rapports humains.

Nous pouvons imaginer la souffrance, voire le soulagement qu'une âme tourmenté a pu trouver lors de sa décision. Mais il nous est impossible de *savoir*. Qui, si ce n'est le suicidé, peut savoir ce qui arrive dans l'âme quand on prend la décision de quitter la vie ? Et même lui, serait-il capable de nous donner des raisons ? Difficilement, si on songe à l'opacité toujours présente au fond de l'agir humain.

Celui qui meurt, meurt seul. C'est vrai pour les mourants en général, plus vrai encore pour celui qui provoque sa propre mort. Replié sur lui-même, et peut-

---

13 Ricœur, *Discours et communication*.

être sans une dimension représentative; le monde s'est transformé en une place dépeuplée, pas habitable pour lui. Est-ce pour cela qu'il le quitte ?

En plus, c'est insubstituable. Personne ne peut se mettre à sa place. Personne ne pourra mourir à sa place. Personne ne pourra le comprendre ni l'aider. Il y a une coupure par rapport à l'autre, par rapport au monde des autres. Peut-être (mais, là encore, on ne pourra pas le savoir), y aura-t-il l'hostilité de l'autre, qui peut même devenir l'ennemi. Qui sait (et il s'agit là encore d'une spéculation) s'il n'y aura pas le sentiment d'être élu pour la souffrance et pour cette sortie de la vie. Et même peut-être y aura-t-il des questions : pourquoi ? pourquoi moi ?

Mais cet exercice est le résultat, comme nous l'avons dit, d'une fragile spéculation—nous ne pouvons pas connaître l'expérience, le vécu, « *la vivencia* » du suicidé, ni pour lui-même, ni dans son rapport aux autres. Le suicide se retire des autres, il renie toute altérité ? Ou au contraire, il se transforme en pure altérité, confiant alors son être aux autres, ces mêmes autres qui continueront à vivre sans lui ? Toute réponse à ces questions nous en apprendra davantage sur nos croyances que sur les raisons de celui qui aura décidé son suicide, sera passé à l'action et aura réussi.

Et même ainsi, on constate, en effet, une altération radicale, *absolue* de cet axe soi-autrui.

On la constatera avec une perplexité d'autant plus aigüe que l'on essaiera de se mettre à la place du suicidé pour le comprendre. Il sera alors devenu pour nous un autre absolu. Son altérité se situera au-delà des limites de notre *compassion,* là où ne peut plus ressentir ensemble. Nous ne pouvons pas faire de cet autre un « autre comme soi-même ».

Voyons le second axe, celui de l'agir-pâtir.

Rappelons-nous : cela commence par l'*impuissance à dire* ; en second lieu, il y a l'*impuissance à faire* ; après, c'est l'*impossibilité de se raconter* ; et pour finir, l'*impossibilité de s'estimer*, la mésestime de soi, la culpabilisation.

Nous nous demandions tout à l'heure s'il fallait considérer le suicidé comme quelqu'un incapable, passif, amené par des circonstances extérieures à un geste qu'on ne saurait classifier parmi les actes humains car il reste dépourvu d'une volonté véritable. Ou bien au contraire, faut-il le voir comme un être libre et capable, seigneur de sa vie et de sa mort, exerçant en plein courage une destinée qu'il ou elle a choisie ? En un geste, la puissance totale d'un être vivant libérée dans un geste final, *dé-finitif*. Le *conatus* tourné contre soi-même—est-ce possible ?

La question centrale est donc toujours de savoir si le suicide est un acte volontaire. S'il est la conséquence d'une maladie, la réponse doit être négative. À moins qu'il faille penser que la maladie constitue justement ce « vouloir mourir» ? Le suicide serait dans ce cas une catégorie particulière du vouloir. Il y aurait là l'exercice d'une volonté qui, en fait, n'en est pas une.

Où le placer, dès lors, sur l'axe proposé par le philosophe ? Au point de l'impuissance totale, c'est-à-dire au côté de la souffrance extrême ? Ou bien dans la zone de la liberté maximale, là où celle-ci exerce une puissance souveraine ?

Une fois encore, toute réponse repose sur les croyances du répondant. Nous trouvons dans l'histoire de la philosophie, de la médecine, des institutions et de la culture, des positions divergentes et parfois incompatibles. Il n'existe aucune possibilité de trancher ces questions sans adopter un point-de-vue préalable.

Le suicide pousse jusqu'à leurs limites les notions de volontaire et d'involontaire. Il problématise ce que nous pensons et même ce que nous pouvons penser sur les décisions existentielles.

Ricœur réfléchit à ce sujet dans *Le volontaire et l'involontaire*. Il présente le refus par la conscience à sa condition, dans le vœu d'une liberté ab-solue. La conscience qui se croyait divine et voit sa propre condition humaine comme une déchéance y répond par le mépris ou par le défi. Par le mépris, elle la trouve basse ; par le défi, absurde.

> C'est dans le refus et dans le mépris que la liberté tentera de chercher sa plus haute valeur. Le suicide s'offre à elle comme une des plus hautes possibilités : il est en effet la seule action totale dont nous soyons capables à l'égard de notre propre vie. Je peux supprimer ce que je ne peux poser. Le suicide peut paraître la plus haute consécration de cet acte de rupture qui inaugure la conscience. Il peut paraître l'acte d'un maître qui a secoué toutes les tutelles, d'un maître qui n'a plus de maître : «*Stirb zur rechten Zeit !*», proclame Nietzsche. Ainsi le Non ne serait plus un mot mais un acte.[14]

C'est une explosion aveuglante des catégories de l'agir et du pâtir. Cette explosion laisse les autres, (ceux qu'en anglais on appelle les *survivors*), dans l'impuissance plus extrême. L'axe *agir-pâtir*, est alors pulvérisé par celui qui renie le mandat (divin, sociétaire, familial, parental, atavique, biologique...) de préservation de la vie. Il subvertit les notions d'homme capable et homme faillible, du souffrant et de l'agissant, provoque un court-circuit du volontaire et de l'involontaire.

C'est ce caractère tout à fait spécial du suicide comme action humaine qui nous empêche d'en faire le récit, de lui donner un sens narratif. C'est là, voilà notre hypothèse, qu'il faut chercher l'origine de l'impossibilité à raconter : dans cette subversion radicale des catégories de l'agir comme dans le blocage des rapports soi-autrui.

---

14 Ricœur, *Philosophie de la volonté I*, 582.

Mais il nous reste encore un troisième axe en jeu dans le texte ricœurien. Celui qui souffre se pose des questions : «pourquoi ?», «pourquoi moi ?», «pourquoi mon enfant ?».

On est clairement en présence d'une recherche de sens. Cet acte doit avoir une raison, donc du sens. Il doit avoir au moins un sens pour lui donner l'intelligibilité indispensable à sa narration. Mais sur quoi appuyer cette intelligibilité ?

Privés de la possibilité de nous mettre à la place du mourant et incapables d'appliquer les critères de compréhension de l'agir humain, nous cherchons un sens, un ordre dans le domaine des causes : «qu'est-ce qui l'a amené à se tuer ?». C'est là que nous sommes confrontés à l'énumération des facteurs conduisant au suicide : économiques, familiaux, chimiques, sociaux. Le sujet de l'action disparaît derrière les courbes statistiques, les tendances par pays et les moyennes par âge ou genre.

Alors, ce sens que l'on cherche, on essaie de le trouver dans les catégories de la causalité, hors du domaine du proprement humain. On déshumanise le suicidé pour donner un sens à son acte.

La compréhension, nécessaire pour intégrer un suicide dans un récit, s'avère une tâche impossible. Le suicide résiste aux interprétations. Il marque une limite stricte, indépassable. Il est un point aveugle pour la compréhension.

Il existe encore deux autres facteurs que je voudrais mentionner avant de finir. Le premier, également présent dans *La souffrance n'est pas la douleur*, est la fixité de l'instant. Le brisement de la temporalité, qui crée une difficulté de plus à l'appropriation, au travail de triple mimesis.

En second lieu, le caractère pluriel de l'identité narrative. Mon identité narrative n'est pas un récit qui n'appartient qu'à moi. Bien au contraire, mon identité est racontée par moi avec les autres, par moi et par les autres. Et cet autre, le suicidé, n'est plus là pour participer à mon récit. On dit qu'une part de moi est morte avec ce proche. Mais, en plus, il me reste la charge de faire son histoire. Quand quelqu'un meurt, il reste aux autres la tâche de continuer sa narration. Ils deviennent alors un peu les gardiens de l'identité du mort. C'est ce que nous rappelle Butler : «*Nous nous rejoindrons [...] là où se rejoignent les hommes trépassés : sur les lèvres des vivants*».[15] Et comme il n'est plus là, il nous reste une absence, qui ne participe pas d'une manière active à la narration mais qui ne cesse de nous convoquer.

Comment alors faire la narration de l'histoire de vie du suicidé, comment affirmer son identité narrative ? Le défi n'est pas banal : il s'agit d'une nouvelle

---

15 Butler, *The note-books of Samuel Butler*.

configuration des faits d'une vie, y compris l'histoire de la famille et du groupe social, depuis la naissance et même avant, conduisant de manière nécessaire vers ce final où le protagoniste se donne la mort. Il s'agit d'une histoire dont les proches font partie intégrante et dans laquelle la tentation de la culpabilisation apparaît très fortement. Leur vie et la vie de celui qui était pour eux un proche, soudainement devenu un inconnu, doivent être *ré-signifiées* à la lumière de son geste final. Coauteur de l'horizon commun, du réel qu'ils constituent et entretiennent ensemble, celui qui quitte le monde n'en sort pas de manière silencieuse—il fait éclater ce réel partagé. L'onde de choc atteint de nombreux cercles relationnels concentriques autour du mort et s'étendra sur plusieurs générations.

Une reconfiguration du monde devient alors nécessaire. Tout doit être ré-écrit.

Il faut encore évoquer une difficulté supplémentaire dans cette démarche. Pour en faire le récit ce n'est pas « le suicide » qu'il faut comprendre, mais bien le suicidé, en tant que mort particulier, qui a une histoire de vie unique. Chaque acte de suicide comporte une singularité qui résiste à toute universalisation. La recherche de points de référence qui permettraient de replacer cet acte particulier dans un cadre universel, comporte le risque de recourir à des catégories moralisantes, toujours présentes dès qu'on s'attache à des notions si incertaines et diffuses que le courage ou la lâcheté.

Le suicide est un territoire de mystère et il en sera toujours ainsi. Mais son impénétrable frontière est heurtée par une force non moins inéluctable et qui vient de la nécessité de comprendre, du besoin irrécusable de faire un récit capable de donner un sens à cette mort. L'irrécusable besoin de sens.

Notre ambition n'est point d'apporter des réponses à ces questions. Mais je voudrais proposer une image, une sorte d'allégorie comme point d'appui à la réflexion.

C'est une image issue d'une symétrie où l'acte du suicide occupe le centre. Un point où converge toute une histoire de vie, une narration aboutissant en un geste final. Ce point central est un instant « arraché à toute narrativité ». Et ce point est, pour les vivants, le départ, le point zéro d'une nouvelle narration.

L'image est celle d'une chambre noire. L'instant, l'acte du suicide, est le petit trou qui permet le passage d'une lumière qui nous vient de cette vie en commun avec celui qui était vivant et entre nous et qui maintenant est mort et hors d'atteinte.

Cette lumière se projette à la fois dans notre présent et dans notre futur. Il existe une sorte de symétrie, où la nouvelle configuration de l'univers qui résulte de la mort volontaire d'un proche nous ramène des vestiges de ce qui était auparavant. Là où il y avait une présence, un corps et une conscience, un être agissant et souffrant, il y a aujourd'hui absence et vide, pâle mémoire des instants partagés. La souffrance a changé de main—ce sont maintenant les survivants qui souffrent. Les axes que le geste du suicidé a fait éclater restent pour ces proches comme des débris—cela vaut pour le soi-autrui comme pour l'agir et pour le pâtir. Cela vaut aussi pour la tension à jamais paradoxale entre volontaire et involontaire.

C'est alors que je propose de chercher dans cette image projetée, dans cette souffrance que nous, vivants, éprouvons, les éléments pour une tentative d'interprétation, sans toutefois des garanties de succès.

Le passage de *Le Volontaire et l'involontaire* que nous avons déjà cité nous présente le suicide comme l'expression d'une conscience qui se veut libre mais qui, se sachant conditionnée, exerce un geste de défi. La mort choisie n'est pourtant pas la seule réponse défiante possible, nous alerte Ricœur.

> Mais le suicide n'est pas la seule expression du refus. Il est peut-être un courage d'exister dans l'absurde et de lui faire face, en comparaison duquel le suicide lui-même ne serait qu'une évasion égale à celle des mythes et de l'espérance. Ce courage de la désillusion refuse le suicide dans le seul dessein d'affirmer—et de persévérer dans l'acte d'affirmer—le Non de la liberté face au Non-être de la nécessité. Le refus marque la plus extrême tension entre le volontaire et l'involontaire, entre la liberté et la nécessité ; c'est sur lui que le consentement se reconquiert ; il ne le réfutera pas ; il le transcendera.[16]

La destruction des coordonnées de notre agir et de notre être avec les autres provoquée par le suicide, la temporalité brouillée, le blocage de la narration et de l'identité collective avec les conséquences pour les mémoires collectives et individuelles, est-ce cela qu'on appelle l'absurde. Peut-on risquer de dire que c'est en quelque sorte une expérience partagée avec le suicidé ? Ou peut-être est-ce un sentiment, une vision, un lieu, ou même un non-lieu que l'on a en commun avec lui ? Est-ce que les éléments d'un récit possible se trouveraient logés au sein de la souffrance, qui serait vue comme le chemin d'accès à une vision commune de l'absurde ? Y-a-t-il là un point de départ valable pour une narration faite par ceux qui choisissent la voie du *refus consentant* ?

Ricœur nous parle-t-il de courage quand il pose la question du choix entre vivre ou abandonner une vie dans l'absurde. On a le droit de se demander aussi où est ce courage, s'il y en a un. Dans laquelle des formes de refus se situe-t-il ? Parler de courage, n'est-ce pas moraliser en quelque sorte, trancher en faveur d'une manière de confronter les limites de l'existence plutôt qu'une autre ? Le courage ne serait-il pas dans le fait même de regarder l'absurde en face et de prendre sa propre décision quant à la voie à suivre, de continuer ou d'arrêter sa

---

16 Ricœur, *Le volontaire et l'involontaire*, 582.

propre vie ? Tout en sachant que, dès qu'il s'agit d'absurde, il n'y a pas de valeur, positive ou négative.

Même si on est tenté d'y voir une bifurcation existentielle, la voie de celui qui décide de sa propre mort et celle de ceux qui décident de vivre, en partageant la même constatation de l'absurde, restent cependant des voies parallèles. Qui sait si elles ne sont pas plus proches entre elles qu'on ne le soupçonne a priori. Reconnaître cette proximité pourrait être le premier pas pour franchir le cap vers une rencontre qui rendrait possible l'exercice narratif autour du suicide.

Bibliographie

Arendt, Hannah (2002): *La condition de l'homme moderne*. Paris: Pocket Agora.
Arendt, Hannah (2005): *Journal de pensée*. Volume II. Paris: Seuil.
Barnes, Julian (2011): *The sense of an ending*. New York: Alfred A. Knopf.
Bonnet, Pilar (2013): *Lo que no tiene nombre*. Bogotá: Alfaguara.
Butler, Samuel (1912): *The Note-books of Samuel Butler*. Henry Festing Jones (Ed.). https://www.gutenberg.org/files/6173/6173-h/6173-h.htm, last accessed April 28, 2022.
Hillman, James (1965): *Suicide and the soul*. Connecticut: Spring.
Levinas, Emmanuel (1990): *Totalité et infini*. Paris: Les livres de poche.
Ricœur, Paul (1990): *Soi-même comme un autre*. Paris: Seuil.
Ricœur, Paul (2005): *Discours et communication*. Paris: L'Herne.
Ricœur, Paul (2007): *Vivant jusqu'à la mort*. Paris: Seuil.
Ricœur, Paul (2009a): *Philosophie de la volonté. 1. Le Volontaire et l'Involontaire*. Paris: Points.
Ricœur, Paul (2009b): *Philosophie de la volonté. 2. Finitude et Culpabilité*. Paris: Points.
Ricœur, Paul (2013): «La souffrance n'est pas la douleur.» In: Marin, Claire and Zaccai-Reyners, Natalie (Eds.): *Souffrance et douleur. Autour de Paul Ricœur*. Paris: PUF, 13–34.

Part III **La question du langage / The question of language**

Johann Michel
Qui interprète ?

Abstract: Who Interprets? Johann Michel brings Ricœur's work consecrated to Freud on the subject of interpretation to light ("Who interprets?"). The hermeneutic tradition from Schleiermacher and Dilthey privileges the what (discourse) and the how (method) of interpretation. This article searches for a more important place to the when (context) and the who (the interpreting subject). In this perspective, Michel makes Ricœur a privileged interlocutor. He s'attarde on the object of interpretation (such as is posed in *Freud and Philosophy*) in which the structures of signs have multiple meanings (equivocal), that Ricoeur names symbols et points to the fact that interpretation no longer has univocal signs for structures. Why do symbols demand to be interpreted? The response to this question conducts Johann Michel to announce that "there is no interpretation without subjects interpreting (the who) and without correlative techniques (the how)." Following Ricoeur, Michel attempts to enlarge the status of interpretants (the who) and the status of interpretative techniques (the how), beyond professional interpretations and savants who have the "know-how" of interpretative techniques. This demarcation permits reinforcing articulation between epistemology and reflexive philosophy.

On peut schématiser un certain nombre de problèmes liés à l'interprétation à l'aide d'adverbes, de pronoms ou de prépositions interrogatives qui ponctuent le langage ordinaire : *Quoi ? Qui ? Comment ? Quand ?* [...] La tradition herméneutique a généralement privilégié le *quoi* et le *comment*.

Le *quoi* désigne ici l'objet visé par l'interprétation : *Qu'interprète-t-on* ? L'herméneutique moderne, au moins depuis Schleiermacher, a fait des textes l'objet par excellence de l'interprétation en cherchant à fournir une théorie générale valable pour tout texte (littéraire, religieux, philosophique...) à déchiffrer. Dans cette lignée, on a assisté à un mouvement de «dérégionalisation» de l'herméneutique à la faveur d'une extension des objets susceptibles d'être interprétés (œuvres de cultures, «expressions durablement fixées» au sens de Dilthey). Dans ce mouvement, Paul Ricœur a joué un rôle majeur à la fois comme théoricien même de la dérégionalisation de l'herméneutique et comme praticien d'herméneutiques appliquées, d'abord à des symboles religieux[1] et,

---

1 Ricœur, *Philosophie de la volonté 2*.

ensuite, à des segments plus larges que sont les textes et les actions.[2] Son essai sur Freud se présente, comme on va le voir, comme une extension de sa première herméneutique centrée sur les symboles religieux compris comme structure de signe à double sens. Il s'agit en réalité d'une double extension, l'une concerne le champ des objets symboliques à double sens (comme les rêves), l'autre concerne la méthode même d'investigation de ces productions qui trouvent leur origine dans l'inconscient.

Ces questions de méthodes nous renvoient au second terme du réseau sémantique de l'interprétation : le *comment*. Comment interpréter ? Quels moyens, quelles techniques, quelles méthodes doit-on mobiliser pour « bien » interpréter ? Faut-il par exemple privilégier des techniques grammaticales ou alors des techniques psychologiques d'interprétation des textes ? Ces questions de méthodes constituent le cœur de l'herméneutique moderne depuis Schleiermacher et Dilthey : comment surmonter la mécompréhension d'un texte ? Comment dépasser l'étrangeté linguistique, culturelle d'un texte à interpréter ? Ces questions de méthode sont également l'une des causes du schisme de l'herméneutique au 20e siècle provoquée par la révolution ontologique heideggérienne et prolongée par Gadamer : toute méthode étant jugée d'emblée aliénante, le renversement herméneutique consiste à privilégier la compréhension interprétative comme mode d'être au détriment de la compréhension comme mode de connaissance. La particularité de *De l'interprétation*[3] est de renouer avec le problème de la méthode herméneutique mais en déplaçant son centre de gravité. Ricœur cherche en effet à opposer deux méthodes d'interprétation des symboles, l'une dite de « recollection de sens » (qui vise à amplifier notre rapport signifiant au monde), l'autre dite de « soupçon » (qui vise à démasquer un sens latent ou illusoire), dont la psychanalyse freudienne est l'une des variantes.

Le pari de la présente contribution n'est pas d'évincer ou de gommer le *quoi* et le *comment* de l'interprétation tant ils sont centraux dans la démarche que propose Ricœur dans son essai, et plus généralement, dans les traditions herméneutiques. Mon objectif est d'ajouter deux autres champs d'interrogations qui, sans être ignorés, sont rarement explicités comme tels : le *quand* et le *qui* : *Qui* interprète ? *Quand* interprétons-nous ? En ce sens, notre démarche n'est pas philologique mais proprement philosophique. C'est, munis de nos propres problèmes et hypothèses de travail (que nous avons notamment développés dans *Homo interpretans*[4]), que nous cherchons à interroger *De l'interprétation*.

---

[2] Ricœur, *Du texte à l'action*.
[3] Ricœur, *De l'interprétation*.
[4] Michel, *Homo interpretans*.

Avec un autre arsenal de questions, c'est un peu de la même manière que Ricœur procède dans sa lecture de l'œuvre de Freud.

Poser le problème du *quand* et du *qui* permet de revisiter de manière substantielle l'acte d'interpréter et de repenser le problème du *quoi* et du *comment*. Poser la question du *quand* suppose d'interroger les conditions et les circonstances dans lesquelles une interprétation peut être sollicitée. Poser la question du *qui* suppose d'interroger le statut des interprétants engagés dans un processus de compréhension. Ce sont ces deux voies interrogatives que nous allons explorer à travers les lignes de l'essai magistral de Ricœur sur Freud.

1

Les premiers chapitres introductifs qui scandent l'essai sur Freud se polarisent assurément sur le *quoi* lorsque Ricœur s'emploie à délimiter rigoureusement ce qu'interpréter veut dire. C'est d'abord par une catégorie d'objet « visé » que se définit l'acte d'interprétation. Que vise l'interprétation ? Des signes. Des signes, nous dit Ricœur, qui ne sont pas nécessairement des textes, même s'ils peuvent être compris analogiquement avec des textes. Il s'agit en fait d'une catégorie particulière de signes linguistiques, qui, en plus de la dualité propre à tout signe linguistique (signifiant/signifié), comporte une dualité supplémentaire en tant que structure de signes à double sens. Ces structures de signe à sens multiple, Ricœur les appelle des *symboles*. En d'autres termes, l'objet de l'interprétation porte sur des structures de signes équivoques. *A contrario*, l'interprétation ne se pose pas pour des structures de signes univoques : « L'interprétation se réfère à une structure intentionnelle de second degré qui suppose qu'un premier sens est constitué où quelque chose est visé à titre premier, mais ce quelque chose renvoie à autre chose qui n'est visé que par lui ».[5] Rapportée à sa première herméneutique des symboles religieux, la tache (comme sens littéral), par exemple, désigne analogiquement un sens second ou figuré comme souillure, comme situation du pécheur dans le sacré. Rapportée à l'extension de son herméneutique à d'autres catégories de symboles, la figuration du rêve (comme sens apparent) désigne par surcroît l'expression d'un désir infantile refoulé (selon l'hypothèse freudienne).

Pourquoi les symboles ainsi définis demandent-ils fondamentalement à être interprétés ? Parce que leur compréhension immédiate est troublée, parce qu'elle ne va pas de soi, parce qu'elle est problématique. Le sens véritable (profond,

---

5 Ricœur, *De l'interprétation*, 22.

latent, figuré...) n'est pas donné dans la spontanéité de la compréhension, mais suppose un détour, une médiation, une réflexion, bref, une enquête sur le sens. L'intérêt de la démarche de Ricœur est de lutter sur un double front.

1. D'une part, contre une logique symbolique, de tendance analytique, qui cherche à construire une langue idéale en l'épurant de toute forme d'équivocité : « Le point précis où la logique symbolique croise et conteste l'herméneutique est donc celui-ci : l'équivocité du lexique, l'amphibologie de la syntaxe, bref l'ambiguïté du langage ordinaire ne peuvent être vaincus qu'au niveau d'un langage dont les symboles ont une signification entièrement déterminée par la table de vérité qu'ils permettent de construire ».[6] La recherche de l'univocité peut avoir une pleine justification à l'intérieur de champs particuliers de savoirs, comme la logique, les sciences, voire même une partie de la philosophie en tant qu'elle est justement *Logos*. Mais cet objectif d'univocité ne saurait valoir pour tout rapport au monde, pour tout savoir et pour tout rapport au sens. Ce serait se priver, de manière appauvrissante, de la richesse poétique et imaginative suscitée par les structures de signes à double sens. C'est ainsi selon l'aphorisme fameux de Ricœur que « le symbole donne à penser » : il donne à penser au philosophe la situation de l'homme dans le cosmos, dans le monde, dans le mal, à condition précisément d'une reprise réflexive qui passe par un travail d'interprétation des symboles.

2. Sur un second front, la délimitation Ricœurienne de l'interprétation permet d'écarter une conception trop large du symbole telle qu'on la trouve par exemple chez Cassirer. Dans *La philosophie des formes symboliques*,[7] le symbole désigne toute médiation entre le sujet et le réel, tout rapport signifiant au monde et aux êtres, sans permettre de discriminer les structures de signes univoques et les structures de signes équivoques. Cette conception très (trop) large du symbole trouve une parenté profonde avec les courants que l'on peut qualifier *a posteriori* d'*interprétationnistes* qui reposent sur l'idée selon laquelle tout rapport au sens est de nature interprétative. On en trouve les premières formulations dans le second traité de l'Organon (*De l'interprétation*[8]) d'Aristote pour lequel est interprétation tout son émis par la voix lorsqu'il est doté de signification. Tout discours qui dit quelque chose sur quelque chose est interprétatif et suppose une interprétation. C'est à l'époque contemporaine que l'*interprétationnisme* s'est considérablement

---

6 Ricœur, *De l'interprétation*, 62.
7 Cassirer, *La philosophie des formes symboliques*.
8 Aristote, *Catégories de l'interprétation*.

développé aussi bien du côté de la philosophie analytique (Donald Davidson[9]) que du côté de la philosophie continentale (Günter Abel[10]). Cette conception extensionniste de l'interprétation souffre du défaut majeur de ne pouvoir distinguer compréhension immédiate et compréhension médiate ou interprétative qui suppose une suspension du sens, un détour réflexif et une conquête du sens. Il y a des catégories de signes qui ne nécessitent pas une interprétation parce que le sens est saisi spontanément. Il en est ainsi dans la vie ordinaire où nous ne passons pas notre temps à interpréter. Imagine-t-on un instant un quotidien où nous devrions nous arrêter sur le sens de chaque signe, de chaque mot, de chaque énoncé, nous interroger à chaque fois sur leur signification ? Les typifications du sens de la vie courante sont ainsi faites qu'elles reposent sur des routines, des habitudes, des précompréhensions qui permettent de nous orienter sans trouble dans le monde ambiant, d'anticiper les intentions d'autrui, de circuler dans des univers familiers de signes. Le grand intérêt de la démarche de Ricœur consiste précisément à *limiter* le champ des signes ouverts à l'interprétation.

Toutefois, la limitation que propose Ricœur, au moins dans son essai sur Freud, nous semble, pour le coup, trop restrictive, au moins à un double titre.

1. D'une part, l'objet visé par l'interprétation est largement borné, dans *De l'interprétation*, aux signes linguistiques. Or, il y a d'autres registres de signes qui ne sont pas de nature linguistique et qui n'en demandent pas moins à être interprétés. La classification proposée par Peirce (symboles, indices et icônes[11]) offre une palette beaucoup plus riche pour rendre compte de la diversité des signes qui peuvent demander une interprétation. Certes, la notion de symbole chez Peirce n'est pas très éloignée de celle de Cassirer, à ceci près qu'elle recouvre essentiellement les signes linguistiques définis de manière conventionnelle. En revanche, l'introduction de grammaires indiciaires et de grammaires iconiques permet de sortir de la conception trop étroite de l'interprétation que l'on trouve chez Ricœur. Il y a par exemple toute une variante de signes naturels (et donc non linguistiques) qui peuvent renvoyer comme indices à d'autres signes (la fumée pour le feu, une trace dans la boue pour le passage d'un animal...) et demander une interprétation. Il y a encore des signes qui peuvent jouer la fonction d'icônes pour d'autres signes et d'autres objets. C'est le cas des images mentales comme les sou-

---

9 Davidson, *Enquête sur la vérité et l'interprétation*.
10 Abel, *Langage, signes et interprétation*.
11 Peirce, *Écrits sur le signe*.

venirs ou les rêves qui ne s'expriment pas d'emblée sous une forme linguistique et dont le contenu étrange, dont la signification troublée ou brouillée demande également une interprétation. C'est enfin le champ entier des images dans le domaine de l'art, du pictural au cinématographe en passant par la photographie,[12] qui offre au spectateur un monde de signes dont la signification est par définition non familière. La raison d'être de l'art, s'il en est, et pas seulement des mythes et des symboles, consiste justement à suspendre notre rapport usuel, littéral, familier au monde pour en proposer une refiguration étrange, impertinente, créatrice.[13] Parce que l'art défamiliarise, nous sort de nos repères de sens habituels, «transfigure le banal»[14] (pour parler comme Danto), il demande interprétation. Or, les signes de l'art qui appellent interprétation excèdent les unités de signes linguistiques et s'étendent à toute forme de signes, y compris les sons musicaux, lorsqu'ils «évoquent» par exemple le cycle des saisons (Vivaldi), la puissance de la Nature (la *Tempête* de Tchaïkovski), les sentiments (*Love Supreme* de Coltrane) ...

2. D'autre part, *De l'interprétation* souffre d'une seconde limitation préjudiciable en ce que l'ouvrage s'en tient essentiellement à une catégorie bien particulière de signes linguistiques : les signes à double sens. En d'autres termes, Ricœur prend surtout en compte un seul régime de *problématicité de sens*[15] : l'équivocité. On peut définir un régime de problématicité de sens comme un agencement de signes qui fait obstacle à une compréhension immédiate du sens. On peut en élargir la catégorisation au-delà des structurés de signes à double sens. C'est le cas de *l'étrangeté* qui procède d'un rapport à un sens qui n'a pas été rencontré auparavant, dont l'incongruité rompt avec la familiarité des significations acquises (par exemple un mot étranger, un texte d'une époque lointaine, une pratique culturelle exotique, un univers social hors du commun). L'étrangeté du sens est parente de toute forme d'*irrégularité* en tant qu'elle brise les chaines habituelles de significations, les ordres routiniers des conduites et les manières typiques de comprendre le monde. La *confusion* procède d'un rapport à des significations tellement enchevêtrées et indistinguées qu'elles rendent la compréhension difficile et incertaine. Cette problématicité du sens peut prendre la forme de la méprise lorsque l'on confond deux termes, deux personnes,

---

12 Voir ici les travaux en cours de Samuel Lelievre (EHESS) sur la philosophie esthétique de Ricœur et sur le statut de l'image, notamment dans les arts visuels.
13 C'est le sens même du travail qui sera mené par Ricœur dans *La Métaphore vive*.
14 Danto, *La transfiguration du banal*.
15 Michel, *Homo interpretans*.

deux situations : l'une est prise pour l'autre de manière maladroite, indue, injustifiée. *L'obscurité* procède d'un rapport au sens caractérisé par ce qui littéralement ne se voit pas, ne se lit pas, ne s'entend pas immédiatement. Elle peut concerner un propos volontairement fumeux ou jargonneux ou encore tout un pan de la littérature et des pratiques culturelles dites ésotériques. L'obscurité est généralement causée non par un défaut de compétence de l'interprète, *a fortiori* s'il fait preuve d'équité herméneutique,[16] mais par un défaut de clarté de celui qui s'exprime.

L'équivocité ou la plurivocité relèvent bien d'un registre particulier de problématicité de sens mais ne sauraient couvrir l'ensemble des agencements de signes qui demandent un travail de l'interprétation. Ainsi on ne peut affirmer avec Ricœur que «le problème de l'interprétation désigne réciproquement toute intelligence du sens spécialement ordonnée aux expressions équivoques ; l'interprétation, c'est l'intelligence du double sens».[17] Nous cherchons plutôt à affirmer, par extension, que *l'interprétation, c'est l'effort de surmonter des régimes de problématicité du sens* (dont l'équivocité n'est qu'un registre parmi d'autres) à la faveur de techniques que nous avons appelées des *interprétatiaux*. Les *interprétatiaux* désignent *des techniques ordinaires et savantes (clarification, explicitation, dévoilement, traduction, contextualisation...) constitutives de toute saisie médiate d'un ensemble de signes problématiques*.

Tout agencement de signes n'est pas *a priori* et nécessairement problématique à la compréhension immédiate. Tout dépend en partie à la fois des situations, des contextes et des expériences personnelles. C'est ainsi que la question du *quand* vient, sinon prendre le relais, au moins compléter la question du *quoi*. C'est l'apport du pragmatisme américain, en particulier la théorie de l'enquête de Dewey,[18] que de prendre à sa juste mesure les situations troublées, lorsque les interactions entre un organisme et un environnement sont soumises à des distorsions, des bouleversements, bref, ne vont plus de soi, et nécessitent toute une série de réajustements. Même si le pragmatisme laisse peu de place à un concept franc d'interprétation, sauf chez Peirce, il offre un cadre précieux pour déplacer le centre de gravité du champ de l'interprétation. *Quand inter-*

---

[16] Georg Friedrich Meier est l'un des premiers à définir le principe d'équité herméneutique qui consiste pour l'interprète à tenir pour sensées et vraies les significations données dans une proposition, un discours, un texte... jusqu'à preuve du contraire (Meier, *Essai d'un art universel de l'interprétation*). Ce principe herméneutique sera reformulé ultérieurement notamment par Davidson en principe dit de charité.
[17] Ricœur, *De l'Interprétation*, 17–18.
[18] Dewey, *Logique*.

prétons-nous ? Telle est la question pragmatiste que l'on peut poser à la tradition herméneutique. Nous interprétons quand nous sommes confrontés à des régimes de problématicité de sens. Or, le caractère ou non problématique du sens peut profondément varier selon les formes de vie, les contextes culturels, les situations, le stock accumulé d'expérience de sens. Ainsi un même signe, dans un contexte donné, pourra être compris immédiatement (sans nécessiter une interprétation), alors qu'il sera vécu comme problématique dans un autre contexte. D'où la nécessité de mobiliser des *interprétatiaux* pour surmonter la problématicité du sens (par exemple la contextualisation d'un mot dans une phrase, d'une trace au regard d'un ensemble de traces...).

Il reste cependant que la question du *quand* se pose moins pour des agencements de signes dans des formes de vie données qui ont d'emblée une structure problématique et qui nécessitent donc un travail interprétatif. C'est le cas par exemple des symboles, des mythes et des œuvres d'art dans la mesure où ces expressions de signes ne livrent pas d'emblée leur signification. Elles n'ont pas nécessairement, au moins pour les œuvres d'art, la structure d'équivocité des signes linguistiques au sens étroit que lui donne Ricœur, mais comportent toujours un *surcroît* de sens (qui ne renvoie pas systématiquement à un sens profond ou latent) qui appelle un travail interprétatif.

L'intérêt de la psychanalyse freudienne, et surtout la manière dont Ricœur la retisse dans son herméneutique, consiste précisément à montrer que les signes qui se forment dans la conscience n'ont pas la transparence qu'on lui accorde habituellement, qu'il y a d'emblée un autre sens à découvrir dans ce qui se donne spontanément à elle. C'est le cas par exemple du rêve dont la signification n'apparait pas immédiatement : «C'est le rêve qui, toute question d'école mise à part, atteste que sans cesse nous voulons dire autre chose que ce que nous disons ; il y a du sens manifeste qui n'a jamais fini de renvoyer à du sens caché ; ce qui fait de tout dormeur un poète».[19] Si Ricœur ne pose pas vraiment la question du *quand*, c'est du fait d'une conception étroite de l'interprétation dont le *quoi* renvoie à des structures de sens qui ont d'emblée un caractère problématique, dont le sens immédiat ne va pas de soi. Si en revanche on défend une conception plus élargie de l'interprétation, qui excède le symbole, sans céder cependant sur le terrain de l'interprétationnisme, la question du *quand* se pose à d'autres agencements de signes qui ne se révèlent problématiques qu'en fonction de contextes et de situations.

---

[19] Ricœur, *De l'Interprétation*, 25.

2

Le réseau sémantique qui permet de circonscrire l'interprétation ne peut se borner au *quoi* et au *quand*. Il n'y a pas d'interprétation sans sujets interprétants (*le qui*) et sans techniques corrélatives (le *comment*). Si la question du *comment* est centrale dans l'essai sur Freud, la question du *qui* est peu explicitée, dans la mesure même où la réponse de Ricœur est implicite et semble aller de soi. Qui est le sujet interprétant par excellence dans *De l'interprétation* ? C'est le psychanalyste et plus particulièrement Freud lui-même. Nul hasard si l'on se réfère au contrat de lecture fixé dès le début de l'ouvrage : Ricœur se donne pour tâche d'analyser non la pratique psychanalytique elle-même, mais le texte de Freud comme œuvre de culture. Voilà pourquoi, dans son essai, le philosophe ne pose pas vraiment la question du *qui* : elle est en quelque sorte donnée d'avance. Celui qui interprète (le rêve, les œuvres d'arts, les symptômes, les actes manqués...) est Freud lui-même. Et c'est cette interprétation qui fait l'objet de l'analyse de Ricœur : une interprétation philosophique de l'interprétation freudienne des symboles.

Au-delà de Freud, qui sont les interprétants pris pour cible par Ricœur dans son essai ? Ce sont des professionnels de l'interprétation, qu'il s'agisse des exégètes, des philologues, des maitres du soupçon (Nietzsche, Marx, Freud...), des philosophes... Ce ne sont pas n'importe quels interprétants, mais des interprétants qui disposent d'un art, d'un savoir-faire, des techniques d'interprétation dont ne disposent pas les individus ordinaires. On voit ici en quel sens le *qui* et le *comment* s'appellent réciproquement. C'est en partie par le *comment* que l'on peut déterminer le *qui*. C'est en fonction de la maitrise d'*interprétatiaux* (les techniques grammaticales, le commentaire exégétique, les techniques de dévoilement du sens caché...) que l'on reconnait *qui* interprète.

Le privilège que Ricœur accorde dans son essai aux professionnels de l'interprétation est en cohérence avec le niveau des problèmes auquel il entend se placer : épistémologique. D'une part, un problème épistémologique interne au freudisme en tant qu'il conjugue un discours mixte dont l'articulation pose problème : une énergétique et une herméneutique, un langage de la force et un langage du sens. D'autre part, un problème interne aux sciences de l'interprétation en général en tant qu'elles se divisent sur la manière de saisir les symboles : l'école du soupçon et l'école de la restauration de sens. En d'autres termes, Ricœur inscrit d'abord et avant tout la question du *qui* et la question du *comment* à l'intérieur d'un champ épistémologique propre aux sciences herméneutiques. Ce qui veut dire que le problème de l'interprétation se pose par excellence à l'échelle de l'herméneutique, à l'échelle de l'art savant d'interpréter les signes, et plus particulièrement, les signes à double sens. Ce parti pris est tout à fait cohérent avec sa démarche d'ensemble et avec tout un pan de la tradition herméneutique elle-même.

Sauf que ce parti-pris ne va pas entièrement de soi, c'est-à-dire dans le fait d'assimiler interprétation et herméneutique, techniques interprétatives et interprétations savantes, interprétants et professionnels de l'interprétation. C'est qu'il y a des manières d'interpréter, des techniques interprétatives que nous mobilisons, certes avec un degré moindre de sophistication, dans la vie ordinaire qui méritent une attention aussi importante que celles mobilisées par les exégètes, les psychanalystes, les philologues... De même que, dans la première partie de notre propos, nous avons cherché à élargir les *régimes de problématicité du sens* au-delà des symboles (et des structures linguistiques équivoques), de même cherchons-nous désormais à élargir le statut des interprétants (*le qui*) et le statut des techniques interprétatives (*le comment*) au-delà des professionnels de l'interprétation et des techniques savantes d'interpréter.

C'est du moins la voie que nous avons prise dans *Homo interpretans* en nous livrant à une enquête sur les techniques interprétatives dans la vie ordinaire. En un sens, les *interprétatiaux* (clarification, explicitation, contextualisation, traduction, dévoilement...) mobilisés dans les sciences herméneutiques sont *dérivés* de techniques mobilisées dans la vie courante lorsque nous sommes confrontés à une problématicité du sens (clarifier le sens d'un énoncé, démasquer un faux-semblant, contextualiser une situation troublée...). Les professionnels de l'interprétation n'ont pas le monopole de l'interprétation. Réciproquement, les techniques mobilisées par les sciences herméneutiques apportent une plus-value, des techniques maitrisées, des procédures de contrôles des hypothèses, des procédés de soumission à la critique par des pairs... que l'on n'attend pas de nos interprétations ordinaires comme prérequis. En somme, l'objectif qui est le nôtre est de déplacer les conflits que Ricœur pose à une échelle épistémologique pour les replacer à l'horizon d'une dualité entre l'échelle savante d'interpréter (au niveau proprement herméneutique) et l'échelle ordinaire d'interpréter (au niveau proprement anthropologique).

Dans son essai, Ricœur donne des pistes pour articuler l'échelle épistémologique et l'échelle réflexive. La médiation de la philosophie réflexive donne une tournure plus existentielle à l'interprétation dans la mesure où elle vise à recouvrer notre acte d'exister dans toute l'épaisseur de nos œuvres. Perdu, égaré dans l'existence, le sujet ne peut se conquérir qu'au prix d'une exégèse continuelle des signes de son existence : «C'est pourquoi une philosophie réflexive doit inclure les résultats, les méthodes et les présuppositions de toutes les sciences qui tentent de déchiffrer et d'interpréter les signes de l'homme».[20] Mais ce projet, magnifique dans son ambition éthique, reste encore justement philosophique propre à l'éthos du philosophe, comme professionnel de l'interprétation, capable «d'inclure les résultats, et les méthodes, et les présuppositions» des sciences de l'interprétation. Ce projet, qui s'inscrit dans une lignée qui va de Descartes à Nabert en passant pas Spinoza, ne permet pas en revanche d'inclure nos manières plus ordinaires d'interpréter lorsque nous sommes face à une problématicité du sens. D'où l'opportunité d'élargir justement l'interprétation aux sujets ordinaires, au dévoilement ordinaire du monde. La seconde herméneutique de Ricœur, après sa rencontre de l'œuvre de Gadamer, centrée sur la *refiguration* permettra de donner une ampleur très importante aux interprétations ordinaires des lecteurs confrontés à des textes, sans que ces lecteurs soient assimilés à des professionnels comme les critiques littéraires.

3

La question du *qui* est particulièrement sensible dans le champ de la psychanalyse. C'est le présupposé initial de *De l'interprétation* qu'il faut réinterroger à la lumière de la pratique analytique elle-même, c'est-à-dire dans le dispositif de la cure. Dans un article magistral, Jean Laplanche[21] en propose une argumentation serrée. Ricœur n'est pratiquement pas cité, mais le titre de son article («La psychanalyse comme anti-herméneutique») est sans ambiguïté quand on sait la réception de l'essai sur Freud, particulièrement chez les lacaniens. Mais le propos de Laplanche est plus subtil que les vaines polémiques suscitées par les lacaniens les plus zélés. Laplanche reconnaît certes l'importance du travail d'interprétation des rêves dans l'œuvre du père de la psychanalyse. Mais cette reconnaissance ne doit pas revenir à assimiler la méthode analytique à un ensemble de codifications et de traductions stéréotypées qui viendraient se plaquer artificiellement sur les rejetons de l'inconscient. La raison principale tient, selon Laplanche, dans le fait que la structure même de l'inconscient est rebelle à toute forme de théorisation secondaire : «La méthode psychanalytique, dans son originaire, n'a pas de clés, mais des tournevis. Elle démonte les serrures, elle ne les ouvre pas. Ainsi seulement, cambrioleur par effraction, elle tente de s'approcher du trésor, terrible et dérisoire, des signifiants inconscients».[22]

---

20 Ricœur, *De l'interprétation*, 57.
21 Laplanche, «La psychanalyse comme anti-herméneutique». Dans la suite de Laplanche, on trouvera des développements très féconds dans la thèse Yi, *Herméneutique et psychanalyse*.
22 Laplanche, «La psychanalyse comme anti-herméneutique», 160.

Que l'on puisse reconnaître avec Laplanche l'hétérogénéité de l'inconscient dans sa logique pulsionnelle à l'égard d'une traduction entièrement codifiée n'empêche pas une reprise au moins partielle de la force dans la sphère du sens, au prix justement d'un travail interprétatif approprié. Freud mobilise bien dans l'*Interprétation des rêves* tout un registre de «codes» pour interpréter le contenu latent du rêve comme le complexe d'œdipe. Le psychanalyste dispose donc bien de «clés» lorsqu'il cherche à entrer par effraction dans le psychisme d'un autre. Il est entendu que Freud construit cette codification à partir de l'expérience analytique elle-même, c'est-à-dire sur la base d'un travail d'interprétation déjà opéré par l'analysant lui-même. Toutefois, pour reprendre l'un des «cas» fameux de la clinique freudienne, ce n'est pas le «petit Hans» qui élabore lui-même «la théorie sexuelle infantile». Freud opère bien une théorisation secondaire ou une retraduction de la traduction originaire que l'analysant opère en amont sur lui-même.

Par contraste avec sa résistance à l'assimilation de la méthode psychanalytique à une herméneutique, l'argumentation percutante de Laplanche, dans sa relecture de Freud, consiste à dire, avec une accentuation quasi-heideggérienne, que le seul véritable herméneute est l'analysant lui-même (comme *Dasein*) et non l'analyste. On voit ici en quoi Laplanche déplace la question du *qui*. Si l'on prend en compte l'expérience de la cure, et non comme Ricœur l'œuvre textuelle de Freud, le travail interprétatif est d'abord et avant tout réalisé par l'analysant lui-même. Or, l'analysant ne dispose pas, sauf lorsqu'il est analyste lui-même, des «clés» ou des «tournevis», des techniques savantes pour surmonter la problématicité du sens de ses rêves, de ses actes, de ses paroles qui apparaissent au prime abord étranges, obscures ou équivoques. Le rêveur, fût-il poète, est comme étranger à lui-même. C'est le dispositif de la cure (à travers l'opération fondamentale du *transfert*) qui doit aider le patient à retrouver les significations véritables qui se dissimulent derrière les rejetons de l'inconscient, bref à accéder aux scènes primitives du sens. Toutefois, l'expérience du transfert n'implique pas que l'analyste lui-même se substitue au travail interprétatif de l'analysant.

La reconnaissance de la condition originaire de l'interprétation dans l'analysant revient-elle pour autant à dénier l'appartenance du discours psychanalytique aux sciences herméneutiques, comme le revendique Laplanche ? Notre plaidoyer consisterait plutôt à affirmer une double reconnaissance du sujet interprétant (le *qui*) : l'analyste et l'analysant. Le problème est alors de savoir si les opérations interprétatives que la méthode analytique met en exergue, à l'échelle savante, peuvent vraiment s'assimiler à un procédé équivalent à la pratique exégétique. Le problème, en d'autres termes, est de savoir si l'on peut assimiler les productions de l'inconscient, lorsqu'elles parviennent à passer dans du sens, à un quasi-texte, fût-il systématiquement déformé. Reconnaissons déjà qu'il y a toute une gamme de pulsions d'origine inconsciente qui ne se traduisent pas en « représentations », qui ne parviennent pas à se traduire dans la sphère du langage, même de manière déguisée. C'est le cas de « l'angoisse sans objet », des symptômes et des somatisations qui laissent le sujet littéralement sans voix, sans possibilité même d'opérer une traduction originaire ou de se livrer à la méthode des associations libres. Nous avons bien affaire dans ce cas à une énergétique pure, à un investissement pulsionnel irréductible à toute reprise dans l'ordre du discours.

Ce qui résiste le plus à l'assimilation des rejetons de l'inconscient à un texte, fût-il obscur ou déformé, est le caractère indexical de la cure. Celle-ci se joue ici et maintenant dans l'oralité ostentatoire de la plainte, dans l'expression de symptômes, dans la restitution en situation de bribes de récit (comme les restes diurnes), dans des fragments de discours qui ne sont pas des textes. La cure s'invente dans l'événement de l'interaction vivante de l'analyste et de l'analysant, avant toute forme d'autonomisation et de fixation de la parole en écriture.

Le modèle du texte semble en revanche plus pertinent lorsque la psychanalyse freudienne, en dehors de la pratique de la cure, s'emploie à déchiffrer non seulement des mythes fondateurs et des grands textes de notre culture[23] mais aussi des quasi-textes et des « expressions durablement fixées » comme les œuvres d'art.[24] Le psychanalyste se fait alors exégète de notre culture, de ses symptômes[25] et de ses illusions.[26] Ainsi, toutes les expressions vitales d'un peuple, d'une culture ou d'une civilisation peuvent être déchiffrées comme un livre ouvert sur le bureau du psychanalyste. Encore s'agit-il d'un livre sans auteur individualisé, un texte dont les forces véritablement agissantes (Eros, Thanatos...) se dissimulent sous les mythes, les totems et les tabous de la civilisation. La psychanalyse se meut alors en une vaste interprétation de la culture dont elle reconstruit l'intrigue comme une lutte de titans, dont elle traque les malaises, les pulsions de mort et les principes sacrificiels. On peut alors à bon droit faire de la psychanalyse, comme le propose Ricœur, une « herméneutique spéciale », avec ses méthodes d'interprétations propres et ses codages particuliers.

La configuration est en revanche différente lorsque la psychanalyse demeure restreinte à la cure analytique : ni l'analysant, ni l'analyste n'ont affaire à des « expressions durablement fixées » assimilables à un quasi-texte. Le texte, s'il en

---

23 Freud, *L'homme Moïse et la religion monothéiste*; Freud, *Le délire et les rêves dans la Gradiva de W. Jensen*.
24 Freud, *Un souvenir d'enfance de Léonard de Vinci*.
25 Freud, *Malaise dans la civilisation*.
26 Freud, *L'avenir d'une illusion*.

est, est à construire dans l'interaction de la cure, par la méthode des associations libres, encore que la fixation du dire en dit, le passage du discours oral au discours écrit ne soit nullement l'objectif thérapeutique de l'espace analytique. L'herméneutique de provenance textuelle ou exégétique, pour cette raison, semble inadaptée à interpréter les grammaires déformées du sens qui se donnent dans la pratique de la cure. Ainsi rejoint-on, sur ce point, l'objection que Laplanche formule contre Ricœur.

En revanche, cette restriction n'enlève rien au fait qu'une autre intelligence herméneutique est pleinement requise pour interpréter les signes et les symptômes qui émergent de l'interaction analytique, à la fois du côté de la traduction originaire de l'analysant et du côté de la retraduction qu'opère l'analyste lui-même en mobilisant toute une palette de codage. C'est cette retraduction qui apparente, sur certains aspects, le travail de l'analyste au travail de l'herméneutique médicale. Certes, le psychanalyste (qui peut être aussi médecin comme l'était Freud lui-même) rapporte des signes et des symptômes à une histoire pour poser son diagnostic (généalogie de la cure, évolution des symptômes, histoire de vie du patient), et peut se prononcer sous certaines réserves sur l'avenir du patient comme pronostic (malgré le caractère interminable de la cure...).

Il y a cependant une dimension indexicale dans le jugement médical et dans la pratique analytique, une composante événementielle dans le fait pour le médecin ou pour l'analyste d'interpréter, dans le moment opportun, des *semeia* par nature fragiles et évanescents. Une autre herméneutique, autre que celle qui interprète des signes durablement fixés, est nécessaire pour saisir la dimension processuelle et interactive des signes et des symptômes qui se donnent à voir et à entendre dans l'événement de la cure. A ce titre, on peut dire que la psychanalyse est triplement herméneutique. D'une part, en tant qu'elle reconnaît l'activité de traduction originaire de l'analysant. D'autre part, en tant qu'elle reconnaît l'activité de retraduction de l'analyste dans la dimension indexicale de la cure, retraduction irréductible au modèle du texte. Enfin, en tant qu'elle reconnaît la capacité d'interpréter des œuvres de culture durablement fixées, de fait assimilable à un quasi-texte.

On mesure mieux en quoi la question du *quand* (et celle corrélative celle du *où*) affecte directement le statut du *qui*, du *quoi* et du *comment* de l'interprétation, en quoi un cadre pragmatiste permet de repenser la tradition herméneutique, en quoi la prise en compte de déictiques contribue à distinguer des pratiques interprétatives différentes. On ne peut faire le reproche à Ricœur de se focaliser, dans son essai sur Freud, sur les techniques savantes d'interpréter (le *comment*), sur les professionnels de l'interprétation (le *qui*), sur les symboles (*le quoi*) parce que le contrat de lecture qu'il s'est fixé dès l'amorce de son ouvrage est clairement affiché : analyser le discours freudien comme œuvre de culture.

Toutefois, si l'on change pragmatiquement de contexte, de déictiques (le *quand* et le *où*), si l'on prend notoirement en compte la pratique de la cure, il faut élargir le *qui* aux analysants eux-mêmes, aux techniques ordinaires d'interprétation (le *comment*). C'est ce même mouvement d'élargissement qui nous a conduit à prendre en considération les régimes de problématicité du sens au-delà des structures de signes équivoques et à proposer *in fine* un concept plus large d'interprétation, sans céder cependant sur le terrain de l'interprétationnisme.

Bibliographie

Abel, Günter (2011): *Langage, signes et interpretation*. Lukas Sosoe (Trans.). Paris: Vrin.
Aristote (2007): *Catégories de l'interprétation (Organon 1 et 2)*. Gérard Deledalle (Trans.). Paris: Vrin.
Cassirer, Ernst (1972): *La philosophie des formes symboliques*, Volumes I–III. Ole Hansen and Jean Lacoste (Trans.). Paris: Minuit.
Danto, Arthur (2019): *La transfiguration du banal. Une philosophie de l'art*. Claude Hary-Schaeffer (Trans.). Paris: Points.
Davidson, Donald (1998): *Enquête sur la vérité et l'interprétation*. Pascal Engel (Trans.). Paris: Jacqueline Chambon.
Dewey, John (1993): *Logique: Théorie de l'enquête*. 2nd ed. Gérard Deledalle (Trans.). Paris: PUF.
Freud, Sigmund (1987): *Un souvenir d'enfance de Léonard de Vinci*. Janine Altounian (Trans.). Paris: Gallimard.
Freud, Sigmund (1992): *Le délire et les rêves dans la Gradiva de W. Jensen*. Paule Arbex (Trans.). Paris: Folio.
Freud, Sigmund (1993): *L'homme Moïse et la religion monothéiste*. Cornélius Heim (Trans.). Paris: Gallimard.
Freud, Sigmund (2010): *Malaise dans la civilisation*. Bernard Lortholary (Trans.). Paris: Points.
Freud, Sigmund (2011): *L'avenir d'une illusion*. Bernard Lortholary (Trans.). Paris: Points.
Laplanche, Jean (1997): *Herméneutique: Textes, sciences*. Paris: PUF.
Meier, Georg Friedrich (2018): *Essai d'un art universel de l'interprétation*. Christian Berner (Ed. and Trans.). Lille: Septentrion.
Michel, Johann (2017): *Homo interpretans*. Paris: Hermann.
Peirce, Charles Sanders (1978): *Écrits sur le signe*. Gérard Deledalle (Trans.). Paris: Seuil.
Ricœur, Paul (1965): *De l'interprétation. Essai sur Freud*. Paris: Seuil.
Ricœur, Paul (1975): *La métaphore vive*. Paris: Seuil.
Ricœur, Paul (1998): *Du texte à l'action*. Paris: Seuil.
Ricœur, Paul (2009): *Philosophie de la volonté, 2. Finitude et culpabilité*. Paris: Points-Essais.
Yi, Mi-Kyung (2000): *Herméneutique et psychanalyse, si proches ... si étrangères*. Paris: PUF.

Charles Taylor
La contribution de Paul Ricœur à l'anthropologie philosophique

Abstract: Paul Ricœur's Contribution to Philosophical Anthropology. This article shows the importance of the question of language in Ricœur's philosophical anthropology. In his text, Charles Taylor approaches Ricœur's philosophical anthropology by identifying two pitfalls: the first pitfall lies in reductive explanation in the natural sciences. In the second pitfall, Taylor examines descriptive phenomenology and highlights the role played by Heideggerian philosophy in the transition from phenomenology to hermeneutics, without resigning to the abandonment of phenomenology. Then, he clarifies the role of an enlarged hermeneutic and arrives at an objective and philosophical language allowing for a nonreductive reading as exemplified in Ricœur's *Freud and Philosophy*.

Mes propos vont porter sur un versant important de la philosophie de Paul Ricœur, à savoir la dimension du langage ou, plutôt, des langages, au pluriel, comme il aimait à le préciser. Cette démarche nous fera entrer de plain-pied dans l'anthropologie philosophique ricœurienne.

J'évoquerai en premier lieu deux écueils : le premier a trait à l'explication réductive sur le mode des sciences naturelles ; le second a trait à la phénoménologie descriptive ; j'évoquerai aussi à ce propos le rôle joué par la philosophie heideggérienne dans le passage de la phénoménologie à l'herméneutique. Je continuerai mes réflexions en abordant la question des langues bien faites. Enfin, la suite logique de cette réflexion nous conduira vers la liquidation du double sens, tel qu'on le voit dans le symbole, par l'herméneutique du soupçon et la phénoménologie hégélienne.

Note: This article was edited by Azadeh Thiriez-Arjangi from the author's sound recording and notes.

1 Deux écueils

1.1 Explication réductive sur le mode des sciences naturelle

Afin de préparer le terrain de ma réflexion qui porte sur la contribution de Ricœur dans le domaine de l'anthropologie philosophique, je dois d'abord souligner qu'il y a eu des débats, voire des conflits très importants sur ce sujet au cours du au 20e siècle. À cette époque, beaucoup de philosophes et de praticiens des sciences sociales estimaient que le modèle de l'explication de l'être humain était un modèle basé sur les sciences de la nature et tentaient d'expliquer la pensée humaine à partir du fonctionnement du cerveau. Pour eux, le cerveau était l'organe qui remplaçait la structure cartésienne, l'esprit cartésien. Ils pensaient, en outre, que la pensée est confinée dans le cerveau. Mais on se demande comment il est possible d'arrimer les mécanismes neurologiques sans signification avec l'histoire vécue.

Le monde des sciences naturelles est aujourd'hui vidé de significations. Pourtant, ce mot pouvait désigner les aspects importants de la réalité humaine. Une réalité qui nous attire ou nous repousse, qui sert ou dessert les fins que nous poursuivons ; cette réalité qui caractérise et qui symbolise le bien et le mal, l'admirable et le méprisable.

Certes, les méthodes de pensée des sciences naturelles nous éloignent de toute étude sur ce que j'appellerai, dorénavant, les significations humaines, c'est-à-dire des modalités dont le monde qui nous entoure peut nous apporter du meilleur comme du pire : être dangereux, être attirant, être significatif, etc. Tout cela ne joue aucun rôle et ne peut avoir aucun rôle dans le langage des sciences de la nature.

1.2 La phénoménologie descriptive

Cette deuxième fausse route concerne la phénoménologie husserlienne, qui est née en quelque sorte de la même préoccupation que la philosophie réflexive. L'importance de cette phénoménologie était justement de remédier aux carences de toute explication basée sur la science de nature, en faisant valoir les significations de la vie de l'être humain et les significations par lesquelles l'être humain vit. Mais elle s'avérait aussi d'être une approche insuffisante. C'est dans ce contexte que la première partie de l'œuvre de Ricœur vise à reconstituer, à surmonter, à revoir et à réinterpréter cette approche.

Et d'ailleurs, il faut aussi mentionner la méthode de travail de Ricœur qui prenait sans cesse position par rapport à ses idées antérieures, soulignait ses ambiguïtés et ses incompréhensions du passé et tentait ainsi de les reformuler ; et ce sans provoquer une opposition catégorique à ce qu'il a pensé retirer. Et cette méthode est restée aussi valable pour tout le travail effectué par le philosophe à l'époque de l'après-guerre, où il a pu voir que la phénoménologie husserlienne[1] table sur une description du monde tel que vécu par le sujet.

Certes, l'approche phénoménologique ne paraissait pas suffisante aux yeux de Ricœur, car l'être humain n'est pas seulement une conscience qui regarde le monde se déployant devant lui ; mais il est aussi un être qui agit, qui pâtit et qui réagit avant de comprendre de manière partielle et fragmentaire ce qu'il fait et ce qui le fait souffrir. La connaissance de soi ne devient en grande partie possible que grâce à une compréhension rétrospective de ce qu'on a fait et de ce qu'on a éprouvé en tant qu'individu, société ou encore espèce humaine à travers l'histoire.

Néanmoins, la description de l'activité humaine reste souvent énigmatique, soit parce que les individus agissent sans s'expliquer, soit parce que leur auto-explication reste inadéquate. Il faut donc interpréter et/ou réinterpréter. Ainsi, la phénoménologie, du fait de sa vocation retrouve le contact avec le monde vécu, au-delà de la réification scientiste, et se mue d'elle-même en herméneutique.

Ce passage de la phénoménologie à l'herméneutique comprend tous les acteurs humains, individuels ou collectifs, qui ont toujours une première explication de la signification de leur acte, même si par la suite, ils se voient contraints de modifier ou de changer le déroulement de leur l'action.

Le rôle joué par la philosophie heideggérienne dans le passage de la phénoménologie à l'herméneutique, est considérable. Or c'est grâce à Heidegger qu'on a pu comprendre que l'herméneutique était à l'origine de la science de l'interprétation de certains textes, essentiellement la Bible ou encore les œuvres classiques de la philosophie et de la pensée occidentale. Nous avons également constaté que le terme herméneutique semble être essentiel dans n'importe quelle anthropologie philosophique, car les êtres humains agissent toujours en fonction de certaines significations vécues, sans toutefois savoir comment définir ces significations. On dirait même que ces significations telle qu'elles sont vécues constituent un texte, en analogie avec la Bible ou avec d'autres grands classiques de la littérature. D'où l'appel à réinterprétation.

---

[1] Ce n'est peut-être pas tout-à-fait exacte de dire Husserl. Il s'agit en effet de la jeunesse du travail husserlien à l'époque des *Ideen*.

Néanmoins, ce passage de la phénoménologie à l'herméneutique ne dicte aucunement l'abandon de la phénoménologie. La phénoménologie nous permet toujours de connaître la première version et la première prise sur les significations. Quant à la réinterprétation elle se déroule dans l'action et dans l'événement, et permet de revoir nos actions.

> C'est la tâche de l'herméneutique de montrer que l'existence ne vient pas à la parole, au sens, à la réflexion, qu'en procédant à une exégèse continuelle de toutes les significations qui viennent au monde de la culture ; l'existence ne devient un soi—humain et adulte—qu'en s'appropriant ce sens qui réside d'abord «dehors», dans les œuvres, des monuments de culture où la vie de l'esprit est objectivée.[2]

Pour éviter toute sorte de malentendu, je tiens à éclairer le rôle d'une herméneutique élargie. Ainsi on doit tenir compte de la polysémie des termes *sens* et *signification* en français auxquels correspondent des polysémies analogues de *meaning* et *significance* en anglais ou encore *Sinn* en allemand. D'une part, on parle du sens d'un mot, ou plus généralement de sa signification langagière. Mais on parle aussi de la *signification* dans le sens évoqué plus haut, où il est question de la signification d'une situation provoquée pour un acteur. Ici la façon dont le monde nous entoure apporte une signification pour nous ; elle nous appelle et nous interpelle d'une façon ou d'une autre. On pourrait parler de *significations pour...*, ou de *significations vécues* (même si je peux, par exemple, ignorer des dangers qui me menacent). D'autre part, on parle de *significations humaines*, quand il faut clarifier qu'il ne s'agit pas du sens des mots ou autres expressions du langage.

Ainsi les deux premiers écueils sont évités par Ricœur soit d'entrée de jeu, soit très tôt. Mais je dois encore mentionner un troisième écueil, qui existe dans la pensée moderne, et surtout chez les philosophes «analytiques» ; il concerne le sens d'une certaine conception du langage scientifique qu'on utilise. Il s'agit en effet d'une autre restriction importante, qui touche le langage dans lequel s'exprime l'anthropologie philosophique – qu'elle soit herméneutique ou pas.

Ce langage à la fois sobre et responsable, proprement objectif et philosophique, possède quatre caractéristiques : a) les termes désignent des objets (rencontrés dans l'expérience ou postulés par la théorie explicative) ; b) les définitions de ces termes sont claires ; c) elles sont appliquées de façon conséquente à chaque occasion où un terme est invoqué à travers tout le discours ; d) les relations d'implication entre les différents énoncés de notre discours philosophique ressortent très clairement. Autrement dit, on peut démontrer,

---

[2] Ricœur, *Le conflit des interprétations*, 26.

rendre évidents, clairs et limpides les rapports d'implication, de déduction entre les différents termes. La quatrième caractéristique constitue en réalité une partie très importante de la philosophie du langage au 20ᵉ siècle.

Certes, ce langage objectif et philosophique doit nous permettre de déceler de façon limpide les rapports logiques de déduction, de compatibilité et de contradiction entre les énoncés scientifiques proposés.[3] Cela peut être considéré comme une cinquième caractéristique : les phrases et les énoncés qui font partie de ce système théorique organisé seront idéalement des vérités achroniques sans relation, sans références temporelle et universelle.

Il s'agit, en effet, d'un langage scientifique responsable qui fut élaboré à l'âge classique par des penseurs très influents, notamment Hobbes et Locke au 17ᵉ siècle, suivi de Condillac au 18ᵉ siècle. C'est pourquoi je l'évoque souvent comme la «théorie H.L.C.». À certains égards très naïve, cette théorie fut renouvelée et transformée par le travail de Frege au XIXᵉ, avec sa théorie de la proposition, et sa logique de quantification. Le travail de Frege a énormément en a énormément étendu les possibilités avec l'extension de quantification par une réelle épreuve de la référence et de la prédication, en sorte que, de nos jours, les philosophes analytiques du langage s'identifient souvent comme «post-Fregéens»,[4] et visent sa théorie comme un but ultime, comme une théorie bien construite de l'application qui a trait des termes objectifs, etc.

Mais Ricœur a démontré, via différentes méthodes, pourquoi un tel modèle du langage scientifique ne serait pas opératoire.

2 Ricœur : les «langues bien faites» et le rejet de la métaphore

Afin de comprendre la méthode complexe de Ricœur sur les langues bien faites, commençons par le commencement. Il faut noter, en premier lieu, que l'être humain ne peut pas se départir d'un certain «bilinguisme» – si je peux me permettre cette expression. Il ne s'agit guère de parler deux langues naturelles,

---

[3] Ricœur parle des «langues bien faites» qui, selon certains philosophes analytiques «devraient mesurer la prétention au sens et à la vérité de tous les emplois non ‹logiques› du langage» (Ricœur, *Du Texte à l'action*, 14).
[4] Robert Brandom speaks of regimented vocabularies: "I think of analytic philosophy as having at its centre a concern with semantic relations between what I will call 'vocabularies'. Its characteristic form of question is whether, and in what way, one can make sense of the meanings expressed by one kind of locution in terms of the meanings expressed by another kind of locution" (Brandom, *Between Saying and Doing*, 1).

mais plutôt de naviguer entre deux langages, tous les deux indispensables au travail philosophique. Ricœur parle de «systèmes langagiers.»[5] Ces deux langages se distinguent par leur logiques épistémiques, la façon dont ils révèlent ou donnent accès à leurs objets.

2.1 Symbole

L'un de ces deux langages est celui des «symboles», au sens large du terme comprenant aussi les mythes. Le second est celui de la prose, de la critique, de la philosophie ou encore de la pensée. Il est le langage *philosophique* au sens étroit du terme.

Le rapport entre ces deux langages est défini dans le dernier chapitre de la *Philosophie de la volonté*, qui a pour titre : «Le symbole donne à penser». Cette phrase résume par ailleurs, l'élément central de son livre. Elle évoque une pluralité du langage et nous met d'emblée sur le chemin du bilinguisme, de deux langages de description.

On peut donc dire que d'une part, il y a le symbole. Le symbole nous donne quelque chose. Autrement dit, il nous donne accès à quelque chose, un accès que nous n'aurions point autrement. En disant cela, Ricœur marche en parallèle avec le romantisme allemand.[6] Mais ce que le symbole montre, il le cache en même temps. Il nous donne l'intuition de quelque chose qui a besoin d'être éclairé.

D'autre part, il existe la tentative d'expliquer ce qui n'est pas apparent, ce qui est énigmatique, ce qui n'est pas tout à fait saisissable dans ces symboles. Le symbole nous communique quelque chose et nous donne à penser, nous invite, nous interpelle, nous force à essayer d'éclaircir. Ici, la tâche de la pensée est d'éclaircir, de définir, de rendre raison à l'intuition, et ce à la lumière de tout ce que nous savons par ailleurs, à travers la perception, la science, nous-mêmes et notre univers.

Ici, la pensée pourrait s'identifier avec la philosophie. Dans sa démarche, elle admet trois demandes impératives. Premièrement, l'exigence de la non-contradiction : il n'est pas possible d'affirmer P et en même temps non-P. Deuxièmement, il s'agit d'une pensée systématique, mais pas nécessairement au

---

5 Ricœur, *La critique et la conviction*, 226.
6 Comment faire apparaître l'infini pour nous ? demande A.W. Schlegel. «*Nur symbolisch, in Bildern und Zeichen*», est sa réponse. C'est ce que realise la poésie : «*Dichten [...] ist nichts anderes als ein ewig Symbolisieren: wir suchen entweder fur etwas Geistiges eine aussere Hülle oder wir beziehen ein Äusseres auf ein unsichtbares Inneres*» (Schlegel, *Kunstlehre*, 81–82).

sens d'un système total tel qu'on l'entend chez Hegel. Cette pensée tient compte de tout ce qu'elle sait et n'accepte aucune division de la réalité en compartiments qu'elle traiterait séparément (à l'instar de la science versus la religion, ou encore de l'épistémologie versus la morale). Enfin, cette pensée tente toujours de se construire sur les paradigmes les mieux fondés dans les domaines qu'elle essaie de relier.

Cependant, devant un symbole vraiment révélateur et profond, la traduction par la pensée ne réussit jamais intégralement. Il reste toujours quelque chose de non-rendu dans le langage de la pensée critique. La tâche de la pensée reste inachevable. Et puisque toute traduction reste incomplète, un autre inconvénient s'ajoute à cela. Or il peut s'avérer difficile de choisir entre deux versions. Ainsi, la voie est ouverte pour un «conflit des interprétations» qu'il serait difficile, voire impossible de clore de façon définitive. Toutefois, Ricœur croit à l'argumentation ; il pense possible de montrer qu'une interprétation rivale ne tient pas compte de tous les aspects d'un symbole que notre propre interprétation veut rendre justice. Il pense que notre propre interprétation doit être retenue. Cette attitude ouvre un champ de contestation où il est possible d'avoir l'avantage, d'écarter certaines tentatives ou encore d'agréer une solution unique par tous.

Voici donc, un premier cas de figure de l'herméneutique de Ricœur : le domaine des symboles qui comprend les mythes et les légendes. Dans ce domaine, l'anthropologie philosophique reste divisée, voire écartelée entre deux langages irréductibles à un seul langage. L'anthropologie ne pourrait jamais surmonter cette condition.

Néanmoins, il faut tenir compte du caractère bidirectionnel de toute navigation entre ces deux langues, car il nous est impossible de transcender le symbole pour nous exprimer uniquement dans la «pensée». La «traduction» du symbole en langage philosophique nous conduit vers le domaine des symboles et des mythes sous un nouveau jour et nous dévoile des rapports et des liaisons qui nous échappaient auparavant, ainsi que de nouveaux objets à expliquer et à traduire. Nous naviguons en effet dans un domaine «bilingue», et ce dans un va-et-vient sans fin. J'appelle cela, le caractère «antiphonal», (ou le contre-chant), de toute pensée ainsi écartelée. Selon Ricœur, ce bilinguisme comprend plusieurs facteurs.

Premièrement, il s'agit de la traduction dans un langage philosophique plus soigné, mais sans être pour autant entièrement clair et précis. Il reste toujours, une part d'ombre, quelque chose de pas tout à fait compris à quoi il faudrait revenir.

En second lieu, sans une traduction complète, la voie est ouverte à des interprétations rivales et, en l'occurrence, à un conflit des interprétations ; un conflit qui ne pourrait jamais être résolu ou encore arriver à une solution définitive dans le cadre de nos actions.

Troisièmement, il est possible d'avoir des arguments convaincants à l'égard de toute interprétation ou d'être en défaveur d'une interprétation. On peut toujours y trouver divers éléments à la fois compréhensibles et incompréhensibles.

J'ajoute dorénavant un quatrième élément. Il s'agit d'un mouvement considéré comme le résultat de ces trois premiers facteurs : un mouvement de va-et-vient. Il signifie qu'on interprète et qu'à la suite à notre interprétation le champ de symboles nous apparaît différemment. Ainsi, on s'interroge et on recommence à interpréter. Il existe donc un mouvement qui ne porte pas sur la traduction commençant avec des symboles et finissant avec l'explication philosophique, scientifique, anthropologique, etc. ; mais un mouvement qui porte sur la transformation du champ principal en va-et-vient. Quant au chercheur, il se déplace dans les deux sens, il passe du champ d'interprété à l'interprétation et, ensuite, revient sans cesse.

3 Liquidation de la dualité du sens par les herméneutiques du soupçon et l'herméneutique hégélienne : un concept limpide pour la conscience philosophique

Afin de mieux cerner mes propos, je propose quelques exemples. Prenons l'exemple des symboles du pêché, de l'impureté, de la souillure ou encore de la saleté physique de tous les jours comme mode d'accès à la souillure et au péché dont Ricœur parle dans *Finitude et Culpabilité*.[7] Il s'agit de faire du mal et de se sentir comme un acteur contaminé qui en infecte un autre. L'acteur est diminué dans son être par ses actions.

a) Le symbole de la souillure (une expression à double sens nécessitant une interprétation) nous montre, d'emblée, diverses possibilités d'interprétation. Cela comprend aussi la possibilité de l'absence de l'interprétation. Gardons présente à l'esprit cette dernière possibilité. Et comme le montre Ricœur dans l'herméneutique du soupçon, il nous faut seulement écarter toute illusion afin de pouvoir mieux se comprendre. Il faut toutefois souligner qu'ici je ne parle point du pari de Ricœur mais de sa conviction.

---

[7] Ricœur, *La Symbolique du Mal*, Chapitre 1.

Regardons un autre exemple où on passe de quelque chose de très familier, existant dans la vie de tous les jours (comme la saleté physique) à un état presque métaphysique, à quelque chose qui n'est guère évident mais qui lui reste en même temps lié de près ; et ce dans un sens différent, à savoir dans un sens littéraire. Ricœur parle d'« expression à double sens."[8] On peut ainsi déduire que dans les cultures où le concept du péché n'est pas mis en cause, les deux mots de pêché et de saleté pourront être conçus comme deux usages différents du même mot. Or à travers la saleté, on accède à cette idée selon laquelle un acte mauvais nous amoindrit, nous entache et modifie l'état de notre existence.

Si nous sommes tentés ici d'introduire les concepts littéraires à proprement parler par opposition aux concepts métaphoriques, c'est parce qu'il y a dans cette relation quelque chose qui ressemble à la métaphore. Je propose[9] ainsi d'accéder au péché à travers la saleté et la souillure. On prend ici la métaphore normale pour acquise et on suppose que ces deux significations en tension sont déjà là, déjà accessibles à nous. Je peux qualifier quelqu'un de monstre et quelqu'un d'autre d'ange. Il s'agit de la création de la nouvelle signification.

b) Il y a une autre théorie qui m'a beaucoup influencé et que je considère comme la grande rivale de la théorie H.F.C. que je viens d'évoquer et que je trouve insuffisante. Cette seconde théorie est née à l'époque du romantisme allemand et porte sur la pensée de Hamann, de Herder et de Humboldt. Je l'appelle « théorie H.H.H. ». Pour la comprendre, prenons un autre exemple avec la même structure de jeu où on accède à A à travers B en passant par divers objets qu'on fréquente de manière quotidienne, et ce pour atteindre un certain niveau de la moralité.

Schlegel parle des objets externes. Il parle de ce symbole où on trouve la vie en un objet extérieur qui peut nous révéler quelque chose d'intérieur, quelque chose qui n'est pas évident. Le rapport entre la souillure physique et le péché, c'est exactement cela. Ce rapport est omniprésent dans notre vocabulaire. Par exemple, quand on parle d'intégrité au point de vue morale, on parle de quelqu'un d'honnête, quelqu'un qui a des paroles et des actions cohérentes. Quelqu'un qui n'est pas en contradiction avec lui-même et dont le but est défini. Nous parlons de quelqu'un d'entier. Dans ce contexte, le contraste entier/dispersé nous offre un langage évoquant celui qui tient ses promesses malgré les obstacles ; et aussi quelqu'un qui accepte un pot de vin en dépit de toute la

---

[8] Ricœur, *Du Texte à l'action*, 34. Voir aussi Ricœur, *Réflexion faite*, 34.
[9] Cette démarche n'est pas celle de Ricœur, mais je lui aurais proposer volontiers s'il était là. Voir Taylor, *The Language Animal*.

confiance accordée. Il existe une relation entre l'intégrité et la cassure ou encore la division ; et cette relation est analogue à celle de saleté/péché.

3.1 Platon : temps et for intérieur

Si on regarde l'ensemble des tentatives qui font surgir les différentes vertus à travers l'image d'intégrité et de cassure, on constate les divers chemins parcourus. Platon a choisi sa propre méthode : l'âme est une bonne harmonie. Il y introduit le concept de la musique et parle de ce qui est à l'intérieur comme un espace intérieur, un for intérieur avec des profondeurs intérieures. C'est une expression assez moderne qui spatialise dans un sens l'intériorité.

La métaphore propose, en effet, une nouvelle façon de voir. La métaphore ne précède pas l'expression mais elle commence par l'expression. La prédication métaphorique crée une tension du fait qu'elle est incongrue. Le champ de cette tension permet de voir le référent sous un nouveau jour. Ainsi, il existe un conflit fréquent entre les métaphores et les quasi-métaphores. Par exemple, comment est-il possible de parler du temps sans se concilier avec un processus qui se déroule dans le temps ?

Ce qui est intéressant chez Ricœur, c'est qu'il a fait des découvertes, des explorations singulières dans ce qu'on peut appeler les possibilités d'*innovation sémantique*. Dans ce contexte, la différence avec la théorie H.L.C. me semble évidente. Je voudrais donc m'interroger sur la logique épistémique de certaines expressions : en quoi donnent-elles accès à la vérité qu'elles prétendent désigner ?

Au point de vue de la théorie H.L.C., qui est aussi reprise par Davidson, Brandon ou de nombreux autres penseurs, un objet se présente à nous et on lui accorde un nom. Ce terme est ainsi introduit pour nommer quelque chose qui est devant nous. C'est la raison pour laquelle on évoque souvent le langage comme un ensemble de noms et qu'on insiste aussi sur l'importance des définitions et de la conservation des mêmes définitions. Toutefois, avec la souillure, le péché, l'intérieur, la profondeur, etc., on est devant un autre processus. Nous avons accès pour la première fois à une réalité grâce à l'invention d'une certaine expression langagière dans un monde où d'autres expressions peuvent remplir la même fonction. L'approche ricœurienne des concepts comme le péché et la souillure nous permet justement de parler de ce vaste domaine. Ici, le rapport entre le mot et la chose s'inverse, c'est-à-dire que le nom n'est pas collé à une réalité déjà reconnue ou postulée, mais grâce à une expression l'objet nous apparaît. Inventer une métaphore, c'est transformer la façon de voir un objet. Ainsi, entendre et comprendre une métaphore n'est rien d'autre que bouleverser notre façon de voir. Dès lors, au lieu de désigner les objets déjà expérimentés, le langage constitue l'expérience.

La métaphore nous fait accéder à A à travers B ; ou encore grâce à la tension existante entre A et B. La métaphore demeure vive aussi longtemps que la tension persiste. Cependant, il est possible qu'un phénomène mis en lumière par une métaphore perde son sens et que la métaphore disparaisse. Quelle est la signification originelle de « donner le change » ?

Les métaphores demeurant les plus vivantes sont celles qui touchent notre expérience du monde. Quand Mallarmé écrit : « Le ciel est mort », il s'agit d'une métaphore poétique faisant partie des métaphores vivantes. Pour Ricœur, « la redescription métaphorique règne plutôt dans le champ des valeurs sensorielles, pathiques, esthétiques et axiologiques, qui font du monde un monde habitable ».[10]

Par conséquent, nous pouvons considérer la métaphore au sens strict du terme comme un cas spécifique d'une catégorie plus large comprenant les exemples des « symboles » mentionnés ci-dessus : la souillure, l'intégrité ou encore l'intériorité de la personne. Il s'agit de la catégorie d'expressions constitutives où on rejoint A à travers B, le péché à travers la saleté, le « for intérieur » à travers l'image spatiale. Cela prouve l'aspect étendu de notre capacité d'« innovation sémantique ». La métaphore au sens étroit met ensemble deux expressions nous étant déjà familières, quoique incongrues. Mais dans le cas du « symbole » nous partons d'une expression, de la souillure par exemple, afin d'atteindre quelque chose qui ne serait pas accessible autrement. Nous partons de l'image spatiale de l'intérieur d'un cadre précis pour toucher les « profondeurs » de la psyché. Notre saut commence à partir du familier qui nous offre la possibilité de parler de ce qui serait autrement inaccessible. Et en élargissant la sphère du dicible, on procède à une réalisation remarquable de dimension constitutive du langage, comme Schlegel l'a bien compris.

Il s'agit de la différence entre ce que j'ai appelé plus tôt « la logique épistémique » de ces deux théories. Il existe une théorie que j'appelle la théorie désignative (H.L.C.), où on désigne un objet avec un mot, où on décrit des objets qui se présentent à nous. En se combinant avec la logique d'invention des facteurs explicatifs, la logique désignative s'impose dans le domaine des sciences naturelles.[11]

---

10 Ricœur, *Temps et récit 1*, 12. Voir aussi Ricœur, *Du Texte à l'action*, 28.
11 La phénoménologie du jeune Husserl donne aussi une place importante à la description de tout ce qui se présente.

Toutefois, la logique qui est à l'œuvre dans toute innovation sémantique de la métaphore au sens large constitue une seconde théorie que j'appelle la logique constitutive du langage (H.H.H.). Il s'agit d'une logique qui nous donne accès à la réalité à travers l'expression. Si l'expression suit la perception de l'objet dans la logique désignative, dans la logique constitutive l'expression précède et ouvre la possibilité d'avoir le phénomène dans notre monde. Autrement dit, la logique constitutive est à l'œuvre dans la sphère de l'expérience et plus particulièrement dans celle des significations humaines et «méta-biologiques».

Si je souhaite ainsi résumer mes propos, je dirais qu'il n'existe pas une seule logique et que le langage possède plusieurs logiques, d'où notre problème. Ce constat sous-tend la possibilité de réduire notre philosophie, notre anthropologie philosophique à n'importe quel langage ; surtout s'il s'agit d'un langage comme celui des langues bien faites, qui investissent absolument tout dans la logique épistémique de la désignation. Certes, les significations à travers lesquelles nous vivons ne peuvent entrer dans notre monde que grâce à certaines expressions consécutives allant au-delà du langage au sens simple du terme.

Alors regardons la pluralité du langage en dehors des langues qui se succèdent comme des échanges et des commentaires. Concentrons-nous sur les langues explicatives qui essayent de comprendre, par exemple, le symbole de la souillure ; et ce en employant un langage théorique où la logique désignative entre en ligne de compte. On constate ainsi un phénomène, celui d'êtres humains qui vivent les significations du péché ou de l'impureté à travers un saut extérieur. Ce phénomène, on peut le rencontrer dans le monde soit dans notre propre vie, soit dans celle des autres.

Pour expliquer ce phénomène, il existe toute une série de possibilités. Il faut s'interroger sur le rapport de ces significations avec d'autres cultures, d'autres idées, d'autres langues, etc. Comment cela s'est-il s'est produit ? Or notre compréhension des significations est «multimédias». Prenons l'exemple des vertus. Nous verrons que leur compréhension se réalise à travers plusieurs médias : à la fois sur un plan pragmatique, c'est-à-dire les récits, les métaphores, les incarnations dans des organes du corps ou encore les œuvres d'art ; et en même sur le plan des noms et des définitions des vertus, des règles de vie pour ceux qui les cultivent et ainsi de suite. Il s'agit d'un ensemble qui va du plus «symbolique» et du plus «articulé» au plus théorique et au plus rationnalisé.

Quelle est donc la relation de jaillissement de ces significations avec d'autres aspects de la vie humaine comme la vie économique ou encore la vie politique, etc. ? Il faut aborder ces significations de l'extérieur, autrement dit, comme une autre façon de vivre parmi tant d'autres. On va donc vers cette approche qui offre une description des objets indépendants et qui met en jeu la dimension désignative du langage. Cette démarche rend le langage irrémédiablement composite. D'emblée, on note qu'il serait impossible de rationnaliser dans un langage épuré et «bien fait» pour reprendre les prescriptions post-Frégéennes. C'est pourquoi on va vers la constitution d'un langage mixte, au sens ricœurien du terme[12]— j'allais dire un langage composite pour ma part. C'est pourquoi il faut joindre la fonction constitutive du langage à sa fonction désignative. Si la logique constitutive nous permet d'entretenir les significations dans un langage, la logique désignative nous aide à pouvoir expliquer et critiquer ces mêmes significations.

Certes, une langue homogène qui se prévaut de la seule fonction désignative (comme le voudrait la théorie H.L.C.) ne serait jamais suffisante. Cette langue ne pourrait que livrer une image extérieure et aplatie des significations. On constate cela chez un certain nombre de langages supposément «scientifiques» qui remplacent le «désir» par la «cathexis», par exemple. Toutefois, les formes uniquement constitutives dépassant le langage au sens étroit et comprenant les symboles, les comportements expressifs ou encore les créations artistiques, seront dépourvues de la clarté nécessaire pour rendre possible l'explication et la critique. Quant au langage uniquement désignatif, il camoufle son objet et le perd en quelque sorte.

Par conséquent, seul un langage composite qui fonctionne avec deux, voire plusieurs logiques épistémiques, nous permettra de situer les significations vécues dans le champ des forces qui l'expliquent. Seul un tel langage peut rendre compte de l'action humaine se déroulant dans le temps et sous la contrainte.

3.2 Force et sens dans *De l'interprétation*

Maintenant en considérant le déroulement de la vie d'une société, on se demande comment les symboles, comme la souillure ou le péché par exemple, ont changé dans le temps ? C'est en expliquant la structure sociale, l'histoire, l'écologie, etc. qu'on comprend comment un tel processus pourrait avoir lieu. Et forcément nous sommes confrontés à un langage mixte, car il est impossible d'éliminer l'élément de signification ainsi que son origine de cette forme de dénomination, celle-ci étant précisément constitutive.

Toutefois, il existe deux possibilités d'envisager une élimination : d'une part, l'herméneutique du soupçon, c'est-à-dire une herméneutique fonctionnant dans le but de discréditer complètement sa signification ; et d'autre part, la tentative hégélienne qui s'interroge sur ce qui n'est pas apparent dans une si-

---

[12] Ricœur, *Réflexion faite*, 36.

gnification vécue et dans moment précis ; la tragédie grecque en est un exemple. Cela provient du concept, c'est-à-dire d'une conception très claire de ce qu'est le début de l'humanité. Cependant, chez Hegel ce processus clarifie les concepts.

Dès lors, je pense qu'on pourrait envisager le retour à l'unilinguisme du langage de l'anthropologie philosophique, si je puis ainsi dire. Il existe deux chemins pour y arriver. Toutefois, l'argumentation de Ricœur ne va pas contre Hegel, elle va à l'encontre de cette idée que l'herméneutique de soupçon puisse rendre raison de tout de toute signification. Bien sûr, dans certains cas ! Je donne un exemple précis : dans la plupart des sociétés qui nous ont précédé, il y avait une hiérarchie entre différents statuts et classes sociales, entre les hommes et les femmes. Cette hiérarchisation a été fondée pour la plupart selon des distinctions d'ordres cosmologiques et sociétaux. Selon ces mêmes ordres, des hommes et des femmes avaient des natures différentes et des tâches organisées distinctes. Ce qui est devenu aujourd'hui complètement absurde. Tout cela a eu lieu mais a disparu par la suite, sans laisser de traces. Cette forme de hiérarchisation a été éliminée du vaste trésor de significations humaines, déployé à différents moments dans les sociétés.

Prenons l'exemple de la souillure avec une conception très archaïque. En évoquant la Révolution française et la terreur à Paris, Robespierre a parlé de la corruption et d'autres éléments sombres de cette époque. Mais même au 20e siècle, nous avons continué de faire référence à ces idées de purification, voire de parler du nettoyage ethnique. On constate alors que ce n'est pas si facile de se libérer du poids des significations du passé.

Certes, nous sommes pris avec ces langages mixtes ou composites. Il est difficile, voire impossible de les surmonter ou à les purifier dans le but d'éliminer des éléments de nomination qui ont joué un rôle constitutif et qui restent incompréhensibles dans le langage descriptif.

3.3 Récit

Cela nous conduit vers un thème très important pour Ricœur, à savoir le récit. La démarche ricœurienne qui consiste à considérer le récit comme un lieu d'explication et de compréhension, de soi-même ou d'un autre, n'est point isolée. D'autres penseurs comme MacIntyre ou encore Dilthey, avec la distinction entre *Erklären* et *Verstehen*, ont également entrepris cette démarche.

Le récit trouve, en effet, son usage au cœur d'un langage mixte ou composite. Les significations et le langage explicatif sont tous les deux mis en jeu dans les récits (récits de l'histoire ou récits autobiographiques, par exemple). À l'instar de la métaphore, le récit offre une nouvelle vision des choses. Les sauts quasi-métaphoriques ouvrent de nouveaux domaines de significations, comme la mise en intrigue du récit qui ré-ordonne notre façon d'apercevoir notre vie ou encore la révision de notre compréhension de l'histoire sur un autre niveau.[13]

La préfiguration implicite reçoit une configuration dans le récit et peut provoquer une refiguration chez le lecteur.[14] Or le récit projette hors de lui-même un « monde » du texte où le lecteur peut se retrouver et se réorienter même s'il ne s'agit pas de sa propre histoire.

Ricœur n'accepte pas que la compréhension de la vie par le récit soit considérée comme inférieure à toute compréhension atemporelle de la vie humaine exprimée par des lois universelles. Le philosophe n'accepte non plus que tout ce que le récit nous apprend, soit transposé sans aucune trace dans un savoir achronique. Ricœur s'oppose ainsi aux prétentions de certains chercheurs en sciences sociales qui se réfèrent à une science des lois sans aucun recours à l'histoire, si ce n'est une archive capable de confirmer ou infirmer des lois universelles. Cela permet aussi à Ricœur de passer outre une thèse issue de la philosophie de Hume qui dit que les attributions causales reposent toujours sur des corrélations générales.

Mais comment surmonter le récit pour arriver à une cinquième exigence mentionnée plutôt dans les langues bienfaites, c'est-à-dire des énoncés achroniques et intemporels sur l'être humain. En regardant ma vie et celle des autres, j'apprends toujours via le récit quelque chose qui permet de m'exprimer en termes de propositions générales achroniques. On apprend ainsi à travers un mode de saisie qui ne réside ni dans un moment d'intuition, ni dans le cheminement qui nous mène vers un moment culminant. Ce mode de saisie est ancré dans notre vie quotidienne.

Prenons un exemple simple. Je prends un marteau afin d'enfoncer un clou. Je sens que ma prise n'est pas au point. Je ressaisis donc le marteau afin d'obtenir une bonne prise. Voici donc une dimension diachronique : je l'ai fait ! Mon état présent exprime un temps parfait (le passé composé en français).

Un autre exemple : on se demande si le portrait du grand-père est bien placé sur le mur du salon. En me situant devant le tableau, je m'assure d'avoir une ligne de vision sans obstruction sur le phénomène. J'ai donc la capacité à me placer et à avoir une vue maximale. Bien que ces énoncés aient été dits de façon très dogmatique, on peut les appliquer à un autre niveau, à celui de notre vie telle que vécue.

---

[13] Le « pouvoir de redescription métaphorique de la réalité est exactement parallèle à la fonction mimétique que nous avons assignée [...] à la fiction narrative » (Ricœur, *Du Texte à l'action*, 28).
[14] Ricœur, *Temps et Récit 1*, I.3.

Parlons désormais de notre compréhension autobiographique qui comprend une dimension diachronique analogue. Par exemple, mon intuition me dit que ma véritable vocation est d'enseigner la philosophie au lieu d'être fonctionnaire. Je peux évidemment me tromper ; toutefois ma confiance n'est pas basée uniquement sur une intuition temporaire. L'intuition a une dimension densément diachronique. Mon expérience du passé y joue aussi un rôle considérable. Certes, l'intuition n'est pas détachable de l'expérience et elle ne peut pas être saisie par une proposition intemporelle et universelle du type : «Une personne de tel caractère et capacité devrait enseigner la philosophie.»

Il faut donc s'interroger : est-ce que cet aperçu (insight), valable pour tous les humains, est détachable du parcours (exemple du marteau) ou du jugement (exemple du tableau) ? Je crois qu'il faut accepter d'avoir des aperçus sur la vie ayant une certaine dimension chronique où il n'est point possible de les réduire à un seul instant. Cependant, nous avons la tentation d'opter pour ce détachement à cause du modèle des sciences naturelles parfaitement prêtes à ignorer leur histoire et les erreurs commises, et ainsi à se concentrer sur la science telle qu'elle est présente. Il est aussi possible de faire une extension abusive de ce modèle aux sciences humaines. Toutefois, il faut accepter une certaine densité dans le temps de notre saisie de ce qui est important dans la vie et de ce qui est bien pour nous. Le sujet ou la conclusion, peu importe ce qu'ils sont, ne peuvent guère être détachables ou communicables sans comprendre leur cheminement.

Désormais, on remarque que bien que j'aie voulu parler de l'anthropologie de Ricœur, mes propos ont touché d'autres aspects de sa pensée. On aperçoit ainsi que ce n'est pas un hasard si la Bible ou le Coran, nous donnent un certain parcours et qu'on reste incapable d'extraire la conclusion de la fin sans suivre leur cheminement à travers les étapes antérieures. La prétention du christianisme à hériter du judaïsme, vient précisément de là. Or sans scruter les chemins parcourus d'une vie, la compréhension de cette dernière dans un moment précis devient impossible. Parlons comme Benveniste qui évoque l'organisation des systèmes verbaux dans le temps : je prends le marteau mais simplement je l'ai pris, car j'avais appris à le prendre. Il s'agit d'une conscience au passé composé.

Je peux encore compliquer cette situation et vous verrez que c'est juste le début de la complication.

On peut évoquer l'écriture de fiction et voir la structure du *Bildungsroman*. Le lecteur comprend Wilhelm Meister à la fin des *Lehrjahre* grâce à son cheminement dans le roman. Il s'agit d'une compréhension avec une dimension diachronique et qui n'est pas interchangeable avec des propositions générales atemporelles. Le lecteur peut tirer du roman des leçons, ce qui est légitime, voire bénéfique. Mais ici nous sommes au cœur d'une situation analogue au «bilinguisme» des symboles et de la pensée où nous devons passer constamment d'un langage à un autre, où l'écrivain dans chaque forme tient compte de X et réagit à Y. Cependant, il reste impossible de réduire la totalité de nos compréhensions à une seule compréhension. Cette leçon, nous l'avons reçue du magistral livre de Paul Ricœur : *Temps et récit*.

Un langage homogène de la description objective ne peut pas être alimenté uniquement par une fonction désignative, car le discours bilingue ou écartelé et le discours composite rendent cela impossible. Cette remarque est aussi valable pour le discours composite du récit dans la mesure où il peut être critiqué et amélioré en faisant valoir ses structures et ses régularités bien fondées. Et ce malgré le fait qu'un certain écartèlement, ou pour mieux dire, une certaine relation antiphonale domine le rapport entre la littérature et la critique.

En évoquant, dans ce contexte, la pensée métaphysique qui doit s'élaborer en étroite collaboration avec les sciences particulières, la grande force de la pensée de Ricœur nous apparaît. Le philosophe n'aborde aucune question sans faire des lectures exhaustives (comme Merleau-Ponty). Ricœur lit attentivement non seulement ce qui a été dit par les philosophes, mais aussi ce qui a été écrit par des chercheurs dans les domaines concernés. Ses lectures de Freud dans *De l'interprétation*, des rhétoriciens et des critiques littéraires dans *La métaphore vive* ou encore des historiens dans *Temps et récit* en sont quelques exemples. Certes, du moment où on abandonne la voie simple et rapide d'un langage philosophique unique et épuré, il est clair que le travail herméneutique exige rien de moins.[15] Dans *Réflexion faite*, Ricœur note que «la philosophie meurt si on interrompt son dialogue millénaire avec les sciences, qu'il s'agisse de sciences mathématiques, de sciences de la nature ou de sciences humaines."

4 Conclusion

À vrai dire, Ricœur a préparé la voie d'une approche fructueuse de l'anthropologie philosophique au 21e siècle, non seulement en évitant les écueils mentionnés plus haut mais aussi en reconnaissant la multiplicité foncière des sources de l'exercice herméneutique, que ce soit sous la forme d'un bilinguisme ou d'un langage composite (mixte).

---

[15] «La philosophie meurt si on interrompt son dialogue millénaire avec les sciences, qu'il s'agisse de sciences mathématiques, de sciences de la nature ou de sciences humaines» (Ricœur, *Réflexion faite*, 62).

Une herméneutique de la vie humaine demande un discours capable de mobiliser plusieurs logiques épistémiques. Le discours d'une telle herméneutique ne doit jamais se restreindre à une seule logique.

Par ailleurs, Ricœur pense que le discours philosophique doit accepter un partenariat avec d'autres langages et formes symboliques, narratives, historiques ou encore métaphysiques. Le langage philosophique doit, en effet, travailler sans cesse à la traduction de ces langages et formes, même si ce travail restera inachevé malgré toute avancée. Le «long détour» par des textes, des symboles, des monuments et d'autres réalisations de la vie humaine se poursuit à travers les multiples facettes de tous ces éléments ; une méthode qui exige la prise en compte attentive de plusieurs disciplines. On doit ainsi renoncer aux voies prétendument directes de la phénoménologie idéaliste ou du réductivisme mécaniste. Bien qu'il reste un long chemin à parcourir, on peut se réjouir de ce que grâce à Ricœur nous sommes sur les bonnes voies.

Enfin, je tiens à préciser que dans ce texte j'ai dû laisser du côté, ce qu'on pourrait caractériser comme le noyau de l'anthropologie philosophique de Ricœur à savoir la conception fondamentale de la vie humaine ; ce qui demeure constant tout au long de sa philosophie sous différentes formes et terminologies. Je pense évidemment à l'anthropologie de l'homme capable, siège d'un conatus spinozien où l'homme est à la fois capable d'auto-attestation et d'estime de soi, et en même temps, subit la passivité et la dépendance. Ce même homme franchit aussi la faute.

Ricœur nous a laissé des pistes intéressantes et fructueuses pour comprendre le 21e siècle. Ces pistes vont bien au-delà des celles déjà données et sont différentes des approches antérieures sensibles à la différence à l'intérieur du langage. La pensée de Ricœur était véritablement ancrée dans le domaine du langage. Et s'il a pu faire tout cela, c'est parce qu'il était Ricœur, parce qu'il avait ce profond engagement non seulement dans la philosophie et la science, mais aussi dans la bible.

Ricœur nous donne à penser et il va me manquer. Il va me manquer aussi parce qu'en plus d'être un philosophe hors pair, il fut un être humain extraordinaire... Je vous écris cela en toute honnêteté : je l'ai admiré tant, car il était humble, ouvert et franc. Je chérirai notre amitié pour le reste de ma vie.

Bibliographie

Brandom, Robert (2008): *Between Saying and Doing*. Oxford: Oxford University Press.
Descombes, Vincent (1996): *Les Institutions du sens*. Paris: Minuit.

Grondin, Jean (1994): *Introduction to Philosophical Hermeneutics*. New Haven: Yale University Press.
Ricœur, Paul (1960): *La symbolique du mal*. Paris: Aubier.
Ricœur, Paul (1969): *Le conflit des interprétations. Essais d'herméneutique*. Paris: Seuil.
Ricœur, Paul (1983): *Temps et récit 1. L'intrigue et le récit historique*. Paris: Seuil
Ricœur, Paul (1986): *Du Texte à l'action*. Paris: Seuil.
Ricœur, Paul (1995): *La critique et la conviction*. Paris: Calmann-Lévy.
Schlegel, August Wilhelm (1963): *Kritische Schriften und Briefe II : Die Kunstlehre*. Egar Lohner (Ed.). Stuttgart: Kohlhammer.
Taylor, Charles (2016): *The Language Animal. The Full Shape of the Human Linguistic Capacity*. Cambridge: Harvard University Press.

Jeffrey Sacks
Narrative reexamined: From analysis to synthesis

Abstract: Paul Ricœur, early in his career philosophically examines "the fallibility of man" and "symbols of evil." These studies correspond to core questions within Freud's pioneering interdisciplinary opus. An overlap in themes provokes Ricœur's life-long study of Freud's opus through a broad philosophical/linguistic methodology. More specifically, his interdisciplinary process offers opportunities to examine traditional models of understanding narratives within the Freudian theory of the human and it's derivative clinical implications. His innovative lens generates new temporary possibilities, such as the evolution from analysis to synthesis. This shift moves the locus of understanding and interpretation from the discovery of a Freudian universal known by a knower towards a co-created discovery of the multiple unknown which offers the creative, ever-changing linguistic derived multiple meaning co-created narrative called synthesis. This paper explores 1) the evolution of a new Ricœurian narrative element called synthesis (2) their variances and influences upon contemporary psychoanalytic process and (3) its subsequent impact upon clinicians.

1 Introduction

Classical psychoanalysis embraces the past-bound narrative as one of its primary organizing principles. The universal Oedipus conflict and myth offers a literature based, past focused, theory of personhood. This theory of the human and subsequent therapeutic intervention is organized through an exploration of this universal narrative and its derivatives. Over the past sixty years literary theory, philosophy, and psychoanalysis have gradually incorporated a synthesized attitude towards interpretation. This shift moves the locus of understanding and interpretation from discovery of the knowing creator or author to the creative interaction between the audience and the work of art.

This paper offers both a reexamination of the Freudian narrative process as well as a proposed contemporary clinical reformulation and integration of Paul Ricœur's blended psychoanalytic, literary, and philosophical vantage point. An interdisciplinary clinical contemporary point of view builds upon this new synthesizing, meaning-creating (as opposed to seeking), productive imagination based on the dyadic process. When clinically applied, this process encapsulates the evolution beyond the universal, myth embedded, one person, past-bound, recovery of hidden meaning or analysis. Offering a conceptual shift to an interpersonal process of meaning-seeking, a synthesis embodies the co-creation of present, past, and future narrative. This interdisciplinary interactive interpretative contemporary narrative or synthesis is embedded in a newly articulated interpersonal intention between the self and the other. This blended clinical and literature influenced co-created future bound synthesis calls upon an imaginative interpreter to enter a text or an alien psychic life. This shift in orientation transforms the classical psychoanalytic attitude from past-bound meaning-seeking to contemporary meaning-creation.

In the literary terms of the Oedipus trilogy, after the king's psychological and actual self-inflicted blindness, the narrative moves imaginatively and literally towards a new place, Colonius. Blind, past-bound Oedipus now creates his new narrative identity as a valued, wise member of his new struggling community, and in a sense creates his wisdom or sight. This evolution towards a narrative synthesis offers a possible or a future built upon both the past-bound analytic tragedy as well as man's restoration or creation of a synthesized, i.e., more informed, self. No longer is man forever embedded in his unknowable past, no longer the chained members of Plato's cave.

An unchained synthetic narrative contains both an unknowable past and yet to be created future. These are essential aspects of meaning-seeking within a time-bound literary narrative myth. Within the process of time-bound synthesis, meaning is simultaneously embedded in the past, created in the present and lived in the future. When this time-bound synthesis is applied within clinical analytic practice, the one-person hiding symbol evolves toward the Ricœurian literary influenced hermeneutic meaning revealing two-person metaphors and narrative.

Both metaphor and narrative are synthetic creative processes in which newly created meaning imaginatively materializes. These creative moments transform both the participants and the world they occupy. Both restoration and transformation are the organizing principles of the synthetic narrative. This two-person linguistic-based contribution offers clinical enhancement through a dialogical exploration of sentence-bound metaphor and story-bound narrative.

This interpersonal interpretative process engages the past, present, and future simultaneously, and enhances clinical practice through the poetic presence. The multidisciplinary narrative-derived synthesis invites new temporary personal and interpersonal poetic and actual realities. These new realities empower present liberated and future therapeutic action within the poetically determined personal and interpersonal worlds. In other words, metaphor and by extension narrative provide opportunity for meaning-making insight into a past, present, and future blended narrative and reality.

In clinical terms, dialogical or interpersonal narrative derived synthesis creates a temporary new interpersonal pertinence and clarity. For example, this enhanced presence offers multiple dimensions and clinical ever-shifting possibilities of the transference phenomenon. This current pertinence or insight into blended or synthesized reality transforms the static embedded past towards a new temporary reality co-created within the unique dyad. The new co-created pertinence is embedded within a synthesis of infinite possible narratives and offers clarifications of unique variations of the narrative opportunities. These opportunities are generated by ever changing surplus meaning of interpersonal experience as well as cultural myths.

I suggest that the open-ended synthesis driven, action-bound narrative process challenges and enlightens contemporary analytic attitude and informs therapeutic action. Ricœur cautions, "in our modern culture the hermeneutics of suspicion has become the obligatory route of the quest for personal identity" with a risk of entrapment.[1]

Alternatively, an interdisciplinary interpersonal linguistic based narrative process offers a dialogical or intersubjective process, which when applied to the clinical area expands the focus from an alleged personally unknowable past to a creative future. Within the new synthesis focused clinical setting, revelatory metaphor and narrative offers an opportunity for playful authentic articulation and transformation or refiguration. Within this interdisciplinary model, symbols, metaphor, and narratives invite meaning and interpretation as opposed to the Freudian hermeneutics of suspicion that disguise meaning. Symbols now both invite and disguise intersubjective experience and interpretation.

The clinician's embrace of narrative surplus meanings offers an embrace of unknowing or infinity bound knowing intersubjective vulnerability, that is, a mutual dependency of meaning seeking. This acknowledgement of mutual interpersonal dependency within the search for meaning alters the knowing analytic attitude of the clinician and the therapeutic process itself. There is an implicit transformation of the clinical analytic attitude, from past-bound hermeneutics of suspicion to future created hermeneutics of affirmation. Put simply, this attitude offers a transition from analysis to synthesis.

Of course, retrospective analysis implicitly incorporates future-oriented synthesis and it is operationally difficult to separate the two processes. The past and

---

[1] Ricœur, "Narrative Identity," 292. By entrapment I mean past-bound unknowable drives, embedded in hidden symbols and the body, which focuses clinical work on the past.

the future are blended within the present. Analysis has always implicitly contained synthesis but moving the process from implicit to explicit offers an enhancement of clinical awareness and opportunity. This explicit awareness of patient/clinician mutuality enlarges the sphere of countertransference as another arena ripe for clinical reconceptualization. Countertransference is shifted from a minor to a major theme in clinical practice.

Further exploration of the creative poetic synthesis and its evolution from intersubjective linguistic metaphor onto dialogical narrative will be examined through a clinical example. A clinical example reveals linical example reveals pitfalls of inflexible professional narrative identities embedded in the past that challenge liberated co-constructed present-day action.

This transformative dialectic narrative process will be differentiated from classical analytic thinkers Freud, Schaffer, and Kohut.

2 Past-bound analysis and future-bound synthesis

This time-bound, past, present, and future blended narrative synthesis differs sharply from Szajnberg's recent misguided classical inclusive commentary on Paul Ricœur in which he suggests, "for all the changes in psychoanalytic theory, the recovery and restoration of meaning remain central concepts underlying psychoanalytic technique."[2]

Ricœur alternatively introduced his dialectical concept of synthesis in *Freud and Philosophy* (1965). He argued that synthesis is implicitly embedded in analysis. Later he argues in his work on narrative that the Freudian theoretical bond to the restoration of the past impacts psychoanalytic technique and explicitly privileges restoration of the past over future.

Past-bound clinical work shapes and limits the role of the analyst to knowing entrapment of restoration versus unknowing co-creation. This gap between past and present as well as future focus represents a growing gap between Classical Freudian so-called clinical theory and pioneering metatheory. Gradually the psychoanalytic community's acknowledgment of the growing gap between pioneering universal narrative of past-bound, drive-based analytic theory and diverse, evolving clinical narrative practice alternatives opens the door to many thinkers as well as Ricœur.[3]

---

[2] Szajnberg, "Unraveling Enigmas in Psychoanalysis," 973.
[3] See his "Narrative: Its Place in Psychoanalysis" (1988) in Ricœur, *On Psychoanalysis*, 201–210.

3 Narrative in the clinical setting

I suggest that Ricœur's interdisciplinary gap traversing interpersonal narrative-driven blend of psychoanalysis, literary theory, and philosophy offers a synthesizing narrative theory of the human as two-person meaning seeking, as well as a two-person meaning seeking orientation within the clinical practice of analysis. His augmented theory of personhood at its very core is embedded in the search to know the self and its dependency upon or the necessity of the other, what he calls "the self as another." Meaning-making or the narrative process orients both spheres of theoretical and clinical work and offers a core overlapping process called "narrative." Clinically, the syntheses or meaning making or narrative process incorporates an interpersonal, knowing and unknowing, verbal and preverbal process or search for making sense of each moment (metaphor) as well as the larger scope called narrative.

Within the knowing and unknowing narrative process, the present and past influenced co-creation presents inevitable interpersonal blocks within the dyadic therapeutic process of making sense. These difficult blocks within co-creation or playful exploration of metaphor and narrative offer a flexible creative and transcendental focus for a model of therapeutic action within the theoretical, therapeutic, and ordinary living space. This complex but less contradictory synthetic model, I suggest, clarifies an enhanced model for contemporary psychoanalysis. Ricœur's intersubjective linguistic metaphor and narrative are not only presentations of life's past-bound enigmas but are possible solutions.[4] These potential solutions require intersubjective vulnerability where co-creators need each other to make sense of a vastly more complex reality than either individual can encompass.

Although clinically underappreciated and overshadowed by past-bound rival-language- influenced thinkers like Lacan and Laplanche and the work on *après coup*, this interdisciplinary model offers a unique and integrated meeting place or process. Stern's recent reassessment of the role of language from his "Unformulated Experience"[5] suggests, "In psychoanalysis, the most important question we can ask about psychic phenomena is not verbal or nonverbal [...] conscious or unconscious but whether they are meaningful."[6]

---

[4] Blechner, "The Analysis and Creation of Dream Meaning, 181–194.
[5] Stern, "Unformulated Experience," 501–525. See also the chapter by Michael Funk Deckard p. 203–224 (also on p. 298).
[6] Stern, *The Infinity of the Unsaid*, 21. This book curiously excludes any references to Ricœur's fifty-year examination of psychoanalysis and language.

Meaning and narrative in this sense is stored (in the past) to some degree but operationally created in the present and lived in the future. In other words, the narrative woman (clinician and patient) is now presented as a vulnerable interpreting co-creative creature struggling knowingly and unknowingly to make sense of her vast experience within life and as well as the analytic space. This open narrative process[7] offers a unique life-affirming integration of past and future, developmental and therapeutic process of a time-bound "narrative restructuring"[8] or evolving narrative identity.

Restructuring or world-making serves as the core process of shaping personal action within the new narrative time-bound identity. This co-creative poetic narrative process offers what it means to be a unique time-bound human inextricably embedded in a fact (past) and fiction (future) blended existence. This enhanced experience of existence blends or synthesizes both true experience of time or mortality, as well as an interpersonal poetic narrative. Within the clinical and ordinary living space, genuine human experience blends past, present, and future.

4 *Time and Narrative* and the body

"[T]ime becomes human to the extent that it is articulated through a narrative [interpersonal] mode, and narrative attains its full meaning [only] when it becomes a condition of temporal existence."[9] If subjective co-created Meaning is to make sense and be experienced, human time and mortality evolves. This engagement blends the language based, meaning-making person with the mortal time-bound body. Our time-bound body and time-bound narrative blend with a beginning, middle, and end.

This human time introduces inexperienced and unknowable death. In challenging clinical terms, Ricœur asks, "How can time exist if the past is no longer, if the future is not yet, and if the present is not always?"[10] This challenging mortality combines the clinical and theoretical world towards the symbol and narrative-bound body, a new mortal body in which time-bound existence incorporates bodily-embedded preverbal but intersubjective and verbal bound experience.

---

7 See Abbott's discussion of Jameson, Barthes, and Lyotard in his *The Cambridge Introduction to Narrative*, 1, and Ricœur's "Life: A Story in Search of Narrator," in Ricœur, *On Psychoanalysis*, 187–200.
8 Ricœur, "Narrative: Its Place in Psychoanalysis," 210.
9 Ricœur, *Time and Narrative* I, 52.
10 Ricœur, *Time and Narrative* I, 7.

This platform of a new narrative anchors the examination of never-ending conflicts between the known and unknown, verbal and preverbal, fact and fiction, fantasy and reality; it challenges what it means to be a unique human. The search for narrative identity or time-bound existence offers a new clinical paradigm of expanding consciousness through co-constructed meaning-making called narrative which opens the door to future bound synthesis. Of course, this reorienting process provokes conflict-laden cognitive and affective components for both the clinician and the patient. In other words, this mutual impact on narrative identity alters and challenges analytic technique. The sharing of life's narrative stories and shared metaphors are essential and mutually transformative. This dialogical blending implicitly offers a principle of partial re-structuring of both participant's narrative identity, which in turn impacts or restructures both parties' actions and the therapeutic process itself. The synthetic orientation offers transformation of both the patient and the clinician, again offering a transformation in clinical practice.

5 Liberated action

When this narrating process is temporarily achieved within the unique analytic dyad, life-enhancing therapeutic liberation is facilitated. In that moment, the ordinary dissonance between self and self and self and others is both acknowledged and bridged, offering an essential but temporary new state of consonance, which offers a temporary platform for liberated affirming action for both patient and clinician.

This temporary narrative-derived consonance ironically helps clarify human time and our inevitable mortality as well as therapeutic goals. In other words, the two-person narrative articulates a new awareness of human time, death, and human limits, which informs, enhances and humbles the therapeutic and living venture.

The poetic, mysterious, and powerful linguistic metaphoric process bridges dissonance of two dissimilar words by an innovative creation offering a new aspect of actuality or reality. This metaphoric meaning-making is the precursor to the larger template of narrative. Metaphor offers one moment, and narrative offers the synthetic function of multiple moments of world-shattering and world-creating synthesis.

This imaginative process operates between our essential solitude and search for the other, interpersonally enhancing fantasy/reality differentiation and shaping liberated action. This process is mirrored within life as well as the analytic process.

Clinical work is now focused on the inevitable blocks, disruptions or inhibitions embedded within the narrative process itself. Each narrative or metaphorical moment or narrative restructuring offers both disorientation and consonance within the therapeutic dyad. The strengthened dyadic bond offers challenges to as well as a deepened alliance in the inevitable narrative challenge of ongoing dissonance.

6 Clinical: Entrapment in the professional identity and blocked narrative restructuring

Many years ago, I was asked to consult with a child life team composed of social workers and art therapists housed on a pediatric inpatient service at a university hospital. Their collective roles were to facilitate development and psychological recovery for children hospitalized with various complex chronic medical conditions. This new interdisciplinary utopian model was suggested and implemented by the wife of the dean of the medical school and was seen as an ideal place for patients and staff.

The consultation problem was not precisely defined to me, but I agreed to meet with the staff of this prestigious unit on a weekly basis. After several weeks of unengaged uneventful meetings (blocked narrative) I was told that the consultation process was over, I was no longer needed, I was fired. At first, I was shocked, embarrassed, and confused. What could possibly have precipitated my rejection? As I surrendered and accepted my personal fallibility and vulnerability towards the group and gently inquired, as I spoke from within the evolving narrative of my death, "as today is my last day, would someone mind telling me what was going on," they offered an initial explanation. The day of our weekly meeting several staff members would call in sick. One had migraines, one had diarrhea, and one was sleepless the night before and unable to work. The administrator realized that the attendance problem was related to our meeting and therefore the meetings needed to end (narrative now partially blocked).

At this point, I began to relax. I was in the more familiar terrain of disorganizing anxiety-driven somatization. I gently suggested and hoped we could continue the exploration of the mysterious and toxic narrative, as my time was up. I was now metaphorically dead. I created or synthesized my death. We spoke within the narrative from beyond the grave.

Of course, the unknown narrative contained an unknowable discordant, leading to upheaval and disruption of bodily functioning and an encounter with possible death. At this point the toxic narrative was beginning to be shared.

The narrative was unblocked and I was informed as my final moment approached death in the consultation of the unspeakable narrative. Apparently, my consultant mortality offered some willingness to explore a formerly unspeakable dialogical narrative.

"Several months ago, a child had attempted to pull out its IV needle," the unspeakable narrative began. The child was denying his mortality or death. The pediatrician, while fighting to keep the child alive, offered his own denial of death and had demanded help in restraining the frightened uncooperative child. The clinician courageously refused. The medical doctor demanded help in restraining the child and the psychologist clinician again refused and went for help. She tried to explain that holding the patient against his will was not what she was hired for. Quite the opposite, she was hired to help the patient recover from, not inflict, harm. She denied the patient's mortality and her fragile relationship with the pediatrician. Since then, now several months, the pediatricians and the psychological clinical staff had refused to talk to each other. Each viewed the other as unknowable and dead.

This was the unspeakable narrative that I was asked to understand and resolve. I had to tolerate, understand, and embrace the narrative of being killed before the enraged could safely speak. I had to form a narrative of the past-bound life and death struggle to create a synthesis of the group working together to fight for life. The problem was that each discipline fought for life very differently. Each had a privileged vision of life, life of the body versus life of the mind. Each privileged their past-bound professional identity. This rival reality-bound-actuality interfered with the evolution of the new uninvited utopian model of interdisciplinary blend or synthesis of care. I thanked the staff and suggested the present absenteeism was related to the unspeakable past. Their bodies were speaking for them. In clinical terms this process represented an enactment of their mutual objection and rejection of mortality, vulnerability, and need for mutual narrative recognition. The horrors of the life and death struggles were truly unknowable and certainly unspeakable. Each knew the alien other as adversaries. The collective vulnerability moved from the unknowable past to unspeakable present through the mortal body. Ridding themselves of my presence or killing me was their repetitive solution.

From my present mortal near-death narrative space, I shared the synthesis derived, past and present, collective vulnerability between and among all of us; the clinicians and the pediatricians, the pediatricians and the patients, the patients and the doctors and the group and myself. We were all suffering, and in a sense, all enraged at the poetic metaphoric truth of life and death, adversaries and allies. A narrative both true as well as fictional. The discordance between disciplines was as real as the concordance. This lovely place to work was also an impossibly painful place.

The metaphor of death, killing, and saving was a poetic aspect of their daily actuality and reality. Perhaps the killing metaphor and the narrative of shared vulnerability and helplessness could help. Perhaps a new more complex reality could exist. Helping and healing could feel like adversaries, like alien others. Only embracing synthesis of the alien-other in the present would help know the complex unknown. I thanked them for their honesty in killing me so we could talk, as I was about to die. The narrative of speaking from the land of the dead seemed unspeakable, freeing, and playful. In its own way, life-saving. Perhaps we could continue our conversation next week and try and figure out how to go on after these many life and death struggles.

Of course, the group was now eager to explore liberation from their entrapment of the predicament they were living in. A place where alien others were both the allies and the enemies. This moment opened the door to the blocked never-ending conversation between the mind-body conflicts and between disciplines. This memory of discipline-derived narrative superiority and denial of mortality or thematic of death-denial was activated by my encounters with the staff. Of course, the dyadic co-created synthesis had just begun.

At the end of the academic year the group presented me with a gift of Winnicott's essays on *Motherhood*. The narrative has shifted, and I was no longer death but had been restructured towards a life-giving identity, Mother.

7 Discussion

This clinical vignette of a consultation to a group of conflict-laden professionals offers a rich array of opportunities to explore contradictory and unspoken conceptual and clinical narratives. A situation rich in metaphor of illness, death, and cure; the struggle between disciplines for past-bound superiority, tragic paralysis between disciplines and a freeing up of both domains through a synthesizing narrative and hopeful future-oriented evolution.

When a synthesized narrative of death and mortality was formed, a new humbled vulnerability and mutual recognition offered more effective capability. This enhanced capability offers a consonance in vulnerable patient care and professional collaboration. The interpreting therapeutic attitude or listening and healing, self/other process is shaped when examined through this narrative or narrating multilayered two-person developmental lens. This innovative narrating model offers a privileged opportunity to participate in the poetic, two- person, unique, liberating therapeutic process. In other words, the clinician and the patient need each other to collaborate in the mutual and innovative narrating process in which both search for a temporary, synthesized restructured narrative identity through a dialogical interaction of self and other, explanation and understanding process embedded within the therapeutic and ordinary living dyad.

Narrative synthesis with its productive reality-enhancing imagination and interweaving of history and fiction are currently viewed as essential, but mysterious, creative, facilitating therapeutic force within the verbal and preverbal components of contemporary psychoanalysis. The life offering co-narrating process paradoxically contains both a humbled imperfect analysis of the past as well as an opportunity for creative synthesis of the future.

For Ricœur, historical explanations or analysis are embedded with an intertwined history and fiction, stories or narratives unburdened by a definitive causality. In other words, we are always living in a personal world of imperfect interpretation, struggling to make sense of our experience, time and our actions and interactions with and within our culture and others. This narratively created analysis and synthesis both demands as well as creates a liberated creative presence for both the clinician and the patient. This clinical example suggests that the clinician's awareness, participation, and enhancement of this liberating poetic co-narrating restructuring process as well as awareness of as its disruptions, offers a flexible orientation within the uncertain evolving contemporary analytic attitude.

8 Clinical implications

Continuing the evolution of the analytic attitude, through the embrace of other disciplines, Grossmark references Ricœur's work on narrative, and suggests man makes narrative as "we imagine, experience and dream"[11] forming our own narrative identity.[12] Frie suggests that Heidegger's students, Gadamer, Loewald, as well as Ricœur, continue to address "subjectivity, otherness and language," which "continues to have an impact on the wider field of psychoanalysis."[13] Bruce Reis in "Being-with" offers continental philosopher Nancy's comment on infant development: "it is relation alone that gives them 'humanity'".[14] Gartner

---

11 Grossmark, *The Unobtrusive Relational Analyst*, 125.
12 Ricœur, "Life: A Story in Search of a Narrator," in *On Psychoanalysis*, 187–200, here 199.
13 Frie, *Understanding Experience*, 13.
14 Reis, "being-with", 18.

offers the two person therapeutic narrative concepts of trauma /counter-trauma, resilience/ counter-resilience.[15]

Each clinician is struggling towards an articulation of the analytic attitude within the narrating domain of clinical practice. This new narrative demands the clinician embrace vulnerability towards the other and poetically or metaphorically embrace patients knowing and not knowing narrative or pre-verbal dialectic. The dawning awareness that knowing is a two-person self-as-another linguistic process and narrating, making sense, and being human is a two-person project unique to the moment within each session. I suggest semantic innovation- or metaphor-making resides within the clinician/patient dyad, but if the clinician remains embedded in past-bound narrative a nonverbal co-created co-narration or enactment is precipitated. These enactments challenge as well as enhance the therapeutic encounter.

When examining Freud's opus, it is difficult if not impossible to offer definitive conclusions and narration is not an exception. For Freud narration is embedded within several sub-narrative structures of man. For one, man's mental apparatus and psychoanalytic explanation is a machine moved by past-bound universal forces. In this system man's created narrative are explained as surface representations of unknowable primary narratives called drives. At other times Freud presents human historical truth-based narratives needing archeological accounts of personal human events, feelings and interpretations. At other times, each narrative offers provisional rather than final truth but narrative for Freud ultimately remained embedded in restoration of the past. Kohut modified these narratives by transforming primary narrating-drives as seeking a cohesive self. Clinically expanding on his narrative as the seeking of cohesive self, but still embedded within a transference or past-dominated system of archaic infantile modes.

Schaefer attempts to separate the sexual/aggressive narrative of unknowable drives from clinical dialogical searching narratives but retains some elements of unknowable drives, resistances, and repetitions. In both cases, Kohut and Schaffer, the stable psychoanalyst retells the patient-based dominated narrative and implicitly offers a narrative transformation to the patient. The analyst both understands and explains to the patient the patient's unknown past.

Spence challenges Freud's generalized narrative search for archeological or historical truth and offers a new unique creative aesthetic narrative synthesized and validated within the clinician and patient present dyad.[16] This dyadic, lin-

---

15 See, for example, Gartner, *Healing Sexually Betrayed Men and Boys*.
16 See Spence, *Narrative Truth and Historical Truth*.

guistically-based narrative truth, which creates a past in the present, indirectly suggests far reaching clinical implications. For Spence, the psychoanalytic venture is dependent upon the words of the analytic text and is the basic clue that offer the opportunity to unravel unique historical truths. These contemporary words and phrases contain both the present as well as the past. This blending of time, for Spence, transforms the knowing analytic interpreter into a psychoanalytic poet within a privileged dyad. The creation of a coherent narrative serves less as a detective historical truth and more as a coherent current assemblage, what he calls narrative truth.

For Ricœur, the search for truth is embedded in a larger question of the interpersonal narrative process. In essence, narrativity is the human response to an infinitely knowable or ultimately unknowable absolute truth. Thus, offering a transforming dyadic narrative identity without the ideal goal of absolute human truth. We need one another to more fully experience a multiply determined human existence. The challenging question of truth-seeking or science is shifted to the poetic enhancement of an infinitely complex reality. The psychoanalytic world is integrated with literary theory and philosophy meeting at the narrative space.

This clinical example encounters several components of the evolving narrative process and the unfortunate consequences of a knowing static tradition bound narrative. Of course, the narrating process is temporary and soon to be dissolved back into the ordinary dissonance of life. The return to ordinary dissonance and disconnection can also be thought of as the core opportunities for transformation of self and other dyads as suggested by "Enactment" (Stern) or "Enactment co-narration" (Grossmark). Thus, the Ricœurian narrative offers therapeutic healing through the dialectic or integration of both dissonance and consonance.

This developmental uniquely human path of linguistically (verbal and preverbal) driven intersubjective relating and narrating (successfully and unsuccessfully) is the core experience of being human. Making sense of the known and the unknown, self and other, through both preverbal and verbal interdependency is the core of the narrative process or narrating.

The pediatrician tradition-bound narrative offered the restoration of the body as absolute truth. The group within consultation offered preverbal somatic manifestations within the narrative dissonance. My presence in seeking a narrative and clarity provoked the previous enactment by the therapist/physician dyad. The administrator's narrative was "sick-time" driven and needed to solve that problem by eliminating me. This confluence of forces offered a temporary bridging metaphor of killing and death, the unspeakable adversary for all concerned.

Speaking the unspeaking narrative and speaking from the afterlife (after death) offered a synthesis, a temporary connection and reduction of dissonance and anxiety. In clinical terms, we need another unique self to make sense of the vulnerable human condition of entrapment within the bewildering unknown and discordant dimensions of life. Concordance affirms and enhances our humanness; discordance challenges our humanness and offers an alive but not fully human state or entrapment.

Opportunities for liberation from the ordinary and extraordinary entrapments of life evolve through the dialectical phenomenological hermeneutics of affirmation. This conceptual evolution beyond the relatively simplified knowing hermeneutics of suspicion offers opportunities for liberation in both ordinary life as well as the clinical arena.

Ricœur's challenging model offers a hopeful invitation to an interpretive hermeneutics of affirmation and development of the unique self. His unfinished project intertwines with the contemporary psychoanalytic communities' continuing evolution from knowing-drive theory to the linguistic and ethical models of enhancement of our unique selves. This essential narrative process of life as well as the clinical process is examined and presented with our hopeful liberation in mind. The co-created narrative offers opportunities to diminish suffering and foster action.

In this case the therapists began to offer knowing apologies to the enraged pediatricians, and each could begin to bridge the tradition-bound gap between mind and body. Each could speak to a dissonant tradition and begin a new temporary utopian tradition of ideal collaboration between the challenges of mind-body conflicts.[17]

9 Conclusion

When we attempt to combine the interpersonal, language-based narrative engine with the body and the discordant other, we are humbled by our task. We are forced by this challenging narrative to encounter our limits as a knowledge-ca-

---

[17] Ricœur continued to evolve his thematic narrative during his unfinished thesis of man, his philosophical anthropology, throughout his entire oeuvre spanning sixty years. These evolving core concepts, from "the semantics of desire" to the "hermeneutics of affirmation," in "Metaphor and the Creation of Meaning in Language," *Time and Narrative*, *Oneself as Another*, and *The Course of Recognition* are all explored independently yet are embedded in his continued search for core principles of the relational phenomenological narrative hermeneutical human.

pable creature and embrace our vulnerable selves as patient, analyst, or creative artist.

Stern suggests, "these moment to moment interpretive (hermeneutic or narrative) moments constitute our ongoing sense of every moment of our lives." He, like Gadamer, suggests this process is "unbidden or unconscious."[18] Ricœur says these interpretive or hermeneutic moments are both knowing and unknowing depending on the individual's life experience and stage of evolving narrative identity and developmental dialect.

Enactments generally are considered unbidden or unconscious and past-bound, but as Grossmark suggests, they are operative within the narrative arena, which he calls mutual enactment or enactment co-narration. "This is narrative that cannot be known or represented until it has been lived through with an Other".[19] Ricœur's schemas present a preverbal mode, which is nonetheless personal and narrative at its core. In other words, actions represent both semantic knowing and unknowing semiotic narratives. Enactments are both disruptions and invitations to consolidate the two-person synthetic narrative process.

In this pediatric community the struggle to make sense or narrate within the semantics system of sentences or metaphors, was an essential but too challenging or confusing, isolating or disorienting encounter with the new, the alien other. This left the group entrapped in past traditions, which are both isolated and desperate for connection, relating or the meaning-making other. This block towards the narrating synthesis precipitated silence and the pressured search for our "humanity," another or a witness to make sense together, to narrate.

The contradictory narrative of each discipline, each knowing tradition-bound past, offered blame and fear and precipitated the overwhelming metaphor of silence and death. When I accepted the metaphoric death and spoke from beyond the grave or the future I could break the silence, I could begin to make sense or synthesize and to narrate. The participants' embrace of the co-created narrative moved them from a less capable narrative to a more vulnerable one. This shift in identity from heroic knowing to a future of co-created narrative of mutual need and mutual respect shifted the analysis of the past to a creation of a new pertinence for the future.

---

[18] Stern, "How Does History Become Accessible?" 494.
[19] Grossmark, *The Unobtrusive Relational Analyst*, 127.

Bibliography

Abbott, Horace Porter (2002): *The Cambridge Introduction to Narrative*. Cambridge: Cambridge University Press.

Blechner, Mark J. (1998): "The Analysis and Creation of Dream Meaning: Interpersonal, Intrapsychic, and Neurobiological Perspectives." In: *Contemporary Psychoanalysis* 34, 181–194.

Frie, Roger (2003): *Understanding Experience: Psychotherapy and Postmodernism*. London: Routledge.

Gartner, Richard B. (Ed.) (2017): *Healing Sexually Betrayed Men and Boys: Treatment for Sexual Abuse, Assault, and Trauma*. London: Taylor and Francis.

Grossmark, Robert (2018): *The Unobtrusive Relational Analyst*. London: Routledge.

Kearney, Richard (1996): "Narrative Imagination." In: *Paul Ricœur: The Hermeneutics of Action*. Richard Kearney (Ed.): Thousand Oaks: Sage Publications.

Reis, Bruce (2018): "Being-with: From infancy through philosophy to psychoanalysis." In: *Developmental Perspectives in Child Psychoanalysis and Psychotherapy*. Christopher Bonovitz and Andrew Harlem (Eds.). London: Routledge.

Ricœur, Paul (1970): *Freud and Philosophy: An Essay on Interpretation*. Denis Savage (Trans.). New Haven and London: Yale University Press.

Ricœur, Paul (1978): "The Metaphorical Process as Cognition, Imagination and Feeling." In: *Critical Inquiry* 5. No. 1, 143–159.

Ricœur, Paul (1984). *Time and Narrative*. Volume I. Kathleen McLaughlin and David Pellauer (Trans.). Chicago and London: University of Chicago Press.

Ricœur, Paul (1992): *Oneself as Another*. Chicago and London: University of Chicago Press.

Ricœur, Paul (2005): *The Course of Recognition*. David Pellauer (Trans.). Cambridge: Harvard University Press.

Ricœur, Paul (2012): *On Psychoanalysis*. David Pellauer (Trans.). Cambridge and Malden: Polity Press.

Ricœur, Paul (2016): "Narrative Identity" and "Individual and Personal Identity." In: Ricœur, Paul: *Philosophical Anthropology*. Cambridge and Malden: Polity Press, 229–253.

Spence, Donald (1982): *Narrative Truth and Historical Truth: Meaning and Interpretation in Psychoanalysis*. New York: W.W. Norton.

Stern, Donnel B. (2017): "Unformulated Experience, Disassociation, and *Nachträglichkeit*." In: *Journal of Analytical Psychology* 62. No. 4, 501–525.

Stern, Donnel B (2018): "How Does History Become Accessible? Reconstruction as an Emergent Product of the Interpersonal Field." In: *Journal of American Psychoanalytic Association* 66. No. 3, 493–506.

Stern, Donnel B. (2019): *The Infinity of the Unsaid: Unformulated experience, language, and the nonverbal*. London: Routledge.

Szajnberg, Nathan M. (2018): "Paul Ricœur: Unraveling Enigmas in Psychoanalysis." In: *Journal of American Psychological Association* 66. No. 5, 971–983.

Ignacio Iglesias Colillas

A procedural model approach to Ricœur's epistemology of psychoanalysis: A methodological reflection around Freud's "Schreber Case"

Abstract: This chapter provides new perspectives of the Schreber case and on Freud's interpretation of the Schreber case, both as a peculiar clinical case and as a hermeneutical 'object' of analysis and reflection. The double–dimension psychoanalytic discourse propounded by Ricœur is here used to effectively work with hermeneutics, both as a specific methodological and epistemological discourse and as a field of pathological expression, and as a speculative and new conceptual net for the understanding of psychoses. Freud built a paradigmatic clinical report supporting his conjectures only in the reading of Schreber's *Memoir of my nervous illness*. Within the dialectical movement that spans from Schreber's *Memoir…* (with his specific contents and auto-interpretation) to Freud's psycho-analytical work of interpretation (which transforms the clinical subject of this *Memoir…* into a 'case history'), this chapter opens a problematic critical discourse in a productive tension with Freud's dual epistemology on the one side, and a philosophical and hermeneutical approach and understanding on the other, to clarify and deepen the theoretical and practical procedural consequences related to this duality, and intends to offer a renewed understanding of the general importance of hermeneutics in psychoanalysis and its particular significance in relation to a specific case history.

1 Introduction

This chapter provides new perspectives of Freud's approach to the Schreber case and on the Schreber case in itself, both as a peculiar clinical case and as a hermeneutical 'object' of analysis and reflection. The double–dimension psychoanalytic discourse propounded by Ricœur is here used to effectively work with hermeneutics, both as a specific methodological and epistemological discourse and as a field of pathological expression, as well as a speculative and new conceptual net for the understanding of psychoses. Freud built a paradigmatic clinical report supporting his conjectures only in the reading of Daniel P. Schreber's *Memoir of My Nervous Illness* (1903).

Within the dialectical movement that spans from Schreber's *Memoir* (with his specific contents and auto-interpretation) to Freud's psychoanalytical work of interpretation (which transforms the clinical subject of this *Memoir* into a new understanding, a 'case history'), this chapter opens a problematic critical discourse in productive tension with Freud's dual epistemology, on the one side, and a philosophical and hermeneutical approach and understanding, on the other, to clarify and deepen the theoretical and practical procedural consequences related to this duality. It also intends to offer a renewed understanding of the general importance and consistency of hermeneutics in psychoanalysis and its particular significance in relation to a specific pathology and case history.

Regarding methodology, our analysis proceeds in three steps. This first step consists of localizing each of the implicit methodological assumptions entailed in Freud's interpretation of Schreber's autobiographical report. The second step performs a phenomenological reduction, which leads us to a main premise consisting in uncovering the interrelationships between Schreber's biography—more specifically the 'libido frustrations' or *Versagungen*—and the 'work of the delusion-formation'—the *Wahnbildungsarbeit*. The third step consists in analyzing Ricœur's concepts of the *arc herméneutique*, *triple mimesis*, and *monde du texte*, Freud's methodological drawbacks.

2 Freud's reading of Schreber's autobiographical report, *Memoirs of My Nervous Illness:* A methodological critical review

As a clinical psychologist and psychoanalyst, one of my main interests that led me to set out on this difficult path bridging the *clinical* and the *epistemological* was the following question: *what is involved in the procedures of interpreting psychotic's clinical material?* In which way has Freud's interpretation of Schreber's autobiography influenced many of the main psychoanalytical concepts? In which way have these procedures—in which we highlight the *textual mediation* —determined the conceptual net with which we understand the clinical phenomena? Is it scientifically possible to support these assumptions? Moreover, what led me to start this research many years ago was the fact that Freud never carried out a systematic reflection on the *method* involved in his numerous analyses of the *written texts*, nor did he ever meet Schreber in person.

We shall see that in the writing of this paradigmatic psychosis case there is a convergence of both Ricœur's epistemological point of view of psychoanalysis—

understood as a *mixed discourse* between *energetic* and *hermeneutic* aspects—and its practical manifestation on the methodological plane in analyzing a specific piece of writing such as Dr. Schreber's autobiography.

In the correspondent case history of Schreber, Freud himself was not sure about referring to his reading of *Memoirs* as a method of "interpretation," if we take it as presented paradigmatically in *The Interpretation of Dreams*, for example.[1] Freud proposes, in attempting this type of interpretation, a two-pronged approach: "from the patient's own delusional utterances or from the exciting causes of his illness."[2] That is why the methodological problems enter in the subtle transition between the *Memoirs* and Freud's case history.

If we follow Freud to the letter, we discover the following difficulty in his method of reading the *Memoirs:* if the usual psychoanalytical technique is fundamentally based on what resists it—and note that without this consideration the very concept of "analysis" loses its foundation, as Derrida lucidly affirms[3] —is it right to apply it to the writing of a paranoid man in whom there were apparently no resistances to overcome, according to Freud himself?

Furthermore, the so-called "facts" of psychoanalysis do not appear if a point of view is not adopted and a method determined that Freud, strictly speaking, only conceptualized for the "instance of dialogue" in analysis in a therapeutic situation, namely "free association."[4] Clearly here we can see the opposition between two forms of discourse, oral and written, each of which leads to different forms of interpretation.

2.1 "Formulations on the Two Principles of Mental Functioning" as a preface to the Schreber case history

After researching Freud's *Correspondence* with Jung, we have found that "Formulations on the Two Principles of Mental Functioning" was conceived as a *Preface* to Schreber's Case History. This essay shows that Freud always maintained his concept of "reality" based—at least—on the German terms *Wirklichkeit* and *Realität*. Freud usually used *Wirklichkeit* to designate objective material reality, the physical existence of things; *Realität* tends to refer more to "psychic reality," the realm of unconscious fantasies.[5] As Busacchi points out, "a psychoanalytical

---

[1] Freud, "The Interpretation of Dreams."
[2] Freud, "Psycho-Analytic Notes," 35.
[3] Derrida, *Resistencias del psicoanálisis*, 37–43; *Resistances of Psychoanalysis*, 19–25.
[4] Ceriotto, *Fenomenología y psicoanálisis*, 154.
[5] Iglesias Colillas, ¿*Qué significa analizar?*, 39.

fact is not observable in the same way as a physical fact,"[6] since psychoanalysis "works more essentially in the realm of signification than biology."[7]

This distinction between *Wirklichkeit* and *Realität* has important conceptual and clinical consequences. First, the principle of reality does not refer exactly to a kind of adaptation to objective material reality (*Wirklichkeit*) but quite the contrary: Freud sustains that the absence of expected satisfaction, *frustration*—more precisely "privation" (*Versagung*)—arises because of the abandonment of the hallucinatory satisfaction of desire.[8]

2.2 Methodology and construction of the Schreber case

We shall, unfortunately, be compelled to treat this subject far too briefly, offering only the main conclusions, as it can be treated properly only by giving long catalogues of facts that we have harvested after a careful study of Freud's case history. We will now attempt a reading that will allow us to survey and uncover the *fundamental methodological premises* that hold up the case history, to then analyze them from the perspective of Ricœur's textual hermeneutics in the following sections. This works as the immediate step prior to the transition to the epistemologically clarifying of the case history. It is first necessary to take apart, one by one, the premises that Freud formulates in his *interpretative process*— or 'reading operation'—in Ricœurian terms.

2.3 First methodological premise

The *first methodological premise*, and perhaps the most important, is that which establishes that "a written report or a printed case history can take the place of personal acquaintance,"[9] due to the premise that it is not possible to force the internal resistance of paranoiacs. Freud justifies the *substitution* of the personal encounter with Schreber with the analysis and interpretation of a written text.

Take the following premise: paranoiacs "possess the peculiarity of betraying (in a distorted form, it is true) precisely those things which other neurotics keep hidden as a secret."[10] This presupposes that paranoia is also governed by uncon-

---

6 Busacchi, "Habermas and Ricœur's Depth Hermeneutics," 104.
7 Busacchi, "Habermas and Ricœur's Depth Hermeneutics," 104.
8 Freud, "Formulations on the Two Principles of Mental Functioning," 219.
9 Freud, "Psycho-Analytic Notes," 9.
10 Freud, "Psycho-Analytic Notes," 9.

scious mechanisms that show those "translucent elements" that are presented in a "distorted" (*ensteller*) form. But if we substitute personal acquaintance with the interpretation of a written report, we must ask what it is that substitutes here the *psychoanalytic method* based on the "face to face," the "free association."

This same interpretative maneuver implied by dealing exclusively with a written text is then the same that arises in the question of the clarification and delimitation of the methodological paths that allow us to retrace the so-called "distortion." It is quite justified to say that it is a question of approaching "textual distortion."

2.4 Second methodological premise

The *second methodological premise* is presented to us split into *two elements* that deserve to be set apart, where the *first* is presented as an "axiom," that is, a general and universal postulate about the study of psychotic subjectivity. On the one hand, this implies affirming that even paranoia delusions, extraordinary as they may be, originate in instinctual impulses that Freud claims are universal. "The psychoanalyst [...] approaches the subject with a suspicion that even thought-structures so extraordinary as these and so remote from our common modes of thinking"—i.e., *delusional formations*—"are nevertheless derived from the most general and comprehensible impulses of the human mind."[11]

The *second* element—which is more specifically the methodological premise per se—concerns the desire to know how and for what "reasons" these instinctual impulses have "transformed" into this mode of presentation, i.e., the delusional formation. "With this aim in view," Freud continues, "[the analyst] will wish to go more deeply into the details of the delusion and into the history of its development."[12] Going deeply into the "history of its development" refers to the meticulous study of Schreber's biography and includes all the elements of the material that appear related with certain "delusion details," especially those that are insisted on and repeated most often.

In short, the idea that "what is not remembered is repeated in acts," to quote an evident conclusion that can be drawn from *Remembering, Repeating, and Working Through* (1914), to mention just one of the early texts of the "Further Recommendations on the Technique of Psychoanalysis," is also valid among the generations of a family and the vicissitudes of their family tree (we may think

---

11 Freud, "Psycho-Analytic Notes," 18.
12 Freud, "Psycho-Analytic Notes," 18.

here of Schreber's elder brother, Gustav) or in terms of the history of a people.[13] These concepts justify the interest in "the history of development" and in the "details of the delusion," as here we find the "most general and comprehensible impulses of the human mind."

2.5 Third methodological premise

The *third methodological premise* picks up on this question of "what is repeated," but *in the text*. Recall that there are certain "key words" in Schreber's text: "soul-murder," "God's rays," "transformation into a woman," "bliss," "tested souls," "basic language," "nerves," and "voluptuousness." Of all these, Freud especially highlights the "transformation into a woman,"[14] as the most striking and insistent element in the writing. In fact, this element functions for Freud as the cornerstone of his whole process of interpretation.

This premise requires then that we treat with special attention and maximum detail the fragments of the text that are *repeated* and *insisted on* most often. It is following this logic that Freud highlights the "transformation into a woman," because of the treatment this element receives in the text, aside from the "meaning" or "signification" that may be attributed to it. This implies, to begin with, highlighting the form of the discourse over its *content*. In Benveniste's terms, giving greater relevance to the *enunciation*—in the first place—than to the *utterances* themselves, which Freud would later interpret. Hence Freud calls the "transformation into a woman" the salient feature, the earliest germ of the delusional formation and the only element, furthermore, that persisted after Schreber's cure.[15]

2.6 Fourth methodological premise

The *fourth methodological premise* distinguishes "two angles" for approaching Schreber's text: the *first* aims to directly interpret the "delusional phrases" as they appear in the text, while the *second* aims to study the actual events, which can be placed in objective material reality, and which trigger the crises. This strategy makes it possible to lay bare "the familiar complexes and motive

---

[13] Freud, *Remembering, Repeating and Working-Through*, 145–156. For an interpretation of Freud's text in Ricœur's *oeuvre*, see p. 203–224 of the contribution by Michael Funk Deckard in Part II.
[14] Freud, "Psycho-Analytic Notes," 33.
[15] Freud, "Psycho-Analytic Notes," 33.

forces of mental life." Also operating here again are the two concepts of "reality," the *Wirklichkeit* and *Realität* that we found in the "Formulations on the Two Principles of Mental Functioning,"

But Freud also maintains that Schreber "presses the key into our hands," adding a *delusional phrase*, "a gloss, a quotation or an example," or "expressly denying some parallel to it that has arisen in his own mind." On some occasions, Freud also appears to appeal to the mode of functioning of the "denial"[16] as another valid resource for deciphering the text, especially when referring to those occasions when it is enough to withdraw the "express denials" that arise in Schreber at some "parallel."

The use of "parallels" as a method of interpretation is a very ancient technique that can be traced back at least to Aristotle's thinking, especially in his writing on the technique of dream interpretation.[17] This sequence concludes provisionally, then, in the sought *translation* (*Übersetzung*).

But what kind of "translation" is it? Here Freud did nothing but retrace, walk back through the *methods of disfiguration* of the paranoid mode of expression to redirect them to the familiar complexes found in other neuroses, such as the father complex. Furthermore, this method in turn makes it possible to lay bare the *motive forces* in play behind the paranoid discourse.

But it is also true that Freud himself warns that his method is atypical and mentions some qualms: he notes that he goes beyond "typical instances of interpretation," stressing that "his listeners or readers will only follow him as far as their own familiarity with analytic technique will allow them."[18]

However, in not thematizing the difference between "listener" and "reader," or likewise, not distinguishing conceptually between spoken and written discourse (text), does Freud not throw a shroud of darkness over the possibility of explaining the method of interpretation of the *Memoirs?*

Furthermore, it is necessary to reflect on Schreber's use of quotations, following Prado de Oliveira's work. According to Freud, as we have seen, the quotation is no more than a way for Schreber to give us a "key" to the interpretation. For Prado de Oliveira, Schreber's book is a product of his extensive reading, and all the authors quoted by Schreber are part of "a school of which Bachofen, also a magistrate, is the greatest expression. He preached for the reconstruction, be-

---

16 These notions are more fully expressed in the 1925 text "Negation." For a broader analysis of the modes of negation in Freud's thinking, see the chapter, "La escritura de la afección: sobre las modalidades de la negación entre las neurosis y las psicosis," in Iglesias Colillas, *¿Qué significa analizar?*
17 Aristotle, "De la adivinación durante el dormir," 119.
18 Freud, "Psycho-analytic notes," 36–37.

yond the ancient civilizations, of a kingdom of women, of a sensual, disorderly matriarchy."[19] Thus, the *Memoirs* can be understood "from the works to which they refer, whether manifestly or latently."[20]

We must recall that Freud maintains that, to take one example, "Schreber illustrates the nature of soul-murder by referring to the legends embodied in Goethe's *Faust*, Byron's *Manfred*, Weber's *Freischutz*, etc."[21] Thus, Freud calls the interpretation based on a quotation as "illustrated," this being one of the textual interpretation methods of the *Memoirs*.[22]

Towards the notion of *translation*, it is interesting to add here Jean Allouch's observation that neither Freud nor Lacan specified the use of terms like "translation" or "transcription," although they both used them frequently. For example, in *The Interpretation of Dreams*, Freud refers to "translation," but he does not refer to the transmission of a meaning from one language to another. Rather, he refers to the deciphering of Champollion's deciphering of Egyptian hieroglyphs.[23]

2.7 Fifth methodological premise

The *fifth methodological premise* posits that, "it is legitimate to judge paranoia on the model of the dream." If we recall here that the nucleus of Schreber's "delusion-formation" is his relationship with his first doctor, that is, Professor P. E. Flechsig, we must stress that the very notion of "work of delusion-formation" (*Wahnbildungsarbeit*) is a direct reference to this dream model to render the delusion intelligible, that is, to make it methodologically accessible to the interpretative process.

Therefore, it is necessary to conceive these two postulates together: *it is legitimate to judge paranoia on the model of the dream* and the "work of delusion-formation" (*Wahnbildungsarbeit*). I will explain why below. Recall the passage that refers to the latter aspect:

---

19 Prado de Oliveira, *Freud y Schreber*, 47.
20 Prado de Oliveira, *Freud y Schreber*, 31.
21 Prado de Oliveira, *Freud y Schreber*, 42 (emphasis added).
22 Prado de Oliveira writes that Schreber "attains excellence in the art of the quotation: the Memoirs are full of quotation marks, and the quotations are the marks of all that men read in the constellations of signifiers" (Prado de Oliveira, *Freud y Schreber*, 64).
23 Allouch, *Letra por letra*, 17.

Of the actual nature of Flechsig's enormity and its motives the patient speaks with the characteristic vagueness and obscurity which may be regarded as marks of an especially intense work of delusion-formation, if it is legitimate to judge paranoia on the model of a far more familiar mental phenomenon—the dream. Flechsig, according to the patient, committed, or attempted to commit, 'soul-murder' upon him [...].[24]

The German word *Wahnbildungsarbeit*, meaning "work of delusion-formation" is close in conceptual terms to *Traumarbeit*, the work of the dream. If we examine the word *Wahnbildungsarbeit* (literally, *Wahn:* delusion; *Bildung:* creation, foundation, formation; *Arbeit:* work, labor, job, effort), we must highlight that *Arbeit* in German indicates a *job*, in this case a *subjective job*. Unlike many contemporary psychiatrists, Freud does not use the German word *Wahnsinn*—delusion— but almost always uses this compound form: *Wahnbildungsarbeit*, stressing in this way the activity and the subjective implication of the psychotic in the production of their delusion-formation.

2.8 Sixth methodological premise

Lastly, the *sixth methodological premise* proposes a crossed reading between Schreber's *biography* and his *delusion:* "As we know, when a wishful phantasy makes an appearance, our business is to bring it into connection with some *frustration*, some privation in real life."[25] In the quotation we can see how the notion functions in an articulated way that paranoia *represents* certain conflicts in the form of the *text of the dream*—hence the material could be "distorted"—and furthermore an explanation of the central interpretative task of how to work this crossover between *biography* and *delusion:* in speaking of *biography* Freud suggests we direct our gaze at the subject's libidinal *privations, denials, or frustrations* in order to *construct, connect,* find the *context* and *interdependent relations* (all this from the meaning of the German word *Zusammenhang*) not with "delusion" alone, but with the delusion read or *interpreted* as *Wunschphantasie,* as "wish fantasy," supplying thus the frustrations of the libido that have been traumatic for it.

---

24 Freud, "Psycho-Analytic Notes," 38.
25 Freud, "Psycho-Analytic Notes," 57 (emphasis original).

2.9 General review

But are there really six clearly different methodological premises, or can we establish that Freud tries to give a series of clarifications that mark out and circumscribe the operation of a fundamental *single interpretative premise* that operates as a *reading horizon*?

After a *phenomenological reduction*, we have found that whether it is the "history" and the "details" (second premise), the "two angles," the actual events and the delusional phrases (fourth premise), or the "biography" and the "delusion" (sixth premise), ultimately it is a case of placing the "connections" (*die Zusammenhängen*) between a "privation" (*Versagung*) and a "wish fantasy" (*Wunschphantasie*).

Having made this survey of the methodological premises in question, perhaps we can reconsider the following assertions by Freud in relation to the meaning of the delusion and the process of deciphering it, that is, his interpretation, which seeks to:

> trace back innumerable details of [Schreber's] delusions to their sources and so discover their meaning [...] But as it is, we must necessarily content ourselves with this shadowy sketch of the infantile material which was used by the paranoic disorder in portraying the current conflict. Perhaps I may be allowed to add a few words with a view to establishing the causes of this conflict that broke out in relation to the feminine wishful phantasy. As we know, when a wishful phantasy makes its appearance, our business is to bring it into connection with some *frustration*, some privation in real life.[26]

If we posit that *there are only two fundamental methodological premises*, the first that takes the patient's written report and the second that involves crossing over libidinal privations with wishful fantasies, finding the interconnections between both series of elements, we find ourselves with the pristine emergence of an epistemological postulate.

All signs suggest that Freud was able to make this reading operation of desire through the mediation of a text, namely the *Memoirs*. It could be argued that from the deciphering of the desire from the text that Freud was able to form his energetic conjectures about libidinal privations. However, to clarify the notion of "text" used by Freud from the perspective of Ricœur, it will first be necessary to make a very brief introduction to Freudian epistemology. In short, the epistemological problem of Freudianism is presented by Ricœur as follows:

---

26 Freud, "Psycho-Analytic Notes," 57.

> Les écrits de Freud se présentent d'emblée comme un discours mixte, voire ambigu, qui tantôt énonce des conflits de force justiciables d'une énergétique, tantôt des relations de sens justiciables d'une herméneutique. Je voudrais montrer que cette ambiguïté apparente est bien fondée, que ce discours mixte est la raison d'être de la psychanalyse.[27]

Freud's writings present themselves as a mixed or even ambiguous discourse, which at times states conflicts of force subject to an energetics, at times relations of meaning subject to a hermeneutics. I hope to show that there are good grounds for this apparent ambiguity, that this mixed discourse is the *raison d'etre* of psychoanalysis.[28]

In psychoanalytical terms, if we apply our reflection to *the epistemic status of interpretation*, the latter can be reformulated in the following question: "How can the economic explanation be *involved* in an interpretation dealing with meanings; and conversely, how can interpretation be an *aspect* of the economic explanation?"[29] Is this not what psychoanalysis precisely is, an attempt to explain how motive forces can be moved through discourse?

2.10 "Energetics" and "hermeneutics" in the Schreber case history

Let us put to the test the theoretical consistency of Ricœur's appreciation of the "mixed discourse" on which Freud's work is epistemologically based.

The analyses made in the reading of the Schreber case would appear to lead us to firmly establish that Freud conceives and constructs all the case history based on these two levels of analysis. The first alludes to the energetic model, tied to the libidinal theory, the "energetic-economic model." The second reflects the grammatical aspect of repression, which I placed in terms of the "semantic-textual model." And as we have shown in detail, Freud worked from the text, not from a priori conjectures about the libidinal potencies that intervened in the for-

---

[27] Ricœur, *De l'interprétation*, 75. Anthony Wilden reaches identical conclusions via a radically different theoretical framework to Ricœur's: he maintains that in interpreting Freud's work it is necessary to separate the "causal bioenergetic explanations" from "his semiotic understanding communications processes" (Wilden, *Sistema y estructura*, 81). Jürgen Habermas puts it in his own terms: "psychoanalysis joins hermeneutics with operations that genuinely seemed to be reserved to the natural sciences" (Habermas, *Conocimiento e interés*, 215). An exhaustive study on Habermas and Ricœur in relation to epistemology in psychoanalysis can be found in Busacchi, *Habermas and Ricœur's Depth Hermeneutics*. See also Busacchi, "Essai sur Freud."
[28] Ricœur, *Freud and Philosophy*, 65.
[29] Ricœur, *De l'interprétation*, 76 / *Freud and Philosophy*, 66 (emphasis original).

mation of the symptoms. And is this not the methodological path along which all psychoanalysis travels as a treatment method?

In this precise sense Ricœur claims that "the analyst never handles forces directly but always indirectly in the play of meaning [...]; the link between force and meaning makes instinct the limit-concept at the frontier between the organic and psychic."[30] Another way to refer to the same in this essay is in speaking about a "semantics of desire."[31] Ricœur states explicitly that "the economics contributes to deciphering the text,"[32] which means that we always reach economic aspects—to say it in terms of Freud's metapsychology—starting from semantic and "signifier" aspects, in Lacanian terms.

But how can one cover the distance between the *Memoirs*—the written text—and Schreber's *world of delusion*? Can his delusion—or to be more exact, his *wish fantasy* (*Wunschphantasie*)—be understood as a form of *being-in-the-world*? Does delusion not also deploy a network of meanings and plexuses of *references* that are far from *descriptive and ostensible*?

3 The model of the "text" as epistemological-methodological framework of Freud's interpretation of Schreber's *Memoirs*

3.1 *Memoirs of my Nervous Illness* as "text"

I will now deal strictly with the *methodological aspects* of the interpretation of the *Memoirs*, placing in the background the aspects regarding the *content* of Freud's interpretations. To fulfil this goal, I will return to the methodological premises arising from the reading of Freud's case history to now *reinterpret them from the category of "text" taken from Ricœur's textual hermeneutics*.

What, then, is the *reference* of *Memoirs* as a "text"? It is precisely "the task of *reading* qua *interpretation: to actualize the reference*"[33] that allows us to answer this question. To this I might add: the task of reading as interpretation, i.e., as actualizing the reference, means defining in turn the "text" as any discourse fixed by writing: "Let us say that a text is any discourse or set of utterances

---

30 Ricœur, *De l'interprétation*, 153 / *Freud and Philosophy*, 151 (my translation).
31 Ricœur, *De l'interprétation*, 355 / *Freud and Philosophy*, 363.
32 Ricœur, *De l'interprétation*, 175 / *Freud and Philosophy*, 174.
33 Ricœur, "¿Qué es un texto?," 130 (emphasis added), and Ricœur, *From Text to Action*, 109.

fixed by writing. According to this definition, fixation by writing is constitutive of the text itself,"[34] writes Ricœur. That is, fixation by writing—becoming "text"—substitutes speech, appearing and intercepting its place. As in *Time and Narrative I*, Ricœur thinks of the functions of reading as an operation inseparable from the notion of *text*. "This idea of a direct relation between the meaning of the statement and writing can be supported by reflecting on the function of reading in relation to writing,"[35] he adds later. Thus, we can affirm then that *Memoirs of My Nervous Illness* is a "text," and we shall now see how this concept sheds light on Freud's *reading operation* or *interpretation process*.

3.2 From "free association" to the first "reading operation"

I shall begin with the first methodological premise proposed by Freud in the case study, as it is precisely this that functions as a transition, as a point of passage between spoken discourse and written discourse, but which suffered—as I said—from a concept of the "text" which Freud never accurately defined[36] because it seems to fuse with 'culture' per se. The premise established that it is legitimate to take a written report or printed case history as a substitute for personal acquaintance, on the basis that it is not possible to force the internal resistances of paranoiacs. This first methodological affirmation is fundamental, as it seeks to justify the substitution of a personal meeting with Schreber with the analysis and interpretation of a written text.

If we substitute personal acquaintance with the interpretation of the written report, the "text" is what substitutes here the psychoanalytical face-to-face method, the "free association." Furthermore, Freud's methodological postulate is based on the axiom that paranoiacs cannot overcome their internal resistances, an idea increasingly questioned by subsequent psychoanalytical developments in the treatment of psychosis.

The notion of the "text" makes it possible to substantiate this aspect of methodology without resorting to *the assumption of the impossibility of overcoming paranoiac internal resistances*, a postulate which has unfortunately limited and biased the clinical care of psychotic subjects in general.

---

[34] Ricœur, "¿Qué es un texto?" 127 / *From Text to Action*, 106. Johan Michel points out some objections and limits to assimilating the products of the unconscious to the "model of the text"; see Michel, "Being and method," 171.
[35] Ricœur, "¿Qué es un texto?" 127 / *From Text to Action*, 107. See also Ricœur, *Time and Narrative I*, 80.
[36] Ricœur, *De l'intérprétation*, 35 / *Freud and Philosophy*, 26.

As I have shown in analyzing the case history, Freud does not hesitate to sustain that we also find unconscious defense mechanisms in psychoses and that, as occurs in *dream formations, delusional formations* are also forms of *wish fulfilment*. But the structural homologies between *dream formations* and *delusional formations* do not end there but are also extended to the *modes of disfigurations*—the analogy with dream "figurability"—of the material.

We have seen that in Freud's case history such mechanisms are presented primarily as mechanisms of *textual distortion (Entstellung)*. But Freud's process of interpretation does not clarify distortion from certain "prejudices" or prior postulates but comes to dismantle such procedures secondarily. What is immediately evident, where Freud takes support to then introduce his interpretations, is what is formulated by the *third methodological premise*, which precisely deals with *insistence* and *repetition* in the text. We could argue that *compiling the repetitions* is *the first reading operation* that Freud carries out.

Lastly, there would appear to be a kind of implied transfer from the idea of the *text of the dream* to the examination of the *text of the delusion*, but it is necessary to complement this transfer or *methodological analogy* by inserting it in the universe of the "text" understood in the Ricœurian sense, since the "text" that Freud refers to in *The Interpretation of Dreams* is a *spoken text*, a text not limited as such but rather used as a conceptual and methodological analogy close to *writing*, especially in *hieroglyphic writing*, or a *writing* not entirely conceptualized, but generally used to *decipher* the unconscious in any of its manifestations.[37]

3.3 The "sentence" as first unit of analysis in the context of the "text"

We return here to the *fourth methodological premise*, as this clearly establishes the first *unit of analysis* explained by Freud, namely that which distinguished *two angles* to approach Schreber's text: the *first* aimed to directly interpret the "delusional phrases" as they appear in the text and the *second* aimed to study real events, which could be located in objective material reality, and which operated as triggers of crises.

---

[37] For a detailed study of the Freudian analogy between "writing" and "psychic inscription," see Derrida's essay "Freud and the Scene of Writing," in Derrida, *La escritura y la diferencia / Writing and Difference*, 196–231.

This strategy is what led Freud to locate "the familiar complexes and motive forces of mental life," conceived as universal, such as the Father Complex. Here we find two concepts of "reality" operating simultaneously—*Wirklichkeit* and *Realität*—as found in "Formulations on the Two Principles of Psychic Functioning."

We discovered here that the *unit of analysis* used by Freud is not merely the "word" as independent and self-sufficient element. The unit of analysis is rather the "sentence," the *delusional sentence* (*wahnhaften Satz*). But Freud also proposes that we take into consideration delusional sentences *referring to* and *in relation to* the *biography*, the information of Schreber's real, material and objective life, to thus construct the *contexts that triggered* the crises.

As well as reading the *Memoirs* themselves, Freud studied the fragments of the case history and Dr. Weber's forensic expertise available on the Schreber case. One can thus conjecture—in the absence of sources to prove it—that Freud may have cut and highlighted certain sentences from these, especially those that gave a certain order of intelligibility to the phenomena studied, such as when he draws our attention to Schreber's relationship with Flechsig and postulates that this is a "process of transference," an element that he then uses to argue that persecution delusion is a defence against the advance of the homosexual libido. And it is also a "sentence" that Freud arrives at to establish a semantic-grammatical formula of repression: "*I (a man) love him (a man.)*"

The proposed methodology—*textual hermeneutics*—is thus entirely coherent with the type of *unit of analysis* established by Freud himself, which prevents us from having to graft an alien epistemology onto psychoanalysis; I refer specifically to the distinction Ricœur makes between the two levels of language, *semiotics* and *semantics*. This semantic level situated the *phrase* or *sentence* as minimal meaningful unit, that is, capable of producing *meaning*.

It can then be argued that this is a *semantic* rather than *semiotic* unit of analysis, reading this term as a deciphering of signs in a universe of "signs," within a system closed over itself, closed to the outside world. In fact, we see the exact reverse interpretative principle, as Freud directs his attention to the *nexuses*, at the "network of connections" (*Zusammenhängen*), to the inter-relations between *delusion* and *biographical events*, this being a fundamental interpretative horizon in the case history. In turn, this analysis perspective reveals the two modes of reality that Freud postulates in terms of *Wirklichkeit* and *Realität*, the external world and the inner world.

But to get thus far, Freud first had to have *selected* the decisive sentences and words. As Ricœur states, there is no *hermeneutic moment* without passing through the *structuralist moment*. By *structuralist moment* we refer to the selection of words and sentences that are repeated insistently in the text, and I affirm that such a stage or moment of the *interpretative process* is wholly and strictly *structural*. But also, it is our intention to show that it is only the *first part* of the process, which would be meaningless if it were not then articulated within the *hermeneutic moment*, in which we pass from the logic of the *sign* to the logic of the *sentence* or *discourse*, in this case, written discourse; it is then the *fixation by writing* that makes the text what it is, and it is the text that produces the author.

Furthermore, it is this same *fixation by writing* that gives the text *semantic autonomy*, that is, it provides *stability of meanings* necessary for Freud to then support or shore up on it the conceptual pillars of the psychoanalytical doctrine of psychoses.

In the *structuralist moment* of the interpretative process, it is not a question of the *content*, of the *semantics*, of the metaphorical or literal *meaning* of sentences, but rather a question of locating and isolating the elements that are most repeated, especially words and sentences, without considering the content and its meaning, but taking the formal aspects of written discourse. When Freud isolates a series of key words in Schreber's delusion—"soul-murder," "bless," "nerves," and "voluptuousness"—the criterion used in selecting them is not an attempt to force a theoretical speculation to fit by necessity in the sphere of a clinical phenomenon, nor is it a question of introducing a preestablished concept—such as the *Father Complex*—which was waiting to be inserted into a place preestablished beforehand.

It is a question of the *insistence* and textual *repetition* in *Memoirs*, understood as a whole, as a work, as a structured discourse, fixed by writing, that keeps its meaning stable; and the same occurs with those phrases that stand out the most: "God's rays," "transformation into a woman," "examined souls," and "fundamental language," with "transformation into a woman" as the backbone that Freud finds throughout the whole unfolding of Schreber's psychosis. To Ricœur, writing occurs in the same place as the spoken word, occupying its place. But also, with written discourse the author's intention and the meaning of the text cease to coincide.

This disassociation of the verbal meaning of the text and the author's intentions gave the concept of *inscription* its decisive meaning, Ricœur argued. This made "inscription" synonymous with the *semantic autonomy* of the text. It no longer matters what the author meant or intended to say, but what the text means. But Ricœur also notes that this "de-psychologizing of interpretation does not imply that the notion of authorial meaning has lost all significance."[38]

---

38 Ricœur, *Teoría de la interpretación*, 43 / *Interpretation Theory*, 30.

I consider that Freud's "reading operation" of *Memoirs* fits this procedure, as Freud did not attempt to restore a supposed intentionality behind the text or make a description of Schreber's "psychology," but rather through the process of interpretation, he was able to draw from the *Memoirs* the essence of the unconscious modes of defense of the paranoiac subjectivity, analyzing the text, unfolding its *world*, locating the predominant meanings.

3.4 The "text" as "work" as unit of analysis

But we then see that the level of analysis is once again extended and broadened, and its frontiers expanded to attain the plane of "text" understood as "work," that is, as written, developed discourse.[39] Furthermore, Freud sustains that Schreber "presses the key into our hand" for the interpretation, by adding to a delusional phrase "a gloss, a quotation or an example," "denying some parallel to it that has arisen in his own mind."

Freud makes here an uncommon connection between *negation* and Aristotelian *similitude theory*. To Freud, *negating a similitude* is another way of corroborating an interpretation, and here we see in this case that the application of negation in spoken discourse coincides with negation in the written text. Freud makes this perspective his own and uses it both to interpret the spoken account of a dream and, dismantling in each case the "negation" that precedes it, interpreting the *similarities* that occur to Schreber himself.

We can see then that on some occasions Freud combines, in an uncommon and remarkable way, his reading of the *negation* as a form of defense and Aristotle's *appreciation of similarities*, especially as regards those occasions when it is enough to remove the "express impugnations" that arise in Schreber at certain "associative similarities." This is then another valid resource in deciphering a text.

3.5 The use of "quotations" and "intertextuality" as foundation of interpretation: "Illustration by underpinning"

In exploring this criterion, we are now fully in the *hermeneutic moment* of the *interpretation process*, where meanings in play in the text are explored. Prado

---

[39] Ricœur, *Teoría de la interpretación*, 46 / *Interpretation Theory*, 33.

de Oliveira has impeccably highlighted Schreber's use of "quotations" in his writing and Freud's use of them in interpreting. But in this specific case of interpretation of *Memoirs*, the "quotation" corresponds to the dimension of *intertextuality*.

Freud saw the quotation as no more than a way for Schreber to provide us with some "key" to the interpretation. Recall Prado Oliveira's position that Schreber's book is a product of extensive reading, and all the authors that Schreber quotes are, according to him, part of "a current in which Bachofen, also a magistrate, is its greatest expression. Bachofen proclaims the reconstruction, aside from the ancient civilizations, a kingdom of woman, of a sensual and disorderly matriarchy."[40] That is, Prado de Oliveira goes so far as to situate *Memoirs* as a work that forms part of a literary movement.

Prado de Oliveira considers *Memoirs* according to the Ricœurian concept of "work," that is, reading it as a creation, as a labor of language, as an invention, with all that implies in terms of semantic innovation and sublimation. And like Ricœur, Freud appears to conceive of *language* itself as *metaphorical*, in the sense of Aristotelian *hermeneia*.

Regarding Schreber, Freud adds: "his allusion to an offence covered by the surrogate idea 'soul-murder' could not be more transparent [...] The voices said, as though giving grounds for the threat of castration: 'For you are to be represented as being given over to voluptuous excesses.'"[41] So Freud even interprets "soul-murder" according to this concept of language, and this leads him to claim that it is a "substitutive formation," that is, in Freudian terms, a *symptom*.

Prado de Oliveira also maintains that "his quotations make up a privileged field for intertextual investigations, given that intertextuality is the prime condition of any interpretative approach."[42] Thus *Memoirs* can be understood "from the works to which it refers, manifestly or latently."[43]

This kind of Schreberian "code" made up of works of art and elements taken from religion shows us the *textual dimension*—the *Schriftlichkeit*—which Ricœur clarifies very well in developing his theory of *threefold mimesis*.

Two types of quotations can be distinguished in Schreber's text: *direct* quotations, where he indicates the work and author, and *indirect* quotations, which are presented in two ways: either Schreber "hears them thanks to 'voices,' 'visionary' or 'clocks of the world,' for example, and it is possible to connect what he heard with an author he frequently cites, or with a work cited else-

---

[40] Prado de Oliveira, *Freud y Schreber*, 47.
[41] Prado de Oliveira, *Freud y Schreber*, 52–53.
[42] Prado de Oliveira, *Freud y Schreber*, 40.
[43] Prado de Oliveira, *Freud y Schreber*, 31.

where." Or otherwise, as Prado de Oliveira claims, Schreber only quotes the author's work, but the possibility remains of establishing between one and the other a clear link with the issues dealt with in *Memoirs*. But "these two types of quotations do not play the same role, although they both allow an intertextual approach in which Schreber appears as one author among others [...] The quotation appears, then, as a form of translation," Oliveira claims.[44]

Note that Prado de Oliveira sees the quotations as making this "translation" between the paranoiac figurative mode—that is, the "delusional formations"—and the "modes of 'normal expression.'" Indeed, recall that Freud maintains that Schreber illustrates the nature of "soul-murder," to take just one example, "by referring to the legends embodied in Goethe's *Faust*, Byron's *Manfred*, Weber's *Freischutz*."[45] Thus, I maintain that Freud calls the interpretation that is based on a quotation "illustration by underpinning," this being one of the methods of textual interpretation of *Memoirs*.

Having established this *textual mediation*, what Freud refers to in indicating the "translation" (*Übersetzung*) he seeks takes on another meaning, which implies retracing—*analyzing*—the *distortion* of the "paranoiac mode of expression," to thus show the "familiar complexes and motive forces" that Freud also discovers in other neuroses, but which in this case occurs entirely in the textual dimension and in the modality of psychosis.

Prado de Oliveira even suggests that "the relation between the source text and the quotations obeys operations analogous to those that connect the latent thinking of the dream and manifest content; the quotation appears, then, as a particular form of association, capable of fulfilling a desire that is clearly expressed in the source text."[46] But despite such observations, Prado de Oliveira never defines what he understands by "text."

3.6 The epistemological-methodological dimension of the analogy between "psychosis" and "dream"

The *fifth methodological premise* referred precisely to this: "it is legitimate to judge paranoia on the model of the dream." Freud saw the nucleus of Schreber's "delusional formation" in "Schreber's relations to his first physician," namely, Professor Flechsig, and we maintained that it is important to note the fact that

---

[44] Prado de Oliveira, *Freud y Schreber*, 66.
[45] Freud, "Psycho-Analytic Notes," 44.
[46] Prado de Oliveira, *Freud y Schreber*, 162.

the very notion of "delusional formation work" (*Wahnbildungsarbeit*) was a direct allusion to this dream model to render delusion intelligible, i.e., to interpret it. But Freud could never clarify this leap from the *methodological perspective*, although he did so from a conceptual perspective, especially in affirming the fact of *wish fulfilment* also in Schreber's delusional formations. This would be the first analogy between "dream formation work" (*Traumarbeit*) and "delusion formation work" (*Wahnbildungsarbeit*.)

We will return here to the ideas proposed around the German word that Freud uses to conceive the mechanisms of the construction of delusions, namely *Wahnbildungsarbeit*, the "work of delusional formation." This notion is close, conceptually speaking, to that of *Traumarbeit*, "dream work," not merely because of a semantic coincidence, but because of a close conceptual connection. What can be taken from the analysis of the *Wahnbildungsarbeit* clearly shows that for Freud there was a subjective work developing the delusion, and this was shown in Schreber's tenacious desire to write his *Memoirs*, the significant memories of his illness. In this case they also coincide with the formation work of the delusion and the writing of the text, as language that requires a work. This is another of the points of contact between Ricœur's notion of "text" and Freud's appreciation of *Memoirs*.

3.7 The "world" of Memoirs from Freud's case history

So, what is the "world" of Schreber's *Memoirs*? Following Ricœur, we see that one of the central characteristics of the text is that "it is addressed to an unknown reader and potentially all those who can read," and therefore "it is part of the meaning of the text to be open to an indefinite number of readers, and therefore, interpretation." This "open" character of the text is what enables multiple readings, and this aspect is also "the dialectic counterpart of the text's semantic autonomy." Is this feature what makes *hermeneutics begin where dialogue ends*?

I will explore this point with reference to the examination of the *sixth methodological premise*, which suggested that Schreber's biography overlapped with his delusion: "As we know, when a wishful phantasy makes its appearance, our business is to bring it into connection with some *frustration*, some privation in real life," Freud wrote.

But in referring to the "biography," Freud invited us to direct our attention to the subject's libidinal "privations," "negations" or "frustrations" to thus establish the *relations* (*Zusammenhang*) not with the "delusion" by itself, but with the "delusion" interpreted as *Wunschphantasie*, as "wish fantasy."

What Freud finds with his interpretations are the *connections* between the privations (*Versagungen*) and the wish fantasies (*Wunschphantasien*), but now we must try to explain how he manages to do this. The central question is: how does Freud interpret the delusion text to be able to reach the affirmation that "being God's wife" is the realization of the feminine procreation fantasy? Or, in other words, how does Freud manage to construct his energetic hypotheses—referring to libidinal privation—from the interpretation of the text?

We can deduce two different levels from the analysis of the case history: one, referring to the *semantic-grammatical aspect* of repression, where the analysis revolves around the different ways of negating the phrase "I (a man) love him (a man)"; but we also find the *energetic-libidinal aspect*, where Freud's analysis focuses on the ways in which the libido can stagnate and return to the points of fixation.

From the methodological perspective, Freud makes his conjectures while adhering to the text, but he does his "reading operation" beginning from the suspension of references of descriptive discourse, as Ricœur suggests in relation to the "poetic work," to what we can now plainly call "work," as it would be impossible to have analyzed Schreber's *delusion-text* by approaching it as a descriptive discourse whose reference was objective material reality. Not because the delusion does not contain even whole fragments of objective material reality (*Wirklichkeit*), but because *the process of Freud's interpretation culminates in the elaboration of a series of non-descriptive references:* this is the case of the Versagung, the privation and negation of libidinal satisfaction and, ultimately, of the movements, fixations and stagnations of the libido per se.

Perhaps we can say that the libido operates here in the way that Ricœur calls a "metaphorical reference," which brings with it a dimension of the truth that is also, let us recall, in the strict sense that Ricœur gives these terms.

Only with the condition of suspending immediate and descriptive references does Freud manage to unfold the "world of the text," the world of Schreber's memoirs, the Freudian world of the memoirs. As Jakobson says, it is a 'splitting of the reference,' or in Ricœur's terms, the unfolding of a more fundamental mode of reference, which in this case explores Schreber's subjective truths, but at the same time attains the nucleus of the paranoiac experience; so much so that the "Schreber case" remains today a paradigmatic case of psychosis.

This was then the "negative condition," the parenthesizing of the material objective reality that in this case makes it possible to access the wish fantasies (*Wunschphantasien*.) And Freud shows, furthermore, that psychotic subjectivity —like neurotic subjectivity—is based on at least two distinct types of realities, and that the specifically psychoanalytical reading aims to establish and connect the broken ties between *libido privation* and *wish fantasy*.

Therefore, we can speak of Schreber's world of delusion, following Freud's references to the letter. And here, once again, Freud's interpretation of *Memoirs* and Ricœur's textual hermeneutics converge. Freud sustains that the paranoiac reconstructs the world thanks to delusional formations, and that this allows him to return to live in a habitable world: "The delusional formation, which we take to be the pathological product, is in reality an attempt at recovery, a process of reconstruction."[47] It is a matter then of a world newly built through the "work of delusion."[48]

Ricœur proposes that it is a question of "unfolding the text, not towards its author, but towards its immanent meaning."[49] I argue that Schreber's "world of the text," his "world of the delusion" *remakes the world*, makes a *re-description of the world*, producing a *semantic innovation*. Once again, Freud does not concern himself with "what Schreber meant," but the *logic* of his psychosis, deciphered thanks to this unique, novel reading operation.

Interpreting delusion is, in this case, the same as unfolding the system of references and meanings that the delusion unfolds in its immanence. But this cannot be only a first movement or approach, as Freud goes much further in attaining, through textual mediation, Schreber's *being-in-the-world*, especially in locating the semantic network that underlies and interweaves the logic of his psychosis.

4 Interpretation as "reading process"

4.1 The threefold mimesis process

Ricœur argues that interpretation is a kind of *reading process*.[50] I shall try to shed light on this idea here, as it takes in all the previous analyses, including them in an organic totality, which is the reading process per se.

There are different ways to posit that Freud interpreted *Memoirs* following the logic of a "reading process." One derives from the "threefold mimesis" theory; the other feeds from the "hermeneutic arc" notion but conceived from the di-

---

47 Prado de Oliveira, *Freud y Schreber*, 65.
48 Prado de Oliveira, *Freud y Schreber*, 65.
49 Ricœur, "La tarea de la hermenéutica," 63 (my translation).
50 Ricœur, *Teoría de la interpretación*, 86, 106 (emphasis added) / *Interpretation Theory*, 74, 94–95.

alectics between *explanation* and *understanding*. From the threefold mimesis perspective, we can locate these three moments in Freud's *reading process* of *Memoirs*. I shall use the threefold mimesis perspective here, interpreting mimesis$_1$ as "prefiguration," mimesis$_2$ as "configuration," and mimesis$_3$ as "refiguration."

Recall that the center of gravity of this triad is mimesis$_2$, that is, *emplotment* (*mis-en-intrigue*). In my investigation, we refer to the *emplotment of Freud's case history*, which is the object of our study, and not the *Memoirs* itself. The "prefiguration" and "refiguration" are the before and after of the "configuration" of the plot. To distinguish each one separately: "Prefiguration" (mimesis$_1$) refers to a series of patterns or networks that are generally shared—in this case by Schreber and Freud—related to having shared the same culture: living in the Austro-Hungarian Empire, having a deep knowledge of Romantic literature (Goethe, Schiller, Byron, etc.). Prado de Oliveira's study explores this state of interpretation, mimesis$_1$. It is here that structural, symbolic, and temporal features become present as does, ultimately, a shared cultural horizon. These elements form part of the "prefiguration." We can also mention here the Kraepelinian psychiatric categories with which Freud argues, or psychiatric semiology in general, given that Freud also refers to 'voices' or 'delusions,' to then interpret them from their perspective as wish fantasies.

"Configuration" (mimesis$_2$) is the moment of emplotment itself, where the "facts" are set out and ordered in a certain way. In this moment there is a synthesis of the heterogeneous, where Freud selects the most relevant words and phrases to make his interpretations, showing first the "Case History," then "Attempts at Interpretation," then finally clarifying everything in "On the Mechanism of Paranoia."

Ricœur states that mimesis$_2$ "draws its intelligibility from its faculty of mediation, which is to conduct us from the one side of the text to the other [*l'amont à l'aval du texte*], transfiguring the one side [*l'amont*] into the other [*en aval*] through its power of configuration."[51] In other words, Freud's case history stands as a mediation between the psychotic experience retold in *Memoirs* and the subsequent original understanding of the subjective logic of paranoia.

"Refiguration" (mimesis$_3$) alludes to the point of intersection between the world of the text and the world of the reader, as the act of reading that puts into play the reference and accompanies the emplotment by updating the text's capacity to be read. Ricœur stated that: "These features contribute particularly to breaking down the prejudice that opposes an 'inside' and an 'outside' of

---

51 Ricœur, *Temps et récit 1*, 86 / *Time and Narrative 1*, 53.

a text [...] The notion of a structuring activity, visible in the operation of emplotment, transcends this opposition."[52]

It is also at this moment of mimesis$_3$ that we can locate the particular way in which the subjectivities of the author and of the reader—Schreber and Freud—meet. In this point we will have followed Ricœur in referring to Gadamer's concept of the "fusion of horizons."

We also understand "refiguration" as the world of the *Memoirs* opened up by Freud's reading of them, including the thoughts on the semantic-grammatical and energetic-libidinal dimensions of repression. Freud opened up the subjective world of paranoia like no other author had done before.

4.2 The "hermeneutic arc" or "circle"

The other perspective that allows us to understand interpretation as a reading process is the concept of the *hermeneutic circle* or *arc*. This concept implies a dialogical circularity between the *part* and the *whole*, which runs "between texts and contexts, works and biography, interpreters and traditions, author and reader."[53]

Although the threefold mimesis theory can also be approached from a notion of hermeneutic circle or arc, we approach it now from Ricœur's original reading of "explanation" (*Erklären*) and "understanding" (*Verstehen*), taken from Dilthey. For Ricœur, the hermeneutic circle must be re-formulated. It "no longer proceeds from an intersubjective relation linking the subjectivity of the author and that of the reader. The hermeneutical program is a connection between two discourses, the discourse of the text and the discourse of interpretation,"[54] but is related to Gadamer's "fusion of horizons" and with the fact that "what has to be interpreted in a text is what it says and what it speaks about —the kind of world it opens up, discloses."[55]

Furthermore, with the "hermeneutic arc" concept Ricœur encompasses in one process of interpretative reading the *structuralist moment*—linked to the "explanation" (*Erklären*)—and the *hermeneutic moment* posterior to this—linked more to understanding (*Verstehen*). That is, this concept is a question of grasping the dynamics of interpretative reading, approached from the notion of herme-

---

52 Ricœur, *Temps et récit 1*, 116 / *Time and Narrative 1*, 76.
53 Calvo Martínez and Ávila Crespo, *Paul Ricœur*, 370.
54 Ricœur, "Del existencialismo a la filosofía del lenguaje," 14.
55 Ricœur, "Del existencialismo a la filosofía del lenguaje," 14.

neutic arc or circle as *epistemological model*. To explain means here to extract the structure, that is, the internal relations of dependence that constitute the static meaning of the text; to "interpret" (to "understand") is to follow the path of thought opened up by the text, to "place oneself en-route toward the *orient* of the text,"[56] in Ricœur's words.

Of course, in concrete practice it is not so straightforward to separate these interpretative operations so emphatically; Ricœur never had such an intention, but rather to clarify the processes of interpretation of texts using this *dialectic model*. That is, understanding and explanation "tend to overlap and to pass over into each other,"[57] but Ricœur's conjecture is that "in explanation [...] we unfold the range of propositions and meanings, whereas in understanding we comprehend or grasp as a whole the chain of partial meanings in one act of synthesis."[58]

We can locate with some precision these two moments in Freud's analysis of the *Memoirs*. The first structural and "explicative" moment is that in which Freud separates the words and phrases that are repeated and insisted on in the text; here Freud effectively exposes propositions and meanings as his "Attempts at Interpretation." Then, in a second moment, Freud approaches the whole—the *Memoirs* as a work—to clarify in an act of synthesis that the central meaning of the delusion—the "transformation into a woman"—is a wish fantasy, where phase 2 of the delusion shows and makes patent—after being interpreted—the procreation wish. This is the horizon of meaning attained by "understanding" thus defined.

5 Conclusion

I have presented Ricœur's *textual hermeneutics* as a *moment* within Freud's *process of interpretation* of *Memoirs of My Nervous Illness*. This procedure is demonstrated by the fact that Freud does not simply perform a purely "intra-textual," structural analysis of the *Memoirs*, but also uses "inter-textuality" in comparing the *Memoirs* with case histories and experts' reports available in his day, and with other texts from the literature of Goethe, Byron, Schiller, etc., carrying out also a hermeneutical-textual analysis.

---

[56] Ricœur, "¿Qué es un texto?" 144 / *From Text to Action*, 122.
[57] Ricœur, *Teoría de la interpretación*, 84 / *Interpretation Theory*, 72.
[58] Ricœur, *Teoría de la interpretación*, 84 / *Interpretation Theory*, 72.

Though there are no rules for making valid conjectures, "there are methods for validating those conjectures we do make."[59] Thus, "the text as a whole and as a singular whole may be compared to an object, which may be viewed from several sides, but never from all sides at once."[60] And as Freud's analysis shows, "it is always possible to relate the same sentence in different ways to this or that other sentence considered as the cornerstone of the text,"[61] in this case the "transformation into a woman." "A specific kind of one-sidedness is implied in the act of reading. This one-sidedness grounds the guess character of interpretation."[62]

If we retrace the process of interpretation of the *Memoirs*, we can establish that Freud started out from the written text and came secondly to the development of his energetic and economic postulates in the analysis of the delusion, as well as its unconscious meanings. This allows us to claim that Schreber's case history is constructed on the examination of this *semantics of desire*, which is 'textual' in this case.

Among other meanings, "interpreting" in Schreber's case history means tracing back the details of the delusion to its sources, the female wish fantasy in this case, *retracing* with some degree of certainty the nucleus of the delusional structure (*Kern der Wahnbildung*) to its origin. This case history clearly shows that the "investigatory procedure has, in effect, a strong affinity with the disciplines of textual interpretation."[63]

Bibliography

Allouch, Jean (1993): *Letra por letra. Traducir, transcribir, transliterar.* Buenos Aires: École Lacanienne de Psychanalyse.

Aristotle (1993): "De la adivinación durante el dormir." In: Aristotle: *Parva Naturalia.* Madrid: Alianza.

Busacchi, Vinicio (2010): "Essai sur Freud." In: Busacchi, Vinicio: *Pulsione e significato: La psicoanalisi di Freud nella filosofia di Paul Ricœur.* Milan: Unicopli, 204–259.

Busacchi, Vinicio (2016): *Habermas and Ricœur's Depth Hermeneutics. From Psychoanalysis to a Critical Human Science.* Cham: Springer.

---

[59] Ricœur, *Teoría de la interpretación*, 88 / *Interpretation Theory*, 76 (translation modified).
[60] Ricœur, *Teoría de la interpretación*, 89 / *Interpretation Theory*, 77.
[61] Ricœur, *Teoría de la interpretación*, 89 / *Interpretation Theory*, 77–78.
[62] Ricœur, *Teoría de la interpretación*, 89 / *Interpretation Theory*, 78.
[63] Ricœur, "La cuestión de la prueba en psicoanálisis," 29.

Calvo Martínez, Tomás, and Ávila Crespo, Remedios (Eds.) (1991): *Paul Ricœur: Los caminos de la interpretación. Symposium internacional sobre el pensamiento filosófico de Paul Ricœur*. Barcelona: Anthropos.
Ceriotto, Carlos (1969): *Fenomenología y psicoanálisis*. Buenos Aires: Troquel.
Derrida, Jacques (1978): *Writing and Difference*. Alan Bass (Trans.). London and Chicago: University of Chicago Press.
Derrida, Jacques (1989): *La escritura y la diferencia*. Barcelona: Anthropos.
Derrida, Jacques (1998): *Resistances of Psychoanalysis*. Peggy Kamuf, Pascale-Anne Brault, and Michael Naas (Trans.). Stanford: Stanford University Press.
Derrida, Jacques (2005): *Resistencias del psicoanálisis*. Buenos Aires: Paidós.
Freud, Sigmund (1900, 1962a): "The Interpretation of Dreams." In: *The Standard Edition of the Complete Psychological Works of Sigmund Freud*. Volumes IV–V. James Strachey (Ed. and Trans.). London: Hogarth Press, 96–121.
Freud, Sigmund (1911, 1962b): "Psycho-Analytic Notes upon an Autobiographical Account of a Case of Paranoia (Dementia Paranoides)." In: *The Standard Edition of the Complete Psychological Works of Sigmund Freud*. Volume XII, 9–82. Alix Strachey and James Strachey (Eds. and Trans.). London: Hogarth Press.
Freud, Sigmund (1911, 1962c): "Formulations on the Two Principles of Mental Functioning." In: *The Standard Edition of the Complete Psychological Works of Sigmund Freud*. Volume XII, 218–226. Mary Nina Searl (Trans.). London: Hogarth Press.
Freud, Sigmund (1914, 1962d): "Remembering, Repeating and Working-Through." In: *The Standard Edition of the Complete Psychological Works of Sigmund Freud*. Volume XII, 147–156. Joan Riviere (Trans.). London: Hogarth Press.
Habermas, Jürgen (1979): *Conocimiento e interés*. Buenos Aires: Taurus.
Iglesias Colillas, Ignacio (2019): *¿Qué significa analizar? Clínica y epistemología*. Barcelona: Xoroi Edicions.
Michel, Johan (2019): "Being and method." In: *Homo Interpetans: Towards a transformation of hermeneutics*. London and New York: Rowman & Littlefield.
Prado de Oliveira, Luiz Eduardo (1997): *Freud y Schreber. Las fuentes escritas del delirio, entre psicosis y cultura*. Buenos Aires: Nueva Visión.
Ricœur, Paul (1965): *De l'interprétation. Essai sur Freud*. Paris: Seuil.
Ricœur, Paul (1970): *Freud and Philosophy: An Essay on Interpretation*. Denis Savage (Trans.). London and New Haven: Yale University Press.
Ricœur, Paul (1976): *Interpretation Theory: Discourse and the Surplus of Meaning*. Fort Worth: Texas Christian University Press.
Ricœur, Paul (1983a): *Temps et récit 1. L'intrigue et le récit historique*. Paris: Seuil.
Ricœur, Paul (1983b): "Del existencialismo a la filosofía del lenguaje." In: Ricœur, Paul, Fornari, Aníbal, Geltman, Pedro, Scannone, Juan Carlos, and Couch, Melano: *Del existencialismo a la filosofía del lenguaje*. Buenos Aires: Docencia.
Ricœur, Paul (1984). *Time and Narrative*. Volume I. Kathleen McLaughlin and David Pellauer (Trans.). Chicago and London: The University of Chicago Press.
Ricœur, Paul (2009): "La cuestión de la prueba en psicoanálisis." In: Ricœur, Paul: *Escritos y conferencias. Alrededor del psicoanálisis*. México City: Siglo XXI, 17–55.
Ricœur, Paul (2010a): "¿Qué es un texto?" In: Ricœur, Paul: *Del texto a la acción. Ensayos de hermenéutica II*. Buenos Aires: Fondo de Cultura Económica.

Ricœur, Paul (2010b): "La tarea de la hermenéutica: Desde Schleiermacher y desde Dilthey." In: *Del texto a la acción. Ensayos de hermenéutica II*. Buenos Aires: Fondo de Cultura Económica.

Ricœur, Paul (2011): *Teoría de la interpretación. Discurso y excedente de sentido*. México City: Siglo XXI.

Wilden, Anthony (1979): *Sistema y estructura*. Madrid: Alianza.

Part IV **La philosophie réflexive et la psychanalyse / Reflexive philosophy and psychoanalysis**

Alessandro Colleoni
Psychanalyse non réductionniste et phénoménologie herméneutique : la naissance d'un binôme paradigmatique de la pensée de Paul Ricœur

Abstract: Non-reductionist Psychoanalysis and Hermeneutic Phenomenology: the Birth of a Paradigmatic Binôme in the Thinking of Paul Ricœur. The confrontation with the human and social sciences is one of the main characteristics of Paul Ricœur's philosophical thought. It represents an important resource for the Cogito that has experienced suspicion and must therefore face the need to understand itself through scientific explanation. However, Ricœurian thinking also rejects any reductionism, considering that it is essential to maintain a dimension of *meaning* independent of explanation. If this dimension is denied, the sciences themselves lose their logical coherence. The aim of this article is to show how Ricœur was able to hold together these two apparently irreconcilable needs. The analysis is based in particular on *Freud and Philosophy* (*De l'interprétation. Essai sur Freud*) from 1965, a book that can be seen both as the birthplace of this "impossible conciliation" and as a model for the author's later works in setting up interdisciplinary dialogues. To exemplify the presence of this same argumentative structure in other contexts, the article ends with a reference to Ricœur's analysis of the relationship between philosophy and the critique of ideologies, as presented in his *Lectures on Ideology and Utopia*, which he held ten years after the publication of the book on Freud.

A une époque où la valeur du travail interdisciplinaire est de plus en plus reconnue dans nombre de domaines, la pensée de Paul Ricœur apparaît comme un possible objet d'intérêt privilégié, si l'on considère que cet auteur a essayé à plusieurs reprises de faire dialoguer la philosophie avec d'autres disciplines, notamment avec les sciences humaines et sociales. Il a senti que ce passage à travers le discours scientifique était nécessaire notamment à partir de sa confrontation avec les œuvres de ceux qu'il a appelés, dans *De l'interprétation. Essai sur Freud* (1965), les «maîtres» de «l'école du soupçon», à savoir Karl Marx, Friedrich Nietzsche et Sigmund Freud.[1] Ricœur a souligné comment, chez ces

---

1 Ricœur, *De l'interprétation*, 42–43.

trois auteurs, l'on peut trouver une remise en question de l'auto-transparence de la conscience, alors que la tradition philosophique «réflexive» dans laquelle il s'insère considérait, quant à elle, la réflexion de la conscience sur elle-même comme la source épistémologique fondamentale, en tant qu'espace de la plus grande certitude possible. Dans la rencontre avec le soupçon, la réflexion comprend qu'elle ne se suffit pas à elle-même, car elle prend conscience qu'elle est déterminée par des processus auxquels elle n'a pas directement accès. C'est donc afin de déchiffrer ces processus qu'elle doit passer par l'explication, pour arriver ainsi à élargir sa connaissance d'elle-même.

L'introduction d'éléments d'explication causale dans la réflexion, cependant, ne peut qu'entrer en conflit avec l'approche phénoménologique que Ricœur avait assumée dans ses travaux précédents. La phénoménologie lui avait permis de dépasser certaines limites de la tradition réflexive classique, notamment grâce au fait de toujours considérer le sujet comme un sujet incorporé qui fait l'expérience du monde, et non comme une conscience désincarnée et enfermée sur elle-même. Cette approche nécessite toutefois que l'on exclue toute considération explicative de l'analyse philosophique. Le père de la phénoménologie, Edmund Husserl, a en effet montré qu'une nette distinction entre la dimension philosophique et celle des sciences s'avère essentielle pour garantir la consistance logique des sciences elles-mêmes, qui n'arrivent pas à trouver en elles leur propre fondation, mais renvoient à l'expérience vécue du «monde de la vie» comme le lieu de la certitude originaire qui fait l'objet de la réflexion phénoménologique.

Ricœur rejoint le souci husserlien de l'indépendance de la dimension philosophique, de même que, de toute évidence, il oppose, à plusieurs reprises, un refus de toute forme de réductionnisme. En même temps, il défend également la nécessité, pour la philosophie, d'instaurer une véritable dialectique avec les résultats scientifiques. Le but de cet article consiste à analyser la manière dont ce philosophe a réussi à faire tenir ensemble ces deux préoccupations, en présentant sa confrontation avec la psychanalyse freudienne, afin de montrer comment il a construit, dans ce contexte, un modèle de dialogue interdisciplinaire qu'il a ensuite appliqué dans les confrontations ultérieures de ses réflexions avec d'autres types d'explications causales.

Dans une première partie, nous allons présenter les principales raisons justifiant le refus du réductionnisme, en montrant aussi bien la continuité qui existe entre la position husserlienne et celle de Ricœur, à ce sujet, que les différences importantes qui sont déterminées par les transformations que la méthode phénoménologique subit chez ce dernier, qui en a construit une «variante herméneutique».[2] Nous allons nous appuyer notamment sur le dialogue que ce philosophe a entretenu avec le neurobiologiste Jean-Pierre Changeux, publié en 1998 sous le titre *La nature et la règle. Ce qui nous fait penser*. Le choix de se concentrer sur cet ouvrage tardif est déterminé par la volonté de montrer la permanence de ces éléments antiréductionnistes de type phénoménologique jusqu'à la fin de la production du philosophe.

Ensuite, nous analyserons la lecture que fait Ricœur de la psychanalyse, qui figure dans *De l'interprétation. Essai sur Freud*, ouvrage centré sur la thèse selon laquelle le parcours de l'œuvre freudienne serait marqué par une crise progressive du modèle réductionniste initial du psychisme, ce qui aurait conduit Freud lui-même à admettre la présence d'une dimension herméneutique dans son travail. En outre, nous présenterons la manière dont Ricœur place cette herméneutique «archéologique» dans un rapport dialectique avec une herméneutique qu'il qualifie de «téléologique», en construisant ainsi le modèle paradigmatique du mouvement de la conscience qui, après être passée à travers l'explication, revient à elle-même.

Enfin, afin de mettre en évidence la centralité de ce modèle dans les écrits ultérieurs de Ricœur, nous nous réfèrerons à sa confrontation avec une autre forme de soupçon, c'est-à-dire la critique des idéologies déclenchée par Marx. Il sera alors évident que le refus de la forme économique du réductionnisme, qui caractérise cet auteur, se couple chez Ricœur avec un essai de penser une critique des idéologies qui permette, encore une fois, à la conscience de soi de s'élargir en passant à travers le soupçon.

1 La phénoménologie herméneutique et le réductionnisme

En lisant le dialogue entre Paul Ricœur et le neurobiologiste Jean-Pierre Changeux, *La nature et la règle. Ce qui nous fait penser*, l'on a, à plusieurs reprises, l'impression que Changeux croit avoir trouvé un accord avec le philosophe mais que, juste après, celui-ci fait tout son possible pour mettre en lumière la différence qui se cache sous leur apparent accord. Cependant, cette attitude ne reflète aucun esprit d'opposition. Ricœur est un penseur qui a toujours cherché des points communs et son inspiration chez d'autres auteurs et disciplines. Ce qu'il veut souligner de cette manière, c'est l'écart qui existe entre la dimension

---

2 Ricœur, *Du texte à l'action*, 25.

phénoménologique de sa réflexion et celle scientifique des considérations de son interlocuteur.

Il s'avère intéressant de remarquer que, dans ce dialogue, qui appartient à la période tardive de son œuvre, Ricœur déclare être un représentant de la phénoménologie, ici comprise comme un domaine qui, d'une part, permet de réaliser les objectifs qui avaient été fixés par la philosophie réflexive et, de l'autre, finit par inclure en elle-même l'herméneutique. Voici ce qu'il en dit lui-même : «j'adopterai désormais le terme générique de *phénoménologie* pour designer dans sa triple membrure—réflexive, descriptive, interprétative—le courant de philosophie que je représente dans cette discussion».[3] Cette formulation, qui témoigne de l'importance de la méthode phénoménologique pour Ricœur, ne doit pas cacher à quel point l'introduction opérée par cet auteur à partir des années 60, de toute une série d'éléments herméneutiques a transformé sa conception de cette méthode.[4] Dans l'article, «Phénoménologie et herméneutique : en venant d'Husserl...» (1975), où figure une présentation assez claire de ces transformations, Ricœur affirme l'impossibilité d'un accès immédiat, intuitif, à notre expérience, étant donné que nous sommes toujours déjà plongés dans un langage et dans une tradition culturelle et de pensée. L'interprétation devient donc une médiation nécessaire pour atteindre toute compréhension.[5] Néanmoins, Ricœur n'en vient jamais jusqu'à nier *l'existence* de l'«expérience vécue» en tant que telle, comme en témoigne la présence insistante de l'appel à cette dimension dans l'entretien de 1998.[6]

C'est cette attention portée à l'expérience vécue qui détermine, dans cet entretien, son refus explicite du projet de «naturalisation» de la phénoménologie.[7] Ce projet a consisté en une réappropriation de certaines idées de la tradition phénoménologique dans les contextes de la psychologie cognitive et des neurosciences, qui prétendaient pouvoir ainsi se substituer à la recherche phénoménologique pure, en la «naturalisant». Dans un esprit husserlien, Ricœur se réjouit des acquis scientifiques issus de cette rencontre interdisciplinaire. Néanmoins, il considère que ces résultats doivent être compris comme entièrement inclus dans les disciplines scientifiques d'arrivée. Dans le domaine phénoménologique, en revanche, les questions correspondantes demeurent

---

3 Changeux et Ricœur, *La nature et la règle*, 13, je souligne.
4 Nous renvoyons à ce sujet à Tiaha, «La réserve de sens de la *Lebenswelt*».
5 Voir Ricœur, *Du texte à l'action*, 46–49.
6 Nous lisons par exemple : «ma question est en fait de savoir si l'on peut modéliser *l'expérience vécue* de la même façon que l'on peut modéliser l'expérience au sens expérimental du mot» (Changeux et Ricœur, *La nature et la règle*, 90, je souligne).
7 Changeux et Ricœur, *La nature et la règle*, 81–82.

ouvertes et distinctes de leurs parallèles psychologiques et neurologiques. Le philosophe refuse ainsi la réduction de la phénoménologie à d'autres disciplines, qui s'avère implicite dans l'idée de sa «naturalisation».

Il ne faut certes pas concevoir ce refus comme une défense autoréférentielle de l'autonomie de la philosophie. La préoccupation de Ricœur, encore une fois d'inspiration husserlienne, porte ici sur la consistance du projet scientifique lui-même.[8] Bien que la science doive agir de manière autonome dans sa recherche, elle n'est jamais totalement autosuffisante. Dans les *Prolégomènes* à ses *Recherches Logiques* (1900–1901), Husserl avait déjà pris soin de montrer que la rationalité, étant une condition préalable pour faire de la science, doit être enracinée dans une dimension indépendante de celle-ci, qu'il identifiait dans l'expérience vécue préscientifique, et dont la légalité inhérente faisait, selon lui, l'objet d'une forme phénoménologique d'intuition.

Si par exemple l'on considère l'entreprise scientifique uniquement comme un résultat de l'évolution biologique, donc d'un point de vue interne à elle-même, rien ne peut garantir son statut épistémologique. Connaître la vérité, en effet, n'est pas *nécessairement* (au sens d'une nécessité logique, *a priori*) la chose la plus utile du point de vue évolutif. Toutefois, la science porte clairement en elle le but de se rapprocher de plus en plus de la vérité, tout en passant par de nombreux essais et erreurs, et ce grâce au contrôle empirique et à la rationalité des liens existant entre les différents éléments des théories. Husserl écrit à ce propos :

> Des jugements empiriques médiats (...) ne comportent, et cela d'une manière tout à fait générale, aucune justification rationnelle, mais seulement une explication psychologique. L'on n'a besoin que de poser la question de savoir ce qu'il en est alors de la justification rationnelle des jugements psychologiques (...) sur lesquels s'appuie cette théorie elle-même, et des raisonnements empiriques qu'elle-même emploie—pour reconnaître aussitôt l'antinomie évidente qui existe entre le sens de la proposition que la théorie cherche à démontrer, et le sens des déductions qu'elle entend utiliser à cet effet.[9]

On peut donc affirmer que la science présuppose une dimension *autre* dans laquelle elle s'enracine, dimension que Ricœur choisit d'appeler la dimension du «sens». Cette expression risque d'être ambigüe, mais lui permet de donner un nom à l'objet de la phénoménologie herméneutique, sans devoir ni admettre un

---

[8] La naturalisation de l'intentionnalité est un contresens dans la mesure où l'intentionnalité se trouve derrière les recherches scientifiques elles-mêmes (Changeux et Ricœur, *La nature et la règle*, 140). Telle était déjà l'idée de fond développée par Husserl dans *La Crise des sciences européennes et la phénoménologie transcendantale* (publié en 1954).
[9] Husserl, *Recherches Logiques*, 93.

accès intuitif à une dimension qui serait nettement séparée du langage, ni suivre la tendance husserlienne à identifier cette dimension au contenu d'une pure conscience transcendantale, dans la forme d'un idéalisme consistant à changer le «choix pour le sens» par un «choix pour la conscience» où «le sens advient».[10]

Ce choix pour le sens ne doit pas être pensé, à l'instar de l'*épochè* husserlienne, comme un changement radical de la perspective du sujet exerçant la phénoménologie ; il ne doit pas non plus être interprété dans le sens d'un choix exclusif, c'est-à-dire d'un choix qui nierait la possibilité d'une analyse explicative du phénomène du sens. Ces deux dimensions doivent demeurer parallèles. Autrement dit, le refus de l'idéalisme signifie que si le sens n'est pas le produit de la conscience, cela implique qu'il faudra traverser plusieurs détours explicatifs avant de l'atteindre, et donc également avant que le sujet puisse se connaître lui-même. Les facteurs causaux sont susceptibles d'avoir des effets déterminants sur la perception qu'il a de lui-même et du monde dans lequel il vit. Par conséquent, les comprendre peut me permettre d'obtenir un sens plus complet, plus véritable, pourrait-on dire, parce que les causes de ce sens ont été éclairées et transposées dans la dimension du sens.

2 La psychanalyse et le réductionnisme

Le cas de la psychanalyse s'avère utile pour comprendre cette dialectique difficile entre l'explication et le sens. Dans *De l'interprétation. Essai sur Freud*, Ricœur utilise cette dialectique en guise de fil conducteur de sa lecture des œuvres de Freud, à partir de sa première *Esquisse d'une psychologie scientifique* (1895). Celle-ci apparaît alors comme l'exemple paradigmatique d'une approche réductionniste. Il s'agit, en effet, d'une tentative de double réduction : d'une part, de la dimension du sens à celle de la psychologie et, de l'autre, de la dimension psychique à celle physiologique, comprise à travers un modèle physique. C'est l'échec de ce double essai de réduction qui intéresse le plus Ricœur : les phénomènes que Freud a rencontrés dans le contexte clinique l'ont obligé à s'éloigner de l'espoir de parvenir à écrire un traité de psychologie physiologique capable de les expliquer. La situation analytique ne peut être comprise grâce aux seuls instruments théoriques d'une énergétique et la pratique du psychanalyste est toujours, en définitive, une pratique herméneutique. «C'est de réminiscences surtout que souffre l'hystérique», écrivaient emblématiquement Freud et Josef

---

10 Ricœur, *Du texte à l'action*, 56.

Breuer dans leurs *Études sur l'hystérie* publiées en 1895.[11] L'échec de l'*Esquisse* ne découle donc pas uniquement de la découverte de l'impossibilité de réduire le psychologique à l'anatomique, mais constitue aussi le premier pas vers la reconnaissance du fait que dans la clinique psychanalytique on ne cherche pas uniquement à identifier des causes. C'est pourquoi Ricœur propose de lire le parcours théorique de Freud comme une «progressive réduction» du rôle de sa «conception quasi-physique de l'appareil psychique», bien qu'elle ne soit jamais «éliminée entièrement».[12]

Avec l'*Interprétation des rêves* (1899) une nouvelle dimension commence à apparaître : comme on peut le soupçonner déjà à partir du titre de ce livre, ici «l'explication est (...) explicitement subordonnée à l'interprétation».[13] Cette subordination ne signifie point une affirmation de l'inexistence de la dimension de la force, qui constituait le centre de l'analyse «quasi-physique» du psychisme caractérisant les travaux précédents de Freud. Le rêve est ici compris comme un phénomène dans lequel apparaît l'interconnexion entre deux dimensions qui demeurent pourtant séparées : d'une part, la compréhension du «travail du rêve» implique de reconnaître un ordre dans les éléments de *sens* que l'analysé rapporte ; de l'autre, la *force* détermine une «*violence faite au sens*» qui comporte des «condensations» et des «déplacements». Elle agit comme la «censure» d'un «texte auquel elle inflige des blancs, des substitutions de mots, des expressions atténuées, des allusions, des artifices de mise en page» et, de même que la censure, elle est l'«expression d'un pouvoir».[14] Cette métaphore est complétée si l'on considère le rôle joué par l'analyste dans ce processus. Dans son essai sur *L'Inconscient* (1915), Freud évoque, en effet, l'idée d'un «travail d'interpolation». Si «le texte de la conscience est un texte lacunaire, tronqué», c'est à partir de l'inconscient que l'on peut espérer rétablir «sens et cohérence dans le texte».[15] Afin de pouvoir activer le processus du «devenir-conscient» chez l'analysé, l'on pourrait dire que l'analyste doit être un *philologue de l'inconscient* dont le but est de déterminer les éléments de force qui ont produit les

---

11 Breuer et Freud, *Études sur l'hystérie*, 5 ; voir Ricœur, *De l'interprétation*, 95.
12 Ricœur, *De l'interprétation*, 82.
13 Ricœur, *De l'interprétation*, 100.
14 Ricœur, *De l'interprétation*, 104.
15 Ricœur, *De l'interprétation*, 30. Freud se limite en réalité à définir «lacunaire» la conscience qui porte en elle des effets de l'action de pulsions inconscientes (Freud, *Métapsychologie*, 66). Quand Ricœur utilise le mot «interpolation», il est peut-être influencé par l'article de Jean Laplanche et Serge Leclaire qu'il cite ensuite dans le livre (414, n. 64), «L'inconscient, une étude psychanalytique».

incohérences qu'il rencontre dans les rêves, ainsi que dans la forme de symptômes pathologiques.[16]

C'est sur cette frontière entre deux ordres différents que se situe également la pulsion, qui constitue le concept central de l'énergétique psychanalytique. Dans l'essai *Pulsions et destins des pulsions* (1915), Freud souligne comment nous sommes toujours confrontés à la «présentation psychique» d'une pulsion, jamais directement à la pulsion en tant que telle. Dans ce processus de *présentation*, «la question de la force et la question du sens coïncident» et également coïncident «l'économique et l'herméneutique».[17] C'est ce qui permet l'existence d'une voie assurant «l'étroit *contact* (...) entre processus psychiques conscients et inconscients», et permettant, «*au prix d'un certain travail, de transposer* (...) *ceux-ci et de les remplacer* (...) par des processus conscients».[18] La possibilité de donner un sens aux forces qui habitent l'inconscient dérive du fait que «la psychanalyse ne met jamais en face des forces nues, mais toujours des forces en quête d'un sens».[19] En même temps, le physiologique n'est pas éliminé de ces analyses de Freud, car il propose de considérer également la pulsion comme un représentant du *corps* dans la psyché, en mentionnant l'existence d'une source d'excitation spécifique pour chaque pulsion.[20] Toutefois, l'autonomie de la dimension psychique dans laquelle le sens se déroule est désormais garantie, au point que l'affirmation de cette racine somatique sera dépassée chez d'autres psychanalystes. Par exemple, Mélanie Klein, dans ses travaux, considère les pulsions comme des phénomènes purement psychiques.[21] C'est donc le caractère énergétique qui caractérise à proprement parler la pulsion, et non son prétendu côté somatique.

Freud, du reste, n'abandonne pas non plus l'autre type de réduction qu'il avait esquissé dans ses premiers ouvrages, la pulsion étant présentée comme un «concept fondamental (...) dont tout le reste est compris comme le destin».[22] Si la dimension du sens et celle de la conscience ont à ce stade commencé à être reconnues dans leur autonomie, elles sont encore de même considérées, d'un point de vue ontologique, comme n'étant rien d'autre que des effets de vicissitudes pulsionnelles. Cette approche est aussi appliquée par Freud dans ses analyses de la culture, à propos desquelles Ricœur fait remarquer qu'elles sont

---

16 Ricœur, *De l'interprétation*, 144.
17 Ricœur, *De l'interprétation*, 145, 153.
18 Ricœur, *De l'interprétation*, 146.
19 Ricœur, *De l'interprétation*, 162.
20 Ricœur, *De l'interprétation*, 147.
21 Voir Civita, *L'inconscio*, 89–90.
22 Ricœur, *De l'interprétation*, 132.

fondées sur l'analogie entre les phénomènes culturels et le couple du rêve et de la névrose. L'art et la religion sont conçus uniquement en tant que modalités de satisfaction de substitution, sans que soit pris en considération leur élément «transcendantal», c'est-à-dire de sens. La psychanalyse ne peut pas «résoudre des questions d'origine radicale, ni dans l'ordre de la réalité, ni dans l'ordre de la valeur», il s'agit là d'un effet de son point de vue disciplinaire.[23] Ricœur dénonce ici la tendance hégémonique de l'approche psychanalytique, quand elle se transforme en une «anti-phénoménologie», donc en un réductionnisme.[24] Par ailleurs, selon Ricœur, la confrontation avec les phénomènes culturels constitue le thème au sujet duquel Freud est contraint de réviser ses positions sur ces questions.

Il interprète, en effet, l'introduction de la seconde topique (Moi, Surmoi, Ça) et celle de la pulsion de mort comme étant les conséquences d'une confrontation à «la grandeur non libidinale qui se manifeste comme culture».[25] La première de ces transformations concerne un point central du réductionnisme pulsionnel, à savoir le statut de l'objet de la pulsion. N'ayant pas de réalités autonomes, sujet et objet étaient considérés, dans les analyses précédentes, comme engendrés par les pulsions elles-mêmes. Dans *Pulsions et destins des pulsions*, le «stade objectal» qui constitue le point de départ «au sens phénoménologique», est expliqué comme étant l'effet de l'un des «destins» des pulsions.[26] Dans *Pour introduire le narcissisme* (1914) c'est le sujet qui est considéré comme un produit, car il est compris comme une «pulsion de moi». «Le *Ich* n'est plus le *ce qui*, mais le *ce que*».[27] Dans *Le Moi et le Ça* (1923), Freud présente, en revanche, une véritable «personnologie», dans laquelle les objets et le sujet ont un statut déterminé et une réalité autonome.[28] L'intersubjectivité ne peut jamais être comprise uniquement à partir des pulsions du sujet, au risque que l'analyse demeure piégée dans un solipsisme comparable à celui qui caractérise l'idéalisme husserlien. Husserl lui-même a, du reste, dû se confronter à l'obstacle de l'altérité dans ses *Méditations Cartésiennes* (publiées en 1931), ce qui, selon Ricœur, a amené le père de la phénoménologie à introduire le concept d'interprétation (*Auslegung*) dans sa philosophie et à admettre l'originarité de la dimension intersubjective.[29]

---

23 Ricœur, *De l'interprétation*, 165–166.
24 Ricœur, *De l'interprétation*, 144.
25 Ricœur, *De l'interprétation*, 168.
26 Ricœur, *De l'interprétation*, 137.
27 Ricœur, *De l'interprétation*, 143.
28 Ricœur, *De l'interprétation*, 193.
29 Ricœur, *Du texte à l'action*, 68.

C'est enfin avec le tournant contenu dans *Au-delà du principe de plaisir* (1920) que prend véritablement fin l'hégémonie réductionniste qui voulait tout reconduire à des pulsions comprises en tant que réalisations de désirs. Les phénomènes cliniques interprétés par Freud en tant que «compulsion de répétition» l'ont conduit à reconnaître des «limites de validité» du principe de plaisir.[30] La répétition, dans un rêve, d'un évènement traumatique ne peut pas être lue comme la réalisation d'un désir de plaisir, car il est clair que cette répétition est source de souffrance pour le sujet. Il ne s'agit pas non plus d'un cas d'application du principe de réalité, dont la logique consiste à différer temporellement la réalisation d'un désir, soit dans le but d'éviter une douleur plus intense qui découlerait de la réalisation de ce désir, soit dans celui de réaliser ensuite un autre désir débouchant sur un plaisir plus intense. Dans de tels cas, une pulsion se manifeste, qui n'est pas au service du principe de plaisir et que Freud appelle «pulsion de mort».[31] Cette dimension, qui va «au-delà» du domaine du principe de plaisir, présente aussi une «face non pathologique»; c'est le fameux cas de l'enfant qui, à travers le jeu du *fort-da*, signifiait symboliquement la perte et le retour de sa mère et pouvait, de cette manière, obtenir une «maîtrise du négatif, de l'absence et de la perte».[32] En soulignant cet aspect, qui sera central pour les analyses de Donald Winnicott concernant les «objets transitionnels»,[33] Ricœur indique une direction qui n'est pas «développée» par Freud, mais qui semble suggérer la possibilité de désigner un espace destiné à confronter le sujet au négatif et de le réserver pour une fonction de la culture. L'analyse freudienne se concentre pour sa part, en revanche, plutôt sur l'aspect agressif de la pulsion de mort: la violence humaine ne peut pas être comprise à partir du principe de plaisir, idée qui sera notamment développée par Mélanie Klein.[34]

Dans ces domaines, le sujet se retrouve donc confronté à des phénomènes qui ne peuvent pas être compris à partir de l'étroit point de vue des pulsions au sens où il était considéré jusque-là. Ce constat a poussé Freud à abandonner pour un instant le discours scientifique et clinique et à formuler ce qu'il a appelé une «spéculation» théorique sur les deux forces qui règlent la vie psychique, ainsi que la vie en général, c'est-à-dire Éros et Thanatos.[35] Il s'avère important de

---

30 Ricœur, *De l'interprétation*, 298.
31 Ricœur, *De l'interprétation*, 300–301.
32 L'enfant joue avec une bobine attachée à une ficelle qui lui permet, après avoir jeté la bobine loin de lui (*fort*), de la ramener près de lui (*da*).
33 Voir Civita, *L'inconscio*, 99.
34 Ricœur, *De l'interprétation*, 311. Sur Klein, voir Civita, *L'inconscio*, 90–93.
35 Ricœur, *De l'interprétation*, 297.

souligner que cette théorie, qui identifie dans le retour à l'inorganique une tendance typique du monde biologique en général, doit «rester spéculative», parce que c'est seulement dans la haine et la guerre que se manifeste complètement la pulsion de mort, celles-ci étant des expériences strictement intersubjectives et culturelles.[36] La référence même à la mort et à la dure nécessité qui doit être acceptée dans nos vies incite à dépasser la dimension strictement scientifique, au sens où, selon Baruch Spinoza, le second genre de connaissance n'était pas suffisant, car «la résignation à l'inéluctable ne se réduit pas à une simple connaissance de la nécessité (...) ; la résignation est une tâche affective».[37] On peut ici repérer un parallélisme très étroit avec la discussion avec Changeux, dans laquelle Ricœur soulignait que, sans nul doute, Spinoza critiquait, par exemple, les illusions de la religion au moyen de la connaissance des causes, mais qu'il ne fallait pas oublier pour autant que le véritable but de son *Éthique* demeurait le troisième genre de connaissance.[38]

Ricœur trouve, du reste, dans certaines analyses de Freud consacrées à l'art, un espace dans lequel le père de la psychanalyse parvient à dépasser ses propres limites, mais ce sans jamais le dire. Si la religion ne demeure toujours pour lui rien d'autre qu'une illusion qu'il convient de dépasser, en revanche, dans ses écrits, l'art est parfois compris comme étant une expression symbolique du sujet dans la création d'une œuvre, qui lui assure une certaine réconciliation avec la réalité. L'élément de sens de ces œuvres apparaît donc ici reconnu. Néanmoins, la théorie de la sublimation entendue en tant que satisfaction de substitution demeure la conception freudienne «officielle» des phénomènes culturels.[39]

---

36 Ricœur, *De l'interprétation*, 322.
37 Ricœur, *De l'interprétation*, 350. Spinoza distinguait trois genres de connaissances : le *premier* consiste en une connaissance inadéquate, qui se limite à enregistrer les effets que les rencontres d'un corps avec d'autres produisent sur lui, sous la forme d'affections. Le *second* genre de connaissance parvient à cerner les rapports causaux entre les différents corps de manière discursive, c'est la connaissance scientifique au sens newtonien de ce terme. Le *troisième* genre de connaissance fait un pas supplémentaire, car il permet de connaître les essences singulières comme modes de la substance unique. En outre, il le fait d'une manière intuitive qui a également un côté affectif : il s'agit de l'*amor Dei intellectualis*, amour par lequel Dieu (la substance) s'aime lui-même à travers le sujet qui la connaît véritablement. A ce sujet, voir Vinciguerra, *Spinoza*, 143–150.
38 Changeux et Ricœur, *La nature et la règle*, 224.
39 Ricœur, *De l'interprétation*, 351.

3 Le sens et les causes en dialectique : un modèle fécond

La lecture que fait Ricœur des œuvres de Freud nous invite à reconnaître la nécessité de sauvegarder la dimension du sens de tous les essais de réduction ; il existe un « surplus de sens de l'expérience vive » qui échappe à l'explication.[40] Par ailleurs, la dimension de la force n'est jamais niée, mais il convient de reconnaître qu'elle ne constitue que l'un des deux pôles d'une dialectique, l'autre étant le sens. La position de la psychanalyse sera donc toujours divisée entre ces deux domaines : elle n'est pas complètement « ni dans le discours causal des sciences de la nature, ni dans le discours motivationnel de la phénoménologie ». Il s'agit d'un « discours mixte », comme cela apparaît clairement si l'on pense à la métaphore de la censure et de l'interpolation, ainsi qu'au rôle de la « présentation » de la pulsion dont l'on a parlé plus avant.[41] D'ailleurs, il est évident pour Ricœur que « le sujet exerçant la réduction n'est pas un autre sujet que le sujet naturel ».[42] Comme on l'a dit, Ricœur refuse l'idée d'un détournement radical du sujet de son attitude naturelle qui lui permettrait de repérer une conscience pure, tel que celui théorisé par Husserl.[43] Dépasser la nette distinction entre le sujet empirique et le sujet transcendantal n'implique toutefois pas de dépasser la possibilité d'une analyse fondée sur le « choix pour le sens ». La séparation demeure toujours garantie par le « problème économique de la prise de conscience qui distingue entièrement la psychanalyse de la phénoménologie ».[44]

Cela n'implique pas de nier qu'il existe aussi des dimensions *phénoménologiques* inconscientes : les recherches sur la synthèse passive menées par Husserl lui-même mettent précisément en évidence l'importance de cet aspect de l'intentionnalité. Néanmoins, l'inconscient de la phénoménologie demeure toujours un inconscient dévoilé dans des recherches portant sur la structure de notre expérience du point de vue transcendantal, c'est-à-dire de ses conditions de possibilité. L'inconscient psychanalytique, en revanche, ne devient, quant à lui, connaissable que dans la situation analytique, à travers des phénomènes *affectifs* particuliers tels que le *transfert*, et il implique donc, dans sa définition

---

40 Ricœur, *Du texte à l'action*, 62.
41 Ricœur, *De l'interprétation*, 379–380.
42 Ricœur, *De l'interprétation*, 410.
43 Ricœur, *Du texte à l'action*, 48–49.
44 Ricœur, *De l'interprétation*, 432.

même, un élément économique.[45] Ignorer cette séparation signifierait commettre la même erreur que les psychologues qui ont considéré les structures individuées par Freud comme des constructions «d'observation» comparables à celles du behaviorisme ou du cognitivisme, en oubliant leur indissociabilité de la situation analytique.[46] Mais il s'agirait également d'une mystification de la phénoménologie, dans la mesure où elle se réfère à la dimension du *sens*, et non à la reconstruction des *causes* qui rendent le sens possible ou incohérent.

Une fois leur distinction affirmée, c'est alors la tâche d'une philosophie réflexive de comprendre comment il est possible d'en produire une interaction productive. Le Soi de la phénoménologie herméneutique passe à travers le soupçon, car il sait que «le sujet n'est jamais celui qu'on croit».[47] Il admet la nécessité de se connaître lui-même, car il sait que la dimension du sens ne coïncide pas avec celle de la conscience. Selon Ricœur, Husserl lui-même a reconnu cela, alors que, dans ses *Méditations Cartésiennes*, il a écrit que «dans l'évidence [...] l'adéquation et l'apodicticité ne vont pas nécessairement de pair».[48] La réflexion a donc pour but de vérifier constamment les idées du sujet sur lui-même et sur le monde, parce qu'il existe toujours la possibilité de prendre pour sens ce qui n'est que des conséquences de processus énergétiques. La psychanalyse est elle-même guidée par une tâche analogue, à savoir le dépassement du narcissisme qui nous conduit à penser que l'on est «chez nous» dans notre psyché.[49] Il s'agit d'une «aventure» qui nécessite d'être à nouveau comprise dans la réflexion, mais ce après un détour explicatif : le Soi se connaît ainsi lui-même et s'élargit.[50] Enfin, de même que dans le cas de la phénoménologie, l'attention herméneutique nous rappelle aussi que la pratique de la psychanalyse se déroule dans une situation de langage, c'est-à-dire à travers le sens.[51] Il existe donc une interconnexion entre psychanalyse et réflexion, de même qu'entre phénoménologie et herméneutique.

Ce modèle va devenir, dans les œuvres ultérieures de Ricœur, un point de référence pour comprendre le rapport existant entre la philosophie et les sciences, en particulier les sciences humaines. Nous allons ici uniquement nous référer au cas exemplaire constitué par la discussion de Ricœur concernant la critique des idéologies que l'on trouve dans ses conférences portant sur

---

45 Ricœur, *De l'interprétation*, 437.
46 Ricœur, *De l'interprétation*, 374.
47 Ricœur, *De l'interprétation*, 441.
48 Husserl, *Méditations cartésiennes*, 19 ; voir Ricœur, *De l'interprétation*, 442.
49 Ricœur, *De l'interprétation*, 447.
50 Ricœur, *De l'interprétation*, 460.
51 Ricœur, *De l'interprétation*, 480.

L'idéologie et l'utopie qui se sont tenues en 1975.⁵² À l'époque de *De l'interprétation*, comme nous l'avons vu, Marx s'était déjà rapproché de Freud et de Nietzsche en tant que l'un des maîtres du soupçon. Dans le cas de Marx, le soupçon envers la conscience la conçoit non comme une surface qui cache des émeutes pulsionnelles, mais en tant que résultat de l'intériorisation des rapports économiques de pouvoir de la société dans laquelle vit le sujet, à travers le pouvoir déformant de l'idéologie. La déformation idéologique intervient, selon Marx, quand «nous oublions que nos pensées sont une production», qu'elles naissent comme une «émanation directe» de notre «comportement matériel», comme on peut le lire dans *L'Idéologie Allemande*.⁵³ Si l'on pense pouvoir changer le monde par le biais des idées, c'est parce que l'on a oublié que les idées ne sont qu'une conséquence causalement déterminée des rapports économiques de production.

La critique de Ricœur se concentre surtout sur l'idée d'une «émanation» causale des idées : c'est encore une fois la dimension du sens qui est niée par cette conception de la conscience. Admettre que la culture et la pensée ne sont pas uniquement des épiphénomènes, mais qu'elles ont aussi une réalité propre (et nous avons insisté sur la nécessité de le faire, pour pouvoir fonder la possibilité même d'une science) n'implique pas, à son avis, de nier l'importance d'une critique des idéologies. Le sujet, tel qu'il est conçu par Ricœur, doit garder une attention critique, qui consiste dans le fait de se demander constamment si ce qu'il pense et ce qu'il dit découlent d'une expérience vérifiée dans un dialogue intersubjectif, en quoi consiste le type d'objectivité typique d'une phénoménologie herméneutique, ou s'il s'agit plutôt d'une justification inconsciente des intérêts cachés d'une quelconque classe sociale (souvent différente de celle du sujet lui-même). L'idée de Ricœur ne consiste pas à affirmer qu'il soit possible de séparer la connaissance des intérêts qui amènent à la réaliser et, par conséquent, l'informent. Bien au contraire, il refuse explicitement cette idée en se référant à *Connaissance et intérêt* (1968) de Jürgen Habermas. C'est cependant le même Habermas qui souligne l'existence d'intérêts émancipatoires et pas uniquement de justifications idéologiques. De plus, c'est encore cet auteur qui identifie dans la psychanalyse le modèle de cette émancipation possible par le biais d'un savoir critique reposant sur le soupçon. La psychanalyse est donc comprise par lui comme «une auto-réflexion médiatisée par une phase expli-

---

52 Ricœur, *L'idéologie et l'utopie*.
53 Marx, *L'idéologie allemande*, 50, cité dans Ricœur, *L'idéologie et l'utopie*, 115.

cative» et, sous cet aspect, elle devient paradigmatique pour la critique des idéologies, de même que pour toutes les autres sciences critiques possibles.[54]

Dépasser la lecture réductionniste, qui dans le cas du marxisme est représentée par le déterminisme économique, signifie donc, encore une fois, ouvrir la voie à la possibilité de l'élargissement du Soi, en suivant l'expression freudienne «*Wo Es war, soll Ich werden*» : «Là où était Ça, doit advenir Je».[55] Les détours explicatifs sur le Soi ont toujours besoin d'être ressaisis dans la réflexion, dans le Moi. Si je comprends ainsi que je suis sous l'effet d'une idéologie, je peux ensuite décider de m'y opposer politiquement, mais je dois avant tout me comprendre comme déterminé par elle.[56] Mentionnons une dernière fois un concept du livre de Ricœur consacré à Freud : l'on est ici confronté à la dualité des points de vue toujours possibles sur le sujet, à savoir que l'*archéologie* psychanalytique (et avec elle toute autre archéologie) ne peut être qualifiée d'achevée si elle n'est pas couplée à une *téléologie*. «Seul a une *arché* un sujet qui a un *télos*».[57]

Bibliographie

Breuer, Joseph and Freud, Sigmund (1978): *Études sur l'hystérie*. Paris: PUF.
Changeux, Jean-Pierre and Ricœur, Paul (1998): *La nature et la règle. Ce qui nous fait penser*. Paris: Jacob.
Civita, Alfredo (2011): *L'inconscio*. Rome: Carocci.
Freud, Sigmund (1961): *Neue Folge der Vorlesungen zur Einführung in die Psychoanalyse. Gesammelte Werke in Einzelbänden*. Volume XV. Frankfurt: Fischer.
Freud, Sigmund (1980): *Métapsychologie*. Paris: Gallimard.
Husserl, Edmund (1953): *Méditations cartésiennes*. Paris: Vrin.
Husserl, Edmund (1959): *Recherches Logiques. Tome Premier: Prolégomènes à la logique pure*. 2nd ed. Paris: Presses Universitaires de France.
Jervolino, Domenico (1993): *Il cogito e l'ermeneutica: La questione del soggetto in Ricœur*. 2nd ed. Genoa: Marietti.
Laplanche, Jean and Leclaire, Serge (1981): «L'inconscient, une étude psychanalytique.» In: Laplanche, Jean: *Problématiques IV. L'inconscient et le ça*. Paris: PUF, 261–321.
Marx, Karl (1968): *L'idéologie allemande*. Paris: Éditions Sociales.

---

54 Ricœur, *L'idéologie et l'utopie*, 314.
55 Freud, *Neue Folge der Vorlesungen zur Einführung in die Psychoanalyse*, 86. Cette phrase présente plusieurs difficultés aussi bien de traduction que d'interprétation. Je cite ici directement la traduction française proposée par Ricœur lui-même dans *De l'interprétation*, 514.
56 Ricœur, *Du texte à l'action*, 50.
57 Ricœur, *De l'interprétation*, 481.

Molaro, Aurelio (2016): *Psicoanalisi e fenomenologia: Dialettica dell'umano ed epistemologia*. Milan: Cortina.
Ricœur, Paul (1995): *De l'interprétation. Essai sur Freud*. Paris: Seuil.
Ricœur, Paul (1986): *Du texte à l'action. Essais d'herméneutique II*. Paris: Seuil.
Ricœur, Paul (2005): *L'idéologie et l'utopie*. Paris: Seuil.
Tiaha, David-Le-Duc (2013): «La réserve de sens de la *Lebenswelt*. Enjeu de l'entrecroisement de la phénoménologie et de l'herméneutique.» In: *Studia Phaenomenologica* 13, 157–186.
Vinciguerra, Lorenzo (2015): *Spinoza*. Rome: Carocci.

Adam J. Graves
Eros, accusation and uncertainty: Kantian ethics after Freud

Abstract: In examining what he calls "a Freudian hermeneutics of suspicion," Adam Graves explains that Ricœur uses Freud's work to undermine certain aspects of Kant's practical philosophy. Ricœur claims that practical reason – contrary to what Kant proposes – is not pure and a priori, but has its roots in our human desires. However, according to Graves, Ricœur's Freudian critique of Kant misses its mark since Kantian ethics (and the normativity that underpins it) already addresses similar suspicions about practical reason. According to Graves, it is then possible to base the mediation between desire and normativity on a broad conception of action in Kant.

1 Introduction

In order to understand Ricœur's initial encounter with Freud in the 1960s, one has to bear in mind his principal philosophical commitments at that time. The first of these commitments arose as a methodological consequence of Ricœur's phenomenology of the will. It involved an increasing interest in problems of semantics and, more specifically, in the meaning of symbols which, on account of their particular form of overdetermination, cry out for hermeneutical reflection.[1] The second commitment arose out of his longstanding preoccupation with Jean Nabert's reflexive philosophy, and especially Nabert's so-called "ethics of affirmation," which concerned the "appropriation of our effort to exist and of our *desire to be*, through works which bear witness to that effort and desire."[2] Ricœur first encountered Freud standing on the corner where these two rather idiosyncratic commitments happened to intersect. For Freud's work appeared to entail a so-called "semantics of desire" aimed at deciphering the complex relationship between *symbolic* representation and *libido*, between *meaning* and the *desire to be*, or between *hermeneutics* and *reflexive philosophy*.[3] Thus, while Ricœur's detour through the thicket of psychoanalytic theory might have seemed like

---

[1] Ricœur, *Fallible Man*, Preface.
[2] Ricœur, *Freud and Philosophy*, 46 (emphasis added).
[3] Ricœur, *The Conflict of Interpretations*, 160–170.

an unexpected tangent to many of his readers, in an important sense it actually served to ensure the coherence of his life's work up to that point.[4]

But the discovery of this so-called "semantics of desire" not only provided a framework within which Ricœur's two principal philosophical interests could finally be reconciled; it also offered a lens through which the entire history of western philosophy could be viewed anew. Broadly speaking, the Freudian perspective brought into focus a hitherto imperceptible thread running straight through that history, a thread that binds meaning inexorably to desire. In retrospect, this bond could be observed in the correlation between *will* and *representation* in Schopenhauer, the relation between *appetite* and *expression* in Leibniz,[5] Spinoza's linking of the "clarity of the *idea*" to the affirmation of the *conatus*, and finally, Plato's recapitulation of the hierarchy of *eidos* in the ladder of *eros*.[6]

On the epistemological front, Ricœur's new Freudian perspective had far-reaching consequences: it revealed that acts of judgement, representation, and expression are not—and have *never* been—wholly transparent or univocal. But, rather, they are bounded up with drives and desires that are often hidden below the surface. Therefore, an adequate understanding of them invariably requires recourse to a hermeneutical method of one sort or another. On the practical front, the Freudian perspective had yet another consequence, one far more specific and polemical: it forced a reckoning with a certain dominant form of moral theorizing, namely, the deontological attitude associated with Kantian ethics.

While Kant viewed moral obligation as part of the "irreducible structure" of reason in its pure practical form, Freud had discovered that practical reason is itself neither "pure" nor "a priori" in the strict Kantian sense but, on the contrary, situated within and partially reducible to a much broader field of desires. As Ricœur understood it, this fact constituted an inescapable challenge to deontology; but it also opened new tasks and new possibilities for moral thought. For the task of deciphering the true genealogical origins of obligation not only presented a powerful critique of Kantian ethics, it also offered a new means for recovering what Ricœur took to be the proper and indeed more primordial meaning of ethics itself—namely, ethics understood as the affirmation of existence and the desire to be, rather than as an accusatory conscience exclusively concerned with duties, obligations and norms. Thus, drawing on Freud, Ricœur would go

---

[4] It goes without saying that this is not the only framework for understanding Ricœur's interest in Freud. Like any important intellectual event, it itself admits of multiple interpretations; hence the value of the present volume.

[5] Ricœur, *Freud and Philosophy*, 454–457.

[6] Ricœur, *The Conflict of Interpretations*, 263–265.

on to oppose the more primordial *ethics of eros* (i.e., "an ethics of the desire to be") to the *ethics of accusation or obligation* (exemplified by Kantian deontology), arguing that the latter rests not upon reason, but upon a second-order "rationalization" that ought to be regarded with a great deal of suspicion.

In this paper, I will focus on how Ricœur uses a Freudian "hermeneutics of suspicion" in order to undermine Kant's practical philosophy. In doing so, however, my purpose is not only to reconstruct Ricœur's argument, but to advance a theory about the normative character of action itself—a theory which, I believe, is implicit in Ricœur's later work on the topic. Specifically, I want to show that normativity (or obligation) and uncertainty (or suspicion) actually go together in Kant's practical philosophy. For Kant's normative account of freedom (that is, the idea that free action requires constraint by norms) actually presupposes uncertainty (uncertainty about the success or failure of our actions, the determining causes of our action, and the moral character of our will) as a necessary condition of its possibility. As a consequence, Ricœur's Freudian critique of deontology does not deal a fatal blow to Kant's ethics, properly understood. On the contrary, this critique can ultimately be put to work by Kantian ethics itself, serving to enrich our understanding of the kinds of suspicion necessarily involved in our commitment to norms. What this effectively means in Ricœur's terminology is that the "ethics of eros" can never fully supplant an "ethics of accusation," that the two must always go hand-in-hand. Thus, in the spirit of Ricœur himself, I argue that a broadly Kantian theory of agency can serve to mediate the tension between these two seemingly opposed conceptions of ethics.

2 Excursus: Eden by way of Athens

It is often suggested that *Freud and Philosophy* served as a kind of substitute for the final and ultimately unfinished volume of Ricœur's three-part philosophy of the will. That unfinished part was, of course, meant to be a "poetics of the will." So, in keeping with the spirit of such a poetics, I want to enter the central problems of this paper by way of a poem, or rather part of a poem: the opening stanza of Rudyard Kipling's *The Conundrum of the Workshops*.

> WHEN the flush of a new-born sun fell first on Eden's green and gold,
> Our father Adam sat under the Tree and scratched with a stick in the mould;
> And the first rude sketch that the world had seen was joy to his mighty heart,
> Till the Devil whispered behind the leaves, "It's pretty, but is it Art?"

I see Kipling's poetic retelling of *Genesis* 3 as involving a curious coupling of two seemingly distinct features or 'moments' of action in one and the same scene—namely, the moment of *creation* (or freedom) and the moment of *evaluation* (or normativity). Or, if I were to employ Ricœur's idiom, I might call these the moment of Eros and the moment of Accusation. Allow me to tackle these two overlapping moments one at a time, beginning with Eros.

2.1 Eros in Eden

By tracing humanity's first artistic effort back to the foot of the forbidden tree in the moments leading up to the fall, Kipling's poem suggests that a *creative* drive serves as the fundamental motive underlying our distinctively human form of action, the kind of agency that would come to distinguish Adam from the innocent, uncorrupted beasts surrounding him. It is hardly an accident that in *this* version of Eden, there is no apple—indeed, there is nothing here that would satiate Adam's bodily *desire* for food. The tree's only "fruit" comes in the form of a twig, the modest tool with which Adam executes his audacious work, his first creative and thus genuinely free act.

So, what kind of *desire* shall we say motivated this initial deed, if not bodily desire? I think an answer might be found by approaching Eden by way of Athens. Borrowing a famous line attributed to Diotima in Plato's *Symposium*, one might say that Adam's act was itself an expression of love or Eros, whose sole purpose, we are told, is "to give birth in beauty."[7] Eros, on Diotima's account, has little to do with what we nowadays call erotic desire. On the contrary, it has to do with a desire to affirm one's being, to prolong one's life through acts of production or *reproduction*. Now, for those who are "pregnant in body alone," this reproduction involves mere procreation, the begetting of offspring. But Diotima insists that we humans are not merely "pregnant in body" but also, potentially, "pregnant in soul." And so for us, the act of production inspired by Eros ultimately takes the form of poetry (*poiesis*)—a word which, Plato reminds us, encompasses "everything that is responsible for creating something out of nothing."[8] In this regard, erotic desire could be called sexual (or libidinal) in only the most derivative sense, that is, only insofar as sexual reproduction happens to be the means through which non-human animals are capable of achieving some minimal kind

---

[7] Plato, *Symposium*, 206e.
[8] Plato reminds us just a few lines before (205b–205c) that "everything responsible for creating something out of nothing is a kind of poetry."

of immortality (namely, by living vicariously through their offspring). If we read Kipling through the eyes of Plato's *Symposium*, then the true origin of human action—the distinctive form of human creativity and freedom—appears to lie in this affirmation of the self through the creation of works rather than in the mere fulfilment of bodily desires.

Moreover, if Kipling depicts Adam as exercising this creative freedom by scratching away at the "mould," is this not because such work inevitably requires him to 'break the mould' (as the English expression goes), that is to say, to disrupt the ontological boundaries between creation and creator? This suggestion finds a certain confirmation in Diotima's speech as well. For Diotima begins by advancing the controversial claim that Eros is not himself a god, but rather a kind of liminal being between the human and the divine. Since desire is always a desire for what one lacks, and Eros is understood in relation to the desire for immortality, it follows that Eros is not himself an immortal, as the previous orators at the *Symposium* had incorrectly assumed. In fact, Eros is neither an immortal God nor a mortal human, but rather something between the two, something Diotima calls *spiritual*.

Now, we might say that humanity's own attempt to gain immortality through the production of something beautiful also disrupts the ordinary relationship between creation and creator; but it does so precisely insofar as humanity's most creative act involves an attestation or affirmation of the self, of one's own being —an attestation that sets the human quest for immortality apart from the mere animality of those pregnant in body alone. This, we might say, is an attestation of Eros rather than libido, and in this attestation, we can already begin to hear echoes of the ethics of affirmation. In any case, by attempting to creating something new, Kipling's Adam was in fact "constituting selfhood"—a theme to which I will return in my conclusion.

2.2 Accusation in Eden

But perhaps the most striking feature of Kipling's poem concerns the role of the Devil, who reappears in the final line of each stanza. Here, the Devil neither temps, nor deceives, but rather he *evaluates*. Or, to be more precise, the Devil introduces the urge to self-evaluate, to subject one's work to a standard or norm. In this case, the standard is not pronounced by God from above, but rather it is whispered by a mysterious being who remains out of sight, hidden behind the leaves. The poem thereby replaces the famous interdiction "thou shalt not eat of this tree" with a question designed to raise doubts about the character of Adam's act, about its success or failure. The poem is clearly channeling an old tradition according to which Satan is the *accuser*. But more important still is Kipling's decision to conceal the source of the voice behind the leaves, giving rise to an ambiguity regarding the obscure origin of the accusation itself, an ambiguity essential to the phenomenon of conscience (does it come from below or above, from within or without?). In any event, the poem makes the first genuine exercise of human freedom *coincide* with the emergence of this voice and, thus, with the first deployment of norms used for assessing that exercise.[9]

Finally, given that the norm takes the form of a question voicing doubts about the action's success or failure, I might add that doubt about whether or not we have lived up to the norm seems to be an integral part of this kind of agency—uncertainty about whether we have engaged in genuine production or mere reproduction, whether we are pregnant in soul or just in body, whether our actions express genuine Eros or merely libidinal desires: "It's pretty, but is it art?"

In light of these lines from Kipling, one might say that genuine human agency involves acts of affirmation of selfhood, and that these acts of affirmation are inseparable from norms or standards of assessment. But since the application of any standard or norm inevitably implies the possibility of failure (the possibility that one might not meet the standard), action is invariably accompanied by doubt and suspicion. So moral agency involves committing oneself to act *in light of norms* under inevitable *clouds of suspicion*. Now, I want to suggest that this also happens to be the conception of moral agency we inherit from Kant —and in the pages that follow, I want to show that this conception not only withstands the Freudian critique of deontology presented by Ricœur, but that it can actually appropriate this critique as means of strengthening its own case.

3 Freud, Spinoza and the ethics of Eros

If there is a single, consistent thread running throughout Ricœur's decades-long engagement with Kant's practical philosophy, it is this: Kant's emphasis on the *formalism* of the moral law and on the *constraint* of obligation makes his deontology incapable of doing justice to the positive role of desire in human action and existence. This worry was first announced in several asides within *Freud*

---

[9] Action (in the genuine human sense) requires the kind of self-reflectiveness that involves having a conscience and thus "holding oneself to standard" or, better still, "subjecting oneself to a rule"—a point nicely captured by the term Kant himself uses to describe human freedom, namely, *auto-nomy*.

and *Philosophy*.¹⁰ It was then developed more explicitly in *The Conflict of Interpretations*, where Kantian morality is contrasted with the ethics of Spinoza and deconstructed with help from Freud, as well as from Hegel and Nietzsche.¹¹ Finally, over thirty years later, Ricœur picked up on this line of thought once more, in *Oneself as Another*, only by then he was approaching his concerns about deontology by juxtaposing it with Aristotelian Ethics rather than with Spinoza.¹²

What both the earlier and later confrontations have in common is quite clear and can be expressed in terms of our discussion of Kipling's poem: According to Ricœur, the *Ethics of Accusation* (i.e., deontology) needs to be overcome in order to make room for an *Ethics of Eros* (or what he sometimes calls the ethics of love). And this overcoming can be accomplished either through a hermeneutics of suspicion, as in the earlier work, or through a dialectical reconciliation with teleology, as in the latter work. Ricœur insists that these two contrasting visions of ethics do not meet on the same plane, but rather that the "ethics of eros" is in an important sense prior to or more fundamental than the duty-based "ethics of accusation."

I will naturally be focusing on the earlier confrontation, the one that's found scattered throughout the Freud book and *The Conflict of Interpretations*, the one that draws inspiration from Spinoza's ethics and its critical teeth from Freud's psychoanalysis.

On Ricœur's reading of Spinoza, ethics has little to do with duties or prohibitions. Rather, it is primarily concerned with "the desire to be or the effort to exist" expressed in the idea of *conatus*. This conception of ethics involves the total process through which man passes from slavery to happiness and freedom. This process is not governed by a formal principle of obligation [...] but by the unfolding of effort, *conatus*, which is determinate of our existence as a finite mode of being.¹³

As Spinoza puts it in proposition VI of Book III of his *Ethics*, finite being "insofar as it exists, endeavors to persist in its own being."¹⁴ In order to articulate why, for finite beings such as ourselves, the affirmation of existence requires *effort* in the first place, Ricœur turns to the idea of *eros* in both its Platonic and Freudian senses. If, as Plato reminds us, *eros* always implies a lack (since we

---

10 See, for example, Ricœur, *Freud and Philosophy*, 203–204 and 448–449.
11 Ricœur, *The Conflict of Interpretations*, 337–342.
12 It seems that he felt that the opposition between deontology and Aristotelean ethics was one he was better equipped to reconcile. See, for example, Ricœur, *Oneself as Another*, 169–180.
13 Ricœur, *The Concept of Interpretations*, 452.
14 Ricœur's most elaborate discussion of this point is in *Freud and Philosophy*, 454–455.

only desire what we do not already possess) then our "desire to be" implies a lack or need within our being—a need to affirm one's being in order to exist indefinitely, from one moment to the next.[15] It is because this affirmation of one's existence involves effort that Ricœur eventually posits an "identity between *effort*, in the Spinozistic sense of *conatus*, and *desire*, in the Platonic and Freudian sense of eros," and this identity, he insists, represents the ultimate "source of the ethical problem," at least as he understands it in the late 1960s.[16]

This circuitous path—which begins with Spinoza's conatus and then loops back to Plato's Eros before finally leaping forwards to Freud's conception of eros as distinct from libido—is what finally authorizes Ricœur to deploy psychoanalysis as both a critical method for dethroning (or rather, demystifying) Kantian ethics and as a means for restoring the connection between ethics (in its fundamental sense) and desire (understood in its broadest sense) in the wake of that dethronement.[17]

It is worth pausing here to consider this unexpected situation, which pits Kant against Spinoza, and aligns the latter with Freud. I say *unexpected* because whatever their differences, Spinoza seems to share Kant's circumspection regarding desire (taken as pathos or affectivity), as well as Kant's views about the need to safeguard oneself against desires in order to preserve one's freedom. This, no doubt, is largely because Spinoza, like Kant, identifies desires and passions with the causal determinacy of the natural world. It seems rather odd, then, that Ricœur would claim Spinoza as a putative ally in his quest to rescue a positive conception of desire from the jaws Kantian of deontology. But since Ricœur clearly *does* view Spinoza as an ally, I suggest it must have something to do with a still deeper difference between the two authors—not a difference regarding the role of *passion*, but rather a difference in how they characterize the autonomous individual as one who successfully defends herself against forms of passivity which threaten to undermine her freedom. The two part company when it comes to what one might call the "individuality" or "particularity" of such individuals.

---

15 As Ricœur writes, "[t]his affirmation [of existence], however, must be recovered and [continually] restored, because" of a need, or lack, which appears as a peculiar "nothingness at the [very] heart of [human] existence"—because this existence has already been "alienated" from itself in various ways (Ricœur, *The Concept of Interpretations*, 452–454).
16 Ricœur, *The Conflict of Interpretations*, 452.
17 These two dimensions of Ricœur's project (i.e., the critical and constructive) are respectively designated by the terms demythization (which involves the purely critical function of unmasking the illusions of the myth as such) and demythologization (which ultimately serves to restore the revelatory power of the myth by unmasking the philosophy's second-order rationalizations of it).

Whereas Spinoza saw the *particularity* of the individual as being expressed or amplified in this struggle for greater freedom, the Kantian theory of freedom seems to diminish and debase that particularity, since Kant confines the individual's freedom to the parameters of merely formal, universal principles—principles that are not expressive of the individual as such, but which "hold equally for all rational beings."[18] One might say that the autonomous agent in Spinoza's *Ethics* is one who affirms her own being. On Ricœur's reading, the Kantian agent remains an abstraction, one who repudiates self-love and thus renounces his own particularity, one who can only gain freedom and autonomy by dissolving into the great homogenous sea of rationality.[19] Such an agent would be incapable of "recognizing" himself as a self, at least in Ricœur's sense of the term. So Ricœur's interest in Spinoza has less to do with desire in the sense of passion or appetite, and more to do with the affirmation of selfhood implied by the *conatus*.

A similar qualification could be made regarding Ricœur's use of Freud in his critique of Kant's Ethics of Accusation. Once again, Ricœur's interest has less to do with the sexual energies of libido, than with the idea of eros as it develops in the wake of Freud's famous essay "Beyond the Pleasure Principle," published in 1920. If, in the decade leading up to that essay, eros seemed almost indistinguishable from libido, this was partly to do with the fact that it had been defined in opposition to the forces of the ego and its relation to the reality principle. But in Freud's later work, eros was reimagined in terms of its opposition to the death drive (Thanatos)—so eros becomes something like a *life force*, the positive, integrative affirmation of the living over and above the negative, disintegrative drive toward death. In fact, it is only in this context that Freud explicitly names, as precursor to his own theory, the *Symposium's* conception of Eros (i.e., the conception I addressed in reference to Kipling's poem, in which the genital activity was shown to be a merely derivative and secondary aspect of the erotic properly understood.)

In any case, if Ricœur found the conceptual resources for demystifying the Ethics of Accusation in both Spinoza and Freud, this had less to do with their attitudes toward *desire* taken in the narrow sense of appetite or libido than with their respective views of eros understood in the broader sense of the affirmation of life, and with the consequences these views held for a philosophical examination of freedom and selfhood.

---

18 Kant, *Groundwork of The Metaphysics of Morals*, 4:427.
19 In the conclusion of this essay, I will try to show why this dissolution of the self is not an inevitable consequence of Kant's normative theory of freedom and morality, but rather that such a theory can ultimately affirm precisely the kind of selfhood Ricœur seems most interested in—narrative selfhood.

From the perspective of these life-affirming systems, Kantian morality seemed to diminish the self in at least two ways: first, its emphasis on the formal and purely rational character of autonomy involved a renunciation of all that was particular to the individual; second, its emphasis on conformity, obligation, constraint seemed to be an expression of the aggressive tendencies of the death drive, which, once turned inward through the internalization of authority (i.e., the superego), threatened not only to repudiate the self, but to obliterate it altogether. Ricœur turned to Freud in order to offer a critical hermeneutics of the Kantian concept of duty that would restore the true (fundamental) sense of ethics (namely, as affirmation of selfhood) by exposing duty's hidden libidinal sources.

In what follows, I hope to show that Kantian ethics not only survives this Freudian critique, it actually draws strength from the critical suspicions raised by a Freudian interpretation. In order to do that, I will also need to demonstrate why neither this repudiation (superego) nor this destruction (Thanatos) of the self inevitably follows from a deontological theory of ethics. On the contrary, I want to argue that the theory of normative freedom implicit in Kant can actually offer a way of affirming precisely the kind of selfhood that interested Ricœur in his later work.

4 Freedom and constraint in Kantian ethics

But before launching into this critical project, it is worth stepping back to consider the two main features of the Ethics of Accusation that, at least on Ricœur's reading, come under the knife of the Freudian critique—namely, its preoccupation with *formalism* and its emphasis on *constraint* by norms. I want to begin by examining these features as they appear within their native soil. After all, what seems objectionable to Ricœur must have first seemed justifiable to Kant. And so, it is worth considering what that justification entailed. In doing so, it becomes rather clear, in my view, that these features cannot be treated as independent, freestanding structures, but have to be viewed in light of the broader architectonics of Kant's transcendental idealism, which supplied both their support and their *raison d'être*.

It seems to me that Ricœur was not always sufficiently attentive to those reasons and those contexts, and that might have prevented him from noticing certain virtues of Kant's normative theory. For example, Ricœur's claims that Kant wound up "severing" morality "from the faculty of desire" in order to establish an unjustified methodological "parallel" between the first and second Critiques —the critique of pure reason and the critique of pure practical reason. As a result of this "wholly unjustified parallel," Ricœur claims that Kant ended up smuggling the division between *a priori* and *a posteriori* into his reflection on practical reason, a division, which Ricœur insists, is "contrary to the intimate structure of action."[20] But, in my view, the bond between reason in its theoretical and practical forms seem so essential to Kant's critical project that it remains, at least for me, utterly impossible to imagine what a Kantian ethics might have been in the absence of this so-called unjustified parallel.

In seeking to account for the sort of necessity exhibited by the natural laws described in the new science (and above all, in Newton's *Philosophiae Naturalis Principia Mathematica*), Kant traced the origins of those laws back to the forms of intuition (space and time) and the concepts of the understanding (e. g., causality), demonstrating that these laws expressed necessary *conditions* of empirical experience, that they were constitutive of the kind of cognitive faculties we possess in virtue of our rational being. Only such an account, one rooted in the distinct *form* of rational subjectivity rather than the *material* of empirical experience, could guarantee the kind of lawfulness—i.e., universality and necessity —that our experience of nature exhibits. This discovery had tremendous and, it seems to me, quite inescapable consequences for understanding ourselves as free moral agents, since it entails that even the cognition of oneself, of one's own putative agency, would be subject to those same necessary (formal) conditions of experience. For example, our own actions (no less than other empirically observable events) "appear" to be wholly determined by causality insofar as they can only ever be cognized by means of the concepts of the understanding. In other words, freedom is not directly accessible to experience (one cannot, for example, catch a glimpse of it through introspection).

Kantian practical philosophy required a "metaphysics" of morals precisely because it now had to accomplish two otherwise distinct tasks: it had to establish the principles of morality (which, Kant believed, had to involve necessity, lest we mistake morality for rules of mere prudence or convention); but it also had to provide a "metaphysical" framework for understanding how free agency was even conceivable within the strictures of this new transcendental idealism (so that agents could in fact be answerable to those moral principles).

Kant's most original moral insight—namely, that the sought-after principle of morality also came in the form of a *law* (or more precisely, the *representation* of a law)—provided the key to accomplishing both tasks in a single, albeit complex, stroke. How this happens will require some explaining: That concrete, empirical actions should involve laws was in some trivial sense inevitable, since "Every-

---

20 Ricœur, *The Conflict of Interpretations*, 340–341.

thing in nature works in accordance with laws."²¹ But Kant argued that rational agents also have a will, and this just means that they have "the capacity to act in accordance with the *representation* of laws, that is in accordance with *principles*."²² But what kind of principle could that be? Kant claimed that it could not be a principle of volition (or maxim) that aims at securing an end (no matter how *desirable* that end seems to be) since our adoption of an ends-oriented principle would always be contingent upon our happening to have a natural desire or impulse for that particular end—and consequently it would always be contingent upon our "natural constitution."²³ Thus, actions determined by such empirical maxims or principles (which Kant calls "hypothetical") would be determined directly by the laws of nature, rather than by the representation of laws (or principles of a will) as such. As Kant puts it, "the will would not give itself the law but a foreign impulse would give the law to it by means of the subject's nature"—and this, of course, is precisely what Kant means by heteronomy.²⁴

But then a second question arises: if a will that acts on ends-oriented principles is heteronomous, then what could an autonomous will look like? To begin with, it would have to be one whose principle of volition is not determined by empirical desires or inclinations, but rather by the representation of a law which the will gives to itself, a law which is formal in the sense that it requires no other incentive beyond itself.

> But what kind of law can that be, the representation of which must determine the will, even without regard for the effect expected from it? [...] Since I have deprived the will of every impulse that could arise for it from obeying some law, nothing is left but the conformity of actions as such with universal law [...], that is: I ought never to act except in such a way that I could also will that my maxim should become a universal law.²⁵

This solution kills two birds with one stone, since it simultaneously supplies an answer to both questions—the question about the moral principle itself and about the kind of principle a will must adopt in order to be genuinely free. In other words, both questions have the same answer. For this law, which the agent gives to itself, is one that must be commanded for its own sake, since it is deprived of any other incentive beyond itself. But this, Kant observes, "is pre-

---

21 Kant, *Groundwork of the Metaphysics of Morals*, 4:413.
22 Kant, *Groundwork of the Metaphysics of Morals*, 4:413.
23 Kant, *Groundwork of the Metaphysics of Morals*, 4:444.
24 Kant, *Groundwork of the Metaphysics of Morals*, 4:444.
25 Kant, *Groundwork of the Metaphysics of Morals*, 4:402.

cisely the formula of the categorical imperative, [or] the principle of morality; hence a *free will* and a *will under moral laws* are one and the same."[26]

My real purpose in rehearsing these rather well-known maneuvers in Kant's moral philosophy has been to demonstrate that the formal character of the moral law is not (as Ricœur suggests) the result of an arbitrary superimposition of the first *Critique's* distinction between formal and material, transcendental and empirical, a priori and a posteriori, etc., upon the practical domain. On the contrary, this formalism results from Kant's perfectly reasonable insistence *that beings who are subject to the requirements of moral principles must be autonomous agents, and thus capable of fulfilling those requirements*. For only on that supposition are they able to make themselves *responsive to* and thus *responsible for* moral principles at all. So, freedom and formalism come as a kind of package —you cannot abandon the one without also tossing out the other.

5 The Freudian "accusation of accusation"

But Ricœur's central worries about Kantian ethics remain intact. These concern, above all, the conceptions of selfhood and desire that result from an ethics of accusation. On the one hand, Ricœur suggests that Kantian ethics diminish the importance of selfhood. By defining the moral law in terms of maxims rooted in reason rather than desire, Kant seems to reduce the individual will to a mere abstraction, one that is as *empty* as it is *universal*. On this account, Ricœur writes, "the will is nothing but practical reason [itself], common in principle to all rational beings."[27] It would be as if no two free, autonomous wills could be distinct from one another. (Or, as Aristotle remarks about his doctrine of the mean: whereas all virtuous people are virtuous in the same way, wicked people are wicked in an endless variety of interesting ways.) So, at the end of Kant's story about the relationship between freedom and the law, we are left with an undifferentiated moral agent, but no genuine self, no mineness (*Jemeinigkeit*), as Heidegger might have put it.

On the other hand, Ricœur suggests that Kant's conception of freedom depends upon an overly narrow notion of desire (one that fails to account for the positive notion of eros discussed above). After all, what sort of freedom is a freedom gained by subjugating itself to a law (even if that law is recognized as its own)? Kant's own answer is quite clear: it is the only kind of freedom be-

---

26 Kant, *Groundwork of the Metaphysics of Morals*, 4:447 (emphasis added).
27 Ricœur, *Oneself as Another*, 206.

ings such as ourselves could ever hope to achieve. For unlike the "holy" will of a disembodied angle or of God, the human will is bound up with the flesh—it belong to beings whose rational faculties are forever conjoined with a faculty of sensibility. Given our dualistic constitution as both rational and sensuous creatures, our wills inevitably operate under the influence of desires and inclinations, which naturally (though not necessarily) provide a strong incentive to violate the dictates duty. Thus, we inevitably experience the moral law as a kind of *constraint*, as placing restrictions on those desires, only some of which are permitted satisfaction. So, as Ricœur seems to imply, Kant's theory of freedom leads to a conception of desire that is exclusively "defined by its power of disobedience."[28] And this, in turn, leads to a merely derivative conception of ethics in terms of accusation, rather than affirmation. For the moral law now rises up like the voice of conscience, the voice of disapprobation, or, better still, like the voice of the Devil in Kipling's poem, always lurking behind the leaves, ready to measure our actions and our works by the stringent norms of practical reason, always ready to accuse.

Therefore, we might say that this voice, this accusatory agency, marks the ultimate target of Ricœur's psychoanalytic critique of Kant's deontology. Now, it is interesting to note that both Kant and Freud hear in this voice the internalization of authority. (In fact, one might speculate that it is precisely because Freud regarded the Kantian view of self-legislative consciousness as a model for the internalization of authority that he was able to reinterpret Kant in psychoanalytic terms.) Of course, for Kant this authority derives from practical reason itself, and it is internalized through the "formalization" of one's maxims—that is to say, through the test of universalizability entailed by the categorical imperative. Freud claims the origins of this authority are Oedipal rather than rational—they concern the complex dynamics arising from the "primitive scene" and the internalization of the father figure, as the source of both punishment and protection, through the establishment of the super-ego. So, Ricœur writes: "where Kant says law, Freud says father."[29] When Kant hears the voice of practical reason, Freud hears the voice of the superego.

Ricœur likes to characterize this conflict of interpretation in terms of a methodological difference: Whereas Kant's deductive "method discerns a primitive and *irreducible* [rational] structure," Freud's method involves a genealogical account of a *derived* or acquired agency, one which can only be deciphered through

---

28 Ricœur, *Oneself as Another*, 209.
29 Ricœur, *The Conflict of Interpretations*, 339.

an interpretation of the "play of figurative substitutions"—birth, father, phallus, death, and the like. What is primary for Kant is merely derivative for Freud.[30]

> Consciousness judging becomes consciousness judged. The tribunal [of reason] is submitted to a critique of a second order, which puts the judging consciousness back into the field of desire, from which Kant's formal analysis had tried to remove it. Obligation, interpreted as accusation, becomes a function of fear and desire [rather than reason in its practical form].[31]

As soon as one begins to reread Kant's ethics along these reductive-psychoanalytic lines, a seemingly endless field of remarkably subtle parallels opens before one's eyes, only a fraction of which are explicitly tackled by Ricœur. Take, for instance, Kant's distinction between hypothetical imperatives (the principles of prudence, which simply stipulate what must or must not be done as a means of obtaining a given desired end), *and* the categorical imperative (the universally binding principle of practical reason in its pure form, which determines what must or must not be done without referencing desires or ends). That distinction is almost perfectly captured (and thus seemingly reducible to) Freud's distinction between "instinctual renunciations" made in "obedience to the reality principle" (i.e., from the recognition that, given "external obstacles" to immediate satisfaction, one will be happier if one forgoes certain satisfactions in the short term), *and* "instinctual renunciations" made in obedience to the internalized demands of the super-ego (which, if sufficiently developed, are carried out in the absence of external obstacles, but which are accompanied by the immediate substitutive satisfaction of pride).

Freud's analysis of the instinctual renunciations of the superego suggests that the so-called categorical imperative is no less detached from an individual's desires than hypothetical imperatives are. The good will's claim to have sacrificed its desire—whether upon the alter of reason or the superego—actually results in a satisfaction of still deeper (unexpressed) desires. As Freud puts in *Moses and Monotheism*:

> obedience to the superego [...] brings besides the inevitable pain a gain in pleasure to the Ego—as it were, a substitutive satisfaction. The Ego feels uplifted; it is proud of the renunciation as of a valuable achievement. [...] When the Ego has made the sacrifice to the Superego of renouncing an instinctual satisfaction, it expects to be rewarded by being loved all the more. The consciousness of deserving this love is pride.[32]

---

30 Ricœur, *The Conflict of Interpretations*, 337.
31 Ricœur, *The Conflict of Interpretations*, 338.
32 Freud, *Moses and Monotheism*, 149–150.

Freud's economic analysis reveals that the so-called "good will" rejects those instincts the satisfaction of which would require a violation of the superego's law, but it does so in the expectation of a still greater substitutive satisfaction provided by the superego itself—thus, the twofold function of the father figure, as a source of constraint/castration/fear, but also of consolation/satisfaction/happiness. As Ricœur writes: "It is from the stuff of our desires that our renunciations are made."[33]

This Freudian interpretation of moral law finds a certain confirmation in the deeply ambiguous role Kant assigned to the feeling of *respect*. It is worth noting in connection to the twofold function of the father figure just mentioned above that the German word Kant uses for respect (namely, *Achtung*) can have both the positive meaning of respect or esteem, as well as the more portentous meaning of "danger!" or "look out!" The fact that Kant leans so heavily upon the first meaning, while generally omitting the second, suggests its own sort of Freudian slip. But I leave that for another day. The ambiguity I want to consider here concerns the kind of respect that Kant claims can help strengthen our commitment to the moral law rather than the respect owed to persons, according the second formulation of categorical imperative. As Ricœur astutely notes, the fact that respect takes on both of these functions—the fact that the object of respect can be both persons as well as the moral law itself—shows that "what is really at stake here is not the *object* of respect but its status as *feeling*, hence as affect, in relation to the principle of autonomy."[34] That respect, as a feeling, serves to strengthen the will's commitment to duty introduces "passivity at the very heart of the principle of autonomy."[35] It suggests that, even on Kant's own account, actions that are done out of respect for the moral law (or "done from duty") are *nevertheless* motivated by feelings (pathos), albeit feelings of a very distinct kind.

Kant seems to have been well aware of this problem, and so he tries to mitigate in advance any threat it might pose to the autonomous will by writing off the pathological dimension of respect as nothing more than a "sublime illusion."[36] Here I quote at length from the Antinomy of the second *Critique*:

---

[33] Ricœur, *The Conflict of Interpretations*, 339.
[34] Ricœur, *Oneself as Another*, 214.
[35] Ricœur, *Oneself as Another*, 215.
[36] "Sublime illusion" is a highly suggestive phrase, especially when applied to the affective dimension of respect. Of course, the obvious questions will arise: if we acknowledge that this form of the sublime is an illusion, might we not go one step further, and call it a sublimation as well?

It is something very sublime in human nature to be determined to actions directly by a pure rational law, and even the *illusion* that [mis]takes the subjective side of this intellectual determinability of the will as something aesthetic and the effect of a special sensible feeling is sublime (for an intellectual feeling would be a contradiction). [...] Respect, and not the gratification or enjoyment of happiness, is [...] something for which there can be no feeling *antecedent* to reason and underlying it (for [otherwise it] *would* always be aesthetic and pathological): respect as consciousness of direct necessitation of the will by the law is hardly an analogue of the feeling of pleasure, although in relation to the faculty of desire it does the same thing but from different sources."[37]

This point bears repeating: *respect provides the "faculty of desire [...] the same thing [as pleasure] but from different sources."* In light of the Freudian critique of Kant, this would appear to be a remarkable concession—for Kant seems to have both admitted and named the "substitutive satisfaction" that the superego offers the good will in exchange for its instinctual renunciations. Where Freud says "the consciousness of deserving this love is *pride*,"[38] Kant says the consciousness of our ability to "determine [our] actions directly by a pure rational law" is *respect*. Since pride is understood in terms of the dynamics of the libido (or pathological), it might seem as though respect will be open to a libidinal (pathological) interpretation as well, and this would spell the end of autonomy as Kant sought to conceive it.

6 Kantian reply: Respect and uncertainty

However, rather than representing a concession, I think the apparent connection between pride and respect simply offers us a framework for re-describing and perhaps clarifying the central problem that Kantian ethics seeks to address— namely, if and how one can prevent pride (as the "substitutive" feeling of pleasure deriving from the certainty of our having conformed to the law) from doubling back upon and thus cancelling out the moral disposition of respect. How can one prevent pride from perverting one's will from the inside out. To be clear, Kant is addressing the following worry: if I *know* that my good will (acting out of respect for law or "from duty") will be rewarded with substitutive satisfactions on account of its moral worth, then I might be tempted to adopt a good will simply for the sake of those rewards, rather than out of respect itself.

---

37 Kant, *Critique of Practical Reason*, 5:117.
38 Freud, *Moses and Monotheism*, 149–150 (emphasis added).

But this is not just Kant's worry—it is also a longstanding worry of Ricœur's, one he described in *The Symbolism of Evil* as the unique "dimension of sin" first announced by Paul—a sin that does not involve transgression of the law per se, but rather "the will to save oneself by satisfying the law. [...] Paul calls this will to self-justification 'boasting in the law.'"[39] And this, Ricœur argues (*contra* Lacan) is the true meaning of Paul's assertion that the "the law begets sin." In *Freud and Philosophy*, Ricœur describes this "boasting in the law" as a "pathology of duty" (as opposed to a "pathology of desire") since it has nothing to do with the standard bodily desires that incentivize immoral action, but rather it has to do with the arrogance of those who violate the spirit of the law by scrupulously (we might say *mechanically*) fulfilling its every letter.

Throughout his career, Ricœur repeatedly claimed that Kantian ethics suffers from this so-called "pathology of duty."[40] I find that charge rather unconvincing, since Kant's project, as I understand it, contains the conceptual resources to both diagnose and treat this pathology. But in order to appreciate how Kant does this—and what his cure involves—one would have to be attentive to precisely those parallels between his practical and theoretical philosophy, that Ricœur seemed so happy to dismiss.

I think I can make this point clear by way of a brief discussion of Kant's theory of the postulates. It is often incorrectly assumed (even by such renowned Kant scholars as Allen Wood) that the postulates functioned to "undo in [Kant's] practical philosophy the work of destruction accomplished in the *Critique of Pure Reason*."[41] On that misreading, the third postulate (the existence of God) serves to fill the gap left behind by Kant's critique of the classical proofs (i.e., the ontological, cosmological and physico-theological) with a new kind of proof. This proof, so the story goes, reaches largely the same conclusion (namely, the existence of a supreme powerful, omniscience and just God) simply by way of a different mode of demonstration—by way of *practical* rather than *theoretical* reason.[42] But Kant offers no such practical proof. In fact, he never sought to fill

---

39 Ricœur, *Symbolism of Evil*, 141.
40 See, for example, Ricœur, *Freud and Philosophy*, 448, and *The Conflict of Interpretations*, 338.
41 Wood, *Kant's Rational Theology*, 15.
42 Gordon Michalson, for example, writes: "As we know, however, this initially negative moment is followed in the *Critique of Practical Reason* by an apparent recovery. This recovery takes the form of Kant's moral argument for the existence of God, sometimes referred to as the 'moral proof'" (Michalson, *Kant and the Problem of God*, 28). He goes on to suggest that "Despite the uncertainties regarding our cognitive access to God produced by the first *Critique*, the Kant of the second Critique is adamant that rational faith provides objective certainty of God's existence, and not simply subjective satisfaction. This claim, in turn, is dependent on Kant's more foundational claim that practical reason ultimately enjoys priority over reason in its the-

this gap in human knowledge. Moreover, his justification for denying the very possibility of knowledge of God (understood here as a divine judge who guarantees the *summum bonum*, a "Kingdom of Ends" in which happiness is distributed in exact proportion to virtue) had as much to do with *practical* or moral concerns as it did with the *epistemological* strictures of his critical idealism.

This can be seen in an important, though often ignored, remark from his *Lectures on Philosophical Theology* (which he later elaborates in the second *Critique*), where Kant insists that the very possibility of moral virtue depends upon our *inability* to obtain knowledge of God's existence. For if a person knew with absolute certainty that God exists, then the image of God—"in all its *awful* Majesty"[43] —"as a rewarder or avenger [...] would force itself involuntarily on his soul, and his hope for reward and fear of punishment would take the place of moral motives."[44] To be sure, if we possessed this knowledge, we would act in conformity with the law, but we would do so in full awareness that this conformity would be rewarded by the divine judge, whose existence guarantees happiness in proportion to moral worth. As Kant writes in the Second Critique, "Transgression of the law would be avoided; what is commanded would be done, [but] human conduct would thus be changed into a mere mechanism in which, as in a puppet show, everything would *gesticulate* well but there would be *no life* in the figures."[45] Simply put, God-knowledge would undermine the very possibility of freely *committing* ourselves to the moral law, since it would transform respect into pride. It would give rise to a pathology of duty. It would make our commitment to the law a matter of the mechanics of libido.

Thus, Kant's solution to the "the pathology of duty" is clear: freedom as the commitment to norms (or to the moral law) requires uncertainty, doubt, and suspicion as a condition of its very possibility. And this is precisely what Kant means when he speaks of "the wise adaptation of the human being's cognitive

---

oretical employment, thus trumping on practical grounds the apparently negative theological results of the first Critique" (Michalson, *Kant and the Problem of God*, 29). In fairness to Michalson, he does go on to complicate this picture of the second *Critique*'s supposed recovery. But his point concerns the diminished nature of the God established through the moral argument. I want to suggest, by contrast, that when understood within the context of Kant's practical philosophy, the so-called "moral proof" not only yields a weaker God, but that the proof was never meant to fill the shoes of the classic proofs at all.

43 The expression is Kant's: "fürchtbaren Majestät." "Awful" is a remarkably accurate translation of "furchtbar," since it preserves the German's ambiguity. It can denote fear and dread (as in the expression "Gott fürchten"), but when used as an adverb, it can have quite the opposite meaning (as in "fürctbar nett," meaning "extremely nice or kind").

44 Kant, *Lectures on Philosophical Theology*, 123.

45 Kant, *Critique of Practical Reason*, 5:147.

faculties to his practical vocation."[46] On this score, theoretical and practical reason find themselves in perfect accord—for the finitude of the former is a precondition of the latter; uncertainty is required for a deontological theory of morality.

I have used Kant's remarks about God-knowledge as a way of drawing out this aspect of his practical theory. But the same point can be made on the basis of Kant's remarks in the *Groundwork* concerning the ultimate inscrutability of our wills; or, again, on the basis of his remarks in *Religious within the Boundaries of Mere Reason* about our ultimate uncertainty regarding the true nature of our maxims. Two influential contemporary philosophers who have claimed to inherit Kant's normative approach—namely, Robert Brandom and Christine Korsgaard—have made this point in a more general way: namely, by simply noting that normativity in the Kantian sense implies the possibility of violating or failing to live up to the norm. No wonder, then, that the Devil's "accusation" in Kipling's poem was expressed in the form of a question, one that voiced doubt and suspicion as much as it voiced standards for assessment.

Far from undermining Kant's so-called ethics of accusation, a hermeneutics of suspicion (such as Freud's) can be incorporated into that ethics, as a supplement to Kant's critical method, thereby functioning as one of its enabling conditions. Is my commitment to morality an expression of my *rationality*, or is it a mere *rationalization*, functioning to conceal still deeper desires, desires for the substitutive satisfactions offered by the superego? Is the supposedly autonomous will a matter of *sublimity*, or is it a matter of *sublimation*, a mere displacement of energies away from prohibited behaviors toward socially acceptable ones? Am I committed to doing what is right for its own sake, or am I just a child yearning to earn the love of his father? My deeds might conform to duty, but are they motivated by respect, or by vanity and pride? My work may be pretty, but is it really art?

If I were not continually haunted by such questions, then my actions would be transformed into the involuntary movements of a puppet and reducible to the mechanics of the libido. In the absence of suspicion, I would cease to be the sort of being capable of acting in light of norms—or, more precisely, capable of even *striving* to act in light of norms.

---

46 Kant, *Critique of Practical Reason*, 5:146.

7 Eros, selfhood and normativity

I have argued thus far that when Kant's practical philosophy is viewed within the broader context of his overall critical project, it becomes clear that his theory of moral *agency as constraint by norms* actually presupposes *uncertainty* as a condition of possibility. I've also argued that, given this role of uncertainty, a Freudian critique of Kantian ethics does not deal it a fatal blow ; on the contrary, that critique can be put to work by Kantian ethics itself, as a way of supplementing our understanding of the kinds of suspicion that enable our commitment to norms in the first place. In Ricœur's terms, I might say that deontology, understood as an ethics of accusation, can ultimately assume a hermeneutics of suspicion as a moment within its own development. So much, then, for Ricœur's critique of the Ethics of Accusation.

I have yet to say anything regarding how this way of thinking about moral agency can accommodate a possible Ethics of Eros, that is, an ethics rooted in the non-libidinal dimension of "our effort to be," which Ricœur claims to be the core concern of ethical inquiry. Ricœur, we had noted, suggests that Kant's obsession with unconditional obligation threatened to do away with the self altogether. This, too, I think is mistaken—though explaining why, exactly, would require more time than I now have. In order to speed things along, I will enter this discussion by way of Christine Korsgaard's notion of selfhood as integrity. This word—integrity—has two interrelated senses in English: on the one hand, it implies oneness, wholeness or unity (in the sense of "integration"); on the other hand, it implies living up to one's own standards (in the sense of "having integrity"). That the two meanings are connected has partly to do with the fact that living up to one's own standards is what makes someone a unified person. Or, as Korsgaard puts the matter, it is what makes a person some*one* in particular.[47]

When considered abstractly, Kantian ethics can seem to entail nothing but the most abstract obligations—obligations that leave little if any room for the individual to be expressed. But this is a product of the abstract view itself. For one can also see the ethics of accusation, obligation or normativity as offering a means for expressing *who* one is. As Korsgaard writes,

> It is the conceptions of ourselves that are most important to us that give rise to unconditional obligations. For to violate them is to lose your integrity and so your identity, and to no longer be who you are. That is, it is to no longer be able to think of yourself under

---

[47] See, for example, Korsgaard, *The Sources of Normativity*, 24.

the description under which you value yourself and find your life to be worth living and your actions to be worth undertaking.[48]

One can think of oneself, then, as a friend, scholar or citizen; but adopting these conceptions requires, in turn, that we commit ourselves to certain norms, that we try to live up to the standards or rules that we use in judging someone to be such a person. In fact, being a friend or a scholar has less to do with one's self-conception, than with whether one has indeed committed oneself to living in accordance with those conceptions. As Brandom puts it, "[t]o be, say, a formidable [chess] player, I must be recognized as such by those I recognize as such."[49] As a consequence, my ability to act on principles that serve to unify my will and constitute my self is equally dependent upon the reciprocal, recognitive attitudes within a community, concrete attitudes which determine what roles there are to play and the rules by which we can play them. In this sense, Kant's normative theory of agency contains resources for articulating a rich, concrete and socially constituted sense of selfhood—one that is anything but abstract.

The obvious rebuttal here would be to say that our desire to be this or that kind of person will inevitably involve desires for particular ends, and therefore it will rest upon merely hypothetical maxims that violate Kant's conception of the moral law and undermine the principle of autonomy. But this objection stems from a conflation of two distinct levels of analysis: one concerns the concrete action undertaken by any one individual and the other concerns the more general formulation of the maxim to which the test of universalizability can be applied. The absolute duty to, say, keep one's promise is in no way corrupted or undermined by the fact that my promise was to send an email to a colleague, or to bake a cake for a friend, or to give a lecture on Freud at the Fonds Ricœur. Promises are always promises to do *this* or *that*, not to promise *in general* (whatever *that* might mean!). Likewise, the duty to live up to the standards of being someone (of being an integrated person or "self") is in no way undermined by the fact that I must be someone *in particular*, that I must be capable of answering to the question "who?" After all, *that* is the only way anyone can ever truly to be.

The claims I have just made are not only consistent with Ricœur's thought, they are explicitly endorsed by him in his later work on narrative selfhood—especially in *Oneself as Another*, where promising serves as the paradigm for the kind of temporality entailed by genuine *selfhood* (or *ipseity*), as opposed to the

---

48 Korsgaard, *The Sources of Normativity*, 102.
49 Robert Brandom, *Making It Explicit*, 71.

mere *sameness* of *idem*-identity.[50] It is by acting in accordance with norms whose validity we have assumed as part of who we take ourselves to be that we affirm our being in the manner of Spinoza's *conatus* or Diotima's *eros*—it is how we attest to who we are, how we create ourselves through commitments, how we "scratch with a stick in the mould." But like Adam, our attestation of selfhood, our effort to act in light of norms, is forever accompanied by the suspicion that we might have somehow failed, that our work is simply an expression of libido rather than genuine eros, that we have given birth to mere body, rather than to beauty. Kipling put it best:

> The tale is old as the Eden Tree—as new as the new-cut tooth—
> For each man knows ere his lip-thatch grows he is master of Art and Truth;
> And each man hears as the twilight nears, to the beat of his dying heart,
> The Devil drum on the darkened pane: "You did it, but was it Art?"

I have tried to show that these doubts about the success of our efforts, the determining causes of our will, or the moral character of our maxims are an essential feature of the kind of normative action that constitutes selfhood. Insofar as these doubts are associated with moral obligations articulated by an "accusatory conscience," the latter is also an essential part of any ethics of affirmation. Therefore, by reading Kant *after* Freud, and *in light of* Ricœur's work as a whole, we see that the *ethics of accusation* (or normativity) and the *ethics of eros* (or desire) are not so much opposed as they are complementary, two inseparable dimensions of human agency in the fullest sense.

Bibliography

Brandom, Robert (1994): Making It Explicit: Reasoning, Representing and Discursive Commitment. Cambridge: Harvard University Press.
Brandom, Robert (2009): *Reason in Philosophy: Animating Ideas*. Cambridge: The Belknap Press of Harvard University Press.
Freud, Sigmund (1967): *Moses and Monotheism*. New York: Vintage Book.
Freud, Sigmund (1989a): *The Future of an Illusion*. James Strachey (Trans.). New York: Norton.
Freud, Sigmund (1989b): *Civilization and Its Discontents*. James Strachey (Trans.). New York: Norton.
Kant, Immanuel (1986): *Lectures on Philosophical Theology*. Allen W. Wood and Gertrude M. Clarke (Trans.). Ithaca: Cornell University Press.

---

50 Ricœur, *Oneself as Another*, 124.

Kant, Immanuel (1996a): *Critique of Practical Reason*. In: Kant, Immanuel: *Practical Philosophy*. Allen W. Wood (Ed.). Mary J. Gregor (Trans.). New York: Cambridge University Press.

Kant, Immanuel (1996b): *Groundwork of The Metaphysics of Morals*. In: *Practical Philosophy*. Allen W. Wood (Ed.). Mary J. Gregor (Trans.). New York: Cambridge University Press.

Korsgaard, Christine M. (1996): *The Sources of Normativity*. Cambridge: Cambridge University Press.

Korsgaard, Christine M. (2008): *The Constitution of Agency: Essays on Practical Reason and Moral Psychology*. Oxford: Oxford University Press.

Korsgaard, Christine M. (2009): *Self-Constitution: Agency, Identity, and Integrity*. Oxford: Oxford University Press.

Michalson, Gordon (1989): *Kant and the Problem of God*. New Jersey: Wiley.

Plato (1989): *Symposium*. Alexander Nehamas and Paul Woodruff (Trans.). Indianapolis: Hackett Publishing Company.

Ricœur, Paul (1969): *Symbolism of Evil*. Emerson Buchanan. Boston: Beacon Press.

Ricœur, Paul (1974): *The Conflict of Interpretations: Essays in Hermeneutics*. Don Ihde (Trans.). Evanston: Northwestern University Press.

Ricœur, Paul (1977): *Freud and Philosophy: An Essay on Interpretation*. Denis Savage (Trans.). New Haven: Yale University Press.

Ricœur, Paul (1986): *Fallible Man*. Charles A. Kelbley (Trans.). New York: Fordham University Press.

Ricœur, Paul (1992): *Oneself as Another*. Kathleen Blamey (Trans.). Chicago: The University of Chicago Press.

Wood, Allen W. (1978): *Kant's Rational Theology*. Ithaca: Cornell University Press.

Ana Lucía Montoya Jaramillo
Attention and the transformation of reflexive consciousness

Abstract: This chapter sheds light on how attention to symbols in Ricœur's thought can be put at the service of the restorative intention of philosophy, which underlies his early works, insofar as it allows for a better understanding of the forgotten human bond with the being of all beings. The argumentative strategy consists in elaborating the meaning and implications of a statement found in *The Symbolism of Evil* according to which the qualitative transformation of reflexive consciousness is the task of a philosophy instructed by symbols. The chapter examines the correlation between the wager made by Ricœur in the conclusion of that book and his concern to include participation in existence in the starting point of philosophical thought. Three ideas are highlighted: the ontological function of symbolic thought, the help that psychoanalytic practice gave Ricœur in reflecting on the pedagogical and transformative process that accompanies the philosopher's experience of being instructed by symbols, and, finally, the role of the concept of *the second naïveté*, linked to that of attention, which refers to the longed-for fruit of philosophical practice born of this transformative and restorative tension.

Ricœur affirms at the end of *The Symbolism of Evil* that "a philosophy instructed by the symbols has for its task a qualitative transformation of reflexive consciousness."[1] In this chapter, I will explore the meaning of this affirmation.

As a starting point of reflection, we may consider the following: What is entailed in this qualitative transformation of reflexive consciousness? Why does Ricœur consider that reflexive consciousness must be transformed? Why do symbols have this pedagogical role? What processes are put in place for this transformation to occur? What was he emphasizing when he specified the *qualitative* character of this transformation?

To respond to these questions, I would like to propose that it is possible to better understand the scope of this affirmation by framing it within Ricœur's first philosophical project, his philosophy of attention, and by analyzing it in light of the restorative intention that moved Ricœur's thesis, *Freedom and Nature*.

---

1 Ricœur, *The Symbolism of Evil*, 356.

∂ Open Access. © 2022 the author(s), published by De Gruyter. This work is licensed under the Creative Commons Attribution-NonCommercial-NoDerivatives 4.0 International License.
https://doi.org/10.1515/9783110735550-020

I will begin by presenting a summary of Ricœur's first reflection on attention, which will serve as a general context for my argument. I will continue by focusing on the revelatory power of symbols and their restorative role in Ricœur's thought. I will then link his call to a transformation of the "reflexive consciousness" to the starting point of thought in philosophical practice and to the recognition of the need for reflexive consciousness to regain a certain quality that allows the philosopher to embrace reality more fully. I will make use of Ricœur's expression: the *second naïveté*, to describe the longed-for fruit of the philosophical practice born of this transformative tension. This argumentation will allow me to highlight the important role that Ricœur accorded to psychoanalytic practice insofar as it points to the asceticism that is necessary for the transformation of consciousness to occur.

I hope that this chapter will help us not only to enrich our understanding of the relationship that Ricœur established between attending to symbols and the transformation of reflexive consciousness, but will invite us to consider more deeply, as philosophers committed to the search for truth, what is entailed in the practice of attention.

1 Ricœur's reflection on attention

I believe that it is possible to gain a better understanding of the reasons that moved Ricœur to assign a transformative role to symbols in the philosophical practice by taking into consideration his first philosophical project, his philosophy of attention. As stated above, in order to develop this idea, I will now give a summary of this project.

In 1939, Ricœur gave a lecture at the *Cercle Philosophique de l'Ouest* entitled: "Attention: A Phenomenological Study of Attention and Its Philosophical Connections." In this lecture, we find, in seminal form, some of the principal ideas which will guide the development of his thought. Ricœur presents two main concerns that sought conciliation through a reflection on attention. The first concern was to overcome the naturalization of consciousness that is proper to explicative psychology, which, by not recognizing the peculiarity of the acts of the cogito, reduces them to states of mere consciousness. The second was to show the interconnection between the ethical and the cognitive dimensions as revealed by the paradoxical character of attention, adding a volitional character to the root of knowledge. To respond to the first concern, he takes a phenomenological approach and, to address the second, he draws from the classical philosophical tradition.²

Ricœur's lecture finishes pointing to the need of re-signifying the term 'attention' in light of a philosophy which takes as its starting point man's participation in being.³ He does this by following Gabriel Marcel's line of thought, who, together with Husserl and Nabert, is held by Ricœur as one of his masters.

The 1939 lecture opens with an emphasis on the intentionality of attention. Ricœur sees in Husserl's concept of intentionality a way of escaping from falling into naturalistic reduction, since this concept offers, in his eyes, the possibility of conveying a particular type of relationship: act-object, which, when experienced, is not necessarily fully conceptualized. There is, therefore, an irreducible element of this relationship that forces us to think of it not in a symmetrical way, as if we were facing two elements that could be thought of separately, but rather, in a reciprocal way.⁴ Attention, described phenomenologically, gives reason for this irreducibility. Insofar as this act is an expression of our subjectivity, it manifests our dependence on objectivity. It encompasses a paradox that Ricœur expresses by saying: "my landscape changes aspect, without changing meaning."⁵ The act of attention manifests the relationship that exists between presence and meaning.

Ricœur's study on attention in his thesis *Freedom and Nature* aims to show that there is a passive receptive aspect in knowing, and at the same time aims to show that there is an active aspect in this receptivity which calls for criticism. The emphasis on receptivity seeks to show that the meaning revealed by the presence of the object does not belong to the cogito as far as it is not he who creates it. Therefore, the object, which its meaning opens up in the encounter with the subject, must be respected. This implies that the subject must seek the purest disposition, that which, within the limits of his fallibility, allows this meaning to be accepted (received) as it is.

---

2 In particular, Ricœur relies on the reading of a series of articles by Jean Laporte. The latter published in the *Revue de Métaphysique et de Morale* in 1931, 1932 and 1934 "Le libre arbitre et l'attention chez saint Thomas"; in 1937, he published "La liberté selon Descartes"; and in 1938, "La liberté selon Malebranche." In these articles, the concept of attention occupies a central place in Laporte's argumentation.
3 Although Ricœur ends his lecture by pointing out the limits of the concept of attention, I consider that it is possible to interpret this critique as an invitation to re-signify this concept, taking into consideration other references made by him. See Ricœur, "Attention," 36.
4 See Ricœur, "Attention," 25.
5 See Ricœur, "Attention," 30.

In his 1939 lecture, Ricœur suggests the possibility of developing a descriptive realism based on the notion of receptivity derived from attention.[6] In this idea can be seen his confidence in the power of the object to reveal itself when the subject voluntarily seeks to neutralize the forces that block or distort this manifestation. He tells us: "through the very character of attention, through its interrogative character, we understand that knowing is not situated in the register of doing, of *producing*. It is neither action nor passion."[7] In addition, it is the active aspect of the cogito's receptivity that calls on a critical element, since I am not pure receptivity. There is, at the root of the act of knowing, a fundamental "I" that is never a *fiat*-creator but the active mode of this receptivity of meaning. Every act, being an expression of a capacity of the subject, is always conditioned by a series of cultural, affective, and corporal factors that for the subject himself can be more or less conscious. This structural-ontological dependence, which is informed by activity, points to the fact that the human being is, in the terminology used in *Fallible Man*, a mediation of finitude-infinitude.

This awareness of the cogito's finitude-infinitude, of its being a wounded cogito, an embodied cogito not transparent to itself, will be increasingly integrated into Ricœur's thinking. The dialogue with different authors, especially those he calls "masters of suspicion" allows him to delve deeper into this aspect, whereby he does not claim to deny the impulse towards truth in humans, nor the confidence in the power of the manifestation of the object, but rather to invite caution. This has consequences for philosophy, since philosophers, who are committed to the search for truth, are obligated to revise their presuppositions and expectations (that could lead them to not see what actually is, but what they want to see or eliminate what they do not want to see).

Underlying the different descriptions of attention, whether in dialogue with psychology or phenomenology, Ricœur affirms that the "naïveté of looking" is the essential element that constitutes it. He tells us:

There is a fundamental opposition between two attitudes, one consisting in inflecting perception in the direction of some anticipation, the other in seeking an innocent eye and senses, in opening one's mind, in welcoming the other as other. Through this respect for the object, we place ourselves in the hands of the object, much more than we inscribe the object to our past account. The true name for attention is not anticipation but surprise [étonnement]. This oppo-

---

6 See Ricœur, "Attention," 39.
7 Ricœur, "Attention," 39.

sition remains unperceived at the level of sensory perception because our senses are rarely disinterested. It is capital at the level of thinking in search of the truth.[8]

Attention, as a cognitive attitude of a subject who voluntarily places himself "in the account of the object," allows the object to reveal its richness, in a game of acceptance and spontaneity that remains always open and subject to critical review due to the very structure of the cogito, which is an embodied and wounded cogito.

In my opinion, it can be affirmed that there is in Ricœur's position a realist *exigence* that plays a fundamental role within a broader epistemic dynamic. This *exigence* is linked to the human experience of being in the world and belonging as a whole.[9] It must be understood in the sense that Ricœur denies consciousness the privilege of being the creator of meaning, he recognizes the most primordial experience of belonging as a whole and affirms the need for an asceticism of reflexive consciousness to consent to this belonging.[10] Consciousness must be oriented and reoriented considering what it recognizes as pre-given. This occurs within a cognitive experience marked by the mediation of the personal body (*corps propre*) and the dependence-independence of meaning. I will return to this point a little further on.

Ricœur's lecture on attention—which begins by drawing on Husserl's descriptive phenomenology and continues by recollecting valuable insights from the French philosophical tradition of Descartes, Malebranche, and Pascal—ends, as mentioned above, by pointing out the need of going beyond the concept of attention to reach that of participation.[11] According to Ricœur, the pretended pure objectivity entailed in the concept of attention should be overcome by a way of thinking which is nourished by participation in being. It is thus that participation in existence is hypothesized as a new philosophical starting point that al-

---

[8] Ricœur, "Attention," 36.
[9] In his early lecture on Attention, Ricœur says: "I am in the world, I am a piece of it, it holds me, encompasses me, supports me, will absorb me." (Ricœur, "Attention," 43). What I call a "realist *exigence*" in Ricœur's thought is closely linked to the early influence of Marcel's notion of participation. In *The Symbolism of Evil* Ricœur uses the word 'realism', referring to sin, to indicate that "it cannot be reduced to its subjective measure, and nor can sin be reduced to its individual dimension; it is at once and primordially personal and communal." (Ricœur, *The Symbolism of Evil*, 83) In other words, it expresses a consciousness that is not its own measure.
[10] This "realism" should not be understood within the epistemological opposition realism-idealism, which, as we know, Ricœur seeks to overcome insofar as it is trapped in the object-subject opposition.
[11] The key influence of Descartes—and through him that of scholastic tradition—on the Ricœurian concept of attention is highlighted by Michael A. Johnson. See Johnson, "The Paradox of Attention," 79–108.

lows access to a deeper understanding of the human being and its bond with the being of all beings. From this starting point, the form of relationship with presence changes, and therefore the categories for thinking about it also change.[12]

The search for a way of thinking nourished by this new starting point of conceiving subjectivity will guide the development of his thesis, in which he walks again with Husserl along the path of descriptive phenomenology, but seeks to go beyond it.[13] This development aims "to understand the mystery as reconciliation, that is, as restoration, even on the clearest level of consciousness, of the original concord of vague consciousness with its body and its world."[14]

Ricœur states in his thesis that to grasp the freedom of the subject one must change one's point of view, hence a change of perspective is necessary, since "freedom has no place among empirical objects."[15] I consider that we can extend this requirement to symbolic thought and affirm that conversion, which involves a *new kind of attention*,[16] is equally necessary to grasp the bond with being and with the sacred which the symbol reveals.

Ricœur wants to think with symbols because he is confident that they could be placed at the service of opening access to a better understanding of the original pact with being. Thinking with symbols, looking at them from a certain perspective of the "I," in Ricœur's eyes, does something: it restores-transforms. What is at stake, at the conclusion of *The Symbolism of Evil*, is Ricœur's philosophical starting point, the same point that from a perspective of participation in existence, was raised in his early lecture on attention.

---

[12] See Ricœur's reference to Marcel, *Position et approches concrètes du mystère ontologique*, 292–293 (cited in Ricœur, "Attention," 52).

[13] Ricœur's philosophical project in his Philosophy of the Will—as Herbert Spiegelberg rightly points out, in his well-known history of the phenomenological movement—is trans-phenomenological. Ricœur's developments on attention, in particular, reveal his attempt to go beyond pure description. In this endeavor, he draws from different traditions but is mainly guided by the influence of Marcel in terms of the restorative intention of his reflection. Jean-Luc Almaric points out the key influence of Marcel on Ricœur's concept of attention. See Amalric, *Paul Ricœur, l'imagination vive*, 105.

[14] Ricœur, *Freedom and Nature*, 18.

[15] Ricœur, *Freedom and Nature*, 12. Later on, he will say: "even though a particular objectivity—that of concepts of the Cogito—always provides a more subtle problematic for the sense of mystery than a naturalistic objectivity, it seems to us hopeless to believe that we might 'save the phenomena' without the constant conversion which leads from the thought which posits concepts before itself to a thought which participates in existence" (Ricœur, *Freedom and Nature*, 16).

[16] In order to capture the bond of the cogito with its body, he states the need for a different type of attention. And this attention implies: "that I participate actively in *my incarnation as a mystery*. I need to pass from objectivity to existence" (Ricœur, *Freedom and Nature*, 14).

I will now first explain how this development on attention illuminates the function Ricœur attributes to symbols, and, secondly, I will examine his attempt to go beyond phenomenology under the aegis of Marcel's concept of participation. I intend to show that a chosen starting point of thought—that of participation in being—has a transformative power and it responds to a restorative intention. This is relevant for understanding the performative role of attention in philosophical practices.

2 What the symbols reveal

I return to Ricœur's statement that has given rise to this reflection, placing it into context: "a philosophy instructed by the symbols has for its task a qualitative transformation of reflexive consciousness."[17] We find ourselves at the conclusion of *The Symbolism of Evil*, at the start of the passage in which Ricœur makes a "wager" that seeks to transcend the hermeneutic circle by making of symbolic thought a starting point for philosophical reflection. His wager is expressed in the following terms: "I wager that I shall have a better understanding of man and of the bond between the being of man and the being of all beings if I follow the *indication* of symbolic thought."[18] Ricœur seeks to free the reader from a possible misunderstanding: to believe that "the justification of the symbol by its power to reveal constitutes a simple augmentation of *self-awareness*."[19] The human reality that symbols help to decipher could not be reduced to "one or other dimension of finitude." It is a reality that could not find its justification within the realm of "reflexive circumscription." Ricœur states that in "treating the symbol as a simple revealer of self-awareness, we cut it off from its ontological function."[20] I will now try to explain in more detail the implications of this ontological function in light of what the attentional structure reveals to us.

When we consider the symbol as an object, as a presence charged with a meaning offered to the attention of the subject, we find that the symbol does not get its justification within the subject. Its meaning is actively received by the subject and in this active reception, the object opens its multiple faces (its multiple layers of meaning), just as the physical object progressively manifests itself to the subject following changes of attention. The symbol overflows into the current consciousness of the subject; it carries—like every object that is of-

---

17 Ricœur, *The Symbolism of Evil*, 356.
18 Ricœur, *The Symbolism of Evil*, 355.
19 Ricœur, *The Symbolism of Evil*, 356.
20 Ricœur, *The Symbolism of Evil*, 356.

fered to us—a disproportion between presence and meaning; and this invites us, as we are faced with the partiality of what is received and the excess of what is given, to place ourselves in a disposition of listening to it. The symbol has a peculiarity, which makes it particularly fertile as an object in Ricœur's eyes, and that is the fact that the meaning that its presence manifests touches spheres of human existence that have been particularly forgotten by modern man, that is to say, the link with both being and the sacred.

Ricœur, in an article contemporary to the text I am analyzing, "The Symbol Gives Rise to Thought," puts into context the concern that gives rise to his meditation on symbols, which he recognizes as being that of a specific era and which led thinkers such as M. Eliade, C. Jung, G. Bachelard, and even S. Freud, to deal with them. He affirms that "[t]he historical moment of the philosophy of the symbol is that of oblivion and also that of restoration. Forgetting the hierophanies, forgetting the signs of the sacred; loss of man himself as belonging to the sacred."[21]

The conviction of the revealing power of symbols, of an existing bond with being that has been lost from sight (it exists but has been excluded from the field of attention), is a postulate that goes together with the confidence that attending to an object (presence charged with a meaning) from a *better existential positioning* has a power capable of *transforming* the reflexive conscience, making something appear that was already there but not seen. Attention to the symbol, being the consciousness to the correct disposition of openness, awakens the reflexive consciousness as if from a dream. It awakens it from the naturalistic dream in the first place and secondly, from the dream of believing oneself to be "the remote and uninterested spectator."[22] This awakening talks to us of the restorative moment of philosophical practice instructed by symbols.

Throughout his book *The Symbolism of Evil*, the symbol is presented to us as an object that *manifests*, *reveals*, and *gives access* to reality. It has a hierophantic dimension. Ricœur shows us that the symbol speaks to us "as an index of the situation of humans at the heart of the being in which they move, exist, and desire."[23] This dimension of the *givenness* of the symbol, its *reality*, requires that it be preserved, respected, and heard. And in this sense, it sets out limitations and

---

21 "Le moment historique de la philosophie du symbole, c'est celui de l'oubli et aussi celui de la restauration. Oubli des hiérophanies, oubli des signes du sacré ; perte de l'homme lui-même comme appartenant au sacré" (Ricœur, "Le symbole donne à penser," 176; my translation). This part was omitted in the English translation of this article.
22 Ricœur, *The Symbolism of Evil*, 354.
23 Ricœur, *The Symbolism of Evil*, 356 (translation modified).

demands that shape the disposition of the philosopher, as I shall illustrate at the conclusion of this paper.

3 Attention to symbols

Ricœur's commitment to symbolic thought places him, as he says, within the task of verifying this wager and saturating it with intelligibility.[24] He adduces that this task transforms the wager in such a way that it empowers the philosopher. He tells us: "in betting on the significance of the symbolic world, I bet at the same time that my wager will be restored to me in power of reflection, in the element of coherent discourse."[25] So, it is a philosophical wager with transformative power.

Ricœur refers to a qualitative transformation of reflexive consciousness. And we may now address the following questions. What was the author trying to emphasize when he specified the qualitative character of the transformation? What would a reflexive consciousness need to undergo for this transformation to take place? We find the answer in the Oracle's invitation to *Know thyself better*, which Ricœur interprets following Plato's *Charmides* as *to situate thyself better in being*. Ricœur highlights that "to know thyself" is not purely reflexive, "it is first of all an appeal by which each man is invited to situate himself better in being"[26] and he quotes from *Charmides:* "*Be wise* and *Know thyself* are fundamentally the same thing" (165a) In the god's greeting, there is, therefore, a piece of advice that invites us to a qualitative transformation. In the same way, we may find in the invitation Ricœur makes to symbolic thought, an invitation to situate oneself better in being, to take another *existential starting point* in order to *understand* and *not just explain* reality.

In his article "The Symbol Gives Rise to Thought," in which we find several of the elements which also appear in his last chapter of *The Symbolism of Evil*, Ricœur explicitly frames the meditation on symbols around the problem of the starting point of philosophical thought: one that is a radical starting point like those of Descartes or Husserl, or one that recognizes its limitation and takes into consideration the fullness in which that subject is immersed. Ricœur's reflection on this matter also involves the existential condition of the subject with-

---

24 See Ricœur, *The Symbolism of Evil*, 355.
25 Ricœur, *The Symbolism of Evil*, 355.
26 Ricœur, *The Symbolism of Evil*, 356.

in this plenitude.²⁷ It is interesting to note that Ricœur mentions that we have to consider, not only the fullness in which the subject is, but also, the fact that the subject has *forgotten* his dependence on being.²⁸ This existential condition of oblivion is, in my judgment, what calls for a qualitative transformation (or a restoration) of the reflexive conscience.

Ricœur is in search of a thought that is "in vital relation" with the object that the philosopher is seeking to comprehend, in other words, a thought that is born out of participation in existence. He tells us:

> the task of the philosopher guided by symbols would be to break out of the enchanted enclosure of consciousness of oneself, to end the prerogative of self-reflection. The symbol gives reason to think that the *Cogito* is within the being, and not vice versa. Thus, the second naïveté would be a second Copernican revolution: the being which posits itself in the *Cogito* has still to discover that the very act by which it abstracts itself from the whole does not cease to share in the being that challenges it in every symbol.²⁹

Once again, we see that what is at stake is the starting point, which is the existential point of the philosopher's quest for truth, and which implies a process that passes through different stages. I will elaborate on this point by appealing to the path Ricœur follows in dialogue with Husserl and seeking to go beyond Husserl, under the impulse of Marcel. In addition, I will highlight, following Ricœur, the role of psychoanalysis as a discipline at the service of the ascesis of reflection.

I want to emphasize that for Ricœur the qualitative transformation of consciousness implies a process of liberation, a conversion of the way of looking at reality, in order "to break out of the enchanted enclosure of consciousness of oneself, to end the prerogative of self-reflection." He has indicated that to let the symbol unveil its potentialities of meaning, the philosopher "must abandon the position—or rather, the exile—of the remote and disinterested spectator,"³⁰ a position that he attributes on several occasions to the pure transcendental ego.³¹ We find here the same critique and the same impetus which was present in his early lecture on attention, and which drove his project of a philos-

---

27 Ricœur speaks specifically of the fullness of language. But this fullness could also be understood, in Marcel's terminology, as the subject who is within the mystery.
28 See Ricœur, "The Symbol Gives Rise to Thought," 107–108.
29 Ricœur, *The Symbolism of Evil*, 356
30 Ricœur, *The Symbolism of Evil*, 354.
31 In his lecture on attention, he criticizes placing the subject of attention on a transcendental "I" while telling us that attention is the most personal act that can take place. The truth appears to attentive minds at a particular moment in their history. See Ricœur, "Attention," 41–42.

ophy of the will by speaking of a new starting point for thinking about subjectivity.

One of the aspects that Ricœur dwelt on in his first reception of Husserl, following E. Fink's reading, was the transformative power of phenomenological reduction, as an existential act that transforms the perspective of the subject, so that there is a field that is open only to those who carry out the reduction.[32]

The description of the process involved in Ricœur's bet for the symbolic thought has a certain parallel with the process involved in phenomenological reduction. The opening of the field of philosophical hermeneutics, the fruit of its wager, resembles the experience of the subject who sees the eidetic world opening up, having carried out phenomenological reduction. There is a certain solemnity in Ricœur's announcement of the opening of the field of philosophical hermeneutics: "Then there opens before me the field of philosophical hermeneutics properly so called."[33]

Ricœur's wager rests on another wager, so it could be explained as the bet of a subject who operates a second reduction. He wagers that a philosopher who has freed himself of naturalism thanks to descriptive phenomenology, must operate a second reduction and free himself from the illusion of considering the transcendental as the absolute primitive;[34] that is to say, the illusion of being able to develop a philosophy without prepositions. The region of consciousness that discloses this wager is that of confession; which, without this second reduction, is easily reduced to "error, habit, emotion, passivity—in short, to one or another of the dimensions of finitude that have no need of the symbols of evil to open them and discover them."[35] Hence, it is a matter of seeking access to the same phenomenological reality, our finitude, but from a starting point that allows a better understanding of the ontological bond. The wager is not only

---

[32] The presentation of Husserl's thought, made by his faithful disciple Fink, which is followed by Ricœur, places great emphasis on this liberating character of reduction. Gaston Berger, who is another of the authors on whom Ricœur bases his interpretation of Husserl, follows, in turn, Fink's emphasis on it. See Berger, *Le cogito dans la philosophie de Husserl*, 55; Fink, "Was will die Phänomenologie Edmund Husserls?,"; and Ricœur, "An Introduction to Husserl's Ideas I," 26.
[33] Ricœur, *The Symbolism of Evil*, 355.
[34] See Ricœur, *Husserl*, 228. Ricœur acknowledges the great potentiality of the phenomenological method. He describes Husserlian phenomenology as a struggle between two tendencies: the descriptive, respectful of otherness, and the interpretative, which seeks to reduce otherness to the monadic life of the ego. He recognizes in Husserl the honesty with which he faces the difficulty in which "the realist character of description" places him, since, in following it "the Other never ceases to exclude himself from the sphere of my monad" (Ricœur, *Husserl*, 130).
[35] Ricœur, *The Symbolism of Evil*, 355.

that this bond could be revealed, which is the fundamental presupposition contained in the bet, but that the reflexive consciousness that seeks to understand this bond, in so doing, will be *qualitatively transformed*.

The quality that this process seeks to restore is a certain naïveté, a look capable of being guided by the objects (by the symbol in this case), which was the essential attribute with which Ricœur describes attention. Since attention, as I previously argued, is not pure receptivity but the receptive-activity of an embodied cogito who dialogues with the conditions of his finitude, there is a critical element that must be incorporated. This is the reason why the naïveté that is sought is necessarily *second*. Because humans have forgotten and lost the naïveté that gave access to the knowledge of their bond with being, *restoring* it implies a critical path that recognizes the prerogatives of the object, whilst recognizing the contingency and restriction of any starting point. Ricœur tells us: "the time of restoration is not a different time from that of criticism; we are in every way children of criticism, and we seek to go beyond criticism by means of criticism, by a criticism that is no longer reductive but restorative."[36]

It is revealing that, in this time of criticism, a discipline such as psychoanalysis, which, according to Ricœur, can lend itself to reductive interpretation, helps him to reflect on the pedagogical and transformative process that accompanies the philosopher's experience of being instructed by symbols. Ricœur highlights that it is necessary to pass through the stage of dispossession to get close to the sought-after second naïveté that allows us to "return to the simple attitude of listening to symbols." Since this dispossession concerns consciousness as "the place and origin of meaning," he viewed Freudian psychoanalysis "as the discipline best equipped to instigate and carry through this ascesis of reflection."[37] Ricœur stresses that psychoanalysis contributes to attaining a *new quality of consciousness* by shifting the locus of meaning towards an origin that we do not control. It may be said that, from the perspective of reflection, he endorsed the role played by realism in psychoanalysis recognizing in it the moment of "dispossession of immediate certitude, a withdrawal from and a humiliation of our narcissism."[38] According to Ricœur, the failure of "reflective consciousness" that Freudian realism brings about begins a process of converting consciousness. In a certain sense, it is possible to affirm that the fruit of this "conversion" regards

---

36 Ricœur, *The Symbolism of Evil*, 350.
37 Ricœur, *Freud and Philosophy*, 494–495.
38 Ricœur, *Freud and Philosophy*, 432. This sense of realism is not "the naïve realism of giving the unconscious a consciousness" (Ricœur, *Freud and Philosophy*, 438). Ricœur, studying Freudian psychoanalysis, highlights that attention opposes narcissism. See Montoya, "The Ego's Attention and the Therapist's Attention to Reality in Freud," 94–95.

the *situation of the self in being* since it faces the subject with the necessity of "letting go all avarice with regard to itself" and acknowledging the presumption contained in his immediate self-certainty.[39]

Ricœur suggests that psychoanalysis points to ontology by criticizing consciousness. According to him, the pretension of consciousness of setting itself as the origin of meaning is contested to some extent by the interpretation it proposes of symbols, dreams, myths, and fantasies. He states: "The philosopher who surrenders himself to this strict schooling is led to practice a true ascesis of subjectivity, allowing himself to be dispossessed of the origin of meaning." He continues:

All of psychoanalysis speaks to me of lost objects to be found again symbolically. Reflective philosophy must integrate this discovery with its own task; the self [le moi] must be lost in order to find the "I" [le je]. This is why psychoanalysis is, if not a philosophical discipline, at least a discipline for the philosopher: the unconscious forces the philosopher to deal with the arrangement of signification on a level which is set apart in relation to the immediate subject.[40]

This being dispossessed is a condition, a necessary first step, in a broader dynamic that constitutes the philosophical task. "[Having] a better understanding of man and of the bond between the being of man and the being of all beings"[41] is only possible when the philosopher embraces the limitations imposed by his or her belonging to the world and exercises a critique of the claims of consciousness to be the origin of meaning. However, the recognition of the limits of consciousness does not imply considering all consciousness as primarily false. Without denying the value that Ricœur acknowledges to the psychoanalytic method, it is important to point out that for him there is a fundamental distinction between a reductionist critique and a critique that performs a restorative task.

According to Ricœur, examples of reductive criticism would be those of Marx, Nietzsche, and Freud since they share "the decision to look upon the whole of consciousness primarily as 'false' consciousness."[42] This kind of decision leads to a reductive filter, it excludes *a priori* that consciousness could be also true. To my judgment, the sought-after naïveté is the key element of ensuring a criticism that is not reductive but restorative. The decision to pursue naïveté enlarges the field of receptivity giving room for truthfulness along with self-deception. This approach helps to restore man's way of relating with the given.

---

39 See Ricœur, *The Conflict of Interpretations*, 103.
40 Ricœur, *The Conflict of Interpretations*, 20.
41 Ricœur, *The Symbolism of Evil*, 355
42 Ricœur, *Freud and Philosophy*, 33.

4 Attention and philosophical practice as an exercise of the second naïveté

The starting point of participation led Marcel to conceive philosophical practice as a secondary reflection exercise. By this, he understood a form of asceticism that should lead one back to the mystery of one's embodied presence.[43] For Marcel, through the secondary reflection, it is possible to rediscover the authentic experience of feeling. In conversation with Ricœur, Marcel recalls what he has written about secondary reflection saying:

> there is a primary reflection which, roughly speaking, is purely analytical and which consists, as it were, in dissolving the concrete into its elements.
> But there is, I think, an inverse movement, a movement of retrieval, which consists in becoming aware of the partial and even suspect character of the purely analytical procedure. This reflective movement tries to reconstruct, but now at the level of thought, that concrete state of affairs which had previously been glimpsed in a fragmented or pulverized condition.[44]

The existential tenor of Marcel's reflection compels him to take into consideration the purifying aspect of philosophical practice, which implies, above all, the liberation from a reflection understood as pure criticism.[45]

Ricœur, for his part, also seeks to take the starting point of participation, which in the light of his reflection on the fundamental role of language for the understanding of human beings, is expressed in the requirement to think from that place in which the symbol speaks to us: the fullness of language.[46] Like Marcel, he also poses the demand for an ascesis on the prospect of philosophical practice, since he affirms, as we have seen, that his philosophical wager leads to qualitative transformation. The term that he uses, second naïveté, a term that is conceptually close to secondary reflection, expresses, however, an accent of its own. If we delve into the conceptual framework that accompanies his use of naïveté, we find two factors: it refers to the quality of the way of looking[47] and it emphasizes the idea of immediacy.[48]

---

[43] See "connaissance" and "réflexion seconde" in Plourde, *Vocabulaire philosophique de Gabriel Marcel*, 122–132 and 436–439, respectively.
[44] Marcel and Ricœur, *Tragic Wisdom and Beyond*, 235.
[45] See Marcel, *Être et avoir II*, 33.
[46] See Ricœur, *The Symbolism of Evil*, 357.
[47] Related to the character of the looking we have that the naïveté of attention implies innocence, openness, "the reception of the other as the other" (Ricœur, *Freedom and Nature*, 155).

The rejection of the ideal of pure objectivity and the fact that the naïveté of my looking has been lost calls for a naïveté which is second. The richness enclosed in the pursuit of a *new naïveté* is at the same time what calls for a critique and what ensures that this critique is not reductive.[49]

He characterizes the second naïveté as "a creative interpretation of meaning, faithful to the impulsion, to the gift of meaning from the symbol, and faithful also to the philosopher's oath to seek understanding."[50] Reading this description at the light of the analysis of attention, we find that there is another occasion in which he has spoken of a faithfulness involved in the second naïveté which brings us back to the role of attention. In *Freedom and Nature*, speaking of the perception of values, Ricœur states a simple fact which is related to the reception of the meaning that the symbol carries. He tells us:

I do not will unless I see, but I cease to see if I absolutely cease to will. That is the difference in principle which separates the truth of the good from the truth of an object.

The attention which the latter requires activates only a pure understanding shorn of passions, while the attention demanded by the former mobilizes my whole being. Values are never given to an observer-consciousness impartiality and objectivity has no longer the same meaning in relation to value as in relation to empirical objects. This explains the gaps and the more or less lasting blindness which afflict our perception of the good.[51]

We may say that the realities that the symbols disclose are "never given to an observer-consciousness impartiality." They are only given within the commitment of the wager, that is, the bet that it is possible "[to] have a better understanding of man and of the bond between the being of man and the being of all beings [following] the indication of symbolic thought."[52]

He continues by saying "evaluation, separated from loyalty, can only disappear in an endless question. We must constantly return to a second naïveté, sus-

---

48 By this term, he also refers to a pre-critical, pre-reflective form of reception, the immediacy of belief. See Ricœur, *Fallible Man*, 51 and *The Symbolism of Evil*, 351.
49 Ricœur identifies the second naïveté with the second immediacy that hermeneutics aims at. He says, speaking of the hermeneutics of Symbols "I believe that being can still speak to me, no longer indeed in the precritical form of immediate belief but as the second immediacy that hermeneutics aims at. It may be that this second naïveté is the postcritical equivalent of the precritical hierophany" (Ricœur, *The Conflict of Interpretations*, 298).
50 Ricœur, *The Symbolism of Evil*, 348.
51 Ricœur, *Freedom and Nature*, 76
52 See Ricœur, *The Symbolism of Evil*, 355.

pend the reflection which itself suspends the living relation between valuation and project."[53]

This faithfulness requires attention and shapes the philosopher's dispositions in a twofold way that calls to mind the mediation involved in the act of attention understood as active-receptivity.

Receptive: due to the revealing power of the symbol.

Active (the critical dimension): due to the opacity of both, the symbol and the conscience.[54]

Both dimensions are interrelated. Receptivity, modulated by a certain activity, allows the symbol to reveal its true scope, that is, the fact that its ontological function is only carried out when the cogito actively leaves the circle on which it tends to lock itself and accepts its own commitment. On the other hand, the activity which gives form to the receptivity of the cogito is what maintains the openness, without which, this function is not fulfilled, and it exercises as well a critical task. Attention, as a new position of existence in front of symbols, operates the qualitative transformation of the reflexive consciousness in this interplay between activity and receptivity.

5 Conclusion

The interpretative line I have followed, in light of Ricœur's philosophy of attention, has led me, on the one hand, to consider the symbol as an object capable of revealing to the philosopher dimensions of reality that he has lost from sight, and, on the other, to highlight the transformative and restorative power of a philosophical practice instructed by symbols. This is provided that the philosopher positions himself in an open-minded disposition and actively seeks to neutralize prejudices and expectations.[55]

The symbols reveal, in their obscurity, the surplus of meaning, the irreducibility of the reality to which they point. They indicate, as well, insofar as we find them already given, the radical contingency that always accompanies our appre-

---

[53] Ricœur, *Freedom and Nature*, 76.

[54] The opacity of symbols can refer to the irreducible element that escapes any apprehension and that Ricœur highlights by speaking of the relation act-object in his lecture on attention. It denotes the surplus of meaning that accompanies every presence. He tells us: "This opacity constitutes the depth of the symbol, which, it will be said, is inexhaustible" (Ricœur, *The Symbolism of Evil*, 15).

[55] Ricœur refers to man's "bond with being and the being of all beings," more specifically, the bond with what he considers sacred. See Ricœur, *The Symbolism of Evil*, 5.

hension of them.[56] There is in Ricœur confidence in the revealing power of the symbol before an attentive gaze, while there is also an awareness of the partiality of any starting point because of the very synthesis between the voluntary and the involuntary in the apprehension of any meaning. Under the broad label of the involuntary, we have the social, cultural, and historical influences, including the mediation of language, all these should be considered under the critical gaze of hermeneutics.

The *better* that qualifies *the situate thyself better in being* of the Oracle is what indicates the qualitative aspect of transformation. An object can be apprehended from various points of view, hence, what is at stake is the assumption that there is a better existential starting point for the philosopher in his or her search for truth to which the object—that he or she seeks to understand—signals with its presence. Ricœur recognizes the fullness in which the embodied cogito is found and incorporates a conscious impulse to situate oneself better in order to receive *better*, or, in other words, to "have a better understanding." This impulse transforms the subject that enters into this dynamism and plays a restorative function.

I have considered Ricœur's original motivation to think with symbols, that is to say, his confidence that symbols open the access to "a better understanding of man and of the bond between the being of man and the being of all beings,"[57] to emphasize the restorative intention that animates his philosophical reflection. Thinking with symbols, looking at them from a certain existential disposition, in Ricœur's eyes, does something: it restores and qualitatively transforms. The transformation of reflexive consciousness, of which Ricœur speaks, is linked, as we have seen, to the question about the philosophical starting point, concerns our "belonging as a whole" and involves an asceticism of reflection. The latter was exemplified in dialogue with psychoanalysis.

Taking this reflection to its concreteness in human experience, may I suggest that in order for a philosopher to situate himself or herself better in being, he or she must, in the first place, voluntarily seek to restore the form of his or her attention. By attention I mean the active receptivity of an embodied cogito, which opens himself voluntarily to receive the being to which he finds himself united, a being which offers itself to him through the mediation of a presence (that of the symbol, for example). Therefore, it is the form of our attention, when critically

---

[56] See Ricœur, *The Symbolism of Evil*, 19–20. A fundamental component of this beginning with symbols is linguistic mediation. I do not stress, nor do I enter into this aspect insofar as it goes beyond my intention. In this case, speaking of the disproportion involved in all apprehension, I include the disproportion that accompanies every linguistic act and every discourse.
[57] Ricœur, *The Symbolism of Evil*, 355.

exercised from an impulse of openness to being, that positions us better in the being. If what Ricœur says about the transformation of the reflexive consciousness is not pure rhetoric, I must suppose that to undertake the path he proposes —if I accept the bet—I, as a philosopher, must start from the very form of my attention. In so doing, attention fulfills its performative character and I can be instructed by symbols.

If naïveté belongs to the essence of attention, if the naïveté that allowed us to access the bond with being has been lost and if the philosopher wants to "have a better understanding of this pact with the being," would not the first philosophical task be to restore one's ability to pay attention, following the critical path pointed out by attention itself?

Bibliography

Amalric, Jean-Luc (2013): Paul Ricœur, l'imagination vive: Une genèse de la philosophie Ricœurienne de l'imagination. Paris: Hermann.

Berger, Gaston (1941): *Le cogito dans la philosophie de Husserl*. Paris: Aubier-Montaigne.

Fink, Eugen (1934): "Was will die Phänomenologie Edmund Husserls?" In: *Die Tatwelt* 10. No. 1, 15–32.

Johnson, Michael (2018): "The Paradox of Attention." In: *A Companion to Ricœur's* Freedom and Nature. Scott Davidson (Ed.) Lanham and London: Lexington Books.

Laporte, Jean (1931): "Le libre arbitre et l'attention chez saint Thomas [1]." In: *Revue de Métaphysique et de Morale* 38, 61–73.

Laporte, Jean (1932): "Le libre arbitre et l'attention selon saint Thomas (suite) [2]." In: *Revue de Métaphysique et de Morale* 39, 199–223.

Laporte, Jean (1934): "Le libre arbitre et l'attention chez saint Thomas [3]." In: *Revue de Métaphysique et de Morale* 41, 25–57.

Laporte, Jean (1937): "La Liberté Selon Descartes." In: *Revue de Métaphysique et de Morale* 44, 101–164.

Laporte, Jean (1938): "La liberté selon Malebranche." In: *Revue de Métaphysique et de Morale* 45, 339–410.

Marcel, Gabriel (1933): *Position et approches concrètes du mystère ontologique, précédé de Le monde cassé (théâtre)*. Paris: Desclée de Brouwer.

Marcel, Gabriel. *Être et avoir II: Réflexions sur l'irréligion et la foi*. Paris: Aubier.

Marcel, Gabriel and Ricœur, Paul (1973): *Tragic Wisdom and Beyond: Including Conversations between Paul Ricœur and Gabriel Marcel*. Stephen Jolin and Peter McCormick (Trans.). Evanston: Northwestern University Press.

Montoya, Ana Lucía (2019): "The Ego's Attention and the Therapist's Attention to Reality in Freud: At the Threshold of Ethics." In: *Études Ricœuriennes / Ricœur Studies* 10. No. 2, 92–99.

Plourde, Simonne (1985): *Vocabulaire philosophique de Gabriel Marcel*. Paris: Cerf.

Ricœur, Paul (1966): *Freedom and Nature: The Voluntary and the Involuntary*. Erazim Kohák (Trans.). Evanston: Northwestern University Press.

Ricœur, Paul (1967a): *Husserl: An Analysis of His Phenomenology.* Edward G. Ballard and Lester Embree (Trans.). Evanston: Northwestern University Press.
Ricœur, Paul (1967b): "An Introduction to Husserl's *Ideas* I." In: Ricœur, Paul: *Husserl: An Analysis of His Phenomenology.* Evanston: Northwestern University Press, 13–34.
Ricœur, Paul (1969): *The Symbolism of Evil.* Emerson Buchanan (Trans.). Boston: Beacon Press.
Ricœur, Paul (1970): *Freud and Philosophy: An Essay on Interpretation.* Denis Savage (Trans.). New Haven: Yale University Press.
Ricœur, Paul (1974): *The Conflict of Interpretations: Essays in Hermeneutics.* Don Ihde (Trans.). Evanston: Northwestern University Press.
Ricœur, Paul (1986): *Fallible Man.* Charles A. Kelbley (Trans.). New York: Fordham University Press.
Ricœur, Paul (2013): "Le symbole donne à penser." In: Ricœur, Paul: *Anthropologie philosophique. Écrits et conférences 3.* Paris: Seuil.
Ricœur, Paul (2016a): "Attention: A Phenomenological Study of Attention and Its Philosophical Connections." In: Ricœur, Paul: *Philosophical Anthropology. Writings and Lectures.* Volume III. David Pellauer (Trans.). Cambridge: Polity Press, 23–52.
Ricœur, Paul (2016): "The Symbol Gives Rise to Thought." In: *Philosophical Anthropology. Writings and Lectures.* Volume III. David Pellauer (Trans.). Cambridge: Polity Press, 2016, 107–123.
Spiegelberg, Herbert (1971): *The Phenomenological Movement. A Historical Introduction.* Volume II. 2nd ed. *Phaenomenologica* 6. The Hague: Nijhoff.

Francesca D'Alessandris
Du mal tragique au mal raconté : l'herméneutique de l'action de Ricœur entre Freud et Nabert

Abstract: From Tragic Evil to Recounted Evil: Ricœur's Hermeneutics of Action Between Freud and Nabert. This contribution is based on the hypothesis that Ricœur's cross-reading of Freud and Nabert is originally motivated by his reflection on evil, and furthermore that it leads Ricœur to the elaboration of his ethics of the "wounded Cogito." This chapter argues, firstly, that the centrality given by Ricœur to the tragic experience of guilt excludes by principle the idea, envisaged by Nabert, of a complete appropriation of the original act of consciousness. It will then show that Ricœur, starting from the awareness of the inexplicability of the primitive fall of man, turns to psychoanalysis as a practice that nevertheless allows to give meaning to the singular and historical experience of evil, specifically through a hermeneutic that, by exploiting the narrative function, allows an ethical evaluation of action. *The Symbolism of Evil* thus led Ricœur to write *Freud and Philosophy: An Essay on Interpretation* by way of a prior re-evaluation of the limits of Jean Nabert's rationalism, a re-evaluation by which we can give a new meaning, both reflexive and ethical, to the famous Freudian adage: "Where there was It, there must come I."

1 Introduction

«Je ne dis point qu'une seule philosophie soit capable de fournir la structure d'accueil dans laquelle le rapport de la force et du sens puisse être explicité ; je crois qu'on peut dire : *la* lecture de Freud; on peut seulement dire : *une* interprétation philosophique de Freud ; je crois qu'on peut dire : la lecture de Freud ; on peut seulement dire : une interprétation philosophique de Freud. Celle que je propose se rattache à la philosophie réflexive ; elle s'apparente à la philosophie de Jean Nabert, à qui je dédiais jadis ma *Symbolique du mal*».[1] Dans ce passage de son «*Interprétation philosophique de Freud*», Ricœur nous livre la synthèse de sa lecture de la psychanalyse. Tout d'abord, il précise qu'il ne s'agit pas d'une explication de la théorie et de la pratique freudiennes mais davantage d'une

---

[1] Ricœur, « Une interprétation philosophique de Freud », 169.

interprétation qui pense avec et au-delà de Freud ; ensuite, il ajoute que l'intérêt pour le père de la psychanalyse s'appuie singulièrement sur la problématique du soi. Enfin, il conclue que « la lecture de Freud » est médiée par celle de Jean Nabert.

L'hypothèse qui nous dirige dans cette contribution est que la lecture croisée que fait Ricœur de Freud et de Nabert est à son origine motivée par sa réflexion sur le mal, et en outre qu'elle conduit Ricœur à l'élaboration de son éthique du « Cogito blessé ». Ce que nous allons montrer dans ces pages, c'est premièrement que la centralité accordée par Ricœur à l'expérience tragique de la culpabilité exclut de sa racine l'idée, envisagée par Nabert, d'une appropriation complète de l'acte originaire de conscience. Nous montrerons ensuite que Ricœur, à partir de la prise de conscience du caractère inexplicable, au niveau spéculatif, de la chute primitive de l'homme, se tourne vers la psychanalyse en tant que pratique qui permet néanmoins de donner un sens à l'expérience singulière et historique du mal, spécifiquement au travers d'une herméneutique qui, en exploitant la fonction narrative, permet une évaluation éthique de l'action.

La Symbolique du mal conduit donc Ricœur à la rédaction de *De L'interprétation. Essai sur Freud* en passant par une préalable réévaluation des limites du rationalisme de Jean Nabert, réévaluation par laquelle on peut donner un sens nouveau, à la fois réflexif et éthique, au célèbre adage freudien : « Là où était Ça, là doit advenir Je ».[2]

2 La blessure du mal

La prémisse fondamentale de la philosophie réflexive de Ricœur est que le soi n'est pas transparent à lui-même. Bien que le désir d'existence se manifeste, selon le philosophe, dans une intuition immédiate et actuelle,[3] cette *certitude* d'être s'accompagne d'une *connaissance* nécessairement médiate des articulations concrètes de l'expérience en première personne.

---

2 Ricœur, « Herméneutique des symboles et réflexion philosophique », 329.
3 Comme l'écrit Jean-Philippe Pierron au sujet de l'héritage de Nabert chez Ricœur : « [...] la référence à la philosophie de Jean Nabert est une basse continue [della filosofia riflessiva di Ricœur]. Elle sous-tend une enquête philosophique portant sur le statut du cogito, du soi, de l'identité personnelle. Les idées nabertiennes d'une causalité de la conscience, du désir d'être attesté dans une affirmation originaire, seront ainsi reconfigurées dans le concept d'identité narrative propre à l'herméneutique du soi » (Pierron, *Ricœur*, 15).

Cette idée d'un acte primitif indubitable de la conscience prend sa source chez la lecture spiritualiste de la *Doctrine de la science* de Fichte de Nabert. C'est dans *La symbolique du mal* que Ricœur avoue le plus explicitement sa «dette à l'égard de l'œuvre de M. Jean Nabert [...]», œuvre où il affirme d'avoir trouvé «le modèle d'une réflexion qui ne se borne pas à éclairer le problème du mal à partir de la doctrine de la liberté, mais qui ne cesse, en retour, d'élargir et d'approfondir la doctrine de la liberé sous l'aiguillon de ce mal [...]».[4]

Dans sa préface à *L'expérience intérieure de la liberté et autres essais*,[5] Ricœur souligne que Nabert fait partie de ce groupe de lecteurs de Kant—parmi lesquelles on trouve aussi Lachelier et Lagneau—qui ont tenté de croiser la philosophie réflexive et le spiritualisme, c'est-à-dire qui ont essayé des mêler les besoins de la raison théorique avec celles de la raison pratique, à laquelle ils attribuent une importance cruciale. La pensée de Nabert s'inscrit donc dans le sillage de la philosophie de Maine de Biran car, comme ce dernier, le philosophe spiritualiste considère la conscience agente et la volonté qui en est l'origine comme la dimension primitive de l'ego. S'inscrivant dans cette tradition postkantienne, la philosophie de Nabert repose notamment, de manière originale, sur un double postulat. D'un côté, Nabert prend en compte le caractère incontournable de l'écart entre l'acte pur de la conscience, qui correspond au moment où je-suis et je-pense coïncident, et les déterminations de cet acte. De l'autre côté, tout en admettant que la liberté est telle uniquement au niveau transcendantal, Nabert considère que les actions, même si elles sont empêtrées dans le réseau de causalité qui domine le monde physique où elles se réalisent, sont également la seule expression, à la fois véritable et inadéquate, de l'acte du elles jaillissent.

Ricœur rejoint Nabert à partir de ce point. Comme on le lit dans *Le conflit des interprétations*,[6] Nabert est en effet pour Ricœur le philosophe qui a le mieux articulé la relation entre le désir d'être (*conatus*) et les signes dans lesquels ce désir s'exprime, en identifiant une manière d'échapper à la célèbre antinomie posée par Kant entre la liberté du noumène et le déterminisme du phénomène. En effet, aussi inadéquates qu'elles soient pour refléter le *conatus* sans le mystifier dans le mouvement même de son actualisation, Nabert met en évidence comment les concrétisations objectives de la conscience sont pourtant le seul moyen par lequel l'acte originel d'existence devient saisissable réflexivement. En d'autres termes, le soi peut revenir sur soi-même uniquement en lisant le «texte»

---

4 Ricœur, *L'homme faillible*, 15.
5 Nabert, *L'expérience intérieure de la liberté et autres essais de philosophie morale*, VII.
6 Ricœur, «L'acte et le signe selon Jean Nabert».

de ses propres actions, car le paradoxe de l'acte libre de la conscience est, pour Nabert tout comme pour Ricœur, celui de se manifester tout en se cachant en elles. L'hypothèse de Nabert, suivi par Ricœur, pour contourner la position d'une hétérogénéité radicale entre la dimension libre de la conscience et le déterminisme apparent de son objectivation est donc celle de reconnaître la référence des actions en tant que signes à l'acte qui est leur source.[7] Ce qui nous intéresse ici, c'est de montrer que les deux philosophes, tout en partageant cette hypothèse de base, n'en tirent pas pourtant les mêmes conclusions.

Nabert envisage une forme de réappropriation de soi qui, même si médiate, peut donner lieu à un sentiment, celui du sublime, qui atteste de la plénitude et de la certitude du soi conscient de l'être lui-même. Le philosophe trace, en somme, un itinéraire de la conscience vers sa pleine liberté qui, comme pour les idéalistes, coïncide avec l'épuisement de l'existence dans la raison.[8] Même si cet itinéraire rencontre un obstacle dans l'expérience du mal, c'est-à-dire de ce que Nabert appelle «l'injustifiable», ce dernier, comme l'écrit Ricœur dans la note qu'il consacre à l'*Essai sur le mal*, n'est pas pour le philosophe l'absurde, ni l'incompréhensible, mais il est quelque chose dont on peut donner raison comme du contraire de l'acte spirituel. «Une seule voie est possible», écrit Ricœur, citant Nabert :

> [...] puisque la «spéculation» réductrice du mal est à jamais condamnée par l'expérience du mal ; une seule voie : la restauration en nous de l'affirmation originaire qui est intérieure à la reconnaissance même du mal.[9]

C'est justement ici que nous trouvons l'écart avec Ricœur. Pour Ricœur également, comment nous venons de l'expliquer le déchiffrage des signes qui, dans un mouvement centrifuge et centripète, jaillissent et font retour à la conscience, est un but que la philosophie réflexive doit se fixer. Selon lui également, l'acte, c'est-à-dire la conscience comme position pratique et libre de soi, est la couche primitive qui, en s'objectivant, permet l'exploration effective du soi. La tâche de la réflexion consiste précisément à mettre en pratique cette exploration afin que «la conscience empirique», l'écrit-il Ricœur, «puisse être égalée à la conscience thétique."[10]

---

7 Nabert, *Éléments pour une éthique*, 3.
8 Nabert, *L'expérience intérieure de la liberté et autres essais de philosophie morale*, 123–155.
9 Ricœur, «Essai sur le mal», 245.
10 Ricœur, *L'interprétation*, 60. Dans «L'acte et le signe selon Jean Nabert», Ricœur mentionne la conviction de Nabert qu'il partage, c'est-à-dire que «En se faisant commentaire de lui-même, texte à déchiffrer, l'acte est méconnu en même temps que connu ; et c'est toujours par un

Toutefois, pour Ricœur le caractère injustifiable du mal—qui dans la *Symbolique du mal* recoupe le caractère tragique de la culpabilité—fait en sort que ce but est destiné à ne jamais être pleinement atteint. Ce que Ricœur rejette de la philosophie réflexive de Nabert, et ce qui le pousse à la repenser selon une approche herméneutique, c'est en effet que le spiritualiste, lorsqu'il réfléchit sur l'injustifiable, c'est-à-dire sur le mal radical, tente de le reconduire dans les limites du rationnel et, pour ce faire, il essaie paradoxalement de dépasser le rationalisme par le rationalisme. En d'autres termes, Nabert tente de penser un injustifiable qui ne soit pas absolu mais relatif, qui puisse faire l'objet d'une régénération dans le moment où la conscience «s'avise [...] de l'acte spirituel qui rend possible l'expérience réflexive du mal».[11] Pour le philosophe, il existe donc une forme de libération du mal, qui n'est rien d'autre que sa-même reconnaissance, et cela est vrai non seulement concernant le mal radical qui s'oppose à la certitude de la causalité, mais aussi au mal effectivement perpétré envers l'autre.[12] La spéculation de Nabert sur le mal envisage bien une forme d'absolu injustifiable, qui brise la réciprocité entre les consciences ; mais celle-ci peut néanmoins être restaurée par une «souffrance gratuitement consentie» qui remède aux «chances perdues d'un univers spirituel».[13]

C'est précisément cette suggestion qui, pour Ricœur, touche contradictoirement la frontière entre le rationalisme et l'irrationalisme. En effet, tout en plaçant sa réflexion dans les limites de la raison, Nabert défie ces dernières en reconnaissant ses hypothèses comme des simples «approches de la justification». Comment, d'ailleurs, l'écrit-il Ricœur, on peut considérer comme absolue une restauration de la conscience qui nécessite, pour être effective, de l'acte *gratuit* d'une autre conscience ?

En outre, comme nous le lisons dans la note sur l'*Essai sur le mal*, Nabert court le risque, selon Ricœur, de considérer la finitude en elle-même le mal, alors que, en revanche, le mal provient plutôt de la chute dont l'homme est *historiquement* coupable. Cet écart entre la possibilité du mal, qui correspond à la faillibilité finie, et sa concrétisation effective, échappe selon Ricœur à la réflexion de Nabert car elle n'intègre pas la lecture des symboles religieux et des mythes de la «chute».[14]

---

arrachement contraire que la conscience doit se reprendre sur son expression. Et pourtant, rien n'est plus éloigné de la pensée de Nabert que de tenir ce passage de l'acte à son signe et du signe à la représentation pour une déchéance» (Ricœur, «L'acte et le signe selon Jean Nabert», 215).
11 Ricœur, «Essai sur le mal», 246.
12 Ricœur, «Essai sur le mal», 245.
13 Ricœur, «Essai sur le mal», 246.
14 Ricœur, «Essai sur le mal», 249.

C'est la conviction que le mal est le tragique qui échappe au rationalisme ce qui en revanche amène Ricœur à s'engager dans une *herméneutique des symboles et des mythes*. La raison de la déviation herméneutique de l'itinéraire ricœurien ne se trouve en effet qu'à un niveau occasionnel dans la lecture de l'exégèse biblique de R. Bultmann, car, au niveau fondamental, elle se fond sur la considération du caractère inexplicable du mal.[15] C'est le mal ce qui perturbe fondamentalement l'analyse philosophique et qui rend impossible, selon Ricœur, une description intégrale du monde et de l'homme qui y habite. C'est d'ailleurs dans le deuxième volume de la *Philosophie de la volonté*, qui contient *La symbolique du mal*, que Ricœur envisage la nécessité de cette «révolution de méthode»[16] qui va vers l'herméneutique.

Le mal, pour Ricœur, exige une compréhension qui ne peut être, ni cherche à être, simplement spéculative. Cette compréhension n'est pas antirationaliste mais elle s'appuie néanmoins sur le langage symbolique et mythique, en partant de l'hypothèse que le symbole *donne à penser*.

Puisqu'elle est à sa racine liée au langage de la confession et du mythe,[17] l'expérience du mal nécessite pour Ricœur d'un travail qui explicite et dénoue les images qui, au fil des siècles, ont cristallisé sa signification. Les symboles religieux et mythiques tels que la «souillure», la «déviation», la «courbe», la «transgression», sont selon Ricœur des expressions symboliques caractérisées par une double référence, l'une littérale, l'autre qui vise une expérience qui va au-delà de la spéculation. Du symbolisme le plus archaïque à la mythologie en passant par la théologie augustinienne, Ricœur identifie dans l'expérience du tragique ce que les témoignages linguistiques qui parlent du mal ont en commun, car elles sont toujours, sous des formes différentes, marqués par la perception de l'*inéluctabilité* de la chute de l'homme. Le témoin biblique de cette nature tragique du mal est Job, dont la souffrance est évoquée dans les dernières pages de *La symbolique du mal* :

> Job, en effet, ne reçoit aucune explication quant au sens de sa souffrance ; sa foi est seulement soustraite à toute vision morale du monde. En retour, il ne lui est montre que la grandeur du tout, sans que le point de vue fini de son désir reçoive directement sens [...][18] Mais, «que vaut l'exemple de la symbolique du mal pour l'investigation d'une telle ampleur ?»[19]

---

15 Voir Greisch, *Paul Ricœur*, 89.
16 Ricœur, *L'homme faillible*, 12.
17 Ricœur, *L'homme faillible*, 17.
18 Ricœur, «Démythiser l'accusation», *Le conflit des interprétations*, 330–347, 346.
19 Ricœur, «Herméneutique des symboles et réflexion philosophique», 284.

Comme nous le lisons également dans la quatrième section du *Conflit des interprétations*, le mal radical est une culpabilité tragique dont l'homme est paradoxalement lui-même coupable. Cette idée est cruciale chez Augustin, qui a été l'un des premières prendre en charge, dans le *Contra Felicem* la nécessité d'éloigner le danger de l'ontologie gnostique du mal qui déresponsabilise l'homme. Les Pères de l'Église ont répondu d'ailleurs au manichéisme, c'est-à-dire à la vision du mal comme d'une réalité en soi subsistant, en affirmant qu'Adam est, sinon l'origine, du moins le point d'émergence du mal dans le monde. La question décisive concernant le mal qui échappe à la raison, est donc selon Ricœur que, d'une part, on peut parler d'une inévitabilité de la culpabilité et que, d'autre part, c'est l'homme, et lui seul, qui véhicule le mal, comme le montre le mythe adamique.[20]

Or, l'expérience du mal, dont il n'y a pas de compréhension rationnelle directe et qui implique tragiquement l'homme, concerne chacun en première personne, et c'est pourquoi elle a des conséquences dans la philosophie réflexive que Ricœur développe au-delà de Nabert. Le projet d'une «greffe» de l'herméneutique sur la phénoménologie a en effet comme son hypothèse la conviction qu'il faut abandonner toute tentative de penser le Cogito dans sa pureté transcendantale.

Du point de vue de l'individu, la culpabilité se présente en effet comme une blessure qui détermine une non-correspondance structurelle du Cogito avec lui-même, c'est-à-dire comme une fracture qui donne raison de l'a-synchronie irréductible entre la raison et l'existence. Cela implique que, pour se donner un sens, le soi doit passer par un effort d'interprétation de ses actions qui s'accompagne avec une opacité résiduelle incontournable. Le soi s'avère être ainsi le postulat d'une enquête, l'objectif d'une tâche interprétative qui ne s'épuise jamais dans sa réponse. C'est puisque le Cogito est à l'origine «blessé» que pour Ricœur, à la différence que pour Nabert, c'est l'herméneutique qui permet de décoder les signes de l'acte de conscience.

Dans le cadre de cette hypothèse Ricœur se met en dialogue avec la psychanalyse freudienne, qui est introduite dans *La symbolique du mal* pour la première fois dans un contexte qui semble à première vue ne pas la concerner. L'effort d'interpréter le symbolisme du mal doit tenir compte, nous le lisons dans l'introduction au texte de 1960, des différents niveaux dans lesquels les symboles prennent forme : le niveau cosmique, le niveau onirique et le niveau poétique.[21] Puisque l'étude des représentations oniriques est typique de la

---

[20] Ricœur, «Herméneutique des symboles et réflexion philosophique», 300.
[21] Ricœur, *La symbolique du mal*, 18.

psychanalyse, l'écrit-il Ricœur, elle sert d'abord à placer dans ses représentations les expressions communes—comme celles du mal—d'une culture et de l'humanité entière.²²

Toutefois, des textes des années suivantes apparaît clairement que le travail herméneutique de la psychanalyse permet d'avancer non seulement dans l'étude de la condition humaine en elle-même, mais aussi dans la compréhension réflexive de chacun, en montrant comment il est possible pour le soi singulier, malgré sa finitude et sa faillibilité, de se donner un sens et parallèlement de se découvrir éthiquement responsable de ses actions.

Ce que nous allons montrer ici est donc que c'est grâce à l'interprétation philosophique de Freud et de la psychanalyse, au moins en partie, que Ricœur envisage à la fois une façon pour le soi de se reprendre malgré sa blessure tragique, et un modèle de compréhension du mal entendu non plus comme une culpabilité primitive, mais comme l'expérience historique d'une action, subie ou perpétrée, qui brise la réciprocité éthique entre le soi et l'autre.

3 L'auto-illusion de la conscience et l'herméneutique des symboles comme son dépassement

L'impossibilité pour l'existence finie de se reprendre intégralement dans la réflexion est saisie par Ricœur non seulement par la reconnaissance d'une culpabilité paradoxale, mais aussi, à un différent niveau, à partir de la négation de la transparence du sujet qu'a été identifiée de manière paradigmatique par les «maîtres du soupçon», Marx, Nietzsche et Freud.

Les raisons pour lesquelles la psychanalyse nie la transparence du Cogito à soi-même sont particulièrement intéressantes car Freud pense la confabulation comme liée *à la racine* à la conscience représentative. Comme le souligne Ricœur dans la première partie de *Philosophie de la volonté*, la psychanalyse suggère qu'«il est possible [...] qu'avant tout mensonge—c'est-à-dire avant toute intention de tromper l'autre—» que «ce que je pense et veux [a] un sens caché à ma conscience, un autre sens que celui que je crois lui donner».²³

Il n'est pas anodin que Ricœur, dans ces pages de 1950, considère en premier lieu les conséquences éthiques de cette prémisse de la psychanalyse, comme par

---

22 Ricœur, *La symbolique du mal*, 19.
23 Ricœur, *Le volontaire et l'involontaire*, 352.

exemple celle de dénier au sujet agissant la responsabilité de ses actions, qui ont leur origine véritable davantage dans la sphère des pulsions et des sublimations de l'*es*. L'hypothèse de Freud, du moins au début de ses recherches, est en effet que l'inconscient peut être abordé selon une méthode naturaliste, c'est-à-dire qu'il peut être considéré comme un objet répondant au principe de causalité. Même les rêves font sens pour Freud, car ils peuvent être expliqués par la loi de causalité, bien qu'ils ne doivent pas être pensés comme causés de l'organisme compris comme un corps biologique, mais plutôt comme déterminés par l'imaginaire psychique, naturalisé par l'analyste, qui se dépose dans l'histoire individuelle.

Or, malgré ses intentions initiales, la psychanalyse s'avérait bientôt avoir comme son but véritable, selon Ricœur, non pas de reconnaître les mécanismes causaux de l'histoire personnelle—pensées comme le résultat d'un jeu de forces qui refoulent la matière pulsionnelle—mais davantage de déployer cette histoire dans un récit, et d'amener ainsi le patient à s'approprié de soi par une compréhension de sa propre vie en première personne.

Le véritable point d'arrivée de Freud, comme le souligne Ricœur, n'est pas en effet la négation absolue de la conscience, mais paradoxalement l'extension de cette dernière, opérée par une méthode qui peut conduire le sujet au dépassement archéologique-téléologique des lieux obscurs de sa spontanéité psychique. C'est précisément pour cette raison que la lecture de la psychanalyse est l'une des principales pistes de la philosophie réflexive ricœurienne.

Ricœur partage la prémisse selon laquelle, comme le suppose Freud, il y a des différents degrés de conscience, laquelle est donc une tâche et non un donné.[24] Le philosophe, en effet, tout en niant que l'inconscient détermine le soi, ne retombe pas pourtant dans l'idée que le cogito est transparent à lui-même. Sa conviction intermédiaire est davantage qu'il y ait une partie d'ombre dans la spontanéité du soi, et que ce dernier s'avère être le résultat d'un inépuisable effort de connaissance:

> nous croyons [...] que la conscience ne réfléchit que la forme de ses pensées actuelles ; elle ne pénètre jamais parfaitement une certaine matière, principalement affective, qui lui offre une possibilité indéfinie de se questionner soi-même et de se donner à soi-même sens et forme.[25]

C'est dans ce sens que pour Ricœur les théories de Freud témoignent de la manière dont le Cogito cartésien a été pensé à l'époque contemporaine, à savoir

---

24 Ricœur, *De l'interprétation*, 51.
25 Ricœur, *Le volontaire et l'involontaire*, 473.

en ne s'éloignant jamais radicalement de l'idée moderne selon laquelle la conscience peut se reprendre de manière réflexive. Une déviation radicale de Descartes aurait en fait impliqué d'admettre l'existence d'une source du cogito extérieure et en principe hétérogène à ce dernier. Freud, dans sa théorie, vise ce but lorsqu'il tente de penser l'inconscient comme une véritable entité physique extérieure à la conscience.[26] Toutefois, c'est la *pratique* psychanalytique qui trahit l'incohérence de ces efforts lorsqu'elle se donne pour objectif d'accompagner le sujet vers une appropriation active, qui passe par le langage, des épisodes incohérentes de sa propre expérience. De cette manière, la psychanalyse, finit par se placer dans la galaxie des penseurs de la conscience, même si de la conscience *médiate*.

L'œuvre de Freud est alors féconde, pour Ricœur, car elle n'élabore pas finalement une science dure du réalisme et du déterminisme de l'inconscient. Elle s'avère être davantage une méthode de lecture de ces actes et de ces signes dont la signification dans un premier temps échappe au soi. Dans sa pratique, l'analyse freudienne fournit les instruments les plus adéquats afin que le sujet puisse réfléchir sur soi-même. Ces instruments sont, spécifiquement, ceux de l'herméneutique du langage figuré. Ce n'est pas par hasard, en effet, que la doctrine de Freud se présente comme l'interprétation de cette classe de signes qui, ayant une structure intrinsèquement imaginative, sont identifiables comme symboles. Pour que le désir, enraciné dans la corporéité, puisse être une «expérience pulsionnelle susceptible d'être dite», l'image symbolique est indispensable. La réalité hybride qui fait de lien entre la matière et l'esprit est le sens qui schématisé dans l'image, vise le langage.

Nous comprenons alors que la fonction de la pratique freudienne, dans la philosophie réflexive de Ricœur, n'est pas seulement celle, évoquée dans *La symbolique du mal*, d'interpréter au niveau onirique les symboles et les mythes, parmi lesquelles ceux du mal, d'une culture partagée. La psychanalyse montre son efficacité aussi et surtout quand elle travaille sur les formes individuelles et singulières de traumatisme et de refoulement, qui peuvent être reprises par le biais d'une interprétation qui les configure dans un récit. Pour cette raison, *De l'interprétation. Essai sur Freud* est l'œuvre-clé du tournant herméneutique de la philosophie réflexive de Ricœur : dans ses pages, il devienne complètement clair que le sujet peut se reprendre réflexivement grâce à l'interprétation linguistique et grâce à la mise en récit de la puissance figurative de son désir.

En tant qu'herméneutique narrative, la pratique de Freud est un instrument par lequel l'individu peut prendre en charge ses expériences, lesquelles se

---

[26] Ricœur, *Le volontaire et l'involontaire*, 482.

produisent et deviennent interprétables dans un milieu intersubjectif et dans une dimension linguistique, à la fois imaginative et symbolique. Comme il est clairement indiqué dans *Temps et récit* :

> L'expérience psychanalytique met en relief le rôle de la composante narrative dans ce qu'il est convenu d'appeler «histoires de cas» ; c'est dans le travail de l'analysant, que Freud appelle d'ailleurs perlaboration (*Durcharbeitung*), que ce rôle se laisse discerner ; il se justifie de surcroît par la finalité même du processus entier de la cure, qui est de substituer à des bribes d'histoires à la fois inintelligibles et insupportables une histoire cohérente et acceptable, dans laquelle l'analysant puisse reconnaître son ipséité. La psychanalyse constitue à cet égard un laboratoire particulièrement instructif pour une enquête proprement philosophique sur la notion d'identité narrative.[27]

La psychanalyse est donc l'un des moyens par lesquels le Cogito blessé peut construire et découvrir, en même temps, sa propre identité.

C'est que nous allons montrer ici est que le risque de sacrifier la responsabilité de l'action sur l'autel de l'opacité de la conscience, reconnu par Ricœur dans *Le volontaire et l'involontaire* comme une conséquence des théories freudiennes, est paradoxalement écarté par la psychanalyse elle-même, car elle, lorsqu'elle montre comment le soi peut réfléchir et interpréter ses actions par le biais de la narration, parallèlement livre un instrument pour évaluer éthiquement les actions.

4 De la métaphysique du mal à l'herméneutique de l'action

Selon Ricœur, dans le récit des épisodes d'une vie une évaluation éthique des actions est mise en place.[28] Entre l'acte de décrire et celui de prescrire, nous lisons dans la sixième étude de *Soi-même comme un autre*, il y a la narration. L'imputation éthique d'une action est ainsi le résultat d'un mouvement qui s'articule logiquement en trois phases : la première est l'élaboration d'une sémantique et d'une pragmatique de l'action ; la deuxième consiste à faire de l'action la partie d'un tout, c'est-à-dire l'épisode d'une histoire qui a sa propre unité globale ; la troisième est justement l'imputation véritable.

Dans l'écriture et la lecture du récit, le sens d'une histoire se produit dans une relation de réciprocité et d'interdépendance avec le sens des épisodes sin-

---

27 Ricœur, *Temps et récit 3*, 356.
28 Ricœur, *Soi-même comme un autre*, 427.

guliers. Cela permet que, l'écrit-il Ricœur, «en faisant le récit d'une vie dont je ne suis pas l'auteur quant à l'existence, je m'en fais le coauteur quant au sens».[29] Or, le sens de l'action que l'on décide de raconter n'est pas éthiquement neutre, mais il est au contraire le résultat et le témoin d'une sagesse pratique[30] qui trouve dans le récit de l'expérience de vie son expression la plus ordinaire. «Le plaisir que nous prenons à suivre le destin des personnages», l'écrit-il en effet Ricœur, concernant le récit fictif,

> implique certes que nous suspendions tout jugement moral réel en même temps que nous mettons en suspens l'action effective. Mais, dans l'enceinte irréelle de la fiction, nous ne laissons pas d'explorer de nouvelles manières d'évaluer actions et personnages. Les expériences de pensée que nous conduisons dans le grand laboratoire de l'imaginaire sont aussi des explorations menées dans le royaume du bien et du mal. Transvaluer, voire dévaluer, c'est encore évaluer. Le jugement moral n'est pas aboli, il est plutôt lui-même soumis aux variations imaginatives propres à la fiction.[31]

En d'autres termes, les actions individuels sont configurées dans un récit qui ne se contente pas de les interpréter de manière réflexive, mais qui, au contraire, en ce faisant les considères comme justes ou mauvaises de point de vue éthique. Les évaluations implicites dans le récit ne sont pas des jugements moraux définitifs, mais—selon le schéma de la *phronesis* aristotélicienne—elles sont des compréhensions occasionnelles, pertinentes et efficaces non pas absolument mais au niveau de la contingence empirique.

L'interprétation narrative des actions, qui est mise en place dans le récit psychanalytique et pas seulement, permet donc de comprendre et par conséquent de faire face non pas au *mal* tragique, mais aux *maux* historiques, c'est-à-dire aux fautes dont on est responsable ou victime. Le mal, en se pluralisant, prend donc dans la philosophie de Ricœur une concrétude qui n'est pas celle ontologique, mais celle d'un manque lié à une action singulière de laquelle nous somme coupables ou victimes.

Tout cela est également clair dans *La mémoire, l'histoire, l'oubli*, où Ricœur ne considère plus le mal exprimé par les symboles et les mythes, mais davantage celui de l'innommable historique, qui survit dans la dialectique incontournable entre la mémoire et l'oubli, et qui s'extériorise dans un récit qui est traversé par des fractures. Raconter l'histoire veut dire configurer un sens qui ne repose pas sur la plénitude d'une réalité atemporelle, mais qui, au contraire, s'inscrit dans

---

29 Ricœur, *Soi-même comme un autre*, 191.
30 Ricœur, *Soi-même comme un autre*, 193.
31 Ricœur, *Soi-même comme un autre*, 194.

le terrain accidenté de l'expérience humaine, finie, faite de failles et des fautes qui ne sont pas à objectiver mais desquelles il faut s'en charger avec et pour l'autre. En outre, l'action violente, subie ou commise, nécessite d'être racontée non seulement pour être évaluée, mais aussi parce que, très fréquemment, ses traces prennent la forme de la mémoire censurée, qui peut être identifiée et menées à la surface par le travail narratif—psychanalytique et non seulement.

L'herméneutique narrative s'avère donc être la véritable troisième voie de compréhension de l'expérience du mal, qui était absente chez Nabert, une voie qui est située entre le rationalisme et son contraire. Ce que représente la pratique psychanalytique est en effet un modèle de compréhension de la réalité finie qui ne confond pas la faillibilité et le mal, ni définit ce dernier comme une substance. L'herméneutique narrative de l'action garde la possibilité d'un retour du sujet agissant à lui-même en tant que responsable de ses propres actions, qui sont à chaque fois racontées, imputées et évaluées.

Si donc l'expérience originelle du mal témoigne, pour Ricœur, que déchiffrer la prophétie de la conscience correspond à admettre son caractère indéchiffrable ou, mieux, sa déchiffrabilité indéfinie, c'est précisément en consentant à cette blessure de soi, sans en faire la substance du mal, qu'il est possible de maintenir une posture éthique vis-à-vis de l'autre, en lui racontant les raisons de ses propres actions.

Bibliographie

Greisch, Jean (2001): *Paul Ricœur, L'itinérance du sens.* Grenoble: Million.
Nabert, Jean (1924, 1994): *L'expérience intérieure de la liberté et autres essais de philosophie morale.* Paris: PUF.
Nabert, Jean (1943): *Éléments pour une éthique.* Paris: PUF.
Nabert, Jean (1955, 1997): *Essai sur le mal.* Paris: Cerf.
Pierron, Jean-Philippe (2006): *Ricœur.* Paris: Vrin.
Ricœur, Paul (1950): *Philosophie de la volonté. Le volontaire et l'involontaire.* Paris: Aubier.
Ricœur, Paul (1959, 1992): «Essai sur le mal.» In: *Lectures 2. La contrée des philosophes.* Paris: Seuil, 237–252.
Ricœur, Paul (1960): *Philosophie de la volonté 2. Finitude et culpabilité 1. L'homme faillible.* Paris: Aubier.
Ricœur, Paul (1960): *Philosophie de la volonté 2. Finitude et culpabilité 2. La Symbolique du mal.* Paris: Aubier.
Ricœur, Paul (1961, 1969): «Herméneutique des symboles et réflexion philosophique.» In: *Le conflit des interprétations. Essais d'herméneutique.* Paris: Seuil, 283–329.
Ricœur, Paul (1962, 1969): «L'acte et le signe selon Jean Nabert.» In: *Le conflit des interprétations. Essais d'herméneutique.* Paris: Seuil, 211–222.
Ricœur, Paul (1965): *De l'interprétation. Essai sur Freud.* Paris: Seuil.

Ricœur, Paul (1966, 1969): «Une interprétation philosophique de Freud.» In: *Le conflit des interpretations. Essais d'herméneutique.* Paris: Seuil, 160–176.
Ricœur, Paul (1985): *Temps et récit 3. Le temps raconté.* Paris: Seuil.
Ricœur, Paul (1990): *Soi-même comme un autre.* Paris: Seuil.
Tilliette, Xavier (1961): «Réflexion et symbole, l'entreprise philosophique de Paul Ricœur.» In: *Archives de Philosophie* 24, 576–579.

Part V **Autour de l'architectonique Freudienne /
The Freudian Architectonic**

Azadeh Thiriez-Arjangi

Le tragique du destin : D'Œdipe à «Rostam et Sohrâb»

Abstract: The Tragic of Fate: From Oedipus to Rostam and Sohrab. This chapter proposes a confrontation between two tragic narratives: Oedipus and Rostam and Sohrab, recounted in the *Shâh-Nâme* of Ferdowsi. The tragic aspect of these intertwined destinies is the main thread of this text. This confrontation is placed at the heart of the philosophical interpretation of Freud as proposed by Paul Ricœur, who approaches the Oedipus complex from a new angle and invites us to question concepts such as recognition or guilt.

À mon père

Ma tentative dans le présent travail porte sur le rapport qui pourrait exister entre le «complexe d'Œdipe» présenté par Freud et un système poétique lui étant étranger, à savoir la fable de «Rostam et Sohrâb», une œuvre de Ferdowsi le poète persan du 10ᵉ siècle. Je place ainsi ma réflexion à l'intérieur d'un cadre précis, offert par les écrits de Paul Ricœur sur le tragique grec et j'essaie de proposer une nouvelle interprétation philosophique autour des éléments déjà mentionnés.

Je dois aussi dire que replacer ou imaginer l'œuvre freudienne dans ce type de débats n'a rien de nouveau, mais il y a toujours un intérêt à entreprendre une telle démarche. Cet intérêt réside dans la dimension interprétative proposée. Nous pouvons ainsi confronter à maintes reprises l'œuvre freudienne avec d'autres écrits, d'autres traditions, d'autres écoles, etc., et à chaque fois lui attribuer une nouvelle interprétation sans même essayer d'expliquer l'œuvre même de Freud.

L'œuvre freudienne demeure et il nous est toujours possible de la penser, de la manier, voire de l'interpréter autrement. Avec Freud, nous avons pris l'habitude de penser le complexe d'Œdipe avant même de penser à l'Œdipe de Sophocle qui fait partie de ces héros imaginaires et tragiques qui nous racontent des histoires singulières via ce que Ricœur qualifie comme le truchement d'une poésie, d'une représentation ou encore d'une création de personnages, qui nous offrent ainsi une expérience privilégiée, celle de la «reprise du non-philosophique dans la philosophie.»[1] Quant à la poésie, elle reste un excellent inter-

---

[1] Ricœur, «Sur le tragique», in *Lectures 3*, 187.

médiaire pour les philosophes, leur permettant de participer au royaume des symboles.[2] Pour Ricœur bien qu'il soit exclu de trouver une philosophie dissimulée dans les symboles, «déguisée sous le vêtement imaginatif du mythe, il reste à philosopher à partir des symboles. Il reste [...] à promouvoir le sens, à former le sens dans une interprétation créatrice». Ainsi on voit apparaître le rôle de la connaissance symbolique dans la conscience de soi [...], dans une réflexion philosophique sur l'être-homme.[3]

Puisqu'il est donc question de la reprise du non-philosophique dans la philosophie et face à l'édifice freudien où ce dernier évoque Œdipe pour parler du «complexe d'Œdipe», on essaie de se rapprocher du récit tragique de «Rostam et Sohrâb», raconté par Ferdowsi dans son *Livre des Rois*.

Le «Rostam et Sohrâb» est un récit mythologique de l'histoire ancestrale d'Iran qui trouve ses racines dans des rêves les plus lointains de ses hommes. Rien n'est réel dans ce récit, mais tout a une vérité. Ce récit raconte les souhaits les plus authentiques des hommes dans ses personnages fictifs, dans ses mythes. Ce récit est l'incarnation d'une histoire et, comme Œdipe, pourrait incarner les contours d'un symptôme dans un cadre clinique.

Autrement dit, de même que Freud avait lié le symbole d'Œdipe à un symptôme, les psychanalystes pourraient chercher un autre symbole, en l'occurrence celui du «Rostam et Sohrâb», et ainsi tenter de proposer une nouvelle description de l'ordre psychanalytique. L'extrême complexité de ce mythe invite à aller au plus profond de ce poème pour faire sortir le sens latent d'un amour paternel, qui intrigue par son étrangeté. C'est donc à nous de lui substituer un autre récit ou un autre texte exprimant la pensée du désir.

Par conséquent, j'insiste à nouveau sur le fait que mon intention n'est pas de proposer une explication ou de raconter une histoire, mais de proposer une interprétation, un nouveau regard se situant dans «une structure intentionnelle, dans une architecture de sens, dans un rapport du sens au sens, du sens second au sens premier», comme l'exprima Ricœur.[4]

La présente interprétation porte d'un côté sur une œuvre poétique, à savoir *Le Livre des rois* de Ferdowsi qui a rempli en son temps un rôle poétique et politique, et qui a répondu à sa responsabilité de défendre et de protéger une langue, une culture et une tradition face à l'invasion arabe survenue trois siècles plus tôt ; d'un autre côté, elle porte sur cette partie de la pensée de Ricœur qui concerne les écrits psychanalytiques de Freud. Le travail magistral de Ricœur

---

2 Ricœur écrit, « La poésie est cet intermédiaire qui permet au philosophe de participer au royaume des symboles » (Ricœur, *Écrits et conférences 3*, 193).
3 Ricœur, *Écrits et conférences 3*, 194.
4 Ricœur, *De l'interprétation*, 28.

nous permet de faire un parallélisme entre le récit de «Rostam et Sohrâb» et la tragédie grecque de l'Œdipe de Sophocle, et il nous guide vers une lecture croisée du «complexe d'Œdipe» et de la dimension pathologique du récit de «Rostam et Sohrâb».

En procédant à l'interprétation de ces éléments en lien étroit les uns avec les autres, on arrive à proposer une nouvelle lecture, aucunement extérieure aux premiers éléments, mais que seule la conjonction étroite de ces éléments révèle. Elle en révèle à la fois le sens et en même temps le—les—chemin(s) marqué(s) par un tragique, celui du destin. Mais en quoi ces destins sont tragiques ?

Afin de mieux saisir l'histoire complexe de «Rostam et Sohrâb», je m'attarde sur une lecture du texte en me référant à la traduction de Farid Paya. Dans un deuxième temps j'évoque la dimension tragique de ce récit ; enfin, de la confrontation de ces deux destins résulte une nouvelle lecture nous rappelant l'univocité de notre langage d'aujourd'hui. Cette lecture sera placée dans le cadre de l'interprétation philosophique de Freud proposée par Ricœur.

1 «Rostam et Sohrâb» : le désir de la reconnaissance

Rostam, le guerrier d'Iran se rend à Touran, le pays voisin. Il tombe amoureux de la fille du Roi de Touran. Ils passent une nuit ensemble et Rostam quitte Touran pour retourner à son pays. Sohrâb, le fruit de leur rencontre à la fois passionnée et éphémère, naît neuf mois plus tard. Il est différent de tous les enfants de son âge. Il veut connaître son père et demande avec insistance à sa mère l'identité de son père. Sa mère Tahmineh, lui révèle l'identité de son père, mais avant que Sohrâb quitte Touran pour s'engager dans une guerre avec l'Iran et ainsi trouver son père Rostam, Tahmineh lui met un sceau à son bras droit, comme un signe de son identité paternelle. Le symbole de ce sceau est déjà extrêmement puissant, car il symbolise le fils portant le père. La reconnaissance du père dépendra de cela. Si le sceau symbolise à merveille la présence de l'absence, le port du sceau dessine le désir de la reconnaissance.

Afin d'accomplir son désir, Sohrâb n'a qu'un choix (inconscient). Il s'agit de confronter Rostam, son père, sur le champ de bataille. Le destin en a voulu ainsi. On avance dans l'histoire : le champ de bataille les attend, père et fils défendent deux patries différentes : Iran et Touran. Ils sont étrangers l'un à l'autre. Ils sont comme n'importe quel autre étranger à soi-même. Ils sont le soi-même étranger avec et comme un autre.

Leur destin continue dorénavant son chemin en les accueillant dans un face à face, entouré de leurs troupes. Tout est prêt pour l'ultime moment de la confirmation de leur destin tragique.

Ainsi en allant au champ de bataille pour combattre Sohrâb (son fils), Rostam se soumet à son destin, à la profondeur tragique de son destin : il s'adresse à Goudarz son allié :

> Tel était l'ordre du destin :
> Me faire tuer par un jeune homme.

La réponse de Goudarz fut de défier le destin :

> Nous sommes une poussière perdue dans l'univers.
> Reste paisible. Nul ne sait comment finir sa vie.
> La mort n'est peut-être qu'un songe éphémère.
> Insistante et brève comme le sommeil. [...]

Sohrâb rencontre Rostam. Toutefois, il hésite à combattre ce vieillard qu'il soupçonne d'être son père. Il sait peut-être dans son for intérieur que cette rencontre n'est pas si hasardeuse, il murmure effrayé :

> Je me sens empli de honte,
> J'irai sous terre le visage sombre.
> Je n'espère pas voir l'autre monde.
> Je ne dois pas lutter contre mon père.

Sohrâb a le courage de ne porter aucun soupçon. Rempli de doute, avant la bataille, il demande à Rostam : N'es-tu pas Rostam ?

La réponse de Rostam marque sa fuite : il fuit l'amour de son fils. Il ne lui accorde pas sa reconnaissance :

> Dans tes paroles, j'entends la fourberie.
> Tu tiens un langage de ruse et de tromperie.
> Aujourd'hui nous nous consacrerons à la lutte.
> L'issue sera décidée par le gardien du monde.

Sohrâb répondit :

> Vieil homme, j'aurai souhaité que la mort t'accueille
> En douceur dans ton lit. [...]
> Si tu ne veux pas entendre mes conseils, il nous arrivera
> Ce que le destin aura décidé.

Sohrâb gagne la bataille. Rostam est à terre. Il arrive donc ce temps où le fils tente de tuer ce père qu'il a affirmé dans sa méconnaissance. Ce temps est celui de la destruction, celui de venger le refus de sa demande de la reconnaissance. Cependant, Rostam, à la fois rusé et sage, lui dit que la coutume veut que le gagnant de la première partie soit clément. Affecté par la faiblesse de Rostam, Sohrâb lui accorde—naïvement ?—cette grâce en pensant avoir respecté la coutume de la guerre qui dit que «l'homme qui tombe en premier doit être épargné». Sohrâb renonce à acter la mort de son père. Son vif désir de reconnaissance l'emporte sur la méconnaissance.

Sohrâb raconte à Houman, qui l'accompagne dans cette guerre, ce qui s'est passé. Ce dernier lui répond :

> Je me lamente sur toi, Sohrâb.
> Dommage dans cette course céleste,
> Tu as atteint la perte de ta vie.
> Tu as libéré le fauve que tu avais saisi.

Houman porte l'avènement du tragique en lui. Ses mots sont ceux du tragique. En voyant Sohrâb certain de sa victoire prochaine, il l'alerte :

> La route tourne. La vie se joue de nous.
> Les jours passent sans se ressembler.
> Bonheur, malheur tout arrive à notre insu.

Houman prétend se soumettre à la volonté de dieu. Mais tout le paradoxe est là : sa soumission est aussi sa ruse. Il veut la destruction de Rostam.

De l'autre côté du champ de bataille, Rostam invoque le Créateur des mondes et le supplie de lui rendre une partie de sa force première perdue auparavant afin de mener un terrible combat. Rostam retourne au combat sans attendre le lendemain. Aussitôt la lutte commença : le souffle de Rostam repoussa Sohrâb tremblant comme un enfant. Ne tenant plus debout, il tomba. Rostam épargne sa tête mais tranche son flanc. Après le refus de sa reconnaissance, il tue Sohrâb pour une seconde fois. Mais en réalité, il se dessine un nouveau sort pour lui-même qui le noue au chemin du tragique.

> Qui es-tu à me vaincre ? demande Sohrâb.
> Un homme
> Il était écrit que je serais le vainqueur, répond Rostam.

Gisant dans la poussière, Sohrâb raconte sa vie sacrifiée pour rencontrer son père et être reconnu par lui :

> Le monde t'a donné la clef de ma mort.
> Tu es innocent. Ce monde est vieux.
> Il me fit trop rapidement grandir et me tua trop vite.

Toujours à son bras, le sceau appartenant à son père, en l'occurrence Rostam, il continue :

> Je l'ai cherché dans le monde entier.
> Je voulais voir son visage, toucher sa peau.
> Je vais mourir, empli de ce même désir.
> Dommage ma souffrance s'achève
> Sans que j'aie vu le regard de mon père.
> À présent, vieil homme,
> Même si dans les eaux tu deviens un poisson,
> Même si comme la nuit, tu deviens obscur,
> Même si comme l'étoile lointaine tu rejoins les cieux,
> Même si sur terre tu trouves la bonté,
> Mon père cherchera à me venger,
> Parmi tous les hommes de l'armée,
> Plus d'un dira à Rostam : Ton fils a été tué.
> Tombé à terre,
> Que voulait-il,
> Sinon te retrouver.

Les ténèbres envahissent Rostam et il demande : par quel prodige peux-tu être mon fils ?

Sohrâb répond :

> Défais mes armes et mon armure, regarde mon corps mis à nu.
> Ton sceau est attaché à mon bras droit.
> Vois ce que le fils a subi sous les coups du père.
> Tandis que je voulais venir à ta rencontre,
> Ma mère, des larmes de perle dans le regard,
> M'attacha ce souvenir...

Sohrâb voulait par amour destituer tous les rois pour installer son père à leur place, il désirait son père au plus haut toit du monde. Il a porté le désir en lui et le sceau comme le signe de ce désir sur lui, sans savoir qu'il serait tué par son père :

> Il était écrit dans les astres que Rostam me tuerait
> Je suis venu et je suis reparti tel un éclair.
> Maintenant je suis porté par le vent vers les cieux

Rostam fait tout pour sauver Sohrâb, hélas, inutilement. Le sang de Sohrâb entachera à jamais Rostam. Sohrâb mourra en prononçant le nom de son père.

> Puis il eut un soupir glacé
> Il ferma les paupières
> Il s'en alla, partant au loin,
> Dans un ciel de lumière.

Rostam et Sohrâb se sont affrontés. Leur dimension d'intersubjectivité était celle du désir de la reconnaissance. Quelle reconnaissance ! Elle est mêlée de l'innocence et de la culpabilité. La reconnaissance suit le tragique. Il faut l'avènement du tragique pour que Sohrâb trouve la reconnaissance de son père. La partie la plus douloureuse est de savoir pourquoi la reconnaissance ne peut advenir qu'après le tragique ? Rostam a tué son fils en utilisant une ruse et en s'accordant à la loi dite de la guerre. Toutefois, fallait-il chercher l'excuse de la méconnaissance pour pardonner la destruction de l'autre et le point de non-retour ?

2 Le tragique et le destin

Dans son article de 1952, « Sur le tragique », Ricœur écrit :

> On peut répéter la tragédie grecque en soi-même, non point comme l'origine de la tragédie, c'est-à-dire au sens formel, comme le jaillissement de la tragédie essentielle : il n'y aurait alors de tragédie que là où surgit un monde analogue à celui de la tragédie grecque ; réfléchir sur cette origine, au double sens de commencement et de surgissement authentique.[5]

En lisant ces lignes de Ricœur, on insiste sur le caractère tragique de l'histoire de « Rostam et Sohrâb », car Ferdowsi a fait surgir un monde analogue à celui de la tragédie grecque. Toutefois, la plus forte complexité du monde tragique de Ferdowsi reste indéniable. Bien que la forme tragique ne soit pas celle des Grecs ; « Rostam et Sohrâb » sont autant imaginaires, mais bien plus tragiques. Ils sortent du cœur de la poésie tragique pour encourager les braves gens à se battre pour les causes nobles, et ce malgré la soumission et la contrainte.

Le langage de ce poème est celui « de la symbolique de la culpabilité », celui très « archaïque de la souillure, où le mal est appréhendé comme une tache, une

---

5 Ricœur, *Lectures 3*, 187–188.

flétrissure, donc comme quelque chose qui affecte et infecte du dehors».[6] Ce récit poétique de Ferdowsi ajoute un autre symbole aux nombreux symboles du mal humain : meurtre du fils, Sohrâb. La tragédie du Sohrâb est celle de l'obédience au héros. Son destin tragique dit que sa liberté s'enchaîne à son dernier souffle. La liberté surgit enfin mais quand Sohrâb n'est plus !

Le destin de Sohrâb est encore plus tragique que celui d'Œdipe. Sohrâb meurt, écrasé par la loi du père héroïque. Ici, le mal provient du héros. Cependant, si l'Œdipe de Sophocle est seul au centre du tragique, la tragédie de Ferdowsi est un tragique partagé, mais pas moins douloureux.

Il est donc possible d'envisager deux parallélismes : l'un entre Sohrâb et Œdipe et l'autre entre Œdipe et Rostam—contrairement à Laos le père d'Œdipe, Rostam est un héros galant et brave. Il est amène, respectueux et respecté. La figure de Rostam ne comporte rien de sombre, d'inquiétant, voire d'hostile, et ce malgré le meurtre de son fils. Laos avait cherché à effacer son fils. Mais Rostam, de même que Sohrâb, n'ont jamais voulu effacer l'un et l'autre. Ils ont tout fait pour éviter cette situation. Toutefois, ils ont échoué.

Le parallélisme entre Sohrâb et Œdipe réside dans le fait qu'ils sont deux fils, ayant voulu un destin mais qu'ils sont écrasés par leur souffrance, par leur mort. Pourtant le destin de Sohrâb est moins hasardeux que celui d'Œdipe. Sohrâb voulait trouver son père, il avait demandé avec insistance le lieu où était son père et savait par conséquent où il se trouve. La coïncidence a été provoquée par amour pour son père.

Certes, leur destin ayant commencé par leur enquête sur soi-même débouche sur le tragique. Leur souhait de connaître la vérité, témoigne de leur courage.

> Il doit être tel l'Œdipe de Sophocle qui, cherchant l'éclaircissement de son propre terrible destin, poursuit sans trêve son enquête alors même qu'il commence à entrevoir que des réponses résultera pour lui le plus horrible. Mais il se trouve que la plupart des hommes portent en eux une Jocaste qui, au nom de tous les dieux, supplie Œdipe de ne pas poursuivre sa recherche : et ils lui cèdent.[7]

Mais le courage n'est pas le seul trait commun entre ces deux figures tragiques. Ainsi, ce qui donne sens à la tragédie d'Œdipe est sa mort à Colone : « sa prise de conscience a fait de lui vraiment un homme car dira Hegel, « c'est dans le langage qu'on peut dire : Moi est ce moi-ci, mais aussi bien le Moi universel. » ».[8]

---

6 Ricœur, *Écrits et conférences 3*, 194.
7 Stein, *La mort d'Œdipe*, 22.
8 Stein, *La mort d'Œdipe*, 24.

Quant au destin tragique de Sohrâb et sa mort, bien qu'il donne sens à cette tragédie, ce tragique reste partagé. Le titre de la fable nous le dit aussi : la tragédie est celle de «Rostam et Sohrâb».

Or l'histoire de Rostam ne demeure guère moins tragique. Ici, le langage dit Nous, le Nous universel.

Ainsi, le parallélisme entre Œdipe et Rostam est situé dans les moments de la perplexité contenant négation et affirmation. «Négation du destin du héros devenu criminel, négation qui, de par sa proclamation même, devient l'affirmation du destin du sage bienfaiteur».[9] Œdipe et Rostam tuent tous les deux, deux inconnus croisés sur leur chemin. Ils sauront plus tard qu'ils ont tué le père pour l'un, le fils pour l'autre. Cependant, ils ne violent pas la loi tant qu'ils sont dans la méconnaissance. La loi est violée uniquement quand les choses seront dites.

Certes, Sohrâb est parti tandis que Rostam continue le chemin du tragique. Le destin tragique de Rostam veut qu'il soit à la fois l'innocence, la souffrance et la culpabilité ; le héros et l'anti-héros. Lui aussi ressemble à Œdipe : il est l'homme hybride, comme Œdipe.

Or ce qui constitue la base du tragique, c'est un héros à la fois innocent et coupable. Il n'y a rien de tragique quand un innocent est persécuté. C'est juste pitoyable. Inversement la punition d'un méchant, ne le rend pas tragique.

Le tragique, c'est quelqu'un qui est à la fois innocent et coupable, quelqu'un comme Œdipe et comme Rostam qui, dans la culpabilité la plus extrême, n'en garde pas moins l'innocence ; c'est quelqu'un qui apparaît comme ayant certes violé la Loi, mais à son insu, sans l'avoir cherché, sans l'avoir voulu. Rostam et Œdipe sont tragiques car ils ont réalisé les désirs que tout homme désavoue dans la contestation de la loi des siens. Ils ont rencontré la loi prohibant de revendiquer et de proclamer l'infanticide, le parricide et l'inceste, comme une première réalité sur leur chemin. Œdipe «n'a pas accepté de couvrir son plaisir du compromis de la méconnaissance. C'est en cela qu'il a transgressé la loi. Mais plus encore, en dévoilant le sens de cette loi, il a tendu à la rendre caduque, à la supprimer», écrit Conrad Stein, avant de continuer : «dès lors, son destin a été de s'identifier, au-delà de sa mort, à la loi qui devenait nouvelle. Tel est le développement linéaire de l'histoire d'Œdipe».[10] Toutefois, une différence demeure entre Rostam et Œdipe : contrairement à ce dernier, le destin de Rostam reste inconnu au-delà de la mort de son fils—dans ce récit.

---

9 Stein, *La mort d'Œdipe*, 24.
10 Stein, *La mort d'Œdipe*, 21.

Certes, en agissant bien selon sa propre Loi, la légende agit inconsciemment mais inévitablement de manière perverse selon une autre loi sacrée. Ainsi en va-t-il du tragique qui fait tomber en déliquescence, qui ruine.

Rappelons-nous aussi que dans cette histoire, Houman précise les contours des lieux de la culpabilité. La culpabilité se constitue à travers ses mots. Houman ne sait pas pourquoi, mais il est là. La parole de Houman occasionne le tragique : le meurtre du fils aux mains de son père. Houman prétend au rôle de dieu, son désir d'être comme des dieux «connaissant le bien et le mal», et provoque a le mal absolu. Sa parole est là pour anéantir Sohrâb et détruire Rostam.

Quant à Rostam et à Sohrâb à l'instar des personnages des tragédies grecques, ils ne peuvent faire autrement.

Pourquoi les choses se sont-elles déroulées ainsi ? Comment expliquer le conflit ayant mis Rostam face à Sohrâb ? En empruntant les mots de Camus, on peut dire que Rostam est dans l'absurde. Car à l'instar de la dispute Œdipienne où l'explication est dépourvue de toute force pour affirmer qu'un inconnu est son père, Rostam ne peut rien expliquer sur le fait que Sohrâb est son fils. Et encore et toujours à l'instar de la légende grecque, «l'absurdité est dépassée quand le hasard n'en est plus un et que les coïncidences déplorables renvoient à un autre plan d'existence où elles signifient un châtiment».[11]

Les deux destins entremêlés de «Rostam et Sohrâb» sont l'incarnation du tragique de l'absurde.

3 Freud, le tragique et le destin

Désormais, on tente de lier le meurtre du fils (Sohrâb) par le père (Rostam), en liaison avec un des nombreux traits de notre modernité, à savoir la psychanalyse. On prétend ainsi lire ce récit avec la précision et l'univocité de notre langage d'aujourd'hui.

Au-delà de l'auto-analyse de Freud, de sa découverte et de toute interprétation qu'on peut donner à ces deux récits sur le plan de la psychanalyse, il faut souligner que ce sont les deux enquêtes d'Œdipe et de Sohrâb et la tragédie de leur mort respective qui font le lien avec la psychanalyse. Quand la tragédie de leur enquête s'achève pour laisser la place à celle de leur mort, leur destin s'entrelace dans une désinvolture perplexe n'étant guère leur histoire. Cet instant privilégié pour tout psychanalyste évoque :

---

11 Gouhier, *Le théâtre et l'existence*, 45.

> Les acmés de la cure freudienne où le patient, placé devant sa vérité, mais encore attaché à sa méconnaissance projetée sur la psychanalyse, se trouve désemparé devant son destin […]. Ce destin qu'il assumera lorsque, après un long travail, il l'aura identifié à son psychanalyste enfin transformé. Il sera comme Œdipe, le suppliant des Euménides rendant l'oracle d'Apollon et devenu semblable à lui, aveugle et clairvoyant comme le devin Tirésias, ce Tirésias contre lequel—bien longtemps auparavant, alors qu'il entrait en quête de sa vérité—il devait s'opposer de toute sa force, trouvant en lui celui qui savait cette vérité et voulait lui en interdire l'accès.[12]

Si le récit de «Rostam et Sohrâb»» rappelle celui du mythe d'Œdipe c'est parce que tous les deux embrassent à la fois la figuration des désirs inconscients de l'homme et, en même temps, ils conçoivent «la représentation du jeu des forces psychiques antagonistes destinées à en maîtriser le complexe»».[13] Le mythe et le récit, tous les deux représentent la réalisation du désir et exposent une sorte du conflit psychique qui a pour objectif la maîtrise de ce désir.

À l'instar du complexe d'Œdipe qui parle d'un inconscient individuel et d'un destin collectif, le «complexe de Rostam»—je me permets de le qualifier ainsi— évoque l'histoire déchirante d'un père et l'inconscient inconscient collectif (souffrant) d'un peuple, qui nous fait entrer dans différentes dimensions historique, culturelle, politique et sociologique à la fois inédites et singulières.

Le «complexe de Rostam» est, en effet, étendu aux diverses réalités constituant une culture dans un lieu géographique précis. Contrairement au «complexe d'Œdipe» qui est l'inceste rêvé et donc un fait antisocial auquel, pour exister, la culture a dû peu à peu renoncer,[14] le patriarcat ancré chez Rostam relate un lien social, contestable, mais toujours existant. Ici, le refoulement ne coïncide pas avec cette remarquable institution culturelle qui repose sur la prohibition de l'inceste mais, au contraire, il coïncide avec l'un des abîmes de la culture à savoir la justification du patriarcat. Ici encore, pour passer à l'histoire de l'adulte on cherche également à se donner la force de l'autorité et l'interdiction de la soumission, mais le fils échoue face aux lois du père.

Sohrâb cherche la reconnaissance de son père Rostam dans la désobéissance. Il désobéit aux ordres. Toute l'étrangeté de cette histoire repose sur le fait que Sohrâb ne se soumet pas aux règles patriarcales et entre en guerre avec son père, mais, en même temps, il se soumet aux lois de la guerre dictées par son père. Sa tentative de désobéissance est écrasée par sa soumission aux lois du père. Ainsi elles deviennent toutes les deux complices de sa mort.

---

12 Stein, *La mort d'Œdipe*, 25.
13 Stein, *La mort d'Œdipe*, 22.
14 Ricœur, *Écrits et conférences 1*, 188.

La confrontation, la désobéissance, la soumission, le meurtre, le regret et le deuil, tout s'organise autour du lien du sang. Ici, l'éthique n'a rien de rationnel, elle est véritablement émotionnelle. Ce récit est ainsi un tragique dans toute sa splendeur montrant l'organisation sociale et historique d'une population ancestrale. Le drame de Rostam exprime la loi patriarcale, il évoque la mort comme le destin de toute rupture avec la loi du père. La vengeance farouche du père contraint le fils à l'obéissance totale. Seule la mort libère le fils.

On vient de constater qu'Œdipe et Sohrâb sont deux fils, à la recherche du père, de la reconnaissance. Œdipe séduit à son insu, prend la place du père et atteint à sa mère. Sohrâb ne souhaite pas prendre la place de son père en épousant sa mère, mais il veut prendre sa place dans le champ de la bataille. Le conflit se joue ailleurs que dans la chambre conjugale.

Cependant, on peut toujours intégrer les noms de ces personnages tragiques dans ces lignes écrites par Marie Balmary : «À partir de ces premiers événements [...], la vie de fils [en l'occurrence Œdipe et Sohrâb] ne se tient pas hors de celle du père [Laïos et Rostam], puisque méconnu et rejeté par celui-ci, il trouvera dans sa route vers lui tous les signes représentant la faute qui l'avait [les avait] fait méconnaître.»

Dans ces deux histoires, les meurtres et les crimes ne se transforment en culpabilité et en souffrance que par le lien du sang. La vision éthique qui nous invite à vivre avec les autres une vie bonne n'y existe pas. Ils sont fautifs et leurs destins ne sont tragiques que parce qu'ils ont rompu le lien de sang.

La dimension éthique engendrée par l'œuvre de Ferdowsi est incontestable. Contrairement, au *Shâh-Nâme*, il nous est impossible de parler d'une éthique de la psychanalyse reposant sur une prescription de devoirs, anciens et nouveaux, comme l'écrit Ricœur.[15] Le fait que la psychanalyse ne prescrit aucun devoir ressort de trois éléments : de son statut théorique, de ses découvertes sur la moralité et enfin de son caractère en tant que technique thérapeutique. Or «le statut théorique de la psychanalyse lui interdit de devenir prescriptive».

Comme l'écrit Ricœur, «l'interprétation freudienne de la culture, prise dans son ensemble, et de l'éthique considérée en particulier, comporte une limite de principe. L'explication psychanalytique [...], est, pour l'essentiel, une explication économique du phénomène moral». Quant à cette limite, elle est le résultat du projet de la psychanalyse qui repose sur la compréhension de la culture au point de vue de son coût affectif en plaisirs et en peines. Ce que fait la psychanalyse est de se borner à démasquer les falsifications du désir qui investissent la vie morale, poursuit Ricœur. Ici, il n'est ni question de la constitution d'une quel-

---

15 Ricœur, *Écrits et conférences 1*, 197.

conque morale politique, ni question de la résolution de l'énigme du pouvoir ou encore de la résolution de l'énigme de l'autorité des valeurs. La psychanalyse ne s'approche pas des problèmes de valeur, de fondement, d'origine radicale, etc. Sa force reste celle du soupçon, non de la justification, de la légitimation, encore moins celle de la prescription. Ce qui n'est évidemment pas le cas pour le *Shâh-Nâme*.

En analysant les trois éléments cités ci-dessus, on s'aperçoit d'emblée que le *Shâh-Nâme* est dépourvu de deux de ces trois éléments empêchant la psychanalyse de proposer une éthique à savoir : le statut théorique et le caractère thérapeutique. Mais en réalité, seul le caractère thérapeutique manque au *Shâh-Nâme*.

Mais comment l'interprétation de Ricœur permet-elle de trouver une structure clinique dans la tragédie de «Rostam et Sohrâb» ? L'argumentation de Ricœur est extrêmement précise et éclairante. En se référant aux «relations de dépendance du moi», Ricœur qualifie ces relations de dépendance comme des relations de maître-esclave : dépendance du moi au ça, dépendance du moi au monde, dépendance du moi au surmoi. Une personnologie surgit de ces relations aliénées. Le rôle du moi se constitue ainsi en relation avec l'anonyme, le sublime et le réel.[16] Cette nouvelle approche nous apprend que ce qu'on appelle «Idéal du moi ou surmoi» peut avoir un rôle d'auto-observation et disposer d'attributs tels que la conscience morale et la fonction de l'idéal. Le rôle d'observation est d'éprouver «le sentiment d'être observé, surveillé, critiqué, condamné : le surmoi s'annonce comme œil et regard». Quant à la conscience morale, elle est pour Freud, la rigueur et la dureté de cette instance ; elle est ce qui s'oppose dans l'action, et ce qui s'éprouve après l'action ; c'est pourquoi le moi n'est pas seulement regardé, mais maltraité, par son autre intérieur et supérieur ; ces deux traits de l'observation et de la condamnation sont ainsi empruntés non pas à une réflexion du style kantien sur la condition de la volonté ou sur la structure *a priori* de l'obligation, mais à la clinique.[17]

Les regrets de Rostam après la mort de Sohrâb sont issus de la conscience morale de ce premier. Avec le meurtre de son fils, Rostam est coupable et condamné ; sa condamnation n'est prononcée par aucun tribunal, mais par son surmoi.

La divulgation de la structure clinique de «Rostam et Sohrâb», peut par conséquent prouver «la situation aliénée et aliénante de la moralité». Ainsi, grâce à l'interprétation de Ricœur nous apprenons que :

---

16 Ricœur, *Écrits et conférences 1*, 182.
17 Ricœur, *Écrits et conférences 1*, 183.

«Une pathologie du devoir» est aussi instructive qu'une pathologie du désir : la première n'est finalement que le prolongement de la seconde ; en effet, le moi opprimé par le surmoi est dans une situation analogue, vis-à-vis de cet étranger intérieur, à celle du moi affronté à la pression de ses désirs : par le surmoi, nous sommes d'abord «étrangers» à nous-mêmes : ainsi Freud parle du surmoi comme d'un «pays étranger intérieur».[18]

4 Conclusion

L'Œdipe freudien demeure l'illustration explicite de ce que Ricœur appelle l'intelligence oblique de Freud. Bien que le «Rostam et Sohrâb» ne soit pas considéré un symptôme, il peut ouvrir la voie d'une meilleure compréhension de cette intelligence oblique freudienne.

Ce qui est commun entre le névrosé d'un côté et Œdipe et Rostam de l'autre, c'est un encombrant rideau de culpabilité difficile et parfois impossible à déchirer, de nature profondément tragique. Le névrosé avance dans la vie tandis qu'il est incapable de travailler et de jouir comme disait Freud. Après avoir commis l'irréparable, Rostam et Œdipe avancent tous deux vers le néant avec une culpabilité qui les encombre sans les effacer pour autant. La culpabilité ne diminue pas, écrit Marie Balmary : «Elle s'est souvent déplacée, tragiquement : on n'est plus coupable de faire, de désirer, mais coupable d'être».[19]

Finalement, au cœur de la profondeur poétique de *Shâh-Nâme*, le tragique reste sans fin. Il est troublant de voir qu'à l'intérieur de cette tragédie, il y a des tragédies. Chaque destin fait à la fois partie d'un ensemble tragique mais raconte aussi son propre tragique.

Le récit de « Rostam et Sohrâb », comme celui d'« Œdipe », illustre l'enchaînement des fautes constituant leur destin tragique. Œdipe est ce fils qui ne devrait pas être ; Sohrâb est le fruit de la séduction. Si Œdipe et Sohrâb ont le désir de la reconnaissance en commun, Œdipe et Rostam partagent la tragédie de la méconnaissance. Œdipe épouse sa mère et Rostam tue son fils.

L'histoire d'«Œdipe» et le récit de «Rostam et Sohrâb» amènent le lecteur de culpabilité en culpabilité ; de la culpabilité poétique à la culpabilité psychanalytique. Malgré tout ce qui distingue les deux crimes, les deux meurtres, les deux chaînes de malheurs et de malédictions, les deux récits ont en commun le tragique de destins qui demeurent sans auteur, un tragique qui écrase chaque innocent par le poids de sa culpabilité.

---

[18] Ricœur, *Écrits et conférences 1*, 184.
[19] Balmary, *L'Homme aux statues*, 15.

Bibliographie

Balmary, Marie (1979): L'Homme aux statues. Freud et la faute cachée du père. Paris: Grasset.
Gouhier, Henri (2004): *Le théâtre et l'existence*. Paris: Vrin.
Marquet, Jean-François (2009): *Leçons sur la Phénoménologie de l'esprit de Hegel*. Paris: Ellipses.
Paya, Farid (2012): *Rostam et Sohrâb*. Paris: L'Harmattan.
Ricœur, Paul (1965): *De l'interprétation. Essai sur Freud*. Paris: Seuil.
Ricœur, Paul (1969): *Le conflit des interprétations: Essais d'herméneutique*. Paris: Seuil.
Ricœur, Paul (1994): *Lectures 3. Aux frontières de la philosophie*. Paris: Seuil.
Ricœur, Paul (2008): *Écrits et conférences 1. Autour de la psychanalyse*. Paris: Seuil.
Ricœur, Paul (2013): *Écrits et conférences 3. Anthropologie philosophique*. Paris: Seuil.
Stein, Conrad (1977): *La mort d'Œdipe. La psychanalyse et sa pratique*. Paris: Denoël-Gonthier.

Jeanne-Marie Gagnebin
Les vicissitudes du sens

Abstract: The Vicissitudes of Meaning. This article argues that Freud intervenes in Ricœur's thought by means of three essential questions: that of Evil (which cannot only be analyzed in terms of fault and punishment), that of the insufficiencies of a self-sufficient conception of consciousness (*Bewusstsein*) and, finally, that of a transformation of hermeneutical practice as a search for meaning. Starting from Freud, Marx, and Nietzsche, these "three masters of suspicion," neither the transparency of self-consciousness – the theme of the wounded cogito – nor a naïve apprehension of language as an attempt to tell the truth can remain unscathed. The equivocality of language is not only due to the richness of the symbol, but also to a movement of dissimulation and distortion that is neither a simple epistemological error nor a simple moral lie, but a constitutive illusion of discourse. The confrontation of Ricœur's reflection with Freud's thought shows a philosophical radicality whose courage we must salute. More fundamentally, Ricœur raises the question of whether or not it is possible to establish a true meaning when the transcendent meaning, which was the basis of the search for truth, seems to have been lost.

De retour de l'Offlag de Poméranie, Paul Ricœur découvre la Shoah et les horreurs des Camps. Ce n'est pas par hasard s'il s'installe avec sa famille au Collège de Chambon sur Lignon, institution protestante qui avait accueilli et protégé de nombreux enfants juifs ; il y enseigne de l'été 1945 jusqu'à l'automne 1948 et son départ pour Strasbourg. C'est là qu'il termine sa thèse, à Pâques 1948, à savoir le premier tome d'une *Philosophie de la volonté*, intitulé *Le volontaire et l'involontaire*. Un titre qui fait allusion au mal suprême par le détour d'une recherche phénoménologique. La découverte, au sortir du camp de prisonniers, de l'extension du massacre et des horreurs de la Shoah, enfin la lecture du courageux livre de Jaspers, *Die Schuldfrage*,[1] tous ces éléments mettent en branle une réflexion sur la volonté humaine, cette volonté qui est à la source de notre liberté et de notre responsabilité mais qui, en même temps, doit reconnaître qu'elle n'est pas maîtresse d'elle-même.

---

[1] Le livre paraît sous ce titre en 1946 en Allemagne et sa traduction française en 1948, sous le titre *La culpabilité allemande*.

Il est tout à fait remarquable que Freud soit déjà l'un des personnages principaux de ce texte même si Ricœur le lit avant tout à partir des écrits de Roland Dalbiez, son professeur de philosophie au Lycée de Rennes, qui fut, selon François Dosse, le premier philosophe à soutenir une thèse de philosophie sur Freud en France.[2] L'apprentissage philosophique que le lycéen retient de cet enseignement consiste en ce que Ricœur interprètera plus tard comme la «résistance (...) à la prétention à l'immédiateté, à l'adéquation et à l'apodicticité du *cogito* cartésien».[3]

«L'ambition de l'idéalisme est d'identifier la responsabilité à une *auto-position* de la conscience et d'atteindre à une exacte adéquation de la réflexion et de la pensée intentionnelle dans tout son épaisseur obscure. Ce vœu est sans nul doute issu du Cogito cartésien» écrit Ricœur dans un paragraphe important du chapitre sur «L'inconscient», intitulé «Échec de la doctrine de la transparence de la conscience».[4] Remettre en cause le cogito cartésien, c'est reconnaître que sa vérité est «aussi vaine qu'elle est invincible», qu'elle «est comme un premier pas qui ne peut être suivi d'aucun autre», dira Ricœur en 1965.[5]

Sigmund Freud intervient donc dans la pensée de Ricœur à partir de la question du *Mal*, c'est-à-dire également de la liberté humaine, du volontaire et de l'involontaire, l'interrogation se dédouble rapidement en une réflexion sur les insuffisances d'une conception auto-suffisante de la conscience (*Bewusstsein*) comme accès à soi-même. Et cette réflexion débouche sur l'importance de la temporalité et de la narration comme détours obligés de l'interprétation de soi, parce que si le rêve a un sens, c'est uniquement à partir du *récit* de ce rêve, quand il se transforme en langage énoncé par un sujet et écouté par un autre :

> Si l'inconscient ne pense pas et si pourtant on peut *donner* par la psychanalyse un «sens» au rêve et aux névroses, qu'est-ce que ce «sens» ? Remarquons d'abord que le rêve n'est une pensée complète qu'au réveil, quand je le raconte ; il n'est d'image complète (...) que sur fond de réel et en forme de récit», écrit Ricœur dans le même chapitre du *Volontaire et l'involontaire* sur l'inconscient.[6]

Le recours à Freud se fait ici par le biais du recours à la présence énigmatique de l'inconscient qu'une analyse phénoménologique du caractère, à l'œuvre dans cet

---

[2] Dosse, *Paul Ricœur*, 16. Cette thèse, *La méthode psychanalytique et la doctrine freudienne*, fut publiée en 1936 chez Desclée de Brouwer.
[3] Ricœur, *Réflexion faite*, 12.
[4] Ricœur, *Philosophie de la volonté*, 353.
[5] Ricœur, *Le conflit des interprétations*, 21. La conférence fut prononcée en 1965.
[6] Ricœur, *Philosophie de la volonté*, 365.

ouvrage de jeunesse, se doit de détecter comme *résidu*[7] si elle veut être complète et honnête. Ce recours à Freud et à la psychanalyse introduit déjà trois questions présentes dans toute la réflexion à venir du philosophe : celle, première, du Mal, ensuite celle des insuffisances d'une conception auto-suffisante de la conscience (*Bewusstsein*) comme auto-position du sujet, enfin celle de l'importance de la narration—et donc de la temporalité—pour accéder à soi-même.

Quand Ricœur explicite pourquoi il entreprit une lecture «à peu près exhaustive de l'œuvre de Freud» dans ses cours de la Sorbonne entre 1960 et 1965, il déclare que ce fut le thème de la culpabilité, développé dans le deuxième volume de *La philosophie de la volonté*, à savoir *Finitude et culpabilité*, qui le conduisit, comme il le dit joliment, «du côté de chez Freud».[8] Ainsi établit-il un premier maillon entre l'ouvrage initial et le gros bouquin sur Freud, comme il s'efforce toujours de le faire entre tous ses livres, partant de ce qui manquerait dans l'un pour effectuer une nouvelle recherche dans le suivant. Cependant, il avoue très vite que, si le thème de «la souffrance imméritée», en opposition aux interprétations mythico-religieuses de la faute et de la culpabilité, est en effet important, la lecture de Freud va le confronter à une problématique beaucoup plus fondamentale au sujet de la pratique même de l'interprétation—ce qui explique pourquoi le livre porte le titre de *De l'interprétation* et ne s'appelle *Essai sur Freud* qu'en guise de sous-titre, au grand dam de plusieurs de ses lecteurs.

Avant même de pouvoir aborder la question de la culpabilité chez Freud, Ricœur comprend qu'il doit rendre compte de deux types contraires, sinon contradictoires, d'interprétation, prenant par là-même au sérieux l'entreprise freudienne de *Traum-deutung* : une interprétation *amplifiante* et une interprétation *réductrice*, comme il le dira plus tard[9] ; dans les termes de l'*Essai sur Freud*, une interprétation comme «*recollection de sens*»[10] qui découvre dans les expressions à double sens (symboles, mythes etc.) la «*révélation d'un sacré*»,[11] un «*surcroît de sens*», voir un *kérygme* qui nous interpelle—et une interprétation comme «*Exercice du soupçon*»,[12] une «*démystification...une réduction d'illusions*».[13] Cette opposition est également celle qui existe entre une philosophie qui pose la question de la vérité et de l'erreur, donc de la validité de nos jugements, et une philosophie, comme celle de Nietzsche—et de Freud –, qui ne pose

---

7 Ricœur, *Philosophie de la volonté*, 350.
8 Ricœur, *Réflexion faite*, 34–35.
9 Ricœur, *Réflexion faite*, 35.
10 Ricœur, *De l'interprétation*, 36.
11 Ricœur, *De l'interprétation*, 16.
12 Ricœur, *De l'interprétation*, 40.
13 Ricœur, *De l'interprétation*, 35–36.

plus, premièrement, la question de la validité mais grève toutes nos assertions d'un soupçon à la fois d'illusion et de *nécessité* de cette illusion, irréductible au mensonge :

> ...le problème de la validité restait encore dans l'orbite de la philosophie platonicienne de la vérité et de la science, dont l'erreur et l'opinion étaient les contraires ; le problème de l'interprétation se réfère à une nouvelle possibilité qui n'est plus l'erreur au sens épistémologique, ni le mensonge au sens moral, mais l'*illusion* dont nous discuterons plus loin le statut... [14]

Cet exercice commun aux trois maîtres du soupçon, Freud, Marx et Nietzsche, ne laisse indemne ni la transparence de la conscience de soi à soi-même—c'est le thème du *cogito blessé* qui orientera dorénavant toute la philosophie ricœurienne—ni une appréhension pour ainsi dire confiante et naïve du langage comme tentative de dire la vérité : son équivocité n'est pas due uniquement à la richesse des symboles, mais également à un mouvement de *dissimulation* et de *distorsion* qui est d'autant plus difficile à détecter qu'il n'est pas simple erreur épistémologique ou simple mensonge moral mais bien une illusion constitutive du discours. Le langage du désir (dans le cas de Freud) est « le plus souvent... distordu », masqué, obéissant à l'adage cartésien, cité par Ricœur de manière fort ironique : « comme homme du désir je m'avance masqué—*larvatus prodeo* ».[15] Descartes, lui, disait : « Les comédiens, appelés sur la scène, pour ne pas laisser voir la rougeur sur leur front, mettent un masque. Comme eux, au moment de monter sur la scène du monde, où jusqu'ici, je n'ai été que spectateur, je m'avance masqué (*larvatus prodeo*)... » Descartes prenait ses précautions, prévenant les dangers qu'il encourait, alors qu'il s'apprêtait à rejeter l'autorité de la tradition scholastique pour ne se fier qu'à sa seule raison : il valait mieux selon lui, s'avancer masqué ; Ricœur nous indique peut-être que, pour un philosophe imprégné de rationalisme et de philosophie réflexive du 20ᵉ siècle, se pencher sur le langage ambigu du désir, par le biais d'une interprétation de Freud, non seulement peut le faire rougir mais aussi lui faire courir des risques importants. Et tel sera le cas si l'on se souvient de l'accueil glacial (euphémisme) fait à l'ouvrage par Lacan et ses disciples.

L'interprétation ricœurienne de Freud s'oriente donc par un geste double : à la mise en question d'une herméneutique de la révélation, qui faisait confiance au langage et aux symboles, telle que Ricœur l'avait lui-même pratiquée dans *La*

---

14 Ricœur, *De l'interprétation*, 34.
15 Ricœur, *De l'interprétation*, 16. La citation de Descartes se trouve dans les « Préambules » (écrits pendant la jeunesse de Descartes, vers 1619–1620), 45.

symbolique du Mal, se joint, de surcroît, une mise en question de la conception classique—ici cartésienne et husserlienne—du sujet pensant, c'est-à-dire de la souveraineté de la conscience. Mettre en question le sens comme présence d'un message à déchiffrer signifie également mettre en question le sujet comme le maître incontesté de cette opération. Le doute sur la rectitude du langage qui pourrait nous guider, à travers les symboles et les mythes et tout ce que Ricœur appelle les «expressions à double sens», jusqu'à la révélation d'un sens caché, ce doute se déploie en la question de la possibilité pour le sujet de s'appréhender lui-même à la clarté de sa conscience. De manière quasiment nietzschéenne, Ricœur relie la possibilité d'un sens transcendant, qui se manifeste et peut être déchiffré, à la saisie du sujet par sa propre conscience.

> Le philosophe formé à l'école de Descartes sait que les choses sont douteuses, qu'elles ne sont pas telles qu'elles apparaissent ; mais il ne doute pas que la conscience ne soit telle qu'elle s'apparaît à elle-même ; en elle, sens et conscience du sens coïncident ; depuis Marx, Nietzsche et Freud, nous en doutons. Après le doute sur la chose, nous sommes entrés dans le doute sur la conscience.[16]

Observation remarquable par sa lucidité, certes, mais aussi, notons-le, par ce qu'elle omet : en effet, si Ricœur met bien en question la transparence de la conscience, donc de la philosophie moderne depuis Descartes, il ne dit rien du premier terme de l'alternative qu'il a lui-même évoqué en disant «sens et conscience du sens coïncident» (chez le philosophe cartésien). J'entends par là qu'il y a un doute qui ne semble pas exister, du moins explicitement chez Ricœur, un doute qui rôde cependant autour de la clinique freudienne : un doute sur la notion même de sens, ou en tout cas sur l'existence d'un sens plus universel que celui qui lie un symptôme particulier à sa signification singulière.

Ce qui est ici en jeu, comme Jean Grondin l'a bien posé dans sa lecture des deux volumes de la *Philosophie de la volonté* (donc du *Volontaire et l'involontaire* et de *Finitude et culpabilité*) n'est pas simplement (!) une question méthodologique de définition de l'herméneutique. Ce qui est en cause c'est bien la possibilité d'une définition de la modernité non seulement comme *oubli du sacré* (ce qui était déjà présent dans la conception du «désenchantement du monde» de Max Weber) mais, par là-même, également de la modernité comme «perte de l'homme en tant qu'il appartient au sacré».[17] Certes, la réflexion de l'*Essai sur Freud* pose d'abord une question herméneutique parce que les exercices de soupçon sont autant d'exercices de lucidité propres aux penseurs de l'*Aufklärung*

---

16 Ricœur, *De l'interprétation*, 41.
17 Grondin, *Paul Ricœur*, 64.

que sont Freud, Marx et Nietzsche—penseurs qui, comme Ricœur le souligne, ne sont ni des sceptiques ni des relativistes paresseux, mais continuent à douter en vue d'une plus grande liberté de l'homme sous l'égide du «dieu Logos, à la voix faible mais infatigable, dieu non point tout-puissant, mais efficace seulement à la longue» écrit Ricœur en citant les dernières pages de l'essai sur l' *Avenir d'une illusion*[18] ; mais cette question herméneutique est également, et de manière dramatique vu l'engagement chrétien de Ricœur, une question théologique sur la possibilité d'un sens transcendant, possibilité d'un Sacré qui dépasse l'homme et l'interpelle. «Le contraire du soupçon, dirai-je brutalement, c'est la foi», écrit Ricœur,[19] phrase révélatrice de cette dimension théologique pour ainsi dire revendiquée : l'on pourrait à bon droit prétendre, de manière moins absolue, que le contraire du soupçon est, tout simplement, la confiance !

C'est certainement cet arrière-fond à la fois théologique et personnel qui donne à ce livre sa tonalité non seulement rigoureuse et érudite mais aussi cette beauté d'un style philosophique tendu, voire poignant et tragique. L'enjeu est, en effet, de taille : est-il encore possible, en toute lucidité, d'évoquer *un* sens vrai quand *le* sens transcendant, qui fondait la recherche de la vérité, semble bien être perdu—une question nietzschéenne par excellence ? Ricœur évoque ce dilemme dès les premières pages du livre :

> ...le montrer-cacher du double sens est-il toujours dissimulation de ce que veut dire le désir, *ou bien* peut-il être quelquefois manifestation, révélation d'un sacré ? *Et cette alternative elle-même est-elle réelle ou illusoire, provisoire ou définitive ?* C'est la question qui court à travers ce livre.[20]

Ricœur, donc, établit non seulement une différence fondamentale entre une herméneutique «conçue comme la manifestation d'un sens qui m'est adressé à la façon d'un message», paradigme qu'il avait adopté dans la *Symbolique du mal* et qui relève d'un modèle onto-théologique (avec ou sans Dieu, comme chez Heidegger), et une autre herméneutique, celle du soupçon, «conçue comme une démystification, comme une réduction d' illusions», un modèle de l'*Aufklärung* moderne—mais il va même jusqu'à se demander si cette «alternative elle-même» est réelle ou ne serait pas, en tant qu'alternative, une dernière illusion à dénoncer (ce qu'affirmeraient probablement les trois maîtres en question, Freud, Nietzsche et Marx).

---

[18] Ricœur, *De l'interprétation*, 43.
[19] Ricœur, *De l'interprétation*, 36.
[20] Ricœur, *De l'interprétation*, 17 ; les guillemets et les passages soulignés le sont par Ricœur.

Que je sache, Ricœur n'a pas repris cette seconde question qu'il se pose à lui-même, il n'est pas allé jusqu'au risque de dénoncer l'herméneutique d'origine théologique comme une illusion, continuant ses travaux d'exégèse biblique à côté et de manière distincte de ses travaux philosophiques. L'on peut d'ailleurs se demander si toute son œuvre postérieure n'essaye pas de répondre, sans le formuler explicitement, à ce doute. En analysant la métaphore, le récit, voire l'écriture de l'histoire, sans parler des travaux d'exégèse biblique, le philosophe parie sur un sens possible qui ne serait pas nécessairement déjà présent ou à (re)découvrir, comme le posait une herméneutique de la révélation, mais dont l'édification serait bien l'apanage de l'imagination et de l'action humaines.[21]

Il est intéressant de noter que les articles plus tardifs, repris dans le volume posthume *Écrits et conférences 1. Autour de la psychanalyse*,[22] reprennent ce passage *du* sens à *un* sens par deux biais principaux : celui de l'épistémologie dans une discussion serrée avec la pensée de langue anglaise, et celui de l'importance du *récit* et de la *narration*, dans le sillage des trois volumes de *Temps et récit*. Le passage par le narratif cependant, s'il préserve la possibilité d'*un* sens qui fonderait l'intelligibilité des symptômes pour la psychanalyse ou la signification d'une vie dans un roman (comme l'avait déjà bien vu Walter Benjamin dans son essai sur «Le narrateur»), semble en même temps renoncer définitivement à l'évocation du sens transcendant, évocation réservée, dans la pensée du Ricœur de la maturité, à la réflexion théologique qu'une «philosophie sans absolu» ne peut inclure.

Peut-être est-il cependant possible d'évoquer ici une autre hypothèse qui s'appuierait sur une notion présente dans toute la pensée de Ricœur sans être, que je sache, analysée plus longuement conceptuellement. Cette notion est celle d'*interpellation*, très présente dans l'herméneutique de *Finitude et culpabilité*, puisqu'il s'agit, en fin de compte, d'écouter un kérygme qui se dit dans le langage symbolique :

> N'est-ce pas l'attente d'une interpellation qui meut ce souci de l'objet [à savoir, cet objet qui semble s'adresser à moi et que je voudrais élucider] ? Finalement, ce qui est implicite à cette attente, c'est une confiance dans le langage ; c'est la croyance que le langage qui porte les symboles est moins parlé par les hommes que parlé aux hommes...[23]

---

21 Je renvoie ici au beau livre de Amalric, *Paul Ricœur, l'imagination vive. Une genèse de la philosophie ricœurienne de l'imagination*.
22 Ricœur, *Autour de la psychanalyse*.
23 Ricœur, *De l'interprétation*, 38.

Remarquons ici que cette « confiance dans le langage » n'est pas uniquement le fait de « l'interprétation comme recollection du sens ».[24] Cette confiance dans le langage est comme l'écho de cette notion essentielle, que Ricœur emprunte à Jean Nabert, qui est celle d'*affirmation originaire*. Dans un bel article sur l'importance de Freud pour la pensée ricœurienne, Jérôme Porée observe avec acuité que la rencontre de Freud est également décisive pour la réflexion ricœurienne parce que, d'une part, elle conforte la lutte de Ricœur pour l'affirmation originaire par la claire distinction entre « deuil » et « mélancolie »[25] ; mais, d'autre part, elle menace la puissance d'affirmation de la vie par la découverte décisive de la pulsion de mort :

> La grande découverte de Freud, aux yeux de Ricœur—et le motif premier de l'inquiétude où sa lecture le jette ‹, est bien la pulsion de mort, « ce principe en nous de toutes les régressions ». Si elle n'annule pas la puissance d'affirmation de la vie, elle rend cette affirmation même difficile et incertaine. Comment vivre malgré tout ? Telle est, encore une fois, la question posée. Elle est l'enjeu principal du dialogue engagé avec la psychanalyse.[26]

Il est remarquable que cette « confiance dans le langage » ne provienne pas d'abord d'une confiance dans la rationalité humaine, mais qu'elle se nourrisse davantage de ce que Ricœur nomme le « souci de l'objet », caractéristique de la méthode phénoménologique, souci qui « se présente sous les traits d'une volonté ‹ neutre › de *décrire* et non de *réduire* ».[27] Si la réduction cherche les causes, la genèse, la fonction de l'objet, la description, en revanche, dégage la visée, comme un appel émis par l'objet qui nous porterait au-delà de lui quand nous l'approchons avec attention, voire prévenance. Il y là une sorte de transcendance de caractère proche du respect religieux, mais dont l'origine semble résider davantage dans la propre immanence de l'objet que dans son dépassement.

Certes, cette interpellation est d'abord présente dans le langage plein des symboles et des mythes, mais elle suppose un mouvement que la philosophie ricœurienne va revendiquer tout au long de son parcours, à savoir un décentrement du sujet qui ne choisit pas son « objet » de manière arbitraire, mais est

---

24 Ricœur, *De l'interprétation*, 36.
25 « La notion de ‹ travail de deuil, › évoquée à l'instant, en [au sujet de l'alliance possible entre philosophie et psychanalyse] est le meilleur exemple. C'est encore plus vrai si on l'oppose, comme le fait Freud, à la mélancolie ; car la mélancolie est ce contre quoi n'a cessé de batailler Ricœur comme personne et comme penseur : elle est la négation de ‹ l'affirmation originaire, › l'inversion de notre ‹ désir d'être, › la ‹ culture propre de la pulsion de mort › » (Porée, *L'existence vive*, 88).
26 Porée, *L'existence vive*, 90.
27 Ricœur, *De l'interprétation*, 37.

pour ainsi dire choisi par ce dernier—cet objet l'intéresse, comme on dit : « J'avoue que ce qui motive en profondeur cet intérêt pour le langage *plein*, pour le langage *lié*, c'est cette inversion du mouvement de la pensée qui ‹s'adresse› à moi et me fait sujet interpellé ».[28] Ricœur avoue, dans le même passage, enfreindre la « neutralité phénoménologique » mais défend jusqu'à la dernière page de son livre cette attitude qui repose sur la double puissance du langage humain : énoncer une assertion, certes, prononcer un jugement, émettre un doute ou un soupçon, oui, mais aussi répondre et donc écouter. Ainsi écrit-il dans l'avant-dernier paragraphe de *De l'interprétation* :

> Ce qui porte cette fonction mythico-poétique [dont Ricœur dit qu'elle est aussi présente chez Freud, notamment dans ses écrits sur la culture], c'est une autre puissance du langage, qui n'est plus la demande du désir, demande de protection, demande de providence, mais l'interpellation où je ne demande plus rien, mais écoute.[29]

Mon hypothèse plus précise consiste à supposer que, grâce à cette notion d'interpellation, Ricœur peut jusqu'au bout affirmer qu'il existera toujours une interprétation « amplifiante » même si elle n'est pas nécessairement synonyme d'une interprétation qui serait révélatrice d'un message—divin, sacré ?—à (ré)découvrir. Et cette amplitude est nécessaire pour contre-carrer l'unilatéralité de certaines interprétations réductrices trop rapides qui verraient, par exemple, partout et immédiatement dans un symptôme le complexe d'Œdipe ou bien un avatar de la lutte des classes ou encore une manifestation de la Volonté de Puissance. Nous connaissons tous de tels exemples dans lesquels les interprétations issues d'une herméneutique du soupçon se muent en dénonciations dogmatiques qui empêchent toute analyse plus nuancée, exemples ironiques de la transformation du soupçon et du doute en certitudes inébranlables.

Toute la réflexion de Ricœur sur la narrativité et sur la transmission des œuvres littéraires reprend, par le biais des trois modes de la mimesis, en particulier du moment de la mimesis III, celui de la reconfiguration par le lecteur de son monde grâce à la lecture, cette volonté d'échapper à la clôture d'une unique interprétation figée. Ricœur lui-même le note dans *Réflexion faite* :

> Ce n'est que beaucoup plus tard, à l'époque de *Temps et Récit*, que je rattachai à la lecture, et en général à l'histoire de la réception, ce phénomène d'amplification par rapport au sens qu'un texte est présumé avoir eu pour son auteur ou son premier auditoire. Toujours est-il que cette interprétation amplifiante [que Ricœur reconnaît avoir pratiquée dans la *Symbolique du Mal* en opposition aux herméneutiques du soupçon qu'il découvre avec Freud]

---

[28] Ricœur, *De l'interprétation*, 39.
[29] Ricœur, *De l'interprétation*, 529.

s'opposait, sans le dire et sans le savoir, à une interprétation réductrice qui, dans le cas de la culpabilité, me paraissait illustrée par la psychanalyse freudienne.[30]

De même dans un texte publié en français pour la première fois dans le volume posthume *Écrits et conférences 1. Autour de la Psychanalyse*,[31] Ricœur explicite l'importance du récit dans la cure psychanalytique et affirme à nouveau : «Je dirais plus précisément : le sens ou la signification d'un récit jaillit à l'intersection du monde du texte et du monde du lecteur. L'acte de lire devient ainsi le moment crucial de toute analyse».[32] Cette même insistance sur la narrativité, sur la fonction quasiment thérapeutique du récit, est propre, selon Ricœur, de la situation analytique elle-même :

> Disons encore, pour en finir avec la situation analytique elle-même, que l'analysant devient capable de parler de soi en parlant à un autre. Parler de soi en psychanalyse, c'est alors [passer] d'un récit inintelligible à un récit intelligible. Si l'analysant vient en psychanalyse, ce n'est pas simplement parce qu'il souffre, mais parce qu'il est troublé par des symptômes, des comportements, des pensées qui n'ont pas de sens pour lui, qu'il ne peut coordonner dans un récit continu et acceptable. Toute l'analyse ne sera qu'une reconstruction des contextes dans lesquels ces symptômes prennent sens.[33]

Si ces deux citations insistent toutes deux sur le jaillissement du sens à partir d'une situation d'écoute et d'interpellation mutuelle, sur cette «intersection» entre le monde de l'auteur et celui du lecteur ou entre le récit de l'analysant et l'écoute de l'analyste, je me permets cependant de nuancer ce paradigme narratif dans la pratique psychanalytique telle que Ricœur (qui disait lui-même qu'il n'avait jamais fait de psychanalyse et était d'habitude plus prudent, me semble-t-il), la décrit. En effet, l'on pourrait également défendre la thèse que, tout comme une narration de soi cohérente peut être une excellente ruse pour ne pas sortir du symptôme, de la plainte et de l'accusation, une narration renouvelée et encore plus complète, dans laquelle tous les symptômes seraient explicités, risque bien d'enfermer le sujet dans une fausse saturation de significations—un peu ce qui me semble être le cas avec ce beau et terrible récit «auto-biographique» qu'Althusser a livré dans *L'avenir dure longtemps*. Pour ma part, je me permets de douter que tout ait un sens et voudrais plutôt, grâce à une éventuelle psychanalyse, pouvoir accepter avec humilité, voire avec humour ou même

---

30 Ricœur, *Réflexion faite*, 35.
31 Ricœur, *Autour de la psychanalyse*.
32 Ricœur, *Autour de la psychanalyse*, 265.
33 Ricœur, *Autour de la psychanalyse*, 109.

soulagement, qu'il y a beaucoup d'aléatoire, voire d'absurde et de comique dans la vie—sans parler de ce qu'il y a de médiocre et de franchement ennuyeux !

Je conclus : l'importance de la notion d'interpellation me semble plus juste quand elle désigne la présence d'une énigme ou d'une lacune que nous ne pouvons ni deviner ni combler, quand nous reconnaissons que dans l'histoire d'un sujet ou d'une communauté le sens fait, justement, cruellement défaut. Ainsi en est-il dans la réflexion ricœurienne sur l'«énigme de la passeité»,[34] ce passé révolu qui interpelle les hommes du présent et leur enjoint non seulement de ne pas l'oublier mais, également, de «restituer aux hommes du passé—aux morts—leur dû».[35] La mémoire aurait alors pour tâche non seulement de se souvenir, mais de se souvenir en répondant à une interpellation, un thème que nous retrouvons chez Hannah Arendt et chez Walter Benjamin—sans parler de Levinas. Ce thème, issu de la théologie juive, me semble précieux pour tenter de comprendre les vicissitudes du sens sans tomber dans la tentation philosophique de la cohérence à tout prix.

Bibliographie

Amalric, Jean-Luc (2013): *Paul Ricœur, l'imagination vive. Une genèse de la philosophie ricœurienne de l'imagination.* Paris : Hermann.
Descartes, René (1963): «Préambules.» In: *Œuvres philosophiques.* Volume I. Ferdinand Alquié (Ed.). Paris : Garnier, 45–47.
Dosse, François (1997): *Paul Ricœur. Les sens d'une vie.* Paris : La Découverte.
Grondin, Jean (2013): *Paul Ricœur.* Paris : PUF.
Porée, Jérôme (2017): *L'existence vive. Douze études sur la philosophie de Paul Ricœur.* Strasbourg : Presses Universitaires de Strasbourg.
Ricœur, Paul (1963): *Philosophie de la volonté 1. Le volontaire et l'involontaire.* Paris : Aubier.
Ricœur, Paul (1965): *De l'interprétation. Essai sur Freud.* Paris : Seuil.
Ricœur, Paul (1969): *Le conflit des interprétations. Essais d'herméneutique.* Paris : Seuil.
Ricœur, Paul (1985): *Temps et Récit,* tome III. Paris : Seuil.
Ricœur, Paul (1995): *Réflexion faite.* Paris : Esprit.
Ricœur, Paul (2008): *Écrits et conférences 1. Autour de la psychanalyse.* Paris : Seuil.

---

34 Ricœur, *Temps et Récit*, tome III, 228, n. 1.
35 Ricœur, *Temps et Récit*, tome III, 228, n. 1.

Daniel Frey
Détresse, religion, foi : Ricœur lecteur de Freud

Abstract: Distress, Religion, Faith: Ricœur Reader of Freud. Daniel Frey mentions the complex theoretical alliance between energetics and hermeneutics in *Freud and Philosophy* and considers that Freud's epistemological model includes this alliance. He evokes the Ricœurian contribution to the theory of the symbol, which can be in its turn a dissimulation or a revelation of the sacred. This observation leads the author to the Freudian critique of religion capable of integrating with a faith. It appears then that Ricœur arrives at the Freudian critique of religion where it is strongest, namely in the link it manifests between desire and illusion. This gives the author an opportunity to identify a certain number of Ricœurian preoccupations about the question of religion in Freud and thus to reveal Ricœur's Barthian heritage as regards the problematic of a religion without faith. After having gone through Ricœur's reflection on the question of religion and faith in Freud, there remains one last question for Daniel Frey: is there, in the affective dynamism of religious belief, something to overcome its own archaism? The answer to this question constitutes the last part of this chapter.

> «Vous êtes meilleur et plus profond que votre incrédulité, et moi plus mauvais et superficiel que ma foi» (Le pasteur et psychanalyste Oskar Pfister à Sigmund Freud, lettre du 20.2.28).[1]

Rédigeant actuellement une monographie consacrée à l'approche philosophique de la religion dans toute l'œuvre de Paul Ricœur, nous choisissons d'aborder la lecture de Freud par Ricœur sous l'angle de la critique de la religion. Cette lecture, pour le dire d'un mot, est ouverte à la critique de la religion, mais tente de préserver la foi. D'où la séquence dans notre titre : «Détresse, religion, foi».

Note: Cette monographie est parue depuis : *La Religion dans la philosophie de Paul Ricœur*. Le présent propos constitue un condensé du chapitre IV (première partie) de cet ouvrage.

1 Freud, *Correspondance avec le pasteur Pfister 1909–1939*, 177.

Open Access. © 2022 the author(s), published by De Gruyter. This work is licensed under the Creative Commons Attribution-NonCommercial-NoDerivatives 4.0 International License.
https://doi.org/10.1515/9783110735550-024

1 Lire Freud dans le texte : un discours hybride

L'*Essai sur Freud*, paru en 1965, a fait date dans la discussion philosophique du freudisme.[2] Ricœur y a pris le parti d'une confrontation intensive avec l'œuvre de Freud dans sa version originale et dans son entier : puisque le fondateur de la psychanalyse lui-même a très tôt fait le pari d'une œuvre s'adressant au public cultivé du monde moderne au-delà de la sphère des analystes, et puisque cette œuvre a modifié—sans doute à jamais—la compréhension que l'homme a de lui-même, il importait au plus haut point de la prendre au sérieux, de la lire et de la discuter. Ricœur n'a toutefois aucunement caché que lui faisait défaut l'expérience de la pratique analytique, laquelle précisément corrobore, aux yeux de Freud, sa construction théorique. Cet aveu n'empêche toutefois pas le philosophe de maintenir le droit à lire et à interpréter une œuvre qui vise à renouveler la connaissance humaine. Précisons à toutes fins utiles que l'ouvrage porte sur le *freudisme* sans égard pour les contestations psychanalytiques internes et externes au freudisme, ni les développements de l'école freudienne. Son grand mérite est d'avoir offert une remarquable clé de lecture de cette œuvre : celle-ci se présenterait comme un alliage théorique complexe entre une *énergétique* et une *herméneutique*.

Ce disant Ricœur ne compte pas apporter pas sa voix au concert des critiques déniant à la psychanalyse inventée par Freud toute scientificité. Il concourt bien plutôt à une autre critique, plus adaptée à la spécificité psychanalytique, grâce à une compréhension plus fine de la *singularité du discours freudien*. En effet, ce dernier est porteur d'une prétention à la scientificité, tout en étant simultanément régi par une pratique interprétative constante, tant dans la pratique thérapeutique (où l'on sait le rôle de l'interprétation des rêves) que dans l'interprétation de la culture. Or, contre la prétention scientifique si fréquente sous la plume de Freud, on objectera que si l'on s'en tient aux exigences épistémologiques les plus élémentaires des sciences de l'observation, les concepts énergétiques—notamment la *libido*, ou «énergie psychique de la pulsion sexuelle»[3]—ne se prêtent pas à la validation empirique, et que, partant, leur seule validation relève de l'interprétation de cas cliniques. Mais cette interprétation ne satisfait pas non plus aux critères de vérification classiques en vigueur dans les sciences humaines : elle relève d'une relation intersubjective toujours unique entre l'analyste et l'analysé ; il n'y a donc pas d'interprétations rivales par des

---

[2] Ricœur, *De l'interprétation*.
[3] Scitivaux, *Lexique de psychanalyse*, 50.

chercheurs indépendants, pas de comparaisons, ni d'études statistiques.[4] De fait le freudisme offre bien une «résistance»[5]—c'est le cas de le dire—aux tentatives de reformulation scientifique.

Mais à bien lire le philosophe, on comprend surtout que la condamnation épistémologique du freudisme repose sur un malentendu, car encore faut-il savoir d'où provient cette résistance : «Ce qui résiste à la» reformulation «[scientifique du freudisme], c'est précisément le caractère hybride de la psychanalyse, à savoir que son accès à l'énergétique se fait par la seule voie de l'interprétation.»[6] Freud n'avait pas lui-même conscience de cet alliage. Certes, il avait indiqué le caractère stratifié de son discours, lié au caractère structurellement différencié de sa pratique. Freud écrivait ainsi en 1923 :

> Le mot psychanalyse désigne :
> Un procédé (*Verfahren*) d'investigation des processus psychiques qui, autrement, resteraient inaccessibles ;
> Une méthode de traitement (*Behandlungsmethode*) des troubles névrotiques, fondée sur cette investigation ;
> Une série de conceptions (*Einsichten*) psychologiques, acquises par ces deux voies, et qui ont peu à peu pris corps dans une nouvelle discipline scientifique.[7]

Ce que Freud ne dit pas, et que Ricœur pense avoir bien saisi, c'est que la psychanalyse n'est pas une psychologie scientifique, en ceci qu'elle ne considère évidemment pas les phénomènes conscients mais les phénomènes *inconscients*. Sa prétention explicative tient justement à «la substitution des notions économiques d'investissement—de placement et de déplacement d'énergie—à celles de conscience intentionnelle et d'objet visé». Ici, le modèle épistémologique de Freud est bien «l'explication naturaliste»[8] de type énergétique... mais en l'absence de toute quantification des énergies psychiques! Ce modèle naturaliste semble lui-même exclure toute approche compréhensive ; or il est certain que la psychanalyse est *aussi* une herméneutique, non seulement de certaines œuvres d'art (la *Joconde* de Vinci, le *Moïse* de Michel-Ange) mais également de la culture dans son ensemble. La réalité du freudisme est donc qu'en lui l'explication énergétique/économique, qui porte sur des forces, des pulsions, est médiatisée par l'interprétation portant sur des significations, sur des représentations, qui en retour s'intègrent dans une métapsychologie plus vaste laquelle, comme l'indi-

---

4 Voir Ricœur, *De l'interprétation*, 339.
5 Ricœur, *De l'interprétation*, 340.
6 Ricœur, *De l'interprétation*, 340.
7 Freud, *Psychoanalyse und Libidotheorie*, cité par Ricœur, *De l'interprétation*, 380.
8 Ricœur, *De l'interprétation*, 75, pour les deux citations.

que la dernière citation de Freud, entend être l'expression scientifique d'une nouvelle approche psychologique.

Cette brève entrée en matière était nécessaire pour aborder notre objet : l'interprétation ricœurienne de l'approche psychanalytique de la religion.

2 Approche réductrice du symbole versus approche amplifiante

C'est à travers l'étude du symbole qu'apparaît dans l'ouvrage de Ricœur la question de religion. L'ouvrage a en effet pour titre *De l'interprétation*, et se présente—au-delà de l'effort d'une lecture philosophique de Freud—comme une contribution à la théorie du symbole, compris comme expression langagière à double-sens.

Le symbole s'offre à l'interprétation *parce qu'il est ambigu*, équivoque. Il n'y aura donc pas de saisie univoque du symbole, *par définition*. Déjà, le lecteur est en droit d'attendre qu'une interprétation univoque du type de celle que propose Freud—en particulier celle selon laquelle la religion *est* illusion—voit *ipso facto* déniée sa prétention à déclasser les autres interprétations. Inversement, l'idée d'une pluralité d'interprétations s'en trouve légitimée : interpréter le réel, c'est potentiellement en donner des interprétations plurielles. « Si l'homme interprète la réalité en disant quelque chose de quelque chose, c'est que les véritables significations sont indirectes ; je n'atteins les choses qu'en attribuant un sens à un sens » ;[9] on en arrive ainsi non seulement à la reconnaissance du caractère inévitablement *médiatisé* de l'appréhension du réel,[10] mais encore à sa dimension nécessairement *conflictuelle*, le concept d'interprétation conçue comme attribution d'un sens à une réalité conduisant d'emblée à un engagement à arbitrer un « conflit des interprétations ».[11]

C'est là qu'apparaît la question qui selon Ricœur traverse tout l'*Essai sur Freud* : le double sens est-il dissimulation ou révélation d'un sacré ?[12] En formulant une alternative aussi tranchée, Ricœur entend représenter les deux extrêmes qui confèrent à sa réflexion sa tension :

---

[9] Ricœur, *De l'interprétation*, 32.
[10] Cf. Ricœur, *De l'interprétation*, 8, en rapport avec le même traité d'Aristote : « Il y a *herméneïa*, parce que l'énonciation est une saisie du réel par le moyen d'expressions signifiantes, et non un extrait de soi-disant impressions venues des choses mêmes ».
[11] Ricœur, *De l'interprétation*, 29.
[12] Cf. Ricœur, *De l'interprétation*, 17.

> D'un côté, l'herméneutique est conçue comme la manifestation et la restauration d'un sens qui m'est adressé à la façon d'un message, d'une proclamation ou, comme on dit quelquefois, d'un kérygme ; de l'autre, elle est conçue comme une démystification, comme une réduction d'illusions. [...] Volonté de soupçon, volonté d'écoute ; vœu de rigueur, vœu d'obéissance ; nous sommes aujourd'hui ces hommes qui n'ont pas fini de faire mourir les *idoles* et qui commencent à peine d'entendre les *symboles*. Peut-être cette situation, dans son extrême détresse, est-elle instructive : peut-être l'extrême iconoclasme appartient-il à la restauration du sens.[13]

Ce n'est donc pas seulement une opposition de deux styles herméneutiques : au-delà, c'est l'herméneutique elle-même qui vit de la tension entre les deux pôles de la démystification et de la restauration. Le «peut-être» tout rhétorique de Ricœur prépare le lecteur à l'idée qu'il faille briser l'idole *pour* entendre à nouveau le symbole, autrement dit que l'herméneutique conçue comme «recollection du sens»[14] doive s'ouvrir à l'herméneutique du soupçon pour exister. Plus particulièrement, cela revient à postuler que la critique freudienne de la *religion* peut être intégrée à la *foi*, non pas, précise Ricœur, la foi naïve, «mais la foi seconde de l'herméneute, la foi qui a traversé la critique, la foi post-critique».[15]

3 Destruction de la religion par la critique freudienne et foi post-critique

L'iconoclasme du freudisme en matière de religion est un fait ; la possibilité de le dépasser en vue d'une foi éprouvée par la critique, une foi seconde, relève en revanche d'une intention explicitement affichée par Ricœur :

> Mon hypothèse de travail, énoncée dès la *Problématique*,[16] est que la psychanalyse est nécessairement iconoclaste, indépendamment de la foi ou de la non-foi du psychanalyste, et que cette «destruction» de la religion peut être la contrepartie d'une foi purifiée de toute idolâtrie. La psychanalyse comme telle ne peut aller au-delà de cette nécessité de l'iconoclasme. Cette nécessité ouvre sur une double possibilité : celle de la foi et celle de la non-foi, mais la décision entre ces deux possibilités ne lui appartient pas.[17]

---

13 Ricœur, *De l'interprétation*, 35–36 (Ricœur souligne).
14 Ricœur, «L'interprétation comme recollection du sens», *De l'interprétation*, 36–40.
15 Ricœur, *De l'interprétation*, 36–37.
16 Voir Ricœur, «Livre I. Problématique : situation de Freud», *De l'interprétation*, 13–63.
17 Ricœur, *De l'interprétation*, 226.

Dans ce passage, on aura noté d'une part que la foi intervient au début, s'agissant de la foi ou d'absence de foi du psychanalyste, et d'autre part qu'il convient a priori de la distinguer de la religion que détruit la perspective freudienne. Au-delà de cette critique, c'est encore la foi et la non-foi qui sont possibles ; mais—c'est tout à fait remarquable—Ricœur dénie à la *psychanalyse de la religion* le droit de trancher en matière de foi : ni en sa faveur, ni en sa défaveur. Il faut donc comprendre que le concept de foi est formellement distinct de celui de religion—ce dont nous trouverons confirmation plus loin.

Mais de quelle foi s'agit-il ici ? Ricœur n'élude pas la question, qui affirme en effet sans détour dès la problématique du livre I : « Le contraire du soupçon, dirai-je brutalement, c'est la foi ».[18] Le propos indique que c'est plus précisément la foi du pari que Ricœur rattachait à la démarche anselmienne du croire pour comprendre.[19] En ce sens, c'est une foi plus large que la seule foi chrétienne, puisqu'elle caractérise selon Ricœur la démarche d'une phénoménologie du sacré, en tant que cette dernière suppose de participer—sur un mode neutralisé— à la croyance religieuse : « L'*épochè* exige [...] que je croie avec le croyant, mais sans poser absolument l'objet de sa croyance »[20]—objet que Ricœur, comme dans *La Symbolique du mal*, place sous le terme commode de sacré.[21] Mais le fait même de se pencher sur un objet religieux n'est pas anodin : il relève pour Ricœur d'une forme d'attente que, « du sein de la compréhension, ce «quelque chose» [de sacré] s'‹*adresse*› à moi ».[22] Il en va ici, fondamentalement, d'une foi dans le langage, et plus spécifiquement dans sa capacité à éclairer l'humain :

> Finalement, ce qui est implicite à cette attente, c'est une confiance dans le langage ; c'est la croyance que le *langage qui porte les symboles est moins parlé par les hommes que parlé aux hommes, que les hommes sont nés au sein du langage, au milieu de la lumière du logos « qui éclaire tout homme en venant au monde»*. C'est cette attente, c'est cette confiance, c'est cette croyance qui confèrent à l'étude des symboles sa gravité particulière. *Je dois à la vérité de dire que c'est elle qui anime toute ma recherche.* Or c'est elle qui est aujourd'hui contestée par tout le courant de l'herméneutique que nous placerons [...] sous le signe du «soupçon» ; cette autre théorie de l'interprétation commence précisément par le doute qu'il y ait un tel objet [...][23]

---

18 Ricœur, *De l'interprétation*, 36.
19 Cf. Ricœur, *De l'interprétation*, 37.
20 Ricœur, *De l'interprétation*, 38.
21 « Appelons ‹sacré› cet objet visé, sans préjuger de sa nature » (Ricœur, *De l'interprétation*, 37).
22 Ricœur, *De l'interprétation*, 38 (Ricœur souligne).
23 Ricœur, *De l'interprétation*, 38 (nous soulignons).

Ricœur fait état ici de sa confiance et de son attente dans la capacité du langage à éclairer tout homme : que le propos s'apparente à une confession de foi dans la puissance du langage, c'est ce que vient indiquer le terme de «croyance», renforcée par la référence au prologue de l'évangile de Jean décrivant le *Logos* éclairant tout homme qui vient au monde.[24] Ce renvoi à un thème fondateur de la théologie biblique est très significatif, d'abord du fait que Ricœur puise dans sa culture biblique et théologique lorsqu'il thématise sa confiance dans le langage. Un lecteur peu féru de cette culture pourrait s'en offusquer : que signifie cette référence au logos johannique ? Doit-on comprendre qu'elle est centrale au propos ? Inversement, une certaine connaissance de cette culture biblique permet d'interroger la citation de Ricœur. Celle-ci est en effet coupée et amenée de telle manière qu'il n'apparaît plus que le Logos est l'incarnation de la parole même de Dieu, que l'évangéliste identifie avec la personne de Jésus. Il faudrait donc dire, avec l'exégète Christian Grappe, que d'un point de vue exégétique et théologique la citation de Ricœur équivaut à une «déchristologisation», l'exaltation du «langage préexistant à chaque être humain» se trouvant célébré en lieu et place du Logos johannique.[25] Voilà qui est représentatif du style de pensée de Ricœur : ni strictement philosophique puisqu'il renvoie à des thèmes théologiques, ni théologique puisqu'il leur confère une dimension essentiellement profane. Dire la puissance du langage et non l'incarnation du Christ par le thème du Logos, voilà le style de Ricœur, du moins à ce moment de son œuvre. Et ce n'est pas là un élément secondaire relevant de l'ornement rhétorique, car le philosophe renvoie encore à des éléments issus de la théologie chrétienne par l'idée d'une «attente d'une nouvelle Parole», d'une «grâce de l'imagination» à l'œuvre dans le symbole ; grâce dont Ricœur demande en outre si elle n'a pas «quelque chose à voir avec la Parole comme Révélation».[26]

Toujours est-il que Ricœur entend affronter la question—question de confiance s'il en est : le sens autre auquel renvoie le symbole n'est-il qu'une *illusion* masquant le désir inconscient du sujet qui s'adresse à son Dieu, ou le moyen d'atteindre une réalité inaccessible par toute autre voie ?

---

24 Jean 1:9. Le verset est sans doute cité de mémoire, la traduction n'étant pas tout à fait correcte, puisqu'elle mêle deux traductions qui sont également possibles et présentes dans les éditions modernes de la Bible : «C'était la véritable lumière qui éclaire tout homme venant au monde» ; ou «C'était la véritable lumière qui, en venant dans le monde, éclaire tout homme».
25 Christian Grappe, échange écrit.
26 Ricœur, *De l'interprétation*, 44.

4 Détresse et religion, désir et consolation

On a dit que Ricœur traite dans l'*Essai sur Freud* la totalité de l'œuvre de Freud : fort de cette vision d'ensemble, le philosophe a ainsi les moyens d'atteindre la critique freudienne de la religion là où elle est la plus forte : dans le lien qu'elle manifeste entre *désir* et *illusion*. C'est quand Freud traite de la religion comme «consolation», et non simplement comme peur, qu'il est le plus pénétrant.[27] *A contrario*, mieux vaut selon Ricœur—en vertu d'une forme de générosité herméneutique—ne pas majorer le rôle de *Totem et tabou* (1913), afin de ne pas tirer profit de ses faiblesses. En l'occurrence, Ricœur refuse de s'appuyer sur l'insuffisance manifeste de la reconstruction socio-ethnographique de la horde primitive, au sein de laquelle aurait eu lieu—réellement, historiquement selon Freud—le meurtre du père de la tribu par ses fils—un père violent qui monopolisait toutes les femmes et qui aurait été idéalisé après le meurtre par les fils, rendant à un père divinisé l'hommage du repas totémique.

Du reste, *Totem et tabou* ne faisait qu'élargir à l'ensemble de la société une analogie entre religion et névrose (toute névrose provenant peu ou prou d'un complexe d'Œdipe) qui a d'abord été perçue dans l'exercice clinique, et qu'il a formulée dès 1907, dans un essai intitulé *Actes obsédants et exercices religieux* (1907). Cette théorie sera une nouvelle fois remise sur le métier dans *L'Avenir d'une illusion*, de loin le texte le plus important que Freud a consacré à la religion. Rappelons, sans pouvoir nous y étendre, que Freud inclut d'emblée la question de la religion dans celle de la civilisation : l'entreprise de domination de la nature qu'est la civilisation et la tâche désintéressée de réalisation des valeurs que serait la culture forment ensemble, du point de vue de l'analyste—c'est-à-dire du point de vue de la *libido*—un même phénomène dans la mesure où elle implique un renoncement instinctuel universel à l'inceste, au cannibalisme et au meurtre.[28] Malgré les tendances antisociales de chaque humain, il y a un progrès dans la civilisation, au sens où les interdits sont intériorisés par l'instance du surmoi : «Chacun de nos enfants est à son tour le théâtre de cette transformation ; ce n'est que grâce à elle qu'il devient un être moral et social».[29]

On notera ici l'apparition d'un principe d'explication fondamental : en chaque enfant se rejoue l'apparition des tendances instinctives, l'éducation étant précisément l'intériorisation dans le surmoi des interdits et règles parentales et sociétales. L'enfant est ainsi une humanité miniature—et l'humanité elle-même,

---

27 Ricœur, *De l'interprétation*, 511.
28 Voir Ricœur, *De l'interprétation*, 244.
29 Freud, *L'Avenir d'une illusion*, 17.

en tant qu'elle tend à se civiliser, doit sans cesse s'arracher à un état d'enfance oublié par la conscience mais fortement présent dans l'inconscient de chaque individu. On peut donc s'attendre à ce que l'attitude de refus de Freud à l'égard de la religion ressortisse du vœu de civilisation lui-même : une humanité adulte doit apprendre à se passer de la consolation infantile de la religion. C'est bien le cas, à condition de comprendre qu'au sein de la civilisation, les idées religieuses ont déchargé l'humain d'avoir à lutter de la sorte contre la nature : en humanisant la nature, en montrant au cœur des éléments une volonté et des passions semblables aux nôtres, en montrant que la mort n'est pas le fruit d'un hasard aveugle, en montrant partout dans la nature des êtres surnaturels, l'humanité est en mesure d'«élaborer psychiquement» sa peur :

> [...] *alors nous pouvons élaborer psychiquement notre peur*, à laquelle jusque-là nous ne savions trouver de sens. Nous sommes peut-être encore désarmés, mais nous ne sommes plus paralysés sans espoir, nous pouvons du moins réagir, peut-être même ne sommes-nous pas vraiment désarmés : nous pouvons en effet avoir recours contre ces violents surhommes [divins] aux mêmes méthodes dont nous nous servons au sein de nos sociétés humaines, nous pouvons essayer de les conjurer, de les apaiser, de les corrompre, et, ainsi les influençant, nous leur déroberons une partie de leur pouvoir. [...] cette situation n'est pas nouvelle, elle a un prototype infantile, dont elle n'est en réalité que la continuation. *Car nous nous sommes déjà trouvés autrefois dans un pareil état de détresse, quand nous étions petit enfant en face de nos parents*. Nous avions des raisons de craindre ceux-ci, *surtout notre père*, bien que nous fussions en même temps certains de sa protection contre les dangers que nous craignions alors. Ainsi l'homme fut amené à rapprocher l'une de l'autre ces deux situations, et, comme dans la vie du rêve, le désir y trouve aussi son compte. [...] l'homme ne fait pas des forces naturelles de simples hommes avec lesquels il puisse entrer en relation comme avec ses pareils [...] mais il leur donne les caractères du père, il en fait des dieux, suivant en ceci non pas seulement un prototype infantile mais encore phylogénique, ainsi que j'ai tenté de le montrer ailleurs.[30]

La thèse fondamentale sous-jacente à cette page capitale est que depuis l'origine de l'espèce humaine, mais également à l'origine de chaque être humain, se trouve la peur et le désir d'être réconforté. Ce thème n'est pas nouveau chez Freud, puisque dès l'*Esquisse d'une psychologie scientifique*, il avait décrit la situation du nourrisson comme celle d'un être éprouvant une impuissance originelle, une situation de *détresse* (*Hilflosigkeit*)[31] qui suscite en lui le besoin d'appeler à l'aide l'individu *secourable* («*das hilfreiches Individuum*», littérale-

---

30 Freud, *L'Avenir d'une illusion*, 24–25 (nous soulignons).
31 Un dictionnaire allemand en donnera comme définition un ensemble de termes : détresse, désarroi, mais aussi abandon, impotence, infirmité.

ment l'individu riche en aide)³² : «L'organisme est tout d'abord incapable d'amener l'action. Cette action se produit au moyen d'une aide étrangère, quand une personne ayant de l'expérience est rendue attentive à l'état de l'enfant [...] la détresse initiale de l'être humain est la source originaire de tous les motifs moraux».³³ Sigmund Freud en reparle ici, dans *L'Avenir d'une illusion*, c'est qu'il lui semble (depuis *Totem et tabou*) que cette détresse est la principale origine des idées religieuses,³⁴ ce que rappelle dans notre extrait l'emploi du terme *phylogénique*. Ce que Freud désigne ici par *prototype infantile* et phylogénique, c'est donc le fait que humain, à sa naissance, rejoue l'enfance de l'humanité. Il y a là une vue très profonde : l'enfance n'est jamais entièrement dépassée dans l'adulte, du fait de la prégnance des premiers besoins plus ou moins satisfaits du nourrisson dans un inconscient qui—Freud en a été convaincu par quantités d'observations cliniques—ignore à proprement parler le temps.³⁵

Ce prototype d'une détresse infantile suppose donc que l'humanité ait dans les temps reculés projeté sur des êtres divins imaginaires (*Übermenschen*) la figure des parents—surtout celle du père—en vertu du *complexe d'Œdipe* auquel il est fait allusivement référence ici par la mention d'une crainte spécifique du père. Et Ricœur de noter au sujet de ces pages de *L'Avenir d'une illusion* : «toutes les situations d'impuissance et de dépendance répètent la situation infantile de détresse, la consolation procède elle-même en répétant le prototype de toutes les figures de la consolation, la figure du père. C'est parce qu'il est à jamais faible *comme un enfant* que l'homme reste en proie à la nostalgie du père. Or, si toute détresse est nostalgie du père, toute consolation est réitération du père».³⁶

Freud soutient que la religion est une névrose universelle parce qu'elle est la répétition symptomatique—le retour du refoulé—d'un complexe d'Œdipe non réglé, qui a donné lieu à une culpabilité envers le père et à une idéalisation de ce dernier. Il ne reprend pas ici sa reconstruction plus qu'hypothétique du meurtre originel mise en récit dans *Totem et tabou*, mais n'en abandonne pas pour autant la référence—centrale—au père. Il n'est pas anodin que ce soit, comme l'a noté Vincent Delecroix, «la symbolique religieuse» qui serve «de langage et d'opé-

---

32 Cité par Paul-Laurent Assoun in Freud, *L'Avenir d'une illusion. Édition critique*, 185.
33 Freud, *L'Avenir d'une illusion. Édition critique*, 185. Ricœur renvoie à ce passage dans Ricœur, *De l'interprétation*, 87. Du côté de la personne à qui s'adresse cet appel à l'aide, on peut penser ici à Jonas pour qui l'existence même du nouveau-né est un ‹tu dois,› dans *Le Principe responsabilité*.
34 Freud, *L'Avenir d'une illusion. Édition critique*, 186.
35 Ricœur le soulignera souvent, cf. Ricœur, *De l'interprétation*, 85, *passim*.
36 Ricœur, *De l'interprétation*, 245.

rateur»[37] à cette expérience commune et individuelle du retour du refoulé. Freud a bien vu, selon nous, que le divin apparaît toujours comme l'origine de l'humanité, même si son idée d'un Dieu-Père reste aussi très marquée par son rapport culturel et personnel au judéo-christianisme. Malgré ce biais, on peut accorder à Freud que le symbole religieux du Créateur renvoie d'une manière ou d'une autre à un père idéalisé, un père absolu, puisqu'il est un principe d'engendrement qui n'a pas lui-même été engendré.

Devant l'importance du propos, une série de remarques s'imposent ici, toutes relatives à la dimension à la fois classique et novatrice de l'explication génétique freudienne.

Comme pour d'autres positivistes avant lui, la religion constitue pour Freud l'enfance de l'humanité ; de ce point de vue, elle semble synonyme de connaissance enfantine, ce qui est un lieu commun de la critique de la religion. Mais le propos comporte un autre niveau, bien plus profond, où la foi apparaît, non pas naïve et enfantine, mais *illusoire* et *infantile*. À ce niveau, la religion représente pour l'humanité entière une forme de piétinement sans évolution—raison sans doute pour laquelle l'approche fonctionnaliste de Freud ne s'embarrasse guère, on l'aura remarqué, de considérations historiques. Dans sa perspective, il est logique de remonter le cours du temps sans se soucier réellement de l'histoire, pour n'y trouver que la confirmation que l'inconscient ignore le temps : «L'homme des premiers temps continue, tel qu'il fut, de vivre dans notre inconscient».[38] Et pour l'individu, la religion n'est ni plus ni moins qu'une forme de régression infantile où ses désirs de réconfort face à la souffrance, d'abolition de la mort doivent être satisfaits par le recours à une aide divine, en réalité instrumentalisée par le sujet.[39] L'explication historico-anthropologique du besoin religieux suscité par le désir, déjà abordée par Feuerbach,[40] se double donc d'une explication proprement psychanalytique appuyée sur la découverte de l'influence permanente de l'inconscient sur la conduite consciente. Les idées religieuses sont entretenues pour des raisons conscientes, mais mues par des ressorts inconscients. Découverte du caractère narcissique des demandes au divin, la religion est aux yeux de Freud plutôt désir que délire.

---

[37] Nous empruntons ici les termes de Vincent Delecroix, «Faire le deuil de la consolation», Préface à Freud, *Religion*, 30.
[38] Freud, *Considérations actuelles sur la guerre et la mort*, cité par Delecroix, «Faire le deuil de la consolation», 35.
[39] À cet égard, on notera que la perspective de Freud tend à abolir la distinction entre les efforts de l'humain en vue du salut et son abandon à la grâce divine : c'est tout un.
[40] Delecroix renvoie à ce sujet au chapitre 12 de *L'Essence du christianisme* (1841), cf. Delecroix, «Faire le deuil de la consolation», 38.

On le voit bien, de Freud se lit à plusieurs niveaux. Sans doute est-il d'abord un penseur marqué par le 19ᵉ siècle prétendant expliquer la genèse du religieux dans l'enfance de l'humanité, s'efforçant de trouver la logique qui a présidé à l'invention des dieux à partir des éléments naturels, comme dans les travaux de Max Müller (1823–1900)—en ce sens il tend indéniablement vers un scientisme suranné. Mais il est en outre celui qui, plus profondément encore, dénude les racines de tout sentiment religieux dans l'enfance de chaque humain, de sorte que par cette approche novatrice, il dépasse son propre positivisme.

On notera pour finir que Freud semblait à première vue renoncer à statuer sur la vérité de la religion, prenant de soin de préciser qu'une illusion n'est pas forcément une erreur, c'est-à-dire en contradiction avec la réalité, et prenant à ce sujet l'exemple d'une jeune fille pouvant vivre dans l'illusion qu'un prince viendra l'emmener : c'est peu probable mais non impossible. Plus spécifiquement, il y a illusion, non quand la croyance est le fruit d'un désir—sinon toute croyance serait illusion, étant toujours née du désir—mais «quand, dans la motivation de celle-ci la réalisation d'un désir est prévalente»[41] : c'est une illusion au sens où le sujet renonce à voir sa croyance confirmée par le réel. La question du vrai et le faux a donc cédé la place à celle de l'illusion, mais en définitive cette dernière répond à la question de la vérité : Freud évalue bel et bien la valeur de vérité de la croyance religieuse lorsqu'il définit l'illusion comme ce que ce qui contredit la réalité ou, ce qui revient au même, lorsqu'il désigne le désir comme la *réalité* présidant à la «vérité» religieuse.

5 Principe réalité et déterminisme

On a donc raison de désigner le «principe de réalité» comme une pièce centrale du freudisme. Ricœur la présente d'emblée comme la vertu cardinale de Freud, qui le rapproche des autres maîtres du soupçon :

> Ce que veut Freud, c'est que l'analysé, en faisant sien le sens qui lui était étranger, élargisse son champ de conscience, vive le mieux et finalement soit un peu plus libre et si possible un peu plus heureux. [...] Le] «principe de réalité» chez Freud et ses équivalents selon Nietzsche et Marx—nécessité comprise chez celui-ci, retour éternel chez celui-là—fait apparaître le bénéfice positif de l'ascèse exigée par une interprétation réductrice et destructrice : l'affrontement avec la réalité nue, la discipline d'*Anankè*, de la Nécessité.[42]

---

41 Freud, *L'Avenir d'une illusion*, 45.
42 Ricœur, *De l'interprétation*, 43.

On le voit, Ricœur se montre ainsi très réceptif vis-à-vis de la réalité de l'inconscient, de l'empirisme de Freud se référant à des processus psychiques réels, quoique cachés. Il prend acte de la dimension nouvelle révélée par Freud, de l'archaïsme foncier du sujet humain, qui semble le ramener toujours à l'enfance dans un étrange «destin arrière»,[43] au point d'intégrer une archéologie du sujet à la philosophie réflexive. Mais cette réceptivité doit être bien comprise : elle se situe à l'intérieur d'un cadre préalablement défini au tout début de l'*Essai sur Freud*, où l'explication freudienne, déterministe, est d'emblée circonscrite dans un projet plus vaste destiné à articuler explication critique de la religion et restauration compréhensive des symboles de foi. Ricœur accepte de dénoncer avec Freud les désirs infantiles masquées dans les intentions conscientes des sujets religieux, à la condition—imposée d'emblée—que l'on distingue la foi de la religion : c'est ainsi que Ricœur dénie à la *psychanalyse de la religion* le droit de trancher en faveur ou en défaveur de la foi. Tout se passe comme si le déterminisme de l'explication freudienne de la religion, qui semble sceller le sort de la religion, ne pouvait pas pour Ricœur s'appliquer à la foi. Il doit en revanche concourir à une «problématique authentique de la foi».[44]

6 La foi au-delà de la religion : l'héritage barthien de Ricœur

Arrivé au terme de l'ouvrage à la question de la foi qui était posée au début, Ricœur avoue :

> S'il y a une problématique authentique de la foi, elle relève d'une dimension nouvelle que j'ai appelée autrefois, dans un contexte philosophique différent, une *Poétique de la Volonté*, parce qu'elle concerne l'origine radicale du *Je veux*, la donation de puissance à la source de son efficace ; cette dimension nouvelle, je l'appelle dans le contexte particulier de cet ouvrage l'interpellation, le kérygme, la parole qui m'est adressée. *En ce sens je reste fidèle à la position du problème théologique par Karl Barth*. L'origine de la foi est dans la sollicitation de l'homme par l'objet de foi. [...] le kérygme, la bonne nouvelle, c'est précisément que le [Tout-Autre] s'adresse à moi et cesse d'être le Tout-Autre. D'un Tout-Autre absolu, je ne saurai rien».[45]

---

43 Ricœur, *De l'interprétation*, 437.
44 Ricœur, *De l'interprétation*, 504.
45 Ricœur, *De l'interprétation*, 504–505 (nous soulignons ; c'est Ricœur qui souligne Poétique de la Volonté).

Ricœur ne décèle aucune contradiction, ni même aucune tension dans son propos. Mais n'y a-t-il pas tension entre cette approximation philosophique du discours religieux que constitue la poétique de la volonté où le sujet trouve son fondement dans une transcendance anonyme, et l'expression théologique de la foi, tenue avec Barth pour la réalité suscitée par la parole du «Tout-Autre»? *Kérygme, Tout-Autre, bonne nouvelle* : autant de termes marqués au coin de la théologie protestante, que Ricœur emploie ingénument, alors qu'ils sont en opposition avec l'immanence revendiquée dans la *Philosophie de la volonté*.

Si Ricœur recherche l'intégration de l'herméneutique du soupçon dans la «problématique de la foi», c'est en raison d'influences multiples, qui en principe auraient dû s'exclure. Premièrement, en raison d'une *influence barthienne*—héritage de ses années de formation des années trente qui lui fait dire que la foi est toujours en danger d'être religion. Deuxièmement en raison de l'*influence kantienne*, pour laquelle l'illusion est une structure de la pensée de l'inconditionné.[46] Suivant Kant, Ricœur affirme qu'il n'y a en réalité qu'un seul type d'illusion, l'illusion transcendantale, où la raison prétend connaître au-delà des limites de l'expérience et déterminer des choses en soi.[47] L'illusion peut ensuite être métaphysique ou religieuse : métaphysique, elle fait de Dieu un étant suprême connaissable ; religieuse, elle réifie le sacré en donnant naissance à la sphère des objets eux-mêmes sacrés.

> La foi est cette région de la symbolique où la fonction d'horizon déchoit sans cesse en fonction d'objet, donnant naissance aux idoles, figures religieuses de cette même illusion qui, en métaphysique, engendre les concepts de l'étant suprême, de la substance première, de la pensée absolue. [...] Dès lors on n'a jamais fini de départager la foi de la religion, la foi dans le Tout-Autre qui s'approche, de la croyance dans l'objet religieux qui vient s'ajouter aux objets de notre culture et par ce moyen s'intégrer à notre sphère d'appartenance.[48]

La foi est ainsi, dans le discours de Ricœur, une notion-limite : elle est ce que vise l'herméneute à l'écoute du langage du sacré, ce que bat en brèche la critique systématique de la religion, et donc aussi en un sens ce qui aura échappé à la critique freudienne.

Notre question est alors la suivante : quelle est cette foi qui prétend n'être pas religion, n'être pas médiatisée par les institutions religieuses, par les objets religieux? Plus simplement : comment vivre la foi sans la religion, concrètement? [...] La recherche de Ricœur est marquée par une exigence toute bar-

---

[46] Cf. Ricœur, *De l'interprétation*, 509.
[47] Cf. Ricœur, *De l'interprétation*, 509.
[48] Ricœur, *De l'interprétation*, 510.

thienne—même si chez ce théologien, auteur d'une *Kirchliche dogmatik*, il est évident que la foi doit être vécue ecclésialement, qu'elle n'a rien à voir—étant christocentrique—avec ce que Ricœur qualifie de sacré. C'est bien le sacré lui-même qui est, pour Ricœur, la «ligne de séparation» et «lieu de ce combat» : «Le sacré peut être le support signifiant de ce que nous appelions la structure d'horizon, propre au Tout-autre qui s'approche, ou la réalité idolâtre que nous mettons à part dans notre culture, engendrant ainsi l'aliénation religieuse. Équivoque inévitable sans doute : car si le Tout-autre s'approche, c'est dans les signes du sacré ; mais le symbole ne tarde pas à virer à l'idole».[49] Et Ricœur de renvoyer à l'ironie mordante du prophète Esaïe critiquant l'idolâtre dont le Dieu est de bois : le même bois sert au feu qui cuit et chauffe, ou fait l'idole (*Esaïe* 44). Dès lors on songe, derrière Barth, à Luther : le même symbole, le même mot, peut être Loi ou Évangile,[50] ou encore à Bonhoeffer, dont Ricœur méditait dans les mêmes années les écrits de prison relatifs au christianisme non-religieux.[51] C'est au fond en vertu de l'ambiguïté des signes du sacré que la foi peut prendre le masque de la religion ou non.

7 Critique de l'idole et sens du symbole

Mais il faut encore répondre à la critique freudienne, répondre à la question qui importe le plus à Ricœur, et que Freud ignore : «y a-t-il, dans le dynamisme affectif de la croyance religieuse, de quoi surmonter son propre archaïsme?»[52] Ce que Freud ne parvient pas à concevoir selon Ricœur, c'est «finalement une conversion du désir et de la crainte. Ce refus ne me paraît pas fondé par l'analyse, mais exprime seulement l'incroyance de l'homme Freud».[53] C'est le cas, en effet, tout comme la défense de la possibilité de la foi exprime, de la part de Ricœur, une volonté apologétique, manifeste dans le passage suivant :

> Freud me paraît exclure sans raison, je veux dire sans raison psychanalytique, la possibilité que la foi [...] concerne, non la consolation de l'enfant en nous, mais la puissance d'aimer, que la foi vise à rendre adulte cette puissance, face à la haine en nous et hors de nous. Or,

---

49 Ricœur, *De l'interprétation*, 510.
50 Cf. Ebeling, «Loi et Évangile», *Luther. Introduction à une réflexion théologique*, 99–108.
51 Cf. Ricœur, «L'interprétation non-religieuse du christianisme chez Bonhoeffer», 3–15, 15–20.
52 Ricœur, *De l'interprétation*, 513 (Ricœur souligne).
53 Ricœur, *De l'interprétation*, 513.

> *ce qui seul peut échapper à la critique de Freud*, c'est la foi comme kérygme de l'amour : «Dieu a tant aimé le monde...»[54]

Il a manqué à Freud une grande réflexion sur le langage, qui lui aurait peut-être permis de comprendre le prix de «*tout ce que l'imagination ajoute*» aux symboles, de comprendre, comme Schelling ou Bultmann, qu'il faut restituer au langage religieux «sa fonction mythico-poétique». Prendre en compte, en somme, la dimension créatrice de l'imagination religieuse. Qu'y a-t-il, demande par exemple Ricœur, derrière la figure du Dieu paternel?[55] N'est-on pas ici en présence d'un symbole surdéterminé, que n'épuise pas l'explication analytique ?

> On pourrait même dire que le symbole réussit, à la faveur de sa structure surdéterminée, à inverser les signes temporels du fantasme originel. Le père antérieur signifie l'*eschaton*, le «Dieu qui vient»[56] ; la génération signifie la régénération ; la naissance désigne analogiquement la nouvelle naissance ; l'enfance même—cette enfance qui est derrière moi— signifie l'autre enfance, la «seconde naïveté». Devenir conscient, c'est finalement apercevoir devant soi son enfance et derrière soi sa mort : «autrefois vous étiez morts...»[57] ; «si vous ne devenez comme des petits enfants...»[58]

On voit très bien l'intérêt ici de ces réminiscences bibliques dont Ricœur est coutumier : moins que des citations, sans indication d'origine, elles donnent corps à la thèse de Ricœur sur la vertu («la grâce») de l'imagination, qui ne se borne pas à enregistrer la réalité, mais lui confère mémoire et épaisseur, dynamisme et orientation. Pétri de ce langage biblique, parlant couramment ce patois de Canaan que même Montaigne a reproché aux protestants d'employer à tort et à travers, Ricœur a sans doute trouvé le plus souvent les mots de la Bible sous sa plume, sans jamais s'en servir comme des arguments d'autorité. Ricœur renvoie à l'appel matthéen à redevenir un enfant, qui heurte pourtant de front l'infan-

---

[54] En retour, note Ricœur, la critique de Freud «peut m'aider en retour à discerner ce qu'exclut ce kérygme d'amour : une christologie pénale et un Dieu moral [...]» (Ricœur, *De l'interprétation*, 515 ; nous soulignons).

[55] Ricœur, *De l'interprétation*, 520.

[56] Allusion probable à *Apocalypse* 1:8 : «Je suis l'Alpha et l'Oméga, dit le Seigneur Dieu, celui qui est, qui était et qui vient, le Tout-Puissant».

[57] Citation d'Éphésiens 2:1 : «Autrefois vous étiez morts à cause de vos fautes et de vos péchés».

[58] Citation de Matthieu 18:4 : «si vous ne devenez comme des petits enfants, vous n'entrerez point dans le Royaume des cieux». On remarquera que les deux dernières citations bibliques s'arrêtent précisément au seuil d'énoncés religieux, respectivement relatifs aux péchés et au Royaume des cieux.

tilisme d'une invocation religieuse sur le modèle des figures parentales, avec lequel Ricœur est pourtant d'accord :

> on est jamais sûr que tel symbole du sacré n'est pas seulement «retour du refoulé» ; *ou plutôt, il est sûr que chaque symbole du sacré est aussi et en même temps résurgence d'un symbole infantile et archaïque* ; les deux valences du symbole restent inséparables ; c'est toujours sur quelques traces de mythes archaïques que sont greffées les significations symboliques les plus proches de la spéculation théologique et philosophique. Cette étroite alliance de l'archaïsme et de la prophétie fait la richesse du symbolisme religieux ; il en fait aussi l'ambiguïté ; le «symbole donne à penser» mais il est aussi la naissance de l'idole ; c'est pourquoi la critique de l'idole reste la condition de la conquête du symbole.[59]

S'il en est ainsi, c'est parce qu'il lui semble, là encore, que la métaphore de l'enfance et la nouvelle naissance qui lui est associée amplifie, *ajoute* à un symbole qui est certes mieux compris lorsqu'il est passé par le creuset de l'explication génétique freudienne, mais qui surtout est toujours vivant, toujours disponible pour un usage non plus régressif mais ascendant. C'est ici que l'approche de Ricœur se fait la plus forte, lorsqu'elle maintient l'ambiguïté du symbole : le symbole, étant fondé dans l'archaïque, est le support de la religion comme de la foi ; il autorise la régression vers la consolation infantile, mais rien ne prouve qu'il interdise une «une dialectique ascendante de la consolation. [...] *C'est la foi de Job et non la religion de ses amis qui mérite d'être confrontée à l'iconoclasme freudien*».[60] Elle le peut, et pourrait aux yeux de Ricœur échapper à l'iconoclasme, au soupçon, non en vertu d'un droit à l'exception chrétienne (au nom de quoi ?) mais dans la mesure, pensons-nous, où elle rejoint le consentement à la nécessité qui est tout ensemble le critère scientifique, la valeur morale et l'horizon du freudisme. Ici la figure de Job invoquée par Ricœur fait sens, lui que le texte biblique décrit, au début du livre, comme aimant Dieu *pour rien*, n'attendant pas même l'assurance de ne pas souffrir : «Une voie est ainsi ouverte, celle de la réconciliation non narcissique : je renonce à mon point de vue ; j'aime le tout, je me prépare à dire : "L'amour intellectuel envers Dieu est une partie de l'amour infini duquel Dieu s'aime lui-même"».[61]

Voilà un surprenant renvoi à Spinoza, que les dernières lignes de l'introduction plaçaient déjà aux côtés de Freud, comme le modèle de l'apprentissage freudien de la nécessité.[62] N'est-ce pas ce même Spinoza qui prenait pour règle de vie de ne rien espérer et de ne rien craindre (*nec spe nec metu*) ? Précisément :

---

59 Ricœur, *De l'interprétation*, 521 (nous soulignons).
60 Ricœur, *De l'interprétation*, 526 (nous soulignons).
61 Ricœur, *De l'interprétation*, 527 ; Ricœur renvoie ici à Spinoza, *Éthique* V, prop 36 et coroll.
62 Cf. Ricœur, *De l'interprétation*, 44.

le rapprochement entre Job aimant Dieu pour rien et Spinoza pour qui l'amour envers Dieu est partie de l'amour de Dieu pour lui-même montre que la pointe de la méditation est de *ne rien espérer en retour*. Il s'agit d'un amour renonçant à la consolation, au pardon—au sein de cet amour infini de Dieu pour lui-même. Ricœur en très conscient de faire se rejoindre ici deux vues sur la religion qui s'ignorent totalement : «Nous avons atteint ici un point qui paraît indépassable ; ce n'est pas un point de repos, mais de tension ; car il n'apparaît pas encore comment pourraient coïncider la «personnalité» du Dieu qui pardonne et l'"impersonnalité' du *Deus sive natura*. [...] je ne sais pas leur identité».[63]

La foi pour consentir, donc et non pour désirer! Inversement, Freud et Nietzsche, ces briseurs d'idoles, n'ont-t-il pas eux-mêmes fini «par mythifier la réalité qu'ils opposent à l'illusion», invoquant—serait-ce métaphoriquement—Dionysos et l'innocence du devenir, ou l'Ananké et le Logos?[64] De fait Ricœur peut les interroger à son tour :

> Cette remythisation n'est-elle pas le signe que la discipline de la réalité n'est rien sans la grâce de l'imagination? Que la considération de la nécessité n'est rien sans l'évocation de la possibilité ? C'est par ces questions que l'herméneutique freudienne peut s'articuler sur une autre herméneutique appliquée à la fonction mythico-poétique, et pour laquelle les mythes ne seraient pas des fables, c'est-à-dire des histoires fausses, irréelles, illusoires, mais l'exploration sur un mode symbolique de notre rapport aux êtres et à l'Être. Ce qui porte cette fonction mythico-poétique, c'est une autre puissance du langage, qui n'est plus la demande du désir, demande de protection, demande de providence, mais l'interpellation où je ne demande plus rien, mais écoute. C'est ainsi que jusqu'au bout je tente de construire le oui et le non que je prononce sur la psychanalyse de la religion.[65]

Nous voilà revenu à la question du langage dont nous étions partis. Tout se joue, chez Ricœur, dans ce langage de l'imagination qui ouvre la réalité. À condition, d'une part, de ne pas en objectiver les contenus symboliques, et d'autre part de viser systématiquement, par la critique de toutes les réifications, de toutes les régressions, l'au-delà de ces symboles—tenus toujours tendus vers une toute autre réalité. À cet égard, l'ascèse freudienne est excellente : l'usage du symbole n'est le plus souvent que régression ; il faut lui restituer son intention de révé-

---

[63] Le même propos indique ensuite que deux manières de suspendre l'éthique sont possibles : celle de Kierkegaard (sans doute ici celui de *Crainte et tremblement* consacré à Abraham, «le chevalier de la foi»), et celle de Spinoza pour laquelle «l'amour de Dieu envers les hommes et l'amour intellectuel de l'âme sont une seule et même chose» (cité Ricœur, *De l'interprétation*, 527).

[64] Cf. Ricœur, *De l'interprétation*, 529.

[65] Ricœur, *De l'interprétation*, 529.

lation afin qu'il renvoie au «Tout-Autre».[66] Le symbole n'est qu'analogie, comme Ricœur l'indiquait dès le départ : «La similitude en laquelle réside la force du symbole et dont il tire son pouvoir révélant n'est pas en effet une ressemblance objective, que je puisse considérer comme une relation exposée devant moi ; c'est une assimilation existentielle de mon être à l'être selon le mouvement de l'analogie».[67] Face à l'herméneutique du soupçon, l'herméneutique de la restauration est forte de ce positionnement là : elle ne tente plus de dire la *réalité* à laquelle renvoient les symboles. Ceux-ci sont des créations de langage, tout comme le Dieu Père est «un être de langage».[68]

Mais l'efficacité d'une approche non descriptive du langage religieux contre la démystification freudienne a son envers : car où se trouve alors la réalité non symbolique du religieux ? Nulle part, aurait-on envie de dire. La question n'a plus d'objet, tant c'est le langage lui-même qui, dans la fonction poétique, semble se célébrer lui-même, ouvrant sans cesse de nouvelles possibilités d'être. Ricœur ne pose pas la question de la réalité de l'objet religieux, il passe d'emblée à celle de la pertinence du symbole religieux sans jamais se référer à l'objet. C'est non seulement matière à questionnement pour le sujet religieux—car où alors réside la spécificité de la nomination religieuse du divin ?—mais également pour l'herméneutique elle-même : que signifie un permanent travail du sens sur le sens, qui ne fait jamais intervenir la question de la référence ?

Freud n'est pas iconoclaste ; il est plutôt profanateur, au sens étymologique du terme : il rend aux usages religieux du langage leur dimension profane en en montrant les ressorts masqués du désir. Ricœur, lui, est iconoclaste, qui abat les idoles par la critique de la religion, tâche infinie, peut-être d'autant plus qu'il n'a jamais affronté, dans un questionnement lucide, le choix initial en faveur de l'écoute préférentielle des symboles bibliques. L'abandon, chez Ricœur, de l'affirmation de la foi chrétienne aboutit ainsi à l'affirmation de la foi dans le langage, comme en atteste un passage particulièrement clair à ce propos—qui pourtant a été adressé à un public confessant : «*Dieu*, c'est le nom propre pour dire que la puissance de visitation du langage ne nous appartient pas, que nous n'en sommes pas l'origine.»[69]

«Suis-je encore chrétien»[70] : la question, sans point d'interrogation, figurait sur la couverture d'une pochette contenant diverses méditations inachevées de

---

66 Ricœur, *De l'interprétation*, 508–510, où l'expression est reprise constamment, comme nous allons le voir.
67 Ricœur, *De l'interprétation*, 40.
68 Ricœur, *De l'interprétation*, 520.
69 P. Ricœur, «Foi et Philosophie aujourd'hui», *Foi Éducation* 100 (1972), 7 (Ricœur souligne).
70 P. Ricœur, *Vivant jusqu'à la mort* suivi de *Fragments* (Paris : Seuil, 2007), 31.

Paul Ricœur. Ce n'est pas à nous le dire, ni à personne d'ailleurs. Ricœur comme Freud n'ont pu penser qu'à partir de ce qu'ils étaient, et il n'y a nul mérite ni honte à être ce que l'on est. Freud n'a pas plus de mérite à ne pas croire que Ricœur à vouloir maintenir, au-delà de la religion infantile, la possibilité d'une foi adulte. Ils n'invitent peut-être même pas leur lecteur à choisir, mais à creuser son sillon, dans la plus grande exigence qui soit, celle d'être honnête avec soi-même.

Bibliographie

Delecroix, Vincent (2012): «Faire le deuil de la consolation.» In: Freud, Sigmund: *Religion*. Denis Messier (Trans.). Paris: Gallimard.

Ebeling, Gerhard (1983): *Luther. Introduction à une réflexion théologique.* Annelise Rigo and Pierre Bühler (Trans.). Geneva: Labor et Fides.

Freud, Ernst L. and Meng, Heinrich (Eds.) (1963, 1966): *Correspondance avec le pasteur Pfister 1909–1939.* Lily Jumel (Trans.). Paris: Gallimard.

Freud, Sigmund (1915, 1968): «Considérations actuelles sur la guerre et la mort». In : *Essais de psychanalyse*. S. Jankélévitch (Trans.). Paris : Éditions Payot.

Freud, Sigmund (1927, 1971, 1974): *L'Avenir d'une illusion*. Marie Bonaparte (Trans.). Paris: PUF.

Freud, Sigmund (2012): *L'Avenir d'une illusion*. Paul-Laurent Assoun (Ed.). Claire Gillie (Trans.). Paris: Cerf.

Frey, Daniel (2021) : *La Religion dans la philosophie de Paul Ricœur*. Paris, :Hermann, 2021. Le présent propos constitue un condensé du chapitre IV (première partie) de cet ouvrage.

Ricœur, Paul (1965): *De l'interprétation. Essai sur Freud*. Paris: Seuil.

Ricœur, Paul (1966): «L'interprétation non-religieuse du christianisme chez Bonhoeffer.» In: *Les Cahiers du Centre Protestant de l'Ouest 7*, 3–20.

Scitivaux, Frédéric de (1997): *Lexique de psychanalyse*. Paris: Seuil.

Eftichis Pirovolakis
Ricœur and Freud: Beyond the archaeo-teleological principle

Abstract: This essay presents a re-reading of Ricœur's *Freud and Philosophy: An Essay on Interpretation*. Several scholars emphasize Ricœur's hermeneutic, quasi-Hegelian construal of Freud associated with his 'archaeo-teleological' approach. Ricœur indeed dialectically links the 'archaeology of the subject' with a teleology whose overtones are Hegelian. The first section shows how the archaeo-teleological principle functions, and explicates its presuppositions, one of which concerns Freud's dualisms and the allegedly smooth transition from one to the other pole of each binary opposition. The second section points up specific elements that complicate the archaeo-teleological structure. Ricœur's analyses in the second part of the book reveal a conceptual richness and gesture towards a radical, non-teleological reading of psychoanalysis. This section focuses on two Freudian dualisms (the death drive and life instincts, and the principles of pleasure and reality). The way in which both Freud and Ricœur present these dualisms renders problematic the neat, one-directional organization of their two poles which archaeo-teleology presupposes, thereby affirming an uneasy and reversible relation between pleasure and reality, Eros and Thanatos. One can interpret Ricœur's text in such an alternative way so as to reveal the radicality of his thought against all those who underestimate its significance simply on the basis of its hermeneutic character.

The first volume in a series containing Paul Ricœur's essays and lectures held by the *Fonds Ricœur* in Paris was published in 2008, was devoted to psychoanalysis and was titled *On Psychoanalysis: Writings and Lectures*.[1] I will begin with a lengthy quote from the "Editor's Introduction" to that volume, in which Jean-Louis Schlegel, one of the two editors, expresses his concern about the reception and evaluation of Ricœur's collected essays:

> Even if the references to the history of philosophy are muted, the impression might arise that there is too much effort to integrate or reintegrate psychoanalysis into the continuity of Western thought and culture, to neutralizing its rupturing power, in short to manifesting

---

[1] Ricœur, *On Psychoanalysis*, originally published as *Écrits et conférences 1. Autour de la Psychanalyse*.

a more 'Hegelian' accent than Ricœur himself might have wished, thereby removing the sting of psychoanalytic 'science,' that 'disturbing uncanniness' which, to cite Freud's own expression, best characterized it and which, moreover, Ricœur himself so readily assumed in order to indicate what was original about Freud. Readers will have to make their own judgment on the basis of the texts gathered here.[2]

I fully share Schlegel's worry that a significant portion of the Ricœur readership may be tempted to think that the collection in question prioritizes, on the basis of Ricœur's own reading, a Hegelian interpretation of psychoanalysis, according to which his philosophy and thinking would be deemed to be not as radical as those of, for example, Gilles Deleuze and Jacques Derrida. By no means does this come as a surprise. After all, it is a tendency that Ricœur himself initiated and upheld throughout his writings in various ways, for instance, by proclaiming himself, on several occasions, a post-Hegelian Kantian. As far as psychoanalysis is concerned, Ricœur's quasi-Hegelian reading is associated with what he himself designates as his 'archaeo-teleological' approach to Freud in his 1965 work *Freud and Philosophy: An Essay on Interpretation*.[3] In the so-called third book of that work, titled "Dialectic: A Philosophical Interpretation of Freud," Ricœur introduces and develops an archaeo-teleological construal of psychoanalysis, a construal which seeks to articulate the so-called 'archaeology of the subject' with a certain teleology whose Hegelian overtones cannot be missed. I will designate as 'Ricœurianism' this tendency to focus on a Hegelian influence on Ricœur's philosophy with a view either to commending or to discrediting it.

My article is divided into two sections. In the first one, I will explain the way this archaeo-teleological principle functions according to Ricœur's glossing in the Freud book. I will also reflect on the presuppositions and implications of this approach. In the second section, I will put forward the argument that there are elements in Ricœur's analyses which complicate the aforementioned archaeo-teleological structure and undermine a certain Ricœurianism that is content to acquiesce in Ricœur's allegedly unproblematic eschatology. Even if Ricœur himself remained faithful, to the very end, to a regulative, teleological and eschatological principle, I will argue that his detailed interpretation of psy-

---

[2] Schlegel, "Editor's Introduction," 7–8.
[3] Ricœur, *Freud and Philosophy*, originally published as *De l'interprétation: Essai sur Freud*. Ricœur's book originated in two series of lectures, the Terry Lectures at Yale University in 1961 and a further set of eight lectures at the University of Louvain in 1962. Thanks to Ricœur's professional status and academic influence in the intellectual scene of France in the early and mid-60s, this book made a major and positive contribution towards establishing the significance and relevance of Freud's work both for philosophy and psychoanalysis. The English translation will be abbreviated hereafter as FP and references will be given parenthetically in the text.

choanalysis in the second book of the Freud book, "Analytic: Reading of Freud," is richer and more intricate than this insofar as we can identify there instances that affirm a more radical, interruptive and non-teleological interpretation of Freud. Almost twelve years ago, in *Reading Derrida and Ricœur: Improbable Encounters between Deconstruction and Hermeneutics*, I put forward the idea that Ricœur's texts may be read in a way so that they may acquire a philosophical depth and a conceptual finesse that go beyond the straightforwardly hermeneutic claims they are usually associated with.[4] Without denying those hermeneutic claims and their significance, I still strongly believe in the possibility of opening up his writings and of arguing in favor of the radicality of Ricœur's thinking against all those who are content to evaluate or even discredit his philosophy merely on the basis of its hermeneutic nature.

1 The archaeo-teleological principle

The fact that in *Freud and Philosophy* the archaeo-teleological principle is prevalent is a common philosophical topos that several Ricœur scholars endorse more or less eagerly. There is little doubt that Ricœur's self-presentation is congruous with and has fueled this view, this Ricœurianism. I will only synopsize here the basic tenets of this archaeo-teleological principle in the third book "Dialectic: A Philosophical Interpretation of Freud," as other scholars and I have reflected on it in more detail elsewhere.

Firstly, Ricœur designates the first part of the equation as 'archaeology of the subject.' He borrows the term 'archaeology' from Maurice Merleau-Ponty's preface to Angelo Hesnard's book *L'Oeuvre de Freud et son importance pour le monde moderne*,[5] where Merleau-Ponty declares that the notion of archaeology constitutes "one of the most valuable intuitions in Freudian theory."[6] Ricœur devotes a whole chapter to the archaeology of the subject and it seems that one could isolate at least two features that determine its functioning.[7]

On the one hand, the archaeological motif complements the economic point of view and Freud's so-called 'energetics.' Ricœur calls this strand of psychoanalysis 'Freud's quantitative hypothesis' and one can identify here a series of

---

4 Pirovolakis, *Reading Derrida and Ricœur*.
5 Hesnard, *L'Oeuvre de Freud*.
6 Quoted by Ricœur in *Freud and Philosophy*, 417–418, n. 99.
7 See the chapter, "Reflection: An Archaeology of the Subject," in Ricœur, *Freud and Philosophy*, 419–458.

relevant intertwined concepts and functions[8]: the psychical apparatus and the taxonomy of the various types of neurones, the primary and the secondary process, the flows of physical energy and cathexis, the inaccessible instincts, primal repression, etc. One common denominator of all those economic or quantitative operations is their anti-phenomenological dimension, the fact that they presuppose and affirm an originary non-presence that would radically call into question the certitude and immediacy of a supposedly self-identical transcendental consciousness. Freudian psychoanalysis was appealing to Ricœur at the time because it provided some of the theoretical tools and clinical data that could help complicate the self-sufficiency of the phenomenological consciousness that Edmund Husserl had put forward from 1900 onwards. Given that phenomenology started to look a little outdated in France at some point in the early or mid-60s, Freud's archaeology of the subject furnished an alternative, non-Cartesian and non-egological account of consciousness, an account that acknowledged the significance of instinctual, unconscious activity as much as the economic and automatic regulation of pleasure and unpleasure as the primordial origin of the psychical system.

On the other hand, Ricœur writes that "it must be made clear that it is in reflection and for reflection that psychoanalysis is an archaeology; it is an archaeology *of the subject*" (FP, 420). The emphasis on reflection and subjectivity indicates that archaeology constitutes not only an operation that separates but also one that bridges. The distant and remote facts that archaeology has excavated are findings that lend themselves to meaningfulness and interpretation. Elsewhere in the same chapter, Ricœur contends:

> We must now see the underlying compatibility between the economic model and what I henceforth shall call the archaeological moment of reflection. Here the economic point of view is no longer simply a model, nor even a point of view: it is a total view of things and of man in the world of things [...] I regard Freudianism as a revelation of the archaic, a manifestation of the ever prior. (FP, 440)

Evidently, Freudian archaeology is charged with the task to reveal and make manifest, to bring to light the instinctual cause of traumatic events buried deep down into the timeless and indestructible subsoil of the unconscious or the id of the second topography. The regressive, archaeological movement towards the instinctual and its nonsignifying nature makes sense only when coupled with "the possibility of recognizing the emergence of desire in the series of

---

[8] Ricœur provides a cautious and illuminating account of these economic concepts and functions of the psychical apparatus in the second book "Analytic: Reading of Freud."

its derivatives, in the density and at the borderline of the signifying" (FP, 454). Desire may be the unnameable and the nonspoken but, simultaneously, it is the wish and the potency to speak (see FP, 457).

Secondly, Ricœur's discussion of the archaeological function of psychoanalysis as a method intimately bound up with meaningful desire, with reflection, intersubjectivity and hermeneutics, has definitely paved the way for the transition to teleology proper, which takes place in the next chapter titled "Dialectic: Archaeology and Teleology." "What I wish to demonstrate, then," writes Ricœur, "is that if Freudianism is an explicit and thematized archaeology, it relates of itself, by the dialectical nature of its concepts, to an implicit and unthematized teleology" (FP, 461). After providing an account of the teleological model of consciousness according to Hegel and after reflecting on a potential relation between Hegelian phenomenology and Freudian psychoanalysis, Ricœur focuses on specific ways in which Freud's discourse may be said to have a teleological character.

To begin with, almost all of Freud's operative concepts manifest an antithetical structure by virtue of which they lend themselves to dialectics and teleology. Ricœur refers to several Freudian binary oppositions: sexual instincts versus ego instincts, object-libido versus ego-libido, life instincts versus death instincts, consciousness versus the unconscious, primal versus proper repression, the ego versus the world, the ego versus the id or the superego, etc. All such dichotomies are "presented, as in the Hegelian dialectic, as master-slave relationships that must be overcome" (FP, 477).

Next, Ricœur turns to the concept of identification in psychoanalysis. Freud's quantitative hypothesis and the corollary economics of desire apparently approach the psychical apparatus in terms of largely solipsistic operations. Nevertheless, psychoanalysis as therapy and the situations it reflects upon do not constitute solipsistic affairs. For example, the identification mechanism introduces prohibition and the notion of authority into the very heart of an allegedly solipsistic history of desire, thereby resulting in a certain differentiation of desire. By means of authority and prohibition, another consciousness is somehow interpolated into the unity of the ego, which now becomes associated with a different and even opposite ego. The economics of desire cannot adequately explain this situation, claims Ricœur, nor can the metapsychology theoretically elaborate and account for the analytic relation as an intersubjective drama. He writes: "I would say that what psychoanalysis recognizes under the name of identification is simply the shadow [...] of a process of consciousness to consciousness, and that this process has to be understood through another type of interpretation" (FP, 480). That other type of interpretation is a Hegelian one whereby the ego's desire is attained only through and thanks to another ego. Such a teleological dialectics of desire constitutes an interpretative model that goes beyond the solipsistic construal of instincts and their vicissitudes insofar as it takes into consideration the interaction between consciousnesses. It is a dialectical, intersubjective model that is introduced into psychoanalysis in opposition to its metapsychology, topography and economics (see FP, 483).[9]

The archaeo-teleological principle presupposes not only dualism but also a hierarchy and a specific directionality from the negative to the positive pole of each opposition. The telos envisaged or anticipated does not have to be something realizable or even concretely conceptualized. It plays the role of a regulative ideal which opens a continuous and infinite horizon of struggle and interpretation, within which various actual dialectical conflicts can be identified, conflicts linked to the realm of finitude and the empirical. Ricœur thematizes such a teleological and regulative psychoanalytic truth when he writes: "Thereby, finally, is confirmed truth's character of being a task: truth remains an Idea, an infinite Idea, for a being who originates as desire and effort, or, to use Freud's language, as invincibly narcissistic libido" (FP, 458). In the second section, I will focus on two Freudian dualisms, that between the death drive and life instincts and the one between the pleasure and the reality principles, and I will argue that a neat teleological organization is prohibited by the way in which Freud articulates the terms of these dualisms.

2 Beyond?

There is no point in denying that the archaeo-teleological principle constitutes a major strand in Ricœur's reading of Freud. Moreover, Ricœur convincingly argues that archaeo-teleology actually is not imposed upon psychoanalytic discourse from the outside but, rather, is encouraged and supported by a hermeneutic tendency that guides Freud's thinking and psychoanalytic practice. Nevertheless, I would like to draw attention to certain moments in the second book of *Freud and Philosophy*, "Analytic: Reading of Freud," which cast into doubt the archaeo-teleology as much as the possibility of an unproblematic dialectical dualism and continuism in Freud. I will initially focus on the instinctual-psychological level and the text from 1920, *Beyond the Pleasure Principle*,

---

[9] The next section of the Freud book is devoted to sublimation and is titled "The Implicit Teleology of Freudianism: The Question of Sublimation." Ricœur argues that sublimation, a mechanism that Freud never really developed or elaborated, is linked to those of desexualization, identification and idealization, and includes, therefore, an implicit reference to progression, to the teleological task of becoming conscious; see Ricœur, *Freud and Philosophy*, 483–493.

where the death drive is introduced and presented as the opposite pole of the life instincts.[10] I will argue that there is, in the final analysis, a peculiar co-implication but also a reversibility between the death drive and the life instincts which make it virtually impossible radically to distinguish between them in order then to identify a certain transition from one state of affairs to the next one.

At the beginning of *Beyond the Pleasure Principle*, Freud expresses his bewilderment by the fact that there are psychical processes that seem to contradict the working of this principle which serves the goals of the sexual instincts. The introduction of the death drive will impose limitations on the validity and sovereignty of the pleasure principle. Even if the latter is now conceived in terms not of dominance but merely of a tendency, still Freud begins by examining certain psychical events whereby the functioning of the pleasure principle is inhibited. The very title of the essay indicates that there are tendencies that operate beyond the control of the pleasure principle, "more primitive than it and independent of it."[11] Freud's work begins with an account of cases that prevent the pleasure principle from being carried into effect, with exceptional cases that turn out to be incompatible with the goals of the more or less dominant pleasure principle.

One such tendency is the repetition compulsion, which the psychoanalyst has clinically observed in analysands suffering from traumatic neurosis and which is linked to the death drive: the patients' inexplicable compulsion to repeat situations of distress and failure which they had experienced during their childhood. Ricœur narrates the history of the diagnosis of this tendency in psychoanalysis and traces its provenance back to the distinction that Freud borrowed from Josef Breuer between free and bound psychical energy. He reaches the conclusion that the binding of energy and the corollary protection of the psychical system against external and internal stimuli constitutes a process anterior to the pleasure principle and to the free flow and automatic discharge of energy. The very existence of a psychical apparatus and a supposedly dominating pleasure principle appears to presuppose a more originary process whereby there is protection against the influx of energy, anticathexis and hypercathexis. This primary protective operation is not yet called 'death drive,' yet it is somehow associated with it insofar as it concerns a tendency beyond or before the pleasure principle.

The feeling of anxiety functions in a similarly defensive way. The positive and characteristic feature of anxiety is that it brings about a certain prepared-

---

10 Freud, *Beyond the Pleasure Principle*.
11 Freud, *Beyond the Pleasure Principle*, 17.

ness for danger, therefore, it acts as a shield against stimuli that may overwhelm the system. Whenever anxiety is altogether missing, we have a breach on the shield and trauma. The compulsion to repeat in traumatic neurosis, for example, is explained as an endeavor on the part of the system to develop, after the fact, the anxiety that was initially missing—thereby leading to neurosis—with a view to mastering the stimulus retrospectively. In other words, the repetition compulsion constitutes an operation beyond the pleasure principle to the extent that its aim is not to gain pleasure or to avoid unpleasure but, rather, to bind the traumatic impressions so as to trigger anxiety which would then function as a retrospective defense mechanism.

The compulsion to repeat, which presents a serious challenge to the pleasure principle, is portrayed by Freud in terms of an 'instinctual' and 'daemonic' power. While explicating this instinctual dimension, Freud writes: "*It seems, then, that an instinct is an urge inherent in organic life to restore an earlier state of things* which the living entity has been obliged to abandon under the pressure of external disturbing forces; that is, it is a kind of organic elasticity, or, to put it another way, the expression of the inertia inherent in organic life."[12] From such a description of instinct as the tendency of the organism to repeat or to seek to restore inertia as a prior state of things it is only a small step to the positing of the death drive, which takes place in the following pages of *Beyond the Pleasure Principle*. "We shall be compelled to say," maintains Freud, "that '*the aim of all life is death*' and, looking backwards, that '*inanimate things existed before living ones.*'"[13] Ricœur cannot help recognizing here the significance Freud assigned to the repetition compulsion and the death drive, tendencies that are no longer secondary to a supposedly primary pleasure principle. On the contrary, he affirms that "this instinctual character decisively authorizes us to place inertia on an equal footing with the life instinct" (FP, 289).

The situation is gradually reversed in the fifth section of Freud's text. The more or less dominant tendencies now are not pleasure and the sexual instincts but, rather, the repetition compulsion, inertia and, in the final analysis, death: "Is it really the case that, *apart from the sexual instincts*, are there no instincts that do not seek to restore an earlier state of things?"[14] The answer to the question is positive, which means that from that point onwards Freud reverses the roles previously assigned to the two types of drives. The rule now appears to be the death drive and the primordial tendency towards inertia, both of which

---

12 Freud, *Beyond the Pleasure Principle*, 36.
13 Freud, *Beyond the Pleasure Principle*, 38.
14 Freud, *Beyond the Pleasure Principle*, 41.

are *exceptionally* interrupted by the sexual instincts and other instances usually associated with life. Ricœur contends that the purpose of such emphasis on the compulsion to repeat and the death drive is to accustom us with the idea that death is a figure of necessity, a "remorseless law of nature," a "sublime *Ανάγκη* [Necessity]" rather than a merely accidental event that one might even somehow escape.[15] Ricœur immediately adds that the purpose of all this is "above all to enable us to sing the paean of life, of libido, of Eros! Because life goes toward death, sexuality is the great *exception* in life's march toward death. Thanatos reveals the meaning of Eros as the factor that resists death" (FP, 290–291). As a consequence, Ricœur goes on to thematize this dualism of drives in Freud's discourse and wonders "Just what is this dualism?" (FP, 291). In reflecting on this question, it becomes clear that there are three distinct levels on which the question has to be posed: the biological, the psychological and the cultural level.

The question initially emerges within the context of the discussion of the antinomical drives on the level of biology, where Ricœur points out that the dualism is not actually an ordinary dualism of two opposing tendencies but something more intricate: "Instead of being a clear delimitation of two domains, the dualism of Eros and Thanatos appears as a dramatic *overlapping of roles*. In a sense, everything is death [...] In another sense, everything is life [...] Thus the new dualism expresses the overlapping of two coextensive domains" (FP, 292). Ricœur portrays this relation in terms of a 'puzzling situation' and clarifies that this complex dualism is located on the level of forces, not on the level of purposes, aim and objects, which means that it does not coincide with Freud's anterior distinction between ego instincts and sexual instincts. On the contrary, the new puzzling dualism destabilizes all the distinctions and terms of the previous duality as it "cuts across *each* of the forms of the libido [...] Object-love is both life instinct *and* death instinct; narcissistic love is Eros unaware of itself *and* clandestine cultivation of death. Sexuality is at work wherever death is at work" (FP, 293). The overlapping of roles and the puzzling and unstable relation between life and death render problematic the idea of a simple dualism of two forces. As a consequence, their teleological organization, which crucially depends on dualism, becomes destabilized too.

This destabilization of the archaeo-teleological principle is further complicated by the speculative dimension of *Beyond the Pleasure Principle*. In his cautious reading, Ricœur is aware of the fact that hypotheses and heuristic constructions play a major role: "The death instinct is not at first deciphered in its

---

15 See Freud, *Beyond the Pleasure Principle*, 45.

representatives, but instead is posited as a hypothesis or 'speculative assumption' about the functioning and regulation of the psychical processes [...] Thus we must always bear in mind that there is an excess of hypothesis compared with its fragmentary and partial verifications" (FP, 281–282). So far, the peculiar gigantomachia between Eros and Thanatos is only "an internal war of the id" (see FP, 296), a war that can give rise at best to biological speculation, which is not exactly congruous with the certain and definitive identities that archaeo-teleology presupposes.

Now, if one goes beyond the text of *Beyond the Pleasure Principle*, one is likely to discover a twofold transition in Freudian discourse: first, the daemonic tendency to repeat gradually becomes an aggressive tendency to destroy; second, there is a transition from biological expressions to more cultural ones (see FP, 294). The bridge between biology and culture is the properly psychological level of Freud's second topography. The destructive and aggressive force of the death drive is now confirmed on the basis of cases such as sadism, masochism, and the harshness and cruelty of the superego. Freud was puzzled by the fact that the superego, which essentially manifests itself as a sense of guilt, treats the ego with extraordinary cruelty, to such an extent that it becomes "as cruel as only the id can be."[16] Freud maintains that "what is now holding sway in the super-ego is, as it were, a pure culture of the death instinct."[17]

Things would be simple if a pure culture of death alone was at stake, if, in other words, the superego's tendency towards aggressiveness functioned autonomously and independently of any erotic factor. Nevertheless, this is far from being the case. Ricœur draws attention to the fact that the unconscious sense of guilt, which may also be described as a need for punishment, derives from the father complex whose main psychical locus is the id and whose libidinal ties are well known. The ego's desire for punishment is related to the wish to be punished by the father, which is one of the expressions of erotogenic masochism, whereby we are confronted with the curious mixture of taking pleasure in pain. Although the normal development of conscience and of morality entails the overcoming and the desexualization of the Oedipus complex, the reverse movement also takes place, according to which the libidinal dimension returns in order to haunt and resexualize morality. Ricœur affirms that "with the resexualization of morality the possibility of a monstrous fusion of love and death arises" (FP, 300). He does not see a similarly monstrous fusion of love and death in sadism, because the destructiveness of the superego's sadism becomes desexu-

---

16 Freud, *The Ego and the Id*, 54.
17 Freud, *The Ego and the Id*, 53.

alized by defusion and is, therefore, independent of any erotic factor. However, to the degree that this whole process is based on the fear of castration which then takes the form of the fear of conscience, one could arguably claim that a certain fusion of love and death persists, thereby rendering problematic once again the oppositional dualism and clear-cut distinction between Eros and Thanatos.

What happens with respect to the same dualism when the discussion moves to the level of culture? According to Ricœur, as soon as we move from the psychological to the cultural level, we also move from biological speculation to cultural interpretation. In *Civilization and its Discontents*, the death drive appears under the disguise not of the destructiveness of an individual superego but of the aggressiveness against others as an ineluctable feature of human nature.[18] From the very beginning of this section of the Freud book, Ricœur emphasizes that Freud's economic definition of culture in *Civilization and its Discontents* is marked by the strategy that Eros deploys against Death so as to neutralize or reduce its destructive effects.[19] He playfully links Freud's economics of culture to a certain 'erotics' to the extent that "the same Eros inspires the striving for individual happiness and wishes to unite men in ever wider groups" (FP, 303). In the cultural sphere, the death drive abandons the 'muteness' that characterized it thus far and becomes vocal and manifest in man's hateful and war-like behavior against his/her fellow human beings. It is thanks to this process of manifestation that Freud's cultural theory is finally capable of providing an interpretation of the death drive, only after leaving behind the latter's biological and psychological levels.

Ricœur confirms that guilt is the operation by means of which culture endeavors to limit the effects of human aggressiveness. The sense of guilt is not opposed to the libido. On the contrary, it serves the purposes and interests of Eros to the degree that it seeks to constrain my destructive egoism and to limit my violence against others. Hence Freud's well-known remark: "Civilization, therefore, obtains mastery over the individual's dangerous desire for aggression by weakening and disarming it and by setting up an agency within him to watch over it, like a garrison in a conquered city."[20] There is little doubt that Ricœur wishes to finish this chapter on a hopeful note. This is precisely why he recalls the pessimistic formula from *Beyond the Pleasure Principle* that "*the aim of all life*

---

[18] Freud, *Civilization and its Discontents*.
[19] This section is titled "Culture as Situated Between Eros and Thanatos" and is the last section of the chapter on "The Death Instincts: Speculation and Interpretation"; see Ricœur, *Freud and Philosophy*, 302–309.
[20] Freud, *Civilization and its Discontents*, 123–124.

is death," to which he contrasts the supposedly more optimistic formula from the same work that life instincts struggle against death. The latter formula is taken up in *Civilization and its Discontents*, is further consolidated and rendered even more hopeful, to the extent that culture is now construed as "the great enterprise of making life prevail against death" (FP, 309). At this point, at the very end of the chapter titled "The Death Instincts: Speculation and Interpretation," Ricœur apparently remains faithful to his archaeo-teleological principle, according to which Eros gains somehow a certain anticipated precedence over against the destructiveness of the death drive.

Nevertheless, the complete phrase just quoted is as follows: "And now culture comes upon the scene as the great enterprise of making life prevail against death: its supreme weapon is to employ internalized violence against externalized violence; its supreme ruse is to make death work against death" (FP, 309). Although the first part of the sentence puts forward the hypothesis that life may somehow prevail against death, the second part affirms that actually there is no escaping of death and that the operation in question may be conceived of as an 'economy of death' alone. Death is made to work against death, internalized aggressiveness is deployed in order to neutralize externalized aggressiveness. We find death on both sides of this relation, so the prevalence of life that culture is supposed to secure is strangely grounded in a more profound and dominant ubiquity of death. One has to entertain the possibility that life just is this economy of death.[21]

The final chapter of the second book "Analytic: Reading of Freud" is titled "Interrogations" and is devoted to a re-examination of the reality principle, so one may reasonably wonder whether reality is congruous with the irreducibility of death affirmed above. There appear to be several reasons why reality is more compatible with death than Eros: reality struggles against illusion and is the opposite of fantasy, reality seems to have no relation with Eros insofar as it belongs to the sphere of necessity and the useful, reality has a tragic dimension in the sense that it holds in reserve death as destiny, reality symbolizes a world view, a wisdom that dares to face the harshness of life. Ricœur emphasizes the philosophical character of the reality principle and maintains that this is

---

[21] In *Reading Derrida and Ricœur*, 58–81 and, more specifically, 65–67, I argued in favor of this idea of life as an economy of death according to Derrida's reading of Freud. Despite the sharp differences between the philosophies of Derrida and Ricœur, the latter's analyses in the Freud book seem to point towards a similarly aporetic structure. Indeed, while discussing the "contradictory and impossible" task of culture and the "unresolvable struggle between love and death" that we also seek to approach here, Ricœur surprisingly remarks that "civilization kills us in order to make us live"; see Ricœur, *Freud and Philosophy*, 323.

the locus where the philosophical tone of Freudianism becomes manifest (see FP, 325). More precisely, the philosophical tone is associated with a certain wisdom with respect to the burden of existence, even a resignation to the order of nature, which Ricœur compares to Spinoza's meaning of reality as much as to the Nietzschean *amor fati*. The last fifteen pages of this chapter seek to respond to the question whether the reality principle and the attitude of resignation present us with a reconciliation as far as the two opponents of the gigantomachia are concerned, Eros and Thanatos. Ricœur writes:

> The touchstone of the reality principle, thus interpreted philosophically, would be the victory of the love of the whole over my narcissism, over my fear of dying, over the resurgence in me of childhood consolations […] I wish simply to gather together certain remarks […] that broaden this respect for nature in such a way that the reality principle is brought more in harmony with the themes of Eros and death. (FP, 328)

Initially, Ricœur wishes to entertain this possibility of a harmonious dialectical synthesis, so he maintains that "resignation is basically a working upon desire that incorporates into desire the necessity of dying. Reality, insofar as it portends my death, is going to enter into desire itself" (FP, 329). He goes on to discuss several instances from Freud's writings which indicate that indeed there may be a certain combination of the two rival drives. He refers, for example, to Freud's citation of William Shakespeare's phrase from *The First Part of the History of Henry IV* "thou owest God a death"[22] and offers a brief analysis of the essay "The Theme of the Three Caskets," where a complex intertwining of death and desire is attained by means of intricate psychical processes such as substitution and wishful reversal.[23] These analyses lead Ricœur to a consideration of art and intellectual research as opposed to religion.

In the first place, art appears to constitute a human endeavor that aims to fulfil the final task of culture by diminishing instinctual charges, by reconciling the individual with the ineluctable, by compensating for irreparable losses through substitute satisfactions (see FP, 332–333). In other words, the work of art seems capable of bringing about a certain education to reality while also retaining its seduction and charm along the way leading from the pleasure principle to the reality principle. Ricœur recalls the essay from 1911, "Formulations on the Two Principles of Mental Functioning," where Freud explicates the way in

---

22 Shakespeare, *The First Part of the History of Henry IV*, 88 (V.i.126).
23 See Ricœur, *Freud and Philosophy*, 329–332. See also Freud, "The Theme of the Three Caskets."

which art satisfies the reality principle while also seducing us aesthetically.[24] According to Ricœur's glossing, the artist

> is a man who turns away from reality because he cannot come to terms with the renunciation of instinctual satisfaction that reality demands, and who transposes his erotic and ambitious desires to the plane of fantasy and play. By means of his special gifts, however, he finds a way back to reality from this world of fantasy: he creates a new reality, the work of art, in which he himself becomes the hero, the king, the creator he desired to be. (FP, 333–334)

Ricœur claims, however, that the reconciliation of the two principles that artistic and aesthetic experience initiates is not complete. Whatever may be achieved thanks to the work of art is primarily on the basis of the pleasure principle. Although Freud found the arts appealing in several senses, he did not have much sympathy for the aesthetic worldview, for he thought that the latter "goes only halfway toward the awesome education to necessity required by the harshness of life and the knowledge of death, an education impeded by our incorrigible narcissism and by our thirst for childhood consolation" (FP, 334). Ricœur points to the affinities between humor and the arts and contends that both border on the level of philosophical resignation to death but do not quite reach it: "Everything in Freud implies that true resignation to necessity, active and personal resignation, is the great work of life and that such a work is not of an aesthetic nature" (FP, 335).

In the second place, if art does not quite succeed in attaining a balanced reconciliation of Eros and death, what about scientific investigation as another advanced form of cultural activity? Ricœur turns next to Freud's *Leonardo da Vinci and a Memory of His Childhood*, where the artist in question exemplifies the sublimation process by means of which the libido is converted into an instinct for intellectual curiosity and scientific research.[25] Freud, however, points to an affinity between Leonardo and Spinoza, which implies, according to Ricœur, that intellectual activity must be combined with an element of loving, otherwise it would end up in a betrayal of Eros.[26] Evidently, Freud identifies such a betrayal in Leonardo, who may have been theoretically knowledgeable about the necessities of nature but whose knowledge prevented him from enjoying and cherishing life. In other words, if scientific and intellectual activity constitutes a mechanism compatible with the reality principle which transforms and goes beyond

---

[24] Freud, "Formulations on the Two Principles of Mental Functioning."
[25] Freud, *Leonardo da Vinci and a Memory of His Childhood*.
[26] See Freud, *Leonardo da Vinci and a Memory of His Childhood*, 75. See also Ricoeur, *Freud and Philosophy*, 336–337.

the pleasure principle, the same mechanism has to be converted back towards Eros so that a certain balance may be achieved. The case of Leonardo, nevertheless, does not offer any indications of such a reconciliation between Eros and death.

Next, Ricœur goes on to quote Freud's final sentences from *Leonardo:*

> We all still show too little respect for Nature which (in the obscure words of Leonardo which recall Hamlet's lines) "is full of countless causes ['*ragioni*'] that never enter experience."
> Every one of us human beings corresponds to one of the countless experiments in which these '*ragioni*' of nature force their way into experience.[27]

Ricœur comments that these countless causes of nature are, in the final analysis, greater than the reality principle understood as the scientific worldview. This is to say that there is no 'beyond' the reality principle if the word 'beyond' signifies some knowledge or certainty on our part with respect to a teleological principle which would provide some orientation as it would definitively be lying 'beyond' something, pleasure or reality. Nothing indicates in Freud, writes Ricœur, that he "finally harmonized the theme of the reality principle with the theme of Eros" (FP, 337).

There is little doubt that one can identify in Freud a strand of scientism and another one of romanticism. Nonetheless, the relation between them is not a harmonious one. It is a "delicate equilibrium" or a "subtle conflict" (FP, 337) on both sides of which death figures: on the one hand, the reality principle and the resignation to death and to the necessities of blind nature; on the other hand, Eros and the demand to struggle against the instinct of aggression and self-destruction. Arguably, in all these fragile relations there is hardly any dualism or any definitive orientation. There is no certainty with respect to the directionality in these relations, no certainty that there is a smooth and continuous overcoming of the pleasure principle by the reality principle, of the death drive by the life instincts. Rather, Ricœur's meticulous analyses point to the fact that the opposing terms involved in all psychoanalytic structures are linked to one another in ways that blur any clear demarcation line between them and any orientation, thereby preventing the definitive and rigorous identification of either pole of a binary opposition. Ricœur acknowledges that life-pleasure and death-reality are associated with each other in puzzling relations.

---

27 Freud, *Leonardo da Vinci and a Memory of His Childhood*, 137. Also quoted by Ricœur in *Freud and Philosophy*, 337.

The archaeo-teleological principle that he puts forward in the third book of *Freud and Philosophy* presupposes that there is a telos or a final aim conceptualized in terms of a synthesis or a reconciliation of life and death, pleasure and reality. That telos would open up an horizon of infinite progress toward that remote ideal, and within this continuous and unified horizon various localized dialectical dualisms could be identified, such as those of the primary and the secondary process, the ego instincts and the sexual instincts, the pleasure and the reality principles, etc. In contrast to those prerequisites of the archaeo-teleology, Ricœur's presentation and commentary in the second book "Analytic: Reading of Freud" affirm that there is hardly any unification or reconciliation process in Freud, either within each one of his theories or between his theories, which he kept adjusting over the years: "Freud never unified his early world view, expressed from the beginning in the alternation of the pleasure principle and the reality principle, with the new world view, expressed by the struggle of Eros and Thanatos" (FP, 338). Ricœur explicitly thematizes here both the alternation or the reversibility of the terms of the dualism and the disjunction between his successive theories, as I argued above. The motif of alternation means that no significant priority may be assigned either to pleasure or to reality and, as result, the archaeo-teleology that presupposes such a priority is rendered problematic and actually impossible. Ricœur chooses to conclude this part of the book with Freud's final lines from *Civilization and its Discontents*, lines which once again allude to alternation and reversibility, and thereby shun the idealistic hopefulness and optimism that archaeo-teleology entails: "And now it is to be expected that the other of the two 'Heavenly Powers,' eternal Eros, will make an effort to assert himself in the struggle with his equally immortal adversary. But who can foresee with what success and with what result?"[28]

That final rhetorical question expressly points to the reversibility and to the irreducible co-implication of Eros and Thanatos, and, therefore, to the difficulty of rigorously distinguishing between the two so as to impose on them a teleological orientation. Freud added that final sentence to his text in 1931, when the specter of fascism started to become apparent in Europe. Ricœur's presentation in the second book of *Freud and Philosophy* does justice to the complexity of Freud's thinking and to the intricate relations that psychoanalysis reveals between concepts and processes that cannot be construed simply in terms of an oppositional, archaeo-teleological logic. Without rejecting the salience that Ricœur wishes to attribute, in the third book of his work on Freud, to the archaeo-teleological structure, I believe it is important, at the same time, to recognize and

---

[28] Freud, *Civilization and its Discontents*, 145.

underline an alternative and rigorous aspect of Ricœur's thinking, an aspect that offers a reading of psychoanalysis which not only would affirm the rupturing power of Freud's discourse but also would open up Ricœur's own text and philosophy to other, more radical and more original possibilities of interpretation.

Abbreviations

FP | Ricœur, Paul (1970): *Freud and Philosophy: An Essay on Interpretation*. Denis Savage (Trans.). New Haven: Yale University Press.

Bibliography

Freud, Sigmund (1910, 1957): *Leonardo da Vinci and a Memory of His Childhood*. In: Freud, Sigmund: *The Standard Edition of the Complete Psychological Works of Sigmund Freud*. Volume XI. James Strachey (Trans.). London: Hogarth Press, 63–137.

Freud, Sigmund (1911, 1958a): "Formulations on the Two Principles of Mental Functioning." In: Freud, Sigmund: *The Standard Edition of the Complete Psychological Works of Sigmund Freud*. Volume XII. James Strachey (Trans.). London: Hogarth Press, 218–226.

Freud, Sigmund (1913, 1958b): "The Theme of the Three Caskets." In: Freud, Sigmund: *The Standard Edition of the Complete Psychological Works of Sigmund Freud*. Volume XII. James Strachey (Trans.). London: Hogarth Press, 291–301.

Freud, Sigmund (1920, 1955): *Beyond the Pleasure Principle*. In: Freud, Sigmund: *The Standard Edition of the Complete Psychological Works of Sigmund Freud*. Volume XVIII, James Strachey (Trans.). London: Hogarth Press. 7–64.

Freud, Sigmund (1923, 1961): *The Ego and the Id*. In: Freud, Sigmund: *The Standard Edition of the Complete Psychological Works of Sigmund Freud*. Volume XIX. James Strachey (Trans.). London: Hogarth Press, 12–66.

Freud, Sigmund (1929, 1930, 1964): *Civilization and its Discontents*. In: Freud, Sigmund: *The Standard Edition of the Complete Psychological Works of Sigmund Freud*. Volume XXI. James Strachey (Trans.). London: Hogarth Press, 64–145.

Hesnard, Angelo (1960): *L'Oeuvre de Freud et son importance pour le monde modern*. Paris: Payot.

Pirovolakis, Eftichis (2010): *Reading Derrida and Ricœur: Improbable Encounters between Deconstruction and Hermeneutics*. New York: State University of New York Press.

Ricœur, Paul (1965): *De l'interprétation. Essai sur Freud*. Paris: Seuil.

Ricœur, Paul (2008): *Écrits et conférences 1. Autour de la Psychanalyse*. Catherine Goldenstein and Jean-Louis Schlegel (Eds.). Paris: Seuil.

Ricœur, Paul (2012): *On Psychoanalysis: Writings and Lectures*. Volume I. David Pellauer (Trans.). Cambridge: Polity Press.

Schlegel, Jean-Louis (2012): "Editor's Introduction." In: Ricœur, Paul: *On Psychoanalysis: Writings and Lectures*, Volume I. David Pellauer (Trans.). Cambridge: Polity Press. 1–8.

Shakespeare, William (2008): *The First Part of the History of Henry IV.* John Dover Wilson (Ed.). Cambridge: Cambridge University Press.

Part VI **Inédits / Unpublished Texts**

Paul Ricœur
L'ouverture du colloque sur l'inconscient (Bonneval)

Abstract: The Overture of the Colloquium on the Unconscious (Bonneval). This previously unpublished text comes from the Archives of the Fonds Ricœur and from the series: *De l'interprétation, essai sur Freud* (1965). It is the manuscript of a speech given by Paul Ricœur in 1960, at the opening of the colloquium on "The Unconscious" at Bonneval, where the philosopher was invited by Doctor and Psychiatrist Henry Ey, for whom the clinic was later named. Thus, Ricœur evokes the three levels through which he arrived at psychoanalysis, before ending his speech by asking himself about some central themes of his reflection on psychoanalysis.

Messieurs,

Le monsieur Ey m'a demandé de prononcer quelques mots à cette séance d'ouverture. J'ai été déjà fort embrassé – étant aussi très nouveau de ce genre d'exercice-, quand j'ai lu sur le programme que je faisais un exposé de 10 h15 à 11 h. Il est bien entendu que je ne peux faire un exposé ce matin et un rapport mardi soir. Vous ne m'en demandez pas tant.

Vous accepterez donc que je dise simplement ce que j'attends de ces journées Comme un ami le dit, j'ai été surpris et élevé depuis 25 ans par la phénoménologie, le renouveau des études bibliques, la philosophie de Heidegger, les investigations des tendances linguistiques. C'est le choc en retour de la psychanalyse sur cette pensée de l'ouverture qui est la grande affaire de philosophie ainsi formée. Ce choc en retour s'exerce à 3 niveaux : au niveau d'abord de problèmes et de thèmes limités ; pour ma part c'est le problème moral de la culpabilité qui m'a jeté dans l'œuvre de Freud et de la psychanalyse ; Freud est ici l'allié de Nietzsche, le philosophe du soupçon, le penseur des masques, l'analyse de la cruauté de la connaissance comme mensonges, et aussi Marx comme le philosophe, de la conscience fausse et de la mystification.

Le bon usage philosophique de Freud comme de Nietzsche, comme de Marx, c'est à ce niveau les analyses particulières, un décalage, un démarrage des notions fondamentales de l'authenticité et de l'éthique, la communion de tout ce que notre appareil intellectuel cache de rationalisations plaquées sur de l'affectivité réprimée, archaïque, infantile.

En un sens, Freud c'est la découverte des impostures de la réflexion, de la réflexion comme imposture – L'extension à tout le domaine de l'imaginaire.[1] À partir de là, [commence] la

---

Note: Texte édité par Azadeh Thiriez-Arjangi

[1] L'imagination n'est pas un stock d'images au sens de représentation de chose absente.

remise en question de proche en proche et comme en chaîne d'inventer quelques langages spécifiques de la culpabilité—.[2]

Mais cet intérêt pour la psychopathologie et la psychanalyse est d'abord limité à des thèmes particuliers, devient bientôt une remise en question générale et radicale de ce qui nous apparaît comme ces phénomènes dans le champ, comme le particulier, comme l'origine même de toute signification.

Je veux dire la conscience. Il faut que ce qui est particulier en un sens, nous apparaisse comme préjugé en un autre sens ; le préjugé de la conscience, il y a la une situation comparable à celle de Platon qui avait commencé en Parménide en avocat de l'immutabilité de l'être et qui fut contraint par l'énigme de l'essence, de l'opinion fausse, non seulement à donner droit de cité au non-être au même titre qu'à l'être au rang des plus grand, mais surtout à avouer que la question de l'être est aussi obscure que celle de non-être. C'est à pareil aveu qu'il faut être amené : la question de la conscience est aussi obscure que la question de l'inconscient.

C'est dans cette humeur de soupçon – non point à l'égard des faits ou plutôt de la tâche de la conscience – mais de soupçon à l'égard de la prétention de la conscience à se savoir exister en [3] qu'un philosophe peut venir parfois parmi les psychopathologues et les psychanalytiques.

Si finalement il faut en venir à comprendre la corrélation – la corrélation polémique – de la conscience et l'inconscient, il faut traverser d'abord la zone aride du double aveu : l'inconscient ne se comprend pas par ce que je sais de la conscience, ni même du préconscient ; et je ne comprends plus ce que c'est que la conscience. C'est le bienfait essentiel de ce qui est le plus anti philosophique, le plus anti psychologique chez Freud : je veux dire le problème « topique » puis le problème « l'économique » comme on lit dans le fameux article métapsychologique sur l'inconscient.

À partir de cette lecture phénoménologique que seulement peuvent être aperçues les questions qui redeviennent phénoménologiques, telles que celles-ci : comment puis-je repenser et refondre le concept de « conscience » ? de telle manière que l'inconscient puisse être un autre, de telle manière que la conscience soit capable de cet autre que et d'une certaine façon compris par soi, que s'appelle ici inconscient.

Comment d'autre part mener une critique au sens kantien – c'est-à-dire une réflexion sur les solutions de validité et aussi une réflexion sur des limites de validité portant sur les « modèles » que le psychanalyste constitue nécessairement pour rendre compte de l'inconscient ?

Cette épistémologie de la psychopathologie est une tâche urgente : nous ne pouvons plus nous contenter comme il y a 20 ans de distinguer la méthode et la doctrine. Nous savons

---

2 Extension à tout le domaine de l'imaginaire. À partir de là, remise en question de proche en proche et comme en chaîne[.] Découverte que langage spécifique de la culpabilité dans la confession des péchés et [les] grands mythes est symbolique (expliquer) souillure, péché symbolique

3 Le mot n'a pas pu être déchiffré.

maintenant que dans les sciences humaines (pas la psychanalyse), la «théorie» n'est pas un ajout contingent, elle est constitutive de l'objet même si l'on veut ; mais en tant qu'elle rend possible la constitution de l'objet ; ici la doctrine est méthode ; La «méta psychologie» pour parler comme Freud lui-même c'est la doctrine elle est «constituante»[4]

3ème question : par de là la révision du concept de la conscience, vue la lui de la science de l'inconscient par-delà la critique des modèles de l'inconscient. Ce qui est en jeu c'est la possibilité d'une anthropologie philosophique capable d'assumer la dialectique de la conscience et de l'inconscient.

Le langage est-il cet englobant capable de la conscience et de l'inconscient ? Quelle vision du monde et de l'homme serait-elle possible ? Que doit être l'homme pour qu'il soit à la fois responsable de bien penser et capable à la folie ? Obligé par son humanité à plus de conscience et capable de relever d'une topique et d'une économique en tant que «ça» parle en lui ? Quelle vue nouvelle sur la fragilité de l'homme et sur le paradoxe de la responsabilité et de la fragilité, s'ouvre-t-elle à une pensée qui a accepté d'être le centre par une réflexion sur l'inconscient.

C'est chargé de ces questions que je me tourne vers vous et que je vous souhaite un bon colloque.

---

[4] Dans son manuscrit, Paul Ricœur avait ajouté : l'Inconscient n'est pas séparable des «modèles » topique, énergétique et économiques qui commandent la théorie. La «métapsychologie» pour parler comme Freud lui-même c'est la doctrine.

André Green
Lettre à Paul Ricœur

Abstract: Letter to Paul Ricœur (1 May 1961). In this letter written to Ricœur after the Bonneval colloquium which was held in 1960 and which also comes from the Archives of the Fonds Ricœur, André Green returns to the text presented by the philosopher on this occasion and shares with him his point of view, notably concerning the Oedipus complex, before writing brilliantly: "The unveiling of the mystery of these origins is a psychoanalysis and all psychoanalysis."[1]

Paris, le 1er mai 1961

Cher monsieur,

Je vous remercie de m'avoir laissé jeter un coup d'œil sur votre texte de Bonneval. J'ai retrouvé à vous lire le plaisir – multiplié cette fois par la possibilité de suivre votre démarche à la trace – que j'avais eu à vous entendre.

Permettez-moi dans un mouvement direct du cœur de vous dire combien a résonné en moi la sincérité de votre effort et sa générosité. Sans doute serez-vous – à ma connaissance en tout cas – le seul philosophe qui ait véritablement tenté la médiation.

Mais ce début de dialogue appelle une réplique. Je suis en tout cas attiré par cette ouverture et je vais céder à mon désir de faire en sorte qu'il se poursuive. Je ferai donc une ou deux remarques si vous avez la patience de me lire jusqu'au bout. Ces commentaires concernent la deuxième partie de votre rapport, celle ou vous vous risquez à cette confrontation – par la voie de l'épigénèse – entre Hegel et Freud. Je vous prierai, tout comme vous prenez la précaution vis-à-vis des psychanalystes d'indiquer ce que vous pensez être des imperfections de votre argumentation, de bien vouloir me témoigner une indulgence équivalente quant aux lectures de ces réflexions.

Je m'attacherai à l'exemple le plus propre à nous unir et que vous-même avez choisi, celui d'Œdipe-Roi que votre analyse éclaire remarquablement. Peut-être à cette occasion pourrons nous pousser plus loin cette opposition – identité entre le destin et l'histoire, entre ces ordres du primordial de l'inconscient au terminal du conscient. Si l'inconscient est bien fini – au sens où une analyse est terminable (encore qu'il faudrait savoir pourquoi Freud admet que certains ne puissent l'être, du même que certains sujets échappent à son pouvoir). Cette finitude ne saurait être autre que relative.

De même, je n'ai pas besoin de vous rappeler à quelles difficultés nous nous heurtons, vous vous heurtez plus exactement, à concevoir ce que Hegel nomme l'esprit absolu. Ceci s'illustre à mon sens très précisément dans Œdipe à Colonne. Œdipe sait maintenant et son destin a fait place à son histoire. Il est devenu ce voyant que son savoir l'empêchait d'être

---

Note: Cette lettre a été éditée par Azadeh Thiriez-Arjangi

[1] Nous remercions madame Litza Guttieres Green et la famille Ricœur de nous avoir donné l'autorisation d'éditer de de publier cette lettre.

Open Access. © 2022 the author(s), published by De Gruyter. This work is licensed under the Creative Commons Attribution-NonCommercial-NoDerivatives 4.0 International License.
https://doi.org/10.1515/9783110735550-027

jusqu'à cette peste providentielle. Et pourtant il ne sait rien. Il quittera le palais avec Antigone, pour n'avoir pas eu au repas familial la part du Roi qu'il ne peut cesser de désirer.

Et lorsque Polynice viendra lui demander son aide, il la refusera. Ce qui dans sa visée d'une histoire serait légitime, mais avec colère, emportement et disons le mot injustice.

La conscience n'est terminale que pour la mort où sa réhabilitation transforme alors son destin en histoire. Car en fait, il y a une inéluctabilité des rôles qui ne nous permet jamais d'achever cette tâche avant la fin, qui nous met en présence, par la voie de notre génération, des enfants qui sont issus de nous, de nos œuvres, de la permanence de notre déchirement.

Le conflit primordial – terminal est toujours relancé indéfiniment et c'est ce renouvèlement perpétuel qui autorise une vue ouverte de toute problématique sous l'angle freudien.

Ne croyez pas – ou ne feigniez pas de croire – qu'Œdipe a fait ainsi parce qu'il n'est pas passé par les mains du psychanalyste.

Le dévoilement du mystère de ces origines est une psychanalyse et toute la psychanalyse. Mais cette expérience n'assure pas pour autant le pouvoir – qui serait la transformation de l'homme en tyran – de lui-même soit, mais en tyran toute de même. Le psychanalysé et le psychanalyste aussi continuent d'aimer, de se fâcher, de croire et de se tromper.

Vous l'avez bien vu à Bonneval – et ceux que vous avez vus n'étaient ni pires ni meilleurs que les autres. Peut-être sont-ils mieux armés que la moyenne des [communs ?] pour éviter le pire. Mais ils sont renvoyés au lot commun et meurent aussi. L'expérience ou plutôt la préfiguration qu'ils ont en ont avec la castration les préviennent peut-être mieux dans une confrontation avec la mort qui leur est devenu quotidienne.

Je vous remercie encore une fois de tout ce que vous nous avez apporté et je ne puis que souhaiter que vous-même ayez pu recueillir de cette rencontre quelque chose qui relancera vos tentatives personnelles.

Avec mes sentiments respectueusement dévoués.

Postscript

Stéphane Habib
Une carte postale de Rosenzweig à Freud

Abstract: Postscript: A Postcard from Rosenzweig to Freud. This chapter, presented here as a postscript to the book, brings together philosophy and psychoanalysis, arguing in favor of their similarities. Thus, the text questions the relationship between theory and practice in Freud's work, and pays tribute to Ricœur's work, in particular to his 1978 text, "Psychoanalysis and Hermeneutics." The text questions the foundations of psychoanalysis. The chapter goes on to discuss Franz Rosenzweig's *The Star of Redemption* in order to answer the question, 'why is there something rather than nothing?'

Je vais commencer par une greffe. Celle d'un sous-titre : *Ecouter quelque chose plutôt que rien*. Au titre non moins énigmatique : *Une carte postale de Rosenzweig à Freud*.

Mais avant cela, avant de commencer, je tiens à dire merci. Vivement et profondément. A vous le dire et dans une formulation qui ne tomberait pas sous le coup de la dénégation, vous dire d'emblée que ce remerciement est tout sauf la contrainte d'une politesse ou le rituel académique attendu. Je vous remercie en fait comme Lévinas a fait résonner cette adresse et cette structure du merci : je vous remercie pour l'occasion que vous me donnez de pouvoir vous remercier. En effet, l'enjeu de votre invitation et de votre hospitalité est fondamental.

Car cette invitation dont vous me faites le grand honneur arrive à un moment très particulier et très délicat dans l'histoire et dans la situation de la psychanalyse en France. Il est rare aujourd'hui d'avoir le courage de faire ce que vous avez décidé de faire en proposant plusieurs jours de travail intense autour des rapports de Paul Ricoeur à Sigmund Freud. Des lectures ricœuriennes de Freud.

Ce qui est rare et précieux, c'est bien de prendre le risque de penser les liens entre deux corpus, au moins, et deux champs du savoir. Entre la philosophie et la psychanalyse. Ce qui à aucun moment n'efface les difficultés, les complications, parfois les différends, tout au contraire, les voilà exposés au travail de la question. Et j'ai bien parlé de courage car une telle décision dans notre aujourd'hui politique, historique et intellectuel prend à rebours l'air du temps.

(Comme je vais principalement m'occuper de la question psychanalytique, je voudrais simplement ouvrir une parenthèse afin qu'on n'imagine pas que la situation de la philosophie est bien meilleure. Sa mort proférée, diagnostiquée, pronostiquée même, quand elle n'est pas organisée et désirée est parfaitement perceptible à qui sait se servir de ses oreilles et à qui sait lire, parfois même pas entre les lignes d'ailleurs. Je ne parlerai ce soir quasiment que de cela, des oreilles et de l'écoute.)

Cependant il y a là, dans cette situation (la mort annoncée) partagée par la psychanalyse et la philosophie une chance. Une chance, la langue l'enseigne, est ce qui nous tombe dessus, et nous devons apprendre à la recevoir. Cette chance est que les sorts de la philosophie et de la psychanalyse sont ainsi liés. Grandes sont donc les ouvertures qui peuvent s'y annoncer et les programmes de pensées et d'inventions théoriques à venir, ensemble. Je vais fermer cette parenthèse mais en me permettant la lecture, longue, de ce qui est peut-être l'un des plus beaux et plus nécessaires *incipits* de la littérature philosophique. Une adresse de Jacques Derrida à Emmanuel Lévinas. Il s'agit de la première page de l'éblouissant *Violence et métaphysique*.

« Que la philosophie soit morte hier, depuis Hegel ou Marx, Nietzsche ou Heidegger – et la philosophie devrait encore errer vers le sens de sa mort – ou qu'elle ait toujours vécu de se savoir moribonde, ce qui s'avoue en silence dans l'ombre portée par la parole même qui *déclara* la *philosophie perennis* ; qu'elle soit morte *un jour, dans* l'histoire, ou qu'elle ait toujours vécu d'agonie et d'ouvrir violemment l'histoire en enlevant sa possibilité contre la non-philosophie, son fond advers, son passé ou son fait, sa mort et sa ressource ; que par-delà cette mort ou cette mortalité de la philosophie, peut-être même grâce à elles, la pensée ait un avenir ou même, on le dit aujourd'hui, soit tout entière à venir depuis ce qui se réservait encore dans la philosophie ; plus étrangement encore, que l'avenir lui-même ait ainsi un avenir, ce sont là des questions qui ne sont pas en puissance de réponse. Ce sont, par naissance et pour une fois au moins, des problèmes qui sont posés à la philosophie comme problèmes qu'elle ne peut résoudre. Peut-être même ces questions ne sont-elles pas philosophiques, ne sont-elles plus de la philosophie. Elles devraient être néanmoins les seules à pouvoir fonder aujourd'hui la communauté de ce que, dans le monde, on appelle encore les philosophes par un souvenir, au moins, qu'il faudrait interroger sans désemparer, et malgré la diaspora des instituts ou des langues, des publications et des techniques qui s'entraînent, s'engendrent d'eux-mêmes et s'accroissent comme le capital ou la misère. » Et puis quelques lignes plus loin, ceci que j'entends comme adresse, à nous, oui, j'ai bien dit nous : « Communauté de la question sur la possibilité de la question. C'est peu – ce n'est presque rien – mais là se réfugient et se résument aujourd'hui une dignité et un devoir inentamables de décision. Une inentamable responsabilité. »)

Presque rien...inentamable responsabilité...

Puissions-nous nous inscrire dans ces phrases !

Je ne sais pas du tout jouer les Cassandre et n'ai aucun goût pour le pessimisme, même lorsqu'il se pare de son plus beau costume ontologique. Il ne s'agit donc pas d'avoir peur de la fin de la psychanalyse. Sa fin est annoncée depuis sa naissance, sa mort désirée par tant et tant et plus souvent qu'à son tour proclamée triomphalement.

Je travaille en revanche avec l'humour de Freud en tête (il faut dire que « joie » est en français la traduction de ce nom propre, *Freud(e)*, qui aura marqué l'histoire de la pensée), je travaille donc à tout autre chose qu'à me repaître de lamentations et mon inquiétude qui prend sa source dans la belle phrase de Tolstoï selon laquelle « la tranquillité est une malhonnêteté de l'âme » porte sur la question de l'accueil de ce qui vient, de la fabrique de l'avenir. Travailler à l'à venir, c'est rire au nez de la menace de mort.

En 1914, la chose est connue, Freud déjà, écrivait : « Au cours des dernières années, j'ai pu lire peut-être une douzaine de fois que la psychanalyse était à présent morte, qu'elle était définitivement dépassée et éliminée. Ma réponse aurait pu ressembler au télégramme que Mark Twain adressa au journal qui avait annoncé la fausse nouvelle de sa mort : « Information de mon décès très exagérée ». Après chacun de ces avis mortuaires, la psychanalyse a gagné de nouveaux partisans et collaborateurs ou s'est créé de nouveaux organes. Être déclaré mort valait quand même mieux que de se heurter à un silence de mort.

1914, la date compte. Nous nous en occuperons tout à l'heure. Pour le moment, disons surtout que la question aujourd'hui importe moins de savoir si la psychanalyse gagne ou perd de nouveaux partisans (ce qui ne veut pas dire grand-chose), que de chercher comment la penser à venir. Oui penser la psychanalyse à venir, c'est ceci dont je m'occupe, il faudra spécifier ce qui s'entend dans « à venir », c'est à cette recherche-là que je consacre mon quotidien, ce qui en aucun cas n'exclut ce qu'on appelle la clinique au sens de la pratique psychanalytique. Bien au contraire.

Théorie et pratique sont davantage encore qu'indissociables pour la psychanalyse. Elles se travaillent l'une l'autre et à y regarder de près, on pourrait convenir que l'une est l'autre. L'une habite l'autre. Non pas que cela soit exactement la même chose, la théorie et la pratique, mais elles sont l'une dans l'autre et inversement. Elles s'intranquillisent.

Je tiens à cette complication du rapport entre la théorie et la pratique dont, à la lecture de Freud, on saisit que l'invention de la psychanalyse aura fait voler en éclats l'opposition simple. (Au vrai c'est la prétention au simple et sa revendication qui sont pulvérisées par la prise en compte de l'inconscient dans l'histoire de la pensée occidentale.) En cela, l'on doit beaucoup à Paul Ricœur, à la rigueur de son questionnement, car il n'est pas fortuit que son choix de définition de la psychanalyse pour son grand texte de 1978, « Psychanalyse et Herméneutique » se soit porté sur une certaine citation de Freud que je m'en vais vous lire de ce pas.[1] Cette citation est importante dans l'histoire de la psychanalyse et il est déterminant que Paul Ricœur s'y appuie, je crois, en tant qu'il y va de son fondement et de sa constitution. Rappel et historique et définitionnel de ce dont est composée, pour son inventeur, Freud, son invention : la psychanalyse. Ce qui en même temps, et c'est toute l'intelligence, la finesse et la force de la chose, à aucun moment ne fixe son mouvement ni ne fige la psychanalyse dans ce qui reste pourtant une définition.

Il y va en fait d'un minimal. Minimal à entendre comme ce point le plus strict et le plus fondamental depuis lequel il s'agit à chaque fois de repartir et de repartir pour continuer à penser. Penser du nouveau. Amener de la pensée dans ce qui se relance depuis ce minimal. À venir entend déjà ainsi. Je vais y revenir car cette relance est toute l'affaire de l'inquiétude féconde et nécessaire dont je parlais il y a quelques minutes. Inquiétude qui est le moteur de la pensée en tant qu'elle interdit le psittacisme, la somnolence et le ronronnement du questionnement.

En attendant, allons au texte. Il date de 1923 et s'intitule «Psychanalyse et théorie de la libido».[2] Je le crois célèbre justement parce qu'il précise avec netteté et assurance ce que Freud veut mettre sous le terme «psychanalyse». Et bien sûr il y va mêmement de la pratique et de la théorie. Les voilà enchevêtrées, théorie et pratique, parfaitement emmêlées. Ce qu'il faut comprendre, c'est qu'alors cela signifie que pour que la psychanalyse soit la psychanalyse, théorie et pratique ne s'opposent plus mais s'accompagnent. S'entrelacent. Si bien qu'il est impossible de dire : ceci est de la théorie analytique, ceci est de la pratique analytique. Voici donc la citation. Citation de Freud, mais aussi de Paul Ricœur. De Ricœur citant Freud.

PSYCHANALYSE est le nom 1) d'un procédé d'investigation des processus psychiques, qui autrement sont à peine accessibles ; 2) d'une méthode de traitement des troubles névrotiques, qui se fondent sur cette investigation ; 3) d'une série de conceptions psychologiques acquises par ce moyen et qui fusionnent progressivement en une discipline scientifique nouvelle.[3]

Il est remarquable que Freud affirme ceci : «une série de conceptions psychologiques *acquises par ce moyen.*» Quel moyen ? Et c'est ici sans équivoque un singulier. Eh bien la méthode dite par lui de traitement des troubles névrotiques. Autrement dit ce que nous appelons d'un mot le plus souvent «la clinique» et

---

[1] Ricœur, «Psychanalyse et herméneutique».
[2] Freud, «Psychanalyse et théorie de la libido».
[3] Freud, *Résultats, idées, problèmes*, 51.

dans l'optique de notre approche «la pratique». Pour le dire tout simplement, la théorie analytique est toujours d'abord théorie d'une pratique. Que la pratique contredise la théorie est tout est à reprendre. L'histoire de la psychanalyse l'aura rappelé : Freud fut un grand brûleur de ses propres travaux, notes, essais, journaux de cas. Cette manière de faire avec la théorie et la pratique l'y aura obligé. Psychanalyser, c'est recommencer.

Par ailleurs, la singularité de la psychanalyse tient également à l'invalidité de l'opposition par ceci que la théorie, est en elle-même, une pratique. Oui, la théorie comme pratique en psychanalyse. Par un mouvement incessant entre théorie et pratique telle qu'il y a une pratique analytique qu'on doit dire pratique théorique. Ce qui défait en même temps cette idée commune selon laquelle la pratique analytique doit se cantonner à sa clinique. Ce qui dans la psychanalyse détermine le rapport à la théorie est un faire dont le psychanalyste afin de l'éclairer, se saisit pour l'élaborer. Ce geste est un mouvement incessant, interminable, et à double sens : de la pratique à la théorie et de la théorie à la pratique et de la pratique à la théorie, etc. Car la psychanalyse est une pratique et une théorie. Elle ne peut pas être uniquement pratique, cela n'a aucun sens à vrai dire. Pas plus qu'elle ne peut se contenter d'être une théorie de plus, une métaphysique de plus ou une philosophie de plus. Si la psychanalyse n'est pas toujours en même temps l'une et l'autre, la théorie et la pratique, alors elle n'est pas la psychanalyse.

Quand Ricoeur choisit ce passage-là de Freud, il prend alors la mesure de ce qu'il y a de singulier dans la psychanalyse. Et la prend au sérieux en la mettant en rapport avec la philosophie. Rien n'est jamais innocent dans les prélèvements de phrases dans un texte et leur remontage dans l'économie d'un questionnement.

La psychanalyse est aussi ce qui oblige quant à ce qui arrive. Elle ne peut jamais rien traiter par le mépris ni ne peut jamais rien négliger. Oui *pour la psychanalyse rien n'est rien*. Ou, en anticipant un peu, je le dis en une formule qui emprunte à Franz Rosenzweig : la psychanalyse enseigne, opère, travaille depuis cette pensée que rien, c'est déjà, c'est toujours quelque chose. *Rien est quelque chose*. Irréductiblement un quelque chose, «impitoyable, impossible à exclure.»[4]

M'accompagne toujours cette phrase de Yannick Haenel selon laquelle, «la littérature est la science inexacte des détails». Elle offre en même temps qu'une très grande pensée de la littérature, une approche extraordinairement intelligente de ce qu'il y a à entendre de la psychanalyse. En effet, il est temps pour

---

4 Rozenzweig, *L'étoile de la rédemption*, 13.

moi de faire résonner cet autre minimal nécessaire à l'abord de la psychanalyse. Je dis cette nécessité comme le corrélat de l'à-venir. Science inexacte des détails, signifie par là même qu'il n'y a aucun détail. Autrement dit qu'il n'y a aucun détail qui soit un simple détail. C'est pourquoi rien est toujours déjà quelque chose.

Ecouter consiste à transformer un rien supposé en quelque chose. Et écouter est l'affaire la plus spécifique, la plus singulière de la psychanalyse. Cet autre minimal dont il m'a fallu préparer la venue par tout cela qui est encore un avant de commencer, je le risque maintenant en une phrase :

La psychanalyse est l'accueil inconditionnel de ce qui vient.

L'accueil de ce qui arrive. Et accueillir sera écouter. (C'est pourquoi en filigrane dans mon propos de ce soir, s'esquisse une pensée de l'écoute à laquelle je travaille en ce moment même, quelques pistes en vue de son élaboration précise. C'est que l'avenir de la psychanalyse a tout à voir avec l'élargissement de son corpus théorique, l'écriture de la pensée.)

L'inconditionnalité ici avancée – accueil inconditionnel, disais-je –, se fonde sur ceci que rien n'est rien ou que rien est toujours déjà quelque chose. On aurait raison de songer que l'attention flottante de l'analyste (aussi traduite «attention en libre (ou en égal) suspens), sa loi, sa règle fondamentale, se soutient dans sa nécessité de ceci que rien n'est négligeable dans la parole analytique. Ce qui me permet de proposer encore de lier ce quelque chose du rien à la théorie et à la pratique dans leur rapports non oppositionnels, c'est qu'elles sont du même coup théorisation incessante d'une pratique qui sollicitée – Derrida rappelle dans un de ses très grands textes, la conférence «La différance» la signification latine de ce mot, de ce verbe: «(...) sollicitare signifie, en vieux latin, ébranler comme tout, faire trembler en totalité.» [5] En effet, «solliciter» vient de *sollus* (tout) et *ciere* (mouvoir). Bien sûr il est intéressant de lui conserver en même temps son sens d'excitation et de stimulation et enfin, de garder aussi présent à l'oreille le sens toujours disruptif d'appeler, de provoquer, d'assiéger, d'importuner, de quémander, de prier, etc. – je disais donc, une pratique sollicitée par tout ce qui arrive demande ou exige, en vue dudit accueil, une théorisation interminable.

L'infraordinaire oblige. La matière de la psychanalyse, c'est cet infraordinaire, cet inframince, ce presque rien pour le dire ainsi, ce rebut, ce déchet, ce dépôt de et dans la langue. «Indicible rien». Le psychiatre Jean Oury le dit sans détour : «La psychose est là pour nous rappeler qu'on meurt de laisser pour compte cet indicible rien. Peu de choses suffisent pour arrêter la destruction : un

---

[5] Derrida, «La différance», 22.

signe, un geste, une virgule. Encore faut-il qu'on puisse les «rencontrer». Et c'est ce qui est le plus difficile, parce que cela participe de l'essence du langage.»

Tout ceci, c'est rapidement dit, et sans doute encore un peu trop simplement, ce qui m'occupe en permanence : la relance et la reprise de la psychanalyse. Tout cela, en effet, que je viens d'énoncer, ce serait comme les fondations depuis lesquelles la psychanalyse peut être pensée. Oui, nous sommes en ce moment même en train de vivre un passage décisif, ai-je tendance à croire, dans l'histoire de la psychanalyse. Ce moment est celui de sa nécessaire relance, de sa reprise à entendre comme ce rafistolage des tissus, rapiéçage, et en même temps, ce qui n'est pas si différent, au sens de la répétition, celle qui va de Kierkegaard à Lacan en passant par Freud. Concept fondamental selon Lacan, qui enseigne dans le grand séminaire *Les quatre concepts fondamentaux de la psychanalyse* que «la répétition demande du nouveau.» Ecoutez, le 12 février 1964, quelque chose comme une filiation, des affinités théoriques, se dessinent et Rosenzweig (avec quelques autres dont je n'aurai pas le temps de parler comme il faut aujourd'hui mais je pense à Aby Warburg, et à Walter Benjamin) approche à grands pas : «Pas plus que dans Kierkegaard, il ne s'agit dans Freud d'aucune répétition qui s'assoie dans le naturel, d'aucun retour du besoin. Le retour du besoin vise à la consommation mise au service de l'appétit. *La répétition demande du nouveau.*»[6]

Dans cette optique-là, très précisément, ma préoccupation, et mon travail quotidien visent à interroger et à désirer faire exister l'à-venir de la psychanalyse, à la penser de manière telle que l'avenir n'en soit pas le simple synonyme d'un futur (ce qu'il est aussi, mais pas seulement ni fondamentalement), mais bien le nom de sa structure, autrement dit de faire en sorte qu'elle reste déterminée par ce qui vient et, conséquemment, reste en devenir. Altérée sans cesse et en mouvement permanent. En ce sens désormais doit résonner l'expression «mouvement analytique». Et non plus comme l'histoire des écoles entre elles et des institutions. Par définition, une institution n'est-elle pas ce qui arrête un mouvement ? Grande aporie politique. (Une parenthèse encore qui est une autre manière de vous adresser un profond remerciement : pour réaliser et mettre en œuvre ce que je dis déjà bien trop vite, il y a une condition sine qua non : que la psychanalyse sorte de ses murs. En d'autres termes qu'elle reprenne langue avec tous les champs du savoir, toutes les disciplines, ce qui demande un travail de traduction incessante, interminable et que, partant, se creusent ainsi des passages entre les langues de ces pensées. Qu'elle en invente de nouvelles et jamais

---

6 Lacan, *Les quatre concepts fondamentaux de la psychanalyse*, 72 (Je souligne).

une fois pour toutes. Ainsi seulement, je le crois, se trame de la pensée, de la théorie, de l'écriture.)

C'est en ce sens-là qu'il m'importe de pouvoir proposer cette sorte de définition minimale de la psychanalyse comme accueil inconditionnel de ce qui vient. C'est qu'il y s'agit de l'écoute de la venue, de ce qui arrive. Et tout cela, finalement, ne tient qu'à ce fil que nous commençons de dérouler : la psychanalyse ne connaît pas le rien. Que toujours quelque chose passe. Qu'écouter est rendre manifeste, et partant conférer l'existence. Que la psychanalyse est une affaire de passages. Que rien est quelque chose.

Voilà peut-être l'un des apports décisifs de la psychanalyse à la pensée : *la prise aux sérieux, l'accueil des survivances, la lecture des traces, l'attention portée sur les détails dits insensés, voire les rebuts, les restes, les déchets, les déchets de la langue, tout ce qui est minuscule et que les systèmes refoulent en leurs marges – partant tout cela qui fait retour au-delà et malgré rejets et démentis.* C'est encore en 1914 que Freud écrit dans son fameux *Moïse de Michel-Ange* : « Cette dernière [la psychanalyse], elle aussi, est habituée, à partir de traits tenus en piètre estime ou non remarqués, à partir du rebut – du « refuse » – de l'observation, à deviner ce qui est secret et ce qui est caché. »

Rien, pour la psychanalyse, est toujours quelque chose et quelque chose ce n'est pas rien. Et pourquoi quelque chose plutôt que rien ? Je pose la question de Leibniz dans *Les principes de la nature et de la grâce* depuis, à et avec la psychanalyse. Comme la psychanalyse n'est pas une ontologie, la réponse, ou plutôt et plus important les tentatives d'élaboration au sujet de ce quelque chose qu'il y a, apporteront du nouveau pour la pensée. Pourquoi poser cette si vieille question philosophique à la psychanalyse ? Justement pour altérer la philosophie, ou pour la déplacer, pour penser avec elle et ailleurs, ainsi altérer réciproquement la psychanalyse, pour continuer à élaborer à l'intérieur du corpus théorique de la psychanalyse, pour élargir donc la psychanalyse et pour lui insuffler de l'avenir dans ce mouvement d'invention théorique. Vous l'aurez compris, rien ne me semble plus important pour la psychanalyse en ce moment.

Pourquoi encore demander à la psychanalyse, pourquoi la questionner dans ses fondements depuis l'une des plus grandes questions de la tradition métaphysique : « pourquoi y a-t-il quelque chose plutôt que rien ? » Parce que, de fait, du fait de la clinique qui est sa praxis quotidienne, la psychanalyse ne peut dire de rien que ce n'est rien. Autrement dit, et en cela la philosophie la travaille qu'elle le sache ou l'ignore, même le rien du « c'est rien », cette étonnante réponse supposée rassurante donnée souvent aux enfants apeurés, même le rien indique qu'il n'est jamais rien.

S'il n'y a pas de « c'est rien » pour la psychanalyse, si le « c'est rien » pour la psychanalyse s'écoute et s'entend comme un « il y a quelque chose » dans ce rien, précisément, en tant qu'il est posé là devant ou dedans les oreilles, c'est tout d'abord pour ceci que le psychanalyste n'est pas celui auquel il revient de dire ce qui est important et ce qui ne l'est pas, ce qui est grave et ce qui ne l'est pas, dans le flot de paroles de celui qui est venu lui dire, lui, pour lui ce qui est important ou grave.

Ce qui se joue dans le passage de ces paroles à ces oreilles et de ces oreilles aux oreilles de celui qui était venu parler (mais en fait, si on vient certes parler chez le psychanalyste, on vient aussi et en même temps écouter ce dont est faite cette parole qui parle à l'oreille qui n'est pas forcément celle qui est en train d'écouter. Car oui, c'est bien à une autre oreille qu'à celle du psychanalyste que l'on parle en parlant à son oreille pourtant, sans le savoir de prime abord, il est vrai. Cela se fait toujours en même temps. L'écoute est là qui ces temps et ceux ou celles à qui la parole s'adresse, les distingue. Et cela aussi relève de l'écoute psychanalytique. En effet l'écoute est un opérateur de distinction, de différenciation. *L'écoute fait la différence.* Je souligne et insiste sur le faire dans «faire la différence» afin de relever l'activité même dite par le verbe «faire», à savoir la produire, la faire surgir voire la construire ou la créer, la différence. Ecouter est un acte.

Les oreilles du psychanalyste, lorsqu'elles écoutent analytiquement, différencient, distinguent, découpent, défont, désamalgament, dérangent voire empêchent le simple. L'écoute multiplie. Elle fait du multiple avec tout ce qui se présente pourtant de prime abord sous un aspect monolithe. Ce n'est pas que la psychanalyse ne croit pas au monolithe, mais c'est que l'écoute en révèle immanquablement la nature ou la facture ou la structure d'agrégat, c'est-à-dire sa composition faite du raboutage de choses étrangères les unes aux autres, les dictionnaires diraient : des éléments hétérogènes.

On peut appeler cela «désidentification». Et désidentifier, c'est le travail de la psychanalyse. N'oublions pas que l'*analuein* grec d'où provient notre verbe «analyser» français nous y porte. Jacques Derrida dans *Résistances – de la psychanalyse* en déplie magnifiquement les ressources: «[...] l'*analysis* comme dénouement, déliaison, détachement, affranchissement, voire libération – et donc aussi, ne l'oublions pas, comme *solution*. Le mot grec *analuein*, c'est bien connu, signifie délier et donc aussi dissoudre le lien. Il se laisserait ainsi rigoureusement approcher, sinon traduire, par le *solvere* latin (détacher, délivrer, absoudre ou acquitter). La *solutio* et la *resolutio* ont à la fois le sens de la dissolution, du lien dissous, du dégagement, du désengagement ou de l'acquittement (par exemple de la dette) *et* de la solution du problème : explication ou dévoilement. La *solutio linguae*, c'est aussi la langue déliée.»[7] La désidentification, c'est précisément et structurellement cela aussi. Par l'action de l'écoute et de l'oreille du psychanalyste : ça désidentifie.

L'écoute est alors l'autre pan, le pendant – car l'un ne va pas sans l'autre – de ce que déplie une note des *Ecrits* de Lacan, si bien dite qu'on ne peut plus l'oublier une fois lue et certainement parce qu'elle vient interroger la pratique de chacun, de chaque analyste, mais également de chaque analysant. Note de bas de page de l'«Introduction au commentaire de Jean Hyppolite» (philosophie et psychanalyse, encore) que je vous livre donc maintenant : «On reconnaîtra la formule par où nous introduisions dans les débuts de notre enseignement ce dont il s'agit ici. Le sujet, disions-nous, commence l'analyse en parlant de lui sans vous parler à vous, ou en parlant à vous sans parler de lui. Quand il pourra vous parler de lui, l'analyse sera terminée.»

L'affaire de l'écoute jusques et y compris sous la plume de Lacan se donne comme parfaitement fondamentale (c'est pourquoi je disais il y a un instant qu'elle était l'autre pan de ce qui arrive avec la parole) et l'indice en est bien sûr la présence de l'auditeur, de son rôle et de sa fonction telle que la phrase qui appelle cette belle note le donne à lire : «(...) nous avons usé de cette image que la parole du sujet bascule vers la présence de *l'auditeur*». (Je souligne)

Je considère tout à fait décisive la formule de Lacan, parce qu'à la prendre à la lettre, *il faut l'auditeur*. L'auditeur ça signifie le corps écoutant – pour le dire en miroir du corps parlant – il faut donc le corps écoutant de l'analyste pour le basculement de la parole. La parole bascule vers le corps écoutant. L'oreille appelle et attire voire aspire et inspire la parole du parlant.

On en déduira, conclura et comprendra – nombre de théoriciens du cinéma développent fortement cela – ce que le hors-champ peut avoir de tout à fait déterminant pour comprendre ce qui se voit, ici s'entend, et même d'abord s'écoute de la parole, dans la parole. Le hors-champ de la parole analytique, c'est l'écoute. Du moins le plus souvent. Ce qui me semble intéressant d'ailleurs c'est que le hors champs se fait souvent savoir uniquement par le son, le son qui indique un ailleurs que l'image cadrée lorsqu'il discorde de surcroît de ce qui se voit. Néanmoins, et c'est ce qui m'importe, il y a donc un effet du hors-champ et un effet déterminant sur ce que l'image montre.

Evidemment, le dispositif analytique avec ce corps écoutant hors du champ de vision de celui qui parle, invite à cette considération sur le hors-champ. Au-delà de cette évidence, ce qui est beaucoup plus intéressant, c'est cet effet-là plutôt, à savoir que le hors champ qu'est l'écoute modifie le ce qui se présente et

---

[7] Derrida, *Résistances – de la psychanalyse*, 15.

se donne et qui est la parole même. Et Lacan de nous confirmer dans notre pensée de l'écoute : « Il n'est pas de parole sans réponse, même si elle rencontre le silence, pour peu qu'elle ait un auditeur».

Je rappelle que toutes ces réflexions ont pris leur élan à partir de cette phrase que j'étais en train d'ébaucher et selon laquelle : ce qui se joue dans le passage de ces paroles à ces oreilles et de ces oreilles aux oreilles de celui qui était venu parler altérera, modifiera, troublera, inquiétera ce qui se dit ainsi et se donne de prime abord pour l'essentiel et pour du détail.

C'est encore une manière de variation sur le thème de la règle fondamentale. Il me plaît de l'énoncer de nouveau, cette règle, telle que Freud l'écrit lui-même. L'expression en est désormais et supposément si connue qu'on ne retourne que très rarement à son texte. Or élaborer dans le corpus analytique (autre nom et condition pour l'avenir de la psychanalyse) c'est désirer faire avec les textes, en être travaillé et les utiliser, le lire, les user à force d'en faire usage. Je vous lis donc Freud lui-même édictant la règle même que son invention l'aura poussé à fabriquer :

« Votre récit doit différer, sur un point, d'une conversation ordinaire. Tandis que vous cherchez généralement, comme il se doit à ne pas perdre le fil de votre récit et à éliminer toutes les pensées, toutes les idées secondaires qui gêneraient votre exposé et qui vous feraient remonter au déluge, en analyse vous procédez autrement. Vous allez observer que, pendant votre récit, diverses idées vont surgir, des idées que vous voudriez bien rejeter parce qu'elles sont passées par le crible de votre critique. Vous serez alors tenté de vous dire : « ceci ou cela n'a rien à voir ici » ou bien : « telle chose n'a aucune importance » ou encore : « c'est insensé et il n'y a pas lieu d'en parler ». Ne cédez pas à cette critique et parlez malgré tout, même quand vous répugnez à le faire ou justement à cause de cela. Vous verrez et comprendrez plus tard pourquoi je vous impose cette règle, la seule d'ailleurs que vous deviez suivre. Donc, dites tout ce qui vous passe par l'esprit. »

Voici la demande, la seule, dit-on souvent, de l'analyste à l'analysant. D'ailleurs, le texte que je viens de lire est aussi la demande de L'analyste, Sigmund Freud, aux psychanalystes. (Et cette demande distinguera conséquemment les psychanalystes des non-psychanalystes. Faire d'une règle un fondement, c'est du même coup faire que ceux qui y dérogent rejettent ce qui est fondé par ce fondement.) Remarquez que c'est la demande de Freud aux analystes qui leur demande de demander cela et de ne demander que cela. Tout se passe comme si ladite demande était une demande de demande. Et d'ailleurs, si l'on pense à la mise en mouvement d'une analyse, si et quand la règle fondamentale est énoncée (tous ne le font pas, il y a bien sûr des discussions entre psychanalystes sur la question de savoir s'il faut ou ne faut pas l'énoncer à celui qui vient parler) il s'agit aussi par cette demande de parler de cette manière particulière, de demander, moduler, faire surgir la demande de l'analysant à venir. *Je vous demande de me demander l'écoute de tout ce qui vous vient à l'idée. Je vous demande de me demander l'écoute inconditionnelle. Non pas l'écoute parce que ce qui se dit est intéressant mais l'écoute absolue, sans lien avec l'objet de ce qui se dit.* Et puis, sans le savoir, dans cette demande d'écoute, le passage de cette écoute, la demande du passage de cette écoute demandée. La demande de savoir ce que je dis dans ce que je dis. La demande d'écoute d'écoute de l'analysant après la demande de demande de l'analyste.

Mais il faut aussi bien considérer que, demander à celui qui est venu pour parler, de parler selon cette étrange modalité du dit, qui est de dire tout ce qui lui passe par la tête, c'est non seulement lui demander quelque chose d'impossible pour un certain nombres de raisons que les analysants énoncent eux-mêmes le plus souvent et qui sont dues d'abord aux limites de l'énonciation humaine : l'impossibilité de dire plusieurs choses en même temps (par exemple comment vous dire en même temps et non dans une suite de phrases ce «non seulement... mais aussi» que je suis en ce moment même en train d'énoncer et de surcroît cette parenthèse elle-même qui dit que je ne peux pas dire en même temps, etc.) or toujours plusieurs choses, pensées, idées, phrases, signifiants, viennent en même temps ; mais encore et par-delà cette finitude de la parole humaine et ses limites essentielles, précisément demander de traiter ce qui arrive, tout ce qui arrive exactement de la même manière, avec la même urgence et la même importance, sans décider ce qui est un détail et ce qui ne l'est pas, ce qui compte ou ce qui ne compte pas, etc. C'est aussi que ni celui qui parle, ni celui qui écoute, mais maintenant que nous réfléchissons à ce problème de l'écoute, nous savons que la chose n'est pas si duelle, qu'il n'y a jamais dans une analyse un qui parle et un qui écoute, que les frontières entre le parler et l'écouter sont si poreuses que sans les entrelacer on ne peut ni parler ni écouter. Et qu'alors il n'y a pas de parler et il n'y a pas d'écouter qui ne soit cela même que j'appelle par un néologisme «parlécouter». Donc je disais que ni celui qui parle, ni celui qui écoute ne peuvent jamais savoir ce qui a de l'importance ou ce qui n'en a pas (si une telle chose est possible) avant que cela soit proféré.

C'est exactement pourquoi nous étions en train de commencer à penser le «rien» et le «quelque chose» et qu'il ne peut être question donc d'un «c'est rien» tenu pour rien dans l'analyse. La parole, l'écoute, le «parlécouter» empêchent le rien de prendre le pas sur le quelque chose. Le «pas» (de négation donc) sur le rien. On peut jouer ici et dire : dans la psychanalyse, il *n'y a pas* rien. Être plus joueur encore et dire que depuis ses débuts la psychanalyse *nia* le rien.

À l'appui de cela, il y a de quoi être tenté de citer Heidegger dans *Le principe de raison,* par exemple : «Tout ce qui n'est pas néant tombe sous le coup de cette question, et finalement le néant lui-même, non qu'il soit quelque chose, un étant, du fait que nous en parlons tout de même, mais bien parce qu'il « est » le néant ».

Mais on peut aussi avoir de la mémoire philosophique et se souvenir de la réponse à la question de Leibniz dont la logique même me fait penser à celle de la dénégation de Freud, celle d'un Franz Rosenzweig dès les premiers paragraphes de *L'étoile de la Rédemption* qui s'oppose à ce que la philosophie pense la mort comme néant. « Que la philosophie doive exclure du monde l'individuel, cette ex-clusion du « quelque chose » est aussi la raison pour laquelle elle ne peut être qu'idéaliste. Car l'idéalisme, avec sa négation de tout ce qui distingue l'individuel du Tout, est l'outil qui permet à la philosophie de façonner la matière rebelle jusqu'à ce qu'elle cesse d'opposer une résistance à la brume où l'enveloppe le concept de l'Un et du Tout. Une fois toute chose enveloppée dans cette brume, la mort serait à coup sûr engloutie, sinon dans la victoire éternelle, du moins dans la nuit une et universelle du néant. »[8] Et l'opposition rosenzweigienne à la philosophie, la résistance – à la disparition ? – se soutient de ce que la mort est toujours quelque chose. Il dira même, plus précisément : un quelque chose. Ce qui confère encore un peu plus de matière, de concrétude et de détermination au « quelque chose ». Je vais y revenir dans un instant.

Mais avant cela une petite digression lévinassienne s'impose. En effet, c'est Emmanuel Lévinas qui poussera, hyperbolisera, radicalisera cette pensée-là, cette logique-là et ce dérangement également du questionnement heideggerien en y ajoutant le *« pour qui »* de la mort. Plus précisément en pointant le *« pour quelqu'un »* de la mort et du mort. Oui, la mort est toujours quelque chose pour quelqu'un, pour autant que, lorsqu'on dit « la mort », c'est toujours de la mort de quelqu'un qu'il y va. C'est la mort abordée de prime abord comme mort de l'autre qui devient alors quelque chose, qu'on le veuille ou non, qu'on le sache ou désire ne pas le savoir. Et quelque chose pour quelqu'un qui, ce quelque chose, le relève.

Ne croyez pas que la chose soit simple. Pour penser cela il faut opérer un déplacement, altérer ce qui s'est pensé pendant une petite vingtaine de siècles, à savoir la mort toujours déjà conçue comme ma mort. Toujours, d'abord, la mienne propre, d'abord et avant tout. Et l'on voit bien dans ce sens-là ce qui permet de passer de la mort comme toujours déjà mienne au néant ou au rien.

Or dès lors qu'il y va de l'autre, l'affaire du rien se complique. Si la mort est toujours déjà abordée comme mort de l'autre, elle n'est jamais rien. Tout cela, je le rappelle, est écrit par Franz Rosenzweig avant *Être et temps* de Heidegger. Je

---

[8] Rosenzweig, *L'étoile de la Rédemption*, 12.

précise ce point afin de rendre justice à Rosenzweig, avec le désir de le sortir un peu de l'oubli, bien que ces dernières années l'on assiste à un important développement des études rosenzweigiennes.[9] Mais cette question de savoir qui a écrit quoi le premier n'est pas, n'est d'ailleurs jamais ce qu'il y a de plus intéressant à penser.

En effet, j'ouvre les premières pages de *L'étoile de la rédemption* pour signaler que si la publication date de 1921, la rédaction de ce livre exceptionnel par sa singularité, son écriture, son ton et sa complexité, aura commencé sur des cartes postales que Franz Rosenzweig envoyait à sa mère depuis les tranchées de la guerre de 14. La grande Guerre. Depuis les tranchées, c'est toute la pensée qui est bouleversée, et le terme de pensée lui-même. Depuis les tranchées la mort ne peut être néant mais bien quelque chose. Depuis les tranchées, l'impossible est désormais de spéculer sur la mort, de la qualifier de néant. L'histoire mutile le logos.

Or il m'est toujours apparu que Freud avait écrit un texte magistral très précisément au même moment et très précisément donc au moment de la première guerre mondiale, mais lui un peu plus tôt encore que Rosenzweig, puisque sa publication date de 1915. Ce texte que je tiens pour génial a précisément pour titre *Considérations actuelles sur la guerre et la mort* (au singulier ou au pluriel selon les différentes traductions françaises ou encore dans les Œuvres complètes aux P.U.F., vous le lirez sous l'intitulé : *Actuelles sur la guerre et la mort*), et dans la partie nommée « notre rapport à la mort », c'est justement la mort qui sort du néant. Non seulement la mort y sort du néant, mais elle devient tellement quelque chose qu'elle est pensée par Freud comme *archè* – je pense le terme grec adéquat et ce dans ses deux sens de commencement et de commandement d'ailleurs –, oui *archè* des considérations morales des êtres humains. Freud va plus loin que de simples considérations morales, il pense la mort comme ce quelque chose dans quoi s'origine la morale elle-même.

En cela il déjoue la néantisation, pour ainsi dire, la néantisation de la mort, par la démonstration de ceci que les êtres parlants se comportent habituellement comme s'ils étaient immortels. « Le fait est qu'il nous est absolument impossible de nous représenter notre propre mort, et toutes les fois que nous l'essayons, nous nous apercevons que nous y assistons en spectateurs. C'est pourquoi l'école psychanalytique a pu déclarer qu'au fond personne ne croit à sa propre mort ou, ce qui revient au même, dans son inconscient chacun est persuadé de sa propre immortalité ».

---

[9] Aujourd'hui même, mercredi 19 juin 2019, le numéro 192 de la revue *Les études philosophiques*, paraît. Son titre : *Franz Rosenzweig – Judaïsme, christianisme, idéalisme*.

Ceci, cette façon de vivre selon l'illusion de l'immortalité est ce que je peux traduire très littéralement, en un «la mort est néant», donc dans les termes mêmes que la philosophie rosenzweigienne aura bouleversé, précisément parce que traité le plus souvent par la philosophie comme n'étant rien. Mais dans les phrases de Freud, c'est sans détour et en ouverture même de cette si importante deuxième partie que l'idée vole en éclats.

Ici Freud et Rosenzweig se retrouvent. Ici dans le raisonnement que nous essayons de suivre, certes, mais ici, c'est également, ce sont surtout les tranchées et la guerre, leur effet sur notre rapport à la mort celui d'entendre la dénégation traditionnelle de ladite mort et par là même d'entendre la nécessité en lieu et place du hasard ou de la contingence, le quelque chose qu'il y a et qui ne peut être rien :

«Il est évident que cette attitude conventionnelle à l'égard de la mort est incompatible avec la guerre. Il n'est plus possible de nier la mort ; on est obligé d'y croire. Les hommes meurent réellement, non plus un à un, mais par masse, par dizaines de mille le même jour. Et il ne s'agit plus de morts accidentelles cette fois. Sans doute, c'est un effet du hasard lorsque tel obus vient frapper celui-ci plutôt qu'un autre ; mais cet autre pourra être frappé par l'obus suivant. L'accumulation de cas de mort devient incompatible avec la notion du hasard.»

Ici j'entends qu'alors plus rien n'est rien. Ici l'oreille est éduquée à tout entendre et à l'intelligence de l'écoute. Repérer ce qui se donne comme dénégation là même où la phrase affirme et sans même le signe de la négation est un bon signe de ce qu'est ladite intelligence, l'entre les lignes de la lecture ou de l'écriture mais rapportée à l'oreille et dans l'oreille.

Je me répète, l'oreille de l'analyste est celle qui rejette que rien *n'est* rien, celle qui sait entendre que rien *est* rien. Celle qui ne peut pas accepter de passer à côté du quelque chose fût-il tenu pour rien. Ou presque. Je vous disais que Freud et Rosenzweig se rejoignaient, se croisaient. Leurs phrases se retrouvent et s'enrichissent. Qu'importe que leur rencontre n'ait pas eu lieu.

Je dis d'ailleurs, un livre dans chaque main, qu'elle a lieu. Écoutez cette rencontre-là. Voilà que Rosenzweig répond à Freud depuis les tranchées. On pourrait écrire un texte de montage comme on fait un film de montage. Avec les premières pages de Rosenzweig dans *L'étoile* et les premières phrases de la deuxième partie des *Considérations actuelles sur la guerre et la mort*. Et ce serait un montage qui montrerait les fractures et les discontinuités dans la pensée et dans la vie psychique. Un montage qui, en somme, se montrerait en tant que montage.

Montrer le montage est précisément ce que fait Freud lorsqu'il affirme que nous nous comportons comme si nous étions immortels. Le «comme si» est le montage. Mais écrire le «comme si» est le montage, si vous me permettez ce néologisme, le montrage du montage. C'est aussi ce que fait l'élaboration théorique freudienne autour de la négation. Le critique de cinéma Louis Skorecki, dans un texte qui fit grand bruit à sa parution, «Contre la nouvelle cinéphilie» en est le titre, écrit ceci sur quoi nous pouvons parfaitement nous appuyer : «L'analogie qui ne peut manquer de venir à l'esprit est bien sûr celle d'un film, un film dans lequel on aurait tout fait pour dissimuler le montage, pour le rendre transparent afin que les cassures, les brisures, les changements n'apparaissent nulle part : sous les pavés de l'histoire du cinéma, la nier tranquille, avec quelques vagues tout au plus pour mouvement. Ce film est un mensonge, cette idée : de la poudre que se jettent à leurs propres yeux les plus sérieux des journalistes et aux yeux des autres les plus crapuleux. Il est nécessaire de rendre au cinéma sa discontinuité, au spectateur ses questions : ce sont nos contradictions et celles du cinéma que nous masquons tout à la fois et il s'agit, aujourd'hui, non pas tant de les résoudre que de les mettre en avant, pour y voir quelque chose.» Vous voyez comme s'opère le passage du voir et du montage à l'écoute par-delà la négation. Cette négation de la mort qui appert dans la déclaration qu'elle n'est rien et, partant, la donne à penser, à entendre comme un quelque chose. Un quelque chose pour quelqu'un.

Voici mon film, film de montage, film de montage pour les oreilles : Dans les tranchées, Franz Rosenzweig. Dans son cabinet, Sigmund Freud à ce moment-là comprenant que quelque chose arrive avec la guerre et la mort.

Alors par une sorte d'acte manqué, au dos d'une carte postale adressée, supposément à sa mère, Franz Rosenzweig écrirait l'adresse de Sigmund Freud. Ainsi : «Madame Rosenzweig, 19, Berggasse, Vienne». Et Freud la découvrant dans sa boîte aux lettres se serait vu nommer «maman» et non sans un sentiment d'inquiétante étrangeté aurait lu ceci :

«Chère maman,

«(...) et la mort n'est pas véritablement ce qu'elle paraît, non pas néant, mais un «quelque chose» impitoyable, impossible à exclure. Même du brouillard dont l'enveloppe la philosophie, retentit ininterrompu son dur cri ; la philosophie aimerait bien l'engloutir dans la nuit du néant, mais elle n'a pu lui arracher son dard venimeux, et l'angoisse de l'homme qui tremble devant la piqûre de ce dard inflige un cruel démenti au mensonge compatissant de la philosophie.» Puis encore un peu plus loin, sur la même carte n'est pas une citation. «(...) la philosophie devrait avoir le courage de prêter l'oreille à ce cri et de ne pas fermer ses yeux devant la terrible réalité. Le néant n'est pas rien, il est «quelque chose». À l'obscure arrière-plan du monde se dressent, comme son inépuisable présupposé, mille morts ; au lieu du néant un qui serait réellement rien, se dressent mille néants qui sont «quelque chose» justement parce qu'ils sont multiples.
Ton Franz»

Écouter le néant pour y entendre qu'il n'est pas rien mais bien quelque chose. Que ce que l'on appelle rien ou que l'on désigne comme rien, c'est encore, c'est toujours quelque chose et quelque chose pour quelqu'un, qu'on le sache ou l'ignore. J'insiste, et le dis comme cela. Je le répète une dernière fois. Les conséquences, les effets, les chemins qui s'ouvrent et les passages qui se creusent à partir du rien déjà quelque chose sont multiples et décisifs: pour la psychanalyse, rien n'existe pas. Il n'y a jamais rien.

Exigence monumentale. Et c'est l'exigence de la psychanalyse. Sa responsabilité. Répondre jusqu'à répondre à, de et devant l'indicible rien. Par là même, elle se fait politique, elle sonne politique, elle en est le quasi synonyme. Rendre-manifeste-ce-qui-se-passe, ou plus minimal encore, non pas immédiatement ce qui se passe mais déjà, au moins, que quelque chose se passe, fût-ce presque rien et pour qui ne compte presque pas, c'est cela le premier mouvement du politique. (On pourrait appeler cela «rendre justice».) Le même que le premier mouvement d'oreille du psychanalyste. Et, partant, non pas de le rejeter, mais de faire avec et de le penser, de le serrer au plus près.

En définissant et en orientant le verbe écouter comme accueil inconditionnel de ce qui vient depuis cette phrase qu' «accueillir sera écouter», afin d'éviter tout malentendu et de pointer la singularité de la psychanalyse dans son lien strict au politique, je précise qu'accueillir, fût-ce inconditionnellement ce n'est pas faire consensus, ce n'est pas faire-un, ce n'est pas concilier voire réconcilier, ce n'est pas, loin s'en faut, homogénéiser, ce n'est pas non plus identifier ni totaliser.

La psychanalyse est, par là même, un art, une pratique et une théorie du dissensus. Tous les auteurs qui auront, au titre de la critique de plus ou moins bonne foi et plus ou moins habiles, rapproché la psychanalyse de la pratique de la confession, auront raté ce qui fait le vif de la psychanalyse. J'ajoute que contre toute attente peut-être ou tout préjugé, dire que non à ceci ou à cela et offrir une réponse, ainsi l'argumenter, s'exposer à l'opposition, tout cela est aussi et encore une des modalités de l'accueil et signifie précisément son inconditionnalité. La complique aussi. Complique l'incondition et complique l'accueil.

Ecouter est chose compliquée. Le discord, la division, la différence en sont le nœud. Théorie et pratique du désaccord. Voilà encore en quoi «écouter» est un verbe parfaitement politique. Il fait que la parole reste l'indice même du politique, pour autant qu'elle n'est pas seule, la parole. Politiquement, une parole seule est soit la parole d'un tyran, soit le murmure d'un opprimé.

Or, si la parole devient parlante, c'est précisément parce qu'elle est appelée, fût-ce silencieusement, à répondre, autrement dit à parler. La parole devenant parlante est déjà réponse, sans le savoir. Ce *sans le savoir* est l'autre nom de l'insu de Lacan qui est l'autre nom du mal nommé inconscient. On se souviendra peut-être d'une très grande proposition de Lévinas selon laquelle la mort est le sans réponse. La parole toujours déjà réponse à une écoute s'y articule. Et c'est en tournant autour de cette articulation que je souhaite me presser vers la fin de mon propos.

La psychanalyse est ce qui met en jeu la possibilité de *rendre « la vie vivante »* et ceci ne se donne que depuis l'écoute en tant qu'elle ouvre et creuse les passages pour que la parole parle. Ne pourrait-on répondre simplement à la question de savoir ce que c'est qu'une analyse de la sorte ? La psychanalyse est ce qui contribue, qui vise, qui désire peut-être, oui pourquoi pas, qui désire rendre la vie vivante, la vie plus vivante, à passer de *zoé* à *bios*. Passer de la vie au sens biologique, commune à tous les vivants, passer de «la vie nue» pour reprendre la désormais célèbre terminologie agambenienne, à la vie *bios*, ce que j'appelle la vie plus que la vie. Dans ce passage-là, on pourra, je crois, entendre le désir lui-même comme vivification de la vie, mais précisément encore au-delà du prisme biologique de la vie.

Vie au-delà de la vie : la plus que vivante. Ou intensification de la vie : plus que vie. La plus que vie. Encore une fois, le sens commun qui souvent s'effarouche devant le signifiant «survie», s'en voit altéré puisqu'il y va de la vie, du passage de la vie telle qu'elle se donne à la vie plus que ce qui se donne, à la vie au-delà de la vie et donc, oui (et «oui» pourrait être l'un de ses noms d'ailleurs) : à la sur-vie.

Oui, ce passage-là, de *zoè* à *bios*, de la vie à la sur-vie comme plus-que-la-vie, parfois escarpé, parfois peu assuré, parfois se refermant sur lui-même, parfois de prime abord effacé ou invisible, parfois en boucles et en nœuds, en lacets, jamais linéaire, jamais droit ou jamais à sens unique, parfois disparaissant, parfois apparaissant, bref ce passage-là, à la vie vivante et donc à plus que la vie disais-je, est sans doute celui-là même que creuse et invente à chaque fois une psychanalyse. À chaque fois et singulièrement en même temps. Écoute est le nom que je désire donner à ces passages-là. C'est cela, oui, l'écoute psychanalytique. Et cela n'est pas rien.

Bibliographie

Derrida, Jacques (1967) : «Violence et Métaphysique : Essai sur la pensée d'Emmanuel Levinas». In : *L'écriture et la différence*. Paris : Du Seuil.
Derrida, Jacques (1972) : «La differance». In: *Marges – De la philosophie*. Paris: Minuit.
Derrida, Jacques (1996) : *Résistances – de la psychanalyse*. Paris : Galilée.
Freud, Sigmund (1998) : *Résultats, idées, problèmes, II, 1921–1938*. A. Altounian, P. Bourguignon, A. Rauzy (Trad.). Paris : PUF.

Freud, Sigmund (1991) : «Psychanalyse et théorie de la libido» In : *Œuvres complètes*, tome 16, 181–208. Paris : PUF.
Lacan, Jacques (1990) : *Les quatre concepts fondamentaux de la psychanalyse*, 1964. Jacques-Alain Miller (Ed.). Paris : Seuil.
Ricoeur, Paul (1978) : «Psychanalyse et Herméneutique». In : *Écrits et Conférences I : Autour de la Psychanalyse*, 73–103. Paris : Seuil.
Rosenzweig, Franz (1921) : *L'étoile de la redemption*. Paris : Du Seuil.

Subject index

Abreacting (*Abreagieren*) 216
Abstraction 9, 31, 69, 74, 79, 89–90, 102–112, 115–116, 347, 351,
Absurd 11, 24, 50, 66, 72, 75, 80, 134, 233
Action 283
– philosophy of 1, 146
Adamic 21f., 29–34, 37, 49–52, 78–86, 93–110, 124, 341–342, 389
Affects 8, 16, 22, 46, 77, 83–84, 125, 129–131, 134, 137, 158, 208–210, 218n., 229–230, 254, 283, 333–334, 346, 354, 366, 391, 403, 406, 410, 427, 467
Affirmation 76–81, 87, 99, 101, 110, 168, 213, 217, 279, 290, 305, 313, 329,
Afterwardness (*Nachträglichkeit, après-coup*) 189, 203–224, 281
Agency 21, 24, 31, 37, 39, 215, 341, 361, 457
– moral 133
Alienation (*aliénation*) 3n., 51, 55, 66, 133, 211, 441
Ambiguity 89, 136, 213, 303, 344, 354, 357n.
Analogy 110, 180–187, 243, 259, 306, 311–312, 331, 434, 445, 490
Analysis 13, 21–25, 27, 34n., 36–42, 124, 159, 164, 180, 190n., 192, 198, 204, 208, 212–220, 226, 277–320, 323, 346, 353–354, 360, 377, 453, 459, 483
Ananké 438, 444
Anthropology 3, 49, 51, 69, 75–77, 104–105, 259, 268, 469
Antigone 7, 49, 53–55, 60, 472
Antiphonal 263, 273
Anxiety 196, 218, 220, 284, 290, 453–454
Appropriation 14, 79, 90–102, 107, 124, 147, 211, 229, 234, 383–384, 392
Arbitration 153
Archaeology (*Archéologie*) 16, 164, 167, 337, 439
– Freudian 154, 288
– teleological principle 447–449
Ascesis 69, 207–208, 372, 374–376

Association 184, 209, 253
– free 216, 295, 297, 297
Asylum Seekers 157
Atonement 183–184, 197
Attention 14, 65, 83, 90, 93–94, 170, 214, 219, 226, 230, 250, 298, 307, 312, 326, 335–336, 363–381, 422, 452, 456, 480, 482
Attestation 111, 146n., 274, 343, 361
Aufklärung 6, 15, 419–420
Authority 128, 183, 215, 218, 348, 352, 451
Authoritarianism 157
Autobiography 294–304
Autonomy 308, 312, 347–348, 354–355, 360

Being
– in-the-world 304, 314
Bible 22, 94, 105, 180n., 194, 259, 272, 274, 433n. 442
– Amos 193
– Deuteronomy 183, 185, 194–195
– Exodus (see also Moses) 179–180, 187n., 190, 195, 198n.
– Ezekiel 194
– Genesis 21, 28, 183, 342
– Isaiah (*Esaïe*) 35, 441
– Leviticus 182–183
– Romans 35
Biography 203, 294–307, 312, 316
Biology 37, 296, 455–456
Bliss 298
Body 129, 188n., 204, 207–209, 279n., 282–291, 342–344, 361, 367–368

Cathexis. 269, 450, 453
Causality 234, 349, 384–385
Character 30, 34, 148, 180, 186, 189, 191, 193–195, 206, 216, 312, 318, 341, 343, 348, 351, 361, 363–366, 371, 373n., 376, 380, 447, 451–454, 458
Christianity 27–28, 31, 36–37, 41, 49, 61, 97, 103, 123–125, 138

Cogito 11, 14, 23, 67n., 74, 154, 203–204, 215, 323, 364–379, 383–393, 416, 418
Cognitive Dissonance 125
Communitarian 40
Conatus 232, 274, 340, 345–347, 361, 385
Confession 26, 41, 55, 79–80, 96, 101, 124, 139, 173, 189, 194, 199, 373, 388, 433, 468n., 491
Configuration 198, 235, 254, 271, 315
Consciousness (*Conscience, Bewusstsein*) 14, 21, 25–32, 124, 138, 152–154, 163, 180n., 203–219, 283, 352–355, 363–379, 383, 415, 450–452
Conservative 156
Constructivism 156
Copernican 25, 372
Countertransference 280
Covenant 132–139, 183, 199
Creativity 89, 150, 155, 160, 343
Crisis 153, 158, 204, 298, 306–307
Critical Race Theory 137
Critical Theory 150
Critique 6, 16, 149
Covenant 132
Culture 4, 6, 21–28, 41, 69, 81, 94, 97–103, 111
Cure 13, 209, 251–255, 286, 298, 356, 393, 409, 424

Death (*Thanatos*) 35n., 128, 207, 220, 226, 282–291, 347–348, 353, 451–462
Deferral 215
Defilement 22, 29, 41, 123–132, 184, 198–200
Deformation 336
Delusion (*Wahnsinn*) 297–318
Democracy 147, 157–158
Denaturalize 155
Depth 32n., 40, 124, 150, 190, 203, 378, 449
Demystification (*Démystification*) 417, 420, 431, 445
Desexualization 456, 452
Desire
– faculty of 355
– sexual 220
Devil 341, 343, 352, 358, 361

Dialectic 16, 130, 153–155, 211–219, 280, 289, 312, 317, 448, 451
Dialogue 50, 123, 130, 132, 140, 163–164, 175, 193, 199, 207, 295, 324–326, 366, 372, 379, 389, 422, 471
Disassociation 308
Disfiguration
– modes of 306
Disgust 129
Discourse 191–192
– mixed 295, 303, 334
– oral 295
– written 295
Disease 128
Distanciation (*Verfremdung*) 192
Dread 127–128, 184, 198–199, 357
Dream 194, 208, 211, 287, 299–312, 370, 375
– formation 306
– text of 306
– work (*Traumarbeit*) 312
Drive (*Trieb*) 218, 220, 340, 347, 447, 452–461
– past-bound 279–281
Dystopia 159

Emancipation 156, 160, 186n.
Emotions 130–131, 194, 209, 373
Emplotment (*mis-en-intrigue*) 98, 271, 315
Energetics 204, 212, 214, 295, 302–303, 313, 316, 318, 427, 449
Enlightenment (see *Aufklärung*)
Épigénèse 5, 471
Epistemology 293–320
Epoché 23, 215, 219, 302, 328
Eschatology 124
Essentialism
– historical 125
Esteem 133, 212
Ethics
– of accusation 341, 345, 359
– of eros 341, 344–348, 361
Europe 159n.
Exchange 211
Exegesis (*Exégèse*) 64, 186, 250, 260
Existentialism 25, 72, 101, 146, 160, 192, 197–200, 370–379, 445

Explanation
- economic   212, 215, 303
- and understanding (*Erklären und Verstehen*)   314–316
Evil   7, 21–42, 45, 63, 89, 123–140, 199–200, 213, 216, 373, 383, 415

Fact   186-7
Faith   146n.
Fallibility   125
False Consciousness   153
Fantasy   187–188
- wish (*Wunschphantasie*)   301, 304, 312–313
Father   352
- complex   307–308
Fault   213
Faust   146, 300
Finitude   50, 52, 64–87, 148, 264, 387, 390, 417–418, 421, 472, 486
Formation
- delusion (*Wahnbildungsarbeit*)   297, 300–301
Fragility   21, 31, 39–41, 60, 75–77, 84, 134, 158, 206n., 469
Frankfurt School   156
Freedom   7, 21–42, 136, 158, 208, 213, 215, 341–357, 368

Genealogy   138
Genocide   217
Genres (*Gattungen*)   193
God   33, 37–42, 135, 145, 183, 191–199, 343, 352, 351, 357–358, 371, 459
Guilt   123, 136–140, 184, 198

Habit   209, 373
Healing   152, 289, 286, 198, 197, 181,126
Hermeneutics   21–28, 38, 41–42, 139, 145–160, 179–191, 200, 204, 210–215, 225, 257, 279, 290, 293–294, 303–304, 312, 314, 317, 339, 341,345, 358–359, 373, 427, 449, 451, 475
- arc   314, 316
- carnal   151
- critical   155
- depth   153
- object of   293

- of facticity   146
- progressive   155–160
- of suspicion (*soupçon*)   151, 153–154, 163, 168, 179–200, 209, 213, 269–270, 279, 290, 297, 323, 339, 341, 423, 431–432, 440, 445
- war of   153
History   23–28, 34–42, 125, 133, 149, 155, 159, 179, 182, 184, 189, 194–197, 209, 218, 220, 287, 294–307, 312–315, 340, 447, 451, 453, 459
- case   294
- of effects (*Wirkungsgeschichte*)   195
- and fiction   287
- philosophy of   27
Horizons   41, 158, 160, 171, 316
- fusion of   158, 160, 316
- reading   302
Humility   154, 155, 160
Hymn   132
Hypnosis   209, 215

Id (*Ça*)   383–384, 450–451, 456
Idealization   181, 452
Ideology   23, 158
Identity   130, 133, 279–291, 346, 359, 361
- narrative   288
Idolatry   180
Imagination   26,76, 102, 116, 119, 124, 126, 136, 146, 148, 150, 152, 160, 164, 166–175, 193, 277, 287, 421, 433, 442
- hermeneutic   150
- productive   277
- reproductive   166
- sympathetic   126
Impure   128
Infinite   24, 31, 148, 155
Injustice   50, 127, 137, 138, 217, 472
Innovation   39, 155, 266–268, 310, 314
Institutions
- just   140
Instincts (see Drives)
Intentionality   110, 219, 309, 327n., 334, 365
Interpretation (*Auslegung*)   22, 25–41, 147–160, 180–204, 210–218, 241,

277–280, 294–318, 345, 349, 353–355, 374, 377, 448–452, 458, 463
– auto   293
– circle of   126
– over   192
– process of (*Deutungskunst*)   216, 296, 305, 314–318
– work of   293, 304
Israel   182

Job (see Work)   225, 301
Justice   37, 39, 59, 95, 137, 155n., 462, 488, 491

Kenosis (*Kénose*)   55
Kerygma (*Kérygme*)   96, 187, 417, 421, 431, 439–442
Knowledge   210

Language
– ordinary   205
– poetic   138
religious   138
– symbolic   179
Laughter   140
Law   150, 195
Libido
– frustrations (*Versagungen*)   294, 301
Life   206
Limit
– concept   304
Literature   150
Love (*Eros*)   220, 332, 342–343, 456
Lyric   136

Magic   127
Marginalization   126
Masters of Suspicion   153
Master-Slave   451
Meaning   323
– force of   218
– seeking   278
Memory
– autobiographical   205
– collective   124, 186, 189
– duty of   206
episodic   204

miracle of   203–224
– procedural   204
– traces   186
– traumatic   209
– work of (*Errinnerungsarbeit*)   206, 216–217
– wounded   217
Metaphor (*Métaphore*)   90, 112, 139, 175, 261, 265–268, 271, 273, 283, 313, 329, 334, 421, 443
Methodology   157
Migration   147
Mimesis   294, 314–318
Mind-body   290
Moses   179–200
Mother   286
Mourning   206
Mystery   208
Myth   277

Naivete
– second   363
Narcissism   181
Narrative   171–172, 189 –, 234–236, 277–292, 393, 416–417, 421, 424
– co-created
Naturalization   326
Need   209
Negation   490
Neoliberalism   125, 157
Neurones   450
Neurosis
– collective   181–198
– compulsory   181
– individual   181–185
Normativity   358–361

Objectivism   156
Oedipus (*Œdipe*)   2, 29, 52–53, 105, 152, 184, 252, 277, 399–412, 423, 434, 436, 471
Ontological   30–32, 132–134, 145–159, 196, 343, 366–378
Opposition   211
Oresteia (*Orestie*)   58–59
Orphic   22, 124

Paradigm   323–337

Paranoia 295–296, 301, 305, 314
Participation 41, 213
Pathology 186
– of duty 357
Perspectivism 151–3
Phantasy (see Fantasy)
Phenomenology 12, 63, 66, 68–70, 77, 79, 82, 85, 97, 125, 163–167, 169, 172–173, 176–178, 190, 204
– hermeneutic 13
– de l'aveu 97, 106
Philosophy
– of action 1, 9
philosophical anthropology 155
Play 137
Politics 155–157
Polyphony 191
Populism 147, 157
Possession 211
Postmetaphysical 154
Power
– in-common 156
– over 156, 217
Pre-conceptual 190
Prefiguration 315
Prejudice 315
Pride 355
Priestly Code 181–182
Primitive 126
Primordial 126
Principles 156, 187, 277–278, 347, 360, 452
Privation (*Versagung*) 302, 313
Procedural. 293–320
Prometheus (*Prométhée*) 7, 51–53, 118
Prophet 132, 185
Psychoanalysis 187–200, 203–224, 277–320
Psychosis 294, 308, 311
Pulsion 330–334, 428
– de mort 16, 331–334, 422
Purification 198

Rape 217
Reading
– operation 296

Reality (*Wirklichkeit, Realität*) 295, 307
– Recollection 152
Recognition 39, 126, 129, 137, 147, 150, 154, 210, 220, 285, 353, 364, 375, 399
– grammar of 154
– mutual (*Anerkennung*) 160, 196, 211, 386
– self 179, 197
struggle for 154
Reduction (see epoché)
– reductionism 323
Re-enactment 124
Refiguration 150, 279, 315, 316
Reflection 13, 21–44, 132, 153–55, 179, 184, 185, 191, 197, 198, 200, 211, 220, 293–320, 340, 349, 363–381, 383, 415, 450, 451
Reflexive (*réflexive*)
– philosophy 13–14, 241, 339
Refugees 159n.
Relations
– interdependent (*Zusammenhang*) 301–302
Religion 10, 15, 16, 26, 32, 39, 126, 127, 138, 146n., 152, 179–200, 193, 310, 459
– function of 183
– stages of 126
Reminiscence (see also Memory) 213
Representation (*Vorstellung*) 218
Resistance 27, 38n, 181, 189, 216, 217, 288, 295, 296, 305
Respect 131n, 146, 291, 354, 255, 257, 358, 366, 461
Regression 189, 193, 211
Repetition 182, 189, 204, 211, 216, 217n, 218, 220, 288, 306, 307, 453, 454
Repression 181, 186, 209, 214, 216, 218, 303, 307, 313, 316, 450, 451
Restoration 37, 123, 133, 136–140, 152, 209, 212, 278, 280, 288, 289, 368, 370, 374
Revelation 38, 156n, 182, 191–201, 427, 350
Ritual 24, 41 127, 136, 182, 184, 185, 197

Sadism. 456
Salvation 27, 36, 39, 40, 125, 188
Schema 135

Science
- natural   179, 187, 208, 258, 303n.
- Sedimentation   155
Self
- esteem   130, 131, 134–129, 211, 225
- hood   360
- other   130, 133, 136
- recognition   179, 197
Semantics   152, 188, 196, 290n, 291, 304, 307, 308, 318, 339, 340
- autonomy   308
- of action   155
- of desire   151, 196, 318
- textual   303
Semiotics   307
Sentence   306
- delusional (*wahnhaften Satz*)   307
Shame
- epistemic   131
- righteous   132
Similitude   309
Sin   21, 123–127, 132–136, 198
Social Theory   156
Speech   128
Sports   137
Structuralism   307–308
Sublimation   128, 358
Suffering (*Souffrance*)   51–52, 64–65, 71–73, 78–87, 96, 118, 119, 229–236, 332, 387, 406–407, 410, 417, 437
Suicide   7, 11, 56, 100, 225–237
Superego (*Surmoi*)   5, 167, 170, 176, 215, 331, 348, 352–358, 411–412, 434, 451, 456–457
- Suspicion   151, 154, 323
Symbol   190
Symptom   310

Taboo   128
Teleology (*Téléologie*)   16, 164, 167, 337
- Freudian   154, 337
- Hegelian   154
Text   186, 306, 318
- delusion   313
- dimension (*Schriftlichkeit*)   310
- of the dream   301
- intertextuality   310

mediation   294
- world of   294, 313
Therapy   133, 277
Theology   38, 40, 189
Theoretical   294
Tragic   22, 29, 45–61, 132–140, 286, 376n., 383–412, 458
- Poetry (*Poésie tragique*)   1–2, 15, 99, 399, 400, 405
Transference   196, 307
Transformation
- collective   138
- social   145
Translation (*Übersetzung*)   311
Transnational   158
Transparency   153
Trauma   129, 200, 211
Truth   213

Unconscious   204
Utopia
- ecological   159
post-capitalist   159
real   147

Value   211
Vicissitudes   297
Violence   133
Voluntary   204

- Wager   145–154, 363
White supremacy
- myth of   123
Will   125, 350
- servile   31, 136
Woman   298–300, 310
Work (*travail, Arbeit*)   211, 215, 301
- dream (*Traumarbeit*)   312
- of the delusion-formation (*Wanhbildungsarbeit*)   294, 312–314
Working-through (*perlaboration, Durcharbeitung*)   11, 179, 189, 203, 393
World (see also Being)   309
- of reader
- of texts
- Wounded cogito   154
Writing
- hieroglyphic   306

Name index

Abel, O.   v, 2, 7–8, 12n., 23n., 45–62
Aeschylus (*Eschyle*)   51–53, 58–59, 93
Allouch, J.   300
Althusser, L.   149
Amalric, J.-L.   8, 22n., 23n., 43, 63–88, 150, 368n., 421n.
Abroasiaster   35
Améry, J.   217
Andreas–Salomé, L.   220
Arendt, H.   149, 225, 229n., 425
Aristotle   155, 299, 309–310, 430
Assmann, J.   181n., 184, 199n.
Augustine   7, 21–22, 26, 28, 31n., 34–40, 49, 80, 138, 227–230, 388–389
Azouvi, F.   223
Bachelard, G.   9, 89–90, 111, 114–119, 170, 370
Bachofen, J. J.   299, 310
Baldwin, J.   125
Balmary, M.   412
Barth, K.   16, 427, 439–441
Bataille, G.   9, 89–90, 107–111, 119–120
Bazan, A.   8, 56–57
Benjamin, W.   87, 421, 425, 481
Bergson, H.   216
Bernstein, R.   180, 187n., 204
Biran, M. de   385
Bochet, I.   21, 36–38
Bonnet, P.   225
Brandom, R.   261, 358, 360
Breuer, J.   328–329
Brontë, E.   120
Bultmann, R.   388, 442
Busacchi, V.   295
Byron, Lord   300, 311, 315
Candiotto, L.   131
Changeux, J.-P.   325–328, 333
Coltrane, J.   246
Condillac, E.   261
Dalbiez, R.   207, 220, 416
Davidson, S.   128, 135
Deckard, M. F.   5, 10–11, 203–224, 281n., 298n.

Deleuze, G.   215, 448
Derrida, J.   215, 295, 306n., 476, 480, 483–484
Descartes, R.   23, 153, 203, 208, 215, 251
Dewey, J.   247
Dilthey, W.   11, 241–242, 270, 316
Dinesen, I. (Karen Blixen)   225
Duns Scotus, J.   34n.
Dybel, P.   22n.
Dos Passos, J.   137
Douglass, F.   125
Du Bois, W. E. B.   125
Eliade, M.   114, 118, 169, 171, 370
Ey, H.   467
Ferdowski   15, 399–400, 405–406
Fichte, J. G.   32
Fink, E.   145, 373
Flechsig, P. E.   300–301, 307, 311
Frege, G.   261, 269
Freud, S.
– *Beyond the Pleasure Principle* (*Au-delà du principe du plaisir*)   16, 332, 347
– *Civilization and its Discontents*   457–458, 462
– *The Ego and the Id* (*Le Moi et le Ça*)   331, 456
– *The Future of an Illusion*   253, 436
– *Instincts and their Vicissitudes* (*Pulsions et destins des pulsions*)   330–331
– *The Interpretation of Dreams* (*Interprétation des rêves*)   295, 329
– *Leonardo da Vinci and a Memory of his Childhood*   460
– *Moses and Monotheism* (*L'homme Moïse et la religion monothéiste*)   10, 179–200, 253, 353, 355
– *Moses of Michelangelo* (*Moïse de Michel-Ange*)   429, 482
– *Mourning and Melancholy*   217–218
– *New Introductory Lectures* (*Neue Folge der Vorlesungen zur Einführung in die Psychoanalyse*)   215, 337n.

- *On Narcissism* (*Pour introduire le narcissisme*) 331
- *Project* (*Esquisse*) 187n., 214, 328, 435
- *Remembering, Repeating, Working-Through* 206, 215–217, 297–298
- *Studies on Hysteria* 329
- *Totem and Taboo* 434, 436
- *The Unconscious* (*L'Inconscient*) 329, 467

Frey, D. 31n., 33–34, 192n., 196n.
Gadamer, H.-G. 23, 41–42, 146n., 158, 177, 192n., 242, 251, 287, 291, 316
Gartner, R. 287–288
Gobodo-Madikizela, P. 220n.
Goethe, J. W. von 300, 311, 315, 317
Gouhier, H. 408
Green, A. 211, 218
Grondin, J. 42
Grossmark, R. 287, 289, 291
Gschwandtner, C. 21, 28, 40–42, 137–138
Habermas, J. 34n., 40, 303, 336
Hamann, J. G. 265, 268
Hegel, G.W.F. 3, 8, 27, 54–55, 99n., 148–149, 152, 154, 211–212, 215–216, 257, 263, 269–270, 345, 406, 447–448, 451, 471, 476
Heidegger, M. 71–73, 99, 146n., 259, 420, 467, 476, 486–487
Herder, J. G. von 265, 268
Hesnard, A. 449
Hirsch, E. D. 152
Hirschfield, L. 128
Hobbes, T. 48, 55, 261
hooks, b. 126
Honneth, A. 154
Hughes, R. 125
Humboldt, A. von 265, 268
Hume, D. 205, 271
Hurston, Z. N. 133
Husserl, E. 67–68, 163, 165, 176–178, 259, 267n., 324, 326–328, 331, 334–335, 337, 419
Hutto, D. 205
Irenaeus 35
Jakobson, R. 313
Jaspers, K. 8, 22n., 52, 71–74, 213, 415
Jung, K. 113, 169–170, 295, 370

Kafka, F. 120n.
Kant, I. 31–32n., 34n., 150, 156, 339–362
Kearney, R. 168–170
Kierkegaard, S. 31–32n., 72–73, 213, 444n., 481
Kipling, R. 341, 347
Klein, M. 330, 332
Kohut, H. 280, 288
Korsgaard, C. 358–360
Koselleck, R. 145, 148
Lacan, J. 10, 164–167, 207, 281, 418, 481, 484–485, 491
Lachelier, J. 385
Laplanche, J. 11, 218, 251–252, 281, 329n.
Leclaire, S. 218, 329n.
Leibniz, G. W. 340, 482
Levinas, E. 48, 219–220, 225, 229, 425, 475–476, 487, 492
Locke, J. 205, 261
Loewald, H. 287
Luther, M. 31n., 34n., 441
Malebranche, N. 365, 367
Mann, T. 3n.
Marcel, G. 73, 213, 365–376
Marx, K. 3, 15, 149, 153, 167, 209, 249, 323, 325, 336–337, 390, 415, 418–420, 438, 467, 476
Merleau-Ponty, M. 16, 66, 273, 449
Mills, C. 125
Mouffe, C. 158
Müller, M 438
Mun, C. 131–132
Nabert, J. 5, 14, 76n., 213, 251, 339, 365, 383–395, 422
Nancy, J.-L. 287
Newton, I. 349
Nietzsche, F. 15, 28, 95, 99, 153, 233, 249, 323, 336, 345, 390, 415, 417–420, 438, 444, 459, 467, 47609[l;'/
Nikulin, D. 205
Oliveira, P. de 299, 310
Pannenberg, W. 30–31
Parker, C. 127
Parker, R. 127
Pascal, B. 145
Peirce, C. S. 245, 247
Pettazzoni, R. 127

Plato 94–95, 97, 156, 211–213, 266, 278, 342, 346, 468
Plotinus 71
Porée, J. 23, 28, 85n., 422
Pröpper, Th. 21, 31n., 32, 37,
Proust, M. 203, 206
Purcell, S. 126n.
Rad, G. von 189
Rankine, C. 123–142
Rawls, J. 156
Reis, B. 287
Ricoeur, P.
- *The Conflict of Interpretations (Le conflit des interprétations)* 4, 6, 9, 49, 50, 83, 167, 169, 173–177, 209–215, 260, 263, 385, 388–389, 418, 36, 149, 339–340, 345, 354
- *Cours sur l'herménéutique* 149
- *The Course of Recognition* 145, 219–220, 290n.
- *Fallible Man (L'homme faillible)*, 24, 65, 69, 75–77, 106, 124, 171, 203, 213 – 214, 217, 220, 233, 339, 388
- *Freedom and Nature (Le volontaire et l'involontaire)* 63–70, 74–75, 78–79, 177, 204, 207, 223, 236, 363, 390–393, 415
- *Freud and Philosophy (De l'interprétation)* 3, 9, 13–16, 53, 167, 170, 175–177, 242–249, 251, 273, 323, 325, 328–337, 384, 391–392, 400, 417–423, 428–445, 448, 467
- *From Text to Action (Du texte à l'action)* 148, 261, 265, 267, 271, 304–305, 317, 328, 331, 334
- *Hermeneutics and the Human Sciences* 23, 147
- *History and Truth* 36
- *Interpretation Theory* 308, 314, 317
- *"La Souffrance..."* 133
- *Lectures on Ideology and Utopia (L'Idéologie et l'utopie)* 147, 323, 336–337
- *Living up to Death* 203, 206
- *Memory, History, Forgetting* 207, 216
- *Oneself as Another (Soi-même comme un autre)* 8–9, 38, 53–55, 64n., 72, 84, 147, 149, 230, 290n., 345, 351–354, 393–394
- *On Psychoanalysis (Écrits et conferences 1)* 179, 280n., 409–412, 421, 424, 447
- *Philosophical Anthropology (Écrits et conferences 3)* 76–77, 372
- *Philosophy of the Will (Philosophie de la volonté)* 1–3, 8, 10, 21, 53, 63–70, 73–74, 78, 81–84, 106, 169, 172–175, 208–209, 233, 241, 262, 388, 390, 415–417, 419, 440
- *Réflexion faite* 81–86, 164n., 175, 265, 269, 273, 416–417, 423–424
- *Reflections on the Just* 27
- *The Rule of Metaphor (La métaphore vive)* 90, 98n., 175, 219, 246n., 267, 273
- *The Symbolism of Evil (La symbolique du mal)* 1–5, 7–9, 15, 21, 23, 49, 54, 63–64, 67, 69, 74, 78–87, 89–119, 123–140, 164, 167–175, 204, 264, 384, 385, 387–390, 392, 420–421, 432
- *Thinking Biblically (Penser la Bible)* 179–201
- *Time and Narrative (Temps et Récit)* 15, 87, 98, 136, 148n., 149, 219, 267n., 271n., 273, 282–283, 290n., 305, 315–316, 393, 421
Roudinesco, E. 207, 210
Rousseau, J.-J. 3n.
Rozenzweig, F. 16, 475–492
Sartre, J.-P. 213, 216
Schaffer, 280
Schiller, F. 315
Schlegel, J.-L. 262n., 267, 447–448
Schreber, D. 293–318
Shakespeare, W. 459
Spence, D. 288–289
Spinoza, B. 71, 210, 251, 333n., 344–348, 361, 443–444, 459–460
Stauffer, J. 217, 219
Stern, D. 289, 291
Szajnberg, N. 280
Taylor, C. 1, 3, 11–12, 216n., 257–275
Taylor, G. v, 166
Tchaikovsky, P. 246
Tertullian 35

Thompson, J.   149
Thun, R.   130
Twain, M.   477
Vattimo, G.   148, 156
Vivaldi, A.   246
Walzer, M.   156
Warburg, A.   481

Weber, M.   8, 24, 49, 300, 307, 311, 419
Weil, S.   8, 57–58
Wilden, A.   303
Williams, S.   134
Winnicott, D.   286, 332
Wood, A.   356
Zabala, S.   148, 156

www.ingramcontent.com/pod-product-compliance
Lightning Source LLC
Chambersburg PA
CBHW021752230426
43669CB00006B/55